Zusammen arbeiten, Zusammen wachsen, Zusammen leben

Hanna Parnow · Petra Schmidt
(Hrsg.)

Zusammen arbeiten, Zusammen wachsen, Zusammen leben

Wie wir unsere Zukunft gemeinsam gestalten

 Springer Gabler

Hrsg.
Hanna Parnow
Köln, Nordrhein-Westfalen, Deutschland

Petra Schmidt
Weilerswist, Nordrhein-Westfalen, Deutschland

ISBN 978-3-662-58964-9   ISBN 978-3-662-58965-6   (eBook)
https://doi.org/10.1007/978-3-662-58965-6

Die Deutsche Nationalbibliothek verzeichnet diese Publikation in der Deutschen Nationalbibliografie; detaillierte bibliografische Daten sind im Internet über http://dnb.d-nb.de abrufbar.

Springer Gabler

Springer Gabler ist ein Imprint der eingetragenen Gesellschaft Springer-Verlag GmbH, DE und ist ein Teil von Springer Nature.
Die Anschrift der Gesellschaft ist: Heidelberger Platz 3, 14197 Berlin, Germany

Inhaltsverzeichnis

Über die Herausgeberinnen

Hanna Parnow ist freiberufliche Personalentwicklerin, Diplom-Medienwirtin, Mediatorin, Heilpraktikerin für Psychotherapie und Trainerin für Gewaltfreie Kommunikation. Sie hat einen Master in Wirtschaftspsychologie und hat ein selbst organisiertes Café gegründet. Sie bildet Mediator*innen aus und ist Lehrbeauftragte für Psychologie, Gender und Organisation an der TH Köln.

Neben dem Aufbau und der Durchführung von Führungskräftetrainings und Coachings begleitet sie Gruppen in ihrer Entwicklung und wird für Impulsvorträge und Keynotes gebucht. Schwerpunktmäßig beschäftigt sie sich dabei vor allem mit Next-Level-Organisationen, der ursprünglichen Bedeutung von New Work, der Einführung und Umsetzung von Selbstorganisation in Unternehmen sowie der Gestaltung und Begleitung von Transformationsprozessen in Gruppen. Denn all dies hat für Sie mehr mit Haltung und ermöglichenden Strukturen zu tun als mit weiteren Tools und Methoden.

www.hanna-parnow.de

Petra Schmidt Die promovierte Philosophin, Politikwissenschaftlerin und Soziologin ist seit vielen Jahren sowohl in der freien Wirtschaft als auch für verschiedene öffentliche Institutionen als Keynote-Speakerin, Trainerin, Autorin und Lehrbeauftragte tätig. Die Entwicklung und Bedeutung des digitalen Business sowie die damit einhergehenden aktuellen Entwicklungen „New Work", „Demokratische Unternehmen" und „Agile Führung" stehen dabei klar im Mittelpunkt, unabhängig davon, ob es um Kommunikation, Vertrieb, Servicefragen oder Marketing geht. Als Wirtschaftsphilosophin liebt sie komplexe Sachverhalte, welche sie mit didaktischer

Hingabe passgenau für ihre Kund*innen aufbereitet. Mit Menschen wie Unternehmen gemeinsam zu wachsen ist ihre Leidenschaft.

Petra Schmidt hat Fachbücher zu verschiedenen Themenbereichen veröffentlicht und steht mit ihren praxisorientierten Erfahrungen in der Wirtschaft, ihren wissenschaftlichen Kompetenzen und ihrer ungewöhnlichen Zusatzqualifikation als Karateexpertin für die Verknüpfung asiatischer Weisheiten und westlichen Wissens.

www.petraschmidt.net

Wie wir unsere Zukunft gemeinsam gestalten

Hanna Parnow und Petra Schmidt

1.1 Einleitung

Sie kennen agiles Arbeiten und Scrum schon, aber wüssten gerne, wie das gelebt wird? Sie haben Frederic Laloux' Werk „Reinventing Organizations" verschlungen und halten Holakratie für eine richtig gute Idee, aber können sich nicht vorstellen, wie dies konkret umgesetzt wird? Ihnen fehlen Methoden und Handwerkszeug und Sie fragen sich, wie Menschen im türkisen Mem eigentlich „ticken"? Sie wollen auch internationale Beispiele und mehr praktische Erfahrung von jungen und alten Gemeinschaften und Unternehmen, die sich auf den Weg gemacht haben? Ihnen fehlt eine philosophische, lebenstaugliche, umfassende Betrachtung des Themas? Herzlichen Glückwunsch! Dann sind Sie hier genau richtig!

Unser abwechslungsreicher Sammelband lässt sich thematisch verschiedenen Bereichen zuordnen: Wirtschaftsphilosophie, Wirtschaftspsychologie, Soziologie, Politikwissenschaft, Kulturwissenschaften und anderen mehr. Es ist ein praxisorientierter Leitfaden mit vielfältigen Diskussionsbeiträgen sowohl für Interessierte und Verantwortungsträger*innen als auch für alle anderen Menschen aus den Bereichen Unternehmensorganisation, Kommunikation, Coaching und Beratung, aber auch Gemeinschaften und Non-Profit-Unternehmen.

Wir haben achtzehn Gastbeiträge zu den drei Themenbereichen *Zusammen arbeiten*, *Zusammen wachsen* und *Zusammen leben* zusammengestellt, welche die noch immer

H. Parnow (✉)
Köln, Deutschland
E-Mail: kontakt@hanna-parnow.de

P. Schmidt
Weilerswist, Deutschland
E-Mail: kontakt@petraschmidt.net

© Springer-Verlag GmbH Deutschland, ein Teil von Springer Nature 2019
H. Parnow und P. Schmidt (Hrsg.), *Zusammen arbeiten, Zusammen wachsen, Zusammen leben*, https://doi.org/10.1007/978-3-662-58965-6_1

zunehmende Breite und Vielfalt aufzeigen sollen, die damit einhergehen, wenn Menschen versuchen, Zusammenarbeit, Zusammenleben und die gemeinsame Entwicklung als Mensch neu zu denken und auszuprobieren. Die unterschiedlichen Beiträge dienen zur Veranschaulichung jeweils bestimmter thematischer Inhalte aus verschiedenen Perspektiven. Von „Wie kommen wir in Kontakt miteinander?" und „Wie verteilen wir das gemeinsame Geld?" über „Welche Tipps habe ich für Führungskräfte?" und „Wie sähe Demokratie eigentlich aus, wenn wir sie weiterentwickeln würden?" hin zu „Wann braucht es eigentlich eine Mediation?" und „Was hat Meditation mit (Arbeits-)Gemeinschaft zu tun?" Sie zeigen deutlich die Mannigfaltigkeit der Herausforderungen, Strategien und Einflüsse der jeweiligen Denk-, Lebens- und Arbeitsmodelle.

Mit diesem Buch soll ein Einblick in genau diese Fragestellungen, Lösungen, Konzepte und Prognosen gegeben werden. Es geht darum, den Leser*innen einen möglichst weiten und doch differenzierten Einblick in verschiedene Aspekte des „Paradigmenwechsels zur Holakratie" (Brian Robertson) zu ermöglichen.

In diesem ersten einleitenden Kapitel werden deshalb die aktuellen Herausforderungen aufgezeigt und das Konzept von Frederic Laloux, welches uns zu diesem Werk inspiriert hat, kurz vorgestellt. Danach erläutern wir zum besseren Verständnis des Gesamtwerkes kurz die beiden Begriffe Integral und New Work. Abschließend werden wir verschiedene Überlegungen zu New Work und Geschlechterverhältnis vorstellen, da wir denken, dass dies auch in Zukunft noch einen interessanten, alternativen Blick in die aktuelle Diskussion bringen könnte.

Alle Texte sind einheitlich mit * gegendert, um alle Geschlechter miteinzubeziehen. Auch wenn die meisten Texte sich entweder nicht explizit mit der Geschlechterfrage beschäftigen oder in der ausschließlich binären Kategorie (Frau/Mann) bewegen, möchten wir doch zumindest das Sternchen nutzen, um auf andere Möglichkeiten, Wahrheiten und Lebensrealitäten hinzuweisen. Andere Differenzkategorien konnten von uns leider nicht explizit mitaufgenommen werden.

1.1.1 Aktualität und Herausforderungen

Drängende ökologische Fragen zum Klimawandel und Umweltschutz, soziale und ökonomische Auswirkungen von Digitalisierung und Globalisierung auf einzelne Menschen, Unternehmen und auf die (Welt-)Wirtschaft sowie diverse politische Herausforderungen wie offen gezeigter Populismus, bestehender Rassismus und Sexismus und zunehmender Protektionismus bei gleichzeitiger Notwendigkeit internationaler Zusammenarbeit zum Umgang mit globalen Phänomenen wie Migration Richtung Norden und in die Städte kennzeichnen unser Jahrhundert auf der Makroebene.

Auf der, für die meisten von uns vermutlich konkreter wahrnehmbaren, handlungsleitenden Mesoebene (d. h. in Organisationen, Institutionen, sozialen Netzwerken) wird in den Ländern des globalen Nordens eine zunehmende Unzufriedenheit mit den vorherrschenden Arbeitsstrukturen sichtbar. Hierarchische Strukturen nehmen Freiheit und Kreativität den Raum und scheinen nicht mehr zu aktuellen Bedürfnissen wie Sinnhaftigkeit und geforderter Eigenverantwortung zu passen. An diversen Stellen wirken Organisationen nun oft dysfunktional. Wie reagieren die verschiedenen Akteur*innen auf diese Herausforderungen? Wie können wir all dem begegnen? Welche Lösungen zeigen sich?

Im Jahr 2014 veröffentlichte Frederic Laloux sein Werk „Reinventing Organizations", im folgenden Jahr erschien Brian Robertsons „Holacracy. Ein revolutionäres Management-System für eine volatile Welt." Beide Autoren beschäftigen sich zwar primär mit der Unternehmensorganisation, doch implizit transportieren sie Vorstellungen vom Miteinander, die über den beruflichen Alltag weit hinausreichen. Die Arbeitswelt und die „Privatwelt" lassen sich schon lange nicht mehr so einfach trennen. Wir sehen uns heute mit globalen ökologischen und sozialen Herausforderungen konfrontiert, die sich in schwindelerregendem Tempo ununterbrochen vergrößern und verändern. Ganz offensichtlich brauchen wir neue Herangehensweisen, um diese zu bewältigen.

Frederic Laloux beschreibt zu Beginn von „Reinventing Organizations" ein Modell, welches angelehnt ist an „Spiral Dynamics"[1]. Nach diesem hat die Menschheit in verschiedenen Zeitabschnitten jeweils ein neues Bewusstsein erklommen und zugleich ein dann jeweils deutlich passenderes „Organisationsmodell" erfunden. Evolution geschieht sprunghaft – das ist eine alte Weisheit. Die Frage ist deshalb: Stehen wir heute wieder vor einem solchen Evolutionssprung oder sind wir vielleicht mitten im Sprung? Ändern sich unsere Formen der Zusammenarbeit und des Zusammenlebens gerade wieder auf radikale Art und Weise?

In seinem Buch zeigt Laloux verschiedene Beispiele, aus denen deutlich wird, dass in einigen Unternehmen neue Formen der Organisation bereits gelebt werden und die bekannten hierarchischen Strukturen anderen Organisationsformen gewichen sind: keine Arbeitsplatzbeschreibungen, keine Leistungsziele, keine festen Budgetvorgaben, sondern vielfältige neue und sinnvolle Praktiken von Teamarbeit und Eigenverantwortung, die außergewöhnlich produktive und zielstrebige Organisationen hervorgebracht haben. Welche Bedingungen braucht es, damit diese neuen Organisationen funktionieren? Können bestehende Organisationen sich entsprechend wandeln? Welche Resultate können wir von solchen Veränderungen erwarten?

Mit transformationaler Führung soll der Weg in ein agiles Unternehmen gefunden werden – das sind z. B. Schlagwörter der heutigen Zeit. Dabei wird transformationale Führung gekennzeichnet durch Vertrauen und Vorbild, Motivation durch Herausforderung, selbstständige Problemlösung, Förderung und Coaching, effektive Kommunikation und anderes mehr. Agile Unternehmen sind gekennzeichnet durch Transparenz, Offenheit und Crossfunktionalität. Sie sind interdisziplinär, bieten viel Support und hohes Commitment. Wie kann das funktionieren? In welchen Bereichen sehen

---

[1]Das Konzept wurde von Don Beck und Chris Cowan auf der Grundlage der Theorien von Clare W. Graves entwickelt und oft bekannt im Zusammenhang mit Ken Wilber.

wir bereits genau solche Organisationen? Gleichzeitig gibt es neue und alte Formen von Gemeinschaften, die seit mehreren Jahrzenten (teilweise Jahrhunderten, wie wir sehen werden) neue Formen des Zusammenlebens ausprobieren. Was können wir dort lernen und übertragen?

In diesem Werk geht es um unterschiedliche, oft auch neue Formen sinnstiftenden Zusammenseins. Daher haben wir dieses „Zusammensein" in drei Bereiche geteilt: zusammenarbeiten, zusammenwachsen, zusammenleben. Andere Aufteilungen sind ebenfalls denkbar.

In den Diskussionen, die sich mit diesen komplexen Themenbereichen befassen, tauchen verschiedene Begriffe immer wieder auf. Wir werden zwei davon, die wir als besonders wichtig erachten, vorab vorstellen: Integral und New Work. Alle weiteren finden sich im Glossar am Ende des Buchs.

1.1.2   Begriffe: Integral und New Work

Integral

Frederic Laloux betrachtet in seinem Werk „Reinventing Organizations" den Bereich der Erwerbsarbeit. Er skizziert vier prototypische Entwicklungsstufen von Organisationsformen (tribal, traditionell, modern, postmodern), um so seine Überlegungen einer neuen Stufe, die er integral-evolutionär nennt, zu verdeutlichen. Er beschreibt diese Organisationen als lebendige Organismen mit all ihrer Komplexität in einem sich wandelnden Umfeld. Die Neuerungen dieser integral-evolutionären Organisationsformen zeigen sich in ihren Parallelen zu lebendigen Organismen. In drei Bereichen lässt sich dieses erkennen: Erstens, es gibt keine Machthierarchien, Steuerung erfolgt durch kollegiale Beziehungen, Beratungen, Gruppenentscheidungen. Zweitens, sie sind auf Ganzheitlichkeit ausgerichtet, die Personen dürfen sich als Ganzes in die Arbeit einbringen, d. h. mit ihrer Menschlichkeit, ihren Gefühlen, Bedürfnissen, Wünschen. Drittens, die Organisationen passen sich selbst an die sich verändernden Umfeldbedingungen an und erfüllen so ihren evolutionären Zweck.

Menschen sind unter drängendsten Umständen fähig, ihre Umwelt durch neue konzeptionelle Modelle so zu gestalten, dass sämtliche neu entstandenen Probleme bewältigt werden können, heißt es in dem Konzept „Spiral Dynamics". Diese konzeptionellen Modelle, die auch als „allgemeines Lebensgefühl" oder eine Art „kollektives Bewusstsein" vorhanden sind, werden zugleich durch die sich wandelnde gesellschaftliche Umwelt beeinflusst. Laut Spiral Dynamic schließt jedes dieser neuen Modelle die vorherigen Modelle ein, integriert also jeweils sämtliche vorangegangenen Vorstellungen zu etwas Neuem.

Der Begriff „integrale Theorie" bezeichnet eine philosophische Schule, in der es darum geht, eine umfassende Sicht auf die Menschen, die Welt und oft auch auf das Geistige und Göttliche allgemein zu entwickeln. Es werden natur-, human- und geisteswissenschaftliche Erkenntnisse und Theorien, prämoderne, moderne und postmoderne, östliche und westliche Weltsichten sowie wissenschaftliches Denken und spirituelle Einsichten vereint und in eine gemeinsame Theorie integriert. Es handelt sich sowohl um eine Weltsicht als auch um eine Methodik. Die integrale Theorie hat den Anspruch, mithilfe des jeweiligen Wissens- und Erkenntnisstandes ein dynamisches, wachsendes und umfassendes Erklärungsmodell zu liefern. Dieses soll die Wirklichkeit, das Leben, den Menschen, das Sein und die Welt umfassen. Ken Wilber ist einer der bekanntesten Vertreter*innen der integralen Theorie.

New Work

Vor circa 35 Jahren, 1984, gründet der Philosoph Frithjof Bergmann das erste „Zentrum für Neue Arbeit" in der Automobilstadt Flint in Michigan. Damit gilt er als Begründer des Begriffs „New Work"; auch wenn sich die heutige „New-Work-Bewegung" inzwischen kaum noch auf ihren kapitalismuskritischen Vordenker beruft. 2004 kam sein Buch „Neue Arbeit, neue Kultur" auf den deutschen Markt, in welchem er eine Analyse des klassischen Arbeitsmarktes vorlegt und pragmatische Lösungen vorschlägt. Damit gab er der nach wie vor wachsenden Debatte zu New Work einen weiteren Anstoß.

In der aktuellen Diskussion in Deutschland wird viel von „neuen Arbeitswelten" gesprochen. Gemeint sind die Auswirkungen der Globalisierung und Digitalisierung auf die verschiedenen Arbeitsbereiche. Der Begriff geht davon aus, dass sich veraltete, klassische Arbeitsstrukturen im Wandel von einer Industrie- zu einer Wissensgesellschaft ebenfalls grundlegend verändern. Dies betrifft nicht bloß technische Änderungen, sondern geht einher mit einem deutlichen Wertewandel, der auch durch die neue zeitliche, räumliche und organisatorische Flexibilität bedingt ist. Angenommen wird ebenfalls, dass sich zukünftig auch Unternehmensstrukturen zu neuen (Wertschöpfungs-) Modellen nach dem Vorbild der New-Work-Bewegung verändern werden. Zentrale Werte des Konzepts von New Work sind Selbstständigkeit, Freiheit und Teilhabe an der Gemeinschaft. So sollen neue Freiräume für Kreativität und Entfaltung der eigenen Persönlichkeit möglich und in die Arbeitswelten eingebracht werden. Heute rücken Service-, Informations- und Kreativarbeiter*innen immer mehr in den Mittelpunkt des globalen Wirtschaftens. Mit den digitalen Veränderungen wird das klassische Bild standardisierter Arbeitsprozesse durch neue Formen ersetzt. Selbstbestimmtes Handeln und das Einbringen von Ideen wird von zukünftigen Arbeitgeber*innen als Ressource erkannt und ausdrücklich erwünscht. So werden individuelle und übergreifende Strategien gemeinsam mit Mitarbeiter*innen entwickelt und festgelegt. Dies können z. B. Leistungsziele oder Arbeitszeiten für konkrete Projekte sein, aber auch die komplette Aufhebung fester Arbeitszeiten. Dazu gehört ebenfalls eine Ablösung alter, in der Regel eher autokratischer oder patriarchalischer Führungsformen durch demokratische Führungskulturen bis hin zu Konsensentscheidungen im ganzen Team. Solche neuen Organisationsformen verlangen Agilität, um schnelle Entscheidungsprozesse mit wenigen Hierarchiestufen zu ermöglichen. Auch die Selbstbestimmung über Arbeitsort, -zeit und -inhalt sowie flexibel anpassbare, kreative Workspaces sind dafür wichtig.

Seit Mai 2018 ist die DASA Arbeitswelt Ausstellung in Dortmund zugänglich. Deren vier „Themeninseln"[2] zeigen, worum es gehen kann, wenn wir von neuen Arbeitswelten sprechen:

1. Unter dem Stichwort **„Industrie 4.0"** geht es um die Schnittstellen zwischen Menschen und Maschine, das heißt, um kollaborierende Roboter und intelligente Werkzeuge, die in der Fertigung immer mehr eingesetzt werden.
2. Der Bereich **„Logistik"** beschäftigt sich mit den Fragen „Online shoppen – und dann? Wie kommt das begehrte Objekt zu uns?" Die logistischen Anforderungen steigen kontinuierlich und es ist nur zu offensichtlich, dass neue Lösungen notwendig sind, um dies bewältigen zu können.
3. Das Thema **„Dienstleistungen"** wirft Fragen nach neuen Geschäftsmodellen und sich ändernden Wertschöpfungsketten auf: „Neue Geschäftsmodelle im ‚Quartier' und alle können alles selbst im 3-D-Drucker fertigen?"
4. Die Themeninsel **„Wissensarbeit"** beschäftigt sich mit der Tatsache, dass Daten die Rohstoffe der Zukunft oder auch die neue Währung sind. Dies impliziert, dass Strom und Netz überall verfügbar sein müssen und mobiles Arbeiten Standard ist. Wie werden diese Daten verarbeitet und genutzt, und wie sollten sie angemessen geschützt werden?

1.1.3 Genderaspekte von New Work

Im Mai 1949 trat das Grundgesetz der Bundesrepublik Deutschland und damit auch der Artikel 3 Absatz 2, der die tatsächliche Gleichstellung von Frauen* und Männern* festschreibt, in Kraft. Doch auch rund 70 Jahre später zeigen aktuelle Zahlen des Bundesministeriums für Familie, Senioren, Frauen und Jugend[3], dass das Ungleichgewicht weiter besteht: Frauen* verdienen in Deutschland in vergleichbaren Jobs 21 % weniger als Männer*. Sie leisten 52 % mehr Stunden an unbezahlter Reproduktionsarbeit. Sie sind in den Vorständen deutscher Unternehmen mit nur 6 % vertreten. In den schlechter bezahlten sozialen Berufen arbeiten zu 80 % Frauen*.

In der ersten industriellen Revolution arbeiteten Männer*, Frauen* und Kinder in den Fabriken. In der zweiten industriellen Revolution ermöglichten Fließbänder und damit einhergehende Produktivitäts- sowie erkämpfte Lohnsteigerungen den männlichen „Familienernährer" als Leitbild. Nach dem zweiten Weltkrieg wurde dies dann als Massenphänomen Realität. Frauen* bekamen den Job „Hausfrau" und weibliche* Arbeit wurde wieder abgewertet. Das wirkt bis heute, die schlechte Bezahlung der typischen „Frauen*berufe" wurzelt hier. Mit der dritten industriellen Revolution, mit Computern und Mikrochips änderte sich das Familienmodell erneut: Ein männlicher

---

[2]Siehe: https://www.dasa-dortmund.de/ausstellungen/neue-arbeitswelten 03.07.2019.
[3]www.bmfsfj.de 03.07.2019.

Familienernährer und eine hinzuverdienenden (Ehe-)Frau* wurden zum neuen Standard. Das entspricht der heutigen Realität in Deutschland: Frauen* arbeiten häufiger in Teilzeit und sind öfter in niedrigeren Positionen in „typischen Frauen*berufen".

Was bringt nun die vierte industrielle Revolution? Wird die „Industrie 4.0" nicht nur die Produktionsverhältnisse, sondern auch die Geschlechterverhältnisse verändern und die seit langer Zeit geforderte Gleichstellung von Geschlechtern zumindest vorantreiben? Kann die umfassende Digitalisierung der industriellen Produktion helfen, auch die geschlechterspezifischen Segregationen auf dem Arbeitsmarkt zu überwinden? Die Antworten darauf sind ambivalent, meinen die Autorinnen eines Diskussionspapiers für die Kommission „Arbeit der Zukunft": *„Die Digitalisierung bietet Potenziale für mehr Geschlechtergerechtigkeit, wenn der digitale Wandel als sozialer Prozess betrachtet und gestaltet wird. Gleichzeitig wohnt ihr auch das gegenteilige Potenzial inne, nämlich, dass sich Geschlechterungleichheit verfestigt und sich die Tendenz zur Polarisierung (von Einkommen, Zugängen, Qualifizierung etc.) durchsetzt"* (Ahlers et al. 2017).

Deshalb weisen die Autorinnen auf die Wichtigkeit hin, die Geschlechterfrage überhaupt in die aktuellen Diskussionen einzubringen. Bislang gäbe es drei große Stränge: Der erste Diskurs käme aus dem Silicon Valley und würde von Internetgiganten wie Google, Amazon und Facebook vorangetrieben. Als „Helden des digitalen Zeitalters" würden sich hier männliche* IT-Nerds zeigen. Der zweite Diskurs sei ein ursprünglich deutscher, mittlerweile jedoch auch weltweit beachteter Ansatz. Schlagworte seien „Industrie 4.0" und „made in Germany". Es ginge um die Exporterfolgsgeschichte und damit um die technische Weiterentwicklung der deutschen Industrie: cyberphysikalische Systeme, Robotik, Automation. Im dritten Diskursstrang, in welchem es um New Work und agile Führung geht, werden explizit neue Formen des kooperativen Arbeitens diskutiert, die „typisch männlich dominiertes" Denken hinterfragen. Hier geht es gezielt um Machtfragen und Rollen der Akteur*innen sowie politische und betriebliche Gestaltungsaufgaben[4], und genau hier bestehen zahlreiche Anknüpfungspunkte für Diskussionen zu mehr Geschlechtergerechtigkeit.

Technische Neuerungen und Veränderungen der Arbeitswelten bieten neue Möglichkeiten. Doch noch immer sind es wir, die entscheiden, wie wir diese nutzen. Mit unseren Fragen, Erwartungen und Entscheidungen beeinflussen wir auch, welche Auswirkungen diese neuen Möglichkeiten auf die Geschlechterverhältnisse und andere Strukturen von Ungleichheit haben werden.

Dass innovative und agile Unternehmensführungen durchaus in einem Zusammenhang mit Geschlechterfragen stehen, erläutert auch Barbara Lutz (2018). Sie zeigt, dass Unternehmen, in welchen Frauen* Führungspositionen innehaben, häufig eine moderne Unternehmenskultur haben und innovativ und erfolgreich sind. Frauen* sind hier Symptom und Ursache für genau solche Rahmenbedingungen: strukturell und kulturell offene Unternehmen.

---

[4]siehe auch: Forschungsverbund Digitalisierung, Mitbestimmung, gute Arbeit https://www.boeckler.de/67477.htm 03.07.2019.

Einen interessanten Gedanken zu diesem Thema verfolgt auch Robert Franken. Er begründet die Notwendigkeit einer Systemveränderung mithilfe des derzeitigen Defizits von Frauen* in Führungspositionen.[5] Franken zeigt in seinem Artikel, dass eine Anpassung von Frauen* an das auf männliches* Vorankommen zugeschnittene System zweifach kontraproduktiv ist. Auch er geht davon aus, dass wir derzeit vor großen Herausforderungen in Politik, Wirtschaft und Gesellschaft stehen und meint, diese seien nur „mittels kognitiver Vielfalt und im Schulterschluss aller Menschen und Geschlechter" zu bewältigen. Nach wie vor seien die Umfelder, in denen wir uns bewegten, vorrangig patriarchal geprägte Systeme. Durch entsprechende Hierarchien und Organisationskulturen seien auch viele Unternehmen und Organisationen nach wie vor primär auf die Förderung von Männern ausgerichtet.

Würden Frauen* nun den Weg der Anpassung an patriarchale Normen und ein hegemoniales Männlichkeitsmodell wählen, haben sie oft dennoch kein Glück. Denn wenn sie nun angeblich untypische, weil „unweibliche*" Verhaltensweisen zeigten, würden sie erneut negativer bewertet. Frauen*, die in traditionell männlichen* Bereichen erfolgreich sind, werden als weniger sympathisch und weniger wünschenswert beurteilt. Erfolg, besonders ökonomischer Erfolg, sei noch immer männlich* konnotiert. Doch dieser Anpassungsdruck führe auch dazu, dass ein großer Teil menschlicher, als „weiblich*" konnotierte Eigenschaften nicht anerkannt wird und nicht genutzt werden darf, obwohl doch „Diversity" und soziale Fähigkeiten seit langem als erstrebenswert gelten. Das führe außerdem dazu, dass eine große Anzahl von Menschen, die diesem Anpassungsdruck nicht standhalten, aus den Systemen herausfallen und sich zurückzögen, weil sie frustriert und demotiviert seien. Sie würden sich dann häufig an der Peripherie der Wertschöpfungssysteme in veränderten Arbeitsumgebungen und wirtschaftlich meist schwachen Bereichen abmühen.

Franken kommt zu dem Schluss, dass sich hier zwei Teufelskreise gegenseitig verstärken: Das organisationale System reproduziert sich selbst und erklärt seine Bedingungen zur alleinigen Norm, setzt also auf Homogenität statt Vielfalt. Zugleich werden „weibliche*" Attribute als defizitär angesehen, mit der Folge, dass alle und vor allem Frauen* „passend gemacht" werden müssten. Das führe dazu, dass Frauen* sich tatsächlich bemühen würden, sich diesen systemischen Erwartungshaltungen anzupassen, statt bewusst andere Impulse und Fähigkeiten einzubringen. Auf diese Weise wird das vorhandene System stabilisiert und zugleich kommt es noch stärker zu Konformität statt Potenzialentfaltung. Diese Reduzierungen auf Homogenität und Konformität sind daher ein Verlust für alle Beteiligten. Vielfalt und Potenzialentwicklung wären schon allein volkswirtschaftlich deutlich sinnvoller. Franken plädiert deshalb für einen grundsätzlichen Paradigmenwechsel: Organisationale Systeme sollten so gebaut werden, dass alle Menschen ihr Potenzial optimal entfalten könnten.

---

[5]https://digitaletanzformation.wordpress.com/2018/04/27/die-zwei-teufelskreise-der-frauenfoerderung/?upID=6799 03.07.2019.

Seine Forderung rückt einen Aspekt der Geschlechterfrage in den Fokus – den wirtschaftlichen (und sekundär den menschlichen) Nutzen, den eine Einbindung aller menschlichen Fähigkeiten und Eigenheiten hat. Die Argumentation von Franken hat damit Parallelen mit der von Frederic Laloux, auch wenn letzterer in seinem o. g. Werk die Geschlechterfrage nicht explizit thematisiert hat, sondern davon ausgeht, dass bei einer menschenfreundlicheren Arbeitsumgebung alle (auch Benachteiligte anderer Differenzkategorien) davon profitieren – und dies letztendlich auch zu einem wertschätzenderen Umgang mit Natur, Umwelt und Ressourcen führt, durch die Fähigkeit die Verbindung und Abhängigkeit zwischen allem zu spüren.

1.1.4 Übersicht über die Kapitel

In den folgenden drei Hauptkapiteln dieses Herausgeberinnen-Buches werden konzeptionelle Inhalte, die aktuell breit diskutiert werden, wie die bereits genannten Theorien Frederic Laloux' „Teal Organizations", Brian Robertsons „Holocracy", oder auch Agilität (mit Scrum, Kanban, Design Thinking oder auch Lean Startup bzw. Business Model Canvas) und Ähnliche mehr aus unterschiedlichen Perspektiven und mit verschiedenen Zielsetzungen behandelt, wobei sich der Bezug auf Laloux' „Reinventing Organizations" als Hauptorientierung und roter Faden durchzieht.

Die bereits genannten drei Themenbereiche, die wir dafür unterscheiden, sind erstens die Arbeitswelt, in welche die einzelnen Individuen sich integrieren und die sie gestalten. Hier finden sich Artikel über Selbstorganisation, das Einbeziehen von Kund*innen in alle Entscheidungsprozesse und die Herausforderungen, vor denen Sozialunternehmen, Führungskräfte und Mitarbeitende heute stehen, aber auch praktische Lösungen für verschiedene Fragestellungen des Miteinanders.

Im zweiten Themenbereich geht es um das individuelle Wachstum der Menschen, das heißt um das, was früher „Persönlichkeitsentwicklung" hieß und heute eher als „persönliches Wachstum" oder „Entfalten des eigenen Potenzials" bezeichnet wird. Es werden verschiedene Fragen und Ansätze aus Coaching, Mediation und Therapie diskutiert, aber auch Erfahrungen aus der Entwicklung von Gruppen und Gemeinschaften beschrieben.

Im dritten Themenbereich folgen inhaltlich wieder sehr unterschiedliche Artikel, die das Zusammenleben der Menschen thematisieren: Ein Praxisbeispiel eines Stadtteilprojekts aus Mexiko, selbstorganisierte Mitmachräume, die von allen gemeinsam gestaltet werden, der Nutzen des Konzepts der gewaltfreien Kommunikation für das Wachstum von Gruppen, der heilige Dominikus als integral-evolutionäre Persönlichkeit und die Folgen für die Selbstorganisation von kirchlichen Gruppen, Permakultur als Konzept und die Gefahr der Konsensfalle in Gemeinschaften werden hier behandelt.

Damit haben wir die drei großen Bereiche menschlichen Miteinanders aufgegriffen und möchten auch auf die Schnittstellen und Wechselwirkungen zwischen ihnen hinweisen. Abschließend fassen wir die aufgezeigten Themen zusammen und geben einen Ausblick auf weitere Fragestellungen.

Literatur

Ahlers E, Klenner C, Lott Y, Maschke M, Müller A, Schildmann C, Voss D, Weusthoff A (2017) Genderaspekte der Digitalisierung der Arbeitswelt. Diskussionspapier für die Kommission „Arbeit der Zukunft"

Lutz B (2018) Frauen in Führung. Springer, Heidelberg

Hanna Parnow ist freiberufliche Personalentwicklerin, Diplom-Medienwirtin, Mediatorin, Heilpraktikerin für Psychotherapie und Trainerin für Gewaltfreie Kommunikation. Sie hat einen Master in Wirtschaftspsychologie und danach ein selbst organisiertes Café gegründet. Sie bildet Mediator*innen aus und ist Lehrbeauftragte für Psychologie, Gender und Organisation an der TH Köln.

Neben dem Aufbau und der Durchführung von Führungskräftetrainings und Coachings begleitet sie Gruppen in ihrer Entwicklung und wird für Impulsvorträge und Keynotes gebucht. Schwerpunktmäßig beschäftigt sie sich dabei vor allem mit Next-Level-Organisationen, der ursprünglichen Bedeutung von New Work, der Einführung und Umsetzung von Selbstorganisation in Unternehmen sowie der Gestaltung und Begleitung von Transformationsprozessen in Gruppen. Denn all dies hat für sie mehr mit Haltung und ermöglichenden Strukturen zu tun als mit weiteren Tools und Methoden.

www.hanna-parnow.de

Petra Schmidt Die promovierte Philosophin, Politikwissenschaftlerin und Soziologin ist seit vielen Jahren sowohl in der freien Wirtschaft als auch für verschiedene öffentliche Institutionen als Keynote-Speaker, Trainerin, Autorin und Lehrbeauftragte tätig. Die Entwicklung und Bedeutung des digitalen Business sowie die damit einhergehenden aktuellen Entwicklungen „New Work", „Demokratische Unternehmen" und „Agile Führung" stehen dabei klar im Mittelpunkt, unabhängig davon, ob es um Kommunikation, Vertrieb, Servicefragen oder Marketing geht. Als Wirtschaftsphilosophin liebt sie komplexe Sachverhalte, welche sie mit didaktischer Hingabe passgenau für ihre Kund*innen aufbereitet. Mit Menschen wie Unternehmen gemeinsam zu wachsen ist ihre Leidenschaft.

Petra Schmidt hat Fachbücher zu verschiedenen Themenbereichen veröffentlicht und steht mit ihren praxisorientierten Erfahrungen in der Wirtschaft, ihren wissenschaftlichen Kompetenzen und ihrer ungewöhnlichen Zusatzqualifikation als Karateexpertin für die Verknüpfung asiatischer Weisheiten und westlichen Wissens.

www.petraschmidt.net

Teil I
Zusammen arbeiten

Von Wunsch und Wirklichkeit – Was erproben und was wünschen sich Führungskräfte in der Sozialwirtschaft?

2

Babette Julia Brinkmann und Stefanie Balz

Jede Organisation wünscht sich motivierte Mitarbeiter*innen, die mit Initiative und Engagement Angebote und Produkte entwickeln und auf den Markt bringen, die dem Purpose der Organisation bestmöglich dienen, und auf Bedarf am Markt blitzschnell und treffsicher reagieren. Das kann dann gelingen, wenn die Mitarbeiter*innen mit ihrem Blick auf Produkte, Daseinszweck der Organisation, Gesellschaft und Umwelt gut zusammenpassen mit den tatsächlichen Umwelt- und Organisationsbedingungen.

Über Jahrzehnte gelang das mal besser, mal schlechter, indem Organisationenzentral gesteuert wurden, zentrale Antworten auf tägliche Anforderungen formuliert und – vor allen Dingen – die Zukunft in zentralisierten Stabstellen antizipiert und dort Strategien entwickelt wurden.

Wie vielfach dargestellt und diskutiert wird (z. B. für den deutschsprachigen Raum Bruch et al. 2016; Hurrelmann und Albrecht 2014; von Ameln und Wimmer 2016), erleben wir zurzeit rapide Veränderungen sowohl auf Organisationsseite (Digitalisierung, Globalisierung, gesellschaftlicher Wandel) als auch auf Mitarbeiter*innenseite (Generation Y, digitale Nomaden, Digital Natives). Dabei zeigt sich: In einer Arbeitswelt, die von Wissen und Dynamik geprägt ist und in der Mitarbeiter*innen agieren, die sich lieber eigene Umwelten gestalten als fremdgesteuert zu arbeiten, ist eine solche althergebrachte zentrale Steuerung dysfunktional und behindert oft mehr, als dass sie nützt.

B. J. Brinkmann (✉)
Technische Hochschule, Köln, Deutschland
E-Mail: babette.brinkmann@th-koeln.de

S. Balz
Bonn, Deutschland

2.1 Welche Antworten suchen und finden Unternehmen, die sich den neuen Herausforderungen stellen?

Ursachen und Folgen werden seit langem von Wissenschaft, Beratung und Wirtschaftsunternehmen unter dem Stichwort „New Work; Neue Arbeitswelt" diskutiert, unzählige Start-ups gründen sich gleich auf der Basis neuer Organisations-, Steuerungs- und Entscheidungsprozesse. Neue Organisationsmodelle werden entwickelt.

Brian Robertson (2015) entwickelte mit Kolleg*innen eine der frühesten und einflussreichsten Organisationsformen: Holacracy. Die erste Holacracy Constitution wurde 2009 veröffentlicht (www.holacracy.org) als eine Antwort auf die Frage, wie ein grundsätzlicher Wandel gelingen kann und wie Menschen in dynamischen Umwelten effizient zusammenarbeiten können. Zeitgleich wurden diverse sehr flexible Methoden aus der IT-Entwicklung von Organisationsentwicklung, Beratung und Management in Profitorganisationen entdeckt und weiterentwickelt (z. B. SCRUM, welches die Werte des agilen Manifests verkörpert, wurde 2001 veröffentlicht[1] und hatte einen großen Einfluss auf die Diskussion und Entwicklung zu New Work). Schließlich gelang es Frederic Laloux (2015) mit seiner Sammlung und Erforschung von zwölf Organisationen, für die er den Begriff „evolutionäre Organisationen" – auch: „Teal (dt. Petrol) Organizations" – prägte, eine breite Öffentlichkeit zu erreichen und für die von ihm formulierten Durchbrüche „Selbstführung", „Ganzheit" und „evolutionärer Sinn" zu begeistern.

2.2 Wie ist die Sozialwirtschaft in diese Entwicklungen um New Work eingebunden?

In der Regel kommen neue Impulse der Organisationsentwicklung und Organisationsberatung aus Profitorganisationen oder aus der Start-up-Szene des Profitsektors. Hier bildet die Diskussion um neue Arbeitswelten keine Ausnahme. Holacracy, Scrum und andere agile Ansätze, Design Thinking – allen ist eines gemeinsam: Sie haben ihren Ursprung in der IT-Entwicklung und fanden von dort, hauptsächlich über Berater*innen, Einzug in Profitunternehmen. Laloux bildet hier eine Ausnahme. Immerhin ein Viertel der von ihm erforschten Organisationen kommt aus dem Feld der Non-Profit-Organisationen (zwei Mal Sozialarbeit und eine Schule).

In der Diskussion um neue Arbeitswelten wird die Sozialwirtschaft zu Unrecht selten in den Fokus genommen. Denn oftmals ist sie von gesellschaftlichen Herausforderungen am direktesten betroffen (Hänsel 2016; Nagy 2010). Digitalisierung fordert auch hier

---

[1]Von Ken Schwaber, Jeff Sutherland und anderen: Individuen und Interaktionen sind wichtiger als Prozesse und Werkzeuge. – Funktionierende Software ist wichtiger als umfassende Dokumentation. – Zusammenarbeit mit dem Kund*innen ist wichtiger als Vertragsverhandlungen. – Reagieren auf Veränderung ist wichtiger als das Befolgen eines Plans.

ein radikales Umdenken.[2] Migration und Herausforderungen, die in der Sozialen Arbeit unter dem Stichwort „Internationalisierung at home" diskutiert werden, sowie der Wandel des Sozialstaats führen zu tiefgreifenden und fortwährenden Veränderungen. Junge Fachkräfte der Sozialen Arbeit zeigen sich zunehmend unzufrieden und verständnislos gegenüber den Arbeitsbedingungen bei großen Trägern. In einer Studie zu Gründungsmotiven in der Sozialen Arbeit nannten die Interviewpartner*innen die Arbeitsbedingungen als das zentrale Gründungsmotiv (Hammes 2017). Keiner der großen Träger Sozialer Arbeit in Deutschland hat unseres Wissens nach bisher Aufbrüche zu einer neuen Arbeitswelt jenseits von Hierarchie, Kontrolle und zentraler Strategie gewagt oder damit in einem zentralen Umfang experimentiert.

Die Erklärung dafür liegt auf der Hand: Neue Trends in Organisationsentwicklung, Personalentwicklung und Führung zu entwickeln, auszuprobieren und umzusetzen, ist teuer; Beratung ist teuer. Organisationen der Sozialwirtschaft haben dafür in aller Regel kaum Budget zur Verfügung. Ein zweiter Weg wäre, diese Expertise durch das Anwerben von Mitarbeiter*innen aus innovativen Organisationen „einzukaufen". Aber auch hier ist die Durchlässigkeit zwischen Profitorganisationen und Organisationen der Sozialwirtschaft gering. Ein dritter Grund: Digitalisierung, gesellschaftlicher Wandel, Globalisierung und Migration erschüttern und verändern die Soziale Arbeit und führen zu neuen Herausforderungen. Gleichzeitig nehmen aber auch die zentralen Aufgaben der Sozialen Arbeit – politische, kulturelle und bildungsbezogene Aufgaben – weiter zu. Ungleichheit, Ungerechtigkeit und gesellschaftliche Benachteiligung nehmen – u. a. bedingt durch Digitalisierung und Globalisierung – ebenfalls weiter zu (The Economist Juli 2018). Die Arbeit geht den Non-Profit-Organisationen nicht aus. Das Geld zum Teil schon.

▶   In der öffentlichen Diskussion über New Work kommt die Sozialwirtschaft
     kaum vor. Weil alles gut ist, wie es ist? Oder weil die Entwicklungen an ihr
     vorbeigehen?

Wir wollten es aus Sicht der Führungskräfte wissen und haben acht Führungskräfte aus acht Unternehmen ausführlich nach der Kultur in ihren Unternehmen gefragt – nach ihrer Wirksamkeit, nach Macht und Ohnmacht, Wunsch und Wirklichkeit. Wir haben gefragt, was sie erfolgreich macht, was hilfreich und funktional ist und was sie verzweifeln lässt.[3]

Wir waren gespannt, welche Aspekte im Alltag unserer Gesprächspartner*innen eine besondere Rolle spielen.

---

[2]An der TH Köln wurde eigens der Forschungsschwerpunkt DiTes (Digitale Technologien und Soziale Dienste) ins Leben gerufen.

[3]Eine umfassende qualitative Inhaltsanalyse inklusive aller methodischen Schritte und Entscheidungen (s. Balz 2016).

Wir gingen bewusst offen an die Gespräche heran und hatten einen Schwerpunkt in den gesellschaftlichen, politischen und wirtschaftlichen Rahmenbedingungen der Sozialen Arbeit erwartet. Tatsächlich wurden diese Aspekte eher am Rande erwähnt. Stattdessen zeigte sich, dass unsere Gesprächspartner*innen in ihrem Organisations- und Führungsalltag die gleichen Aspekte zu Führung, Kooperation und Zusammenarbeit beschäftigen, die im Feld des New Work diskutiert werden (Bruch et al. 2016; Laloux 2015; von Ameln und Wimmer 2016). Sie suchen Antworten auf die gleichen Fragen, stehen vor vergleichbaren Herausforderungen, erleben ihre Organisationen aber als wenig flexibel und offen für Neues. Wunsch und Wirklichkeit gehen weit auseinander. Das spiegelt sich auch in den Perspektiven der Gesprächspartner*innen. Während sie für sich selbst mehr Selbststeuerung und mehr Freiheitsgrade und Vertrauen fordern, sodass sie im Sinne des Daseinszwecks des Unternehmens handeln und entscheiden können, wollen viele selber diese Macht und Steuerung an die eigenen Mitarbeiter*innen nicht so einfach abgeben.

2.2.1 Die Studie: Was konkret haben wir wie untersucht?

Wir haben acht Führungskräfte aus dem oberen und mittleren Management der Sozialwirtschaft mittels eines leitfadenstrukturierten Expert*inneninterviews offen zu ihrer Unternehmenskultur befragt. Die interviewten Führungskräfte wurden bewusst aus unterschiedlichen Bereichen der Sozialwirtschaft und aus unterschiedlichen Regionen Deutschlands ausgewählt. Die anschließende Auswertung erfolgte mittels der inhaltlich strukturierenden Inhaltsanalyse nach Kuckartz in Kombination mit der qualitativen Inhaltsanalyse nach Mayring (Kuckartz 2016). Ziel war es, die Aussagen der Expert*innen innerhalb eines Kategoriensystems zu strukturieren und dann die entstandenen Kategorien inhaltlich vertieft auszuwerten.

Nach der ersten systematischen Durchsicht zeigte sich bereits, dass der überwältigende Teil der Aussagen drei Oberkategorien zugeordnet werden konnte, die im Kern den von Laloux beschriebenen Durchbrüchen entsprachen: Grad der Selbstführung, Grad der Ganzheit und Grad des evolutionären Sinnes. Die Bezeichnung „Grad" sollte dabei ein unverfälschtes Spektrum der Antworten der Interviewten zu ihrer Unternehmenskultur ermöglichen. Es gab sowohl positiv als auch negativ konnotierte Aussagen im Sinne von „Gut, wie sehr ich hier als ganze Person gesehen werde, nicht nur in meiner Funktion, sondern auch mit meinen Interessen und Wünschen" (positiv) oder „Ich bin hier nur ein Rädchen im Getriebe, wenn ich es nicht mache, macht es jemand anderes" (negativ). So konnten wir Tendenzen erfassen und eine Haltung der Führungskräfte in Bezug zu Laloux' drei Säulen abbilden. Einer vierten und fünften Kategorie wurden die Aussagen zugeordnet, die sich nicht auf Führung und Kultur im eigentlichen Sinne bezogen, sondern auf Umweltentwicklungen oder konkret dysfunktionale Abläufe etc. Dieser Teil der Arbeit wird hier nicht dargestellt (Balz 2016).

2.2.2 Die Ergebnisse: Zerrissen zwischen Wunsch und Wirklichkeit

2.2.2.1 Grad der Selbstführung

Die Analyse der Interviews zeigte deutlich, dass sich die Aussagen der Interviewten unter den drei Säulen abbilden lassen und Veränderungen innerhalb der Unternehmenskulturen stattfinden. Es zeigte sich jedoch ebenfalls eindrücklich, dass vielfach zwar der Wunsch nach Veränderung besteht, die Führungskräfte in ihrer exponierten Position jedoch vollkommen konträr handeln.

So wurde unter der am stärksten vertretenen Oberkategorie „Grad der Selbstführung" sichtbar, dass sich ungerecht verteilte Macht innerhalb der Unternehmen an vielen unterschiedlichen Punkten manifestiert. Diese Punkte erkannten die Führungskräfte auch und benannten sie eindeutig. So wurde immer wieder das Machtgefälle zwischen Führungskräften und Mitarbeiter*innen, aber auch innerhalb der höheren Hierarchien als stark belastend und den Arbeitsablauf hemmend beschrieben. Veränderungswünsche der angeprangerten Missstände wurden jedoch insbesondere für die eigene Position formuliert.

Das Gefühl, aus Kommunikation ausgeschlossen zu werden, den undurchsichtigen Entscheidungen der höher gestellten Vorgesetzten unterworfen zu sein und machtlos – ohnmächtig – zu sein, wurde als immens frustrierend und kraftraubend beschrieben. Im Hinblick auf ihre eigenen Untergebenen ließen die Interviewten hingegen eine starke Zerrissenheit erkennen – zwischen dem Wunsch nach Abgabe von Kontrolle und Macht auf der einen Seite und dem Wunsch, Macht zu erhalten. Es zeigte sich, dass die Interviewten zum Teil in sehr hierarchischen Strukturen verhaftet sind, die die Kulturen ihrer Unternehmen und ihren eigenen Führungsstil beeinflussen und umgekehrt.

▶ Oftmals handelten die Führungskräfte auf Basis der vorherrschenden Strukturen, auch wenn die Wunschkultur eher der einer evolutionären Organisation entsprach. Sie stabilisierten die Bedingungen, die sie ersetzen wollten.

Ein Lösen von hierarchischen Strukturen, etwa im Sinne einer Übertragung von Führungsverantwortung auf die Mitarbeiter*innen, oder der Versuch, mehr Transparenz zu leben und verfügbare Informationen radikaler zur Verfügung zu stellen, war nicht erkennbar – eher Formen von „kontrollierter Selbstführung".

2.2.2.2 Grad der Ganzheit

Unter der Säule „Grad der Ganzheit" konnten wir erkennen, dass der Platz für den ganzen Menschen in seiner*ihrer Individualität, mit seinen*ihren Emotionen und der maskulinen wie femininen Seite innerhalb der Unternehmen unterschiedlich zum Ausdruck kommt und kommen darf. Die Ganzheit der Person schien allerdings nicht die größte Präsenz in den Aussagen der Führungskräfte zu haben, denn hier wurden mit Abstand die wenigsten Aussagen getroffen. Dennoch zeigte sich auch sehr deutlich das Leid der befragten Führungskräfte in Bezug auf die Entfremdung zwischen ihren eigenen Mitarbeiter*innen und sich selbst. In diesem Kontext wurde etwa von einem „Elfenbeinturm" gesprochen und der wenigen Zeit, die bliebe für persönliche Gespräche und Anteilnahme.

Es wurde als durchweg positiv beschrieben, wenn sich die Führungskräfte selbst als gleichwertigen Teil der Summe der Menschen in ihrem Unternehmen begreifen konnten, die gemeinsam an einem Ziel arbeiten. An anderer Stelle wurde jedoch, beinahe wie eine Trotzreaktion, darauf verwiesen, dass immer klar sein sollte, wer die Führungskraft ist und dass die Mitarbeiter*innen eine untergebene Position innehätten. Dies wurde insbesondere dann geäußert, wenn die Mitarbeiter*innen die Führungskraft aufgrund ihrer Position aus ihrem eigenen Kreis ausgeschlossen hatten. Gegenseitige Schikanen wurden in diesem Kontext ebenfalls deutlich.

2.2.2.3 Grad des evolutionären Sinnes

Auf der Säule „Grad des evolutionären Sinnes" konnten wir die verschiedenen Herausforderungen erkennen, die die Unternehmen zum Teil dabei behindern, ihrem eigentlichen Sinn in der Gesellschaft nachzukommen und sich natürlich weiterzuentwickeln. Hier sind insbesondere die Problematiken im Zuge der gesellschaftlichen Megatrends (Nagy 2010) und die Ökonomisierung der Sozialen Arbeit zu nennen.

Die Fixierung auf Geld und Rendite anstatt auf die Sinnhaftigkeit des Auftrages wurde allseits stark bemängelt. Die Abhängigkeit der sozialwirtschaftlichen Organisationen von externen, machtvolleren Stellen stellte sich auch hier als eine behindernde Form der Hierarchie dar. Darüber hinaus wurde sehr deutlich, dass die Führungskräfte zwischen ihren eigenen Ansprüchen, das Beste für ihre Klient*innen zu erreichen und den Menschen in Not in den Mittelpunkt ihres Tuns zu stellen, sowie den Ansprüchen des Marktes zerrissen sind. Es zeichnete sich ab, dass die Sinnausrichtung der Unternehmen unter den gegebenen Bedingungen zu leiden scheint und somit auch die Sinnausrichtung der Mitarbeiter*innen. Die beschriebenen Entwicklungen lassen sich somit als schädlich für den sozialen Sektor ausmachen – insbesondere, wenn Führungskräfte weiterhin primär die Verantwortung für die positive Entwicklung der Unternehmen in ihrer Hand belassen und nicht, gemäß ihrem selbst formulierten Wunsch, Verantwortung an die Mitarbeiter*innen abgeben.

In vielen Antworten waren weitere Merkmale evolutionärer Organisationen zu erkennen: etwa der Wunsch, in den eigenen Arbeitsaufträgen die Sinnhaftigkeit des Unternehmens für die Gesellschaft wiederzufinden; ebenso die Vorstellung, Organisationen zusammenzuschließen, um das Beste für den Menschen zu erreichen. Auch die Ermöglichung von Freiraum für mehr Kreativität und weniger Kontrolle der Arbeitsleistung für die Mitarbeiter*innen wurde geäußert. Außerdem war die evolutionäre Perspektive für mehr Eigenverantwortung von Mitarbeitenden für wirtschaftliche Belange spürbar, wobei diese kritisch betrachtet werden muss. Es ist fraglich, wie die Führungskräfte reagieren würden, wenn sich die Mitarbeiter*innen tatsächlich in dieses ureigene Hoheitsgebiet einmischen würden.

Die Sinnhaftigkeit des eigenen Tuns steht für viele Menschen in der Sozialen Arbeit im Zentrum der beruflichen Entscheidung. Dies unterscheidet den dritten Sektor bzw. die Sozialwirtschaft deutlich von Profitunternehmen. Bei gleichzeitig geringerer Bezahlung von Mitarbeiter*innen wie Führungskräften in der Sozialwirtschaft im Vergleich zur gewinnfokussierten Wirtschaft wird deutlich, dass die Säulen Ganzheit und evolutionärer Sinn zentral sind, um die Attraktivität dieser Aufgaben zu erhalten.

2.2.3   Selbstführung – Ganzheit – evolutionärer Sinn: Do's and Dont's aus Sicht unserer Gesprächspartner*innen auf dem Weg zu einer neuen evolutionären Organisation

Im Laufe der Gespräche nannten die Führungskräfte ganz konkrete Dos and Don'ts, die sie erleben, sich wünschen, empfehlen, anstreben. Diese konkreten Anregungen und Aufforderungen wurden genannt als Schritte auf dem Weg zu einer für sie wünschenswerten Organisations- und Führungskultur. In der hier aufgeführten Form haben sie sich aus den Interviewantworten herauskristallisiert und sind aufgrund dessen auch an Führungskräfte der Sozialwirtschaft als die wesentlichen „Change-Manager*innen" ihrer Unternehmenskulturen gerichtet. Einiges haben wir zusammengefasst, pointiert. Vieles scheint selbstverständlich. Wir haben es dennoch aufgenommen, denn für unsere Gesprächspartner*innen war es bemerkenswert und eben nicht selbstverständlich (Tab. 2.1).

Wie sich erkennen lässt, sind auch in den hier formulierten Imperativen deutliche Parallelen zu Laloux' Forschungsergebnissen zu erkennen. Der Wunsch nach Selbstführung, Ganzheit und einer evolutionären Entwicklung der Organisation ist eindrücklich sichtbar. Auch die Wege hin zu gewinnbringenderen Formen der Organisationsausgestaltung scheinen präsent in den Themen und in der Umsetzung.

▶   Wo bereits evolutionäre Merkmale bestehen, herrscht Zufriedenheit. Wo sie nicht herrschen, werden sie vielfach gewünscht. Wo sie nicht gewünscht werden, werden sie dennoch gebraucht.

Tab. 2.1 (eigene Darstellung)

DO'S	DONT'S
Lassen Sie sich sichtbar und entschieden von der gemeinsam geteilten und kommunizierten Idee leiten. Und dann hören Sie auf Ihr Bauchgefühl!	Verhalten Sie sich nicht, als ob Sie mehr vom Alltagsgeschäft wissen als Ihre Mitarbeitenden – die sind schließlich an der Front. Schauen Sie Ihren Mitarbeiter*innen beim Arbeiten nicht über die Schulter.
Lassen Sie Ihre Mitarbeiter*innen machen, schaffen Sie Freiraum für Entscheidungen – das schafft Ihnen Luft für etwas anderes.	Bestimmen Sie nicht alles von oben – Sie selbst mögen das auch nicht.
Sprechen Sie offen und ehrlich mit Ihren Mitarbeiter*innen und seien Sie transparent – die können das auch ertragen.	Versuchen Sie nicht, hinter dem Rücken Ihrer Mitarbeiter*innen zu agieren – die merken es früher oder später ohnehin und dann kommt es zum Konflikt.
Erkennen Sie Ihre eigenen Grenzen, heißen Sie Grenzen der Macht willkommen, geben Sie Fehler zu.	Treiben Sie keinen Keil zwischen Ihre Mitarbeiter*innen und sich selbst – versuchen Sie, Hierarchien abzubauen.
Hören Sie auf Ihre Mitarbeiter*innen – es ist nicht Führungsaufgabe, die besten Ideen zu haben.	Verschließen Sie nicht die Ohren vor den Bedürfnissen Ihrer Mitarbeiter*innen.
Zeigen Sie sich als ganzer Mensch mit Ihren Stärken, Zweifeln, Emotionen und Schwächen – Ihre Mitarbeiter*innen werden sich dann auch öffnen können.	Tragen Sie nicht Ihre professionelle Maske. Ihre Individualität ist wichtiger als Ihre Rolle – verstecken Sie diese nicht.
Zelebrieren Sie gemeinsame Rituale und feiern Sie gemeinsam.	Lassen Sie nicht die Organisation bestimmen, wie Sie sich verhalten – verlieren Sie nicht Ihre Integrität.
Beziehen Sie Ihre Mitarbeiter*innen in die Entscheidungsfindung ein – entscheiden Sie gemeinsam.	Hören Sie auf, alles kontrollieren zu wollen – das klappt sowieso nicht und führt zu mangelnder Eigenverantwortung und Demotivation.
Tauschen Sie sich aus und unterstützen Sie einander – nicht nur Ihr Bereich ist wichtig.	Verfallen Sie nicht in Bereichsegoismus.
Alle müssen zusammen an der Erfüllung der Aufgabe arbeiten. Schaffen Sie Raum für Vernetzung.	Seien Sie kein*e Einzelkämpfer*in – das macht Sie selbst auch unglücklich.
Besinnen Sie sich, was der Sinn Ihres Unternehmens ist, machen Sie diesen immer wieder transparent und betrachten Sie ihre Entscheidungen vom Sinn aus – Geld ist nicht alles.	Setzen Sie nicht nur auf die alten Methoden der Betriebswirtschaftslehre aus der Privatwirtschaft – seien Sie offen für das neue Denken.
Leben Sie die Werte Ihres Unternehmens – wenn sie nicht (mehr) passen, passen Sie sie gemeinsam mit Ihren Mitarbeiter*innen an.	Lassen Sie Ihre Unternehmenswerte nicht an einer Tafel oder in Hochglanzbroschüren versauern – da schaden sie mehr, als dass sie nützen.

(Fortsetzung)

Tab. 2.1 (Fortsetzung)

DO'S	DONT'S
Lassen Sie Ihren Mitarbeiter*innen Freiraum für ihre Kreativität und zum Experimentieren – lassen Sie neue Dinge entstehen.	Zerstören Sie nicht neu aufkeimende Ideen, indem Sie alte Erde draufschütten, nur um Sicherheit zu erlangen.
Machen Sie Wissen verfügbar. Im Zweifel immer für die Transparenz.	Stoppen Sie Heimlichtuerei und Herrschafts-wissen.
Interessieren Sie sich wirklich für den Menschen hinter der beruflichen Funktion – fragen Sie, wertschätzen Sie Diversität.	Diskriminieren Sie nicht aufgrund von Alter, Geschlecht oder Herkunft – wenn die Sozialwirtschaft dies nicht für ihre eigenen Organisationskulturen hinkriegen sollte, wer dann?

Selbstführung – Ganzheit – evolutionärer Sinn/Do's and Dont's aus Sicht unserer Gesprächspartner*innen auf dem Weg zu einer neuen evolutionären Organisation

Literatur

Balz S (2016) Kultur im Unternehmen – ein Faktor der den Unterschied macht. Eine qualitative Untersuchung zur Organisationskultur in sozialwirtschaftlichen Unternehmen aus der Perspektive von Führungskräften. Unveröffentlichte Masterarbeit

Brian J (2015) Robertson: holacracy: the revolutionary management system that abolishes hierarchy. Penguin, New York

Bruch H, Bloch C, Färber J (2016) Arbeitswelt im Umbruch – Von den erfolgreichen Pionieren lernen. Top Job Trendstudie. Universität St, Gallen

Hammes M (2017) Gründungsimpulse in der Sozialwirtschaft – Die Wege junger Menschen in die Selbstständigkeit. Unveröffentlichte Masterarbeit, TH Köln

Hänsel M (2016) Gesunde Führung als Entwicklungsprozess für Führungskräfte und Organisationen. In: Hänsel M, Kaz K (Hrsg) CSR und gesunde Führung: Wertorientierte Unternehmensführung und organisationale Resilienzsteigerung. Springer Gabler, Berlin, S 13–39

Hurrelmann K, Albrecht E (2014) Die heimlichen Revolutionäre. Beltz, Weinheim

Kuckartz U (2016) Qualitative Inhaltsanalyse. Methoden, Praxis, Computerunterstützung, 3. Aufl. Beltz Juventa, Weinheim

Laloux F (2015) Reinventing Organizations. Ein Leitfaden zur Gestaltung sinnstiftender Formen der Zusammenarbeit. Vahlen, München

Nagy A (2010) Neun Megatrends als unternehmerische Herausforderung. Sozialwirtschaft 20(6):7–9

The Economist (Juli 2018) The ballot or the wallet

von Ameln F, Wimmer R (2016) Neue Arbeitswelt, Führung und organisationaler Wandel. GIO Gruppe. Interaktion. Organisation. Z Angew Organ 47(1):11–22

Babette Julia Brinkmann ist Professorin für Gruppen- und Organisationspsychologie an der Fakultät für Soziale Arbeit der Technischen Hochschule Köln.

Ihre Arbeits- und Forschungsinteressen sind gesellschaftliche Teilhabe, Selbststeuerung und verteilte Autorität in Organisationen der neuen Arbeitswelt, Frauen und ihr Weg zu Macht und Einfluss.

Sie ist ausbildungsberechtigte Trainerin für Gruppendynamik (DGGO), Supervisorin (DGSV) und systemische Organisationsberaterin (IGST Heidelberg). Sie berät in eigener Praxis Organisationen im Wandel, Familienunternehmen, Gründerinnen und Frauen im Management.

Babette Brinkmann ist Mutter von drei Kindern und lebt in München und Köln.

www.th-koeln.de/personen/babette.brinkmann

www.brinkmannberatung.de

Stefanie Balz ist Sozialarbeiterin und lebt und arbeitet in Bonn. Sie hat das Bachelorstudium der Sozialen Arbeit an der Katholischen Hochschule in Köln und den Master in Pädagogik und Management in der Sozialen Arbeit an der Technischen Hochschule in Köln abgeschlossen. Derzeit absolviert sie eine Ausbildung zur systemischen Beraterin/systemischen Therapeutin und zum CRA-Counselor.

Ihr Forschungsinteresse bezieht sich insbesondere darauf, wie in Organisationen der Sozialwirtschaft zusammengearbeitet wird, welche Bedeutungen hier Macht, Hierarchien und Führung haben und wie diese Themen im Zusammenhang mit Gender-Mainstreaming zu bewerten sind.

In ihrer Masterarbeit ist sie den neuen Formen der Zusammenarbeit – in Anlehnung an Frederic Laloux Forschung – in sozialwirtschaftlichen Organisationen auf den Grund gegangen.

Auch die Konsument*innen bestimmen mit

3

Uwe Lübbermann im Gespräch mit Rehzi Malzahn

Rehzi Mahlzahn

Bei Premium weiß selbst der Gründer Uwe Lübbermann nicht mehr, wo innen und außen ist. Zu den Laloux'schen Prinzipien *Sinnhaftigkeit, Selbstführung* und *Ganzheit* gesellt sich im Netzwerk der Premium-Getränke die *Gleichwürdigkeit* der Menschen, und das schließt die Konsument*innen mit ein. Uwe Lübbermann erzählt im Gespräch mit Rehzi Malzahn, wie es dazu kam, was funktioniert und warum Premium bis jetzt keine kollektive Eigentumsform hat.

Uwe Vor 16 Jahren wurde bei einer Cola, die ich gerne getrunken habe, das Rezept verändert, ohne die Kund*innen zu informieren. Das hat mich geärgert. Für mich war klar, dass solche Entscheidungen gemeinsam mit den Konsument*innen getroffen werden müssen. Da die Produzent*innen meiner Lieblingscola das aber nicht wollten, habe ich es eben selber in die Hand genommen. So entstand Premium.

Jeden Sonntagabend habe ich im Golden Pudel Club hier in Hamburg zu einem offenen Plenum eingeladen, um alle zu berücksichtigen, die irgendwie davon betroffen sind. Das ist der Aspekt, den wir bis heute anders, ich möchte sagen, radikaler oder konsequenter, machen als alle anderen Unternehmen und auch alle Kollektive, die wir kennen: Bei uns geht es nicht darum, ob du formal dazugehörst oder nicht, sondern darum, ob du betroffen bist. Wenn ja, dann hast du automatisch Mitspracherecht.

Aus den Diskussionen im Pudel, die ein Jahr gelaufen sind, ist eine Sache übriggeblieben, die ich auch als unseren zentralen Wert ansehen würde: dass wir die *Gleichwürdigkeit* von Menschen herstellen. Alle Menschen sollen grundsätzlich gleichberechtigt

R. Mahlzahn (✉)
Köln, Deutschland

© Springer-Verlag GmbH Deutschland, ein Teil von Springer Nature 2019
H. Parnow und P. Schmidt (Hrsg.), *Zusammen arbeiten, Zusammen wachsen, Zusammen leben,* https://doi.org/10.1007/978-3-662-58965-6_3

sein, Zugang zu Ressourcen haben, an der Entscheidungsmacht partizipieren und im Ergebnis gleichwürdig dastehen.

Nach 16 Jahren ist das Ganze jetzt ein Projekt mit drei Rechtsformen. Ich bin Einzelkaufmann und kaufe und verkaufe Cola und Bier. Dann gibt es die *Frohlunder UG,* das sind David und Roman aus Freiburg, mit einer Mate- und einer Holunderlimonade, und dann sind da Anne und Kolle aus Dresden mit *Kolle-Mate.* Das ist, wenn man so will, der rechtliche Kern für die zwölf[1] Menschen, die hauptsächlich für das Projekt arbeiten und davon auch überwiegend leben, herkömmlicherweise würde das wohl als das Kollektiv bezeichnet werden. Aber wir glauben, dass das nicht reicht, weil der Produzent, der von Anfang an dabei ist, genauso dazugehört wie der Spediteur, der seit 14 Jahren für uns fährt, wie die Händler*innen, Gastronom*innen und so weiter. Das heißt, wir denken das in Kreisen. Die zwölf Leute sind das Orgateam und halten den Betrieb am Laufen. Das ist komplett online organisiert, wir sehen uns real ein- bis zweimal im Jahr, was ziemlich problemarm funktioniert. Wir sind also kein typisches „Wir treffen uns alle und diskutieren"-Kollektiv.

Der nächste Kreis besteht aus dreißig Menschen, die wir *Sprecher*innen* nennen. Ihre Aufgabe ist es, sich in ihrer Gegend um die Gastronomie und die Kund*innen, das heißt die Händler*innen, zu kümmern.

Der nächstgrößere Kreis besteht im Moment aus mehr als 200 Leuten, die sich selber *das Kollektiv* nennen. Sie sind letztlich ‚nur' Mitglieder in einem Onlineforum, es gibt keine formale Dachorganisation für die drei Firmen. Von diesen 207 Leuten sind ungefähr die Hälfte Konsument*innen, weil wir bis heute daran festhalten, dass sie diejenigen sind, die unser Unternehmen tragen und daher auch mitreden dürfen. Und die andere Hälfte sind gewerbliche Partner*innen. In diesem Forum diskutieren wir Entscheidungen, die für das gesamte Unternehmen relevant sind.

Die vierte Entscheidungsebene ist die individuelle Ebene, hier gibt es die maximale Entscheidungsfreiheit. Das heißt, alles, was nur dich als Einzelperson betrifft, entscheidest du bitte für dich. Wann, wie, wo, was, wie viel du arbeitest. Und erst dann, wenn es andere betrifft, musst du diese anderen befragen, dich mit ihnen abstimmen und einen Konsens finden. Und wenn es das Ganze betrifft, musst du dich eben mit allen abstimmen. Konsens bedeutet auch: Ein Veto reicht, um einen Vorschlag zu blockieren. Das heißt, du musst vorher alle fragen, was ihre Wünsche und Bedürfnisse sind, wie etwas sinnvoll organisiert werden kann, worauf sich geeinigt werden kann. Dann unterbreitest du einen Vorschlag. Zu Vetos kommt es im Schnitt zweimal im Jahr, das heißt, es gelingt uns ganz gut, Vorschläge vorzubereiten, die für alle stimmig sind.

Innerhalb des ganzen Konstrukts gibt es nicht einen einzigen schriftlichen Vertrag. Formal sind im Orgateam bisher alle selbstständig. Das heißt, alle könnten jederzeit aufhören mitzuarbeiten, wenn sie sich nicht mehr gut behandelt fühlen. Das führt dazu,

---

[1]Eine Person ist ausgewandert, sodass bei Erscheinen des Buches das Orgateam nur noch aus elf Menschen bestand.

dass wir so miteinander umgehen müssen, dass alle bleiben wollen. Es gibt also niemanden, der auf irgendeiner formalen Basis jemand anderem sagen kann, was er oder sie zu tun hat. Sondern: Wenn etwas getan werden soll, oder es auch mal unterschiedliche Ansichten gibt, ist es notwendig, sich zu erklären, die eigene Perspektive zu begründen und einen gemeinsamen Weg zu finden.

An dieser kollektiven Arbeitsweise wollen wir festhalten, aber vor kurzem kam bei zwei Kollektivist*innen der Wunsch auf, angestellt statt freiberuflich zu arbeiten. Nun schauen wir, ob und wenn ja, wie wir dies mit unserer Arbeitsweise und unseren Rechtsformen vereinbaren können. Wir bleiben also nicht stehen, sondern entwickeln uns je nach Bedarf im Kollektiv weiter.

Dann gibt es einen nächstgrößeren Kreis von 1700 gewerblichen Partner*innen, Gastronom*innen, Spediteur*innen, Etikettendrucker*innen, Kistenmacher*innen usw., die alle jederzeit am Forum teilnehmen könnten, es aber nicht tun, sondern einfach so mit uns arbeiten. Zuletzt gibt es den größten Kreis, das nennen wir unsere *Grundgesamtheit,* das sind alle Konsument*innen, die auch jederzeit in das Forum gehen könnten, um ihre Wünsche einzubringen.

Vor diesem Hintergrund weiß ich jetzt selber nicht, was ist intern und extern, und genau das will ich ja auch auflösen. Wirklich extern bist du nur, wenn du nie eines unserer Getränke getrunken hast und in keiner Weise mit uns verbunden bist.

Rehzi Und keine*r von euch hat in irgendeiner Weise das Bedürfnis zu kontrollieren?

Uwe Das kann schon mal aufkommen, aber dann habe z. B. ich ja auch ein Vetorecht. Das heißt, keiner hat die Kontrolle, aber alle haben auch nicht Nicht-Kontrolle. Darüber hinaus haben wir eine etwas untypische Kollektivaufstellung, weil ich nach wie vor als Gründer und Inhaber der Marken Cola und Bier eingetragen bin. Das heißt, ich habe *offiziell* die Möglichkeit, jederzeit jeder Person, die mir nicht passt, die Zusammenarbeit aufzukündigen, und ich hätte auch die Möglichkeit, jederzeit Dinge alleine zu entscheiden und niemand könnte mir da theoretisch reinreden. Die Domain, auf der auch das Forum, unser wichtigstes Kommunikationsmittel, läuft, ist auf mich registriert und ich könnte jemanden dort löschen. Aber: Wenn ich so etwas tue, verliere ich das Vertrauen der Leute, und das Kollektiv wäre von heute auf morgen weg, und damit auch Premium. Das heißt, ich kann genau das nicht machen.[2]

Wir haben aber die Einigung über sogenannte Notentscheidungen, wobei das Ziel ist, diese möglichst nie anzuwenden. Nur wenn es gar nicht anders geht. Aber dann ist dies auch essenziell für Premium. Ich habe von vielen Kollektiven mitbekommen, dass das fehlt, dass sie sich irgendwann selber lähmen und zerstreiten. Da wäre es gut, wenn es

---

[2]Während des Autorisierungsprozesses für diesen Text haben die Mitglieder des Orgateams bestätigt, dass es ein großes Vertrauen gegenüber Uwe gibt und ihm aufgrund seiner Erfahrung, aber sicher nicht aufgrund formaler Dinge, häufig gefolgt wird.

einen Plan B gäbe. Wir hatten zwei Mal die Situation, dass wir nicht produzieren konnten, weil wir keinen Konsens erreichen konnten zum Thema „Kunst-Rückseitenbild" und „Text auf den Vorderseiten". Daraus wurde die Regelung: Wenn wir uns nicht bewegen können, dann darf die verantwortliche Person eine Entscheidung treffen. Eine dritte Situation war eine Fehlproduktion mit dem doppelten Koffeingehalt. Es ist gesetzlich so, dass du das unverzüglich zurückrufen musst. Da habe ich als Produktverantwortlicher das Ruder in die Hand genommen, um das sofort in Gang zu setzen.

Darüber hinaus glaube ich, dass es eine orientierungsgebende Rolle braucht. Ich mag das Wort Führung nicht, aber ich betrachte es als meine Aufgabe, immer wieder eine Orientierung zu geben, wie wir unsere Grundwerte umsetzen können, das Projekt auf einem Kurs zu halten, aber ohne dass ich Anweisungen geben kann.

Rehzi Das Wort Orientierung ist vielleicht ein ganz guter Begriff, um eine bestimmte Rolle zu beschreiben, die auch in verschiedenen Mediations- und Konfliktregelungsmechanismen wichtig ist. Es braucht jemanden, der den Raum hält.

Uwe Ganz genau. Und eine Person, die gefragt werden kann, wenn Unsicherheiten bestehen, die seine Meinung dazugibt. Der dann gefolgt werden kann oder auch nicht.

Rehzi Ich möchte auf die Frage der Eigentumsverhältnisse näher eingehen. Ich finde das schwierig, wenn das finanzielle Engagement in einem „kollektiven" Unternehmen ungleich verteilt ist. Wenn es also Leute gibt, die da nur arbeiten, und andere, denen es auch gehört, sie aber formal miteinander gleichgestellt werden und so getan wird, als wären alle gleich und als würden alle miteinander entscheiden. Es zeigt sich, dass ökonomische Krisen mit dem enormen Druck, den sie erzeugen können, das ganz schnell zum Explodieren bringen. Weil dann plötzlich die Leute, die mit einem eigenen finanziellen Engagement da drin sind, den Druck stärker spüren, eine größere Verantwortung und ein höheres Risiko tragen und mit einem Mal nicht mehr bereit sind, die Entscheidungen zu teilen, was verständlich ist. Eigentümer*innen oder Aktionär*innen besinnen sich dann gerne auf ihre Macht. Andererseits habe ich auch beobachtet, wie sich die „Arbeiter*innen" aus der Verantwortung zurückziehen, wenn es kritisch wird: à la „ist ja nicht mein Problem". Ich finde das toxisch. Für mich ist klar, die Verantwortung und die Macht müssen gleich verteilt sein.

Uwe Bei uns ist es auch so, dass ich voll hafte für Cola und Bier. Egal was da schiefgeht, ich bin dran. Ich hafte voll, weil ich es a) so gegründet habe und b) sinnvoll finde, dass Unternehmende für das haften, was sie tun. Die finanzielle Verantwortung ist aber nur auf den ersten Blick bei mir. Wenn ich pleitegehe, verlieren die anderen ja auch ihren Auftraggeber. Das heißt, sie sind auch betroffen. Und wenn es dem Gesamtbetrieb schlecht geht, müssen wir überlegen, ob wir für alle die Löhne kürzen oder ob jemand gehen muss und wenn, wer dann zuerst, wer kann es sich am ehesten leisten, wer kann am leichtesten etwas Neues finden? Wer kann überbrücken? Ich hatte Sorge, dass wir in so einer Krise auch in Schwierigkeiten geraten. Und deswegen bin ich froh, dass wir kürzlich eine kleine Krise hatten. Wir haben die zwölfte Person an Bord geholt und dann erst gemerkt, dass wir sie uns gar nicht voll leisten können. Das war kurz doof. Dann habe ich mir gedacht, gucken wir mal, ob allen klar ist, dass wir letztlich vom Verkauf von Getränken leben. In den Jahren davor hat es immer gepasst. Aber ich war unsicher, ob es, wenn es mal darauf ankommt, ein Bewusstsein dafür gibt. Und dann habe ich das so auch ins Kollektiv gegeben: Leute, so und so ist die Situation, wir haben die zwölfte Person dazugeholt, eigentlich gehen nur elfeinhalb und wir müssten jetzt zusehen, dass jede*r Sprecher*in ein, zwei Kund*innen in den nächsten Monaten dazugewinnt. Keine Pflicht, niemand muss, und es ist auch nicht bedrohlich, aber es ist knapp. Und das haben fast alle verstanden, und fast alle haben mitgezogen. Wir haben den Dreh hinbekommen, und seit ein paar Wochen sind wir so gut aufgestellt, dass wir uns die zwölfte Person gut leisten können.

Ein Freund hat es letztens auf den Punkt gebracht: Die Rechtsform ist egal. Das habe ich vorher gar nicht so gesehen. Ich habe immer gedacht, es ist ein Makel bei uns, dass wir keine Form haben, wo alles allen gehört. Solange du es so betreibst, ist das Formale aber egal.

Rehzi Das ist die Frage. Laloux behauptet das ja auch, aber ich würde es bestreiten. Was ist zum Beispiel, wenn du stirbst: Wer garantiert, dass es so weitergeht? Klar, du kannst sagen, die Leute würden unter anderen Bedingungen nicht mehr mitmachen, aber der Witz am Kapitalismus ist ja, dass dann halt einfach neue Leute gesucht werden.

Uwe Dann würde ich schlagartig alles verlieren und stünde als Einzelkaufmann mit meinen Marken alleine da. Es ist daher unwahrscheinlich, dass das geht. Aber ja, wir haben auch schon über solche Szenarien gesprochen. Es gibt ein Testament. Wenn ich sterbe oder unzurechnungsfähig werde, geht die Marke an Anne und Eduard, so hat es das Kollektiv entschieden. Ich hätte es besser gefunden, wenn es nur an eine Person gegangen wäre, denn was ist, wenn die sich in einem Notfall nicht einig werden?

Rehzi Warum nicht an alle? Wenn euer Konsens so gut funktioniert, warum stellt ihr euch nicht als Genossenschaft oder etwas Ähnliches auf?

Uwe Ich muss ehrlich sagen: Solange ich die Marke *Premium* besitze, kann ich sicherstellen, dass es so, wie ich es aufgebaut habe, weiterläuft. In den Konflikten in der Vergangenheit hat sich gezeigt, dass es gut war, wenn wir jemanden, mit dem oder der es nicht passt, notfalls auch wieder loswerden kann, und dazu bedurfte es manchmal eines „Machtwortes" – in 16 Jahren bis jetzt zwei Mal. Da war es gut, dass ich die Position des „Orientierungsgebers" hatte. Mit Miteigentümer*innen stelle ich mir das wesentlich schwieriger vor, und dann entsteht eine Blockadesituation, wie sie viele Kollektive haben. Vielleicht bin ich da auch einfach noch nicht weit genug und habe noch zu viel Angst davor loszulassen.

Rehzi Die Rechtsform ist also doch nicht egal.

Uwe Na ja, ich bin ja kein klassischer Eigentümer, der die Entscheidungsmacht alleine beansprucht und den Gewinn mitnimmt. Aber wenn ich es genau betrachte, hast du vermutlich recht.

Rehzi Wie kommen Leute überhaupt zusammen und fangen an, sich als Gruppe zu begreifen, wo auch jede*r Einzelne die Verantwortung nicht nur für sich selbst, sondern auch für die Gruppe übernimmt?

Uwe So eine stabile Kultur kriegst du nur hin über Zeit, Vertrauen und eine klare Orientierung, welches Verhalten in Ordnung ist und wo die rote Linie ist – die überschreitest du bitte nicht! – und das muss allen auch klar sein! Dafür brauchst du einen oder mehrere Wächter*innen, die ab und an Grenzen setzen, wenn es nötig wird.

Rehzi Wie läuft das bei euch?

Uwe Mittlerweile korrigieren wir uns ganz gut gegenseitig. Früher hat es da noch mehr meine Ansage gebraucht. Einmal etwa hat einer im Mailverteiler andere aufgrund ihrer Herkunft diskriminiert. Da habe ich gesagt, hey, wir haben viel Toleranz für alles Mögliche, aber hier ist die Grenze der Gleichwürdigkeit überschritten, wenn du das nicht lässt, musst du gehen. Hätte ich das durchgehen lassen, wäre es beliebig geworden. Heute gibt es mehr Leute, die intervenieren, und die gemeinsame Kultur ist insgesamt stärker. Wir haben auch Leute, die für mich menschlich nicht passen, aber deswegen müssen die noch nicht gehen. Ich will ja etwas ändern mit Menschen, also will ich mit ihnen in Kontakt sein und sie hoffentlich gedanklich bewegen. Deswegen ist für uns ganz klar, du musst nur gehen, wenn du vorsätzlich Schaden anrichtest oder es versuchst. Dass Personen sich nicht so sympathisch sind, reicht definitiv nicht.

Rehzi Habt ihr irgendwelche grundsätzliche Überlegungen zum Thema Konfliktlösungen?

Uwe Wir haben viele Sachen ausprobiert und sind am Ende bei einer gelandet. Wir hatten mal eine sehr schwierige Person, wo wir alle nicht weiterwussten, und da haben wir Mediator*innen dazugeholt. Dann haben wir einmal einen Rat einberufen, der in Fällen vermitteln sollte, in denen jemand mit mir nicht klargekommen wäre, das war eine theoretische Überlegung, und es war auch mein Wunsch, dass wir so etwas einrichten. Dann hatten wir ein paar Jahre später eine solche Situation; wir haben den Rat insgesamt vier Mal befragt, aber er hat nichts zustande bekommen. Dann haben wir eine Zeit lang einen

Rückschritt gemacht. Ich habe meine Rolle umbenannt und gesagt, ich bin nicht mehr der zentrale Moderator, sondern ich bin jetzt mal der wohlmeinende Diktator. Das war rückblickend ein Fehler. Ich habe es schlecht formuliert; das würde ich heute anders machen. Es hat aber innerhalb eines halben Jahres zu einer klaren Orientierung geführt, weil das Projekt auf der Kippe stand. Und dann hatten wir eine fette Krise, wo jemand uns von innen ein Jahr lang mit Einwürfen, Diskussionen, Diskriminierungen usw. beschäftigt hat und ich das laufen gelassen habe, bis zu dem Punkt, an dem es nicht mehr ging. Dann hat die Person etwas gestohlen, ist rausgeworfen worden – das heißt es gab einen Konsens minus das Veto von ihr – und dann hat sie uns noch ein Jahr lang von außen über das Netz beschossen, mit Halbwahrheiten, hat auf Indymedia unter mehreren Accounts mit sich selbst diskutiert etc., also richtig Energie investiert. Da war ich, ehrlich gesagt, überfordert, weil ich es nicht mehr gewohnt war, uns verteidigen zu müssen. Wir haben es offengelegt, ohne den Namen zu nennen, haben die Kund*innen kontaktiert, versucht den Schaden zu begrenzen. Irgendwann habe ich mir gedacht: Ich muss das drehen. Ich habe geguckt, wo die Person versucht, uns zu schaden, und ob es an dem Punkt nicht doch eine kleine Verbesserungsmöglichkeit gibt. Ich habe sie also als Tester benutzt, wie in der Softwarewelt, wo Leute gebucht werden, die einen attackieren, um Schwachstellen zu finden. Das hat sie dann verstanden und aufgehört. Danach haben mir Leute im Kollektiv rückgemeldet, wie gut sie es fanden, dass auch unter dieser existenzbedrohenden Attacke die Werte nicht verraten wurden. Und es war schon schwer, die Person *nicht* zu verklagen, zu verprügeln etc. Ich hatte Lust dazu, bin aber nicht *ihren* Weg, sondern *meinen* weitergegangen. Das hat bei allen noch einmal das Vertrauen gestärkt. Seitdem wird im Fall eines Konfliktes gerne mein Rat eingeholt und ihm wird meist auch gefolgt. Nicht automatisch, aber mit hoher Wahrscheinlichkeit. Es gibt da einen großen Respekt, was auch so formuliert wird. Und wenn ich mit jemandem Streit hätte, dann würden wir vermutlich wieder Mediator*innen fragen.

Rehzi Wie entsteht dieses Vertrauen zwischen Leuten, die sich zum Teil gar nicht kennen und äußerst selten sehen?

Uwe Zu Anfang war es, glaube ich, einfach der positive Eindruck, dass da jemand ist, der eine*n anhören will. Auf dem Plenum wird dann festgestellt: Die meinen das ja ernst, ich darf hier wirklich mein Veto einlegen. So entstand eine Grundgruppe – zwei, drei Leute, die öfter dabei waren, und dadurch entsteht ein eingeübtes Miteinander, noch keine Kultur, aber so eine Art, wie miteinander umgegangen wird. Das ist etwas ganz Weiches.

Und dann wird einfach Schritt für Schritt die Gruppe aus- und aufgebaut. Nach einem Jahr kamen andere Städte dazu, also brauchten wir eine Onlinelösung. Und wenn du eine Gruppe aus fünfzig Leuten hast, die sich online findet und sich einmal im Jahr trifft, dann hast du irgendwann so etwas wie Sekundär- und Tertiär-Vertrauen. Das heißt, jemand, der neu dazukommt, hat vielleicht schon mal von jemandem gehört, der schon zwei Jahre dabei ist, hat sich das erzählen lassen, wie das läuft, kommt dazu, stellt fest, das ist ja wirklich so, und wächst typischerweise innerhalb von drei Wochen da rein.

Rehzi Mir kommt da der Gedanke, dass es entscheidend von deiner Haltung und deiner Person abhängt. Du hast von Anfang an eine bestimmte Haltung geprägt, dadurch die zwei anderen eingeladen, ihr habt miteinander harmoniert und der Rest ist daraus gewachsen.

Uwe Du hast recht, die Grundlagen habe ich gelegt. Aber das sind auch viele Jahre, das heißt, die Leute, die da mitmachen, haben mich das immer aufs Neue prägen lassen, solange ich das halt so mache, dass es ihnen taugt. Aber es ist nicht so, dass ich das alleine präge.

Rehzi Und wie kommen die Leute zu euch?

Uwe Wenn wir neue Jobs beschließen, dann stellen wir die Info ins Forum in einen speziellen Jobordner und fragen, wer es probieren will. Der Ordner ist nicht komplett öffentlich erreichbar, du musst eingeloggt sein, und dafür musst du eine vorhandene Person einmal getroffen haben, deinen realen Namen angeben und irgendeine Art von Rolle haben, es reicht, einmal eine Flasche von uns getrunken zu haben. Die erste Person, die sich meldet, kann es übernehmen. Das ist bewusst so, wir interessieren uns nicht für Zeugnisse und Referenzen. Ganz selten haben wir mal mehrere Leute, die etwas übernehmen wollen. Letztes Mal haben wir dann eine Testaufgabe gestellt. Die Einreichungen haben wir anonymisiert und die sozialste Lösung gewählt. Es muss übrigens niemand gehen bei uns, weil er nicht passt oder langsam ist oder Fehler macht.

Das Produkt sind nicht die Getränke, sondern das Kümmern um die Menschen. Für uns ist es völlig normal, dass wir den Betrieb auf die Menschen anpassen. Es geht nicht darum, den Job zu definieren, und dann eine Person dorthin zu setzen und wenn das nicht klappt, wird die Person ausgetauscht, sondern wenn das nicht klappt, wird der Job ausgetauscht. Und das ist schon mehr Aufwand. Wenn jemand etwas gerne machen will, bauen wir das so um, dass er das machen kann. Was normalerweise genau andersherum läuft: Das ist dein Job, mach ihn oder lass es! Auf den gesamten Menschen einzugehen, heißt auch, die Leute können selber bestimmen, wann sie arbeiten, wo sie arbeiten, was sie arbeiten, womit sie arbeiten. Wir kümmern uns auch drum, in Lebenskrisen passend zu reagieren, also zum Beispiel, wenn die Leute oder ihr Kind, Hund, Partner*in krank sind und Ähnliches. Das heißt, wir versuchen das Gesamtunternehmen so zu betreiben, wie wir finden, dass ein Unternehmen eigentlich sein sollte.

Rehzi Habt ihr euch das irgendwo abgeguckt oder habt ihr das selber entwickelt?

Uwe Das hat sich nach und nach so entwickelt. In den Anfangsjahren habe ich mich oft in Ruhe zu Hause hingesetzt und überlegt: Wenn es so gebaut werden könnte, wie es sein sollte, wie müsste das aussehen? Darauf habe ich dann hingearbeitet. Das geht soweit, dass wir z. B. keine Mengenrabatte machen, weil der Große eh schon genug verdient, sondern Antimengenrabatte für kleine Händler*innen, weil die kleinen Händler*innen die höheren Kosten haben. Der ganze Rest der Wirtschaftswelt macht es anders herum.

Rehzi Wie funktioniert das ökonomisch? Ich habe den Verdacht, dass solche menschenfreundlichen Ansätze stark davon abhängig sind, wie gut eine Sache finanziell dasteht.

Uwe Von Anfang an haben wir es ohne Kredite, sondern eben langsam und schrittweise aufgebaut. Ich habe übrigens siebeneinhalb Jahre gebraucht, bis ich selbst einen finanziellen Anteil hatte und achteinhalb, bis ich davon komplett leben konnte. Das heißt, wir sind langsam und organisch gewachsen. Alle, die selber Kosten hatten, wie die Abfüller*innen, die Spediteur*innen, die Händler*innen etc., wurden von Anfang an bezahlt, denn die müssen es ja aktuell erwirtschaften. Alle, die keine direkten Kosten hatten, wurden zunächst nicht bezahlt. Ich z. B. habe meinen Hauptjob behalten und das nebenbei aufgebaut. Und dann, als es ging, haben wir rückwirkend alle bezahlt, die vorher gearbeitet hatten. Außerdem haben wir viele Dinge nicht, die andere Unternehmen haben, wie z. B. Renditen für Investor*innen. Wir haben keine Werbebudgets, sondern machen nur sogenannte Pull-Kommunikation: eine Homepage und unsere Vorträge und Workshops. Es gibt keine Anzeigen, Litfaßsäulen, Werbespots etc. Wir haben keine Büros, wo repräsentiert werden müsste, keine Firmenwagen und auch keine Gewinne, sondern das Ziel ist: Die Zutaten müssen bezahlt sein, die Arbeit muss bezahlt sein, ein Cent pro Flasche wird für Krisen beiseite gelegt und dann ist gut.

Wir haben außerdem dadurch, dass wir uns um die Menschen kümmern, einen ziemlich effizienten Betrieb, was paradox klingt. Anfangs haben wir zwar höhere Transaktionsaufwände, weil wir viel mehr mit den Leuten reden müssen, aber wenn du dich wirklich bemühst, alle mit einzubinden und darauf achtest, dass es allen gut geht, wenn du zufrieden und glücklich mit Leuten arbeiten kannst, und nur ein bisschen nachjustieren musst, hast du mittel- und langfristig wesentlich weniger Aufwand. Und mit zufriedenen Kund*innen hast du weniger Stress, das Gleiche gilt für Lieferant*innen etc. Du kannst auf die Leute zählen.

Rehzi Wie funktioniert denn die Bezahlung?

Uwe Es gibt ja die drei Firmen, über die laufen die ganzen Rechnungen, wobei wir darauf achten, dass keine der Firmen mehr tragen muss, als sie gerade kann. Untereinander haben wir einen Einheitslohn, derzeit 18 EUR brutto pro Stunde und drei Lohnergänzungen: für Menschen mit Kindern nach Kinderzahl, für Menschen mit Behinderungen und für Menschen, die sich einen Arbeitsplatz irgendwo einrichten wollen. Die meisten leben übrigens nicht ausschließlich von ihrer Arbeit bei uns. Das halte ich sowieso für keine gute Idee, von etwas komplett zu leben, weil du dich dann abhängig machst.

Mittlerweile sehen wir aber mindestens sieben verschiedene Formen von „Lohn": *Geld* ist das erste Element, klar. *Sicherheit* ist ein zweiter, versteckter Faktor: dass das Geld regelmäßig kommt; dass du weißt, du kannst nur rausgeschmissen werden, wenn du Konsens minus deines Vetos erreichst; dass du viele kleine Kund*innen hast und nicht nur wenige große; dass es Rücklagen gibt. *Freiheit:* wann du arbeitest, wie du arbeitest, was du arbeitest. *Ganzheit:* eine Person sein dürfen und dich nicht verstellen müssen, deine ehrliche Meinung sagen dürfen. Der *Sinn* der Tätigkeit ist auch ein wichtiges

Element, ebenso wie *Einfluss* zu haben: über 600 Vorträge, Diskussionen, Workshops und Seminare, in dem wir unser Modell erklären und weitergeben – da kann ich etwas bewegen. *Bildung oder persönliches Wachstum:* Wenn du möchtest, können sich Job und Arbeitsalltag wandeln, du kannst neue Dinge lernen und übernehmen. Es ist eben nicht nur das Geld, was zählt, sondern diese anderen Faktoren auch.

Rehzi Inwiefern habt ihr Einfluss auf das Lohnniveau derjenigen, mit denen ihr zusammenarbeitet?

Uwe Was wir immer machen, ist, dass wir z. B. bei einem Händler durchs Lager gehen und mit den Lagermenschen reden und versuchen zu erspüren, wie es denen geht. Und wenn wir das Gefühl haben, da passt was nicht, dann sprechen wir es an und drohen zur Not sogar mit Rauswurf. Das haben wir einmal gemacht, das war, bevor es den Mindestlohn gab. Da gab es einen Flaschensortierer, der bekam 1,50 EUR die Stunde. Da haben wir zu unseren Partner*innen gesagt, das musst du ändern, sonst werfen wir dich raus. Das hat er auch gemacht, auf 7,60 EUR netto damals, was immer noch nicht viel ist, aber immerhin. Außerdem stehen wir immer im Austausch mit unseren Kooperationspartner*innen, wir leben das vor und sagen ihnen auch aktiv, dass die Leute gut bezahlt werden müssen, damit die sich versichern und ernähren können und motiviert sind, dann ist besser Verlass auf sie, dann sind sie eher bereit, mit dem Kopf zu arbeiten und nicht nur Dienst nach Vorschrift zu machen. Ab und an haben wir mit unserer Kommunikation Erfolg. Seit es den Mindestlohn gibt, ist krasser Missbrauch ohnehin seltener geworden, aber es gehen nicht alle mit auf unser Level. Was auch verständlich ist, ihre Strukturen sind ja nicht wie unsere.

Es gibt aber viel Interesse an uns auch von Leuten, mit denen wir erst einmal nichts zu tun haben. Seit sechs Jahren werden wir regelmäßig auf Kongresse, an Hochschulen, in Kollektive, in besetzte Häuser etc. eingeladen, um von unserem Modell zu berichten. Wir bieten mittlerweile auch einen Workshop über Konsensdemokratie an, und seit Oktober letzten Jahres machen wir sogar, auch wenn ich das Wort nicht mag, so eine Art Unternehmensberatung. Finanziell muss sich das selbst tragen, wobei wir aber keine festen Preise nehmen, sondern bei den Vorträgen fragen wir immer, was aus Sicht der Veranstalter*innen fair und leistbar erscheint, und wir sagen dazu, dass wir kommen, egal was die Antwort ist. So gleichen die, die viel zahlen (können) es für die aus, die nichts haben. Das Honorar fließt in einen gemeinsamen Topf, das läuft wunderbar. Ich habe vor fünf Jahren mit diesen Beratungen angefangen, weil ich einfach noch mehr Wandel anschieben möchte. Die einzige Einschränkung dabei ist: keine Waffenkonzerne, keine rechten Organisationen.

Rehzi Ich danke dir für das Gespräch.

Das Interview wurde mit Uwe geführt und anschließend in einem offenen Dialog vom Orgateam autorisiert. www.premiumkollektiv.de/kontakte.

Rehzi Malzahn arbeitet als freie Autorin, Übersetzerin, Referentin und Mediatorin und lebt zwischen Südfrankreich und Köln. Ihre Themen sind Herrschaftskritik – hier insbesondere Kritik von Strafe und Inhaftierung, und Alternativen/Utopien – in diesem Kontext vor allem Restorative Justice.

Veröffentlichungen: „dabei geblieben – Aktivist*innen erzählen vom Älterwerden und Weiterkämpfen" (Unrast, Münster 2015), „Strafe und Gefängnis. Theorie, Kritik, Alternativen. Eine Einführung" (Schmetterling, Stuttgart 2018).

Kontakt über ihren Blog rehzimalzahn.blogsport.eu

Uwe Lübbermann gründete vor 17 Jahren Premium mit dem Ziel, ein ganz andersartiges Unternehmen aufzubauen, bei dem die Menschen im Mittelpunkt stehen (und seine Lieblingscola im Originalrezept selbst herzustellen). Heute ist PREMIUM ein Geflecht aus Menschen, die auf verschiedenen Ebenen eingebunden sind und frei und gleichberechtigt zusammenarbeiten. Das funktioniert so erfolgreich, dass sich mittlerweile viele andere Firmen und Projekte an PREMIUM wenden, um sich beraten zu lassen.

http://www.premium-kollektiv.de/

GEMEINSAM IM KOLLEKTIV:
EHRLICH SOZIAL NACHHALTIG TRANSPARENT OPENSOURCE
WWW.PREMIUM-KOLLEKTIV.DE

Wie Sozialunternehmer*innen gesellschaftlichen Mehrwert schaffen

4

Clemens Binder

Mit einem Geschäftsmodell die Welt verbessern – diese Idee gewinnt in den letzten Jahren zunehmend an Schlagkraft. Immer mehr Sozialunternehmer*innen, auch Social Entrepreneurs genannt, treten an, um mit unternehmerischen Methoden gesellschaftlichen Herausforderungen zu begegnen. Ihren Erfolg machen sie daran fest, wie gut es ihnen gelingt, zur Lösung eines gesellschaftlich relevanten Problems beizutragen und die Lebenssituation von benachteiligten oder bedürftigen Personen zu verbessern.

Die Idee, wirtschaftliche Strukturen zu nutzen, um die Gesellschaft weiterzuentwickeln, ist alles andere als neu. Vor den überwältigenden globalen Problemen erlebt Sozialunternehmertum aber gerade in den letzten Jahren international einen massiven Aufschwung. Auch im deutschsprachigen Raum ist diese Entwicklung klar wahrzunehmen. Es wachsen derzeit viele Orte, Netzwerke und Communitys heran, die Menschen beim Gründen mit sozialer Mission Unterstützung bieten und als Ökosysteme für soziale Innovationen dienen.

Als Mitgründer des Social Impact Lab Duisburg, eines Inkubators für Social Startups, durfte ich in den letzten Jahren viele Menschen unterstützen, die ihr Handeln auf das Lösen gesellschaftlicher Probleme ausrichten. Dabei bin ich immer wieder aufs Neue begeistert, wie viel Herzblut und Handlungsbereitschaft Sozialunternehmer*innen aufbringen, wie sie es schaffen, aus Ideen Bewegungen entstehen zu lassen – und wie menschlich es dabei zugeht. Ich bin überzeugt, dass wir viel von ihnen lernen können, auch wenn wir es uns nicht zum Hauptberuf machen, ein Unternehmen zu gründen.

In diesem Artikel werde ich drei Beispiele für erfolgreiche Sozialunternehmen vorstellen, die aufzeigen, wie vielfältig Sozialunternehmen und ihre Gründer*innen sein können. Gleichzeitig werde ich aus den drei Organisationen verbindende Merkmale

C. Binder (✉)
Bonn, Deutschland
E-Mail: kontakt@clemens-binder.de

© Springer-Verlag GmbH Deutschland, ein Teil von Springer Nature 2019
H. Parnow und P. Schmidt (Hrsg.), *Zusammen arbeiten, Zusammen wachsen, Zusammen leben,* https://doi.org/10.1007/978-3-662-58965-6_4

herausarbeiten, die in meinen Augen zentral für Sozialunternehmertum sind und von denen ich glaube, dass sie weit über die Bewegung hinaus tonangebend dafür sind, was „gute Arbeit" bedeuten kann. Die Merkmale sind eng verknüpft mit den Prinzipien, die Laloux beschreibt: evolutionärer Sinn, Selbstführung und Ganzheit.

Lena Wiewell baut mit *Tausche Bildung für Wohnen* ein Unternehmen in Duisburg-Marxloh auf, das Kindern zu Bildung verhilft, die sonst nur schwer Zugang dazu finden. Es unterstützt damit Eltern und Nachbar*innen im täglichen Leben und stärkt dabei den Zusammenhalt in einem bunten und lebendigen Stadtteil, der sonst nur negativ in den Schlagzeilen steht. Eleftherios Efthimiadis, Steffen Preuß und Mario Kascholke gründen das Unternehmen *ichó,* das mit einem Therapieball technische Innovation in die Demenzpflege bringt und einerseits über kognitive Stimulation den Fortschritt der Krankheit verlangsamt, andererseits die Familien, Angehörigen und Pfleger*innen dabei unterstützt, besser mit Demenzpatient*innen zu interagieren. Sarah Hüttenberend von *HEIMATSUCHER* hat einen Verein aufgebaut, der es sich zur Aufgabe gemacht hat, Schoah-Überlebende nach ihren persönlichen Geschichten zu befragen und diese über Zweitzeug*innen an Schulen weiterzugeben, sodass die Geschichten überleben werden und Kinder und Jugendliche frühzeitig gegen Rassismus und Intoleranz starkgemacht werden.

Alle drei Unternehmen haben große Visionen, von denen sie sich leiten lassen, und sind auf dem Weg, große Wirkung in der Gesellschaft zu entfalten. Ihre Motivation ist intrinsisch, liegt also in der Sache selbst. Das Hinarbeiten auf die Visionen zählt mehr als externe Faktoren wie Bezahlung oder die Maximierung von Karrierechancen. Das Handeln von Sozialunternehmer*innen ist in höchstem Maße sinngetrieben.

Gleichzeitig definieren sich Sozialunternehmen über klare Werte, haben stark partizipativ geprägte Strukturen und arbeiten konsequent lösungsorientiert. Es gibt klare Absprachen, innerhalb von denen Mitarbeiter*innen Verantwortung übernehmen. Das geschieht durch ein hohes Maß an Selbstführung, Transparenz und Mitbestimmung.

Nicht zuletzt ist es mir ein Anliegen herauszuarbeiten, dass Sozialunternehmen oft Orte sind, an denen Menschen in ihrer Ganzheit willkommen und gefragt sind. Das gilt für alle Mitarbeitenden: Gemeinsam wird durch jedes Hoch und Tief gegangen, es wird zusammen gelacht und geweint und es wird mitgeteilt, was eine*n bewegt und beschäftigt. Ein Gegenstück zur Ganzheit nach innen ist die Angebundenheit an die Zielgruppe: Sozialunternehmen lösen Probleme für Menschen, mit denen sie in intensivem Kontakt stehen und Verbindungen teilen, die über den Austausch von Produkten und Dienstleistungen weit hinausgehen.

4.1   Merkmale von Sozialunternehmen

Bevor wir die drei Unternehmen genauer unter die Lupe nehmen, werfen wir einen Blick auf die Definitionsmerkmale von Sozialunternehmen. Von der Vision, auf die hingearbeitet wird, über die Art, sich zu finanzieren und mit Gewinnen umzugehen, bis hin zur internen Struktur tickt jedes Sozialunternehmen ein bisschen anders. Einige

Merkmale sind dabei allerdings unverrückbar und an ihnen können wir festmachen, ob es wirklich Sozialunternehmen sind.

Das wichtigste Merkmal für Sozialunternehmen ist die Wirkungsorientierung. Die gesellschaftlichen Auswirkungen ihrer Arbeit stehen stets im Vordergrund und haben höchste Priorität. Ihre Handlungen sind darauf ausgerichtet, ein relevantes gesellschaftliches Problem zu lösen oder, positiv formuliert, auf eine visionäre Utopie der Gesellschaft hinzuwirken. Soziales Wirken haben Sozialunternehmer*innen nicht für sich alleine gepachtet. Es gibt in der Tat viele Akteur*innen, im zivilen, politischen und wirtschaftlichen Bereich gleichermaßen, die für klare Werte einstehen und ihr Wirken an gesellschaftlichen Zielen messen. Bemerkenswert für Social Entrepreneurs ist allerdings die Priorisierung – die soziale Mission steht zu jedem Zeitpunkt an erster Stelle. Oft geht damit einher, dass Sozialunternehmer*innen ungewöhnliche Wege gehen, verschiedene Sektoren gleichzeitig einbinden und bestehende Systeme grundlegend herausfordern und verändern.

Genauso wie klassische Unternehmen sind Sozialunternehmen darauf angewiesen, finanzielle Erfolge zu erzielen, um handlungsfähig zu bleiben. Jedes Sozialunternehmen kann ein Geschäftsmodell vorweisen, dass die Wertschöpfung für eine oder mehrere bestimmte Zielgruppen beschreibt, sowie alle Schritte, die notwendig sind, um wirtschaftlich handlungsfähig zu sein und zu bleiben. Während viele der klassischen NGOs mit dem Wohlwollen von Spender*innen und mit der zeitlichen Beschränkung von Förderzeiträumen zu kämpfen haben, suchen Sozialunternehmen nach Modellen, die eine wirtschaftliche an eine gesellschaftliche Wertschöpfung koppeln. Fördermittel und Spenden schließen einige Sozialunternehmen zwar nicht aus, halten sie aber für ungeeignet als alleinige Finanzierungsquelle, um langfristig unabhängig zu handeln. Eine nachhaltige Finanzierung und ein tragfähiges Geschäftsmodell und die damit verbundene weitgehende Unabhängigkeit von Förderungen oder Spendengeldern ermöglichen ihnen somit zielgerichtet und langfristig zu handeln.

Die Erwirtschaftung von Gewinnen ist dabei nicht ausgeschlossen. Diese werden üblicherweise nicht an die Eigentümer*innen ausgeschüttet, sondern zur Erlangung der gesellschaftlichen Ziele eingesetzt und reinvestiert. Einige Sozialunternehmen agieren unter einer gemeinnützigen Rechtsform und sind gesetzlich verpflichtet, Gewinne diesem Zweck zukommen zu lassen. Die Gemeinnützigkeit ist dabei allerdings kein gutes Erkennungsmerkmal von Sozialunternehmen. Viele haben diesen Status nicht und arbeiten nichtsdestotrotz sehr erfolgreich auf das Erreichen gesellschaftlicher Ziele hin – während auf der anderen Seite Gemeinnützigkeit noch lange nicht garantiert, dass eine Organisation ihre Mittel sowohl nachhaltig einsetzt als auch sozialinnovativ handelt.

Ein letztes Kriterium verlangt, dass ein Sozialunternehmen auf verantwortliche und transparente Weise geführt wird. Die soziale Mission berechtigt kein Sozialunternehmen, an anderen Stellen über Leichen zu gehen. Stetiges Hinterfragen der erzielten Wirkung und der Abgleich mit dem intendierten Resultat gehören dazu. Das gilt auch für die eigenen Mitarbeiter*innen: Eine soziale Agenda, die nach außen hin kommuniziert wird, muss auch nach innen hin gelten und gelebt werden.

4.2   Tausche Bildung für Wohnen – Lernförderung und Stadtteilentwicklung

Immer wieder ist Duisburg-Marxloh in den Schlagzeilen. Oft sind es negative Berichte, die über die „Bronx von Duisburg" und deren „No-go-Areas" berichten. Andere Artikel zeichnen vielseitigere Bilder, die nicht ganz so desaströs klingen. Doch selbst hier wird klar, dass das Viertel im Duisburger Norden Symbol geworden ist für strukturschwache Orte, die von Armut betroffen sind und vor massiven Entwicklungsherausforderungen stehen.

Duisburg ist eine lang gezogene Stadt, vom südlichsten Punkt bis zum nördlichsten sind es beinahe 30 km. Konzentrisch aufgebaute Städte haben einen Stadtkern, um den herum sich Firmen, Beschäftigungsmöglichkeiten und urbanes Leben ansiedeln. Fehlt ein klarer Stadtkern, wird Mobilität zum entscheidenden Faktor. Marxloh, am nördlichen Ende der Stadt, leidet unter den schlechten ÖPNV-Verbindungen und der exkludierten Lage. Große Teile des Viertels sind darüber hinaus Industriefläche, was den Stadtteil weiter abtrennt vom Rest der Stadt. Die Mieten sind sehr niedrig, was das Viertel für viele, die in Deutschland ankommen, attraktiv oder überhaupt erschwinglich macht. So treffen ganz unterschiedliche Kulturen aufeinander. Hier leben zum Beispiel Menschen aus Deutschland, Italien, Türkei, dem Libanon, Bulgarien und Rumänien zusammen.

Der Verein *Tausche Bildung für Wohnen* nutzt die günstigen Immobilien für einen besonderen Austausch: Junge Menschen können in den Immobilien des Vereins kostenfrei wohnen und geben im Gegenzug Bildung an die Kinder in Marxloh weiter, die es sonst schwer haben, Bildungsangebote außerhalb der Schule wahrzunehmen. In Kleingruppen von bis zu fünf Personen unterrichten die „Bildungspat*innen", bieten Lernförderung an, gestalten Freizeit- und Ferienangebote und arbeiten mit den Kindern daran, vorherrschende Vorurteile abzubauen. „Persönlichkeits- und Herzensbildung" wird das in Marxloh genannt.

Die Arbeit hört da aber noch lange nicht auf. Lena Wiewell und ihr Team sind in stetigem Kontakt mit den Eltern, Schulen und anderen Akteur*innen des Stadtteils. Oft müssen familiäre Probleme geklärt oder Besuche bei Ärzt*innen organisiert werden; und es bestehen Gesprächsangebote, wenn etwas im Leben der Stadtteilbewohner*innen holprig läuft. Die Schulen, Lehrer*innen und andere Initiativen aus der Umgebung ziehen an einem Strang – wir arbeiten eng zusammen. „Es gibt hier ein großes Miteinander – trotz der ganzen alltäglichen Probleme. Wir suchen und finden immer wieder Wege, diese Probleme gemeinsam zu lösen. Wir stehen für eine ressourcenorientierte Möglichkeitskultur", berichtet Lena Wiewell.

Der Erfolg des Sozialunternehmens wird wahrgenommen. „Bei den Helden von Marxloh" betitelte die ZEIT im Mai 2017 einen Artikel über den Verein *Tausche Bildung für Wohnen* und deren Vorstandsvorsitzende Lena Wiewell. Von vielen Seiten kommt Unterstützung und seit einiger Zeit auch Anfragen, das Konzept an andere Standorte zu bringen. Wie schafft es der Verein, in einem abgehängten Viertel für positive Schlagzeilen zu sorgen? „Wir sind alle sehr überzeugt von der Arbeit, die wir tun. Anders ginge das nicht. Das führt aber auch dazu, dass wir immer wieder sehr kritisch hinterfragen, was wir hier eigentlich tun. Daraus ist ein sehr solides Konzept gewachsen. Außerdem sind wir sehr gut darin, lokale Strukturen zu nutzen. Durch die Einbeziehung von allen, die hier in Marxloh aktiv sind, können wir sehr effektiv arbeiten".

Das ginge nicht ohne die hohe Einsatzbereitschaft der Bildungspat*innen. Die meisten von ihnen kommen direkt von der Schule, haben noch nie in einer Vollzeitstelle gearbeitet. In dem Jahr, das sie in Marxloh verbringen, durchlaufen sie eine Reihe von Schulungen und Workshops. Von pädagogischen Grundlagen über Antirassismus- bis hin zu Kommunikationstrainings ist alles dabei. Immer wieder müssen sie aus ihrer Komfortzone heraus und ihre mitgebrachten Annahmen auf den Prüfstand stellen. Wenn sie das Unternehmen verlassen, sind sie zu Botschafter*innen eines vernachlässigten Stadtteils geworden. Lena Wiewell ist stolz auf die Arbeit, die sie machen. „Ich habe mich als Architektin lange mit Wohnungslosigkeit beschäftigt. In meinem Studium habe ich Konzepte entwickelt, die ebenfalls über Tauschmodelle funktionieren; ein Dach über dem Kopf wird zum Beispiel eingetauscht gegen die Fähigkeiten, die jemand mitbringt. Als ich erfahren habe, dass es das in ähnlicher Weise bereits gibt, habe ich hier als Bildungspatin begonnen – drei Jahre später wurde ich Geschäftsführerin".

Das, was in Marxloh funktioniert, will das Sozialunternehmen auch in andere Städte bringen. Dafür kommen alle Orte infrage, die einen Entwicklungsbedarf haben und nach besseren Alltags- und Bildungschancen für ihre Bewohner*innen suchen. Je nach Standort braucht es unterschiedliche Finanzierungsansätze. In Duisburg gibt es viele Firmenpatenschaften für die Bildungsangebote. Ein weiterer großer Bestandteil der Finanzierung ist das Bildungs- und Teilhabepaket, das für Kinder von Transferleistungsempfangenden über die Kommunen bereitgestellt wird. Obwohl diese Unterstützung vom Bund genau dafür vorgesehen ist, was *Tausche Bildung für Wohnen* macht, sind die Hürden für den Mittelabruf teilweise sehr hoch. „Da kommt meine Aufgabe als Sozialunternehmerin ins Spiel: Ich muss nach neuen Wegen suchen, die auch an anderen Standorten funktionieren", erklärt Lena Wiewell.

Christine Bleks und Mustafa Tazeoğlu gründeten 2012 den Verein. Beide sind im Ruhrgebiet aufgewachsen. Sie hatten während ihrer Schulzeit Unterstützung erfahren durch Vorbilder und Menschen, zu denen sie aufschauen konnten. Inzwischen arbeiten ein Dutzend Menschen im Sozialunternehmen. Christine Bleks ist weiter im Unternehmen tätig, hat die Geschäftsführung aber an ihre Nachfolgerin Lena Wiewell abgegeben. Acht der Mitarbeiter*innen sind Bildungspat*innen, die als Ehrenamtliche oder im Rahmen eines Freiwilligendienstes für ein Jahr nach Marxloh ziehen.

„Marxloh wird nie Neukölln oder Kreuzberg werden. Etwas Öffnung nach außen, ein kleines bisschen Gentrifizierung, das würde dem Viertel guttun. So entstehen neue Chancen. Wir bieten den Kindern und Familien genau das: Unterstützung im Alltag und beim Zugang zu Bildung, sodass daraus für die Familien neue Perspektiven wachsen können", sagt Lena Wiewell. Als Sozialunternehmen, das kurz davor steht, neue Standorte zu eröffnen, liegen auch neue Herausforderungen vor ihnen. Dafür werden alle aktiv miteinbezogen. Die Bildungspat*innen bekommen viel Verantwortung zugeteilt und müssen

schnell lernen, selbstständig Entscheidungen zu treffen. Für alle Mitarbeiter*innen ist
kein Tag wie der nächste. Für Konstanz sorgen klar definierte Prozesse, die aus der agilen Unternehmensführung übernommen wurden.

4.3   ichó – eine Kugel für die Demenzpflege

Im Sommer 2016 treffen Mario Kascholke, Elektrotechniker und Medieninformatiker,
und die beiden Kommunikationsdesigner Eleftherios Efthimiadis und Steffen Preuß aufeinander. Auf einer Ausstellung an der Hochschule Düsseldorf stellen sie ihre Ergebnisse vor: Hier werden Lösungen präsentiert, die im Rahmen des Forschungsprojekts
„Nutzer*innenwelten" für demenziell Erkrankte und ihre Angehörigen entwickelt wurden. Klar ist zu dem Zeitpunkt bereits, dass es einen großen Bedarf gibt, Innovation in
die Pflege zu bringen. Die Einrichtungen sind unterbesetzt, den Pfleger*innen fehlt die
notwendige Zeit für eine individuelle Förderung der Erkrankten, um das Fortschreiten
der Krankheit zu bremsen. Zwar gibt es technische Ansätze, die als Apps auf Tablets verwendet werden oder Spielekonsolen miteinbeziehen, aber vielen Menschen, die sich in
Pflege befinden, fehlt die Affinität zu komplexen digitalen Geräten. Den drei Student*innen
dagegen schwebt ein therapeutisches Werkzeug vor, das eine vertrautere Form hat und sich
von der Zielgruppe intuitiv bedienen lässt: ein Ball.

Ausgestattet mit allerlei Sensoren, die Bewegung, Sprache und Druck registrieren
und darauf reagieren können, soll er in der Lage sein, den Ablauf und die Kommunikation in der Demenzpflege zu unterstützen. Die denkbaren Anwendungen dafür sind
endlos. Durch die Einbindung von Musikwiedergabe, taktilen Rückmeldungen und
Lichtsignalen soll er Abläufe im Pflegealltag erleichtern und dabei die Patient*innen
individuell aktivieren. Das Interesse in Pflegeeinrichtungen ist gewaltig und die drei
machen sich daran, in enger Kooperation mit den Pfleger*innen, die ersten Prototypen
zu entwickeln. Im November 2017, eineinhalb Jahre später, steht das junge Start-up ichó
auf einer Bühne in Tallinn und stellt in einem Pitch ihre Geschäftsidee vor. Als Vertreter*innen für Deutschland wurden sie vom Bundesministerium für Wirtschaft und
Energie für das dort stattfindende Halbfinale des Innovationswettbewerbs „Ideas from
Europe" nominiert. Durch ihren mitreißenden Auftritt gewinnen sie und werden für
das Finale in Den Haag eingeladen. Ein toller Erfolg, das Ereignis wird im Internet live
übertragen und ichós Ansatz trifft auf viele interessierte Ohren. Viel wichtiger als der
Ruhm sind genau diese Kontakte zu erfahrenen Unternehmer*innen und unterstützenden
Inverstor*innen, die dem Start-up helfen, in die nächste Phase zu kommen.

Die vorausgegangenen Monate waren voller Arbeit, die nötig war, um solche Erfolge
feiern zu können. „Für unsere Freunde und Familien ist das eine Umstellung. Auch
für uns. Wir haben kaum noch freie Zeit, weil wir das meiste davon in ichó stecken",
erklärt Steffen Preuß. Eleftherios Efthimiadis lacht: „Und das heißt, dass wir uns auch
erst mal aufeinander einstellen mussten. Wir sind alle drei unterschiedlich als Menschen.

Ich würde sagen, dass wir inzwischen ein sehr gutes Gleichgewicht gefunden haben – wir tragen unsere Konflikte offen aus und arbeiten deswegen harmonisch zusammen als Team. Aber das ist kein leichter Weg. Wir mussten das lernen, so eng zusammenzuarbeiten."

Die inzwischen sechste Version des Prototyps funktioniert technisch bereits gut, aber noch sind nicht alle Features vorhanden, die sich die drei Gründer für die anstehende Serienproduktion vorstellen. Die ersten Silikonhüllen wurden mit selbst geschnitzten Schablonen in der Küche gegossen – inzwischen haben sie einen Unternehmer gefunden, der eine professionelle Werkstatt zur Verfügung stellt. Die Marke ist bereits international geschützt, die rechtswirksame Gründung des Unternehmens vorbereitet, das Geschäftsmodell, das die nächsten Schritte des Unternehmens beschreibt, ist schlüssig. Was gleichzeitig viel Zeit in Anspruch nimmt, sind die fortlaufende Evaluierung in Pflegeeinrichtungen, der Aufbau und die Pflege von Netzwerken und Kooperationen sowie die Kommunikation, welche die jetzt schon große Resonanz in der Öffentlichkeit mit sich bringt. „Wir wussten von Anfang an, wie groß der Bedarf nach technischer Innovation in der Demenzpflege ist. Wie groß der Aufwand ist, unseren Lösungsansatz wirklich umzusetzen, das hatten wir uns anders vorgestellt", gesteht sich Mario Kascholke ein. „Wir glauben aber fest daran, dass ichó einen Unterschied machen kann, dass ein immenser Mehrwert durch den Ball entstehen kann. Das gibt uns einen langen Atem".

„Es gibt viel Resonanz von Menschen, die uns unterstützen. Wenn wir mit Therapeut*innen reden und merken, dass sie genau verstehen, wo wir mit unserer Lösung ansetzen und es kaum erwarten können, dass ichó serienreif wird, dann ist das ein großer Motivator. Es bestätigt unsere Hoffnung, dass wir für viele Menschen einen Unterschied machen können, wenn wir dranbleiben", ergänzt Steffen Preuß. „Dazu kommt, dass unsere Familien selbst betroffen sind. Ich tue das auch für meine Großmutter. Ohne zu wissen, dass ichó am Ende auch ihr helfen könnte, hätte ich mich nicht so intensiv in das Konzept eingebracht. Daher nehme ich auch die Ausdauer, jetzt weiter am Ball zu bleiben", sagt Eleftherios Efthimiadis.

Die Demenzpflege der kommenden Jahre wird sich stark verändern. Es gibt neben den drei Gründern eine Reihe anderer Start-ups, die sich in demselben Bereich etablieren wollen. ichós Erfolg hängt von vielen Faktoren ab. Zum Beispiel davon, ob die Gründer die Bedarfe aller Betroffenen richtig erkennen und bedienen können, ob sie die richtigen Unterstützer*innen und Investor*innen zum richtigen Zeitpunkt finden, ob sie sich am Markt richtig positionieren oder ob das gewählte Geschäftsmodell letzten Endes für genügend Umsätze sorgt. In der Phase, in der sich ichó noch befindet, gibt es wenig Sicherheiten. Viele unplanbare Ereignisse können eintreten, die sie im Fahrplan zurückwerfen – oder auch ganz aus der Bahn. Wenn sie es allerdings über den kritischen Punkt hinaus schaffen, können sie dazu beitragen, die Kommunikation mit den Patient*innen tiefgreifend zu verbessern. Denkbar ist es, dass sie dabei Gewinne erzielen, die mit einem klassischen Start-up mithalten können. Das motiviert die Gründer, das unternehmerische Risiko zu tragen. Der eigentliche Grund, weswegen die drei seit vielen Monaten pausenlos an ichó arbeiten, liegt hingegen in der Vision: Die Hoffnung, der Demenzpflege zu mehr Innovation zu verhelfen und so den von Demenz Betroffenen bessere Pflege zukommen zu lassen[1].

4.4 HEIMATSUCHER – mit Zweitzeug*innen gegen das Vergessen

Wie können wir uns vorstellen, was Überlebende des Holocausts erlebt haben? Aus dieser Frage heraus, die sich Sarah Hüttenberend, Katharina Spirawski und Ruth-Anne Damm im Studium stellten, entstand HEIMATSUCHER. Der 2014 gegründete Verein dokumentiert, was Schoah-Überlebende erfahren haben und macht sich stark dafür, dass das Erlebte nie vergessen wird. Klingt nach mühsamer Recherchearbeit und historischen Quellen in verstaubten Archiven? Genau das ist es nicht: „Die Idee war von Anfang an, die Geschichten persönlich aufzuarbeiten. Wir wollten eine junge, moderne Kommunikation finden, um über den Holocaust zu sprechen. Von heute für heute, weg vom Abstrakten", erklärt die Mitgründerin und erste Vorsitzende. Der Verein steht in engem Kontakt zu Zeitzeug*innen der Schoah. 28 von ihnen aus Deutschland und Israel wurden bisher interviewt. Die Zeitzeug*innen geben so ihre persönlichen Erlebnisse an „Zweitzeug*innen" weiter, die ihrerseits die Geschichten weitergeben und junge Menschen stark machen gegen jede Form von Rassismus und Fremdenfeindlichkeit.

Auf die Idee, dass alles mit einer Idee am Küchentisch im Jahr 2010 angefangen hat, kommen wir heute oft nicht mehr. Über 5000 Schüler*innen ab der vierten Jahrgangsstufe in ganz Deutschland hat HEIMATSUCHER mit den Geschichten bereits erreicht. Regelmäßig erscheinende Magazine und eine Wanderausstellung machen die Geschichten der Schoah-Überlebenden mit großen Porträt-Fotografien zugänglich. Der Verein arbeitet hochprofessionell, wird zu öffentlichen Diskussionen und Talkshows eingeladen, ist vielfach preisgekrönt – auch die Bundeskanzlerin hat den Gründerinnen bereits persönlich einen Preis verliehen. Das Netzwerk des Vereins ist groß. Viele Menschen arbeiten zusammen, um das Thema voranzutreiben. Als Verein bietet das Sozialunternehmen vielen Unterstützer*innen einen niedrigschwelligen Zugang, was wichtig für das Wachstum der Organisation ist. HEIMATSUCHER ist auf ehrenamtliches Engagement angewiesen und ein Großteil der Arbeit wird nicht mit Geld vergütet. Können wir denn dann überhaupt von einem Sozialunternehmen sprechen? „Ganz eindeutig!", sagt Mitgründerin Sarah Hüttenberend. „Unser Ziel ist ein soziales. Gleichzeitig sind wir klar wachstumsorientiert. Dafür streben wir auch nach finanziellem Wachstum, aber eben für den Zweck. Um in unserem Wirken wachsen zu können, brauchen wir langfristige Möglichkeiten, unsere Arbeit zumindest teilweise bezahlen zu können. Ehrenamt wird

---

[1]Nachtrag der Herausgeber*innen: Zum Zeipunkt der Veröffentlichung sind die Bälle vorbestellbar und werden Ende 2019 ausgeliefert (https://www.icho-systems.de/).

eine Kernressource bleiben, aber das widerspricht nicht dem Ursprungsgedanken, dass wir unternehmerisch vorgehen, um unsere Ziele zu erreichen".

Nachdem sie selbst sieben Jahre einen Großteil ihrer Zeit und Energie in den Aufbau des Vereins gesteckt hat, ist sie inzwischen fest angestellt, als erste Mitarbeiterin mit einem Vollzeitvertrag. Daneben sind weitere Stellen entstanden: eine Halbzeitstelle, mehrere Minijobs. „Am Anfang fand ich das komisch, da ich die Arbeit ja bereits seit langer Zeit mache und nie dafür bezahlt wurde. Ich fragte mich, ob wir, wenn wir mein Gehalt halbieren, nicht mehr Leute einstellen könnten. Aber natürlich setzen wir dabei Maßstäbe. Alle folgenden Verträge müssten darunter leiden, wenn wir jetzt keine ordentlichen Bedingungen schaffen".

Die Möglichkeit, feste Stellen einzurichten, ist ein großer Erfolg, der möglich war, da der Verein ein Geschäftsmodell gefunden hat, welches ihre Einnahmen planbar macht. Sie binden dafür Unternehmen ein, die Partnerschaften mit Schulen eingehen und die Aktivitäten dort finanziell unterstützen. Die Unternehmen übernehmen Verantwortung an den Schulen vor der Haustür und können selbst eine Menge lernen. Es ist keine reine Zuwendung von Mitteln, sondern ein gegenseitiger Mehrwert, der so geschaffen wird.

„Kern unserer Arbeit ist eine Begegnung auf Augenhöhe und Vertrauen. Das zieht sich durch alle Bereiche unserer Arbeit. Ein großer Teil von Sozialunternehmertum besteht darin, Probleme gemeinsam anzugehen. So entstehen oft ganz neue Möglichkeiten, um Probleme zu lösen. Es gibt eine Bandbreite von Modellen, die wir ausprobieren", erklärt Sarah Hüttenberend. „Dabei sind die Kultur und das Handlungsschema in der Wirtschaft anders als im sozialen Sektor. Wir erhalten aus beiden Sektoren viel Unterstützung, wenn wir es schaffen, eine gemeinsame Sprache zu sprechen, wenn wir unsere Vision übersetzen und erklären: Was bieten wir, was bietet ihr? Wo wollen wir gemeinsam hin? Wenn wir das schaffen, erleben wir immer wieder, dass Menschen mit Begeisterung dabei sind und auch ungewöhnliche Wege ausprobieren".

Erfolgreiche Kooperationen, engagierte Gründerinnen. Wer den Erfolg von HEIMAT-SUCHER verstehen will, muss noch tiefer schauen. „HEIMATSUCHER hat es geschafft, bei einem starken Wachstum den Grundwerten treu zu bleiben – vielleicht konnten wir aber auch genau deswegen stark wachsen. Respektvoller Umgang miteinander, Mitgefühl, Augenhöhe, Vertrauen, Verantwortung übernehmen. Von Anfang an war es okay, seine*ihre Gefühle zu zeigen: Es zeichnet uns aus, dass wir gemeinsam lachen, wenn eine*r sich freut, gemeinsam weinen, wenn etwas traurig ist. Dadurch transportieren wir viel. Wir verstecken nicht, dass uns Themen berühren und das ist ansteckend". Über 150 Ehrenamtliche sind aktiv, die alle am eigenen Leib erleben konnten, was die Begegnung mit den Zeitzeug*innen bewirken kann. Als große Organisation haben sie sich eine klare Struktur gegeben. Es gibt einen klassischen Strukturbaum, klar definierte Verantwortlichkeiten, Team- und Projektleiter*innen. Weil viele Menschen das Potenzial der Idee erkannt haben und angefangen haben, selbst weiterzudenken und sich einzubringen, arbeiten alle mit hoher Eigenverantwortung und intrinsischer Motivation auf eine gemeinsame Vision hin.

4.5   Das Gründen als Sinnstiftung

Alle Sozialunternehmen haben gemein, dass eine Vision ihr Handeln leitet. Es gibt ein Bild, wie die Gesellschaft aussehen könnte, um sozialer, gerechter und sinnhafter zu sein. Die ersten Pinselstriche davon malen Menschen, die von einer besseren Welt träumen. Für diese Vision sind die Gründer*innen von Sozialunternehmen bereit, Risiken auf sich zu nehmen und ins Unbekannte aufzubrechen.

Woher nehmen sie die Motivation, Risikobereitschaft und Selbstwirksamkeit, sich der Probleme anzunehmen, an denen sich bisher viele die Zähne ausgebissen haben? Was gibt ihnen die Ausdauer, so lange auszuprobieren, bis eine Lösung gefunden ist? Manchmal sind sie selbst betroffen von einer gesellschaftlichen Schieflage oder sie erleben einen Missstand in ihrem direkten Umfeld. In allen Fällen fühlen sie sich verantwortlich dafür, dass sich etwas verändern muss, dafür, dass sich jemand des Problems annimmt. Viele Sozialunternehmer*innen berichten, dass sie sehr früh positive Resonanz auf ihre Ideen bekommen haben. Damit meine ich nicht, dass sie von Anfang an offene Türen einrennen. Das ist sogar sehr selten der Fall. Bevor sich die ersten Erfolge einstellen und Nachweise, dass es sich um ein umsetzungswürdiges Konzept handelt, bekommen viele Gründer*innen oft mehr Gegen- als Rückenwind. Aber es gibt immer einzelne Personen im Umfeld der Gründer*innen, die sich mit der Vision auseinandersetzen, die bei den ersten Lösungsansätzen dabei sind und rückmelden, was ihnen das Streben der Gründer*innen bedeutet. Diese Erfahrung und der Austausch mit den Menschen, für die etwas verbessert werden soll, ist zentral, um im eigenen Handeln Sinnhaftigkeit zu erfahren. Und das ist ein wichtiger Punkt, den wir von Sozialunternehmer*innen lernen können: Die Sinnhaftigkeit des eigenen Handelns entsteht aus dem Austausch mit anderen; daraus, sich für jemand anderen einzusetzen und sich für etwas Relevantes starkzumachen.

Niemand kann die Welt alleine retten. Stattdessen verstehen sich Sozialunternehmen als Teil komplexer Wirkgefüge, in denen sie Möglichkeiten aufzeigen, die zu mehr sozialer und ökologischer Gerechtigkeit führen. Der Erfolg einer Vision hängt also unter anderem davon ab, ob andere davon überzeugt werden können, dass es sich um eine erstrebenswerte Utopie handelt. Wenn das gelingt, kann eine Vision weiterwachsen. Eine wichtige Fähigkeit für Sozialunternehmer*innen besteht darin, andere Menschen mit ihren Ideen anzustecken. Wer es schafft, sowohl die Relevanz eines gesellschaftlichen Problems als auch die Wirkmacht eines Lösungsansatzes zu vermitteln, findet Mitstreiter*innen und Unterstützer*innen. Vielen erfolgreichen Gründer*innen gelingt es, ihre unternehmerische Vision so zu erzählen, dass sie Ansteckungspotenzial hat. Wer die Gründer*innen von Tausche Bildung für Wohnen, ichó oder HEIMATSUCHER einmal persönlich treffen sollte, weiß sofort, was ich damit meine. Die Geschichten, die sie erzählen, sind authentisch, nachvollziehbar und legen dar, warum sie sich für ihre Idee einsetzen, wie eine gerechtere Welt aussehen würde und was wir tun müssen, um dorthin zu kommen.

Die konkrete Mission eines Sozialunternehmens ist dabei selten in Stein gemeißelt. Viele Sozialunternehmen ändern sich im Lauf der Zeit. Es gibt viele gute Gründe, das zuzulassen und sogar aktiv nach Veränderungen zu suchen. Andere Akteur*innen sind vielleicht schon dabei, das Problem anzugehen, sodass es sich lohnt, sich abzustimmen und den Fokus anzupassen, um aus vielen Teilen etwas Größeres aufzubauen. Die Gesellschaft, die Probleme, die es zu lösen gibt und das direkte Umfeld ändern sich ständig. Viele Probleme sind vielschichtig und je tiefer gebohrt wird, desto mehr Komplexität kommt ans Licht. So müssen auch die Lösungsansätze der Sozialunternehmen ständig hinterfragt und angepasst werden. Erfolgreichen Sozialunternehmer*innen gelingen dabei zwei bemerkenswerte Dinge: Einerseits schaffen sie es, einen Kern stabil zu halten. Die DNA eines Sozialunternehmens besteht oft aus unveränderlichen Werten des Zusammenarbeitens und Wirkens. So wie Sarah Hüttenberend von HEIMATSUCHER berichtet, dass sie nach wie vor die anfangs formulierten Grundsätze verfolgen, obwohl die Aktivitäten und Strukturen seitdem viel komplexer geworden sind. Auch die ursprüngliche Motivation und Gründungsgeschichte leben oft sehr lange weiter, so wie *Tausche Bildung für Wohnen* immer mit den Gründer*innen aus Duisburg-Marxloh verbunden sein wird. Auch wenn die beiden Gründer*innen nicht mehr in der Geschäftsführung sind, gehört deren Geschichte zum Definitionsmerkmal des Unternehmens.

Gleichzeitig schaffen es erfolgreiche Sozialunternehmer*innen an den Stellen von ihren ursprünglichen Vorstellungen loszulassen, an denen Veränderung notwendig ist; sie laden neue Ideen ein. Die Entwicklung von ichó wurde stark davon beeinflusst, welche Begegnungen in den Pflegeeinrichtungen zustandekamen, welches Feedback die Patient*innen und Pfleger*innen gaben. Ebenso spielte eine große Rolle, welche Menschen sie trafen, die sie unterstützt haben. Die meisten Sozialunternehmen finden so zu stark partizipativ geprägten Strukturen. Da die Mitarnbeiter*innen meistens stark intrinsisch motiviert sind, fühlen sie sich für den Erfolg des Unternehmens mitverantwortlich. Sie bringen sich ein, denken mit und gestalten das Unternehmen aktiv weiter. Sozialunternehmen sind also vor allem auch nach innen hin Orte der Veränderung.

Menschen, die in Sozialunternehmen arbeiten, bringen häufig ganz unterschiedliche Hintergründe mit. Dazu kommt, dass sich teilweise sehr kurzfristig Dinge verändern und alle im Team zusammenarbeiten müssen, um zu reagieren. Für Start-ups im Allgemeinen und Sozialunternehmen im Besonderen ist es unglaublich wichtig, einen offenen Umgang miteinander zu finden. Es gibt nicht unbedingt weniger Hierarchien als in anderen Unternehmen, aber es gibt fast immer eine hohe Transparenz darüber, wie Entscheidungen getroffen werden, welche Fehler passieren, was die Arbeit bei jemandem bewirkt. Transparenz, Offenheit und Toleranz nach innen sind bei Sozialunternehmen wichtige Werte. Lena Wiewell muss darauf vertrauen, dass die Bildungspat*innen ihre Arbeit gut machen und sie die Verantwortung, die sie ihnen überträgt, wahrnehmen können. Sie reden viel über Probleme und Konflikte, es gibt eine offene Fehlerkultur. Sarah Hüttenberend erzählt, dass sie bei HEIMATSUCHER nicht verstecken, was eine*n berührt, dass sie gemeinsam lachen und weinen.

Ein wirtschaftlich erfolgreiches Unternehmen aufzubauen, das gleichzeitig einen nachweisbaren gesellschaftlichen Mehrwert erzeugt und ein empathisches Miteinander pflegt, ist ein herausforderndes Unterfangen.

Unter den vielen erfolgreichen Sozialunternehmen fällt auf, dass deren Erfolg immer an die Initiative starker Gründungspersönlichkeiten und deren Veränderungswunsch in Bezug auf eine gesellschaftliche Schieflage gekoppelt ist. Im Mittelpunkt erfolgreicher Sozialunternehmen stehen Menschen, die bereit sind, Risiken und Verantwortung zu übernehmen, um eine Welt zu schaffen, die ihren Vorstellungen von Gerechtigkeit entspricht. Der springende Punkt dabei ist, dass sie sich für eine Vision einsetzen, die größer ist als sie selbst. Die Sinnhaftigkeit ihrer Visionen erleben sie durch den Austausch mit den Menschen, für die sie etwas neu gestalten wollen. Gleichzeitig gelingt es Sozialunternehmer*innen, ihre Werte, Vorstellungen und Ideen weiterzutragen und Mitstreiter*innen zu finden, die ihre Zeit und ihre Energie einbringen, um ihrerseits die Visionen mitzugestalten und noch größer werden zu lassen. Dabei entstehen Orte, an denen Menschen aus starken Werten heraus gemeinsam für etwas Großes eintreten.

Clemens Binder Während des Studiums gründete der Psychologe (LMU München) und Informatiker (TU München) ein eigenes Sozialunternehmen. Dabei machte er die Erfahrung, dass es für eine erfolgreiche Gründung die Unterstützung eines Kompetenznetzwerks benötigt. Mit dem Ziel, solch ein Netzwerk aufzubauen und Menschen zu unterstützen, die gesellschaftliche Probleme mit unternehmerischen Methoden angehen, bildete er sich in verschiedenen Rollen der (Social-)Start-up-Förderung weiter. 2015 begann er das Social Impact Lab in Duisburg aufzubauen. Als Head of Incubation und Community Manager vermittelte er ausgewählten Stipendiatenteams unternehmerisches Denken und unterstützte sie tatkräftig bei ihren Gründungen. Seit 2018 hilft er nicht mehr nur kleinen, sondern auch großen Organisationen dabei, sich weiterzuentwickeln.

Webseite: clemens-binder.de

Reinventing Communications – oder die Macht von Geschichten in Organisationen

5

Daniel Trebien und Thorsten Franz

Die Geschichte eines Zwiegesprächs – das tatsächlich genauso stattgefunden haben könnte.

5.1 Das „Wofür" dieses Artikels

TF Wer dieses Gespräch liest, um höher, schneller, weiter zu kommen, wird es schwer haben, den Einstieg zu finden.

DT Wer hingegen Lust hat, mehr Lebendigkeit und Schönheit in der eigenen Organisation zu fördern, darf gespannt sein und dürfte auf seine*ihre Kosten kommen.

TF Aber Vorsicht, es könnte zu radikalen Veränderungen des Denkens kommen mit ungeahnten Auswirkungen im praktischen Erleben.

DT Im Kern geht es vielleicht um einen bewussten Umgang damit, wie Geschichten Organisationen verändern können.

D. Trebien (✉)
AUGENHÖHEworks GmbH, Landsberg am Lech, Deutschland
E-Mail: daniel.trebien@augenhoehe-works.de

T. Franz
Franz&frei consulting GmbH, Essen, Deutschland
E-Mail: thorsten@franzundfrei.com

© Springer-Verlag GmbH Deutschland, ein Teil von Springer Nature 2019
H. Parnow und P. Schmidt (Hrsg.), *Zusammen arbeiten, Zusammen wachsen,*
Zusammen leben, https://doi.org/10.1007/978-3-662-58965-6_5

5.2   Weshalb die Form des Artikels einen Unterschied macht

DT   Schon Gordon Spencer-Brown, auf den sich vor allem der Systemtheoretiker Niklas Luhmann bei seiner Theorie Sozialer Systeme bezieht, formulierte den Satz: Form follows function. Die Form von etwas wird (idealerweise) von seiner Funktion bestimmt, also davon, „wofür" es da ist.

TF   Wir könnten auch sagen: Uns ist die Kongruenz aus Form und Inhalt wichtig und wir möchten, dass sich unser Denken auch im Handeln widerspiegelt.

DT   Da es in diesem Artikel unter anderem um Dinge wie vermeintliche Hierarchiefreiheit und Augenhöhe, Intersubjektivität statt Pseudoobjektivität dreht …

TF   … ja, um Wechselspiele aus Wahrnehmung und Wahrgebung sowie die Interdependenzen von Individuen und Organisationskontexten, in denen und auf die sie wirken …

DT   … fanden wir es nur konsequent, nicht eine, sondern zwei Autorenmeinungen zu repräsentieren und gerade in der Unterschiedlichkeit, aber auch Bezogenheit aufeinander, die Leser*innen zu ermutigen, die Inhalte des Artikels in Nuancen wahrzunehmen.

TF   Trotz großer Übereinstimmung einiger Grundüberzeugungen wollen wir somit eine Vielzahl von feinen Unterscheidungen einführen, die möglicherweise im Verstehen der Leser*innen einen Unterschied machen, welches wiederum im Erleben zu signifikanten Unterschieden führen könnte.

5.3   Wer sich hier unterhält …

TF   Daniel hat zusammen mit einigen Menschen, die er auf einer Netzwerkveranstaltung von intrinsify.me kennengelernt hat, im Jahr 2013 ein spontanes Filmprojekt gestartet, aus dem u. a. die Filme AUGENHÖHE, AUGENHÖHEwege und AUGENHÖHEmachtSchule hervorgegangen sind. Als Mitinitiator und Kernteammitglied einer lebendigen Community hat er neben vielen anderen dazu beigetragen, dass Hunderte dezentral organisierte regionale und überregionale Veranstaltungen entstehen und ein gesellschaftlicher Diskurs über innovative und partizipative Organisationsprinzipien verstärkt werden konnte. Die überwiegend von ihm gedrehten und geschnittenen Filme wurden bereits über 100.000-mal im Internet angesehen und in mehrere Sprachen übersetzt.

DT   Thorsten habe ich bei einer dieser Veranstaltungen für Pionier*innen unter Berater*innen und Coaches kennen und schätzen gelernt. Nachdem er viele Jahre eine berufliche Sozialisation in Handelsunternehmen und in Marketingorganisationen erfahren hat, bei der er auch die Unzulänglichkeit rein fachlicher Herangehensweisen und klassischer Hierarchien an unternehmerischen Herausforderungen erfahren hat, begleitet er heute Organisationen und Individuen bei ihren Entwicklungsprozessen. Dabei geht er in gewisser Weise auch auf die Suche nach den Geschichten, die hinter den nach außen erzählten Geschichten wirksam werden und nach Möglichkeiten, sich in Unternehmen wirksamer und sinnstiftender zu erleben.

TF   Uns beide verbindet die weltanschauliche Nähe zu den hypnosystemischen Konzepten von Gunther Schmidt und der Systemischen Pädagogik, inspiriert und geprägt durch Mechthild Reinhard. Beide haben zusammen das sysTelios Gesundheitszentrum gegründet, eine psychosomatische Akutklinik, die auf beeindruckende Weise zeigt, wie sich Menschen selbst organisiert und sehr ganzheitlich für einen wertvollen Sinn ihres Unternehmens einsetzen und damit einen gesundheitsförderlichen und von Lebendigkeit strotzenden Raum immer wieder neu erschaffen und halten.

5.4   … unser Bezug zu Reinventing Organizations …

DT   Frederic Laloux hat für sein Buch „Reinventing Organizations" ja verschiedene Unternehmen beobachtet und Menschen dazu befragt, wie sie organisiert sind. Daraus hat er drei Elemente identifiziert, die sich in unterschiedlichen Ausprägungen in der Summe der Unternehmen entdecken lassen: evolutionärer Sinn, Selbstorganisation und Ganzheitlichkeit.

TF   Vor allem der Aspekt der Selbstorganisation erfährt in Manager*innen- und Unternehmer*innenkreisen zurzeit einen großen Hype, weil es ein verlockender Gedanke ist, vor dem Hintergrund zunehmender Dynamik und Komplexität Organisationen zu bauen, in denen die Mitarbeiter*innen – quasi von alleine – schneller und besser Kund*innen- und Markterfordernissen gerecht werden, als es über ein pyramidenförmiges Macht- und Berichtswesen möglich wäre.

DT   Der Erfolg von Reinventing Organizations lässt sich auch ein Stück weit dadurch erklären, dass es Laloux neben einigen anderen gelungen ist, die Geschichte des Kontextes, in dem sich Unternehmen bewegen, neu zu erzählen. Das sind die Geschichten von der Machtillusion des Einzelnen (Selbstorganisation), von dem Ende der Maschinenmetapher für Mensch und Organisationen (Ganzheitlichkeit) und von einer übergeordneten Weiterentwicklung der Menschheit (evolutionärer Sinn).

5.5   … und warum es einen Unterschied macht, dies beim Lesen zu berücksichtigen

TF   In der Praxis bemerken wir einige Knackpunkte, an die Organisationen immer wieder stoßen, wenn sie nicht grundlegend ihre Denk- und Kommunikationsmuster hinterfragen und neu erfinden.

DT   Um die Herausforderungen, die mit zunehmendem Vertrauen in Selbst-
      organisation einhergehen, zu meistern, ist von entscheidender Bedeutung zu ver-
      suchen, immer wieder eine imaginäre Beobachter*innenposition einzunehmen,
      aus der heraus das eigene Denken als Individuum (intrapersonell) und Kommuni-
      zierenin Organisationen (interpersonell) beeinflusst werden kann.

TF   Wir wollen also auf gelingende Muster der Selbstbeobachtung schauen und ver-
      suchen zu erkennen, was daran für Kommunikationsphänomene in Organisationen
      hilfreich sein kann. Dafür haben wir einige konkrete Ideen in diesem Artikel
      versteckt.

5.6   Eine Affengeschichte zum Einstieg

DT   Thorsten, stell dir mal folgendes Experiment vor: Wissenschaftler*innen setzen
      fünf Affen in einen Käfig. In der Mitte hängt eine Banane, darunter steht eine Lei-
      ter. Jedes Mal, wenn sich ein Affe auf die Leiter begibt, um die Banane zu greifen,
      werden alle anderen Affen mit Wasser bespritzt. Was glaubst du, lernen die Affen
      im Laufe der Zeit?

TF   Okay, vermutlich sollen die Affen lernen, dass sie unangenehme Konsequenzen zu
      tragen haben, wenn ein Mitglied der Gruppe nach Höherem strebt.

DT   Eine mögliche Interpretation, das ist nur nicht mein Punkt. Jetzt stell dir mal vor,
      was wohl passiert, wenn die Wissenschaftler*innen einen Affen aus dem Käfig
      nehmen und ihn durch einen anderen ersetzen.

TF   Nun, ich könnte mir vorstellen, dass die anderen Affen versuchen werden, den
      Neuen davon abzuhalten, die Regeln zu brechen und nach der Banane zu greifen.
      Kollektive Bestrafung ist ein bewährtes Mittel in autoritären Systemen, um Macht
      abzusichern. Es werden Exempel statuiert, die dazu führen, dass die Regeln von
      denen durchgesetzt werden, die bei Verstößen sonst die Konsequenzen zu ertragen
      hätten.

DT   Das ist doch ein spannendes Phänomen. Das an sich wertfreie Prinzip sozialer
      Kontrolle wird hier instrumentalisiert. Und ich will noch auf etwas anderes hin-
      aus. Jetzt stell dir weiter vor, die Wissenschaftler*innen würden nach und nach
      alte Affen durch neue ersetzen, sodass irgendwann nur noch neue Affen im Käfig
      säßen, von denen nie einer die „echte" Bestrafung erlebt hat, aber alle einander
      davon abhalten, die Leiter zu betreten, um die Banane zu erreichen.

TF   Klar, die Geschichte wird von allen weiter geglaubt, obwohl sie niemand mehr
      selbst erlebt hat. Erinnert mich an viele Geschichten, die Menschen sich in Unter-
      nehmen erzählen. Sie werden zur vermeintlichen Wahrheit, weil sie immer wie-
      der gehört oder sich gegenseitig erzählt werden. So entfalten sie Kraft und üben
      Macht aus.

DT   In Organisationen ist es ja nicht selten der Fall, dass Dinge nur deshalb gemacht werden, weil sie schon immer so gemacht wurden. Regeln, insbesondere auch implizite, unausgesprochene, pflanzen sich sogar dann noch fort, wenn die Ursache für die Regel schon lange nicht mehr da ist.

TF   Wer hat beispielsweise noch nicht erlebt, dass es eine geradezu magische Sitzordnungsregel gibt, bei der die Führungskraft am Kopfende des Tisches sitzt, oder ein Meeting halt nicht anfängt, wenn die Führungskraft noch nicht anwesend ist. Oder eines meiner Lieblingsbeispiele: Wenn du mal hinterfragst, was für Misstrauensgeschichten und damit letztlich auch ein Menschenbild hinter den Reiserichtlinien oder Beschaffungsregeln von Unternehmen stehen, finden sich viele dieser Vergangenheitsmuster, die in der Gegenwart noch wirken.

5.7   Wahrgebung statt Wahrnehmung

DT   Interessant, wie solche – häufig nicht einmal lauthals ausgesprochenen – Vergangenheitserzählungen diese nachhaltige Wirkung entfalten und Kultur prägen.

TF   Geschichten sind ja zunächst einmal nichts anderes als Phänomene, die dadurch entstehen, dass sich, ausgesprochen oder lediglich in meinen eigenen Gedanken, Buchstaben zu Worten und Worte zu Sätzen bilden.

DT   Nun ja, zunächst sind es, um mit Gunther Schmidts Worten zu sprechen, nichts anderes als Schallwellen.

TF   Und grundsätzlich steht es jedem autonomen Individuum frei, welche Bedeutung er oder sie diesen Schallwellen gibt. Womöglich ist zunächst gar keine Geschichte zu erkennen.

DT   Es ist ein interessantes Phänomen, wie das menschliche Gehirn fast zwangsläufig und permanent versucht, Dinge, die passieren, verstehen zu wollen und Hypothesen zu bilden, warum etwas wohl so sei, wie es scheint. Dieses Sich-ein-Bild-von-einer-Sache-Machen erzeugt Sinn. Wir sind meist sehr erleichtert, wenn uns etwas Sinn macht. Ob es der faktisch ursächliche Sinn tatsächlich ist, spielt dabei erschreckenderweise nur eine untergeordnete Rolle.

TF   Und wenn dann die Vermutung besteht, eine Geschichte zu erkennen, steht es frei, welche Bedeutung er oder sie der Geschichte gibt. Damit ist es auch Ergebnis dieser Bedeutungskonstruktion, zu welcher Wahrheit die Geschichte in Bezug auf Aspekte wie den eigenen Gestaltungsmöglichkeiten oder Möglichkeiten und Unmöglichkeiten der Zusammenarbeit führt und geführt wird oder welchen Beitrag ein Konstrukt wie Macht leistet. Geschichten werden also nicht einfach wahrgenommen, sondern es wird ihnen eine Wahrheit gegeben.

DT   Wir müssen vorsichtig sein, wenn wir hier von Wahrheit sprechen, weil dem allgemeinen Verständnis von Wahrheit etwas sehr Absolutes innewohnt. Vielleicht sollten wir uns lieber auf Wirklichkeit verständigen, die jede*r von uns ganz individuell erlebt. Es ist ja eine zentrale Aussage des Konstruktivismus nach Ernst von Glasersfeld und einigen anderen, dass wir uns unsere eigene Wirklichkeit selbst konstruieren.

TF   Wirklichkeitserleben ist von sehr vielen Faktoren abhängig, die sich auch
      wissenschaftlich untersuchen lassen. Die moderne Hirnforschung hat dazu in den
      vergangenen Jahren Erstaunliches geleistet.

DT   Wir müssen also zunächst festhalten und akzeptieren, dass jeder Mensch in sei-
      ner*ihrer eigenen Welt lebt. Und dass wir die Welt des anderen immer nur erahnen
      können auf Basis gelingender Kommunikation.

TF   Was leider – wie wir im persönlichen und beruflichen Umfeld nur allzu oft
      anerkennen müssen – weniger oft gelingt, als uns lieb sein kann.

DT   Niklas Luhmann hält (gelingende) Kommunikation sogar für unwahrscheinlich.

TF   Richtig, und die Kommunikation ist der zweite Schritt. Der erste ist, anzu-
      erkennen, dass ich selbst es bin, der meinem Erleben Sinn gibt. Und das kann
      ein zutiefst machtvoller Akt sein, obwohl er zunächst nur auf individueller Ebene
      stattfindet. Denn auf Basis meiner Interpretation agiere ich anders, wirke in Inter-
      aktionen dadurch anders, wodurch andere wiederum anders reagieren und so
      weiter. Meine Wahrgebung zu „Führungsgeschichten" kann so zum Beispiel ein
      wesentlicher Beitrag zur Veränderung der Spiele von Führung und Zusammen-
      arbeit sein. Im Grunde erzähle ich neue Geschichten, die andere Geschichten
      ersetzen oder modifizieren und damit den Kontext für eine geänderte Sinnstiftung
      schaffen und zu Verhaltensänderung einladen.

DT   Hm, setzt sich diese Art von Reinventing Communications nicht schnell dem Vor-
      wurf der Beliebigkeit aus? Wenn ich es einmal weiterspinne, ist der Begriff der
      Fake News und alternativer Fakten nicht mehr weit weg.

TF   Ja und nein. Ich habe schon oft die skeptische Nachfrage gehört, ob wir uns
      dabei nicht selbst belügen. Doch es handelt sich meiner Ansicht nach nicht um
      Behauptungen – womöglich wider besseres Wissen – wie etwas sei. Es sind nach
      meinem Verständnis zunächst innere Geschichten, die lediglich Angebote oder
      Einladungen an mich oder andere darstellen, eine andere Perspektive auszu-
      probieren. Mit diesem Ausprobieren kann ich prüfen, welche Auswirkungen es
      haben könnte, wenn die Geschichte für wahr gehalten wird und wir uns von ihr
      leiten lassen würden.

DT   So, wie ich es verstehe, geht es auch nicht um die Beurteilung, ob es richtig wäre
      so zu handeln, sondern um die Erkenntnis, dass wir es tun und zwar permanent.
      Ob es uns bewusst ist oder nicht. Allerdings hört sich das noch recht abstrakt an.
      Kannst Du dafür ein Beispiel nennen?

TF   Spontan fällt mir ein in vielen Unternehmen jährlich wiederkehrendes Phänomen
      ein, das ich in Kurzform etwa so beschreiben könnte: Zwei Menschen verabreden
      sich zu einem Gespräch, bereiten sich anhand von Formularen darauf vor, tau-
      schen sich aus und am Ende wird etwas unterschrieben.

DT   Die Geschichte zu dieser Aneinanderreihung von Phänomenen kenne ich unter
      dem Titel Mitarbeiter*innenjahresgespräch.

TF   Ja genau. Manchmal lautet der Titel dieser Geschichten auch Performance- oder
      Perspektivdialog. Gleichzeitig kann ich diese Geschichte auf unterschiedliche

Weise erzählen und ihr unterschiedliche Bedeutungen geben. Die erste geht ungefähr so: Mein Kollege und ich unterhalten uns freiwillig und gerne einmal im Jahr darüber, wie wir gemeinsam einen optimalen Beitrag zur Erreichung der Ziele unseres Teams und zum Sinn unseres Unternehmens leisten können und vereinbaren dazu unser gemeinsames Verständnis von wechselseitigen Leistungen. Wir schauen auch darauf zurück, was besonders gut gelaufen ist, um mehr davon zu machen, und was nicht so gut funktioniert hat, um nach Veränderungsmöglichkeiten zu suchen. Um dem Ganzen eine gefühlt stärkere Verbindlichkeit zu geben, nutzen wir das Ritual des gegenseitigen Unterschreibens.

DT   Verstehe. Eine andere Bedeutungs- oder Wahrgebung ginge dann vermutlich so: Ich muss zu meinem Vorgesetzten, dem ich erzähle, wie ich meine Leistung im vergangenen Jahr einschätze und wie ich glaube, meine im vergangenen Jahr vereinbarten Ziele erreicht zu haben. Außerdem rechtfertige ich mich dafür, dass lauter Dinge dazwischengekommen sind, für die ich nichts konnte. Er schildert seine Sichtweise. Wir verhandeln möglichst gesichtswahrend, einigen uns und ich unterschreibe, damit mein Vorgesetzter die Gewissheit hat, dass ich keinen Widerspruch mehr einlege, das Formular in die Personalakte kann und ich meinen fest eingeplanten Gehaltsbonus gesichert habe.

TF   So ungefähr. Merkst du, was es für einen Unterschied macht? Und klar: Es hat Auswirkungen, sich und oder anderen die Geschichte auf die eine oder andere Weise zu erzählen. Oder mich zu fragen, was mich wohl daran hindert, die für mich aus einer bestimmten Perspektive stimmige Geschichte zu verfolgen.

5.8   Soziale Dynamik durch Geschichten

DT   Okay, das sind womöglich für viele schon ziemlich radikale Gedanken zur Macht des Einzelnen. Wenn wir jetzt einen Schritt weitergehen, geht so richtig der Punk ab, wenn wir anfangen, Geschichten, die wir glauben, weiterzuerzählen und so eine soziale Dynamik zu erzeugen.

TF   Du meinst, dass es ein interaktionaler Akt ist, wie wir die Wirklichkeits-WahrGE-Bungen miteinander abgleichen und in einem sich wechselseitig beeinflussenden Prozess versuchen, aus den Kommunikationen von anderen „schlau" zu werden.

DT   Richtig. Und ganz praktisch meine ich die Macht des Gerüchts. Ich verstehe die zentrale Aussage des Systemtheoretikers Niklas Luhmann nämlich so, dass soziale Systeme nicht eine Ansammlung von Menschen sind, sondern sich dadurch definieren, dass eine bestimmte Kommunikation sich quasi wie von selbst multipliziert. Mein Bild davon ist das eines Gerüchts. Soziale Systeme sind demnach nichts anderes als Gerüchte.

TF   Hm, Moment mal. Selbst, wenn wir den Gedanken verfolgen, dass die systembildenden Elemente eines sozialen Systems nicht Menschen, sondern Kommunikationen sind, ist der Sprung zum Gerücht noch mal eine sportliche Leistung.

DT   Also, wenn wir Luhmann ernst nehmen – und auch das ist natürlich nur eine Wirklichkeitskonstruktion, die mir aber sehr viel Sinn macht – dann besteht ein System nicht aus Elementen, sondern reproduziert sich aufgrund eines sich selbst erhaltenden Musters. Das müssen wir jetzt nicht glauben, macht aber einen Unterschied auf das Bild von Organisationen. Wenn ich nämlich nicht mehr davon ausgehe, dass wir es in einer Organisation mit EINEM sozialen System zu tun haben, sondern mit Individuen, die von DIVERSEN sozialen Systemen beeinflusst sind und diese wiederum beeinflussen können, dann hat das einen Einfluss darauf, wie ausgeliefert sich jede*r Einzelne gegenüber den vermeintlichen Strukturen fühlt.

TF   Die Geschichte einer hierarchisch strukturierten Pyramide wäre danach nicht mehr per se wahr, sondern eine von mehreren Interpretationsmöglichkeiten für mein Erleben und Agieren. Wow, das hierarchische Organigramm, an dem sich so viele – auch in ihrem Karrierestreben – orientieren und in dem Menschen über andere Menschen Macht haben, ist lediglich ein Gerücht.

DT   Wer kennt das nicht, dass Organigramme zwar an der Wand hängen, aber erstens nicht mehr aktuell sind und es zweitens informelle Strukturen (oder besser Erzählungen) gibt, die mindestens so wirksam zu sein scheinen.

TF   Dem Vernehmen nach.

DT   Genau. Wer schon mal Opfer eines Gerüchts geworden ist, kann nachvollziehen, wie mächtig so etwas ist und was für ein Eigenleben ein Gedanke führt, der geglaubt und kolportiert wird. Der bekommt schnell Kinder.

TF   Muss das per se etwas Negatives sein?

DT   Nein, nein, ganz und gar nicht. Ein erfolgreiches Start-up zum Beispiel wächst durch eine vergleichbare Dynamik. Da ist die Idee eines Nutzens. Dieser wird von Individuen mit ihrem eigenen Erleben abgeglichen, geglaubt und weitergetragen. Fertig ist die Erfolgsgeschichte.

TF   Und konsequent weitergedacht, erzählen und glauben wir nicht nur Geschichten und geben den Dingen damit eine individuelle Wahrheit, sondern es könnte behauptet werden, dass Organisationen selbst auch nichts anderes als Geschichten seien.

DT   Ich finde schon, dass wir den Gedanken riskieren könnten. Systemtheoretisch sind Organisationen mit Luhmann und Dirk Baecker betrachtet ein Spezialfall eines sozialen Systems, nämlich eins, in dem die zur Erhaltung und Fortpflanzung benötigten Kommunikationen Entscheidungen sind. Es reiht sich also Entscheidung an Entscheidung und daraus konstituiert sich Organisation.

TF   Und diese Entscheidungen wollen auch immer legitimiert sein.

DT   Genau, daher ist das Entscheidende nicht die Entscheidung selbst, sondern die Geschichte bzw. die Erzählung der Geschichte, wie es zu der Entscheidung gekommen ist und weshalb sie offenbar von Bedeutung war und so getroffen werden „musste". Ich habe meine Abschlussarbeit in einer Konzernstrategieabteilung geschrieben und dort monatelang täglich erlebt, wie es nur darum ging, stichhaltige und lückenlos begründete und mit Fakten hinterlegte Geschichten in Form von Vorstandsvorlagen zu erzählen, meist mit Hilfe von Power-Point-Folien, die überzeugend und auf einen Blick verständlich sein mussten.

TF   Und sowohl in meiner früheren beruflichen als auch späteren Beraterpraxis habe ich oft beobachtet, dass Entscheidungen – sowohl zu einzelnen fachlichen Themen als auch umfassenden Reorganisationsentscheidungen – letzten Endes nicht dadurch legitimiert werden, dass sie für die Betroffenen inhaltlich stimmig erscheinen, sondern weil sie den nächsthöheren Führungskräften auch das beruhigende Gefühl vermitteln sollen, dass sie jemanden für ein mögliches Scheitern verantwortlich machen können. Und als „jemand" versuchst du gleichzeitig nicht selbst der oder die Leidtragende zu sein, der oder die den berühmten „Kopf kürzer" durch die Gegend spaziert. Für diesen politischen Balanceakt braucht es dann so einige Geschichten.

DT   Mein langjähriger Mentor und Wegbegleiter Marcus Splitt hat immer betont, dass Organisationen nichts anderes als verfestigte Gespräche sind. Ich mag diesen Gedanken, weil er deutlich macht, dass alles, was sich verfestigt hat – so wie die Gespräche in unseren Beispielen – sich grundsätzlich auch wieder verflüssigen könnte, wenn wir anfangen, darüber zu sprechen. Und genau da kommt für mich die Kraft der Geschichten ins Spiel.

TF   Wenn wir uns bewusst sind über die Geschichten, die wir glauben und erzählen und darüber, dass wir damit vermeintliche Realitäten verändern können – sowohl bei uns als auch mittelbar bei anderen – dann müssen wir uns nicht den vermeintlichen Begrenzungen beugen, die wir in Organisationen wahrgeben, sondern können kraftvoll nach der Banane greifen, wenn wir uns nur trauen würden, die Leiter zu betreten und den Sinn der Geschichte der anderen auf ihren Wahrheitsgehalt zu überprüfen.

5.9   Die Geschichte des Paradigmenwechsels

DT   Wollen wir uns von diesem mutigen Punkt aus mal anschauen, wie sich zurzeit die Geschichte verändert, in deren Kontext Unternehmen heute agieren?

TF   Das hat aus meiner Sicht mit einer weiteren Erzählung zu tun, die in diesem Buch häufiger angesprochen wird: die von der sogenannten VUKA-Welt, in der wir leben und arbeiten. Das wirtschaftliche Umfeld wird von vielen heutzutage als zunehmend volatil, unsicher, komplex und ambivalent wahr „gegeben".

DT   Witzigerweise gibt es für das Akronym etwas variierende Auflösungen, aber sei es drum.

TF   Megatrends wie Digitalisierung, Globalisierung, Individualisierung u.v.m. stellen nachvollziehbare Sinnzusammenhänge her, die nahelegen, dass Organisationen, die wirtschaftlich erfolgreich sein möchten, mit herkömmlichen Denk- und Arbeitsweisen an Grenzen stoßen. Dazu gehört vor allem die stetige Überraschung als Kernmerkmal von Komplexität.

DT   Der Versuch, Komplexität mithilfe einer formalisierten hierarchischen Pyramide zu reduzieren, führt zu Überlastung und Versagen, weil die Überraschungshäufigkeit von Märkten, Technologien und politischen Rahmenbedingungen die Anpassungsfähigkeit der historisch gewachsenen Strukturen häufig übersteigt.

TF   So weit, so gut. Und welchen Vorteil hätte es, als Reaktion darauf, auf Hierarchien komplett zu verzichten?

DT   Einen Moment. Ich würde nicht behaupten, dass Hierarchie nicht mehr zeitgemäß wäre. Das ist für mich das größte Missverständnis, das mit den Begriffen der Selbstorganisation oder gar Augenhöhe verbunden wird. Meiner Überzeugung nach gibt es keinen hierarchiefreien Raum. Es gibt eine Vielzahl von Hierarchien in Organisationen, die alle wirken – und nur selten als solche erkannt werden.

TF   Und deshalb reduziert es die Komplexität auf unzulässige Weise, wenn wir Hierarchien eindimensional verstehen und versuchen wollten, in stablinienförmigen Organigrammen festzuschreiben, die wir irrtümlich für wahr halten.

DT   Ich bin der Meinung, dass Führung immer wieder situativ entsteht, weil sie sozial konstruiert wird. Menschen haben ein feines Gespür dafür, wer für ein Thema gerade die nötigen Kompetenzen hat.

TF   Und das ist in der Praxis eben nicht immer die vermeintliche Führungskraft oder der oder die „Vorgesetzte".

DT   Nicht selten gibt es eine Fachexpertin (Kompetenzhierarchie), einen introvertierten Meister oder eine Sekretärin mit der längsten Abteilungszugehörigkeit (Alters- oder Vernetzungshierarchie), die genau wissen, wovon sie sprechen und wo es klug wäre, der Idee dieser Kompetenzträger*innen zu folgen.

TF   Und diese Kompetenzträger*innen könnten übrigens auch viel wirksamer Verantwortung in den Fällen übernehmen, von denen ich eben gesprochen habe, als wir den Aspekt der Legitimation von Entscheidungen betrachtet haben – meist viel wirksamer als eine klassisch-hierarchisch vorgesetzte Führungskraft, die immer qua Position und zu oft nicht qua Kompetenz Verantwortung für Ergebnisse und Auswirkungen von Entscheidungen übernehmen soll.

DT   Ja, es geht vielmehr darum, mit dem Reichtum von Hierarchien umgehen zu lernen und situativ dort Verantwortung und Entscheidungsmacht entstehen zu lassen, wo es eine sinnvolle Erzählung dazu gibt, die von vielen geglaubt oder wahrgegeben wird.

TF   Oder eben so weit zu gehen, dass die Vielfältigkeit von Hierarchie nutzen- und sinnstiftend für die Ziele der Organisation und der Individuen eingesetzt wird.

DT   An der Stelle betritt wieder die Geschichte der Selbstorganisation die Bühne, der wir ebenso glauben können.

TF   Genau, ebenso wie die Geschichte, dass es die eine (Führungs-)Person braucht, die gefeuert werden muss, wenn sich herausstellt, dass all die Maßnahmen nicht ausgereicht haben, um den Herausforderungen erfolgreich zu begegnen.

DT   Und momentan sind sich viele Fachleute darüber einig, dass diejenigen Unternehmen dynamikrobuster in einer VUKA-erzählten Welt funktionieren, in denen Prinzipien der Selbstorganisation genutzt und bewusst verstärkt werden. Interessanterweise werden ausgerechnet in solchen Unternehmen, die auf Selbstorganisation setzen, viele Erzählungen über gelebte Augenhöhe glaubhaft weitergetragen.

TF   Was ist denn Augenhöhe für dich?

DT   Nun, aus meiner Sicht bedeutet es zunächst einmal für jeden etwas anderes und genau das ist der spannende Aspekt daran. Der intersubjektive Charakter steckt in der Metapher eigentlich schon drin. Augenhöhe passiert dort, wo Menschen an der Sichtweise des anderen interessiert sind und für sich etwas daraus mitnehmen. Augenhöhe ist da, wo soziales Lernen passiert, wo Innovationen entstehen und Menschen sich selbst organisieren, ohne dass Macht ausgeübt wird. Und Augenhöhe basiert auf einem der Grundprinzipien menschlichen Handelns, nämlich dem der Gegenseitigkeit.

TF   Ja, und darin kommt die hilfreiche Haltung zum Ausdruck, zunächst einmal auch die wechselseitigen Perspektiven zu akzeptieren und wertzuschätzen.

DT   Richtig, Augenhöhe entsteht immer im Auge des anderen. Ich kann nicht von mir selbst behaupten, etwas auf Augenhöhe gemacht zu haben. Ich kann zwar meine eigene Haltung anderen gegenüber hinterfragen und korrigieren, aber erkannt und bestätigt werden kann es nur von dem jeweiligen Gegenüber.

TF   Sag mal, glauben wir eigentlich die Geschichte, dass Selbstorganisation und Augenhöhe etwas Neues in Organisationen ist und jetzt die innovative Rettung für die VUKA-Welt ist?

DT   Gute Frage. So weit würde ich nicht gehen. Im Gegenteil, ich finde, Selbstorganisation ist grundsätzlich immer schon da und Augenhöhe kann nicht eingeführt werden.

TF   In eurer filmischen Arbeit habt ihr auch Beispiele gefunden, in denen Organisationen lange vor der aktuellen Diskussion in emergenten Entwicklungsprozessen ihre individuellen Wege gefunden haben, neuen Herausforderungen zu begegnen und individuellen ebenso wie organisationalen Sinn zu finden.

DT   Ganz genau. Wir haben sie nur deshalb finden können, weil wir unsere Aufmerksamkeit auf Muster des Gelingens gerichtet haben und lebendige Beispiele für eine konstruktive und wertschätzende Zusammenarbeitskultur explizit gesucht haben. Wir hatten an die Geschichte schon geglaubt, weil wir sie selbst mehrfach in anderen Kontexten bereits erlebt hatten bzw. weil sie uns sehr viel Sinn macht.

TF   Bildet ihr nicht auch Menschen zu AUGENHÖHEwegbegleiter*innen aus?

DT   Nun, wir sind davon überzeugt, dass Augenhöhe zwar nicht eingeführt werden kann, aber wir Rahmenbedingungen schaffen können, die es wahrscheinlicher machen, dass sich Phänomene von Augenhöhe zeigen können und die Augenhöhegeschichte als glaubhaft erlebt wird. Deshalb nennen wir es auch nicht mehr so oft Ausbildung, sondern eher Entwicklungsprogramm.

5.10   Identität und organisationale Geschichtenerzählung

TF   Ich hänge gerade dem Gedanken nach, was Quelle und Inspiration für diese emergenten Entwicklungsprozesse ist, und lande da bei einem Bild, das ich in meiner Arbeit als Metapher für Organisationen nutze. Was prägt Organisationen, liefert Stoff für in der Gegenwart wirksames Verhalten und übersetzt Wünsche nach Sinnstiftung in authentische und konsistente Dialoge mit der Umwelt? Da spielen Begriffe wie Identität, Führung und Sinn bedeutende Rollen. Alles Begriffe, die wir in unserem Gespräch schon angesprochen haben.

DT   Wenn ich „prägen" höre, spüre ich allerdings auch unangenehme Anklänge aus Marketingwelten, in denen ganzen Organisationen ein Brandzeichen verpasst wird, eben ohne auf authentische, sinnstiftende und nachhaltig wirksame Inhalte zu achten.

TF   Na ja, wenn ich ehrlich bin, habe ich die Metapher tatsächlich zu Beginn in ein Konstrukt mit dem Namen Organizational Branding eingebunden. Entscheidend finde ich jedoch, dass die Metapher ein organisches Bild einer Organisation anbietet, das einen Bedeutungsraum für quasi auf natürliche Art und Weise authentische Geschichten öffnet. Ich finde, dass meine Geschichte des Verständnisses von Organizational Branding einen anderen Bedeutungsraum öffnet.

DT   Und diese Metapher wäre?

TF   Ich habe das Bild eines Baums gewählt, das dem Erleben einer Organisation oder eines Unternehmens als einen lebendigen Organismus gerecht wird. Das Wurzelwerk dieses Baumes, das Kraft und Energie für wirksame Entwicklungsprozesse gibt, sind die Geschichten, die ich mir selbst über mich erzähle und glaube. Geschichten, die Menschen sich erzählen, wo ich herkomme, wo ich hinwill, welchen Sinn und welche Werte ich verfolge, wer ich also bin oder sein will und wer ich gerade nicht bin, welche Werte uns antreiben und so weiter.

DT   Entscheidend ist für mich, welche Geschichten ich als Individuum in einer Organisation glaube und erzähle. Und die Summe der Geschichten, die in einer Organisation geglaubt und erzählt werden, bestimmt, was diese Organisation ausmacht. Nichts anderes sollte auch nach außen getragen werden, weil es heutzutage sowieso rauskommt. Ich sollte mich lieber damit befassen, welche Geschichten ich über mich selbst glaube und erzähle.

TF   Das führt uns zu dem Stichwort der Identität, mit dem der Wurzelbereich des Organisationsbaums betitelt ist.

DT   Und die eine sich fortwährend verändernde Konstruktionsleistung bzw. Geschichtenerzählung ist, die in unserem Gehirn stattfindet. Wir könnten sagen: Es sind nichts anderes als feuernde Neuronen, um auch die Analogie zu den Schallwellen vom Anfang nochmals aufzugreifen.

TF   Und so wie sich die neuronalen Netzwerke immer weiter auch aus dem entwickeln, was schon da ist, verstehe ich auch die Identität als Wurzelgeflecht einer Organisation als sich immer weiter entwickelnde selbstbeschreibende, konstruierte Geschichte über das, was wir gerne über uns hören möchten, weil wir glauben, dass es das ist, was wir sind und wer wir sein möchten oder nicht sein möchten.

DT   Und für Organisationen stellt sich dann die Frage, wie authentisch diese Selbstbeschreibung nach außen getragen werden kann. Oder um im Bild zu bleiben: Wie die Sinn- und Wertgeschichten aus der Wurzel in die Umwelt gelangen können und möglichst selbstähnliche Bedeutung bekommen können.

TF   Diese Identitätsgeschichten, die eben nicht erst erfunden werden müssen und ihre durchaus individuellen Bedeutungsgebungen dienen einerseits als Quelle und gleichzeitig als ständige Referenz für die Rahmung der Organisation, die sich in Struktur, Prozessen, Verhalten, Führungsverständnis oder authentischen Marketinggeschichten äußert und wirksame Beiträge erst möglich macht.

DT Was uns zu der Frage nach dem Neuigkeitscharakter von Selbstorganisation zurückkommen lässt.

TF Ja, wenn die lebendige und organische Metapher des Organisationsbaumes auch nur irgendetwas mit einer möglichen Realität in Organisationen zu tun hat, dann ist dieser identitätsbewusste Organismus ja nicht jetzt erst plötzlich entstanden. Und Charakter lebendiger Systeme sind selbstorganisierende, autopoeitische Prozesse. Was allerdings gesagt werdne kann, ist, dass sich wohl gerade in erheblichem Maße Räume öffnen, in denen solche Prozesse mehr zugelassen werden und Wirkung aus Energiequellen wie der Identität heraus entfalten können.

DT Wenn ich da an meine filmische Arbeit denke, könnte ich sagen, dass die AUGEN-HÖHE-Filme dem Anspruch eines Identitätsfilms sehr nahekommen, weil wir mit einer systemischen Haltung statt Kommunikationsstrategien, mit offenen Fragen statt geskripteten Texten und teilnehmender Beobachtung statt eines Drehbuchs einfach das gezeigt haben, was wir gefunden haben – nicht mehr und nicht weniger.

TF Was ist für dich der wesentliche Effekt dieser beobachtenden und entdeckenden Vorgehensweise?

DT Für mich persönlich geht es in meiner Arbeit immer darum, die Schönheit zu entdecken, die sich in Organisationen zeigt, wenn du genau hingeschaust und wenn wir die Aufmerksamkeit auf Muster des Gelingens richten. Meist zeigt sich im Laufe des Schnittprozesses erst, welche Geschichte erzählt werden möchte. Diese Geschichten entwickeln dann eine nach innen intervenierende Kraft, weil sie konstruktives Handeln stärken. Damit geben sie als Identifikationsgeschichten auch Sicherheit und Orientierung und dienen der Organisation als kultureller Referenzpunkt, um miteinander ins Gespräch zu kommen und das gemeinsame Sein im Austausch immer wieder neu zu gestalten und in eine gewünschte Richtung zu bewegen. Meine persönliche Überzeugung ist, dass diejenigen Unternehmen interessanterweise heutzutage auch als attraktiv empfunden werden, die einen solchen Weg gehen.

TF „Das gemeinsame Sein im Austausch immer wieder neu zu gestalten und in eine gewünschte Richtung zu lenken" ist genau das, was im Organisationsbaum geschieht, wenn aus den Wurzeln die Energie der Identitätsgeschichten im Stamm über Strukturen, Prozesse und Verhalten in sinnorientierte Bahnen gelenkt wird, die in der Krone ihren sinnstiftenden Ausdruck finden und zu neuen Gegenwartsgeschichten im Dialog mit der Umwelt – der Fotosynthese gleich – führen.

DT Was mir an deinem Baumbild gefällt, ist, dass es deutlich macht, wie wichtig es ist, dass die internen und externen Geschichten stimmig, authentisch und konsistent sind. So werden ja auch keine Äpfel an einem Kirschbaum gefunden bzw. würde sonst ernsthaft dessen Echtheit hinterfragen oder sich zumindest sehr wundern, ob die Geschichte, dass es sich um einen Kirschbaum handele, stimmt (Abb. 5.1).

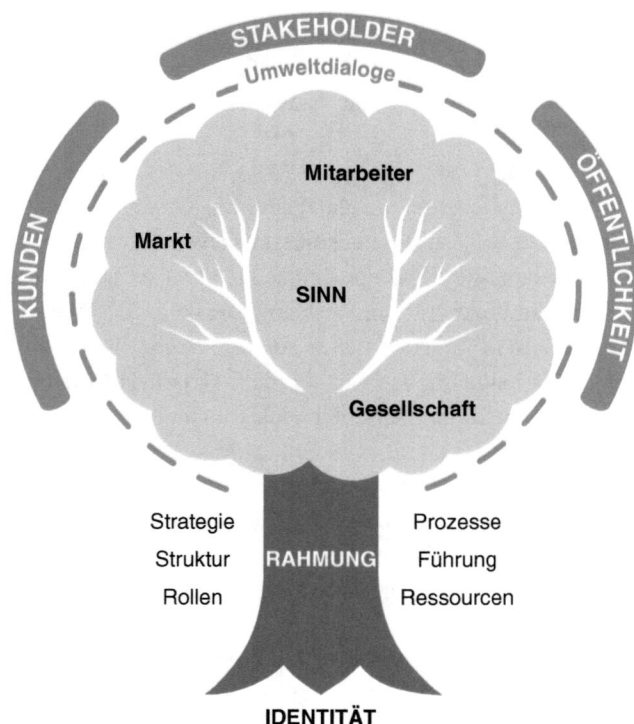

Abb. 5.1 Organisationsbaum

5.11 Was Aufmerksamkeit bekommt, wird größer

TF   Bedeutsam finde ich im Zusammenhang stimmiger und vor allem authentischer Geschichten auch, welche Wirkung die Sprache entfaltet, die in dem Unternehmen genutzt wird. Schließlich formt Sprache und ihr Vokabular die konstruierten Geschichten und die Benennung von Phänomenen ist ein wesentlicher Teil der Wirkung der Konstruktionen.

DT   Stimmt, wenn es gelingt, sich dieser Wirkung häufiger bewusst zu werden, kann viel Bahnung in gewünschte Richtung passieren. Oder es wird die fehlende Kongruenz interner und externer Geschichten festgestellt.

TF   Ich habe im Rahmen einer Beratungstätigkeit bei Alnatura einige schöne Sprachbilder kennengelernt, die sehr bewusst für typische Phänomene in Unternehmen genutzt werden. Wir wissen beispielsweise alle, was an den berühmten Schnittstellen passieren soll, nämlich unter anderem Verbindung und Zusammenarbeit. Schneiden an einer Schnittstelle ist dagegen im Prinzip genau das Gegenteil davon, was gewünscht ist. Deshalb heißt es dort auch Nahtstelle. Seitdem ich das gehört habe, frage ich mich auch immer, was eigentlich von jemandem erwartet wird, der*die sich zusammenreißen soll.

DT   Das ist ein schönes Beispiel. Du hast mir auch erzählt, dass Alnatura von sich oft nicht als Unternehmen spricht, sondern als Arbeitsgemeinschaft. Damit verbinde ich auch sehr hilfreiche Geschichten und Bilder.

TF   Ja. Und es wird sehr vorsichtig mit dem Begriff des Projektes umgegangen, weil auch nach meinem Empfinden damit sehr oft Romane, geradezu Gruselromane von Geschichten verbunden sind. Und wie oft erleben wir, dass vorschnell etwas als Projekt benannt wird und sich ganze Teams plötzlich einer Gruppenhypnose ausgesetzt sehen, die direkt in die Problemtrance führt: „Noch ein Projekt zu den zig anderen", „Noch mehr Formulare, die ich ausfüllen muss", „Hoffentlich komme ich mit dem*der Projektleiter*in klar", „Für die ganzen Projektmeetings habe ich gar keine Zeit" usw.

DT   Oh ja! An diesen Gruppenhypnosen habe ich auch schon teilnehmen dürfen bzw. müssen.

TF   Bei Alnatura wird stattdessen oft der Begriff des Prozesses genutzt. Das öffnet einen anderen Bedeutungsraum und fokussiert auf eine andere Art und Weise auf die Motivation, die vielen sogenannten Projekten innewohnt: Es wird an einem Punkt gestartet und nach einer gewissen Zeit soll sich etwas verändert haben und es wird somit gemeinsam ein Veränderungsprozess erlebt. Ich hatte dort aus der Perspektive unseres heutigen Gesprächs insofern auch keinen Auftrag für ein Beratungsprojekt, sondern war Teil eines Prozesses, in dem ich versucht habe, Impulse für das Schreiben neuer Gegenwartsgeschichten anzubieten.

DT   Sprache lenkt also die Aufmerksamkeit auf etwas hin oder von etwas weg. Unser Gehirn reagiert ja sehr stark auf Reize, die Assoziationsnetzwerke triggern. Diese Assoziationsnetzwerke im Gehirn formen Kontexte unseres Erlebens.

TF   Gemäß dem Hebb'schen Gesetz verbinden sich Zellen, die zusammen feuern und sich verbindende Zellen feuern zusammen. Das gleiche Prinzip wirkt auch bei kollektiven Prozessen.

DT   Den Effekt der positiven Verstärkung nutzen wir auch in den Film- und Dialogveranstaltungen, die in unzähligen Organisationen stattgefunden und Wirkung erzeugt haben.

TF   Wenn wir also alle gemeinsam und damit auch jede*r für sich immer mehr solche Geschichten erzählen und die Aufmerksamkeit darauf lenken, dann geht dort auch immer mehr Energie hin und die Chance auf Veränderung wird größer. Dann sind wir auch wieder bei der Verantwortung des Einzelnen für die Geschichten, die er oder sie glaubt und erzählt.

DT   Also lass uns auch nach diesem Gespräch den Fokus weiter auf Geschichten richten, die von Schönheit in Organisationen, Wirksamkeit und Sinnstiftung erzählen, denn Geschichten und ihre Bedeutungen haben sowohl in gewünschter als auch unerwünschter Richtung kollektive und individuelle Wirkungen – wie auch in meinem Affenexperiment zu Beginn unseres Gesprächs.

TF   Apropos, ich habe mal gehört, dass dieses Affenexperiment so nie wirklich stattgefunden hat. Stimmt das?

DT   Richtig, zumindest konnte bislang der Ursprung nicht eindeutig verifiziert werden.

TF   Dafür hat sich die Geschichte aber ganz schön herumgesprochen und in zahlreichen YouTube-Videos manifestiert.

DT   Merkst du was?

TF   Die Geschichte macht eben Sinn.

DT   So lange, bis andere Erzählungen entstehen, in deren Kontext sie nicht mehr als passend erlebt wird.

TF   Du meinst, wenn das Märchen von der Macht hinterfragt wird.

DT   (lacht) Aber das ist eine andere Geschichte, die wir vielleicht beim nächsten Mal vertiefen können.

Daniel Trebien macht sich selbst Sinn als Mitinitiator und Kernteammitglied von AUGENHÖHE.

Dabei füllt er aktuell die Rolle des geschäftsführenden Gesellschafters aus. Er schaut auf einen langen Ausbildungsweg mit kaufmännischem Schwerpunkt in Ausbildung und Studium, journalistischen Erfahrungen vor und während des Studiums sowie einer zweijährigen Weiterbildung als Systemischer Berater und Prozessbegleiter (SG) zurück. In größeren Strategieprojekten und als Interim-Manager sammelte er praktische Erfahrungen in mittleren und größeren Organisationen mit Rollen, in denen er Fach- und Führungsverantwortung übernahm.

Derzeit konzentriert er sich auf die Stärkung und Weiterentwicklung der AUGENHÖHEcommunity und das Entwicklungsprogramm AUGENHÖHEwegbegleiter für Unternehmer*innen, Führungskräfte und andere Menschen, die in ihren Organisationen die Kraft der Selbstorganisation stärker zur Entfaltung bringen möchten.

http://wegbegleiter.augenhoehe-film.de

Thorsten Franz ist Diplom-Kaufmann und hat viele Jahre als Führungskraft in Handels- und Marketingorganisationen verbracht.

Seit einigen Jahren beschäftigt er sich mit der Frage, welche Rahmenbedingungen und Prozesse für gelingende Veränderung notwendig sind – sowohl auf der Ebene von Individuen als auch Teams und Unternehmen.

Heute ist er geschäftsführender Gesellschafter der Franz&frei consulting GmbH und arbeitet als Organisationsberater und Coach. In beiden Feldern ist seine Arbeit insbesondere inspiriert von Haltung und Methodik des hypnosystemischen Ansatzes von Dr. Gunther Schmidt und den Prinzipien, die Frederic Laloux in seiner Arbeit betont. Selbstorganisation und Selbstführung, kollegiale Führung und Organisationsgestaltung, Wirksamkeit und Sinnstiftung sind zentrale Elemente seiner Beratungs- und Coachingtätigkeit.

02054 9367066

www.franzundfrei.com

www.ruhrcoach.de

Leadership der Zukunft – Führung an der Schwelle von 1st Tier zu 2nd Tier

6

Anette B. Christl und Angelika Scheuer

Eines der großen Themen, welches die Welt von Führung und Organisationsdesign bewegt, ist das gesunde Überleben in unserer hochbeschleunigten VUCA-Welt. Wir beschäftigen uns in diesem Beitrag damit, wie Leadership[1] viele der raumgreifenden Veränderungen, denen Menschen und Organisationen heute ausgesetzt sind, unterstützen kann. Was ist notwendig, um den anstehenden Wandel gemeinsam zu bewirken? Als Zeitzeug*innen erleben wir das Ableben einer alten Welt und mit ihr die Geburt einer neuen. Wir sind diejenigen, die das Neue gebären. An uns liegt es also, wie überlebensfähig das Neue sein wird.

Als Basis für unsere Betrachtungen nutzen wir hier das Spiral-Dynamics-Entwicklungsmodell für menschliches Bewusstsein. Insbesondere adressieren wir den momentan entscheidenden Übergang von 1st Tier[2] zu 2nd Tier. 1st Tier umfasst die ersten sechs menschlichen Bewusstseinsebenen von Jäger*innen und Sammler*innen bis hin

---

[1]Wir haben uns entschieden, u. a. das englische Wort „Leadership" statt Führung zu gebrauchen. Wir halten es für hilfreich, beim Vermitteln eines neuen Konzepts auch frische Begrifflichkeiten zu nutzen, die wenig bzw. gar keinen konditionierten oder assoziativen Ballast mit sich bringen.

[2]Das englische Wort „Tier" bedeutet auf Deutsch Rang oder auch Ebene und Stufe. Da Ebenen und Stufen in Spiral Dynamics bereits für die einzelnen Bewusstseinsebenen benutzt werden und „Rang" leicht an einen militärischen Kontext denken lässt, nutzen wir auch im Deutschen den Begriff „Tier".

A. B. Christl (✉) · A. Scheuer
Wings of Future – Leadership Academy, Tuntenhausen, Deutschland
E-Mail: anette.b.christl@wings-of-future.de

A. Scheuer
E-Mail: angelika.scheuer@wings-of-future.de

© Springer-Verlag GmbH Deutschland, ein Teil von Springer Nature 2019
H. Parnow und P. Schmidt (Hrsg.), *Zusammen arbeiten, Zusammen wachsen,*
Zusammen leben, https://doi.org/10.1007/978-3-662-58965-6_6

Tab. 6.1 Übersicht der Ebenen-Farbcodes nach D. Beck, C. Cowan und F. Laloux in Deutsch und Englisch

Nach D. Beck, C. Cowan (Spiral Dynamics)	Nach D. Beck, C. Cowan (Spiral Dynamics)	Nach F. Laloux (Reinventing Organizations)	Nach F. Laloux (Reinventing Organizations)
Deutsch	*Original Englisch*	*Deutsch*	*Original Englisch*
Türkis	Turquoise	–	–
Gelb	Yellow	Petrol	Teal
Grün	Green	Grün	Green
Orange	Orange	Orange	Orange
Blau	Blue	Bernstein	Amber
Rot	Red	Rot	Red
Purpur	Purple	–	–

zur (aktuell am stärksten wachsenden) Postmoderne. Wie zu einer nächsten Oktave folgt jetzt ein Entwicklungsquantensprung zu den Bewusstseinsebenen auf 2nd Tier. An dieser Schwelle beobachten wir, wie sich Leadership aus der uns vertrauten kulturellen Entwicklungsstufe der Moderne über wertvolle Errungenschaften der Postmoderne integral-evolutionär weiterentwickeln kann. Aufbauend auf der Grundlagenforschung von Clare W. Graves haben Don E. Beck und Christopher C. Cowan das Modell weiterentwickelt und mit einem Farbcode versehen. Es gibt weitere Ebenenmodelle, die unterschiedliche Farben verwenden. Wir beziehen uns im Beitrag auf den Spiral-Dynamics-Farbcode und zeigen, wo Frederic Laloux andere Farben nutzt. Tab. 6.1 gibt einen Überblick über die Farbcodes bei Beck und Cowan (2011) sowie bei Laloux.

Der größere Kontext, in dem wir mit dem Spiral-Dynamics-Entwicklungsmodell arbeiten, ist die integrale Theorie von Ken Wilber mit dem AQAL-Modell. Die integrale Theorie hat sich um das Beleuchten des Gesamtzusammenhangs aller Erkenntnistheorien verdient gemacht. Ken Wilber berichtet:

> „Anders gesagt, suchte ich nach einer Weltphilosophie. Ich suchte eine integrale Philosophie, die auf glaubwürdige Weise die vielen pluralistischen Zusammenhänge aus Wissenschaft, Moral, Ästhetik, östlicher wie westlicher Philosophie und den großen Weisheitstraditionen der Welt miteinander verknüpfen würde. Nicht auf der Detailebene – das ist letztendlich unmöglich – aber auf der Ebene der Orientierungsverallgemeinerungen: um aufzuzeigen, dass die Welt tatsächlich eins ist, ungeteilt, ganz und in jeder Hinsicht mit sich selbst verbunden: eine holistische Philosophie für einen holistischen Kosmos: eine Weltphilosophie, eine integrale Philosophie."[3]

---

[3]https://www.thomas-eisinger.de/ressourcen/texte/ (Zugriff am 08.09.2019).

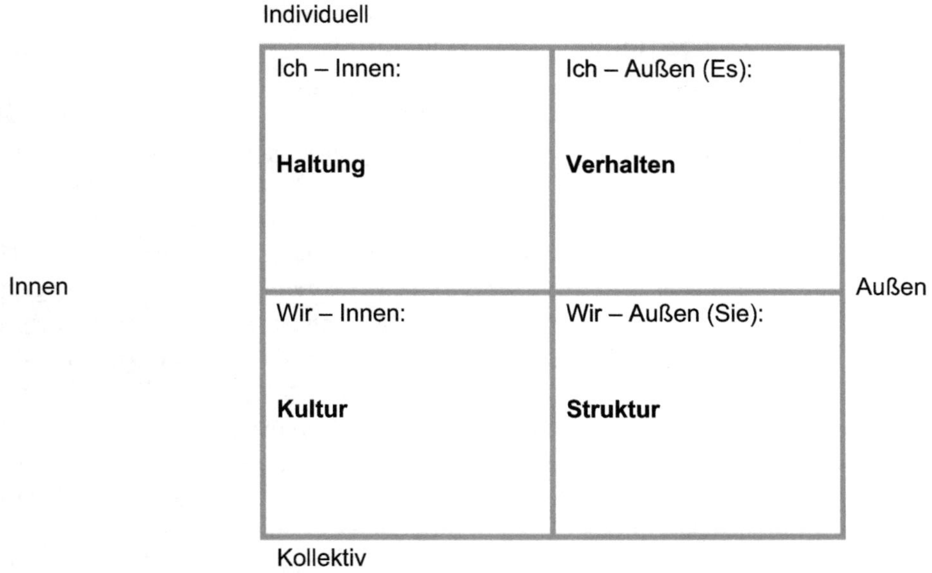

Individuell

Ich – Innen: **Haltung**	Ich – Außen (Es): **Verhalten**
Wir – Innen: **Kultur**	Wir – Außen (Sie): **Struktur**

Innen   Außen

Kollektiv

Abb. 6.1 AQAL-Quadranten

Aus der integralen Theorie leiten sich heute zahlreiche praktische Anwendungen für die unterschiedlichen Lebensbereiche unserer Gesellschaften ab, beispielsweise in Wissenschaft, Politik, Ökologie, Ethik, Kunst, Kommunikation, Ökonomie, Spiritualität u. v. m.

Die vier AQAL-Quadranten zeigen – ebenso wie die Spiralebenen – Momentaufnahmen eines Istzustandes, quasi das Zustandsbild eines fluiden, sich permanent verändernden Universums. Wertvoll für unsere Entwicklungsarbeit mit Menschen und Organisationen ist, dass die vier AQAL-Quadranten eine Innen- und eine Außenperspektive mit einer individuellen und einer kollektiven Sicht kombinieren (s. Abb. 6.1). So beschreiben die vier Quadranten vier verschiedene Wahrnehmungs- und Erlebnisperspektiven: die subjektive Haltung und Erlebenswelt eines Individuums (Ich – Innen), das wahrnehmbare individuelle Verhalten im Außen (Ich-Außen), die Kultur eines Kollektivs (Wir – Innen) sowie die Manifestationen des Wir im Außen in Form von Strukturen und Prozessen. Für nachhaltige Entwicklungs- und Veränderungsprozesse ist es wesentlich, alle vier Perspektiven zu berücksichtigen.

Für diejenigen, die das Spiral-Dynamics-Modell noch nicht kennen, geben wir im kommenden Abschnitt einen komprimierten Überblick über die neun Spiralebenen in ihrer grundsätzlichen Ausprägung und erläutern die wesentlichen Kriterien, die der Spirale inhärent sind.

6.1 Kompakteinführung in das Spiral-Dynamics-Entwicklungsmodell

Das Spiral-Dynamics-Modell beschreibt neun Entwicklungsebenen der Menschheit in den letzten 100.000 Jahren. Ein Grundelement dieser Entwicklung ist die Abwechslung zwischen Ich- und Wir-fokussierten Entwicklungsebenen. Der Mensch befindet sich von Geburt an in dem Dilemma, dass er sowohl Individuum ist, das nach größtmöglicher Selbstwirksamkeit und individueller Verwirklichung strebt, als auch Sozialwesen, das das Kollektiv braucht zum Überleben, um sich sicher zu fühlen und sich selbst weiterentwickeln zu können. Dieser dem Menschen innewohnenden Dichotomie folgend „schaukeln" die Ebenen jeweils zwischen einem stärkeren Ich- und Wir-Fokus hin und her (Ich-und-Wir-Schaukel).

Des Weiteren ist dem Spiral-Dynamics-Modell das evolutionäre Prinzip inhärent. Das heißt, wann immer Menschen auf die sich wandelnden Anforderungen ihrer Umwelt und die aktuellen Herausforderungen ihres Seins mit dem bestehenden Bewusstseinsstand keine befriedigenden lebensförderlichen Antworten mehr finden können, wirken die ungelösten Probleme als evolutionäre Treiber hin zu einer neuen Entwicklungsstufe, die sich ausbilden muss, um das Überleben zu sichern. Solange also ein Entwicklungsstand lebensdienliche Lösungen und Antworten findet, ist die Welt „in Ordnung" und es gibt keinen drängenden, externen Grund zur Entwicklung. Kann ein Individuum, ein Kollektiv oder die Menschheit mit dem präsenten Bewusstsein keine hilfreichen Lösungen mehr produzieren, wird Entwicklung angestoßen. Wie Einstein schon sagte: „Probleme können wir niemals mit derselben Denkweise lösen, durch die sie entstanden sind." Es braucht also eine grundlegend-radikale Veränderung, einen Paradigmenwechsel. Das ist der Anstoß zur Ausprägung einer neuen Spiralentwicklungsebene.[4]

6.1.1 Instinktiv BEIGE

Die in Spiral Dynamics beschriebenen Entwicklungsebenen starten mit der ersten Ich-Ebene BEIGE, die mit Beginn vor etwa 100.000 Jahren datiert wird, wo möglicherweise menschliches Bewusstsein zum ersten Mal überhaupt auftritt. Das Leben auf BEIGE findet in kleinen Strukturen von Familien oder Scharen statt und ist in allen Ausprägungen funktional auf das Überleben der Mitglieder ausgerichtet: Fortpflanzung, Nahrung, Schutz. Das Konzentrieren auf den Überlebenswillen und alle zum Überleben nötigen Fertigkeiten sind Kernkompetenzen von BEIGE.

---

[4]Siehe auch für Europa: http://one-mind.net/umfrage-integrale-perspektiven-aus-2016/ (abgerufen am 18.01.2018).

6.1.2   Magisch PURPUR

Mit der Erkenntnis „Gemeinsam können wir besser für unsere Sicherheit sorgen!" entwickelt sich dann vor etwa 40.000 Jahren die zweite Entwicklungs- und erste Wir-Ebene PURPUR. Wir wollen die Frage, wie eine Ich-Identität oder wie funktionale und ggf. hierarchische Strukturen ausgesehen haben mögen, gerne offenlassen, denn hierzu gibt es widersprüchliche Forschungsergebnisse und Aussagen. Mit etwas mehr Sicherheit können wir der Ebene PURPUR zuordnen, dass hier ein differenzierteres, der Zugehörigkeit und den größeren Strukturen in Stämmen gezolltes Miteinander entsteht. Vermutlich beginnt auch hier das erste Reflektieren über das eigene Leben hinaus, wodurch „Geistern", Ahnen und Magie eine neue Rolle zukommt. Tradierte Gewohnheiten werden zu Bräuchen und Ritualen. Ein starkes clanhaftes Zusammengehörigkeitsgefühl entwickelt sich als neue Kompetenz. Die „anderen" interessieren noch nicht. Der Interessenshorizont endet dort, wo der eigene Clan endet.

6.1.3   Impulsiv ROT

Vor etwa 10.000 Jahren datiert, wird stärker Ich-orientierten Individuen der Stamm zu eng, und nach dem Motto „Ich will alles, und zwar jetzt!" brechen sie aus dem beengenden purpurnen Kollektiv aus. Es entsteht die Entwicklungsebene ROT mit der ausgeprägtesten Ich-Fokussierung. Ein impulsiv-durchsetzungsstarkes und sorglos-risikofreudiges Ich gestaltet sein*ihr Umfeld nach eigenem Belieben. Das kann reichen von großer Stärke und Pioniergeist, die regelbrechend Neues schafft, bis hin zu grober Rücksichtslosigkeit gegenüber anderen. Dieses Ich und seine*ihre Anliegen durchzusetzen, ist die Maxime aller Führung und Entscheidungen. In noch einfachen, hierarchischen Strukturen herrscht auf ROT die Regel, der Stärkere hat das Sagen und der Schwächere hat sich zu unterwerfen. So entwickelt sich eine noch einfach ausgestaltete Unterscheidung von Über- und Unterordnung auf Basis von Stärke. Auch heute finden wir in der westlichen Welt noch gelegentlich rote Aspekte in der Führung, ca. 14 % der EU-Bevölkerung wird die Ebene ROT zugeordnet.[5]

6.1.4   Konformistisch BLAU

Vor etwa 5000 Jahren wird das „außer Rand und Band" geratene Ich wieder eingefangen und auf der nächsten Wir-Ebene BLAU durch Regelwerke der Ordnung „eingeordnet". Klare Maßgaben für Richtig und Falsch sowie Gut und Böse entstehen u. a. durch raumgreifende (monotheistische) Religionen. Hierarchische Strukturen entwickeln komplexere

---

[5]http://one-mind.net/umfrage-integrale-perspektiven-aus-2016/ (abgerufen am 18.01.2018).

Formen der Über- und Unterordnung, die nun nicht mehr nur durch reine Stärke über den Haufen geworfen werden kann. In der Hierarchie entwickelt sich Konformismus und große, zwischenmenschliche Vorsicht, um gegenüber Autoritäten stets den ggf. lebensrettenden Gehorsam korrekt zu zeigen. Führung und Kommunikation von oben nach unten sind direkt und knapp. Kommunikation von unten nach oben entwickelt Schleifen und Ösen, um sich zu schützen oder vielleicht „durch die Blume" doch etwas zum Ausdruck bringen zu können. Klar geordnete Organisationsstrukturen geben Sicherheit und Orientierung, eindeutige zugeordnete Verantwortungsbereiche sorgen für Überblick und Verlässlichkeit. Verantwortung wird von unten nach oben abgegeben. Vorhersagbarkeit, Loyalität und Pünktlichkeit sind wichtige Werte. Viele große Unternehmen leben auch heute in Strukturen, die starke blaue Züge aufweisen. Etwa ein Drittel der Europäer*innen sind auf BLAU zu Hause[6], wobei wir in der politischen Landschaft spätestens seit 2016/2017 einen deutlichen „rückwärts gerichteten" Zulauf zu blauen Werten erlebt haben.

6.1.5   Modern ORANGE

Mit Renaissance und Aufklärung beginnen vor ca. 650 Jahren die ersten Anzeichen der nächsten Ich-Ebene ORANGE. Ein mittlerweile „zivilisierteres" Ich als auf ROT tritt aus den beengenden Strukturen blauen Gehorsams aus, nach dem Motto: „Ich kann selber denken!" Ratio und Vernunft werden zur obersten Maxime und florierende Wissenschaft bringt enormen Fortschritt für die Menschen. Das orange Ich strebt nach maximalem, persönlichem Erfolg, geht dabei aber durchdachter vor als das impulsiv-rote Ich. So ist der orangefarbene Durchsetzungswille nicht minder stark, bedient sich aber differenzierter, ausgeprägter Umsetzungsstrategien, um die hochgesteckten Ziele zu erreichen. Die materialistische moderne Welt entsteht, geprägt von Konkurrenzdenken, ehrgeizigem Wettbewerb und dem Glauben an grenzenloses Wachstum. Mit Effizienz und technologischen Höchstleistungen über mehrere industrielle Revolutionen hinweg herrscht der Mensch über die Natur, von der er sich in seiner*ihren eigeninteressierten Unabhängigkeit vielleicht auch immer mehr entkoppelt. Die meisten westlichen Unternehmen folgen heute hochgesteckten Effektivitäts- und Erfolgszielen à la ORANGE. Die Anzahl der Menschen mit einem orangen Bewusstsein in der EU wurde 2016 auf etwa 30 % geschätzt[7], wobei bereits um 2000 etwa 50 % der Macht weltweit der orangen Ebene zugeordnet wird.

---

[6]http://one-mind.net/umfrage-integrale-perspektiven-aus-2016/ (abgerufen am 18.01.2018).
[7]http://one-mind.net/umfrage-integrale-perspektiven-aus-2016/ (abgerufen am 18.01.2018).

6.1.6   Pluralistisch GRÜN

Da jede nächste Ebene aus den Schmerzen der ungesunden Ausprägungen und Folgen der Ebene davor quasi „geboren" wird, sehen wir heute, wie die Auswirkungen oranger Pathologie die nächste Ebene GRÜN mit ihrem lauten Ruf nach mehr gemeinschaftlicher Verantwortung in den letzten etwa 70–150 Jahren auf den Plan ruft. Die orange Ich-Orientierung weicht einer neuen Wir-Ausrichtung, die mit großer Empathie das Gegenüber verstehen und integrieren will. Im grünen Pluralismus hat jeder Mensch den gleichen Wert und verdient gleiche Chancen. So möchte GRÜN auch alle Verletzungen und Traumata der vorangegangenen Ebenen heilen und ein neues, gemeinsam verantwortliches Wir schaffen, das innere wie äußere Freiheiten lebt, die auf BLAU noch völlig unbekannt sind. Als Wir-Ebene, die Wert legt auf persönliche Entwicklung (z. B. emotionale Intelligenz) und soziale Dynamiken (z. B. systemische Ansätze), entwickelt GRÜN ein hohes Maß an Mitmenschlichkeit, die viele Perspektiven „halten" kann. So beginnt GRÜN sich davon zu verabschieden, dass es nur eine Wahrheit geben darf. In der EU werden GRÜN etwa 15 % der Bevölkerung zugeordnet[8] und diese Gruppe verzeichnet eine Wachstumsrate von ca. 20 % (nehmen wir das Marktwachstum für biologische, ökologisch verträgliche und Fairtradeprodukte als Indikator an).

6.1.7   Übergang von 1st Tier zu 2nd Tier

Mit den ersten sechs Ebenen BEIGE, PURPUR, ROT, BLAU, ORANGE und GRÜN endet der erste Rang des Spiral Dynamics Systems und ab der siebten Ebene GELB beginnt der zweite Rang. Im englischen Original heißen die beiden Ränge oder auch „Oktaven" 1st und 2nd Tier. Der Übergang von 1st zu 2nd Tier kennzeichnet einen wesentlicheren Übergang als nur von einer Ebene zur nächsten. Alle 1st Tier-Ebenen sehen sich, ihre Werte und ihre Antworten auf Herausforderungen der Zeit als die richtigen an und glauben, die Überzeugungen und Vorgehensweisen aller anderen Ebenen seien „falsch", noch nicht weit genug entwickelt oder absurd und bedrohlich. So kämpfen die einzelnen Ebenen mit ihren Ideologien und Schatten gegeneinander. Erst mit Entstehen der integral-gelben Ebene öffnet sich der Blick auf die vorangegangenen Ebenen als Stufen menschlicher Entwicklung, die alle im Sinne einer evolutionären Entwicklung der Menschheit bestimmte Kompetenzen beigesteuert haben. So hat jede Ebene im Kontext ihres Entstehens und Bestehens und als Antwort auf die jeweilige Zeitqualität ihre sinnvolle Berechtigung. Typische Ängste und Zwänge einzelner 1st Tier-Ebenen sind auf 2nd Tier transformiert, werden irrelevant und sind daher nicht mehr verhaltensbestimmend. Alle 2nd Tier-Ebenen beinhalten die Kompetenzen sämtlicher 1st Tier-Ebenen. Diese Kompetenzen können bei Bedarf virtuos eingesetzt werden.

---

[8]http://one-mind.net/umfrage-integrale-perspektiven-aus-2016/ (abgerufen am 18.01.2018).

6.1.8 Integral GELB

GELB ist wieder eine Ich-Ebene, in der sich in den letzten zehn bis 50 Jahren ein nach Unabhängigkeit strebendes Ich aus dem Gemeinschaftsdruck auf GRÜN löst und sich mit starker, mittlerweile gesundeter Ich-Stärke in großer Klarheit und Präsenz zeigt. Nach vollbrachter Heilung alter Wunden und Transformierung einschränkender Persönlichkeitsmuster auf GRÜN kann sich GELB in präsenter Stärke zeigen, ohne auf die vielen Be- und Empfindlichkeiten aller Rücksicht nehmen zu müssen. Wenn im Miteinander eine empfindliche Stelle unglücklich getroffen wird, hat ein ebenso gelbes Gegenüber die Klarheit und das Bewusstsein, das Thema zu adressieren und das Thema – unter Nutzung aller Kompetenzen aus früheren Ebenen – zu klären. Intellekt und Gefühl, Kopf und Herz verschmelzen in Synergie und haben so Zugang zu tiefer Intuition und großer Weisheit. So kann der gelbe Mensch Komplexität und fluide Prozesse (Dynaxity) erfassen und Innovationen ebenso virtuos wie effektiv in die Welt bringen. GELB hat eine hohe Motivation zu lebenslangem Lernen und verfügt über eine große Wandlungsfähigkeit bis hin zum „Spiral Wizard" (Spiralexperte), der elegant-fluid auf allen Ebenen anschlussfähig ist und sich dort passend bewegen kann. Menschen mit gelbem Bewusstsein machen in der EU vielleicht 3–5 % aus[9]. Frederic Laloux (2015, 2016) nennt diese Entwicklungsebene in seinem Buche „Reinventing Organizations" evolutionär PETROL/ TEAL und beschreibt eine Sammlung von konkreten Praktiken, die Unternehmen auf dieser Ebene nutzen.

Auf der nächsten Wir-Ebene TÜRKIS weicht das Ich einem neuen, viel umfassenderen Wir als bisher. Dieses universell-holistische WIR umfasst nicht nur alle Menschen, sondern auch Tiere, Pflanzen, unseren Planeten und das ganze Universum. TÜRKIS ist zutiefst verbunden mit dem umfassenden Wohl des universellen Ganzen und engagiert sich für die Synergie allen Lebens. Ginge es einem lebenden Wesen auf der Erde schlecht, würden alle Übrigen alles Notwendige tun, damit es diesem Einen wieder gut ginge. Da wir die ersten Anzeichen von TÜRKIS überhaupt erst in den letzten paar Jahrzehnten vernehmen und die Wahrnehmbarkeit in der Gesellschaft noch nicht vorhanden ist, gehen wir auf diese Ebene nicht weiter ein. Was hier stehen müsste, wird erst die Zukunft zeigen.

Die letzte derzeit ansatzweise beschriebene Ebene – wieder eine Ich-Ebene – heißt KORALLE. Sie wird als transzendent oder transpersonal bezeichnet und nur wenigen, derzeit lebenden Individuen zugeschrieben. Vielleicht ähnelt der Bewusstseinszustand tiefer Meditation oder „Erleuchtung", der von den Menschen immer und jederzeit aufrechterhalten werden kann.

Im zweiten Teil befassen wir uns mit der Frage, inwiefern wir als Menschen von heute eine funktionierende Führungskultur für morgen entwickeln können und wie

---

[9]http://one-mind.net/umfrage-integrale-perspektiven-aus-2016/ (abgerufen am 18.01.2018).

Spiral Dynamics uns dabei unterstützen kann. Was brauchen wir dafür? Welchen Herausforderungen müssen wir uns unterwegs stellen?

6.2   Unsere Zeit ist reif für Evolution und Fortschritt!

Eine passende Formulierung für unsere momentane Welt stammt von Prof. Knut Bleicher: „Wir arbeiten in Strukturen von gestern mit Methoden von heute an Strategien für morgen – vorwiegend mit Menschen, die die Strukturen von gestern geschaffen haben und das Übermorgen in der Unternehmung nicht mehr erleben werden."[10] In die Spiral-Dynamics-Welt übersetzt, bedeutet das: Wir arbeiten überwiegend in blauen Strukturen, deren Wurzeln im patriarchisch-hierarchischen Mittelalter liegen, werden mit orangen Methoden der Moderne geplant und an orangen KPIs gemessen und wollen damit u. a. in den am stärksten wachsenden, postmodern-grünen Märkten erfolgreich sein.

Darüber hinaus ist eine weitere Diskrepanz auffällig, denn viele Menschen in blau-orangen Unternehmen verhalten sich im familiären Kontext oft grün, einige machen schon Ausflüge nach gelb. Seit der „Agil"-Hype nahezu alle Unternehmen erfasst hat, geht es den blauen Strukturen immer mehr an den Kragen. In einer überwiegend erfolgsorientierten, orange geprägten (westlichen) Welt lassen sich die heute viel zu trägen, blauen hierarchischen Strukturen jedoch nur dann abbauen und auflösen, wenn sie als erfolgsbehindernd eingestuft werden. Doch im Führungsverhalten, und noch mehr in der Kommunikation, sind viele Führungskräfte in Konventionen, Gewohnheiten, Strukturen und Mustern gefangen, die den Einfluss der letzten 5.000 Jahre patriarchischer und hierarchischer Gesellschaftsstrukturen spiegeln. Blicken wir durch die Brille der Spiral-Dynamics-Entwicklungsebenen, so sind die Ebenen rot und blau nach wie vor deutlich sichtbar.

Unsere Sprache – das „Transportmittel" von Führung – ist voll von entsprechenden Beispielen: Nehmen wir nur die beiden Begriffe „Herren" und „Damen" und die davon abgeleiteten Adjektive „herrlich" und „dämlich". Wir benutzen die Worte oft in erlernter Gewohnheit, ohne uns überhaupt bewusst zu sein, was wir da eigentlich sagen. Angelika erinnert sich: „Im Studium an einer französischen Grande Ecole hatte ich einen Kommilitonen, einen adeligen Niederländer, der seine Eltern siezte. Bei uns im heutigen Mitteleuropa in bürgerlichen Familien eher schwer vorstellbar." Heute – 25 Jahre später – duzen wir mittlerweile auch bei den meisten deutschen „eingesessenen" Unternehmen unsere Teilnehmer*innen in Trainings und Workshops – nicht allein deswegen, weil wir es vorschlagen und die Teilnehmenden das gerne annehmen, sondern weil es in vielen Unternehmen so Usus ist. Da vollzieht sich also vor unseren Augen in nur einer Lebenszeit ein deutlicher Wandel.

---

[10]https://www.club55-experts.com/menschenfuehrung-in-der-digitalen-welt-virtuelle-fuehrung-realer-teams/ (abgerufen am 08.09.2019).

In unseren heutigen Spiral-Dynamics-Veranstaltungen schlagen wir auch das Du vor, weil es so sehr zum 2nd Tier-Thema passt. Die Machtdistanz – der erwartete und gefühlte Abstand zwischen Hierarchieebenen – verringert sich seit blau mit jeder weiteren Ebene. Wir sind der Überzeugung, dass es in einer Gesellschaft, die überwiegend aus Menschen mit einem Bewusstsein auf 2nd Tier besteht, keine Unterscheidung mehr zwischen Du und Sie geben wird. So passt das Duzen ganz neu in unsere integralen Veranstaltungen. Die Menschen verabschieden sich zunehmend davon, sich über definierte Höflichkeitsregeln „erfolgreich und unfallfrei in schwierigem Gelände zu bewegen".[11] Kommunikation und Verhalten werden transparenter, bisher Ungesagtes wird ansprechbar und gewohnte soziale Grenzen werden durchlässiger.

Ganz grundsätzlich ist die Voraussetzung für kongruent-authentisches 2nd Tier-Leadership ein erhebliches Maß an Befreiung und Heilung einschränkender Persönlichkeitsstrukturen, die durch unsere Egos sowie durch Traumata in massiv hierarchischen Jahrhunderten entstanden sind. Das zeigt, wie wichtig das Absolvieren und Integrieren der grünen Bewusstseinsebene ist, die genau diese Schattenarbeit, Klärung, Heilung und Entwicklung anstößt und vorantreibt. Haben wir[12] einen guten Teil der grünen Entwicklungsarbeit getan und ist sie uns als selbstverständlicher Umgang mit „Hindernissen" in Fleisch und Blut übergegangen, können wir von Leadership auf integral-gelb oder evolutionär-petrol sprechen. „Hindernisse" werden nun zu konstruktiven, evolutionären Treibern, die Veränderung anstoßen.

Entwickeln wir Leadership von 1st nach 2nd Tier, bewegen wir uns in einem Feld der Auflösung hierarchiebedingter Barrieren und Hürden. Dabei stehen uns bereits einige hilfreiche Ansätze zur Verfügung. Immer mehr Menschen nutzen integral-evolutionäre Ansätze in ihrem Führungsalltag, prüfen und optimieren sie für unterschiedliche Kontexte und entwickeln sie so kontinuierlich weiter. Damit leisten diese Vorreiter*innen einen wertvollen Beitrag für kollektive und organisationale Entwicklung. Solche integral-evolutionäre Praktiken und Hilfsmittel für Führung und Unternehmenskultur, wie Organisationsdesign, finden wir z. B. in folgenden Ansätzen:

- Teal Practices (Frederic Laloux),
- U-Process (Otto Scharmer),
- Soziokratie (Gerard Endenburg),

[11]Quelle: Philosoph Joseph Vogel im Interview http://www.zeit.de/zeit-wissen/2017/06/joseph-vogl-philosoph-benehmen-interview (abgerufen am 21.01.2018).

[12]Im Text formulieren wir überwiegend in der Wir-Form. Dabei ist uns wichtig, dass wir dieses Wir nicht als verallgemeinernd überstülpende Stilform meinen. Vielmehr ist es unser Wunsch die Leser*innen auf eine Reise einzuladen, die sie zur hinter den Worten liegenden Essenz führt. Unsere Einladung ist, den Text aus einer allumfassenden 2nd Tier-Perspektive heraus zu lesen, sodass diese evolutionäre Essenz ins Bewusstsein aufsteigen kann.

- Holacracy (Brian Robertson),
- Evolutionary Leadership (The Source of Synergy Foundation),
- Integrales Kompetenzmodell für vertikale Entwicklung (BMBF-Forschungsprojekt[13]),
- Integrales Gesundheitsbarometer für horizontale Entwicklung (Wings of Future).

Wie Leadership und Kommunikation auf 2nd Tier aussehen und funktionieren können, diskutieren wir nun beispielhaft an den zwei folgenden ausgewählten Ansätzen:

6.2.1 Evolutionary Leadership – evolutionäre Führung jenseits von Ego

6.2.2 Die Qualität generativen Zuhörens

Abschließen werden wir mit einem kurzen Erfahrungsbericht aus unserer Praxis.

6.2.1 Evolutionary Leadership – evolutionäre Führung jenseits von Ego

Der evolutionäre Ansatz[14] besagt im Kern, dass Leben sich durch permanente Synergie entwickelt hin zu größerer Ordnung, eleganterer Komplexität, höherer Intelligenz, umfassenderer Vernetztheit und mehr Freiheit. Dieses Entwicklungspotenzial wohnt allem Lebenden inne und will sich permanent entlang der ihm inhärenten Intelligenz und evolutionären Richtung zum jeweils höchstmöglichen Potenzial ausdrücken. Wobei zum Lebenden nicht nur sogenannte „fühlende Wesen" (Menschen und Tiere) gehören, sondern auch Pflanzen, Elemente, Planeten und das ganze Universum.

Sprechen wir vom „höchsten" Potenzial oder auch vom „höheren" Selbst, so meinen wir dies nicht im Sinne eines blauen machthierarchischen „Oben und Unten". Ebenso wenig sehen wir eine Hierarchie im Sinne des orangen Ehrgeizes von „höher, schneller, weiter", wo eine*r nur oben sein kann, wenn andere unten sind; wo eine bessere Leistung im Wettbewerb nur zulasten einer schlechteren Leistung möglich ist; wo eine*r nur gewinnen kann, wenn andere verlieren. Diese Hierarchien leben von Trennung und Ausschluss und leben im begrenzten Paradigma eines Nullsummenspiels.

Das „höchste Potenzial" hingegen steht nicht in ausschließender Konkurrenz zu irgendwem oder irgendetwas, sondern wurzelt in einer umfassend-beinhaltenden Perspektive. Das höchste Potenzial des einen steht niemals gegen das höchste Potenzial eines anderen. Ganz im Gegenteil, höchste Potenziale verstärken einander. Aus dem Nullsummenspiel wird Synergie. Das höchste Potenzial ist somit der nächste, mögliche Entwicklungsschritt mit neuen Ausdrucksmöglichkeiten.

---

[13]Ein vom Bundesministerium für Bildung und Forschung (BMBF) gefördertes Forschungsprojekt, an dem wir mitgewirkt haben.

[14]Vertreten durch Vordenker*innen wie Barbara Marx-Hubbard, Craig Hamilton, Ken Wilber.

Dieses „höchste wahre Potenzial" oder „optimale allumfassende Potenzial" steht allen gleichzeitig zur Verfügung und führt zu qualitativem Wachstum. Wenn ein Mensch oder eine Gruppe sich das „höchste Potenzial" erschließen, sprechen wir von Flow, kollektiver Kokreativität, vollkommener Ordnung oder schöpferischem Fließen. In so einem Zustand sind die Grenzen zwischen Denken, Fühlen und Handeln aufgehoben. Alle sind im Boot und erlauben dem emergierenden Impuls, der sich in jedem Moment ausdrücken möchte, sich zu zeigen und zu manifestieren. Unter „höherem Selbst" verstehen wir den Teil unseres Selbst, der sich uneingeschränkt von erfahrungsbedingten Konditionierungen und Prägungen völlig Ego-frei zum höchsten Potenzial hinbewegen kann.

Was auch immer das „höchste Potenzial" ist, das „höhere Selbst" kennt die weitest entwickelte und freieste Möglichkeit, die der jetzige Moment hervorbringen kann. Basierend auf dieser Weltsicht wollen wir drei Prinzipien für evolutionäres Leadership besprechen:

1. Prinzip: Unser Ego – Synthese von Akzeptanz und Überwindung
2. Prinzip: Führung verpflichtet zu Synergie – Eigenverantwortung und Spiegel
3. Prinzip: Gestalten zum höchsten Wohle aller Beteiligten

6.2.1.1 1. Prinzip: Unser Ego – Synthese von Akzeptanz und Überwindung

Auf dem Weg zum evolutionären 2nd Tier-Bewusstsein bewegen wir uns in einem Paradox in Bezug auf das, was wir meist das Ego nennen. Ego verstehen wir hier als den Teil unserer Persönlichkeit, der, durch Erfahrungen geprägt, oft nicht auf das Potenzial des höheren Selbst zugreifen kann. Das Ego und mit ihm der Verstand kämpfen permanent um die eigene Existenz und beide verteidigen das mühsam erarbeitete Selbstbild. So kommen wir einerseits nicht um ein demütiges Anerkennen herum, dass wir alle ein Ego mit uns herumtragen, und daher nicht immer klar und ungetrübt sehen können. Immer wieder liegen wir mit unserer Einschätzung der Gegebenheiten falsch und reagieren unangemessen, das heißt, nicht entsprechend unserem eigenen höchsten Potenzial. Wir sehen nicht die objektive Realität – sofern es die überhaupt gibt – sondern sehen eine Welt durch unseren persönlichen Filter, wodurch wir zwangsläufig immer wieder die Beweggründe und Verhaltensweisen anderer missinterpretieren. Das gilt es anzuerkennen.

Andererseits haben wir auf dem Weg zum 2nd Tier-Bewusstsein ein klares Commitment, uns über genau diese Ego-Beschränkungen hinaus zu entwickeln und uns Schicht für Schicht von Ängsten und Einschränkungen zu befreien. Ebenso fußt evolutionäres Leadership auf dem Prinzip, sich dem evolutionären Impuls zu stellen und sich bewusst über das limitierende Ego hinaus zu entwickeln. In Weisheitslehren wie dem Buddhismus mit seinem Streben nach Erleuchtung finden wir das gleiche Ziel. Craig Hamilton[15] – gegenwärtiger

---

[15]Online-Kurs „Evolutionary Relationship to Life" (2017) mit Craig Hamilton (Evolving Wisdom).

evolutionärer und spiritueller Lehrer – nennt dieses Commitment das essenzielle Organisationsprinzip einer evolutionären Beziehung zu anderen und zum Leben an sich. Evolutionäres Leadership und evolutionäre Kommunikation verpflichten sich dem Sinn und Zweck von Entwicklung hin zu mehr Freiheit und Transparenz. Das ist eine kraftvolle, Entwicklung fördernde Übereinkunft, die uns sowohl im gemeinsamen Austausch als auch im Führungskontext unterstützt, über das Ego und dessen Kontrollbestreben hinauszuwachsen.

Führende und Geführte teilen diese unumstößliche Maxime: Alles folgt dem Prinzip von Entwicklung und Hervorbringen des höchsten evolutionären Potenzials. Diese Übereinkunft erlaubt uns, eine Beziehung auch über Hierarchieebenen hinweg permanent herauszufordern, in ihrer Qualität infrage zu stellen und aus allen denkbaren und undenkbaren Blickwinkeln zu hinterfragen. Alle Beteiligten tun das mit dem Ziel, die Beziehung und damit die Führung mit Achtsamkeit und Bewusstheit zu füllen, weiterzuentwickeln und in jedem Fall zu verhindern, dass die Interaktion in gewohnten Mustern einschläft und stagniert.

Auch auf 2nd Tier ist Kommunikation das Medium zur Entwicklung von Beziehungen und Leadership. Auf der integral-evolutionären Bewusstseinsebene GELB/TEAL ist die Kraft des gemeinsamen Commitments zum höchsten Potenzial so stark, dass rein technisch-methodische Kommunikations- und Leadership-Ansätze überflüssig sind. Wozu dienten auf 1st Tier all die Kommunikationsmethoden? Bis BLAU sicherten sie überwiegend den Machterhalt und die Kontrolle. Auf frühem ORANGE dienten sie dem kontrollierten Erfolg und ab spätem ORANGE dazu, dass Egos nicht in Widerstand gehen, denn das würde der Effizienz und dem Erfolg schaden. Auf der letzten 1st Tier-Ebene GRÜN helfen uns viele methodische Ansätze unsere Kommunikation zu verbessern, z. B. das Kommunikationsquadrat[16] oder die gewaltfreie Kommunikation.[17] Auf GRÜN unterstützt die bedürfnisorientierte Kommunikation[18] mit einer hoch entwickelten Empathiefähigkeit empfindliche Egos, nicht verletzt zu reagieren und sich vom gemeinsamen Projekt zurückzuziehen. Gleichzeitig deckt Kommunikation auf GRÜN tiefer liegende Bedürfnisse, Muster und Wunden auf und erlaubt Heilung. Das 1st Tier-Ego lässt sich noch von Aussagen, wie „Deine Leistung war suboptimal" oder „Das ist falsch!" aktivieren, verteidigt sich und will das durch die erlebte Kritik angekratzte Selbstbild reparieren und wiederherstellen.

Auch wenn Kommunikation auf 2nd Tier kontinuierlich direkter, klarer und transparenter wird, ist Heilung auf der frühen evolutionär-gelben Ebene nach wie vor notwendig, denn – so das Paradox – wir anerkennen die Existenz unserer verwundeten

---

[16]Nach Friedemann Schulz von Thun, deutscher Psychologe und Kommunikationswissenschaftler sowie Gründer des „Schulz von Thun-Instituts für Kommunikation" in Hamburg.

[17]Nach Marshall Rosenberg, US-amerikanischer Psychologe, Gründer des Center for Nonviolent Communication und international tätiger Mediator.

[18]Basierend auf der gewaltfreien Kommunikation nach Marshall Rosenberg.

Egos. In dem Moment, in dem wir uns einer limitierenden, Ego-gesteuerten Reaktion bewusst werden, bewegen wir uns kraft unseres Commitments mit Leichtigkeit darüber hinaus. So treten Ego-Befindlichkeiten aufgrund des gemeinsam-verpflichtenden Bestrebens nach Koevolution auf der 2nd Tier-Ebene GELB/TEAL immer mehr in den Hintergrund und Momente des Widerstands werden sowohl seltener als auch kürzer. Angst wird beispielsweise auf den 1st Tier-Ebenen als Ausdruck des Egos und damit als „Angst *vor*" irgendetwas beschrieben.

Auf der integral-evolutionären Ebene dagegen fungiert Angst als informatives Gefühl. Das heißt, Angst zeigt mir, dass mein Ego gerade mit einem Widerstand gegenüber etwas in der Welt zugange ist und dass mir ein vollständiges JA für den gegenwärtigen Moment nicht möglich ist. Bin ich integral-evolutionär unterwegs, gibt mir der innere Widerstand sofort den Hinweis, dass ich in einer dysfunktionalen Schattendynamik gefangen bin. Wahrhaft evolutionär gehe ich jetzt unmittelbar ans Werk, diese Einschränkung mit welcher Methode auch immer – davon gibt es ja seit GRÜN genug – zu klären und zu transformieren. Auf keinen Fall würde eine evolutionärer Führungsperson, spätestens wenn er*sie darauf hingewiesen wurde, diese Dynamik an seinem*ihrem Gegenüber weiter ausagieren. Im evolutionären Bewusstsein ist „Kritik" explizit erwünscht, denn sie fördert die weitere Befreiung und Entwicklung – ganz nach dem Motto „Feedback is the breakfast of champions" (Feedback ist das Frühstück der Meister*innen). Wird also konstruktive Kritik geäußert, ist das für den*die Evolutionär*in ein wahrhaftiges Geschenk. Es ermöglicht weiteres Aufräumen, Heilen, Entwickeln und damit Evolution.

Wir sehen hier deutlich, wie die unterschiedlichen Mindsets der 1st Tier- und 2nd Tier-Entwicklungsebenen ein und dieselbe Situation anders erleben, interpretieren und daraus unterschiedliche Konsequenzen ziehen. Doch was, wenn z. B. kritische Feedbackgeber*innen, selbst im Ego steckend, mit ihrer Kritik eigene Interessen verfolgen oder gar wirklich verletzen wollen? Als autonomes 2nd Tier-Individuum überprüfe ich auf Basis meiner grundsätzlichen Offenheit für Rückmeldungen, die neue Entwicklungspotenziale anstoßen können, ob das Gesagte mit meinem evolutionären, höheren Selbst in Resonanz geht. Tut es das nicht, so ist es im Sinne des übergeordneten evolutionären Potenzials angesagt, mich vom Input meiner Gesprächspartner*innen – auch wenn es mein*e „Chef*in" ist – vorerst abzugrenzen. Gemeinsam dividieren dann beide Evolutionär*innen in gegenseitiger Unterstützung auseinander, was in einer verhakten Kommunikation ego- und was evolutionsmotiviert ist.

Die Synthese des Paradoxons – Akzeptanz des Egos und gleichzeitiges Commitment, das Ego zu überwinden – gibt uns im Leben und ganz besonders im Führungsalltag die wertschöpfende und effizienzsteigernde Chance, ungesunde und dysfunktionale Beziehungsdynamiken zu einem gesunden und entwicklungsförderlichen Miteinander weiterzuentwickeln. Zusammenfassend heißt die Synthese, die uns nach 2nd Tier bringt, die Existenz unseres Egos demütig anzuerkennen und gleichzeitig über dieses Ego hinaus im unerschütterlichen Engagement zur eigenen, evolutionären Entwicklung verankert zu sein. Sind Führende und Geführte so als Ko-gestalter*innen unterwegs, entsteht neben der großen Freude am Miteinander auch Erfolg. Auf der letzten 1st Tier-Ebene GRÜN wurde messbarer Erfolg noch oft für die Gemeinschaft geopfert. Auf 2nd Tier darf nun beides sein: hohe zwischenmenschliche Qualität sowie Effizienz und Erfolg.

6.2.1.2 2. Prinzip: Führung verpflichtet zu Synergie – Eigenverantwortung und Spiegel

Evolutionär führen bedeutet, die individuelle und gemeinsame Interaktionsfähigkeit permanent weiterzuentwickeln. Dabei unterstützen die Maximen, zu denen sich zwei Partner*innen, ein Team oder eine ganze Organisation wechselseitig verpflichten können:

- Ich übernehme Verantwortung, mein wahres Potenzial in allen Situationen zu leben.
- Ich bin bereit, dich als Spiegel für meine Schattenseiten anzunehmen und dir – auch über Hierarchieebenen hinweg – Spiegel zu sein.

Diese Übereinkunft vertieft das bereits oben besprochene Commitment, sich permanent über das eigene Ego hinaus zu entwickeln. Wir kommen also überein, uns gegenseitig in der Verantwortung zu halten, uns im Miteinander immer mit unserem höchsten Potenzial zu zeigen. Wohl wissend, dass wir mit unserem begrenzenden Ego nicht ununterbrochen dazu in der Lage sind, nutzen wir das niemals als Ausrede oder Entschuldigung. Wir verpflichten uns, einander auf Limitierungen, Widerstände oder Überempfindlichkeiten hinzuweisen. In diesem Hinweis sehen wir einen hilfreichen Wachstumsimpuls, den wir, sofern er Resonanz erzeugt, annehmen. Wir reagieren nicht – wie wir das auf früheren Bewusstseinsebenen so oft finden – mit rot-blauer Verteidigung oder einer wohl durchdachten orangen Gegenargumentation. Um das „Darauf-angesprochen-Werden" zu erleichtern, hilft uns wieder eine Übergangskompetenz aus GRÜN, die empathische bedürfnisorientierte Kommunikation. Mithilfe dieser vier Prinzipien wird Feedback konstruktiv und leicht annehmbar formuliert:

1. Beobachtungen frei von Anschuldigungen beschreiben, ohne etwas hineinzuinterpretieren oder zu verallgemeinern,
2. ein authentisches selbstverantwortetes Gefühl mitteilen, das aus dieser Situation entstanden ist, weil
3. ein Bedürfnis – z. B. das höchstmögliche Potenzial – gerade nicht erfüllt ist,
4. und ggf. eine konkret umsetzbare Bitte formulieren, die beiden Gesprächspartner*innen ermöglicht, ihrem wahrem Potenzial näherzukommen.

Wird ein Feedback auf diese Weise formuliert, ist es im praktischen Leben leichter, der Verpflichtung nachzukommen, jeden Wink als Wachstumsimpuls offen anzunehmen. Wir erkennen an, dass wir selbst und andere ein „Recht" darauf haben, dass wir uns immer gemäß unserer höchsten Potenziale und Möglichkeiten verhalten – nicht nur theoretisch, sondern auch praktisch in jeder Interaktion. Wir wollen den Unterschied zwischen innerlich „theoretisch" Gelerntem und der praktischen Anwendung an einem Beispiel kurz erläutern. Oft haben wir uns Kompetenzen erarbeitet, indem wir z. B. bestimmte

Fähigkeiten erworben und fleißig geübt haben, wie zum Beispiel die bedürfnisorientierte Kommunikation. Dennoch gibt es immer wieder Momente, wo es uns nicht gelingt, diese neuen Fähigkeiten anzuwenden. Wer lernbegierig ist, kennt das sicher: Im Seminar oder sogar mit dem*der eine*n Kolleg*in hat's noch geklappt, aber dann zu Hause mit den Kindern, den Eltern oder der Partnerin ist die neue Kompetenz auf einmal flöten gegangen … und Frust macht sich breit.

Oft haben wir Neues gelernt, Potenziale entwickelt, doch es gelingt uns nicht immer, wie die orange Manager*innensprache so schön sagt, „die PS auf die Straße zu bringen". In diesem Moment fehlen uns dazu die Kapazitäten, was häufig eine Frage innerer Ressourcen ist. Denn Empathie braucht nicht nur die grundsätzliche Fähigkeit, empathisch zu sein, sondern auch in dem jeweiligen Moment ausreichend innere Ressourcen. Bin ich selbst zutiefst betroffen und ist mein Ego „getriggert", ist es immens schwierig, in diesem Moment den Willen, die Kraft und den inneren Abstand aufzubringen, dem Gegenüber mit wahrhaftiger Empathie zu begegnen.

Das integrale AQAL-Modell unterscheidet daher die Quadranten nach einem Innen und einem Außen. Oft sind die inneren Potenziale – Bewusstsein und Werte (oben links) – schon weiter ausgebildet, stimmen aber noch nicht stabil mit dem im Außen gezeigten Verhalten (oben rechts) überein. Genau diese Diskrepanz ist der schmerzliche, aber evolutionäre Treiber für weitere Entwicklung. Die Lücke zu schließen ist ein Schritt auf dem Weg, das höchste Potenzial in die Welt zu bringen. Das führt in jeder zwischenmenschlichen Interaktion und insbesondere in Führungssituationen zu einem wahrlichen Spagat. Wir wissen, dass wir es immer wieder nicht schaffen, uns gemäß unserem höchsten Potenzial zu verhalten. Dennoch bleiben wir dem Anspruch verpflichtet, kontinuierlich danach zu streben, unser Potenzial vollkommen zu verwirklichen. Damit das auch in schwierigen Situationen klappt, braucht es ein wahrhaft tiefes Commitment zu evolutionärem Sein und permanenter Weiterentwicklung.

Konkret unterstützen kann uns bei diesem Commitment, anzuerkennen, dass wir einander „Spiegel" sind. Mein Gegenüber sieht mich umfassender als ich mich selbst und gibt mir im Idealfall ein wohlwollendes, konstruktives Feedback oder verhält sich immer wieder – auch unbewusst – spiegelbildlich zu mir. Bin ich gereizt, tendiert auch meine Gesprächspartnerin zu Ungeduld. Ich kann die Ungeduld als einen Hinweis auf etwas Ungeduldiges in mir erkennen und entschlüsseln, was in mir aufzulösen ist. Im Prinzip anerkennen wir das, was sowieso so ist: Wir triggern einander. Auf früheren 1st Tier-Ebenen läuft das meist unbewusst ab und ist lästig bis schmerzlich. Auf 2nd Tier gehen wir einen Schritt weiter: Wir erkennen nicht nur ein nicht zu vermeidendes Übel an, sondern wir suchen geradezu den anderen als Spiegel unserer tiefsten, noch unerlösten Schattenseiten.

Konsequent gelebt, werden Führende und Geführte zu Partner*innen auf Augenhöhe und sind einander dankbar für die Unterstützung bei ihrer eigenen evolutionären Selbstentwicklung. Ein wirklich förderlicher Spiegel für andere zu sein erfordert, gegenseitig die schönen und geschminkten Selbstbilder des Egos anzukratzen und sie einander nicht mehr zu bestätigen. Eine Führungskraft steht jetzt auf Augenhöhe mit ihren

Mitarbeiter*innen und ist offen dafür, auf die Aspekte, die außerhalb ihres Bewusstseins liegen, aufmerksam gemacht zu werden, ohne dadurch drohenden Statusverlust befürchten zu müssen. Ein Teammitglied hat umgekehrt das Selbstverständnis auch der Teamleiterin ein offenes Feedback zu geben, ohne dadurch einen Jobverlust befürchten zu müssen. Als Menschen haben wir alle Bereiche, die wir nicht sehen können. Wenn mir eine Zecke zwischen den Schulterblättern sitzt, brauche ich einen Spiegel oder einen anderen Menschen, der mir beim Sehen hilft. Im Nicht-Physischen ist es ebenso. Andere sehen meine unbewussten, oft einschränkenden Muster viel besser als ich selbst. Und diese Möglichkeit nutzen Evolutionär*innen zu beiderseitigem Vorteil.

Einander hilfreicher Spiegel sein heißt also, sich Verhaltensweisen, die suboptimal, limitierend oder dysfunktional sind, bewusst zu machen, damit sie angeschaut und transformiert werden können. Evolutionär*innen haben dazu einen Fundus an Processing-Techniken für ihre persönliche, innere Befreiungsarbeit, die uns die Entwicklung auf GRÜN geschenkt hat. Systemisches Familienstellen, innere Kind-Arbeit, Matrix Energetics, The Work, The Journey, katathymes Bilderleben, Meditation, Achtsamkeit etc., um nur ein paar Ansätze zu nennen. Unternehmen investieren heute auch schon zunehmend Zeit und Geld in die Entwicklung ihrer Mitarbeiter*innen zu „weichen Themen" wie Achtsamkeit oder Meditation. Vorreiter*innen sind große Namen wie Google oder Intel[19], die es anderen leichter machen zu folgen.

Spiegel sein heißt aber auch – und das vergessen wir manchmal – einander auf positive Aspekte hinzuweisen. Das ist besonders hilfreich bei früheren Schatten, die mein Gegenüber transformierend angegangen hat und die sich zum Positiven entwickelt haben. Wenn ein Mensch immer wieder seine*ihre Komfortzone verlässt und über sich hinauswächst, ist positives Feedback eine bestärkende Bestätigung, den eigenen Fortschritt wahrzunehmen. Das gibt Kraft, an weiteren Limitierungen zu arbeiten. Evolutionäre Führungspartner*innen geben eher mehr Feedback als weniger, sehen nicht einfach nur gemütlich zu und glauben, „die*der andere wird sich schon selbst ausreichend wahrnehmen". Sollte mein Gegenüber das, was ich rückmelden will, sowieso schon auf den „Schirm" haben, können wir das Gespräch ja abkürzen und es geht weiter zum nächsten gemeinsamen evolutionären Abenteuer! Aus evolutionärer Perspektive erleben wir kontinuierliche Entwicklung nicht als leidtragend-passives Objekt. Stattdessen ermächtigen wir uns zum Subjekt, zum bewussten Gestalten unserer eigenen Evolution.

6.2.1.3   3. Prinzip: Gestalten zum höchsten Wohle aller Beteiligten

In der Führungskommunikation auf späten 1st Tier-Bewusstseinsebenen geht es meist um das Navigieren zwischen scheinbar unvereinbaren Bedürfnissen und das Verhandeln widersprüchlicher Anliegen. Dabei stehen häufig zwei Egos miteinander im Gespräch. Diese beiden Egos sind miteinander im Dialog, sofern überhaupt beide sprechen und

---

[19]Im Hause Google entstand das Trainingsprogramm Search Inside Yourself, das inzwischen auch vermarktet wird. Intel schult intern im Awake@Intel-Programm.

es nicht ein hierarchischer Monolog ist. Beide sind in Be-*zieh*-ung, d. h. bei diesem Gespräch vertreten beide ausschließlich ihre eigenen Interessen und Standpunkte. Im Unterschied dazu transformiert sich in der evolutionär gestaltenden 2nd Tier-Kommunikation das ausschließliche Sich-aufeinander-Be-ziehen zweier Gesprächspartner*innen deutlich. Es gesellt sich ein drittes Element dazu, nämlich das höchste Potenzial als gemeinsame Orientierung. Diesem dritten Element sind alle Gesprächspartner*innen auf den 2nd Tier-Bewusstseinsebenen so unumstößlich verpflichtet, dass aus dem *gegenseitigen Ziehen um* Rechthaben oder um Lösungen zur Bedürfnisbefriedigung ein *gemeinsames Streben nach* der höchsten zukünftigen Möglichkeit wird.

Das Gegeneinander-Ziehen wandelt sich zum Ziehen am gleichen Strang, dem evolutionären Strang in Richtung Weiterentwicklung. „Kleine" persönliche Interessen und Beweggründe treten in den Hintergrund, ohne dass irgendwer nachgeben müsste oder einen emotionalen Verlust erleiden würde. Im evolutionären 2nd Tier-Bewusstsein kommen wir zusammen, um gemeinsam für die höchste Möglichkeit des jetzigen Moments zu gehen und unser wahres Potenzial zu leben. Im evolutionären Leadership gestalten wir unsere gemeinsame Zukunft auf Augenhöhe und sind miteinander dafür verantwortlich. Herausfordernd bleibt, dass es auch auf der gelb-integralen bzw. petrol-evolutionären Bewusstseinsebene für beide Kokreationspartner*innen nicht immer offensichtlich ist, wie gerade der optimale nächste Schritt aussieht. Dennoch streben Evolutionär*innen jenseits von Ego-motivierter Rechthaberei – Quelle so vieler 1st Tier-Konflikte – nach genau diesem höchsten Potenzial, das bisher im Raum des Nichtwissens liegt und erst noch emergieren möchte. In dieser stabilen Übereinkunft wurzelt der evolutionäre Treiber, der uns immer leichter über die „kleinen" eigenen Interessen hinauswachsen lässt.

Wir sehen schnell, dass so zu ko-führen ein völlig neues Bewusstsein erfordert, das nicht nur im Inneren entwickelt sein will, sondern auch als stabiles Verhalten im Außen auftreten muss. Mit seiner*ihrer gemeinschaftlichen Verantwortlichkeit für Nachhaltigkeit auf unserer Erde zeigt uns das grüne Bewusstsein einen nächsten Schritt. Die Erde ist etwas Größeres, Höheres, Umfassenderes als wir, die einzelnen Individuen, die auf ihr leben.[20] So kann aus dem orangen Fokus auf das höchste eigene *Wohl* im Sinne von

---

[20]Hier sehen wir den Unterschied zwischen einer Wachstumshierarchie und der auf 1st Tier vertretenen Machthierarchie. Die Wachstumshierarchie ist eine natürliche Hierarchie, z. B. fügen sich Atome zusammen zu Molekülen, diese zu Zellen, die sich zu Organen und schließlich einem ganzen Organismus verbinden, der wiederum auf der Erde existiert, die zu einem Sonnensystem gehört usw. Natürliche, logisch aufeinander aufbauende Komplexitätsstufen entwickeln sich aus sich selbst heraus, folgen so aufeinander und schließen einander ein. Diese Hierarchien basieren auf dem Prinzip „Macht mit"-einander und bilden Synergien. Wohingegen die einzelnen Stufen einer künstlich erschaffenen Machthierarchie einander nach dem Prinzip „Macht über" beherrschen und oft ausbeuten. Machthierarchien brechen daher, wenn sich nicht irgendwann ein gesundes Maß an Verantwortung etabliert (erst eine typisch grüne Qualität), auseinander oder in sich zusammen. Wachstumshierarchien entwickeln sich evolutionär immer weiter in Richtung höchstes Potenzial, sprich zu höherer Komplexität, Vernetztheit und Freiheit.

individuellem Erfolg und *Wohl*-stand ein grüner Fokus auf gemeinsamen *Wohl*-stand für alle Menschen und die Erde werden (siehe z. B. die Gemeinwohlökonomie).

2nd Tier mit seiner integral-allumfassenden Inklusion aller 1st Tier-Qualitäten hält den grünen Fokus auf das höchste gemeinsame Wohl und bringt ihn dann konkret umsetzbar ins Leben. Wann immer ich mich also dabei ertappe, dass ich um meine persönlichen Ego-motivierten Interessen kämpfe, habe ich die Ausrichtung auf das evolutionäre höchste Potenzial verloren – ich habe sozusagen von 1st Tier heraus agiert. Die stabile Verpflichtung, die Ausrichtung auf das höchste gemeinsame Potenzial zu entwickeln und zu festigen, ist eine wesentliche Übung ab GRÜN und auf frühem GELB/TEAL. Kompromisse entwickeln oder nach einer höheren Win-win-Lösung streben findet jetzt nicht mehr zwischen konfliktären Gesprächspartner*innen statt, sondern gemeinsam für das Höhere. Eigentlich braucht es keine Win-win-Lösung mehr, sondern nur noch EINE WIN-Lösung. Der WIN des höchsten evolutionären Potenzials. Am Ende sieht dann evolutionäres Leadership vielleicht so aus: „Mir ist es nicht wichtig, was für mich dabei herauskommt, auch nicht, was für dich dabei herauskommt. Lass uns stattdessen gemeinsam die evolutionär ausgereifteste Lösung für diese Situation finden!" Mit dieser Ausrichtung auf einen gemeinsamen höheren Nenner heben wir jedes Führungsgespräch sofort auf eine qualitativ andere Ebene.

Anette weiß aus ihrer Kampfkunsterfahrung, dass absichtliche, gewollte Handlungen Anstrengung bedürfen. Erlaubt sie jedoch, dass die Kampfkunsttechnik aus einem anderen, erweiterten Wissens- und Fähigkeitsraum kommt, geschieht alles anstrengungslos. Vorausgesetzt, „ICH" gehe einen Schritt beiseite und erlaube das, was sich durch mich und mein Werkzeug (meinen Körper) als Handlung ausdrücken möchte. Der Handlungsausdruck ist nun nicht mehr Ego-gesteuert und Ego-motiviert, sondern von einer erweiterten Kraft inspiriert, der sich das Ego und der Wille hingeben. So resümiert Anette: „Manchmal wundere ich mich selbst über die Impulse. Gelingt es mir jedoch, den wertenden Verstand und das um die eigene Existenz besorgte Ego außen vor zu lassen, entpuppen sich die Impulse durchgängig als überaus wertvolle Inspiration, die sich für die anstehenden Themen als zielführend erweisen." Das verstehen wir als höchstes Potenzial.

6.2.2 Die Qualität generativen Zuhörens

Ein weiterer Ansatz, mit dem wir viel arbeiten, ist das Entwickeln des generativen Zuhörens und der U-Prozess von C. Otto Scharmer. Diese soziale Technik taucht im Rahmen von Frederic Laloux' Teal-Praktiken, die eine Momentaufnahme gerade emergierender Ansätze ist, leider nicht auf. Otto Scharmer hat mit dem U-Prozess (auch Theorie U) eine wirkungsvolle Methode in die Welt gebracht, 2nd Tier-Bewusstsein zu entwickeln und im täglichen Handeln zu verankern. Generatives Zuhören ist auf dem Weg durch das „U" eine wichtige Prozesskompetenz. Der wertvolle Beitrag Scharmers zum gegenwärtigen Bewusstseinswandel ist ein zweifacher. Zum einen ist es ihm mit der Theorie U gelungen, das Hinhören auf subtile Informationen in der Businesswelt anschlussfähig zu machen. Auf dem absteigenden linken U-Schenkel der Wahrnehmung bewegt sich der Kommunikationsprozess vom Grobstofflichen immer mehr zum Feinstofflichen (nach Scharmer: Downloading, Seeing und Sensing) und „gipfelt" im generativen Zuhören (Presencing), dem Wahrnehmen der aus der Zukunft emergierenden Informationen.

Zum anderen schließt der U-Prozess mit dem rechten aufsteigenden U-Schenkel des manifestierenden Handelns die Lücke, in der grünes Bewusstsein häufig stecken bleibt, wenn es um die Umsetzung geht. Konkretisierung lässt auf GRÜN häufig auf sich warten, wenn sich schlecht organisierte Konsensprozesse endlos in die Länge ziehen nach dem Motto „Es ist bereits alles gesagt, aber noch nicht von allen". Scharmer betont die Wichtigkeit des Momentums, d. h. so schnell wie möglich ins Handeln zu gehen, selbst wenn noch nicht alles perfekt durchgeplant ist. Perfektion folgt später. Auf dem aufsteigenden rechten U-Schenkel im U-Prozess wird die beim generativen Zuhören erhaltene Information schnellstmöglich konkretisiert, d. h. zuerst in Zukunftsbild und Sprache verdichtet (Crystallizing), anschließend durch die Entwicklung eines Prototypen konkret manifestiert (Prototyping), bis dieser schließlich in der Alltagspraxis zu einem (vorübergehenden) Endergebnis verfeinert wird (Performing).

Scharmers Theorie U als Führungsmethode und soziale Technik hat durch das Wirken am bekannten Massachusetts Institute of Technology (MIT) so weitreichende Akzeptanz bekommen, dass sie es inzwischen Menschen im organisationalen Kontext ermöglicht, mit subtilen Informationen und Quellen ins Licht der Öffentlichkeit zu treten, ohne befürchten zu müssen, verlacht zu werden. Heute scheint die Zeit reif, dass Führungskräfte vermehrt über ihre intuitiven Entscheidungsfindungen oder auch meditativen Praktiken sprechen, die sie befähigen, im Trubel des Lebens zentriert zu bleiben und wesentliche Entscheidungen von dem inneren Platz der Achtsamkeit aus zu treffen, der dem Auge des Orkans gleicht. Auf 1st Tier treffen Führungskräfte in Organisationen strategische und strukturelle Entscheidungen mehrheitlich von einem Platz aus, der nur wissenschaftlich oder empirisch fundiertes Wissen zulässt und Zukunftspotenziale nicht berücksichtigt. Den neuen Informationserhebungs- und Entscheidungspraktiken auf 2nd Tier ist gemeinsam, dass sie ins Bewusstsein rufen, dass jede Situation mehrere Zukunftsszenarien beinhaltet. Welche mögliche Zukunft sich zeigt, hängt ab von den Filtern des Zuhörens: z. B. Bewusstsein, Aufmerksamkeit, Achtsamkeit, Werte, Ethik und die innere Haltung aller Beteiligten. Durch diese Filter des Zuhörens nähern sich Führungskräfte oder Teams den Quellorten der gesuchten Informationen an. Scharmer formuliert vier Stufen oder Qualitäten des Zuhörens, auf die wir uns im Folgenden beziehen.

6.2.2.1 Bestätigendes Zuhören: Beurteilen und Bestätigen von Bekanntem

Otto Scharmer nennt diese erste Stufe des Zuhörens „Downloading" oder „Runterladen". Wir finden die Bezeichnung Downloading recht unglücklich, weil wir das Wort meist benutzen, wenn wir eine *neue* Software oder App runterladen. Also genau etwas, was wir noch nicht kennen. Zudem wird der Begriff Downloaden in einigen integral-evolutionären Kreisen benutzt, wenn völlig intuitiv frisches Wissen aus dem Raum des Nicht-Wissens „heruntergeladen" wird. Das wäre das völlige Gegenteil und käme der vierten Stufe des Zuhörens am nächsten. Daher verwenden wir den Begriff Downloading überhaupt nicht, sondern sprechen vom bestätigenden Zuhören.

Die menschliche Aufmerksamkeit bewegt sich zum größten Teil in gewohnten Wahrnehmungs-, Denk-, Sprach- und Handlungsmustern. Menschen nehmen ihre Umgebung aus ihrem individuellen Zentrum heraus wahr. Otto Scharmer nutzt beim Beschreiben seiner Zuhörebenen die hilfreiche Metapher eines Hauses. Hört ein Mensch bestätigend zu, verlässt er oder sie das Haus nicht und die Fenster sind verschlossen. Das Haus steht hier für das innere Gebilde an Glaubenssätzen, Überzeugungen und vorgefertigten Denkmustern bis hin zu dogmatischen oder religiösen Konstrukten. Wir könnten sagen: „Ich denke und höre nur das, was ich bereits kenne. So reproduziere ich permanent das Gleiche wieder und bestätige meine Realität." Durch die beurteilende und ausschließende innere Haltung des bestätigenden Zuhörens kreieren sich so die immer gleichen Situationen und Möglichkeiten, individuelle wie kollektive Verhaltensmuster werden verfestigt. Sie replizieren sich permanent auf gleiche Weise neu. Wirklich Neues und Innovatives kann von außen nicht durch die Mauern und verschlossenen Fenster ins Innere des „Hauses" dringen.

In diesem Modus bleiben Führungskräfte und Teams in Denkmustern der Vergangenheit und dadurch auch in bekannten individuellen sowie kollektiven Lösungs- und Handlungsstrategien stecken. Vorgefertigte Meinungen und Erwartungen werden bestätigt und immer wieder neu bedient. Neues kann weder auftauchen noch umgesetzt werden. In der Kommunikation drückt sich bestätigendes Zuhören in Höflichkeitsfloskeln aus wie z. B. „Wie geht es Ihnen?" – „Danke, mir geht es gut", ohne dass es eine (sozialverträgliche) Möglichkeit für eine andere Antwort gäbe. Herrscht zudem große Machtdistanz, gibt es häufig keinen Raum, sich im Unternehmenskontext, z. B. in Meetings, über den formellen Rahmen hinaus zu offenbaren. Das Austauschen von Floskeln dient in diesem Zuhörmodus der höflich-vorsichtigen Distanzerhaltung und -bewahrung. Der Kontakt bleibt bewusst oberflächlich. Alle Gesprächspartner*innen verhalten sich rollenkonform und sind als Mensch nicht oder nur sehr wenig greifbar. Wesentliches bleibt oft ungesagt. Innovation und Veränderung sind völlig unmöglich. Im Spiral-Dynamics-Kontext ist das bestätigende Zuhören in seiner stärksten Ausprägung als ein Charakteristikum der Ebenen ROT bis BLAU anzutreffen.

6.2.2.2 Hinhören: Faktisches Zuhören und Wahrnehmen von Unterschieden

Um vom bestätigenden Zuhören 1) zum Hinhören 2) zu kommen, lösen wir uns vom bestätigenden Denken, öffnen unser Denken und lassen jegliches Urteilen los. Hört ein Mensch hin, dann beobachtet er und sammelt Fakten und Daten, die ihm als Ausgangspunkt dienen. Der Zuhörende ist nun in der Lage und willens, auch Informationen, die sich von den eigenen Denkmustern und Erwartungen unterscheiden, aufzunehmen und mit dem persönlichen Standpunkt abzugleichen. So verlassen die Menschen in

Scharmers Hausmetapher zwar noch nicht ihr Haus, aber sie treffen sich nun an den offenen Fenstern, d. h. an der Schnittstelle zu Gesprächspartner*innen und der Außenwelt mit entsprechenden beobachteten Zahlen, Daten, Fakten. Hier verbindet sich jetzt das Innen (Bekanntes) mit dem Außen (Neues, Unbekanntes). Die Menschen bewegen sich nach wie vor innerhalb der Mauern des Hauses, sprich in bekannten individuellen und kollektiven Mustern und innerhalb der Übereinkünfte ihrer Kultur oder Organisation. Doch sie schauen auf weitere Realitäten, welche die Welt da draußen noch parat hält. Zuhören entwickelt sich von Ich-bezogen urteilend zu Objekt-bezogen faktisch-sachlich. In der Kommunikation drückt sich das faktische Zuhören oder Hinhören folgendermaßen aus: „Können wir die Quartalszahlen so veröffentlichen?" – „Nein, wir sollten den Bericht noch um weitere Informationen ergänzen."

Für Anette ist es sehr spannend, diese Phase des Hinhörens und Wahrnehmens von Unterschieden in der Kampfkunst zu erleben. Beim anfänglichen taktischen Abtasten im Kampf haben beide Kämpfer*innen das Ziel, so viele Informationen wie möglich voneinander einzusammeln und dabei möglichst keine Informationen über die eigene Kondition, eine geplante Taktik oder die eigenen Stärken und Schwächen zu zeigen. Der erste Schlagaustausch steht für den Austausch von „Argumenten" über die unterschiedlichen Standpunkte, wer der bessere Kämpfer sei. Das Ziel „Ich besiege dich!" ist offenkundig und wird von beiden akzeptiert. Im Spiral-Dynamics-Kontext finden wir das faktische Zuhören mit einem Austausch an logischen Argumenten auf der Ebene ORANGE.

6.2.2.3 Hinspüren: Empathisches Zuhören und Wahrnehmen durch die Perspektive des anderen

Um uns vom Hinhören 2) zum Hinspüren 3) weiter zu bewegen, müssen wir eine emotionale Verbindung zu unserem Gegenüber zulassen, unser Herz öffnen und das Fühlen erlauben. Mutig bewegen sich die Gesprächspartner*innen nun ganz aus ihrem Haus – ihren vorgefassten Urteilen und Denkmustern – heraus und beginnen durch die Brille und die Empfindungen des Gegenübers zu hören, zu sehen, zu spüren. Schon bei den Indigenen Nordamerikas gab es das Sprichwort „Urteile niemals über einen Menschen, solange du nicht einen Mond in seinen Mokassins gegangen bist". Basierend auf der Bereitschaft, eine persönliche Verbindung einzugehen, erweitert sich die Aufmerksamkeit vom faktenbasierten denkenden Zuhören zum Hinspüren im empathischen Raum des Herzens. Die Gesprächspartner*innen sind bereit sich füreinander zu öffnen und in einen wahren Dialog zu treten, der das Potenzial beinhaltet, wirklich verändert aus dem Gespräch herauszukommen. Einen echten Eindruck durch die Gesprächspartner*innen zuzulassen, heißt bereit sein, durch die*den andere*n verändert zu werden.

Auch im Führungskontext benötigt die empathische Wahrnehmung die Fähigkeit zum Perspektivwechsel. Beide Gesprächspartner*innen mögen unterschiedlicher Meinung sein, dennoch interessieren sie sich füreinander, respektieren sich gegenseitig und wollen die Perspektive des anderen nicht nur kognitiv verstehen, sondern auch emotional nachvollziehen können. Sie erkennen, dass ihr stabiles Menschsein nicht an einen stabil festzuhaltenden Standpunkt geknüpft ist. Somit bedroht das Loslassen eines Standpunktes nicht die eigene Identität, sondern bereichert sie sogar.

Anette erinnert sich: „Als Karateleistungssportlerin entwickelte ich diese Kompetenz natürlicherweise. Nur so war es mir möglich, Befindlichkeit und Absichten meiner Gegnerin im Kampf wahrzunehmen und die angemessene zielführende Kampfkunsttechnik und Taktik auszuführen. Ich habe mich meiner Gegnerin also empathisch geöffnet und sie dadurch in meine Wahrnehmung einbezogen. Aus zwei physisch voneinander getrennten Karatekämpferinnen wurde ein Wahrnehmungsraum. Die Wahrnehmungsgrenzen zwischen uns lösten sich auf. Im Wettkampf half mir diese Wahrnehmungsfähigkeit die Absichten der Gegnerin zu erkennen und den Wettkampf zu gewinnen."

In der Kommunikation erleben wir empathisches Zuhören im erkundenden Austausch, z. B. „Wie geht es dir?" „Mir ist die ganze Sache etwas unheimlich." „Hast du Angst vor der Umorganisation, weil dir Verlässlichkeit und Sicherheit wichtig sind?" „Ich weiß schon, dass wir uns als Organisation verändern müssen. Aber sind wir nicht ein wenig schnell und zu wenig durchdacht unterwegs? … Wie geht es dir denn damit?" Im Spiral-Dynamics-Kontext finden wir die Kompetenz des empathischen Zuhörens als wesentlichen Bestandteil der Gewaltfreien Kommunikation nach Marshall Rosenberg auf der Ebene GRÜN.

6.2.2.4 Generatives Zuhören: Wahrnehmen der aus der Quelle emergierenden Zukunft

Um uns vom Hinspüren 3) zum generativen Zuhören 4) weiterzuentwickeln, öffnen wir unseren Willen und lassen jegliche Angst los, um uns für das Nicht-Wissen zu öffnen und für die Emergenz des jetzigen Moments empfänglich zu sein. Wenn das sehr abstrakt und nicht greifbar klingt, ist das nicht verwunderlich, denn Willen und Angst loszulassen sowie Nicht-Wissen und Emergenz zuzulassen sind sehr neue Fähigkeiten auf 2nd Tier und gerade erst im Entstehen begriffen.

Generativ Zuhörende verändern nun komplett den inneren Ort, von dem aus sie zuhören. Bleiben wir bei der Hausmetapher, heißt das, dass wir unser Haus verlassen, jetzt weit hinausgehen und Informationen aus der Umgebung einsammeln. Grundlage und neue Kompetenz dafür sind das Loslassen von Wissen-Müssen und die Öffnung für das Unbekannte. Jede*r Einzelne erfährt sich als Teil des Ganzen und erlaubt, dass Neues sich durch sie*ihn als Individuum für die ganze Gruppe ausdrückt. Jede Gruppe wiederum sieht sich als Teil eines noch größeren Kontexts, dem sie dient, indem sie im Gemeinschaftsakt Neues in die Welt bringt. Als Teil des Ganzen verbinden wir uns mit der Realität und mit der Zukunft, die an einem anderen nicht manifesten Platz bereits existiert und in die manifeste 3-D-Welt geboren werden möchte. Um den fremden Raum außerhalb des Hauses bzw. des bekannten Denkens zu erkunden, muss der*die generative Zuhörer*in die sicherheitsgebenden Strukturen der eigenen mentalen und emotionalen Mauern überwinden und hinter sich lassen.

Gelingt das, so verspüren Einzelne oder die ganze Gruppe ein lebendigeres Energieniveau, Augenblicke absoluter Stille, einen „Holy Space" oder eine verbesserte Beziehungsqualität, die sich im Gefühl von Vertrauen und großer Verbundenheit zeigt. In diesem Moment wissen alle, dass gerade etwas ganz Besonderes geschieht. Otto Scharmer formuliert es so: „Presencing beschreibt den Moment, in dem unsere

Wahrnehmung sich mit der Quelle der im Entstehen befindlichen Zukunft zu verbinden beginnt."[21] Damit beschreibt er einen Zustand, der in östlichen Weisheitslehren und in der Kampfkunst als Wu Wei – Wirken durch Nicht-Tun – und im Westen als Flow bekannt ist.[22] Das Individuum erlebt eine Verschmelzung mit der Umgebung. Handlung ist nicht mehr personalisiert, sondern ES handelt durch mich. Vertrauensvoll stellt jeder Mensch seine*ihre Existenz als Ausdrucksorgan für das große Ganze zur Verfügung. Dadurch verschmelzen Ursprung und Ausdruck von Wahrnehmung, Absicht, Entscheidung und Handlung. Grenzen zwischen Subjekt und Objekt lösen sich auf, der „Raum dazwischen" öffnet sich und ES erkennt sich selbst.

Generatives Zuhören im Führungskontext kann bedeuten, dass Beteiligte dann in Führung gehen, wenn sie den Impuls dazu wahrnehmen und so lange führen, wie sie und alle Beteiligten diesen Impuls erleben. Anschließend tritt der*die Nächste in den Lead. Dazu ist eine weise Vorausschau notwendig, denn die Gruppe muss quasi immer ein wenig vor der Zeit sein, um zu erkennen, was sich jetzt und jetzt und jetzt durch Einzelne ausdrücken möchte. Frei von Rollenzuschreibungen wie Assistent*in, Junior, Senior, Teammitglied oder Führungskraft sind alle willens, dem, was sich ausdrücken möchte, den nötigen Raum zu geben. Im Team ist so maximal effektives Handeln aller in Synergie und Zeiteffizienz möglich. Zeitraubendes Statusgerangel entfällt.

In den Kampfkünsten erreichen wir hier das Terrain, in dem sich die gegensätzlichen Intentionen der Kämpfenden auflösen. Anette hat diesen Zustand erlebt als „das Verschmelzen der individuellen Grenzen zwischen mir und meiner Gegnerin. Meine Entscheidungen und Handlungen dienen nicht mehr dem vordergründigen Ziel zu siegen, sondern dem übergeordneten großen Ganzen, jetzt in diesem Moment eine Erfahrung zu kokreieren, die allen Beteiligten dient… – wie auch immer sich das ausdrücken mag".[23] In solchen Momenten steigt das Wissen aus dem gesamten Feld auf, tritt ins Bewusstsein derer, die willens sind, sich dafür zu öffnen, den entsprechenden Impuls auszudrücken. Eine kämpferisch-physische Auseinandersetzung erweitert sich um die Ebene der subtilen Wahrnehmung. Sie wird zu einem Austausch, bei dem es gleichgültig ist, wer als Sieger*in aus dem Kampf hervorgeht. Das Ergebnis ist zweitrangig. An dieser Stelle lösen sich die individuellen, wettkämpferischen Ziele auf. Essenziell ist das gemeinsame Erlebnis.

Schauen wir durch die Spiral-Dynamics-Brille, bewegen wir uns mit dem generativen Zuhören über die 1st Tier-Schwelle hinaus ins 2nd Tier-Bewusstsein, d. h. wir befinden uns jetzt auf GELB/TEAL. In der Kommunikation würden wir sagen, obwohl es mit diesem Bewusstsein gar nicht mehr gesagt werden muss: „Etwas Neues ist im Entstehen

---

[21]Scharmer, C. Otto (2011): Theorie U, S. 174.

[22]Csikszentmihalyi, Mihaly (2015): Flow. Stuttgart (Klett-Cotta).

[23]Vgl. auch: „Ki-Kumite – Als ganzer Mensch SEIN" Ein Erfahrungsbericht aus den Kampfkünsten von Anette B. Christl erschienen im Herausgeberbuch „Ki-Karate – Eine erfolgreiche Bewegung" (Hrsg. Schmidt, Petra). Heidelberg (Werner Kristkeitz).

begriffen. Wir erleben jede*n Einzelne*n und ihren*seinen Beitrag als kreativen Teil des Teams und erkennen beides als Teil des Ganzen an."

Um generatives Zuhören zu ermöglichen und den Raum dazu sicherzustellen, dürfen Ego-Impulse, die ihre Quelle in Ängsten, Ungeduld, Besserwisserei, Konkurrenz, Erfolgsstreben haben, den Prozess nicht torpedieren. Hier schließt sich der Kreis zu den drei Prinzipien evolutionären Führens jenseits von Ego. Generatives Zuhören braucht das „Öffnen des Willens", d. h. jede*r Einzelne muss das Wollen im Sinne von „etwas erzwingen" hinter sich lassen können. Das Ego jedoch will sich selbst erhalten und glaubt, andere und sogar das Wissen selbst kontrollieren zu können. Es setzt sich gerne selbst an die Position der obersten Schaltzentrale. Doch Kreativität und Innovation zu *wollen,* schließt genau die Türen, durch die das Neue, das Innovative einströmen könnte. Es ist fast ein Kōan: Um das zu erreichen, was ich erreichen will, darf ich es nicht wollen. Um den Raum des generativen Fließens kokreieren zu können, unterstützen uns die Prinzipien des evolutionären Führens jenseits von Ego.

6.3   Organisationen auf dem Weg zu 2nd Tier – was sind unsere Erfahrungen?

Wir bewegen uns als Begleiter*innen, Berater*innen, Trainer*innen und Coaches in dem hochsensiblen Raum unserer Kund*innensysteme. Da gibt es erst mal den Auftrag, der in der Regel aus einem 1st Tier-Bewusstsein heraus erteilt wird, z. B. „Wir wollen effizienter werden, lasst uns Praktiken für 2nd Tier-Organisationen einführen!" oder vielleicht sogar: „Wir wollen eine 2nd Tier-Organisation werden!" Dann werfen wir einen tiefen Blick in das System hinein, um herauszufinden, welche Ziele die Kund*innen wirklich haben und welche Ergebnisse sie erwarten. Wir eruieren aus einer 2nd Tier-Perspektive, mit welchem Bewusstsein und von welchem inneren Platz aus das System den Auftrag an uns sowie an die eigenen Mitarbeiter*innen erteilt. Dann erforschen wir mit entsprechenden Methoden, wie U-Process, Organisations-Readings oder Futuring, welchen evolutionären Sinn die Organisation als eigenes „Wesen" verfolgt. Im Gespräch mit Repräsentant*innen des Systems und mithilfe entsprechender Diagnostikansätze[24] analysieren wir, welche unterschwelligen Muster im System aktiv sind und möglicherweise die Entwicklung blockieren. So kommt es zu ganz unterschiedlichen Ansatzpunkten, wo der Entwicklungspfad Impulse oder Unterstützung benötigt. Wir sehen unsere Interventionen ähnlich dem Setzen von Akkupunkturnadeln in der TCM. Wir setzen Impulse, um die Energie im Sinne einer gesunden Entwicklung hin zum evolutionären Sinn zum Fließen zu bringen.

---

[24]z. B. das integrale Kompetenzmodell (Analyse- und Entwicklungstool für Organisationen, das mit unserer Mitwirkung im Rahmen eines BMBF-Forschungsprojekts entstand) sowie das integral-evolutionäre Gesundheitsbarometer (entwickelt von der Wings of Future – Leadership Academy). Beide Diagnostik-Tools stehen zum Download zur Verfügung auf www.wings-of-future.de unter Change & OE.

Wenn wir den „Punkt" des Impulses kennen, kann es sein, dass wir bei einem Unternehmen die gesunde Entwicklung und Integration von orangen Qualitäten und Kompetenzen unterstützen. Oder wir klären den oft in Kund*innensystemen zu findenden Wunsch, auf dem Weg zur 2nd Tier-Organisation GRÜN überspringen zu wollen und entwickeln erst mal die grünen Kompetenzen, die für ein hohes Maß an Kooperation, Innovation und Synergie wertschöpfend und nötig sind. Da kann es sein, dass zunächst Kompetenzen, z. B. wie die bedürfnisorientierte Kommunikation auf Augenhöhe, wirklich flächendeckend trainiert werden. Wir erinnern uns, dass alle 1st Tier-Kompetenzen erlöst, gesund ausgeprägt und integriert sein müssen, bevor sich 2nd Tier aufspannen kann. Damit 2nd Tier mit seinen Potenzialen wirksam werden kann, müssen alle erworbenen Spiralkompetenzen aus 1st Tier zur Verfügung stehen und genau dort eingesetzt werden können, wo sie im Moment benötigt werden.

In einem anderen Unternehmen begleiten und unterstützen wir die Entwicklung einer gesunden evolutionären Selbstorganisation, die auf stabil-oranger Führungsstärke und inklusiv-grünem Miteinbeziehen aller fußen soll. Selbstorganisation kann unbewusst motiviert sein durch Führungsschwäche auf ORANGE oder dem inneren persönlichen Wunsch nach Kuschelkurs auf GRÜN. Doch Selbstorganisation, Hierarchiefreiheit, Augenhöhe oder Demokratie im Unternehmen aus Flucht vor nicht integrierten Kompetenzen aus 1st Tier funktioniert nicht. So gilt es für uns, immer sauber zu unterscheiden, ob es sich bei einer angestrebten Veränderung tatsächlich um ein reifes Voranschreiten zur nächsten sinnvollen evolutionären Ebene handelt oder um ein ausweichendes Überspringen-Wollen oder ein verzweifeltes Regredieren, z. B. im Sinne von „Auf BLAU hat doch noch alles ganz gut funktioniert! Da hatten wir doch Stabilität, Sicherheit und Planbarkeit". Doch wahrscheinlich gibt es in einem überwiegend blau-orangen Unternehmen auf orange-grünen Märkten keine guten Lösungen mehr, wenn sie aus dem blauen Paradigma heraus gedacht werden sollen.

Optimal können wir wirken, wenn alle Beteiligten die Offenheit zu ehrlicher sowie präziser Beobachtung und die Fähigkeit zu klarer und gleichzeitig empathischer Kommunikation mitbringen. Da das nicht immer der Fall ist, starten unsere gestalterischen Impulse oft mit sensibler Unterstützung beim Aufgeben des verklärten Blickes auf die Situation und wir unterstützen beim Entwickeln von echter „Kommunikation auf Augenhöhe". Bei Wings of Future achten wir dabei immer sehr genau darauf, welche Impulse ein Kund*innensystem konstruktiv unterstützen können, den nächsten – vielleicht auch noch so kleinen – Schritt in die gewünschte wie hilfreiche Richtung zu tun und welche Schritte ein Kund*innensystem überfordern würden. Denn wir wissen aus Erfahrung, dass es nicht reicht, wenn wir als Veränderungsbegleiter*innen in der Lage sind, einen Raum zu öffnen und ihn für den nächsten Entwicklungsschritt einer ganzen Gruppe halten zu können. Das Kund*innen-Team mag diesen Schritt einfach noch nicht sehen oder gehen wollen oder gehen können. Trotz gegenteiligen Auftrags mag das Anstehende für manche noch eine zu große Herausforderung sein und es sind evolutionäre Entwicklungszwischenschritte nötig. Da gilt es jeweils sehr präzise herauszufinden, ob es sich um „Wollen und Nicht-Können", um „Können und Nicht-Wollen" oder gar um „Nicht-Wollen und Nicht-Können" handelt. Für jedes Hindernis ist eine andere jeweils passende unterstützende Vorgehensweise gefragt.

So spannen wir uns als evolutionäre Veränderungslots*innen so weit auf, dass wir den Menschen im Kund*innensystem einen energetisch gehaltenen Raum[25] bieten, in dem sie ihre Themen sicher hin- und herbewegen können, bis Entwicklungssprünge passieren dürfen oder solange bis Fortschrittsgrenzen erreicht sind und der Prozess erst mal stagniert. Auf einem Plateau kann sich Neues integrieren und festigen, kann neuer Mut und neue Kraft gesammelt werden. Wenn die eingefahrenen Muster in allen vier AQAL-Quadranten (Haltung, Verhalten, Kultur, Struktur) erkannt und verarbeitet sind, kann sich das neue Potenzial des menschlichen und organisationalen Systems entfalten. Die Individuen sowie das Kollektiv können sich nun auf den Spiralebenen vertikal entlang der integralen Kompetenzlinien bewegen hin zu einer Entwicklungsstufe, die hilfreichere Antworten auf die anstehenden Probleme generiert (s. evolutionär-integrale Kompetenzlandkarte[26]). Oder sie bewegen sich horizontal auf ein und derselben Entwicklungsebene hin zu mehr individueller und kollektiver Kultur- sowie Strukturgesundheit (siehe evolutionär-integrales Gesundheitsbarometer[27]).

Um an der Schwelle von 1st nach 2nd Tier zu wirken, ist es wesentlich für uns als Begleiter*innen eine 2nd Tier-Bewusstseinsebene halten zu können. Grundsätzlich können Themen, die ein Individuum oder ein Kollektiv in unserem Kund*innensystem hervorbringen, entweder mit der*dem Einzelnen zu tun haben, ein Symptom des Systems sein, in die eine Person eingebunden ist, oder aber auch ein Thema in uns sein, dass uns widergespiegelt wird. Damit wir die Urgründe für ein Thema, Problem, Symptom etc. sauber zuordnen können und wir selbst nicht zum Auslöser für nicht hilfreiches Verhalten oder gar Dysfunktionalitäten werden, decken wir in einem kontinuierlichen Prozess unsere eigenen übrig gebliebenen Muster, Dysfunktionalitäten und Schatten auf, bearbeiten sie und lösen sie so auf, dass sie weder unsere eigenen Sensoren noch unser Verhalten hinderlich beeinflussen können. Das, was dann noch auftaucht, ist für uns ein rein „informatorisches Gefühl", das uns Hinweise gibt auf Dynamiken im Kund*innensystem. Um selber vollkommen „aufgeräumt" sein zu können, bedarf es eines guten Repertoires an Methoden und Praktiken, die wir als „emotionale Processing-Techniken"[28] bezeichnen. Zu guter Letzt erforschen wir die evolutionären Praktiken und Methoden, die wir unseren Kund*innen empfehlen, selbst, finden heraus, was für wen funktioniert und was nicht, und entwickeln sie kontinuierlich weiter.

Leadership heute … Leadership morgen … Leadership auf dem Weg von heute nach morgen. Unsere Zeit ist reif für Evolution und Fortschritt! Sie ist sogar perfekt dafür! Legen wir los!

---

[25]Wir nennen das oft auch „Container" oder „Gefäß", wenn wir von diesem sicheren Raum sprechen.

[26]Download unter www.wings-of-future.de unter Change & OE.

[27]Download unter www.wings-of-future.de unter Change & OE.

[28]Systemisches Familienstellen, innere Kind-Arbeit, Matrix Energetics, The Work, The Journey, katathymes Bilderleben, Meditation, Achtsamkeit und viele weitere effektive Methoden.

Literatur

Beck DE, Cowan CC (2011) Spiral Dynamics – Leadership, Werte und Wandel. Bielefeld, Kamphausen

Laloux F (2015) Reinventing Organizations – Ein Leitfaden zur Gestaltung sinnstiftender Formen der Zusammenarbeit. Vahlen, München

Laloux F (2016) Reinventing Organizations visuell – Ein Leitfaden zur Gestaltung sinnstiftender Formen der Zusammenarbeit. Vahlen, München

Macintosh S (2009) Integrales Bewusstsein und die Zukunft der Evolution. Phänomen, Sencelles

Scharmer CO (2011) Theorie U – Von der Zukunft her führen. Carl-Auer, Heidelberg (Erstveröffentlichung 2009)

Anette B. Christl ist gemeinsam mit Angelika Scheuer Gründerin der Wings of Future – Leadership Academy. Seit über 25 Jahren unterstützt sie als Leadership-Trainerin, Coach und Expertin für evolutionär-integrale Organisationsentwicklung Führungskräfte und Unternehmen bei Entwicklungs- und Veränderungsprozessen.

Als ehemalige Karateleistungssportlerin wirkt Anette mit klarem Blick für Höchstleistung als Brücke zwischen der VUCA-Businesswelt und den Menschen, die ihr „MENSCHSEIN" auch im Unternehmen leben wollen.

Anette unterstützt mit der Wings of Future – Leadership Academy Führungskräfte und Organisationen dabei, den Paradigmenwechsel des 21. Jahrhunderts proaktiv zu gestalten und die damit einhergehenden Herausforderungen erfolgreich zu meistern. Anhand der integralen Map, des AQAL-Modells und anderer selbst entwickelter integraler Tools begleitet sie Unternehmen bei der Kultur- und Organisationsanalyse. So unterstützt sie mit ihrem evolutionär-integralen Mindset die Einführung selbst organisierter agiler Organisations- und Arbeitsformen, z. B. durch soziokratische Prinzipien, empathische Kommunikation, Systemaufstellungen.

Anettes Erfahrungen in über 30 Jahren östlicher Kampfkunst und internationalem Leistungssport sowie Coachingkompetenz verschmelzen heute mit integraler Leadership- und Organisationsentwicklung.

Anette B. Christl
anette.b.christl@wings-of-future.de
T +49 (8065) 906-1882
M +49 (172) 829 4049
Wings of Future – Leadership Academy
A. Scheuer & A. Christl GbR
Innerthann 1, D-83104 Tuntenhausen
www.wings-of-future.de
www.integral-change.academy

Angelika Scheuer ist gemeinsam mit Anette B. Christl Gründerin und Geschäftsführerin der Wings of Future – Leadership Academy. Sie ist seit 30 Jahren Leadership-Trainerin, Coach und Organisationsentwicklerin sowie Visionärin und Entrepreneurin mit Leib und Seele.

Sie ist aus tiefstem Herzen überzeugt, dass innovative und produktive Höchstleistungen, wie sie die Hochlohnländer in Mitteleuropa dringend brauchen, nur mit „ganzen" Menschen erreichbar sind.

Angelika Scheuer hat mit ihrem europäischen MBA einen kaufmännischen Background. Doch schon bald erkannte sie den wesentlichen Anteil, den menschliche oder „weiche" Faktoren bei der organisatorischen Leistungserstellung haben. So hat sie durch vielfältige Weiterbildungen ihre Trainings-, Coaching- und OE-Kompetenzen kontinuierlich erweitert.

Als GmbH-Geschäftsführerin und Teamleader in verschiedensten Konstellationen, mit Leitung von Teams mit bis zu 60 Mitarbeiter*innen und Partner*innen, hat Angelika vielfältige praktische Führungserfahrung gesammelt.

Heute unterstützt Angelika Scheuer Organisationen, Inhaber*innen und Führungskräfte bei der Einführung von selbst organisierten agilen Organisations- und Arbeitsformen.

Angelika Scheuer, MBA
angelika.scheuer@wings-of-future.de
T +49 (8065) 906-1881
M +49 (172) 856-2323
Wings of Future – Leadership Academy
A. Scheuer & A. Christl GbR
Innerthann 1, D-83104 Tuntenhausen
www.wings-of-future.de
www.integral-change.academy

Auf der Lernexpedition den Forscher*innengeist trainieren

7

Anette Stein-Hanusch

*Eine innovative Qualifikation für Führungskräfte, die Räume
für Kreativität öffnet und einen Kulturwandel in Unternehmen
ermöglicht.*

Digitalisierung, Wertewandel, Industrie 4.0, neue Formen der Zusammenarbeit: Unternehmen stehen vor erheblichen Veränderungen. Diese fordern Führungskräfte in besonderem Maße heraus. Wie gehen sie mit den Anforderungen um, die seitens der Unternehmensleitung an sie gestellt werden und die nicht immer mit den Ansprüchen korrespondieren, die die nachwachsende Generation der Mitarbeitenden an eine Zusammenarbeit stellen? Mit unserer Führungsdialogstudie[1] haben wir die Gegenwartssituation von Führung untersucht. Unser Fazit: Selbstverantwortung, Fehlerkultur und bereichsübergreifender Dialog erfordern eine neue Form der Zusammenarbeit in Unternehmen.

Aber wie gelingt es Unternehmen und Führungskräften, diese neue Form der Zusammenarbeit zu entwickeln? Wie finden sie einen Weg in eine neue Dimension in einer Zeit, in der Identitäten und Werte auf dem Prüfstand stehen, Selbstverantwortung und Teamarbeit in Selbstorganisation geübt werden und die Rolle von Führung sich dabei gänzlich ändert?

Frederic Laloux hat die Organisationsmodelle der Vergangenheit erforscht und dokumentiert. Und er hat uns spannende Geschichten von existierenden Unternehmen vorgestellt, die nach integralen, evolutionären Prinzipien arbeiten. Dabei dreht sich stets alles um die Frage, wie Veränderung gelingt, was Unternehmen benötigen, um sich zu

---

[1]https://leader-in-mind.com/fuehrungsstudie.pdf

A. Stein-Hanusch (✉)
Leader in Mind GmbH, Düsseldorf, Deutschland
E-Mail: stein-hanusch@leader-in-mind.net

© Springer-Verlag GmbH Deutschland, ein Teil von Springer Nature 2019
H. Parnow und P. Schmidt (Hrsg.), *Zusammen arbeiten, Zusammen wachsen,
Zusammen leben,* https://doi.org/10.1007/978-3-662-58965-6_7

transformieren und wie sie Menschen erfolgreich mitnehmen auf dem Weg hin zu einem lebendigen System. Und schließlich müssen wir die Frage beantworten, welche Rolle Führung in diesem Transformationsprozess übernimmt.

Auf dem Weg von einem eher statischen hin zu einem lebendigen System nennt Laloux drei Durchbrüche: Selbstführung, Ganzheit und evolutionärer Sinn. Um diese Durchbrüche mutig anzusteuern und erfolgreich zu bewältigen, laden wir Führungskräfte auf eine Lernexpedition ein. Warum Lernexpedition? In unserer oben genannten Studie haben wir festgestellt, dass Unternehmen zu Orten fortwährender Selbsttransformation mit hohem Stressfaktor für alle Beteiligten geworden sind. Die derzeit in vielen Unternehmen noch bestehende Führungspraxis stößt, wie wir gesehen haben, vielfach an ihre Grenzen. Denn Führungskräfte stehen vor immer komplexeren Herausforderungen. Innerhalb immer kürzerer Zeit müssen sie ihre Teams befähigen, komplexe Aufgaben und Veränderungen in Märkten mit bereichsübergreifenden Teams flexibel, kreativ und nicht nur reaktiv zu leiten.

Viele Führungskräfte erleben eine „beschleunigte Dynamik", die wie eine kollektive Reise ins Ungewisse erscheint. Doch kaum einer wagt es, das Tempo zu drosseln, innezuhalten, um das wahrzunehmen, was ist, und sich Zeit für eine 360-Grad-Umsicht zu nehmen. Dabei ist offensichtlich, dass bisherige Führungsweisen nicht mehr genügen. Veränderungen in der Führungskultur sind erforderlich. Bei diesen Veränderungen geht es nicht darum, Bewährtes einfach weiterzuentwickeln. An die Stelle von Führung mit Autorität, Macht und Einfluss als tragende Säulen tritt in Zukunft die Aufgabe, die gemeinsame Entwicklung und die Teilhabe an kollektivem Wissen, Können und Wollen der Menschen zu gestalten.

Die Aufgabe von Führungskräften wird in Zukunft darin bestehen, ihre Teams zu inspirieren, einen Raum zu eröffnen und offen zu halten, um die komplexen Aufgaben und die neue Arbeitsorganisation in den Teams zur Bewältigung der immer komplexeren Aufgaben kreativ und vor allem gemeinsam zu lösen.

Das Zauberwort heißt hier Kokreativität. Notwendig ist ein Dialograum, der Erkenntniszuwachs möglich macht, in dem sich das erweiterte Wissen, Können und Wollen als gemeinschaftliche Kraft entfalten kann. Führungskräfte müssen also zukünftig mit möglichst allen beteiligten Stakeholdern abteilungs-, bereichs- und unternehmensübergreifend im Dialog sein und reflektieren.

Dazu braucht es eine tragfähige Vertrauenskultur. Sie muss vielerorts erst geschaffen werden. Ziel ist, dass sich Mitarbeitende und Führungskräfte wohlfühlen, wenn sie offen miteinander umgehen, Themen intensiv diskutieren, gemeinsam um neue Lösungen ringen, Fehler eingestehen, ja sogar nutzen, um Neues zu probieren. In vielen Unternehmen fehlen bislang diese Dialogformen, sowohl im Kolleg*innenkreis, in den Teams als auch über Hierarchien hinweg. Und so bleibt die Wirkung von Unternehmen hinter dem Können, Wollen und Wissen der Mitarbeitenden zurück, die in den Unternehmen tätig sind.

Welche Schlussfolgerungen ziehen wir aus der Situationsanalyse und den Ergebnissen unserer Studie? Wir stellen fest, dass das Format der Lernexpedition besonders gut geeignet ist, um Menschen zu ermutigen, unbekanntes Terrain zu sondieren und neue Lösungsstrategien zu erproben. Dem Charakter einer Expedition entsprechend, sich forschend auf den Weg zu machen, gibt es auch bei unseren Lernexpeditionen keine „Reiseleiter*in", die alle sicher zum Ziel führt. Unsere Rolle als Begleiter*innen in dem Prozess verstehen wir vielmehr darin, die Kreativität und Kompetenzen der individuellen Akteur*innen zu wecken.

Wir bieten einen Dialograum an, den es im operativen Tagesgeschäft von Unternehmen bisher nicht oder nur bei wenigen innovativen Unternehmen gibt. Kreatives und innovatives Denken und Handeln braucht ein den neuen Anforderungen an Führung gemäßes Setting und ein verändertes *Mindset*. Operatives Abarbeiten von Projekten gehört der Vergangenheit an. Heute heißt es, die Transformation in die nächste Entwicklungsstufe zu meistern, um auch in Zukunft attraktiv für Mitarbeitende zu sein und erfolgreich am Markt bestehen zu können.

Auf Basis der Lernexpedition haben wir für Führungskräfte die „Leadershipexpedition" entwickelt: ein innovatives Format, in dem sich alle Akteur*innen gemeinsam auf die Suche nach Einsichten und Erkenntnissen in Sachen Führung machen. Unsere Expedition führt uns an Orte und in Organisationen, in denen schon heute erkennbar ist, wohin sich Führung entwickeln kann bzw. welche neuen Formen von Führung und Zusammenarbeit bereits erprobt werden.

Ein Fokus liegt dabei für uns auf kulturellen Aspekten wie Selbstverantwortung, Selbstorganisation, Fehlerkultur und Zusammenarbeit. Dazu organisieren wir mit Mitarbeitenden und Führungskräften verschiedener Firmen einen inspirierenden Austausch. Am Ende der „Leadershipexpedition" werden die Teilnehmer*innen nach intensiver Reflexion und mutmaßlich mit einer neuen Haltung, neuen Impulsen und Initiativen inspiriert zurück in ihren Führungsalltag gehen.

Unser Ziel der Lernexpedition liegt stets darin, Unternehmen auf ihrem Weg der Transformation zu begleiten, damit sie die Herausforderungen durch Komplexität, Schnelligkeit und Flexibilität erfolgreich bewältigen können. Wir verbinden dabei agile und innovative Formate und ermöglichen Führungskräften auf dieser Lernexpedition den Raum zum Austausch, Reflexion und Erkenntnisgewinn.

7.1   Vier Phasen einer Leadership-Expedition

Phase 1: Strategisches Briefing und Initialsitzung
Eine gemeinsame Frage finden/entwickeln: Vor welchen Herausforderungen stehen wir? Was gilt es zu bewältigen? Wo stoßen wir an unsere Grenzen als Organisation, als Führungskräfte und in der Art unserer Zusammenarbeit? Welche Hürden im Mindset und im Handeln müssen wir überwinden? Was hält uns zurück?

Phase 2: Design und Gestaltung der Expeditionsarchitektur
Was müssen wir bei der Planung berücksichtigen? Wo zeigen sich erste Best Practices? Wo können wir innovative Erkenntnisse sammeln? Wo sehen wir erste Saatkörner der

Zukunft? Von wem können wir Neues lernen? Wo finden wir ein kulturelles Umfeld, das uns relevante Denkanstöße gibt? Was fordert uns heraus? Was inspiriert uns? Was macht uns neugierig? Wo müssen wir unsere Komfortzone verlassen? Wie binden wir alle Teile der Organisation kommunikativ in die Expedition ein, sodass sie auf der Ebene der Unternehmenskultur wirken?

Phase 3: Reflexion der Expedition, Relevantes zusammenbringen

Welche Erfahrungen haben wir gemacht? Was ziehen wir aus diesen Erfahrungen? Wo waren wir in Resonanz? Was hat uns berührt, überrascht …? Wie geht's weiter mit den gemachten Erfahrungen? Welche Hürden gilt es dabei zu überwinden? Welche Ideen zu neuen Praktiken, Geschäftsfeldern oder neuer Organisation der Zusammenarbeit haben wir gefunden?

Hier können – je nach Vorhaben – weitere Expeditionen geplant werden, um die Spanne der Erfahrungen auszudehnen oder Spezifisches genauer unter die Lupe zu nehmen.

Phase 4: Transfer und Integration

Welche Praktiken wollen wir ausprobieren? Welche Praktiken werden benötigt? Worauf können wir nicht verzichten? Womit wollen wir experimentieren? Welche Initiativen oder Projekte wollen wir im eigenen Unternehmen starten? Wo zeigt sich Umsetzungsenergie? Wie lassen sich neue Formen der Zusammenarbeit und Führung in der bestehenden Kultur und Organisation integrieren?

Anette Stein-Hanusch (Dipl.-Psychologin) ist seit 25 Jahren selbstständig tätig und seit 2010 geschäftsführende Gesellschafterin der unter anderem auf Führungskräfte-, Team-, und Organisationsentwicklung spezialisierten Leader in Mind GmbH. Aktuelle Themenschwerpunkte sind Unterstützung von Teams in Co-Working und Dialogprozessen sowie (Leadership-)Expeditionen (Lernreisen) für Zukunftsfähigkeit.

Selbstorganisation durch Selbstdiagnose – das Prinzip Gruppendynamik

8

Olaf Geramanis

> *Jeder Versuch, ein Team dazu zu bewegen erfolgreich zu sein,*
> *ist von Anfang an zum Scheitern verurteilt.*
>
> J. Richard Hackman

Unsere Arbeitswelt hat sich verändert. Wichtige Leistungen werden immer häufiger von Gruppen und Teams erbracht. Frederic Laloux (2015) hat in seinem Buch „Reinventing Organizations" eindrücklich nachgewiesen, dass dies funktioniert: Selbstgesteuerte Gruppen treffen bessere Entscheidungen als Einzelpersonen oder hierarchisch Vorgesetzte. Sie können komplexe und dynamische Aufgaben ausgewogener lösen und verfügen über eine größere Informations- und Wissensbasis. Zusätzlich werden Arbeitsmotivation, Engagement und Arbeitszufriedenheit gesteigert. Auf welche Art und Weise sich diese Gruppe im Inneren selbst steuert – dazu wird nur hier und da ein kurzer Hinweis gefunden, dass gewaltfreie Kommunikation und Moderationstechniken Möglichkeiten sind. An dieser Stelle beginnt meine Fragestellung: Was genau passiert innerhalb von selbstorganisierten Gruppen und wovon ist es abhängig, dass manche mehr und andere weniger in der Lage sind, sich selbst zu steuern?

8.1 Am Ende der Bürokratie

Wenn wir davon ausgehen, dass im Zeichen neuer Management- und Führungskonzepte bürokratische Kommunikationsstrukturen zunehmend wegfallen, dann können auch keine hierarchischen Informations-, Befehls- und Entscheidungsketten mehr aufgebaut

O. Geramanis (✉)
Hochschule für Soziale Arbeit – Fachhochschule Nordwestschweiz, Muttenz, Schweiz
E-Mail: olaf.geramanis@fhnw.ch

© Springer-Verlag GmbH Deutschland, ein Teil von Springer Nature 2019
H. Parnow und P. Schmidt (Hrsg.), *Zusammen arbeiten, Zusammen wachsen,*
Zusammen leben, https://doi.org/10.1007/978-3-662-58965-6_8

werden. Infolgedessen wird es auch keine vordefinierten Stellen und Positionen mehr zu besetzen geben. Stattdessen arbeiten die Individuen unmittelbar miteinander und haben die Möglichkeit, sich ihren Wirkungsbereich selbst auszusuchen. Niemand hat aufgrund von Herkunft, Status oder Position einen Führungs- oder Machtvorsprung, sondern die Zusammenarbeit erfolgt gleichberechtigt. So weit, so gut – aber wie lautet das Koordinationsprinzip der Zusammenarbeit? Wenn keine formelle Über- und Unterordnung die Kommunikation strukturiert, nach welchen Regeln stimmen sich die Gruppenmitglieder dann untereinander ab? Wird nun alles informell und willkürlich?

Nein, aber es wird komplex! Gruppen sind tatsächlich in der Lage, sich aus sich selbst heraus zu organisieren. Forschung und Praxis der Gruppendynamik haben gezeigt, dass sich Individuen einander offen und ehrlich begegnen können und sich darüber eine spezifische Form der Arbeitsfähigkeit entwickelt. Wenn die Gruppe nicht mehr durch einzelne Individuen oder Autoritäten und auch nicht mehr durch etablierte Strukturen und Normen bestimmt wird, sondern nur durch sich selbst, dann lautet die Herausforderung: Wie werden sich die Mitglieder sowohl der Spielräume als auch der Verantwortung bewusst und wie nutzen sie diese für die gemeinsame Steuerung? Oder mit etwas größeren Worten: „Wie können die Gruppenmitglieder individuell und die Gruppe als Ganzes die Freiheit zu sich selbst gewinnen?"

8.2   Das Prinzip Gruppendynamik

Der Ausgangspunkt meiner Überlegung ist, dass die Kraft einer Gruppe nicht von außen in die Gruppe injiziert werden kann, sondern vor allem in den Fähigkeiten der Mitglieder selbst steckt. Diese müssen aus eigenem Antrieb heraus willens und bereit sein, sich mit dem, was sie individuell ausmacht, sichtbar zu machen und in den gemeinsamen Austausch zu treten. Das ist bereits die erste Herausforderung. So, wie niemand aufgefordert werden kann, spontan zu sein, so kann niemand dazu gezwungen werden, freiwillig in Gruppen zu kooperieren. Zweitens muss die Gruppe als Ganzes eine Kultur etablieren, in der diese Offenheit gerechtfertigt ist und lebendig werden kann. Allzu leicht tendieren Gruppen dazu, sich eher feste Regeln und klare Strukturen zu geben, welche ihrerseits die individuellen Möglichkeiten einschränken. In einer durchstrukturierten Gruppe, die gleich einem Uhrwerk funktioniert, haben Individuen wenig eigenen Spielraum.

Damit ist das Verhältnis zwischen Individuum und Gruppe aufgezeigt: Es ist von Grund auf widersprüchlich, weil sich individuelle Freiheit und Gruppen, die wie ein Uhrwerk funktionieren, nicht vertragen. Dies ist allerdings kein „Fehler im System", sondern aus diesem unauflösbaren Spannungsfeld ergeben sich Motivation und Restriktion, Energie und Frustration. Die Unvereinbarkeit darf nicht zugunsten einer Seite entschieden werden, denn gerade sie ist es, die die Spannung und Kraft von Gruppen ausmacht. Wer eben diese Dynamik erkennt und es versteht, mit ihr und nicht gegen sie zu arbeiten, wird Gruppen dabei unterstützen, in Selbstorganisation Höchstleistungen zu erbringen.

Aber eins nach dem anderen. Zunächst möchte ich mit dem Prinzip Gruppendynamik (Geramanis 2017, S. 19 f.) beginnen, welches sich in drei Grundsätze gliedert, um dann die Grundsätze einzeln zu untersuchen und anschließend zu schauen, was sich aus diesem Prinzip für konkrete Handlungsmöglichkeiten für selbstorganisierte Gruppen und Teams in Organisationen ableiten lassen.

> **Übersicht**
>
> Das Prinzip Gruppendynamik
>
> | **Erster Grundsatz** | Der Mensch ist in der Lage, absichtsvoll zu handeln. Er verfügt über prinzipielle Wahlfreiheit. |
> |---|---|
> | **Zweiter Grundsatz** | Er ist ein abhängiges und kooperatives Wesen. Er braucht und sucht die Nähe zu anderen Menschen. |
> | **Dritter Grundsatz** | Gruppen verfolgen ein restriktives Gleichgewichtsmodell. Darin ist die individuelle Wahlfreiheit aufgehoben. |

8.3 Das Individuum und seine*ihre Entscheidungsfreiheit

Gemäß dem ersten Grundsatz ist der Mensch in der Lage, absichtsvoll zu handeln. Er verfügt über prinzipielle Wahlfreiheit. Was hat es mit dieser Freiheit auf sich? Wie ist sie zu verstehen? Sind wir frei, wenn wir vollkommen willkürlich und nach eigenem Gutdünken handeln? Ist die Nussschale auf hoher See frei, weil sie ohne jegliche Behinderung hin- und herschaukeln kann? War Robinson Crusoe frei? – Eher nein, denn was ist eine derartige Freiheit wert? Vielleicht kommen wir weiter, wenn wir Freiheit nicht als Abwesenheit von Unfreiheit definieren. Dann geht es nicht um eine Freiheit „von" etwas, sondern um eine Freiheit „zu" etwas. Dann bedeutet Freiheit, die Möglichkeit zu haben, zwischen unterschiedlichen Alternativen wählen zu können. Oder mit den Worten von Rousseau ausgedrückt: *„Freiheit heißt nicht, alles tun zu können, was du willst, sondern nicht alles tun zu müssen, was du sollst."*

Freiheit ist also nicht mit Beliebigkeit und Willkür zu verwechseln, stattdessen besteht sie in der Konstruktion von Alternativen. Wenn ich etwas Bestimmtes mache, es aber genauso gut sein lassen kann, dann habe ich eine Alternative. Ich habe eine Wahl und nun bin ich es, der eine Entscheidung zu treffen hat. Infolgedessen trage ich die Verantwortung – sowohl dafür es getan, als auch dafür, es unterlassen zu haben.

Mit dieser Idee, dass der Mensch frei wählen kann, ist nicht ausgeschlossen, dass es auch andere Beeinflussungen gibt. Bei der Entscheidungsfindung können beispielsweise Werthaltungen im Sinne der erzieherischen Prägung, der Gesellschafts- oder der Gruppendruck, idealisierte Vorbilder oder Medieneinflüsse eine wichtige Rolle spielen. Sie stellen jedoch keine absoluten Faktoren dar. Sie bestimmen die Entscheidung nicht im Voraus, sondern gehen lediglich als Parameter in die Willensbildung mit ein. Sie nehmen Einfluss auf die individuellen Präferenzen, aber auch Präferenzen sind wählbar.

Der freie Wille macht die Handlung zur Entscheidung, wodurch die Entscheidung individuell zurechenbar wird. Das ist der Ausgangspunkt für individuelle Verantwortung. Aus dieser Perspektive heraus kann das Individuum absichtsvoll und zielgerichtet handeln, und insoweit muss es sich auch für seine*ihre Taten persönlich rechtfertigen. Wobei mit dem Begriff der „Rechtfertigung" kein moralisches Weltgericht gemeint ist, jedoch geht es darum, nach individuellen Gründen und Begründungen zu fragen – und auch diese sind gleichermaßen frei wählbar.

Wenn sich nun aber alle Gruppenmitglieder auf diese Art frei entfalten und sich jeweils ganz individuell entscheiden würden, ohne aufeinander Bezug zu nehmen, dann hätten wir ein Problem. Die vielen Freiheiten würden mit hoher Wahrscheinlichkeit auf Kosten eines gemeinsamen Handelns der Gesamtgruppe gehen. Wenn die individuelle Freiheit aller Beteiligten zu Ende gedacht wird, bliebe es allein dem Zufall überlassen, ob es punktuelle Gemeinsamkeiten geben kann oder ob schlimmstenfalls Chaos und Anarchie herrschen.

Im Gegenzug gilt aber, dass in straff durchorganisierten Gruppen individuelle Entscheidungsmöglichkeiten keine Rolle mehr spielen. Je stabiler, geordneter und strukturierter eine Gruppe funktioniert, desto weniger Handlungsspielraum bleibt zwangsläufig für das Individuum übrig. Dies würde auch das Ende individueller Motivation bedeuten. Aus dieser Logik heraus bilden Individuum und Gruppe eine Nullsumme, bei der sich die eine Seite zwangsläufig auf Kosten der anderen Seite entwickelt. Je ungezügelter die Individuen auf ihre Autonomie pochen, umso weniger gibt es ein gemeinsames Ganzes. Je mehr sich in einer Gruppe alles reibungslos ineinander „fügt", desto fügsamer und gefügiger müssen die Individuen sein.

Was aber kann ich tun, wenn ich gern ein Teil der Gruppe wäre, aber dennoch meine Individualität behalten will? Wie kann ich mich für die Gruppe engagieren und zugleich mit meiner eigenen Leistung sichtbar sein? Wie kann ich mich mit den Entwicklungszielen der Gruppe identifizieren, auch wenn nicht alle meine Interessen gleichermaßen berücksichtigt werden?

8.4 Der Mensch ist ein kommunikatives Wesen

Gemäß dem zweiten Grundsatz ist der Mensch ein abhängiges und kooperatives Wesen. Er braucht und sucht die Nähe zu anderen Menschen. Genau genommen widerspricht dies dem ersten Grundsatz, denn wenn der Mensch frei in seinen*ihren Entscheidungen ist, dann können wir ihm nicht durch die Hintertür eine Präferenz für Gruppen unterstellen. Wenn wir für einen Moment die Wahlfreiheit beiseitelassen, dann gibt es zwei Gründe, die Kooperation notwendig machen:

Erstens sind wir nach Arnold Gehlen (1974, Erstausgabe 1940) ein sogenanntes „Mängelwesen". Wir kommen in der Natur nicht allein zurecht. Wir sind weitgehend von unseren Instinkten und von vielen fixierten Verhaltensmustern befreit. Dies lässt uns sehr flexibel mit unserer Umwelt umgehen. Es hat aber zur Konsequenz, dass wir es allein nicht schaffen. Dies gilt vor allem, wenn wir auf die Welt kommen. Dann sind wir als Neugeborene ohne die Fürsorge anderer nicht überlebensfähig. Vermutlich ist das eine der intensivsten Primärerfahrungen von Abhängigkeit, die uns prägt. Wir sind unvollkommen angelegt und erreichen erst durch die intensive Kooperation mit anderen so etwas wie Ganzheit. Aus dieser Perspektive heraus ist Einsamkeit lebensbedrohlich. Insofern hat sich beim Menschen ein „sozialer Instinkt" herausgebildet, wonach Zusammenarbeiten als lebensnotwendiger Vorteil angesehen wird.

Der zweite Grund hängt unmittelbar mit dem ersten zusammen: Der Mensch ist nicht nur individualpsychologisch, sondern auch sozialanthropologisch ein Gruppenwesen. Den weitaus überwiegenden Teil seiner*ihrer Menschheitsgeschichte lebte er*sie in Horden, Clans, Korporationen und vergleichbaren Verwandtschaftsgruppen. Dies lässt sich als „affektive Notwendigkeit" zur Gruppenbildung beschreiben. Wenn wir einer Gruppe angehören, dann fühlen wir uns mit allen und nicht nur mit irgendeinem bestimmten anderen Menschen verbunden. Diese spezifisch gefühlsmäßige Erfahrung gibt uns Sicherheit und ist eine zentrale Grundlage der Gruppenbildung. Insbesondere dann, wenn von „Gruppenspirit" die Rede ist, ist die Gruppe in ihrer Entwicklung an jenem Punkt angekommen, in dem die einzelnen Gruppenmitglieder sich zur Gruppe emotional stark zugehörig fühlen. Die Gruppe steht fortan als zusammengehörige Gemeinschaft fast schon greifbar im Raum.

Besonders interessant ist es, wenn wir in diesem Zusammenhang den Begriff der Kommunikation genauer anschauen. Kommunikation bedeutet keineswegs lediglich Transfer von Inhalten. Altlateinisch bedeutet „communicatio" „Mitteilung", „Vereinheitlichung" beziehungsweise „Vergemeinsamung". Diese Form von Gemeinschaftsbildung ist als eine gegenseitige (moralische) Verpflichtung zu verstehen. Wer dazugehört, ist den anderen mitverpflichtet, ist ein Mitleistender. In der Kommunikation „wandern" nicht nur Informationen von einem Menschen zum anderen. Kommunikation ist das Leben selbst – und zwar das gemeinsame, aufeinander ausgerichtete Leben.

8.5   Das Individuum verhält sich in Gruppen anders

So weit, so gut, damit haben wir aber noch immer nicht das Dilemma der individuellen Freiheit in Gruppen gelöst. Es gibt eine Möglichkeit, dem Nullsummenspiel Individuum – Gruppe zu entkommen. Dann nämlich, wenn wir einen Unterschied machen zwischen dem Individuum, das es „für sich selbst" ist – wenn es sich als „einsamer Solist" außerhalb von Gruppen denkt – und dem Individuum, das „in einer Gruppe" ist – das sich als Mitglied einer Gemeinschaft erlebt und darin agiert. Daher möchte ich an dieser Stelle einen neuen hybriden Akteur einführen: das „Individuum-in-Gruppe".

Der Mensch hat ein individuelles Bewusstsein über sich selbst. Aber sobald der Mensch in einer Gruppe ist, gehört er*sie sich nicht mehr allein. Er*sie ist nicht mehr das autonome Individuum, weil der Mensch den unterschiedlichen Erwartungen der anderen gegenübersteht. Ganz gleich, ob er*sie diese erfüllen oder lieber ignorieren möchte. Er*sie muss sich dazu in Beziehung setzen, sei es durch Gefolgschaft oder „aktive Gleichgültigkeit". Diese gegenseitige Abhängigkeit innerhalb der Gruppe führt dazu, dass weder die Individuen noch die Gruppe als Ganzes „autonom" handeln können. Es geht um gegenseitige Veränderungen beziehungsweise Verschiebungen. Die Gruppe ist abhängig von den Individuen, diese haben ihre eigenen Ziele und Interessen sowie eigene Wahrnehmungen, Erfahrungen und Erwartungen. Zugleich wirkt sich aber auch die Gruppe ihrerseits mit ihren Strukturen und Regeln auf die Individuen aus. Sie hat eine eigene „Macht" und gibt Handlungsmuster vor.

Wir haben es mit einem doppelten Fokus gegenseitiger Übersetzung zu tun. Das macht die Situation ziemlich komplex. Beim ersten Fokus geht es um das Individuum und seine*ihre individuellen Einschätzungen: das Selbstbild. Es ist das Bild, das die Person von sich selbst in Bezug auf und in Abhängigkeit zu den anderen Individuen entwirft. Was den Aspekt der gegenseitigen Übersetzung angeht, machen wir uns sowohl ein Bild über uns selbst als auch über die anderen. Jedes Individuum innerhalb einer Gruppe macht sich also mehr oder weniger Gedanken darüber, was es selbst ist und wie die anderen Mitglieder wohl gerade „ticken". Schauen wir ausschließlich auf das Individuum, dann erfahren wir etwas darüber, wie es sich von seinem*ihrem Selbstbild her definiert.

Richten wir den zweiten Fokus auf den gemeinsamen Austausch innerhalb der Gruppe und die darin agierenden Individuen – als „Individuum-in-Gruppe" – dann erhalten wir zusätzlich Antworten über die jeweiligen Fremdbilder, d. h. die Art und Weise, wie das Gegenüber einen selbst sieht und einschätzt – bzw. wie die Person selbst die anderen eingeschätzt hat. Hierbei kommt es oft genug vor, dass Selbst- und Fremdbilder nicht deckungsgleich sind. Mithilfe der Gruppenperspektive lässt sich beobachten, ob und wie es den Individuen-in-Gruppe gelingt, über den gemeinsamen Austausch und Abgleich dieser Selbst- und Fremdbilder Regeln und Normen zu etablieren und soziale Ordnung zu ermöglichen.

8.6   Gleichzeitigkeit von Unterschiedlichkeit

Damit ist bereits eine wesentliche Voraussetzung für die Grundlage einer tragfähigen Kooperation benannt: Erst durch den gemeinsamen Austausch und Abgleich der unterschiedlichen individuellen Sichtweisen sowie durch die öffentliche Benennung und Bewusstwerdung von Unterschieden zwischen Selbst- und Fremdbild sind Gruppen in der Lage, eine gute soziale Ordnung zu etablieren. Dieser Punkt ist nicht zu unterschätzen! Es geht nicht darum, Gleichheit und Harmonie zu etablieren, sondern im Gegenteil, individuelle Unterschiede herauszuarbeiten und bestehen zu lassen.

Dass diese Gleichzeitigkeit von Unterschiedlichkeit möglich ist, lässt sich gerade auch in der sprachlichen Verständigung beobachten. Mithilfe der Sprache geht es nicht allein um Konkretheit und Eindeutigkeit von Mitteilungen oder um die Vermeidung von

Missverständnissen. Darüber hinaus geht es um die Vermittlung von Unterschieden, die zwischen Menschen bestehen und mithilfe der Sprache bestehen bleiben können: Es ist möglich, Differenzierungen auszudrücken, ohne dass zugleich die Einheit selbst aufgegeben werden muss. „Nein sagen" ist nicht so zerstörend wie „Nein tun"! Indem wir uns sprachlich auseinandersetzen und einigen, können bestimmte Differenzen bestehen bleiben, die ansonsten im gemeinsamen konkreten Handeln den Zerfall der Gruppe zur Folge hätten. Mithilfe der Sprache wird eine zweite Ebene in die Kooperation hineinkonstruiert. Die Welt wird sprachlich reproduziert. Damit kann ich als Individuum zwar „Nein sagen", aber dennoch als Individuum-in-Gruppe „Ja tun". Dadurch erübrigt sich eine ständige „Gleichschaltung" aller Mitglieder auf eine einzige Zielrichtung. Die Verdopplung der Realität durch sprachliche Einigung ist die Basis für die Kommunikation zur Auflösung von Konflikten.

Der erste und zweite Grundsatz bildet folglich zwei Seiten derselben Medaille: Der Mensch hat ein eigenes Bewusstsein und ist als vernunftbegabtes Individuum frei. Zugleich ist er ein Individuum-in-Gruppe, er ist emotional auf Gemeinschaft und Zugehörigkeit angewiesen, und daher ist es möglich und wahrscheinlich, dass er sich in Gruppen „anders" verhält. Er ist autonom und abhängig zugleich.

8.7   In der Gruppe ist die Individualität aufgehoben

Gruppen sind der Ort, an dem das Individuum als Individuum-in-Gruppe ein soziales Bewusstsein erfährt. Das bedeutet, dass in Gruppen Abstimmungsprozesse notwendig werden, weil unterschiedliche Interessen und Abhängigkeiten zueinander bestehen. Manchmal setzt die Person sich durch, manchmal werden Kompromisse eingegangen, manchmal ist es notwendig, sich vollkommen zu fügen. Gemäß dem dritten Grundsatz ist die Gruppe ein eigenständiges Wesen. Sie verfolgt ein restriktives Gleichgewichtsmodell, worin die individuelle Wahlfreiheit aufgehoben ist. Der Begriff „aufgehoben" ist dabei bewusst in doppeltem Sinne zu verstehen. Gemeint ist sowohl das Enthaltensein in diesem Gleichgewichtsmodell als auch der Widerruf und Ausschluss. Das bedeutet: Die eigenen Interessen können innerhalb der Gruppe berücksichtigt werden und „gut aufgehoben sein", aber sie können auch gänzlich aufgehoben sein, im Sinne von verworfen und annulliert.

Damit haben wir die Perspektive des Individuums verlassen und schauen aus einer Vogelperspektive auf das Verhalten der Gruppe. Die Gruppe wirkt nun wie ein „eigenes Wesen", wie ein Körper, dessen notwendige Bestandteile die Individuen sind. Und so, wie ein Mensch mehr ist als nur Kopf, Arme und Beine, so ist die Gruppe mehr als nur die Summe ihrer Mitglieder. Dieses Phänomen wird auch als „Emergenz" bezeichnet: Die Gruppe wird zu einer „eigenen Einheit", welche nach einer eigenen Logik und eigenen Dynamik funktioniert.

Wenn dieses Bild konsequent verfolgt wird, dann haben wir es – Sie ahnen es schon – abermals mit einem Widerspruch zu tun. Das dritte Prinzip widerspricht ebenfalls dem ersten: Wenn die Gruppe das Verhalten ihrer Mitglieder festlegt, dann hebt die Dynamik der Gruppe zwangsläufig die Entscheidungsfreiheit des Individuums auf. Wenn die Gruppe einer Eigenlogik folgt, dann wird das Individuum ausschließlich zum „Funktionär der Gruppe" und gehört sich fortan nicht mehr selbst.

8.8   Die Rolle gehört zur Gruppe – nicht dem Individuum

Um einen Weg aus dieser erneuten Unvereinbarkeit zu finden, möchte ich das Rollenmodell einführen. Will das Individuum innerhalb einer Gruppe wirksam werden, muss es zu einem „Individuum-in-Gruppe" werden. Das heißt, es muss sich für andere sichtbar und erwartbar machen. Dies gelingt am leichtesten über die Bekleidung einer Rolle. Der Begriff der „Rolle" ist ein Konzept, das explizit 1934 von der Ethnologin Margaret Mead unter dem Fokus „soziale Rolle" und „Geschlechterrolle" eingeführt wurde. Mead wollte zeigen, dass die Persönlichkeit nicht biologisch determiniert ist, sondern vielmehr in einem spezifisch kulturellen Umfeld, als Wechselspiel zwischen der eigenen Person und der Kultur erlernt wird. Gemäß den bisherigen Erläuterungen wurde dieses Wechselspiel als Differenz zwischen Individuum (als Person) und Individuum-in-Gruppe (als Rolle) beschrieben. Aber was genau hat es mit der Rolle auf sich?

Rollen lassen sich überall dort wiederfinden, wo menschliches Miteinander stattfindet. In Anlehnung an Niklas Luhmann (2000, S. 90 f.) sind Rollen Konstruktionen der Gemeinschaft zum Zwecke der Gemeinschaft. Erst mithilfe dieser Konstruktionen werden Beziehungen erwartbar. Demnach können wir uns in Gemeinschaften gar nicht anders begegnen als mithilfe von Rollen, weil in Rollen ein Großteil der sozialen Erwartungen bereits gebündelt ist. Wer eine Rolle bekleidet, signalisiert damit nach außen: Seht her, das ist meine Rolle, damit könnt ihr bestimmte Erwartungen an mich richten und andere Erwartungen dagegen nicht. Rollen sind „Erwartungsbündel". Sie geben Auskunft darüber, welche Rechte und Pflichten sowie Erlaubnisse und Verbote mit dem Rollenträger oder der Rollenträgerin verbunden sind beziehungsweise an ihn*sie gerichtet werden können.

Wer sich demgegenüber in einer Gruppe nicht erwartbar machen möchte, wer keine Erwartungen erzeugen und kein konsistentes Bild von sich zeigen möchte, wird in Gruppen auch kein Vertrauen erwerben. Erst mithilfe von Rollen können gegenseitige Erwartungen an das Verhalten des Gegenübers erzeugt und generalisiert werden. Hierüber gewinnt die Gruppe ihre soziale Ordnung. Je mehr sich im Laufe der Zeit die Rollen ausdifferenzieren, je spezifischer sie werden, desto präziser können Verhaltenserwartungen sachlich, zeitlich und sozial gebildet werden, und desto besser greifen die unterschiedlichen Rollen ineinander und verzahnen sich. Wenn klar ist, was von einem*einer bestimmten Rolleninhaber*in zu erwarten ist, und der*die Rolleninhaber*in ebenso weiß, was andere von ihm erwarten, dann schafft dies gegenseitige Verlässlichkeit und Vertrauen. Es entsteht ein Wir-Gefühl, bei dem die gegenseitige Unterstützung der Mitglieder im Vordergrund steht.

Insofern verbinden wir mit Begriffen wie „Wir-Gefühl", „Teamgeist", „Korpsgeist" (franz.: Esprit de Corps) überwiegend positive soziale Eigenschaften. Ein ideales Team wird gern als fest zusammenstehend beschrieben, im gemeinsamen Erfüllen der Aufgabe. Aber dieses Einigkeitsgefühl ist nicht per se ideal. Je moralisch verbindlicher die Mitverpflichtung unter den Mitgliedern „herrscht", desto größer ist zugleich auch die Gefahr, das eigene unabhängige und kritische Denken hintanzustellen. Bezeichnet wird dieses Phänomen als Gruppenzwang oder „Groupthink" (Janis 1972). Es tritt immer dann auf, wenn die Warnsignale innerhalb und außerhalb der Gruppe zunehmend ignoriert werden, wenn Gruppenmitglieder beginnen, die Nase über diejenigen zu rümpfen, die widersprechen und ihre Eigenwilligkeiten nicht zurückschrauben wollen, oder wenn plötzlich scharf zwischen teamfähigen und nicht teamfähigen Mitgliedern unterschieden wird.

Durch die Brille der Idealisierung betrachtet, ist sozialer Anpassungsdruck positiv kanalisiert und legitim. Die andere Seite, der Gruppenzwang, wodurch die Leistungen des Einzelnen vernichtet werden, wodurch die Individualität ausgeblendet wird und das Individuum sich im Kollektiv auflöst, liegt funktional in derselben restriktiven Ordnungs- und Gleichgewichtstendenz der Gruppe begründet: Gruppen können oppressiv sein und die individuelle Freiheit aufheben!

8.9 Das Ideal der Gruppendynamik: die reife Gruppe

Wenn in Gruppen das Verhalten derart generalisiert und „kollektiviert" wird, bleibt dann abermals die individuelle Wahlfreiheit auf der Strecke? Im Prinzip ist das so. Aber auch aus diesem Dilemma gibt es einen Ausweg, denn nicht jede Gruppe gleicht der anderen und es gibt unterschiedliche Reifegrade, in denen sich Gruppen befinden können. Das „unauflösbare Spannungsfeld der Gruppendynamik" (Geramanis 2017, S. 20) besteht im Verhältnis zwischen Individuum und Gruppe. Dabei geht es jedoch nicht um ein Entweder-oder, sondern um das „Dazwischen". Wiederum dürfen wir bei unserem Blick auf die Gruppe und die Gruppenrestriktionen nicht das Individuum aus den Augen verlieren: Wenn eine Gruppe restriktiv ist, dann mag es zum einen in ihrer Kultur liegen. Zum anderen müssen sich aber auch die Individuen fragen, was sie dazu beigetragen haben, dass es so ist. Gruppe und Individuum müssen sich die Verantwortung teilen. Denn immer wieder aufs Neue ist es eine individuelle Entscheidung, ob die Person sich den Restriktionen beugt und sich konform verhält – oder nicht. Individuelle Wahlfreiheit bedeutet, sich jederzeit auch anders entscheiden zu können. Auf diese Art kommt das Individuum wieder in den Blick und die Frage lautet: Wie verhält es sich als „Individuum-in-Gruppe" im Spannungsfeld zwischen Selbststeuerung und Fremdsteuerung? Und inwiefern ist es mündig genug, seine*ihre Verantwortung wahrzunehmen?

An dieser Stelle ist es mir wichtig, kurz darauf zu schauen, was Mündigkeit genau bedeutet. „Mündigkeit" ist sowohl als individualpsychologisches als auch als gesellschaftliches Konstrukt zu verstehen. Persönliche Mündigkeit ist unabdingbar mit sozialer Mündigkeit verknüpft. In diesem Sinne sind Selbstbestimmung und Autonomie gerade *innerhalb* von Gruppen relevant. Mündigkeit ist nicht einfach nur eine individuelle Eigenschaft oder Fähigkeit, sondern sie muss immer auch von anderen Gruppenmitgliedern und der Gruppe als Ganzes gewährt werden. Je bewusster eine Gruppe sich all dieser gegenseitigen Abhängigkeiten ist, desto lösbarer wird die scheinbare Unvereinbarkeit zwischen Selbst- und Fremdsteuerung, und desto eher erreicht sie den Zustand, den Peter Heintel (2008) als „reife Gruppe" bezeichnet. Diesen Zustand sowohl aus Sicht des Individuums als auch als Gruppe bewusst zu erreichen, ist ein Ursprungsziel der Gruppendynamik gewesen und ist es auch heute noch – und eben dies ist der Schlüssel zu selbstorganisierten Gruppen! Insofern gilt es zwei weitere Fragen zu beantworten: Erstens, wie wird eine Gruppe zu einer reifen Gruppe und zweitens, was zeichnet reife Gruppen im Umgang mit Komplexität aus?

8.10   Die sich selbst untersuchende Gruppe

Ausgangspunkt allen gruppendynamischen Arbeitens ist das Modell der Trainingsgruppe – auch T-Gruppe genannt. Diese spezielle von Kurt Lewin entwickelte Methodik stellte bereits vor einem dreiviertel Jahrhundert einen Tabubruch gegenüber dem klassischen Seminarbetrieb und der traditionellen Wissenschafts- und Expert*innenlogik dar. Traditionelle Leitungen arbeiten in Abgrenzung zur Gruppe und stellen dieser die Ergebnisse ihres Wissens und ihrer Beobachtungen zur Verfügung. So wie auch heute noch versucht wird, Teamentwicklungsmaßnahmen von außen an das Team heranzutragen und das Team von außen zu motivieren. Die Arbeitsweise der T-Gruppe weist in eine gänzlich andere Richtung, nämlich in die der Nicht-Trennung, der Nicht-Steuerung und des Nicht-Wissens. Eine T-Gruppe aus Trainersicht zu begleiten, heißt Abstand zu nehmen von einer rationalen Autoritäts- und Reparaturlogik, die vorgibt, im Voraus besser zu wissen, was für die Gruppe gut und richtig ist. Wie denn auch, wenn die Gruppe aus sich selbst heraus frei werden soll?

Das Ziel der T-Gruppe und das Ziel dieses Vorgehens ist ein doppeltes: Einerseits ist es ein aufklärerisches Ziel, bei dem es darum geht, die Individuen zu einem sozialen und solidarischen Umgang miteinander zu befähigen, andererseits geht es darum, das Potenzial der Gruppe zu heben. Die Gruppe selbst soll zu einem funktionierenden und arbeitsfähigen Sozialkörper werden. Es geht bei der T-Gruppe nicht nur darum, als Gruppe eine spezifische Aufgabe zu lösen und irgendwie zu überleben, sondern darum, nachhaltig gut zu überleben. Die T-Gruppen-Praxis und die damit verbundene Selbsterforschung lassen sich anhand der folgenden vier Schritte beschreiben:

1. Eine T-Gruppe hat keinen anderen Auftrag, als sich selbst darin zu untersuchen, wer oder was sie ist. Dieser evolutionäre Zugang macht eine radikale Konzentration auf das Erleben im Hier und Jetzt notwendig.

2. Aus dieser Ausgangslage heraus beobachten und reflektieren alle Gruppenmitglieder gleichermaßen das Geschehen und ziehen – zunächst meist nur individuell als „autonomes Individuum" – ihre Schlüsse.

3. Mit den beginnenden Versuchen, mithilfe von gegenseitigem Feedback das je Individuelle zu veröffentlichen und zu vergemeinschaften, wird kommunikativ eine soziale Wahrheit über die Gruppe selbst erzeugt. Die Individuen stimmen sich – nun als Individuen-in-Gruppe – miteinander und aufeinander ab.

4. Ein so gewonnener kollektiver Selbstbegriff wird dann zur Steuerung und Weiterentwicklung der Gruppe verwendet und in der Folge immer wieder aufs Neue angepasst, weiter verändert, verworfen oder wieder aufgelöst.

Eine auf diese kollektive Art erzeugte Wahrheit entsteht aus der Gruppe heraus und in der Gruppe selbst. Sie ist evolutionär und praxisrelevant, weil sie ein Produkt von Akzeptanz und Entscheidung, von subjektivem und implizitem Wissen ist. Bei diesem Vorgehen gibt es keine Faktizität ohne Interpretation und keine Rationalität ohne Emotionalität. Auf diese Art gruppendynamisch zu arbeiten, ist eine Praxis, in der nicht blind und aktionistisch gehandelt wird, stattdessen werden die sich ereignenden Handlungen gemeinsam beobachtet, analysiert und auf Sinn und Konsequenzen hin reflektiert. Eine solche Praxis ist konsequent prozessorientiert, weil sie nicht nur an einzelnen Individuen oder spezifischen Aufgaben arbeitet, sondern immer auch an komplexen Prozessen, in denen sich alles Mögliche gleichzeitig abspielt. Sie arbeitet an Problemstellungen, die nicht einfach simplifiziert und trivialisiert werden können. Sie arbeitet an Emotionen, wie Angst und Unsicherheit, in denen sich menschheitsgeschichtlich festgesetzte Prägungen offenbaren. Nochmals: In einer T-Gruppe geht es nicht um individuelle Einzelphänomene oder Ursachenforschung, sondern um das Erfassen der je aktuellen „Gesamtgestalt" – oder in moderneren Worten: Es geht um Mustererkennung.

Dieses gemeinsame Erkennen und Konstruieren von Mustern ist nichts anderes als eine Suche nach Struktur zur Orientierung. Eine solche Suche kann nicht außerhalb der Gruppe stattfinden. Ebenso wenig kann die Gruppe von außen vorgefertigte Rollenmodelle und Kommunikationsstrukturen übernehmen, wenn sie sich selbst steuern will. Die Gruppe kann ihre eigene Orientierung nur finden, indem sie überhaupt in die Ungewissheit hinein Alternativen konstruiert, um diese anschließend auf Plausibilität zu prüfen.

Eine auf diese Art reife Gruppe ist eine Gruppe, die gelernt hat, sich mithilfe dieses *sich selbst untersuchenden Vorgehens* selbst zu steuern. Statt Resultats-, Rollen- und Struktursicherheit, entwickelt sie eine Sicherheit, welche über Kommunikation, Vertrauen, Zugehörigkeit und Feedback, d. h. über den Prozess läuft. Gruppen, die diese Prozesssicherheit erlangen, schaffen es auch, sich gemeinsam auf Unsicherheit und Ungewissheit einzulassen. Je mehr Runden eine Gruppe hierbei erfolgreich dreht, desto sicherer wird sie. Das Geheimnis arbeitsfähiger Gruppen ist daher nicht die Schaffung von rationaler Ordnung und eindeutiger Orientierung, sondern Kompetenz im Umgang mit Ungleichgewicht und Ungewissheit. Es ist Selbstorganisation durch Selbstdiagnose.

8.11   Die Trainingsgruppe: radikal-demokratisch

Aus dieser Perspektive heraus kommt in einer reifen Gruppe das Individuum in seiner*ihrer Wahlfreiheit vor. Es ist sowohl aufgehoben als auch frei, weil sich Freiheit als Entscheidungsfreiheit offenbart. Zusammenfassend heißt die: Damit ein Individuum in einer Gruppe wirksam und sichtbar werden kann, muss es sich in einem ersten Schritt von anderen unterscheiden, es muss sich ausdifferenzieren. Es muss als Individuum-in-Gruppe bereit sein, eine Rolle zu übernehmen und wahrzunehmen. Die Individuen müssen beginnen, sich gegenseitig sichtbar und erwartbar zu machen. Indem sie in diesem Prozess mehr und mehr bereit sind, eine (formelle oder informelle) Rolle im Rahmen der Gruppe zu bekleiden, signalisieren sie in einem zweiten Schritt, dass bestimmte Erwartungen an sie gerichtet werden können. Ab diesem Moment werden Entscheidungen individuell zurechenbar.

Je mehr sich im Laufe der Zeit innerhalb der Gruppe die Rollen ausdifferenzieren und parallel dazu (zumeist informelle) Normen, Regeln und Routinen eingeführt werden, desto mehr scheint all dies die eigene Individualität einzuengen. Denn wenn das Individuum ausschließlich rollenkonform handelt, ist es nicht mehr autonom, sondern fremdbestimmt. Der Prozess, der in einem ersten Schritt soziales Miteinander konstituiert, scheint in einem zweiten Schritt Individualität und Freiheit zu verunmöglichen. Aber dies ist eben nur eine scheinbare Paradoxie, denn erst in dieser Form ermöglichen Gruppen Individualität: Es gibt keinen anderen Weg zur Freiheit als über den Weg der Aufhebung.

Individuelle Freiheit bedeutet nicht, alle denkbaren Optionen zu jeder Zeit zur Verfügung zu haben, sondern eine Entscheidung darüber treffen zu können, ob ich die konkreten Erwartungen erfüllen möchte oder nicht. Eine so verstandene Freiheit bedeutet, immer wieder aufs Neue über Regeln, Routinen und Normen entscheiden zu können und die getroffenen Entscheidungen zu verantworten – und dies innerhalb der Gruppe und gemeinsam mit den anderen Gruppenmitgliedern. Die Devise lautet „Ermöglichung von Individualität durch Aufhebung von Individualität". Um es nochmals zusammenzufassen:

- Damit sich andere auf mich beziehen können, entscheide ich mich, eine bestimmte Rolle in der Gruppe zu bekleiden.
- Im Verlauf der Zeit prüfe ich, inwieweit mir diese Rolle entgegenkommt, mir entspricht, mich zufriedenstellt. Wenn dem so ist, kann ich sie vorläufig beibehalten.
- Wenn sie mir nicht entspricht, habe ich die Freiheit, meine Rolle in Abstimmung mit der Gruppe zu überdenken, zu wechseln oder zu verwerfen.

Je flexibler sich die Individuen auf diesen Prozess einlassen, je offener sie ihre eigenen Rollen wählen und anpassen können und je mehr sie dabei aufeinander hören und die Meinungen der anderen akzeptieren, desto reifer und arbeitsfähiger ist die Gruppe als Ganzes.

Allerdings ist diese Entwicklung keine Selbstverständlichkeit. Solange eine Gruppe zu dieser Art von Selbstorganisation nicht in der Lage ist, wird sie sich auch nicht selbst steuern können. Gruppen, die defensiv und ängstlich im Umgang mit Ungereimtheiten und Konflikten sind, bei denen eher Schweigen, gegenseitiges Blockieren, Ausweichen, Hilflosigkeit und Angst vorherrschen, werden nicht in der Lage sein, sich selbst zu organisieren, weil sie noch zu keinem Bewusstsein über sich gelangt sind. Solange dies der Fall ist, werden vor allem Fremdbestimmung durch althergebrachte Normen oder Ähnliches vorherrschen. Vermutlich wird die Gruppe eher an Bestehendem festhalten, sich nicht weiter ausdifferenzieren und stagnieren. Damit bleiben zugleich auch die Beziehungen der Mitglieder untereinander unklar und unbestimmt. Verbleibt die Gruppe im Zustand dieser lediglich schwachen Differenzierung, läuft sie Gefahr, dass jede Andersartigkeit oder Fremdheit (sowohl die eigene als auch die des Gegenübers) Angst auslöst. Strikte Harmonieerwartung und Konfliktvermeidung drohen über Flexibilität und das Erleben von Individualität und Einzigartigkeit gestellt zu werden. Auch solche Gruppen können über ein „Wir-Gefühl" verfügen – allerdings ist dieses nicht sehr tragfähig, weil es nur nach außen hin starkmacht. Nur der gemeinsame „Feind" eint nach innen. Peter Heintel (2008) spricht in diesem Fall von einem „unaufgeklärten Einigkeitsgefühl".

8.12 Übertragbarkeit der T-Gruppe in die Teamentwicklung

Bislang haben wir uns intensiv die T-Gruppe angeschaut, aber wie sinnvoll, notwendig und wünschenswert ist es überhaupt, eine Arbeitsgruppe oder ein Team zu diesem aufgeklärten Wir-Gefühl zu befähigen? Und ist es nicht offensichtlich, dass sich eine T-Gruppe grundlegend von einem Team oder einer Arbeitsgruppe innerhalb einer Organisation unterscheidet: Eine T-Gruppe hat keinen anderen Auftrag, als sich selbst darin zu untersuchen, wer oder was sie ist – dem gegenüber steht innerhalb von Organisationen vor allem der organisationale Auftrag im Vordergrund und weniger das „Wohlergehen" der Gruppe selbst.

Bevor ich aufzeige, was sich dennoch für Möglichkeiten bieten, möchte ich zusammenfassen, was es über die T-Gruppe hinaus mit der gruppendynamischen Methode auf sich hat.

Die gruppendynamische Methode entspricht der Idee der „Aktionsforschung" im Sinne von Kurt Lewin. Wenn wir – ganz gleich, ob als Gruppenmitglied, Trainer oder Führungskraft – verstehen wollen, wie eine konkrete Gruppe tickt, wo ihre realen Stärken und Schwächen liegen, dann müssen wir, bevor wir uns ihr nähern, alles theoretische Wissen über Gruppen und die damit verbundenen Sollvorstellungen fallen lassen. Wir müssen die Gedanken an Linearität, Kausalität und damit zusammenhängend den Glauben an direkte Instruierbarkeit aufgeben. Wir müssen von Anfang an vorbehaltlos und neugierig den Individuen in ihren Wahrnehmungen, Entscheidungen und Vernetzungen folgen. Gruppenentwicklung findet *nicht* statt, indem irgendwelche hehren Ziele proklamiert oder auf Wunschszenarien insistiert wird. Die Untersuchungsfrage lautet nicht: „Wie *sollen* wir sein, damit …?" Stattdessen wird auf die Voraussetzungen und die Bedingungen der Kommunikation reflektiert. Das heißt, gemeinsam werden die individuellen und organisationalen Hintergründe und Zusammenhänge untersucht und auf Tragfähigkeit geprüft – und dies nicht nur im rationalen, sondern auch im emotionalen Bereich.

Wie bei der T-Gruppe aufgezeigt, besteht die Methode darin, immer wieder kurzfristig den Gang des (blinden) Agierens zu unterbrechen. Sie reflektiert die aktuelle Situation und analysiert ihre Voraussetzungen. Dadurch führt sie entweder eine neue Ausgangslage herbei oder bestätigt vorläufig die bestehende. Sie macht die Dynamik, die Widersprüchlichkeit, die Unvereinbarkeit und Unausweichlichkeit zwischen Individuum und Gruppe immer wieder aufs Neue bewusst. Das mag sich sehr mühsam anhören, aber erst wenn all diese immer wieder auftauchenden Unvereinbarkeiten ansprechbar und ausgesprochen sind, können die Gruppenmitglieder sich damit bewusst auseinandersetzen und gemeinsam entscheiden, wie sie damit umgehen wollen.

Die Methode der Gruppendynamik ermöglicht die Schärfung des Blicks für Dynamiken, die in Gruppen entstehen und das Erleben, wie in einer Gruppe durch den Austausch von Sichtweisen und die Benennung von Unterschieden eine eigene, „tragfähige soziale Ordnung" entsteht. Auf diese Art konstituiert sich eine Gruppe als autonomer Sozialkörper – und sie wird fortan nicht nur in der Lage sein kurzfristig, sondern nachhaltig gut zu überleben. Die Gruppe wird in die Lage versetzt, sich über ihre Mitglieder und sich selbst Klarheit zu verschaffen. Sie lernt, ihren Standort selbst zu bestimmen und sich dabei ihre eigene soziale Wahrheit zu geben. Und sie findet Antworten auf die Fragen: Wer sind wir? Wer wollen wir sein? Und wo wollen wir gemeinsam hin?

Und nun frage ich Sie: Ist das nicht genau das, was eine Gruppe heute in Organisationen leisten soll? Sind dies nicht genau die selbstgesteuerten Gruppen, die Laloux in seinem Buch „Reinventing Organizations" (2015) untersucht hat? Die Gruppe organisiert sich aus sich selbst heraus, und die Aufgabe der Führung besteht eben nicht darin, den Prozess anzuleiten und zu steuern, sondern darin, den Rahmen, der zur Selbstdiagnose notwendig ist, zu bestimmen und zur Verfügung zu stellen.

8.13   Den Widerspruch zwischen selbst- und fremdgesteuert auflösen

Wer Selbstorganisation als freiwilliges Engagement in Gruppen versteht, tut gut daran, sich zugleich auf das demokratische und aufklärerische Ideal der Gruppendynamik einzulassen. Mit diesem Ideal vor Augen geht es niemals allein um reine Funktionalität und pragmatische Verwertbarkeit. Es geht grundlegend darum, dass sich das Individuum seiner*ihrer eigenen Haltung und Verantwortung innerhalb der unterschiedlichen Gruppen, denen es angehört, bewusst wird und sich dabei seine*ihre Identität und Mündigkeit bewahrt.

Im Prinzip wäre das T-Gruppen-Modell als Methode der Gruppendynamik außerordentlich gut geeignet, um Gruppen zur Selbststeuerung durch Selbstorganisation zu befähigen. Allerdings steht noch immer die oben angesprochene Unvereinbarkeit im

Raum, dass eine T-Gruppe keinen anderen Auftrag hat, als sich selbst darin zu untersuchen, wer oder was sie ist, während eine Arbeitsgruppe innerhalb einer Organisation dem „äußeren" Zweck der Organisation dienen muss.

Dies stellt einen entscheidenden Zielkonflikt dar. Innerhalb fremdgesteuerter Kontexte gibt es zu viele strukturelle Widersprüche, die konsequente Selbstorganisation und Selbststeuerung innerhalb von Organisationen leicht zu einer Illusion machen. In der folgenden Übersicht lässt sich nachvollziehen, worin die jeweiligen Unterschiede im Detail bestehen; dabei zeigt die linke Spalte die jeweilige Ausrichtung der Trainingsgruppe, die rechte Spalte die der Teamentwicklung. Dabei ist interessant zu beobachten, dass es auf den ersten Blick durchaus Ähnlichkeiten gibt. Bei genauerem Hinsehen wird insbesondere deutlich, dass die von außen an das Team gesetzten Zielen eine „bedingungslose" innere Selbstdiagnose sowie eine maximal ergebnisoffene Begleitung oftmals erschweren, wenn nicht verunmöglichen (Tab. 8.1).

Tab. 8.1 Trainingsgruppe Teamentwicklung

Anlass	Weiterbildung, Ausbildung, persönliche Fortbildung	Besondere Aufgabenstellungen, aktuelle Probleme, notwendige kurzfristige Anpassungen im Team
Ziel	Erfahrungslernen, individueller Zugewinn an sozialer Kompetenz, Mündigkeit und Emanzipation, Demokratieverständnis, experimentieren – es gibt kein Richtig oder Falsch	Leistungsverbesserung, Erhöhung der Funktionsfähigkeit, Motivationssteigerung, Steigerung der Arbeitsfähigkeit – nach der Maßnahme sollte es spürbar besser als vorher sein
Auftraggeber	Individuelle Teilnahme, Maßnahme zur beruflichen Weiterbildung – auch außerhalb der Organisation, Training als Teil eines Curriculums	Maßnahme der Organisations- oder Personalentwicklung innerhalb des Unternehmens oder auf Initiative der Vorgesetzten
Rolle und Haltung der Durchführenden	Trainer und Prozessbegleitung, Leitung des Settings (dem Lernexperiment einen sicheren Rahmen geben), tendenzielle Abstinenz	Prozessbegleitung, aber auch Steuerung und Führung, hohe Prozessverantwortung, eher direktiv und absichtsvoll, hohe Ergebnisorientierung
Methoden	Strenge Fokussierung auf das Hier-und-Jetzt-Prinzip sowie auf Feedback, Prozessanalyse, Lernsetting in Klausur	Methoden ordnen sich dem jeweiligen Zweck unter; auch hier ist das Hier-und-Jetzt-Prinzip möglich; Analyse der Teamstrukturen und Problemfelder; bei Bedarf ist auch Feedback möglich
Art und Weise der Intervention	Was die Gruppe selbst kann, soll die Gruppe selbst klären? So wenig wie möglich – so viel wie nötig intervenieren; der Gruppe (nach-)folgen	Stabiles Gerüst für flexible Interventionen; teilweise vordefinierter Ablauf beziehungsweise geplante Dramaturgie der Interventionen sind an den vereinbarten (Zwischen-)Zielen ausgerichtet

8.14 Konsequente Selbststeuerung – der Praxisbeweis

In diesem Text sind wir bereits einigen Unvereinbarkeiten begegnet und jedes Mal haben wir einen Ausweg gefunden und auch dieses Mal gibt es eine Lösung, wie sich die Schere zwischen Selbst- und Fremdsteuerung schließen lässt. Die Frage lautet, wie viel Verantwortung ist die Organisation tatsächlich bereit, dem Team zu übertragen? Wie glaubwürdig ist die Einladung, dass sich das Team wirklich auf die eigenen Stärken konzentrieren kann? Oder inwiefern wird alles durch eine mehr oder weniger verborgene Agenda konterkariert, die besagt, dass Selbststeuerung nur dann akzeptiert wird, wenn sie im Sinne der Organisationsführung durchgeführt wird und produktiv und innovativ ist, und, und, und.

Hier kommt Laloux (2015, S. 54) wieder ins Spiel. In seinen Untersuchungen entkommen diejenigen Organisationen besagter Schere, die sich selbst an drei zentralen Punkten orientieren:

1. **Selbstführung/Selbststeuerung/Selbstorganisation:** Sie verzichten vollständig auf Hierarchie, und in den Abstimmungsprozessen gibt es keine Notwendigkeit für einen gemeinsamen Konsens. Hierbei werden Analogien zu den Funktionsweisen von komplexen adaptiven Systemen in der Natur auf Organisationen übertragen.
2. **Streben nach Ganzheit:** Es werden Praktiken angewandt, die es ermöglichen, dass sich die Menschen in den Organisationen mit all ihren Anteilen (auch emotional, spirituell, intuitiv) einbringen können, nicht nur mit den rationalen bzw. fachlich-beruflichen.
3. **Evolutionärer Sinn:** Die Organisation ist aus sich heraus ein lebendiges System/ein Organismus und hat eine Richtung. Die Mitglieder werden aufmerksam hinhören, wohin die Organisation sich entwickelt und welchem Sinn sie dienen möchte. Daraus können dann Entscheide abgeleitet werden.

Ganz pragmatisch sehen die Lösungen wie folgt aus: In vielen der untersuchten Organisationen wurde das mittlere Management komplett gestrichen. Die Teams steuern sich selbst und verfügen über alle notwendige Entscheidungsmacht sowie über die notwendigen Ressourcen. Auch Stabsstellen wurden mehrheitlich gestrichen. Generell lösen die Teams ihre Probleme selbst und verfügen dafür über bestimmte Praktiken für Klärung und Entscheide.

Dabei sollte ein Team nicht größer als zwölf Personen sein. Die Aufgaben sollen breit gestreut werden, niemand sollte zu viele Aufgaben auf sich nehmen. Fachfragen werden regelmäßig zusammen erörtert, die Weiterbildung wird gemeinsam geplant. Für größere Themen werden aus den Teams heraus Projektgruppen gebildet (evtl. mit anderen Teams zusammen), um eine neue notwendige Praxis zu entwickeln. Die Teams entwerfen Jahrespläne für Initiativen im Zusammenhang mit der Kernaufgabe. Die Mitarbeitenden beurteilen sich jährlich selbst und gegenseitig. Das Modell dafür entwerfen sie selbst. Wichtige Entscheide werden in einer vorgegebenen Struktur bearbeitet und gefällt. Der Entscheid muss nicht im Konsens gefällt werden, es genügt, wenn niemand schwerwiegende Vorbehalte äußert.

Auch wenn Einzelpersonen sich mit ihren jeweiligen Stärken mit der Zeit eine informelle hierarchische Stellung im Unternehmen erschaffen, ist das kein Problem. Offenbar wird es mehrheitlich akzeptiert, weil es flexibel bleibt und andere aufgrund ihrer anderen Stärken ebenfalls Anerkennung und spezielle Aufgaben erhalten. Laloux nennt das „Verwirklichungshierarchien" im Gegensatz zu „Herrschaftshierarchien". Generell gibt es keine Organigramme und keine Stellenbeschreibungen, weil sich Aufgaben immer wieder verändern. Managementaufgaben werden nach Neigung verteilt. Lohn wird im Team besprochen für alle. Es gibt sehr wohl „Chef*innen", aber immer nur in Bezug auf eine bestimmte Aufgabe oder ein Projekt.

Fazit: So wenig, wie es möglich ist, nur „ein bisschen schwanger zu sein", so konsequent muss alle mögliche Verantwortung ins Team delegiert werden:

- Neueinstellung
- Onboarding
- Weiterbildung
- Stellenbezeichnung & -beschreibung
- Individueller Sinn
- Flexibilität & Zeitverpflichtung
- Leistungsmanagement
- Vergütung
- Rollenverteilung & Beförderung
- Entlassung
- …

In dem Moment, in dem einem Team diese experimentelle Freiheit genommen wird, in dem Moment, in dem der „autonome Sozialkörper Gruppe" anderweitig „verzweckt" und damit zugleich in den Dienst einer funktionalen äußeren Zwecksetzung gestellt wird, bedeutet dies zwangsläufig das Ende der individuellen Entscheidungsfreiheit! Ab diesem Zeitpunkt kann es keine Freiheit mehr im Handeln geben, da die Freiheit notwendigerweise durch Taktieren, Konkurrenz und strategisches Handeln abgelöst wird. Menschen sind nur dann zu viel mehr fähig, als wir meistens glauben, wenn die Organisation radikal auf diese Überzeugung hin umgebaut ist. Solange jedoch Strukturanteile etwas anderes sagen, ist die Verführung zu groß, dass wir gerne zurück in die gewohnten Muster fallen.

8.15 Fazit

Das Ziel der Gruppendynamik ist es, Gruppen in die Lage zu versetzen, sich über sich selbst Klarheit zu verschaffen, ihren Standort selbst bestimmen zu lernen und sich auf diese Art ihre eigene soziale Wahrheit zu geben. Diese Form der Selbststeuerung gelingt über den Weg der kontinuierlichen Selbstdiagnose. Willkommen in den neuen Organisationen!

Literatur

Gehlen A (1974) Der Mensch. Seine Natur und seine Stellung in der Welt. Athenäum, Frankfurt a. M. (Erstveröffentlichung 1940)

Geramanis O (2017) Mini-Handbuch Gruppendynamik. Beltz, Weinheim

Heintel P (2008) Über drei Paradoxien der T-Gruppe: Agieren versus Analysieren Gefühl versus Begriff Intensität versus Ende. In: Heintel P (Hrsg) be-trifft: TEAM. Dynamische Prozesse in Gruppen, Bd 2. VS Verlag, Wiesbaden, S 191–250

Janis IL (1972) Victims of groupthink: a psychological study of foreign-policy decisions and fiascoes. Houghton Mifflin Company, New York

Laloux F (2015) Reinventing Organizations. Ein Leitfaden zur Gestaltung sinnstiftender Formen der Zusammenarbeit. Vahlen, München

Luhmann N (2000) Organisation und Entscheidung, 1. Aufl. VS Verlag, Wiesbaden

Mead M (1934) The use of primitive material in the study of personality. J Personal 3(1):3–16

Prof. Dr. Olaf Geramanis ist Dozent an der Hochschule für Soziale Arbeit, FHNW.

Werdegang: leidenschaftlicher Gruppendynamiker. Diplompädagoge (univ.), Coach, Supervisor und Organisationsberater (BSO), ausbildungsberechtigter Trainer für Gruppendynamik (DGGO). Jahrgang 1967, bis 2000 Offizier der Bundeswehr, ab 1999 wissenschaftlicher Assistent am Lehrstuhl für Wirtschaftspädagogik der Universität der Bundeswehr München. Seit 2004 Dozent für angewandte Gruppendynamik und personenorientierte Beratung an der Hochschule für Soziale FHNW in Muttenz. In der Weiterbildung und Dienstleistung in den Bereichen Beratung, Coaching, Change und Teamentwicklung unterwegs. Studienleiter des MAS Change und Organisationsdynamik.

Teil II
Zusammen wachsen

Resonanz: Kommunikation jenseits der Sprache

9

Jascha Rohr

> *Unsere Beziehung zur Welt prägt, wie wir die Welten, in denen wir Leben und Arbeiten wollen, gestalten.*
>
> Jascha Rohr Oldenburg, Huntlosen; 10.12.2017.

> *Meine These ist, dass es im Leben auf die Qualität der Weltbeziehung ankommt, das heißt, auf die Art und Weise, in der wir als Subjekte Welt erfahren und in der wir zur Welt Stellung nehmen; auf die Qualität der Weltaneignung*
>
> (Rosa 2016) S. 19.

9.1 Eintauchen

Da wir selbst es sind, die die (Um-)Welten gestalten, in denen wir leben, sollten wir davon ausgehen, dass wir dies in einer Weise tun, um in diesen Welten glücklich, gesund, ausgeglichen, kreativ und zufrieden zu werden; um lebendig sein zu können. Eine von Menschen gestaltete Stadt wäre dann ein für die Menschen idealer Lebensraum, der ihnen Schutz, Nahrung, Gemeinschaft und kreative Betätigung ermöglicht. Ein Arbeitsgebäude wäre dann ein Ort, der angenehm, ästhetisch ansprechend und gesundheitsfördernd wäre und uns räumlich in unseren produktiven und kreativen Aktivitäten unterstützt. Eine Organisation, die von Menschen geschaffen wäre, könne doch nichts anderes sein als ein Zusammenschluss von Menschen, die ein gemeinsames Ziel verfolgen und die sich optimale Strukturen schaffen, um diese Ziele gemeinsam zu erreichen. Ein Planet, der von Menschen bewohnt und von ihnen gestaltet wird, müsste ein Lebensraum sein, auf

J. Rohr (✉)
Institut für Partizipatives Gestalten (IPG), Hörster & Rohr GbR, Oldenburg, Deutschland
E-Mail: j.rohr@partizipativ-gestalten.de

© Springer-Verlag GmbH Deutschland, ein Teil von Springer Nature 2019
H. Parnow und P. Schmidt (Hrsg.), *Zusammen arbeiten, Zusammen wachsen, Zusammen leben,* https://doi.org/10.1007/978-3-662-58965-6_9

dem die Menschen sich symbiotisch optimale Lebensbedingungen schaffen, Lebendigkeit fördern und die Lebenssysteme, von denen sie abhängen, schützen, pflegen und behutsam verbessern.

Es liegt eine seltsame Ironie darin, dass die Menschen, die sich als intelligente, vernunftbegabte und bewusste Wesen verstehen, genau damit ihre liebe Not haben: Umwelten zu gestalten, die ihnen direkt und indirekt förderlich sind. Nicht, dass sie dazu nicht in der Lage wären: Von ihren Veranlagungen her betrachtet verfügen sie sicherlich über die notwendigen Potenziale. Auch nicht, dass es ihnen nicht immer wieder tatsächlich gelänge, wirklich schöne, heilsame, nützliche und gute, ja herausragende Dinge, Orte und Strukturen zu gestalten. Irritierend ist vielmehr der Fakt, wie häufig wir darin scheitern, genau diese Qualitäten zu erreichen: dass unterm Strich viele Städte gefährliche und krankmachende Orte sind, dass Gebäude triste und bedrückende Strukturen sind, dass Organisationen häufig Institutionen sind, die die darin organisierten Menschen verzwecken und dass der Planet Erde – oder sagen wir besser: Die Ökosysteme, die die Grundlage auch unseres Lebens sind, gerade durch unser Tun, Handeln und Gestalten in alarmierende, kaum zu erhaltende Zustände versetzt werden.

Ich möchte in diesem Artikel fragen, ob und wie es uns gelingen kann, anders zu gestalten: so zu gestalten, dass die Annahmen des einleitenden Absatzes mehr Norm als Utopie werden. Denn gestalten müssen und werden wir. Ich kann mir kaum eine Welt vorstellen, in der Menschen nicht Orte, Gebäude, Kunstwerke, Organisationen, Staaten, Landschaften, Produkte durch ihr Tun verändern, gestalten, transformieren und erschaffen. Menschen sind Gestalter*-, Planer*-, Künstler*-, Designer*-, Entwickler*-, Schöpfer*innen und werden es immer sein. Wo sie leben und arbeiten, stellen sie Fragen, analysieren die Zustände und entwickeln Ideen, diese Zustände zu verbessern – wenn sie können und dürfen.

Wenn das aber so ist, dann müssen wir die Frage lösen, wie wir in Zukunft anders und besser im Sinne von nachhaltig, lebenserhaltend, lebendig, gut gestalten können. Wir müssen uns an unserem normativen Anspruch orientieren, wie unser Zusammenleben sein sollte und dann Wege finden, diesen Ansprüchen auch wirklich gerecht zu werden. Zumindest einen Teil der Antwort glaube ich darin gefunden zu haben, dass es zukünftig notwendig sein wird, stärker darauf zu achten, aus welcher Beziehung zur Welt, aus welcher grundsätzlichen Haltung heraus und in welchem Modus wir mit der Welt gestalten.

9.2 Denken

9.2.1 Entfremdete Weltbeziehungen

Unsere Beziehung zur Welt wird seit Jahrtausenden maßgeblich durch ein einziges erkenntnistheoretisches Grundmodell bestimmt, auf dem alle feineren Weltbestimmungen ausdekliniert werden: den Subjekt-Objekt-Dualismus. Er beschreibt die Vorstellung, dass die Welt grundlegend in zwei entitätische Sphären zerfällt: einerseits in intelligible, aktiv handelnde, sich die Welt aneignende Subjekte (i. e. Menschen – lange Zeit auch nur Männer) und andererseits in passive, willenlose und für jede Form der Aneignung zur Verfügung stehende Objekte (alles, was Natur ist, produziert wird, oft auch Frauen, Sklav*innen, Barbar*innen, andere) (vgl. Haraway et al. 1995).

Dieses Grundmodell ist in allen Varianten durchgespielt und ausgearbeitet worden. Mal mit einem stärkeren Fokus auf die Subjekthaftigkeit allen Seins, mal mit stärkerem Fokus auf die Objekthaftigkeit allen Seins, häufig als komplizierte Konstrukte der Wechselwirkungen zwischen Subjekten und Objekten. Da nimmt es nicht wunder, dass auch unsere Vorstellungen von Gestaltung, Design und Planung genau diesem Modell folgen: Das, was plant und gestaltet, ist Subjekt. Das, was beplant und gestaltet wird, ist Objekt. Die Trennung ist sowohl erkenntnistheoretisch als auch semantisch so tief in unser Weltverstehen codiert, dass der Subjekt-Objekt-Dualismus nicht mehr als das erkannt wird, was er ist: als Modell, mit dem wir uns die Welt erklären. Vielmehr wird er verstanden als Beschreibung der Welt, wie sie tatsächlich sei.

Wir müssen nicht die Dialektik der Aufklärung von Horkheimer und Adorno[1] (Horkheimer und Adorno 1969) lesen, um zu begreifen, dass durch das unhinterfragte Übernehmen des Subjekt-Objekt-Dualismus unser Verhältnis zur Welt immer nur als ein geschiedenes, instrumentelles, verzwecktes dargestellt und gedacht werden kann. Die Welt steht uns, den Subjekten, sozusagen als Knetmasse gegenüber, die wir nach unserem Willen formen können und müssen. Andererseits beschränkt uns diese Objektwelt in unserer subjektiven Freiheit, woraus sich wiederum ableitet, dass wir uns diese Welt gefügig machen müssen, wenn wir uns nicht ihrer Naturhaftigkeit unterwerfen wollen.

Der französische Soziologe Bruno Latour schreibt treffend: „Schon der Ausdruck ‚Beziehung zur Welt' zeigt, in welchem Ausmaß wir gewissermaßen entfremdet sind" (Latour 2017, S. 32). Für unsere von uns angenommene Macht als Subjekte, für die Position als von außen entwerfende Planer*innen und Gestalter*innen zahlen wir indes einen hohen Preis: Unsere Entfremdung von der Welt, die wir zum Objekt unserer Gestaltung bestimmt haben. Doch im Grunde, so zeigt Latour, ist schon das Sprechen über eine Beziehung zur Welt ein Ausdruck einer tiefen Krise in unserer Beziehungsfähigkeit zur Welt. Würden wir uns selbstverständlich als Teil der Welt verstehen, so wäre das Sprechen von einer Beziehung zu ihr unnötig.

Ich glaube, dass diese grundlegende, im Modell des Subjekt-Objekt-Dualismus angelegte Entfremdung von der Welt und die darin zum Ausdruck kommende Beziehungsunfähigkeit als kategorisches Verstummen der Kommunikation zwischen uns und der Welt (denn miteinander kommunizieren können nur Subjekte) eine Erklärung dafür ist, dass unser Gestalten und Handeln in der Welt so instrumentell, brachial, verzweckend und monodirektional ist. Ist es nicht so, dass wir damit genau die Welt

---

[1]In der berühmten Nacherzählung der Odysseus-Sage muss sich der Held selbst als Objekt überwinden und instrumentalisieren, indem er sich an den Mast seines Schiffes fesseln lässt, um den Sängen der Sirenen widerstehen zu können.

reproduzieren, die wir mit der Konzeption dieses Weltverhältnisses vorwegnehmen? Liegt es nicht auf der Hand, dass eine pathologische, stumme und entfremdete Beziehung zur Welt dazu führt, dass wir auch pathologische, stumme und entfremdete Strukturen, Produkte, Systeme, Städte und Organisationen entwerfen und gestalten?

Die Alternative wäre, dass wir ein erkenntnistheoretisches Modell entwickeln, das unser In-der-Welt-Sein auf andere konzeptionelle Grundlagen stellt und damit andere Zugänge und Haltungen zur Gestaltung möglich macht. Daraus können dann wiederum andere Gestaltungsergebnisse in einer neuen, besseren Qualität entstehen. Einen Schlüssel dazu sehe ich darin, dass wir beginnen, Weltbeziehungen nicht als entfremdet, sondern als resonant zu denken.

9.2.2   Was ist Resonanz?

Resonanz heißt „widerhallen" und ist ein Begriff aus der Musik und der Physik. Er beschreibt ein einfaches Phänomen: Wenn ich ein Musikinstrument nehme, z. B. eine Gitarre, und ich summe in einer gleitenden Folge Töne in den Korpus, dann werden verschiedene Töne in unterschiedlicher Intensität verstärkt. Meist gibt es einige Frequenzen, in denen der Korpus die Töne besonders verstärkt. Dies geschieht dann, wenn die Frequenz des gesummten Tones mit der Eigenfrequenz des Resonanzkörpers übereinstimmt. In diesem Fall schwingen sich die Wellen gegenseitig auf und der Ton wird besonders deutlich wahrnehmbar. Der Unterschied der Intensität zu den anderen, weniger resonanten Frequenzbereichen ist deutlich hörbar. Resonanzphänomene sind auch im Brückenbau bekannt. Wenn die Schritte vieler Menschen eine bestimmte Frequenz erzeugen und diese Frequenz mit der Eigenfrequenz der Brücke übereinstimmt, so können sich die Schwingungen so weit aufschaukeln, dass die Brücke auseinanderbricht. Die Londoner Millennium Bridge musste genau wegen dieses Phänomens direkt nach Fertigstellung überarbeitet werden. Von Resonanz sprechen wir also dann, wenn zwei oder mehrere unterschiedliche Entitäten in einer Frequenz schwingen und sich dadurch gegenseitig verstärken, sodass diese Frequenz im Verhältnis zu anderen möglicherweise ebenfalls vorhandenen Frequenzen besonders deutlich wahrnehmbar wird.

Diese Vorstellung kann nun in andere Bereiche, zumindest metaphorisch, übertragen werden.

So gibt es zahlreiche Theorien, die mit Resonanzvorstellungen arbeiten. Als Beispiel sei die Luhmann'sche Systemtheorie genannt, in der Resonanz beschreiben wird als

> „Übertragungsmöglichkeit zwischen miteinander verbundenen Systemen (…) aufgrund der Gleichartigkeit beider. Die Resonanz vollzieht sich derart, dass das zeitliche Verhalten in der einen Zone auf die andere übergeht bzw. übergehen kann. Zum Beispiel richten sich betriebliche Urlaubspläne nach den Schulferien eines Bundeslandes. Im Allgemeinen wird diese Übertragung desto besser, je ähnlicher die beiden Instanzen einander sind, und desto geringer, je unähnlicher." (Wikipedia 2017).

Wichtig ist: Damit Resonanz entsteht, muss die jeweilige Frequenz auf beiden oder mehreren Seiten von Beziehungsverhältnissen vorhanden sein: Es müssen Ähnlichkeiten vorhanden sein, zumindest in Aspekten. Zwei vollständig und in all ihren Eigenschaften, Aspekten und Wirkweisen unterschiedliche Entitäten können keine Resonanz ausbilden. Allerdings können sich Frequenzen aufeinander zubewegen, bis eine Resonanz entsteht, so zum Beispiel beim Stimmen von Instrumenten in einem Orchester.

9.3   Resonante Weltbeziehungen

Unter der Überschrift *Feld-Prozess-Theorie* erarbeiten wir im Institut für Partizipatives Gestalten einen theoretischen Ansatz, auf dessen Basis Gestaltungsprozesse nicht im Modus von Entfremdung, sondern von Resonanz gedacht werden können. Damit verbindet sich die Hoffnung, dass sich aus einem veränderten Verständnis unserer Weltbeziehungen auch andere Gestaltungs- und Transformationsansätze und letztendlich andere, bessere Gestaltungsergebnisse ergeben. Ähnlich, wie der Subjekt-Objekt-Dualismus ein erkenntnistheoretisches Modell ist, das letztendlich nicht auf beweisbaren Axiomen, sondern auf gesetzten Prämissen und mit diesen in Übereinstimmung gebrachten empirischen Erfahrungen basiert, so ist auch die Feld-Prozess-Theorie ein erkenntnistheoretisches Modell, das mithilfe gesetzter Prämissen und empirischer Beobachtungen aus der Praxis eine Übereinstimmung zwischen Erfahrungen und Theorie beschreibt.

In der Feld-Prozess-Theorie operieren wir mit drei zentralen Begriffen, die für das Verständnis resonanter Gestaltungsprozesse notwendig sind:

Partizipateure Der Begriff der Partizipateure ersetzt für uns die Begriffe Subjekt und Objekt.[2] Partizipateure sind alle Entitäten, menschliche sowie nicht menschliche, konkrete sowie abstrakte, die eine Wirkung im jeweiligen Kontext entfalten. Partizipateure sind auf ontologischer Ebene gleich, d. h. es gibt keine grundsätzliche dualistische Unterscheidung wie die zwischen Subjekten und Objekten. Partizipateure sind dadurch definiert, dass sie an einer Situation teilhaben, diese konstituieren und in dieser wirken. Ohne Wirkung keine Teilhabe. Sie sind jedoch alle jeweils in ihrer Teilhabe verschieden und polyvers, insofern sie ihre je unterschiedlichen Wirkungsweisen besitzen.

---

[2]Wir verstehen den Begriff der Partizipateure als eine Weiterentwicklung des Akteurbegriffs wie er in Akteur-Netzwerk-Theorien verwendet wird. Im Begriff Akteur*in steckt immer noch die Aktivität, die diesen Begriff verwechselbar mit dem Subjektbegriff macht. Wir halten es für sinnvoller, die Teilhabe als ontologisches Unterscheidungskriterium einzuführen und daher von Partizipateuren zu sprechen, wenn wir ontische Entitäten meinen, die innerhalb eines Feldes durch Teilhabe wirken (während Partizipant*innen oder Partizipierende teilhabende Menschen sind, zum Beispiel an einer Veranstaltung oder einem politischen System). Wir haben uns bewusst entschieden, diesen Begriff nicht zu gendern, da es eine Eigenkreation ist, die in sich schon umfassender sein soll als die binäre Zuschreibung von Menschen, Tieren, etc.

Ein Mensch ist demnach ebenso ein Partizipateur wie ein Stuhl, ein Raum oder eine Geschichte. Alle jeweils in einer Situation teilhabenden und damit wirkenden Partizipateure konstituieren ein Feld.

Feld Das Feld ist der Kontext, in dem Partizipateure mit ihren Wirkungsweisen miteinander interagieren. Ähnlich einem System lässt sich ein Feld über eine Grenzziehung definieren. Während systemtheoretische Vorstellungen jedoch damit arbeiten, dass Entitäten netzwerkartig über lineare Kausalbeziehungen miteinander verbunden sind und auf diese Weise komplexe bis chaotische, aber letztendlich immer nur mechanistische Wirkzusammenhänge bilden, geht die Feldvorstellung davon aus, dass sich Wirkungen nicht linear wie Wellenringe im Wasser ausbreiten und somit die abstrakte Entfernung der Partizipateure untereinander auch die Stärke von Wirkungen beeinflusst. Die in Feldtheorien zur Darstellung von Wirkungen verwendeten Vektoren könnten als Kausalverbindungen missverstanden werden. Sie sind jedoch vielmehr vereinfachende Darstellungen der jeweiligen Wirkung eines Partizipateurs auf den anderen, die sich über die Konstellation aller Partizipateure im Feld konfiguriert. Somit ist jede*r Partizipateur*in eines Feldes allen Wirkungen aller anderen Partizipateure dieses Feldes ausgesetzt. Wie ein Eisenspan sich innerhalb eines Magnetfeldes ausrichtet, so richten sich auch Partizipateure innerhalb eines Feldes in Konstellation zu den Wirkungen aller anderen, das Feld konstituierenden Partizipateure aus.

Prozess Jedes Feld ist konstant in dynamischer Bewegung und Veränderung. Nicht nur können Partizipateure in ein Feld ein- und austreten, sondern auch die Konstellationen der Partizipateure im Feld und die Stärke ihrer Wirkungen sind konstanten Veränderungen unterlegen. Diese konstante dynamische Veränderung bezeichnen wir als Prozess. Felder und Prozesse beschreiben daher das gleiche Phänomen aus unterschiedlicher Perspektive: Felder sind räumliche Beschreibungen eines Prozesses zu einem konkreten Zeitpunkt. Prozesse sind hingegen die Beschreibung eines Feldes in seiner zeitlichen Dynamik.

Diese theoretische Fundierung ist notwendig, um das Folgende zu beschreiben. Resonanz kann nun erklärt werden als der Zustand, in dem innerhalb eines gemeinsamen Feldes die Wirkungen von Aspekten des einen Partizipateurs mit den Wirkungen von Aspekten eines anderen Partizipateurs übereinstimmen (die gleiche Frequenz besitzen) und sich somit deutlich gegenseitig verstärken. Geschieht dies mit mehreren Partizipateuren eines Feldes gleichzeitig, wird die jeweilige Resonanz in einem Maße verstärkt, sodass dieser Wirkungsaspekt besonders deutlich wahrnehmbar wird und das Feld in besonderer Weise prägt, ihm sozusagen einen einzigartigen Charakter und eine spezifische Thematik verleiht, die ich Resonanzstruktur nenne. An dieser Resonanzstruktur haben alle Partizipateure über ihre jeweilige Resonanz gemeinsam teil. Das führt dazu, dass die Resonanzstruktur des Feldes bestimmender wird als die individuellen Partizipateure selbst. Das Wirkverhältnis zwischen Feld und individuellen Partizipateuren dreht sich um. Der Charakter der Resonanzstruktur des Feldes prägt die Partizipateure und lässt diese an der Wirkung teilhaben.

Wir alle machen z. B. die Erfahrung, dass wir uns in unterschiedlichen Kontexten als unterschiedliche Menschen wahrnehmen. Bestimmte Aspekte verstärken sich und andere werden bedeutungslos, je nachdem, in welchem Feld wir uns bewegen. Wir sind, zumindest in Aspekten, jemand anderes, wenn wir uns in unserem Arbeitskontext, in der Familie oder auf einer Auslandsreise bewegen. Das jeweilige Feld verändert die Stärke einzelner Aspekte in uns und lässt uns anders denken, empfinden und handeln. Kurt Lewin beschreibt in einem seiner Aufsätze, wie ein Baum im Kontext eines Krieges eine andere Wirkstruktur erhält. Der Baum wird hier im Kontext des Krieges zu einem „Gefechtsding", während er seine anderen Bedeutungsebenen temporär verliert (Lewin 2012).

Mit dieser theoretischen Konstruktion gehen wir im Verständnis von Resonanz einen radikalen Schritt weiter als Hartmut Rosa, der sich leider entschlossen hat, dem Phänomen der Resonanz im erkenntnistheoretischen Paradigma des Subjekt-Objekt-Dualismus nachzuspüren und daher der eigentlichen Ursache der Entfremdung nicht entkommt. Trotzdem bemüht er sich, eine Sprache zu finden, in der Resonanz beschreibbar wird: „Das, was ich im Vorwort bereits andeutungsweise als Resonanzbeziehung zu identifizieren versucht habe, bezeichnet ohne Zweifel selbst ein dynamisches Interaktionsgeschehen (zwischen Subjekt und Welt), ein Verhältnis der Verflüssigung und Berührung, dessen Natur prozesshaft ist" (Rosa 2016, S. 55 Klammern des Autors).

Was Rosa als dynamisches Interaktionsgeschehen und als Verhältnis der Verflüssigung beschreibt, drückt im Grunde die oben beschriebene Perspektivumkehr aus: Die in einem Feld resonant gewordenen Aspekte, Qualitäten und Kompetenzen sind identitätsstiftend für ein Feld, nicht mehr die einzelnen Partizipateur*innen, die mit ihren jeweiligen Aspektanteilen in Resonanz zu diesem Feld stehen. Dies deckt sich mit feldtheoretischen Konzeptionen von z. B. Lewin, der als erster psychologischer Theoretiker gruppendynamische und therapeutische Verfahren sowie die erste Theorie von Veränderungsprozessen in Organisationen entwickelt hat, wenn er von Gruppen als vielschichtige Resonanzkörper spricht (Lewin 2012). Auch Rosa erkennt: „In umgekehrter Richtung fungiert der Körper zum einen als Teilhaber an den Weltereignissen; er tritt der Welt hier nicht manipulativ, sondern responsiv und partizipativ gegenüber" (Rosa 2016, S. 149).

9.4 Wahrnehmen – Wie wir mit der Welt in kommunikative Beziehung treten

Um nun mit all diesen Partizipateuren in einen polydirektionalen und kokreativen Gestaltungsprozess eintauchen zu können, müssen wir verstehen, wie wir mit den verschiedenartigen Partizipateuren des Feldes, das gestaltet werden will, in einen Prozess der Kommunikation, des Austausches und der Aushandlung geraten können. Das Ziel ist es, aus resonanten Beziehungen und nicht aus entfremdeten Perspektiven heraus zu gestalten. Dazu müssen wir insbesondere verstehen, wie die Dinge der Welt zu uns „sprechen" und wie wir ihre Signale wahrnehmen können.[3]

Nach dem bisherigen Modell des Subjekt-Objekt-Dualismus sind nur Subjekte kommunikationsfähig, das heißt Subjekte können sowohl Information senden als auch empfangen und verarbeiten. Objekte können hingegen nur von außen beobachtet werden, mit Objekten können Dinge gemacht werden. Doch dieses Bild ist für unsere Zwecke irreführend. Gehen wir von der Feld-Prozess-Theorie aus, sind Partizipateure eher vergleichbar mit stehenden Wellen im Feld, an denen Wirkungen und Informationen zusammentreffen, prozessiert werden und als transformierte Informationen und Wirkungen wieder in das Feld zurückstrahlen. Das gilt für alle Partizipateure, wobei Art und Weise, wie dies jeweils geschieht, unterschiedlich sein kann.

Um uns kokreative Prozesse mit allen menschlichen, nicht menschlichen, konkreten und abstrakten Partizipateuren denken zu können, müssen wir Kommunikation als Basis von Beziehung und daraus resultierender Entwicklung neu denken. Wie können wir mit Entitäten in Kommunikation treten, die keine Sprache in unserem herkömmlichen Sinn besitzen? Wie kommunizieren wir mit Dingen, Organisationen, Räumen, Kräften, Atmosphären, Strukturen, aber auch Menschen, die nicht sprachfähig sind, wie z. B. Neugeborenen, Menschen mit geistigen Behinderungen oder Menschen im Wachkoma? Wenn wir nicht über Sprache kommunizieren, wie dann? Im Sinne des Resonanzverständnisses kommunizieren wir über die Wahrnehmung und Prozessierung von Wirkungen im weitesten und umfassendsten Sinne. Partizipateure sind definiert als Entitäten, die ein Feld durch ihre jeweils spezifische Wirkung konstituieren. Diese Wirkung ist es, die für andere Partizipateure im gleichen Feld unmittelbar und mittelbar wahrnehmbar ist.

Die Kommunikationsmöglichkeiten von nicht sprachbegabten Partizipateuren beziehen sich somit auf andere Kompetenzen[4] als Sprachbegabung im herkömmlichen Sinn, nämlich auf solche Kompetenzen, die andere Wirkungen verursachen, z. B. die (im Fall anderer Lebewesen) akustische und visuelle Signale aussenden, beobachtbares Verhalten zeigen, Botenstoffe aussenden oder darauf, dass sie (im Falle dinglicher Partizipateure) Räume definieren, Widerstände und Begrenzungen bieten, Farben reflektieren und wiederum darauf, dass sie (im Fall abstrakter Partizipateure) Emotionen auslösen,

---

[3]Laloux spricht in *Reinventing Organizations* von der Ganzheit in Beziehungen zu anderen, dem Leben und der Natur. Begriffe wie Ganzheit und Natur sind jedoch auch schon Teil einer performativen Sprachpraxis innerhalb eines Paradigmas und können in die Irre führen, wenn wir danach fragen, wie sich diese Beziehungen etablieren. Mir geht es daher darum, ein Modell zu entwickeln, das präziser zum Ausdruck bringt, worin die Qualität und Dynamik dieser Beziehungen eigentlich liegt (Laloux 2014).

[4]Ich benutze den Kompetenzbegriff in der Definition von Bruno Latour, nach dem sich ein*e Akteur*in durch die Liste seiner*ihrer Wirkungen zeigt, die, wenn sie erkannt und systematisiert sind, sich als Kompetenzen bezeichnen lassen. Vgl. Latour, Bruno (2001): Das Parlament der Dinge: für eine politische Ökologie. Politiques de la nature. Frankfurt am Main: Suhrkamp, Frankfurt am Main. S. 376.

gesellschaftliche Normen und Strukturen bilden, Bedeutung erzeugen usw. Michel Serres schreibt dazu in seinem Naturvertrag: „Welche Sprache sprechen die Dinge der Welt, damit wir uns und mit ihnen – auf Vertragsbasis – verständigen können? (…) Zwar kennen wir die Sprache der Welt nicht oder doch nur ihre verschiedenen animistischen, religiösen oder mathematischen Versionen (…) Tatsächlich spricht die ERDE zu uns in Begriffen von Kräften, Verbindungen und Interaktionen, und das genügt, um einen Vertrag zu schließen" (Serres 1994, S. 70 f.).

Akzeptieren wir jede Art von Wirkung auf uns und andere als Kommunikation und benutzen wir ferner die Analogie zu Frequenzen, um Wirkungen unterschiedlicher Qualitäten zu beschreiben, dann können wir als menschliche Partizipateure für uns in Anspruch nehmen, für eine Vielzahl dieser Frequenzen empfänglich zu sein und somit mit ihnen Resonanzen finden zu können. Ähnlich, wie sich bei einem Radio die Frequenz eines einzelnen Radiosenders auf einem bestimmten Frequenzband einstellen lässt (Mittelwelle, Langwelle, Ultrakurzwelle etc.), so haben auch wir verschiedene Frequenzbänder, also Wahrnehmungskategorien, in denen wir Wirkungen klassifizieren und auf die wir unsere Wahrnehmung ausrichten können, zur Verfügung. Wir können auf dem jeweiligen Frequenzband der eigenen Wahrnehmung die Wirkung wie eine Frequenz lokalisieren, wenn wir selber Aspekte in uns haben, die auf diese Frequenz ansprechen, also zu ihr in Resonanz treten können. Unser eigener Organismus wird damit zu einem Resonator für Wirkungen im Feld. Dies ist, wie ich im dritten Teil „Kokreation" beschreiben werde, die Ausgangsbedingung für kokreatives Gestalten im tieferen Verständnis.

Bevor ich auf die Kokreation eingehe, möchte ich im Folgenden sieben dieser Frequenzbänder beschreiben, auf denen wir, wenn wir uns entsprechend „eintunen", in eine kommunikative Beziehung mit Feldprozessen eintreten können. Unsere Erfahrungen mit kokreativen Gestaltungsprozessen hat uns gezeigt, dass unterschiedliche Menschen sehr unterschiedliche Affinitäten für bestimmte Wahrnehmungsbereiche besitzen, um darüber ihre je eigene Kommunikation mit der Welt aufzubauen. So lassen sich einige Menschen eher emotional ansprechen, während andere ihre Beziehung eher über kognitives Verstehen aufbauen. Das ist kein Problem und es kann, wenn methodisch richtig behandelt, in partizipativen Gestaltungsprozessen gerade diese Vielfalt der Zugänge und Beziehungen zur Welt eine besondere und wichtige Qualität ausmachen. Eine im menschlichen Sinne ganzheitliche Resonanzfähigkeit würde jedoch beinhalten, auf allen Frequenzbändern, also mit allen uns zur Verfügung stehenden Wahrnehmungsbereichen empfänglich und offen für Resonanzen zu sein.[5]

---

[5]Mit Bezug auf Graves integraler Theorie der Spiral Dynamics halte ich in diesem Sinne daher auch wenig davon, Rationalität wie das Kind mit dem Bade auszuschütten. Während wir nach der integralen Theorie im grünen Mem uns zwar von der Vorherrschaft der reinen Rationalität abwenden und sie mit einem vernetzenden ökologischen Verstehen ersetzen, so kann und muss Rationalität im Second Tier, also in den gelben und türkisen Memen, doch wieder als ein mächtiger Modus und eine wichtige Qualität integraler Weltbeziehungen verstanden und anerkannt werden.

9.5   Physische Resonanz

Das erste Frequenzband, auf dem wir Wirkungen wahrnehmen und somit mit der Welt in Kommunikation und Resonanz treten können, ist das physische Frequenzband: Unser Körper reagiert physisch auf Wirkungen eines Feldes. Er lässt sich von anderen Körpern begrenzen, einschränken und blockieren. Unsere physikalische Sensorik lässt uns Schall- und Lichtwellen wahrnehmen, ebenso wie Gerüche und Geschmack. Wir erleben Gravitation und Fliehkräfte, Luftdruck und Temperatur. Unser Körper kann auf diese Eindrücke mit diffizilen Formen von Schmerz oder Wohlbefinden reagieren. Physikalische und chemische Prozesse unseres Körpers lassen uns zahlreiche Zustände erleben, die von äußeren materiellen Einflüssen ausgelöst werden, z. B. durch Nahrung, Drogen oder auch den Entzug von Luft, Wasser und Nährstoffen. Unsere Muskeln, unser Nervensystem und unsere inneren Organe sind in der Lage, auf diverse materielle und physikalische Einflüsse zu reagieren. Unser Körper reagiert auf andere menschliche und nicht menschliche Körper durch körperliche Erregung oder Abscheu.

Unser Körper reagiert aber auch physisch auf nicht materielle Einflüsse: Er kann verkrampfen, schmerzen, ermüden, wenn wir in Umstände geraten, die Stress auslösen oder uns emotional betreffen. Das kann bis zu dem Punkt gehen, dass wir uns übergeben müssen, wenn wir von negativen Einflüssen jeglicher Art besonders betroffen sind (z. B., wenn wir mit großem Elend oder plötzlichem Tod konfrontiert werden). Unser Körper ist in der Lage, uns mit sehr vielen unterschiedlichen Anzeichen Hinweise auf Themen im Feld zu geben, ohne dass wir die Ursache eindeutig lokalisieren könnten.

Wir können unseren Körper in diesem Sinne tatsächlich als Resonanzkörper verstehen und viele hochsensible Menschen wissen, dass wir unsere Körper regelrecht als Sensoren benutzen können, um vielschichtige Informationen über unsere jeweilige Umwelt zu erhalten. Ohne dabei die wahrnehmungsphysiologischen Vorgänge im Einzelnen erklären zu müssen, können wir bewusst registrieren, wenn unser Körper auf Einflüsse im Feld reagiert. Diese Resonanzen können wir dann entsprechend interpretieren und für die weitere Gestaltungsarbeit nutzen.

Nicht selten reagieren Menschen mit körperlichen Symptomen auf die Konfiguration von Organisationen, Orten, Gebäuden oder Ereignissen, ohne dass es klare physikalische Trigger dafür geben müsste, zum Beispiel mit Niedergeschlagenheit und Müdigkeit, mit Stress oder Herzrasen. Was dann üblicherweise als Psychosomatik beschrieben wird, sehen wir als konkreten Hinweis auf Konstellationen im Feld. Wir sollten daher solche körperliche Reaktionsfähigkeit als Potenzial, Kompetenz und Feldsensibilität begreifen. Dann erhalten wir über das Verstehen der Symptome Hinweise auf Ansatzpunkte zur positiven Veränderung und Gestaltung der Organisation, des Orts, Gebäudes oder der Situation.

9.6   Emotionale Resonanz

Wir verfügen über eine ausgeprägte emotionale und psychische Sensorik, die uns in die Lage versetzt, unterschiedlichste Gefühle zu empfinden. Neben Gefühlen wie Wut, Ärger, Freude, Scham und anderen zeigen sich Resonanzphänomene vor allem über Empathie und Intuition. Beides sind Regungen, die in einem direkten Verhältnis zu anderen Partizipateuren stehen. So können wir Empathie für Menschen, Tiere, Gruppen, aber auch für Orte oder Institutionen, im Grunde für alle Partizipateure eines Feldes, empfinden. Empathie ist von der Definition her resonanzorientiert. Wir können den inneren Zustand eines anderen Partizipateurs nachempfinden, weil wir uns in dessen Lage versetzen und diese mit eigenen Erfahrungen abgleichen können. So können wir z. B. selbst Einsamkeit empfinden, wenn wir einen einsamen Menschen, ein einsames Tier, manchmal auch, wenn wir eine einsame Landschaft oder sogar nur ein einsames Blatt im Wind beobachten.

Intuition basiert ebenfalls auf Erfahrung und drückt sich sowohl körperlich als auch psychisch aus, zum Beispiel in Form des sprichwörtlichen Bauchgefühls. Intuition kann in Bezug auf Felder und Prozesse so geschult werden, dass wir nicht nur auf einzelne Wirkungen reagieren, sondern auch komplexere Wirkstrukturen im Feld als Muster wiedererkennen und darauf entsprechend reagieren.

Wenn wir über Resonanz und Gefühle oder psychische Dispositionen sprechen, könnte der Eindruck entstehen, dass Resonanz grundsätzlich etwas Gutes sei. Das muss aber nicht so sein. So gibt es auch negative Gefühle, wie zum Beispiel Wut, Hass oder Angst, die ebenfalls die Resonanzstruktur eines Feldes prägen und bestimmen können. In diesem Fall sind auch die negativen emotionalen Erfahrungen eine Möglichkeit, Beziehungen entstehen zu lassen. Resonanz bedeutet nur, dass ein Thema, eine Qualität oder Wirkung aufgeworfen wird, mit der wir das jeweilige Feld verstehen und aus einer Perspektive der vertieften Beziehung mit ihm arbeiten können. Darum sind gerade negative und unangenehme emotionale Zustände starke Ansatzpunkte für Transformationen in kokreativen Gestaltungsprozessen. Es kommt bei der Arbeit mit Resonanzphänomenen immer darauf an, die jeweils feldprägenden Themen zu erkennen, um mit ihnen zu arbeiten. Das emotionale Frequenzband ist eine extrem wichtige und wirkmächtige Ebene, auf der wir in Kommunikation und Resonanz mit der Welt stehen.

9.7   Kognitive Resonanz

Bestimmte Gedanken, Ideen und Abstraktionen beschreiben Felder und die darin enthaltenen Phänomene besser als andere. Über rationale Konstrukte wie Formeln, Theorien oder Konzepte können wir Sinn und Bedeutung erzeugen und komplexe Zusammenhänge verstehen. Über wissenschaftliche Methodik können wir intellektuelle Hypothesen an die Welt stellen, damit diese uns empirisch antwortet. Wissenschaftliche Einfälle und kognitive Kreativität verarbeiten komplexe Informationen zu neuem Verstehen über die Welt. Rationalität und Resonanzempfinden schließen einander nicht aus. Im Gegenteil ist Rationalität ein mächtiges Mittel, um Kommunikation mit der Welt zu realisieren. Wir müssen dazu aber verstehen, dass ein bedeutungsvoller Gedanke eben kein von der Welt losgelöster Einfall eines einzelnen Subjekts ist, sondern sich vielmehr als eine Wellenfunktion verschiedener Wirkungen von Partizipateuren im Feld konkretisiert.

Wissenschaftliche Genies haben ihre kognitiven Fähigkeiten immer als Instrument eines tiefen Austauschs mit der Welt eingesetzt, wenn teilweise auch nur in extrem spezialisierten Ausschnitten der Realität, und wussten kreative Intuition und Rationalität einander zu ergänzen.[6] Auch die spekulative und die analytische Philosophie sind Arbeitsmodi, um mit kognitiver Resonanz zu arbeiten. Logik und Mathematik haben die Qualität, Sprachfähigkeit über bestimmte Erkenntnisse herbeizuführen. Wissenschaft kann die Dinge zum Sprechen zu bringen.

Das Ziel kognitiver Resonanz ist somit immer das Wahre, im Sinne richtiger Bedeutungen im jeweiligen Kontext. Das Wahre ist aus Perspektive der Feld-Prozess-Theorie nie ein absolut Wahres, sondern immer eine Wahrheit in Bezug auf und aus Perspektive von etwas. Wahrheit entwickelt sich in einem Narrativ, dessen Ursprung ein Prozess ist, der ein Feld bewegt. Das impliziert weder Kontingenz noch Beliebigkeit von Wahrheit. Das Gegenteil ist der Fall: Wahrheiten gerinnen und stabilisieren sich auf Basis der Felder, in denen sie gelten. Ohne diese dynamische Stabilisierung und Fundierung wäre Wahrheit irrational.

Neben diesen drei Hauptkategorien oder Frequenzbändern gibt es weitere Wahrnehmungsbereiche, in denen wir starke Resonanzerfahrungen machen können. Sie basieren auf den oben genannten physischen, emotionalen und kognitiven Kommunikationskanälen, stellen aber qualitative Sonderfälle dar:

9.8   Ästhetische Resonanz

Die Ästhetik ist das Frequenzband, auf dem wir wahrnehmen, was schön oder hässlich ist, was uns anspricht, bewegt oder abstößt und empört. Im Grunde ist die Ästhetik eine Kombinatorik aus Körperempfinden, Emotionen und kognitiver Verarbeitung. Trotzdem möchte ich sie als eigenes Frequenzband besprechen, da wir über unser ästhetisches Empfinden in besonderer Weise Beziehungen zur Welt aufnehmen und mit ihr in Resonanz gehen können.

---

[6]Die Geschichte von der Entdeckung des Benzolrings durch August Kekulé, in der er den Ring im Traum als Schlange sah, die sich in den Schwanz biss, ist nur eine berühmte Wissenschaftsanekdote, die zeigt, dass wissenschaftliche Rationalität mehr ist als das algorithmische Abarbeiten von Formeln.

Dabei betreffen ästhetische Resonanzerfahrungen Erlebnisse sowohl in den Künsten als auch in der Natur. Auch mathematische Formeln oder Denkmodelle oder Körpererfahrungen wie Tanz oder körperliche Liebe können als ästhetisch oder unästhetisch empfunden werden.

Ästhetik ist ein Mustererkennen von Feldwirkungen in höherer Komplexität als reine Emotionen, Körperempfindungen oder Gedanken. Vorherige Erfahrungen, Sozialisation und angelernte Wahrnehmungen spielen stark in dieses Mustererkennen hinein.

Kunst als eine direkte Form der ästhetisch geleiteten Interaktion mit der Welt kann aus der Perspektive der Feld-Prozess-Theorie verstanden werden als ein diffiziler und gleichzeitig komplexer Vorgang des In-sich-Hineinversetzens in ein Feld und als Zum-Ausdruck-Bringen sowohl der inneren Zustände und Intentionen des*der Künstler*in als auch der anderen beteiligten Partizipateure. Künstler*innen lassen sich von Kontexten inspirieren – sowohl körperlich, emotional als auch kognitiv – und verarbeiten diese Inspirationen zu ihrer Kunst. Sie arbeiten also direkt mit resonanten Wirkungen. Kunstwerke sind dann keine subjektiven Schöpfungen eines*einer einzelnen Künstlers*Künstlerin mehr, sondern Produkte der Auseinandersetzung mit anderen Partizipateuren in einem Feld. Kunstwerke könnten daher auch als Kommunikationsprotokolle von diversen Partizipateuren untereinander beschrieben werden. Der Künstler oder die Künstlerin hat sicherlich aufgrund seiner bzw. ihrer menschlichen Kompetenzen eine herausragende Rolle innerhalb des Prozesses, diese Protokolle zu strukturieren, ihnen Form zu verleihen und sie anzufertigen. Das, was durch ein Kunstwerk zum Ausdruck gebracht wird, ist aber kein Spiegel einer rein subjektiven Schau auf eine objektive Welt, sondern immer das Ergebnis eines generativen Prozesses zwischen Partizipateuren mit verteilten Rollen im Feld.

9.9 Ethische Resonanz

Das fünfte Frequenzband ist das, auf dem ethische Resonanzen entstehen können. Auch dieses Band arbeitet mit physischen, emotionalen und kognitiven Frequenzen der Wahrnehmung, legt aber den qualitativen Fokus auf das Beurteilen von Gut und Böse im moralischen Sinn. Auch dabei gilt wieder: Gut und richtig zu erkennen ist keine subjektive Leistung. Eine Feld-Prozess-Ethik würde sich insofern von anderen ethischen Entwürfen unterscheiden, als mit ihr moralische Urteile auf Basis des jeweiligen Feldes (des Kontextes) und auf Basis des dynamischen Zustands des jeweiligen Prozesses gefällt werden. Das kommt pragmatischen Ansätzen recht nahe. Moralische Prinzipien entwickeln sich dabei generativ aus und im Verhältnis zu dem jeweiligen Prozess.

Ethische Resonanz erfahren wir, wenn wir Gerechtigkeit und Ungerechtigkeit empfinden und uns entsprechend betroffen fühlen. Sie können der Auslöser politischen Engagements sein und uns starke Impulse liefern, Handeln anzuregen, um zum Beispiel soziale oder ökologische Zustände zu verbessern. Bill Mollison sagte einmal, dass der Grund für sein ökologisches Engagement nicht Liebe für die Welt sei, sondern Wut über die

Zerstörung der Welt.[7] Eine starke ethische Resonanz, spürbar geworden über negative Emotionen, die ihm ein Leben lang Kraft für sein ökologisches Engagement gegeben hat.

9.10   Spirituelle Resonanz

Spirituelle Resonanz erfahren wir, wenn wir uns transzendenten Erfahrungen hingeben, zum Beispiel in der Meditation, im Gebet, im Rausch oder im Traum. Enthaltsamkeit oder Ekstase, Entgrenzung und mystische Erfahrung sind Grundbedingungen für spirituelle Resonanz. Erweckungs- und Erleuchtungserfahrungen, tiefe innere Erkenntnisse und Einsichten, aber auch eine geistige Kommunikation mit dem Namenlosen sind Resonanzerfahrungen, die starke Quellen sein können, um eine direkte Kommunikation und damit eine resonante Beziehung mit der Welt zu erleben. Spirituelle Resonanz geschieht auf einer Ebene, die fundamental und direkt unsere Existenz betreffen.

Tatsächlich ist spirituelle Resonanz aber auch alltäglich erlebbar, z. B. beim Kochen, Lesen eines Textes, wenn wir Flowerfahrungen in unserer Arbeit oder im Sport machen. Über das bewusste und achtsame spirituelle Erleben gelingt uns eine besonders tiefe und intensive Kommunikation mit der Welt.

9.11   Spiegelresonanz

Die Spiegelresonanz ist ebenfalls eine Sonderform und eine ganz spezielle Kategorie, in der wir direkte Kommunikation mit der Welt erleben können. Während ich bei den oben genannten Resonanzerfahrungen davon ausgehe, dass sie immer etwas deutlich zutage treten lassen, das in mir und in anderen Partizipateuren des Feldes gleichermaßen angelegt ist, so ist es bei der Spiegelresonanz so, dass ich tatsächlich Erkenntnisse, Empfindungen und Gefühle anderer Partizipateure zu einem so hohen Grad übernehme, dass eigene Aspekte dabei vollständig in den Hintergrund treten. Dadurch bekommen wir eine Stellvertreter*innenrolle, in der wir Dinge erleben, fühlen oder ausagieren, die mit uns nur insofern zu tun haben, als wir uns zu ihnen in Bezug stellen. Erkennen wir, dass wir stellvertretend empfinden, denken oder handeln, können wir dies transparent machen und kommunizieren und spiegeln so den Partizipateuren, denen die Empfindungen, Gedanken oder Handlungen eigentlich zu eigen sind, ihre jeweiligen Wirkungsweisen im Feld.

Spiegelresonanzen sind z. B. aus der Aufstellungsarbeit bekannt. Während diese Aufstellungen jedoch Wirkkonstellationen in einem geschützten Setting simulieren bzw.

---

[7]Bill Mollison ist neben David Holmgren Entwickler der Permakultur und erhielt dafür 1984 den Right Livelihood Award. Die Aussage traf er während eines Filminterviews auf der Internationalen Permakulturkonferenz 2008 in Motovun.

nachstellen, treten diese in gleicher Weise auch in realen Prozessen auf, sozusagen als „Realaufstellungen".

Resonanzerfahrungen lassen sich in konkreten Prozessen nur selten so trennscharf beschreiben, wie ich das mit den oben genannten Resonanzkategorien versucht habe. Die hier dargestellten „Frequenzbänder" sollen nur verdeutlichen, auf wie vielen unterschiedlichen Wahrnehmungsebenen wir mit der Welt in resonante Beziehungen treten können. Die Beschreibungen der Bänder dienen dazu, alle unterschiedlichen Beziehungsarten und Kommunikationsmodi mit der Welt ohne Diskriminierung anzuerkennen und nebeneinanderzustellen, um sie in der Arbeit mit kokreativen Gestaltungsprozessen nutzen zu können. Gleichzeitig sind sie eine Übung darin, sich in das angebotene Modell der Feld-Prozess-Theorie either: hineinzudenken und -zufühlen. Es geht mir dabei darum, ein Modell anzubieten, mit dem wir die Welt als Resonanzraum und uns als Resonator*innen darin beschreiben können, um zu zeigen, wie wir andere Weltverhältnisse denken können.

Nur weil Neugeborene, Landschaften, komatöse Menschen, Organisationen, Geschichten und Dinge keine Sprache besitzen, heißt das nicht, dass wir nicht in einen kommunikativen Austausch mit ihnen gehen können. Nur weil wir als menschliche Partizipateure über Kompetenzen verfügen, die andere Partizipateure nicht besitzen (und umgekehrt), heißt das nicht, dass es einen fundamentalen, ontologischen Unterschied zwischen uns und allem anderen gibt. Im Gegenteil sind wir ebenso wie alles andere Teilhaber*innen an der Welt, mit unseren jeweils ganz spezifischen Perspektiven und Kompetenzen. Zu diesen menschlichen Kompetenzen gehört es sicherlich auch, die Kommunikation anderer Partizipateure in unsere Sprache zu übersetzen und in dieser mit, über und für sie zu sprechen. Das impliziert eine besondere Verantwortung, die aus unserer spezifischen Begabung resultiert. Es zieht aber keine kategoriale und unüberwindbare Grenze zwischen uns und allem anderen in der Welt.

Die ganze Welt spricht zu uns – jederzeit. Dazu müssen wir keine Animist*innen sein. Wir müssen nur ein anderes Erkenntnismodell bemühen. Wir befinden uns in dem, was Bruno Latour etwas missverständlich ein Kollektiv[8] aus menschlichen und nicht menschlichen Wesen oder als Parlament der Dinge bezeichnet. Donna Haraway spricht davon, dass wir gar nicht anders können, als uns konstant in offenen Prozessen mit allen Partizipateuren auseinanderzusetzen und nennt diesen konstanten Prozess „Staying with the trouble". „Staying with the trouble requires making oddkin; that is, we require each other in unexpected collaborations and combinations, in hot compost piles. We become with each other or not at all."[9] (Haraway 2016, S. 4).

---

[8]„Der Terminus Kollektiv ersetzt, daran sei nochmals erinnert, die alten asymmetrischen Begriffe Gesellschaft oder Kultur. Gesellschaft (oder Kultur) ist die eine Hälfte eines einheitlichen Begriffs, die andere ist Natur." S. 257.

[9]„Die Umstände auszuhalten verlangt von uns, dass wir Verwandschaft mit dem anderen schließen, das heißt, wir benötigen einander in unerwarteten Kombinationen und Konstellation der Zusammenarbeit wie in heißen Komposthaufen. Wir entwickeln uns und werden miteinander oder überhaupt nicht" (Übersetzung Jascha Rohr).

Wir haben ein riesiges Inventar an Beziehungsmöglichkeiten zur Welt, wenn wir auf-hören, jede Empfindung, jeden Gedanken, jedes Urteil immer nur als subjektive Leistung zu deuten, die mit der Welt um uns herum wenig bis gar nichts zu tun hat. Vielmehr ist es so, dass wir schon immer und dauerhaft in engster Verbindung zur Welt stehen und unser eigenes Subjektempfinden eine Chimäre und Hybris darstellt. Stattdessen behaupte ich, dass wir als Wellenknoten im Feld immer schon mit diesem in Beziehung stehen. Wir haben keine außenstehende Beobachter*inposition, wir sind immer schon mitten-drin, wenn wir uns für diese Wahrnehmungen öffnen und sie anders zu deuten bereit sind. Tatsächlich sind wir immer schon nicht mehr und nicht weniger als ein diffusions-offenes Teilfeld in den Feldern, in denen wir uns bewegen. Unsere Empfindungen und die Signale, die wir fälschlich als subjektiv interpretieren, sind direkte Rückmeldungen und Wahrnehmungsschleifen in das Feld hinein und gehen weit über die Grenzen unse-rer angenommenen Subjektivität hinaus. Letztendlich läuft dieses Modell darauf hinaus, dass wir viel weniger Individuum sind, und vielmehr schon immer Aspekte von und Teil-haber an der Welt. Das, was wir als Individualität und Subjektivität interpretieren, sind stabilisierte stehende Wellen in einem dynamischen Feld voller Wirkungen, Einflüsse und Informationen.

Wer nun fürchtet, die eigene Souveränität als Subjekt zu verlieren, dem kann ich versichern, dass das, was dafür gewonnen wird, viel aufregender und wirkmächtiger ist. Denn jetzt erst, mit diesem Verständnis, können wir zu Prozessor*innen, Trans-formator*innen und Kokreator*innen werden und lebendige Welten gestalten, an denen wir inhärent teilhaben und ein Teil sind.

9.12   Gestalten

9.12.1 Kokreation

Kokreation entwickelt sich gerade zu einem Schlagwort, das für alles und nichts ver-wendet wird. Wenn ich von Kokreation spreche, sind für mich zwei Dinge entscheidend:

Erstens ist es notwendig, den Begriff gegenüber den manchmal synonym verwendeten Begriffen der Kooperation und Kollaboration abzugrenzen:

Kooperation heißt wörtlich „zusammen operieren". Kooperation geschieht dann, wenn sich unterschiedliche Parteien zur Erreichung eines Zieles zusammentun. In der Regel vereinbaren sie dabei eine strategische oder taktische Partnerschaft, bei der jede Partei unterschiedliche, vorher vereinbarte Aufgaben übernimmt. Die Bearbeitung die-ser Aufgaben wird dabei meist gemeinsam koordiniert und aufeinander abgestimmt, aber jede Partei ist für ihre Aufgaben eigenverantwortlich. Hinter Kooperationen steht häufig ein ethischer Anspruch, Aufgaben und Projekte mehr miteinander und weniger gegen-einander zu bearbeiten.

Kollaboration heißt „zusammenarbeiten". Kollaboration ist in meiner Definition die höchste Stufe der Partizipation. Menschen kommen zusammen, um gemeinsam ein

Thema zu bearbeiten. Sie tun dies nicht nur, indem sie sich informieren lassen (informativ) oder über etwas gemeinsam sprechen (deliberativ), sondern in der direkten Zusammenarbeit (kollaborativ). Das heißt, dass sie gemeinsam planen, entwickeln, gestalten, konzipieren, sich auseinandersetzen. In einer Kollaboration kommen Menschen unterschiedlicher, teils auch divergierender Perspektiven, Hintergründe und Positionen zusammen (oder sie sind Mitglieder völlig unterschiedlicher Organisationen, Institutionen oder Nationen) und arbeiten direkt in diesen transdisziplinären Teams an konkreten Ergebnissen.

Kokreation heißt „gemeinsam kreieren oder schöpfen". Ich definiere Kokreation daher als kreativen Prozess, an dem unterschiedliche Partizipateure teilhaben, um emergente, also neue, vorher noch nicht ersichtliche Lösungen, Ideen und Innovationen zu schaffen. Ich unterscheide, um dem inflationären Gebrauch des Begriffs vorzubeugen, flache und tiefe Kokreation voneinander. Während flache Kokreation einfach nur einen neuen Modus der kreativen Zusammenarbeit zwischen Menschen zu beschreiben versucht, definiere ich tiefe Kokreation als einen evolutionären und generativen Prozess zwischen menschlichen und nichtmenschlichen Partizipateuren, der genuin Neues hervorbringt. Kokreation ist nicht auf die Teilhabe menschlicher Partizipateure angewiesen. Auch Evolution ist Kokreation, wenn wir den Zufall durch den Kontext des Feldes ersetzen.

Während „Kreation" den kreativen Prozess selbst bezeichnet, bezieht sich das „Ko" auf die Teilhabe von in einem Feld verbundenen Partizipateuren an diesem Prozess. Das bedeutet, dass von Kokreation per definitionem nur dann gesprochen werden kann, wenn die Partizipateure in resonanten Beziehungen zueinanderstehen und diese Beziehungen, die gemeinsame Resonanzstruktur, die Grundlage ist, aus der heraus Gestaltung geschieht. Im Gegensatz dazu können Subjekte, die in entfremdeter, instrumenteller oder verzweckender Beziehung zu Objekten stehen, niemals mit diesen in einem kokreativen Prozess interagieren. Im herkömmlichen Modell kann Gestaltung immer nur als das Gestalten von etwas durch eine*n außenstehende*n gottähnliche*n und objektivierende*n Gestalter*in gedacht werden. Mit der Konzeption tiefer Kokreation innerhalb der Feld-Prozess-Theorie können wir hingegen ein Verständnis davon entwickeln, wie Gestaltung aus der kommunikativen, wirkungsvollen Interaktion verschiedenster Partizipateure innerhalb eines dynamisch sich verändernden Feldes geschieht.

9.12.2 Generative Prozesse

Wenn wir unser Zusammenleben und Zusammenarbeiten gestalten, dann sollten wir das zukünftig in kokreativen Prozessen machen: im Sinne der tiefen Definition von Kokreation. Das heißt, dass wir die Gestaltung von Städten, Gebäuden, Organisationen, Produkten, Dienstleistungen, politischen Strukturen oder unserer Interaktion mit dem Planeten als dynamische und generative Prozesse denken, in denen die relevanten Partizipateure aus ihren resonanten Beziehungen zueinander in Transformationsprozesse eintreten und emergente Lösungen entwickeln. Generativ heißt dabei, dass die Prozesse selbst die jeweils nächsten Schritte generieren, statt sich linear entlang vorgeplanter Schritte zu entwickeln.

Dahinter steht ein einfaches Kalkül, dass nämlich Gestaltungen, die aus resonanten Beziehungen im gemeinsamen Prozess entstehen, weniger zerstörend, krankmachend, pathologisch sein können, als Gestaltungen, die aus entfremdeten, instrumentellen und verzweckenden Prozessen heraus entwickelt werden. Es ist für mich schwerer vorstellbar, dass aus einem Prozess, an dem alle Partizipateure teilhaben, eine Lösung entsteht, die einige oder die meisten dieser Partizipateure zerstört, verschmutzt oder instrumentalisiert. In Gestaltungsprozessen, die hingegen von einem oder mehreren außenstehenden Subjekten ohne bzw. über die betroffenen Partizipateure durchgeführt werden, scheinen mir solche Resultate nahezu unvermeidlich. Kokreation ist damit auch ein radikalemanzipatorisches Projekt, dass für Emanzipation keine Grenze mehr zwischen menschlichen und nichtmenschlichen Entitäten zieht.

Methodisch geschehen generative Veränderungs- und Gestaltungsprozesse entlang ähnlicher qualitativer Bewegungen.

Üblicherweise gibt es zu Beginn klar erkennbare Impulse, die Transformations- und Gestaltungsprozesse einläuten. In der Regel geschieht das dann, wenn Veränderungen notwendig werden, weil bisherige Strukturen nicht mehr auf neue Anforderungen reagieren, sich also verhärtet haben und erstarrt sind oder wenn sich Strukturen so sehr in Aufruhr und chaotischen Zuständen befinden, dass dringend neue Strukturierungen und Stabilisierungen notwendig werden. Beide Anlässe führen zur Notwendigkeit von Veränderung durch Gestaltung.

In individuellen Prozessen zeigt sich das zum Beispiel dadurch, dass ich in einer privaten Beziehungssituation erkenne, dass ich in der derzeitigen Situation weder meine Potenziale leben noch meinen Bedürfnissen nachkommen kann. In Bezug auf Organisationen wie Unternehmen könnte dieser Zustand bedeuten, dass alte Geschäftsmodelle nicht mehr funktionieren. Global ist diese Situation z. B. dann gegeben, wenn deutlich wird, dass innerhalb der derzeitigen Konsum- und Wirtschaftsmuster notwendige Klimaziele nicht erreicht werden können. Alle drei Situationen rufen nach Veränderung und Gestaltung.

Was dann beginnt, nenne ich Immergenzphase: Die relevanten Partizipateure versammeln sich, definieren das Feld und tauchen gemeinsam in die Intrakommunikation des Feldes ein, das heißt, sie machen sich mit ihren jeweiligen Wirkungen vertraut, gleichen sich ab und stimmen sich aufeinander ein. Die dabei entstehenden Resonanzen werden zunehmend stärker und sichtbarer. Sie geben Aufschluss darüber, welche Thematik, welches Problem, welche Qualität im Fokus der jeweiligen Transformation oder des Gestaltungsprozesses steht.

So kann am Beispiel einer persönlichen Beziehung erlebt werden, dass dem oder der einen Partner*in während der Begegnungen mit dem oder der anderen Partner*in immer wieder physisch kalt wird. Im Unternehmen wird kognitiv analysiert, dass die bisherigen

Geschäftsmodelle auf der Annahme beruhen, dass für die Kund*innen immer alles ganz einfach und leicht verständlich sein muss, weil ihnen nicht zugetraut wird, komplexe Informationen zu verarbeiten. Global wird deutlich, dass der Klimawandel fundamental mit globaler Gerechtigkeit zusammenhängt.

Das Herausfinden und Erkennen von starken Resonanzstrukturen im Feld führt meist dazu, dass Krisen entstehen, indem beispielsweise Konfliktthemen, Störquellen, aber auch besonders starke Entwicklungsmöglichkeiten und Deutungsoptionen überdeutlich sichtbar werden. Da diese jeweiligen Themen und Qualitäten eine Resonanzebene mit allen Partizipateuren bilden, sind auch alle Partizipateure von dieser Thematik, zumindest in für den jeweiligen Prozess relevanten Aspekten, stark davon betroffen.

So stellt sich im ersten Beispiel heraus, dass beiden Partner*innen immer dann kalt wird, wenn die Sprache auf eine gemeinsame berufliche Zukunft fällt. Dem Unternehmen werfen die Kund*innen während eines Entwicklungsworkshops vor, dass die Produkte schon immer zu unterkomplex waren und die Kund*innen endlich in ihren eigenen Kompetenzen für voll genommen werden wollen. Im dritten Beispiel werden die Profiteur*innen der globalen Ungerechtigkeit massiv mit den Auswirkungen ihres Handelns konfrontiert und global an den Pranger gestellt.

Nun gilt es genau diese sichtbar werdenden Themen als Ausgangspunkt für kreative Auseinandersetzungen ernst zu nehmen. Dabei können unangenehme Krisensituationen für alle beteiligten Partizipateure entstehen. Die Partizipateure werden durch den Druck der spürbaren Resonanz gezwungen, sich neu zu positionieren, Aspekte, Haltungen und Kompetenzen anders zu strukturieren und sich somit zu transformieren. Krisen verlangen nach Richtungsentscheidungen, um Transformation zu ermöglichen.

Im ersten Beispiel wird begonnen, darüber nachzudenken, was nötig wäre, damit beiden wieder warm wird beim Gedanken an die berufliche Zukunft. Es wird festgestellt, dass sich das Körperempfinden ändert, wenn über die berufliche Zukunft an dem einen Ort gesprochen wird oder an einem anderen. Es wird deutlich, dass der gemeinsame Ort als Partizipateur entscheidend ist und gar nicht die gemeinsame berufliche Tätigkeit. Im zweiten Beispiel werden die Kund*innen eingeladen, ein Produkt zu entwickeln, das ihrem Anspruch gerecht wird. Dabei stellt sich heraus, dass die Kund*innen zukünftig nur noch selbst ihre Produkte entwickeln möchten, sich dabei aber fachliche Unterstützung wünschen. Im globalen Beispiel wird deutlich, dass es einen großen Unterschied macht, wie verschiedene Kulturen Klimagerechtigkeit bewerten, und die Vielfalt der Perspektiven kein Hindernis, sondern ein Potenzial zur Lösung der Klimathematik sein könnte.

Haben wir erkannt, auf welche Thematiken, Qualitäten oder Partizipateure die Resonanzstruktur abzielt, und wird eine Richtungsentscheidung getroffen, kann sich das kokreative Potenzial des Feldes entlang dieses neuen Entwicklungspfades entladen. Das Feld richtet sich entlang der Entscheidungen neu aus und rekonfiguriert sich. Wirkungen verändern sich. Das führt zu völlig überraschenden neuen Lösungen und Innovationen. Aspekte, die vorher weder sichtbar noch möglich waren, können sich nun ausbilden.

Mit der Entscheidung umzuziehen, kommt ein neuer Ort als starker Partizipateur ins Spiel. Er regt das Paar plötzlich zu völlig neuen Ideen an, wie eine gemeinsame berufliche Zukunft gestaltet werden könnte. Die Kund*innen werden in einem neu gegründeten Lab Koproduzenten von Produkten, die sie wirklich benötigen und das Geschäftsmodell des Unternehmens wandelt sich von einem Produktanbieter zu einem Trainingsanbieter. Nun begleiten die Mitarbeiter*innen ihre Kund*innen direkt bei der partizipativen Entwicklung neuer Lösungen. In globalen dezentralen Workshops wird ein Klimagerechtigkeitsmodell entwickelt, das nicht eine, sondern lokal jeweils völlig unterschiedliche Lösungen beinhaltet. Aus der Vielzahl der lokalen Lösungen entwickelt sich ein globale Klimamustersprache, deren erste Priorität es ist, Gerechtigkeit zu verbessern und darauf aufbauend das Klima zu schützen.

9.13 Auftauchen

In diesem Artikel ging es mir darum, die theoretischen Grundlagen zu erläutern, die meines Erachtens für einen radikalen Paradigmenwandel im Verständnis von Transformations- und Gestaltungsprozessen notwendig sind. Dazu habe ich detailliert die Begriffe Resonanz und Kokreation im Kontext eines neuen ontologischen Verständnisses, der Feld-Prozess-Theorie, definiert. Ich glaube, dass wir uns mit diesem Vokabular und diesem Modell nun besser und differenzierter darüber verständigen können, ob und wie wir unsere normativen Ziele hin zu einer anderen, besseren Welt erreichen können.

Wie in jedem großen Transformationsprozess liegt die Schwierigkeit darin, nicht nur das Denken, Fühlen und Handeln zu verändern, sondern gleichzeitig die Art und Weise, wie wir darüber sprechen, zu rekonfigurieren. Häufig werden längst anstehende Veränderungen dadurch verzögert, dass wir sie in einer Sprache zu beschreiben versuchen, die noch dem zu überwindenden Paradigma entspringt. Erst wenn wir auch neue Begriffe und eine neue Sprache haben, können paradigmatische Veränderungen tief greifen. Wohl wissend, wie schwierig, langwierig und grob solche neuen Sprachversuche am Anfang sind, müssen wir uns dieser Aufgabe stellen.

Denn Prozesse sind verschachtelt. Während wir noch an unserer Organisation, unserem Projekt, einem Ort oder unserer Beziehung arbeiten und uns mit aller Aufmerksamkeit diesem begrenzten Feld widmen, erproben wir gleichzeitig in einem übergeordneten Feld neue Arten zu gestalten und neue Formen, uns miteinander in bedeutungsvollen Beziehungen und Prozessen zu verändern und dafür Worte zu finden. Am Ende wirken die Prozesse ineinander und gewinnen an Fahrt, je tiefer wir in sie eintauchen – egal auf welche Weise.

Ich erlebe diese Prozesse auf allen Ebenen als unglaublich bereichernd, denn das Gestalten aus resonanten Beziehungen heraus hat einen unvermeidlichen persönlichen Nebeneffekt: Verändern kann sich immer nur ein Feld, nie ein*e einzelne*r Partizipateur*in alleine. In dem Moment, in dem wir in Resonanz stehen und starke Beziehungen zu der Welt etabliert haben, zu unseren Projekten, zu unseren Organisationen und Institutionen und zu unserem Planeten, ergreifen alle Veränderungen, Neukonfigurierungen und Gestaltungen immer auch uns selbst – im Mindesten diejenigen Aspekte in uns, über die die Resonanz ursprünglich hergestellt wurde. Das führt dazu, dass wir uns in dem Maße mitentwickeln, mitverändern und gestalten und neue Aspekte zu unserer Individualität hinzugewinnen, indem wir Lösungen für unsere Beziehungen, Organisationen oder das globale Zusammenleben kokreativ entwickeln. So können auch wir uns immer wieder neu erleben, entdecken und ausprobieren und generativ wachsen. Niemand kommt aus einem kokreativen Gestaltungsprozess heraus, wie er oder sie in ihn hineingegangen ist. Wir vollziehen das, was Laloux als „Leben als Reise der Entfaltung" bzw. als einen „organischen Prozess mit evolutionärem Sinn" beschreibt (Laloux 2014, S. 45, 223).

Literatur

Haraway DJ (2016) Staying with the trouble. Making kin in the Chthulucene. Duke University Press, Durham

Haraway DJ, Hammer C, Haraway D (1995) Die Neuerfindung der Natur: Primaten, Cyborgs und Frauen. Campus, Frankfurt a. M.

Horkheimer Max, Adorno Theodor W (1969) Dialektik der Aufklärung. Philosophische Fragmente. Fischer, Frankfurt a. M.

Laloux Frederic (2014) Reinventing Organizations. Ein Leitfaden zur Gestaltung sinnstiftender Formen der Zusammenarbeit. Vahlen, München

Latour Bruno (2001) Das Parlament der Dinge: für eine politische Ökologie. Politiques de la nature. Suhrkamp, Frankfurt a. M.

Latour Bruno (2017) Kampf um Gaia: Acht Vorträge über das neue Klimaregime. Suhrkamp, Berlin

Lewin Kurt (2012) Feldtheorie in den Sozialwissenschaften: ausgewählte theoretische Schriften. Field theory in social sciences. Huber, Bern

Rosa Hartmut (2016) Resonanz: Eine Soziologie der Weltbeziehung. Suhrkamp, Berlin

Serres Michel (1994) Der Naturvertrag. Suhrkamp, Frankfurt a. M.

Wikipedia (2017) Resonanz (Luhmann). https://de.wikipedia.org/wiki/Resonanz_(Luhmann. Zugegriffen: 6. Nov. 2017

Jascha Rohr (*1976, Oldenburg) ist der Überzeugung, dass die Probleme des 21. Jahrhunderts nicht mit unseren bisherigen Ansätzen von Politik und Zusammenarbeit gelöst werden können:

Als Gestalter, Konzept- und Projektentwickler arbeitet Jascha seit 20 Jahren an neuen Wegen der Zusammenarbeit, die uns in unseren individuellen Potenzialen ermächtigen und uns unsere gemeinsamen Potenziale in vielfältigen, lebendigen Prozessen entdecken lassen.

Er studierte u. a. Philosophie, Soziologie und Psychologie an der Universität Trier und der Universität Oldenburg. Er war Assoziierter des Graduiertenkollegs „Technisierung und Gesellschaft" der Universität Darmstadt, hatte diverse Lehraufträge und ist Gastwissenschaftler an der Zeppelin Universität.

Jascha ist zertifizierter Permakulturdesigner und gründete die Permakultur-Akademie in Deutschland. Dadurch entwickelte sich sein Verständnis für das Design komplexer lebendiger Systeme.

Im Institut für Partizipatives Gestalten konzipieren und begleiten Jascha Rohr, Sonja Hörster und ihr Team Gestaltungs- und Partizipationsprojekte für kommunale Entwicklungsprojekte vom Dorf bis zur Großstadt sowie für Organisationen und Unternehmen.

2013 veröffentlichte Jascha das Essay „In unserer Macht. Aufbruch in eine kollaborative Demokratie", in welchem er der repräsentativen Demokratie das Konzept der kollaborativen Demokratie entgegensetzt und sich für eine Weiterentwicklung der Demokratie ausspricht.

Für sein Engagement und seine Tätigkeiten erhielt Jascha eine Auszeichnung als Future Global Leader von der Bertelsmann Stiftung und dem österreichischen Außenministerium.

Aktuell arbeitet Jascha gemeinsam mit Roman Huber an der Gründung einer neuen Stiftung, der Cocreation Foundation, die die Kulturtechnik der Kokreation erforschen und ermöglichen soll, um auch globalen Themen wie beispielsweise dem Klimawandel mit anderen Gestaltungsprozessen als bisher zu begegnen.

Tel: +49 (0)441 99 84 89 50

homepage: https://www.partizipativ-gestalten.de

Konflikte in Organisationen mit Mediation eigenverantwortlich klären

10

Michael Cramer

Konflikte am Arbeitsplatz sind eines der Themen, zu denen in den letzten Jahren viel gesagt und geschrieben wurde. Wenn wir uns im Bekannten- und Freundeskreis umhören, hat jede*r dazu etwas zu sagen. „Der Kollege redet nicht mehr mit mir", „In unserem Team herrscht schlechte Stimmung". In Meetings eskaliert die Situation immer wieder oder es gibt kleine Gruppen, die sich gegen andere verbündet haben. An Beispielen herrscht kein Mangel. Wenn es einen Mangel gibt, dann eher einen an Beispielen gelungener Konfliktklärung. Im Ergebnis stellen Konflikte eine enorme Belastung des Arbeitsalltags dar. Mediation ist eine Möglichkeit, Konflikte so zu bearbeiten, dass alle mit dem Ergebnis gut leben können.

In meinem Beitrag[1] möchte ich der Frage nachgehen, ob und wie sich Konfliktklärung mit Mediation in unterschiedlichen Organisationsformen verändert. Werden in evolutionären Organisationen mehr Konflikte auftreten, weil sich Führung verändert bzw. nicht mehr in der bekannten Form stattfindet? Wird Mediation gar überflüssig, weil die Menschen mehr Verantwortung für sich und die Organisation übernehmen und sie vieles nicht mehr wegdelegieren können oder müssen?

Über einen kurzen Einstieg, was Mediation ist, beschreibe ich zunächst, welche Konflikte wir als Mediator*innen und Berater*innen in Organisationen antreffen. Ich schöpfe dabei aus den Erfahrungen, die meine Kolleg*innen und ich in den vergangenen zehn Jahren vornehmlich in modernen Organisationen gemacht haben. Seit mehr als zehn Jahren beraten und unterstützen wir Organisationen und Teams mit Mediation, Supervision, Coaching,

---

[1]Ganz herzlichen Dank an meine Kolleginnen Zoë Schlär, Carolin Pierau-Guerrero und Cornelia Stauß für Anregungen, Diskussion, Korrekturen und Verbesserungen.

M. Cramer (✉)
Berlin, Deutschland
E-Mail: michael.cramer@klaeren-und-loesen.de

Organisationsberatung oder Teamentwicklung aus ganz unterschiedlichen Branchen. Dies reicht von Schulen über Verwaltungen zu mittelständischen Betrieben bis hin zu großen Konzernen. Die Themen, die uns in dieser Arbeit begegnet sind, haben wir in einem Modell zusammengefasst. Im Anschluss daran beleuchte ich, welche Konflikte in Organisationen unterschiedlicher Entwicklungsstufen auftreten können und wie Mediation in diesen genutzt werden kann. Der Teil über Konflikte und Mediation in evolutionären Organisationen ist dabei eher hypothetisch als faktenbasiert. Bisher haben uns noch keine echten evolutionären Organisationen (in Reinform) mit Mediationen beauftragt. Eher haben wir es mit Organisationen zu tun, die auch Elemente evolutionärer Organisationen beinhalten.

10.1 Was ist Mediation?

Mediation ist ein Beratungsformat, welches auf die Klärung sozialer Konflikte durch eine*n unparteiischen oder, präziser ausgedrückt, allparteilichen Dritte*n abzielt. Dabei wird davon ausgegangen, dass die Konfliktparteien sich so sehr in den Konflikt verstrickt haben, dass sie es nicht mehr schaffen, alleine ihre Themen in einem Gespräch zur Zufriedenheit aller zu bearbeiten, sie aber von der Sache her dazu in der Lage wären. Der oder die Mediator*in unterstützt die Beteiligten bei der Lösung ihres Konfliktes. Er oder sie strukturiert das Gespräch, achtet auf die Einhaltung von Gesprächsregeln und macht das vom anderen Gesagte wieder versteh- und erfühlbar.

Mediation zielt auf Lösungen ab, mit denen alle Parteien voll umfänglich zufrieden sind, nicht auf Nachgeben, Rückzug oder Gewinnen. Es geht auch nicht um einen Kompromiss, denn auch hierbei würde etwas verlorengehen, sondern darum, eine sogenannte Win-win-Lösung, einen Konsens zu erreichen.

Dabei wird davon ausgegangen, dass in einer eskalierten Situation die Verständigung untereinander abnimmt, weil sich Menschen im Konfliktfall persönlich angegriffen fühlen. Die Möglichkeit einer Perspektivübernahme und damit das Einfühlen in die Position des Gegenübers sinkt mit steigendem Eskalationsniveau und mit der Dauer ungelöster Konflikte. Mediation strukturiert den Bearbeitungsprozess, arbeitet die Themen klar heraus, um sie dann so zu bearbeiten, damit allseitig verstehbar wird, was der oder die andere eigentlich – also auf der Bedürfnisebene – braucht. Auf dieser Basis wird nach Lösungen gesucht, denen alle Parteien zustimmen können.

10.2 Das „klären & lösen"-Modell der Mediation in Organisationen

Wir haben in den letzten Jahren eine Vielzahl von Mediationen mit Gruppen und Teams durchgeführt. In der Zusammenschau der Themensammlungen haben wir vier Grundthemen gefunden, die Menschen in Organisationen immer wieder bewegen. Die hier genannten Punkte sind Überschriften unter denen sich dann die konkreten Konflikte zusammenfassen lassen (Abb. 10.1).

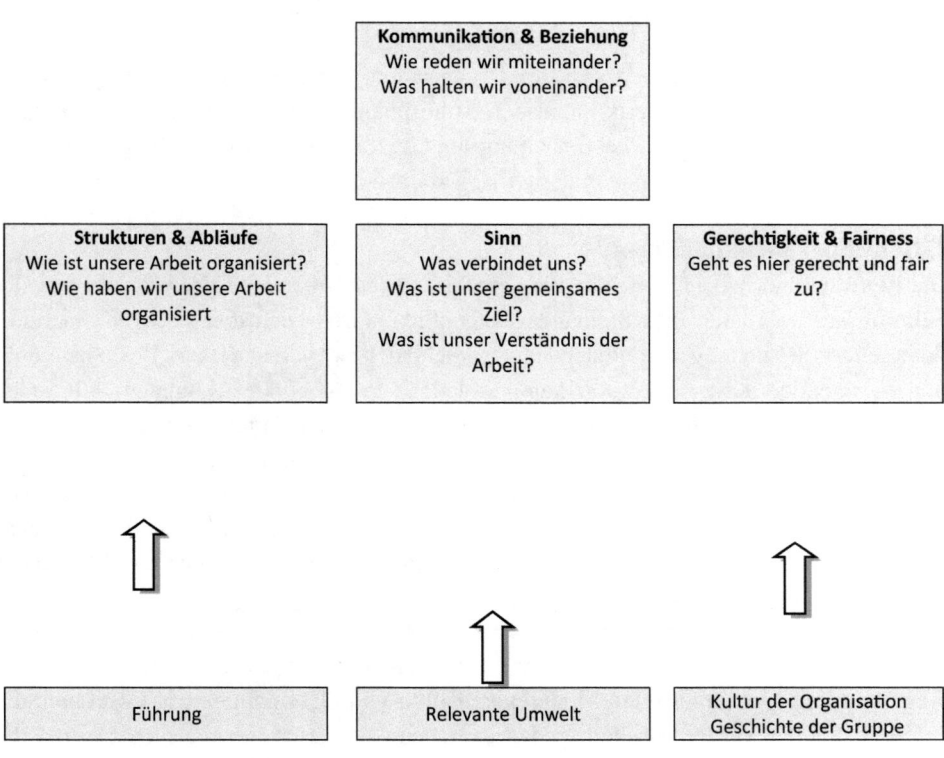

Abb. 10.1   klären & lösen-Modell: Elemente der Zusammenarbeit in Teams

1. Kommunikation und Beziehung

Die Leitfragen hier lauten: Wie reden wir miteinander, wie gehen wir miteinander um und was halten wir auf einer persönlichen Ebene voneinander? In vielen Teams gibt es Menschen, die sich in Sachfragen uneins sind, dennoch auf der persönlichen Ebene wertschätzend miteinander umgehen. Häufig werden Sachfragen aber personalisiert, dann ist es schwierig mit Argumenten weiterzukommen, sodass aus einer inhaltlichen Differenz ein persönlicher Konflikt entsteht.

2. Strukturen und Abläufe

Die Leitfragen hier sind: Wie ist unsere Arbeit organisiert bzw. wie haben wir unsere Arbeit organisiert? Arbeitsabläufe, Verantwortlichkeiten usw. sind ein steter Quell von Auseinandersetzungen in Organisationen. Sofern das Wissen um gute Abläufe und Strukturen ausreichend vorhanden ist, können auch diese Fragen in der Regel gut miteinander geklärt werden. Doch auch hier droht die Gefahr, aus Sachfragen persönliche Fragen zu machen. Die Mediation unterstützt die Klärung der persönlichen Beziehung, um die Menschen wieder in die Lage zu versetzen, Lösungen für die passenden Strukturen und Abläufe zu finden.

3. Sinn und Ziele

Das sind Fragen nach dem Wohin der Organisation, nach dem Ziel der Organisation oder der Gruppe. In einer wertschätzenden Atmosphäre könnten Menschen diese Fragen miteinander besprechen, ist die Beziehung aber gestört, werden diese Fragen zu einer Bedrohung für den Zusammenhalt der Organisation.

4. Gerechtigkeit und Fairness

Die Leitfrage hier ist: Fühlen sich alle gerecht und fair behandelt? Dies sowohl von der Führungskraft als auch im Miteinander. Eigentlich wären auch diese Fragen bei funktionierenden Beziehungen miteinander besprechbar bzw. verhandelbar. Bei einer nicht funktionierenden Kommunikation kann es jedoch zu Konflikten kommen. Für jeden dieser vier Bereiche müssen Menschen in Organisationen Lösungen finden, denn diese sichern das Zusammensein und die Funktionsfähigkeit der Gruppe ab. Zumindest in traditionellen und modernen Organisationen liegt die Verantwortung für das Gelingen letztlich bei der Führung. In postmodernen Organisationen hingegen wird es an diesem Punkt oft diffus, da irgendwie alle – und damit auch niemand – für ein gelingendes Miteinander verantwortlich sind.

Jede Organisation oder Gruppe hat über die Zeit mehr oder minder gut funktionierende Wege und Lösungen für die vier Grundthemen gefunden. Diese Lösungen oder Wege benennen wir in unserem Modell als „Kultur und Geschichte". Die Lösungen, die einmal gefunden wurden, strukturieren – auch wenn sie natürlich veränderbar sind – die Zukunft. Dies können ganz offensichtliche Dinge sein, wie die Struktur und Anzahl der Teamsitzungen, aber auch weniger auffällig in der Art der Kommunikation miteinander: Wird einander Privates erzählt? Werden Geburtstage gefeiert usw.? Jede*r, der in einer Organisation neu anfängt, wird eine Weile brauchen, bis er oder sie sich in die Organisation hineinsozialisiert hat, oder anders gesprochen, bis er oder sie die Kultur und die Geschichte der Organisation verstanden und in sich aufgenommen hat und letztlich dazugehört. Dass das nicht einfach ist, können wir beobachten, wenn Organisationen zusammengelegt werden oder wenn Menschen sich in einer neuen Organisation fremd fühlen.

Mit relevanter Umwelt ist gemeint, dass es aus unserer Erfahrung heraus einen Unterschied macht, in welchem Feld eine Organisation arbeitet. Sozialarbeiter*innen, die in einer Geflüchtetenunterkunft arbeiten, unterliegen anderen Bedingungen als ein Team, das Flugzeugtriebwerke entwickelt. Während sich die Arbeit der einen an den Beziehungen untereinander und zu den Klient*innen orientiert, orientiert sich die Arbeit der anderen an quantitativ messbaren Resultaten. Eine sozialarbeiterische Tätigkeit ist in gewisser Weise fehlertoleranter, weniger kostenintensiv und die Interventionen sind zum Teil situativ bedingt. Die Entwicklung von Flugzeugen dagegen erlaubt keinerlei Fehler, ist extrem auf Sicherheit bedacht, sehr langfristig angelegt und teuer. All dies hat Auswirkungen auf die Grundorientierungen und das Miteinander einer Organisation.

10.3   Mediation in den Entwicklungsstufen

10.3.1 Konflikte und Mediation in traditionellen Organisationen

Ungeklärte bzw. unverstandene Situationen zu unseren drei Grundthemen *Strukturen und Abläufe, Sinn und Ziele* oder *Gerechtigkeit und Fairness* werden zumeist nicht als die offiziellen Konfliktthemen traditioneller Organisationen wahrgenommen. Die daraus entstandenen Konflikte werden meist von den Beschäftigten „hingenommen" und über passiven Widerstand, Dienst nach Vorschrift oder über andere Formen der Resignation individuell bewältigt. Demgegenüber gesetzt wird die Ebene des Miteinanders, des Arbeitsklimas, auf der persönliche Konflikte durchaus vorkommen. Sie werden, so wenigstens mein Eindruck, als Bedrohung der bestehenden Ordnung erlebt und entsprechend durch Interventionen durch die Führung bearbeitet. Letztlich ist es aber so, dass innerhalb des recht starren Gerüsts traditioneller Organisationen Konflikte kaum wahrgenommen werden oder keinen Raum bekommen. Jeder und jede arbeitet an seinem*ihrem Platz, Kooperation und Zusammenarbeit sind wenig erwünscht. Konflikte bedrohen weder Existenz noch die Struktur der Organisation, allenfalls das Arbeitsklima.

Wenn ich auf unsere Mediationspraxis schaue, fällt mir auf, dass wir eher wenige Aufträge von traditionell arbeitenden Organisationen bekommen. Dies mag auch damit zusammenhängen, dass diese Organisationen nach einer Eigenlogik funktionieren, die nur Insidern bekannt ist. Die Frage, die uns von Autraggeber*innen aus diesem Segment gestellt wird, ist häufig die nach dem Stallgeruch: Haben Sie schon einmal in der Kirche, Verwaltung, in einer höheren Bundesbehörde usw. gearbeitet?

10.3.2 Konflikte und Mediation in modernen Organisationen

Einer der Sätze, den ich als Mediator in modernen Organisationen immer wieder höre, ist, dass Gefühle keine Rolle spielen (sollten). Der Fokus des Tuns liegt auf Leistung, Zielerreichung und auf (individuellem) Erfolg. Mangelnde Bereitschaft sich einzubringen und Beziehungskonflikte stören den reibungslosen Ablauf und müssen beseitigt werden.

Da die Ziele der Organisation von oben festgelegt werden und von den unteren Ebenen lediglich erbracht werden sollen, führt das zu einer ganzen Reihe von Zielkonflikten, die sich immer wieder auf der persönlichen Ebene niederschlagen. Konflikte zwischen Abteilungen, die mit unterschiedlichen Logiken auf ein Problem oder einen Prozess schauen, sind an der Tagesordnung.

Die Verantwortung für das reibungslose Funktionieren der Organisation liegt im Wesentlichen bei der Führungskraft. Sie führt über Ziele und Leistungsanreize. Auch der Umgang mit Konflikten ist eine Führungsaufgabe. Insofern werden aus dieser Perspektive heraus Konfliktmanagementsysteme eingeführt, in denen genaue Regeln für den Umgang mit Konflikten festgelegt werden. Darin kann zum Beispiel festgelegt sein, unter welchen Umständen externe Mediator*innen hinzugezogen werden. Dies ist in der Regel dann der Fall, wenn die Führungskraft mit ihrem Latein am Ende ist und die Konflikte die festgelegten Ziele der nächsthöheren Führungsebene gefährden. Mithin also auch den Erfolg bzw. die Zielerreichung dieser Führungskraft selbst.

Die zentralen Themen moderner Organisationen sind in unseren Mediationen Gerechtigkeit und Fairness der Mitarbeiter*innen untereinander, die Behandlung durch die Führungskraft, das Fehlen von Ziel und Richtung nach Umstrukturierungen und die Unklarheit bzw. Unangemessenheit von Strukturen und Abläufen. Bei strittigen Auffassungen werden diese Themen dann aber auf einer persönlichen Ebene untereinander ausgetragen statt sie auf der sachlichen oder inhaltlichen Ebene zu klären. In der modernen Welt der Organisationen bleibt eines aber immer klar: Die Verantwortung für die Ebenen des Zusammenarbeitens ist und bleibt eine Führungsaufgabe. Dies zeigt sich auf mehreren Ebenen.

Zum einen in der Beauftragung der Mediation: Die Führungskraft beauftragt die Mediator*innen, sie hat in der Regel auch die Budgetverantwortung und bekommt die Ergebnisse der Mediation von den Mediator*innen mitgeteilt.

Zum anderen zeigt es sich in der Konfliktbearbeitung selbst.

In der Mediation geht es immer wieder um die Führungsebene. Was hat die Führungskraft gemacht oder nicht gemacht, was zu Konflikten in der Gruppe führt? Wo hat sie nicht eingegriffen, um Konflikte zu beenden? Sind strukturelle Änderungsvorschläge ein Ergebnis der Mediation, müssen diese zumeist durch die Führungskraft abgesegnet und implementiert werden, um nachhaltig zu wirken. Unter Umständen ist die Führungskraft in die Konfliktlage involviert und nimmt deshalb auch an der Mediation teil und steht somit im Fokus des Geschehens.

Der Umgang mit oder die Lösung von Konflikten ist eine Führungsaufgabe. Eskalieren Konflikte, so wird dies als Führungsversagen wahrgenommen.

10.3.3 Konflikte und Mediation in postmodernen Organisationen

Beziehungen auf allen Ebenen spielen eine große Rolle. Wenn der Fokus des Handelns auf Beziehungen liegt, kann es zu Widersprüchen mit den Regeln und Abläufen innerhalb einer Organisation kommen. „Die postmoderne Beziehung zu Regeln ist unklar und widersprüchlich: Regeln sind schlussendlich immer willkürlich und ungerecht, aber Regeln ganz abzuschaffen, erweist sich als nicht praktikabel und öffnet Türen für Missbrauch" (Frederic Laloux 2015. Seite 31).

Und genau an diesem Punkt wird deutlich, wo das Konfliktpotenzial innerhalb dieses Paradigmas liegt: Auf der einen Seite sind Beziehungen und ethische Standards wichtig, auf der andere Seite geht es aber auch um Regeln, die die Organisation am Laufen halten. Konflikte über Werte oder den Sinn der Organisation können über die persönlichen Beziehungen ausgetragen werden und befinden sich damit eigentlich auf der falschen Ebene.

Postmoderne Organisationen haben eine ambivalente Beziehung zu Macht und Hierarchie. Alle sollen sich einbringen und mitbestimmen dürfen. Fragen zur Ausrichtung der Organisation, zur Verteilung von Gewinnen, Fragen zur Entscheidung über bestimmte Projekte usw. werden in langwierigen Auseinandersetzungen und Verhandlungen entschieden, in denen es leicht zu persönlichen Verletzungen kommen kann. Sitzungen in selbstverwalteten Betrieben oder von (Bürger*innen-)Initiativen können lang und schmerzhaft werden, wenn dem einen oder der anderen vorgeworfen wird, dass er oder sie die Macht an sich reißen möchte.

Mediation setzt grundsätzlich an der Bearbeitung der persönlichen Ebene an, um Lösungen auf den anderen Ebenen zu finden. In Organisationen, die das Persönliche stark betonen, kann es zu einer Überforderung der Beziehungsebenen kommen, da Menschen Konflikte auf der persönlichen Ebene austragen, die eigentlich auf der Organisationsebene oder an Strukturen und Abläufen liegen. Mediationen in solchen Organisationen sind oft ein zähes Unterfangen, da geradezu jede Frage, die die Organisation betrifft, als Beziehungsfrage wahrgenommen wird.

Vor Jahren haben wir eine Mediation in einem Wohnkollektiv durchgeführt, in der es um organisatorische Fragen gehen sollte, so wenigstens die Anfrage. In den Sitzungen stellte sich dann heraus, dass geradezu jedes Problem eine persönliche Komponente hatte, und in dem Versuch, dass alle hinter jeder Lösungsidee stehen sollten, konnten Einzelne mit dem Hinweis, dass es sich für sie nicht richtig anfühlt oder gegen die nicht genau ausformulierten Grundregeln der Gemeinschaft verstoßen würde, jede noch so kleine Entscheidung blockieren. Am Ende hat sich die Gruppe darüber aufgelöst.

10.3.4 Konflikte und Mediation in evolutionären Organisationen

Auch in evolutionären Organisationen bleiben Menschen Menschen und das heißt, dass auch hier Konflikte auftreten werden, die auf der Beziehungsebene verankert sind. Was sich aber ändert, sind die Verantwortlichkeiten. Konnten Konflikte in traditionellen Organisationen noch privatisiert werden, wurden sie in modernen Organisationen zu einem Führungsproblem. Und damit einher ging eine Entmächtigung der Menschen. Konflikte werden als eine Störung im Betriebsablauf wahrgenommen, die es zu beseitigen gilt. Auch wenn viele Bücher, Aufsätze, Vorträge oder Veranstaltungen mit Titeln wie „Konflikte als Chance" den positiven und klärenden Effekt von Konflikten postulieren, werden Konflikte – und hier insbesondere interpersonale Konflikte – als Bedrohung erlebt (Tab. 10.1).

Gleichzeitig erleben sich viele Menschen in modernen Organisationen als ohnmächtig. Entscheidungen über Veränderungen, Budgets, Beförderungen usw. werden in einem für die meisten Mitarbeiter*innen undurchsichtigen Verfahren gefällt. Die „normalen" Mitarbeiter*innen haben dann mehr oder weniger gut mit den Folgen dieser Entscheidungen zu leben. Die daraus resultierenden Konflikte werden häufig, obwohl struktureller Art, personalisiert.

Tab. 10.1 Konfliktklärung und Konfliktursachen in unterschiedlichen Organisationstypen

	Traditionelle Org.	Moderne Org.	Postmoderne Org.	Evolutionäre Org.
Verantwortung für Konfliktklärung	Konflikte werden durch Regeln geklärt	Führungskraft	Alle und niemand Die Gruppe	Alle FK als Berater*in
Konflikte durch	Beziehungen	Beziehungen Strukturen Unklarer Sinn Fehlende Richtung Ungerechtigkeiten Konkurrenz	Unklare Regeln	Beziehungen

Die Ambivalenz des modernen Paradigmas des Führens über Ziele zwischen der Freiheit, den eigenen Job so zu machen, wie ich selbst es für angemessen halte und der fehlenden Freiheit, über die Inhalte zu entscheiden, bleibt aber bestehen.

So könnte beispielsweise ein Team, das in einer Arbeitsvermittlung für schwer vermittelbare Personen arbeitet und seit längerer Zeit keine Führung mehr hat, in folgender Situation verharren: Die alte Führungskraft musste gehen, weil es das Management so entschied. Das Team besteht aus Sozialarbeiter*innen und Fallmanager*innen, die eine Verwaltungsausbildung haben. Vor langer Zeit wurde von der ehemaligen Leitung entschieden, dass immer ein*e Sozialarbeiter*in und ein*e Fallmanager*in zusammen ein Kleinteam bilden, das sich dann gemeinsam um die Kund*innen kümmern soll. Nun ist es aber so, dass in der Organisation die Fallmanager*innen systematisch bevorzugt werden. Nur sie dürfen Leitungspositionen besetzen und sie werden auch besser bezahlt als die Sozialarbeiter. In der nun schon länger andauernden leitungslosen Zeit sind die Konflikte im Team eskaliert. Nachdem wir mit der Gruppe gearbeitet haben, hat sich herausgestellt, dass strukturelle Konflikte über die Jahre personalisiert wurden. Statt über die spezifischen Kenntnisse der beiden Berufsgruppen zu reden und wie diese möglichst gewinnbringend für die Kund*innen genutzt werden können, wurde viel Zeit und Energie darauf verwendet, die jeweils andere Berufsgruppe zu diffamieren. Über die Zeit hinweg hat dies dazu geführt, dass sich zwischen einzelnen Personen regelrechte Feindschaften etabliert haben, die von der oberen Ebene auch nicht mehr bearbeitbar waren. Und da es sich um eine moderne Organisation handelt, wurde von den Parteien auch nicht wirklich erwartet, dass sie ihre Konflikte lösen. Statt darauf zu drängen, dass miteinander geredet wurde, wurden die Führungspersonen ausgetauscht, Kommunikationstrainer in das Team geschickt oder an alle appelliert, nun endlich mal aufzuhören.

Nur eines mussten die Teammitglieder nie tun: Verantwortung für ihr Handeln übernehmen. Hätten sie die Möglichkeit gehabt, die Art und Weise, wie sie Arbeit tun, miteinander offen und ehrlich zu besprechen, hätten sie es schaffen können, ihre Konflikte beizulegen. Mehr noch, sie hätten etwas kreieren könne, was besser als alles zuvor funktioniert hätte. So konnten sich aber alle immer wieder auf die Führungspersonen berufen und damit begründen, warum nun gerade keine Lösung möglich war.

In Bezug auf die vier Quadranten von Ken Wilbert (Laloux: 227 ff.) bedeutet dies, dass Strukturen und Praktiken der Organisation eher den Konflikt befördert haben, als ihn unterstützend zu lösen. Individualistisches Verhalten wurde befördert und belohnt.

Kann in einem solchen System einer modernen Organisation Mediation hilfreich sein? Ja und nein: Ja, weil es den Menschen ermöglicht, wieder aus dem Bunker der eigenen Überzeugungen herauszukommen und den oder die anderen wieder in den Blick zu bekommen. Nein, weil es die Ursachen der Konflikte nur benennen kann, sie aber nicht angeht.

Was würde sich in evolutionären Organisationen ändern? Wäre das Team in einer evolutionären Organisation, hätte es diesen Konflikt in dieser Form gar nicht gegeben. Das Team hätte rechtzeitig erkannt, dass es an der Form der Zusammenarbeit, an der Abstimmung der unterschiedlichen Herangehensweise arbeiten muss und hätte hierfür Lösungen gefunden und Führungskräfte hätten nicht aus Eigeninteresse Entscheidungen getroffen, die den Konflikt immer weiter befeuert hätten.

Trotzdem hätte es in dem Prozess der Verständigung Konflikte geben können. Und zwar Konflikte, die während des Aushandlungsprozesses entstanden wären. Ich wage einmal die Prognose, dass diese nicht derart eskaliert wären, denn alle wären in der Verantwortung gewesen, zur Klärung beizutragen.

Das klingt, als würde Mediation in evolutionären Organisationen überflüssig werden. Ich glaube aber, dass dem nicht so sein wird. Mir scheint eher, dass Konflikte auf den Ebenen *Strukturen und Abläufe, Sinn und Ziele* und *Gerechtigkeit und Fairness* anders besprochen werden können, da die Stimmen aller gehört werden und sie ihre Interessen einbringen könnten. Konflikte auf der Ebene *Kommunikation und Beziehung* aber werden bestehen bleiben, da Menschen Dinge falsch verstehen, sich auf den Schlips getreten fühlen oder sich ungeschickt ausdrücken, sodass andere sich verletzt fühlen. Und diese Konflikte müssen auf alle Fälle geklärt werden, da sie sonst die Möglichkeiten der Besprechbarkeit der anderen Ebenen einschränken. Was sich jedoch ändert, sind die Verantwortlichkeiten für diese Konflikte.

Waren in traditionellen und modernen Organisationen die Führungskräfte für die Bearbeitung der Konflikte zuständig, sind nun alle in der Verantwortung. Laloux beschreibt in seinem Buch die Praxis bei dem Tomatenverarbeiter Morning Star. Im ersten Schritt sind die Menschen, die den Konflikt haben, für die Bearbeitung zuständig. Finden sie keine Lösung, ziehen sie eine Vertrauensperson hinzu, die sie bei der Konfliktlösung unterstützt. Findet sich auch hier keine Lösung, kann ein Gremium von Menschen, die von dem Konflikt betroffen sind, hinzugezogen werden. Erst wenn all diese Möglichkeiten gescheitert sind, kann der Gründer des Unternehmens hinzugezogen werden. Aber die Verantwortung für den Konflikt bleibt immer bei den Parteien. Keine der Unterstützungspersonen hat die Macht, den Parteien eine Lösung aufzuzwingen. Ein Weg, der sehr nah an Mediation ist.

In unserer Praxis – vornehmlich mit modernen Organisationen – ist uns aufgefallen, dass Führungskräfte entweder viel zu früh Verantwortung für Lösungen übernehmen oder diese Verantwortung gar nicht wahrnehmen, respektive angehen, sondern hoffen, dass sich die Konflikte von selber erledigen, was allerdings nur äußerst selten passiert. Unser Rat lautet in diesem Fall, dass sie als Führungskraft die Verantwortung für den Konflikt zunächst einmal bei den Parteien belassen sollen und diese, wenn sie bemerken, dass es dort einen Konflikt gibt, erst einmal auffordern, diesen zu bearbeiten. Erst im nächsten Schritt, wenn dabei keine Lösung gefunden wird, sich selber einschalten und als Vermittler*innen tätig werden. Findet sich auch hier noch keine Lösung, muss die Führungskraft entscheiden und ggf. Maßnahmen ergreifen (Tab. 10.2).

Anders als es Laloux in seinem Buch für Morning Star beschreibt, halte ich hier externe Unterstützung auch für evolutionäre Organisationen als Angebot bei der Konfliktklärung weiterhin für notwendig. Und dies aus mehrerlei Gründen: Konflikte, insbesondere wenn sie schon länger andauern, lösen sich nicht von allein. Menschen, die Konflikte haben, sind sehr empfindlich und legen die Worte des Gegenübers auf die Goldwaage, und hierfür – so wenigstens meine Erfahrung als Mediator – bedarf es spezieller Kenntnisse der Gesprächsführung, der Strukturierung, der Analyse sowie einer zugewandten Haltung, um diese zu bearbeiten. Ab einem gewissen Eskalationsniveau wird diese Bearbeitung für Menschen ohne eine entsprechende Ausbildung schwierig. Wohlgemerkt: Ich spreche hier von Konflikten auf der Beziehungsebene.

Wäre es hier nicht ein Ausweg, Menschen innerhalb der Organisation in Mediation zu schulen?

Ja und nein: In den letzten Jahren haben zunehmend Führungskräfte, aber auch andere Mitarbeiter*innen von Organisationen Mediationsausbildungen absolviert, um ihre Fähigkeiten bei der Klärung von Konflikten zu verbessern. Und viele größere Organisationen haben mittlerweile Konfliktmanagementsysteme eingeführt, in denen Mediation einen festen Platz hat. Darin sind Abläufe zum Umgang mit Konflikten – so oder ähnlich, wie ich sie oben beschrieben habe – festgelegt. Insbesondere in größeren

Tab. 10.2 Ablauf einer Konfliktklärung im Vergleich

	Moderne Organisationen		Evolutionäre Organisationen	
	Klärung durch	Aufforderung durch	Klärung durch	Aufforderung durch
Konflikt	Mitarbeiter*innen	Führungskraft	Mitarbeiter*innen untereinander	Kolleg*innen alleine
Nicht gelöst	Mitarbeiter*innen und FK	FK	Mitarbeiter*innen und Vertrauenspersonen	Kolleg*innen alleine
Nicht gelöst	Mitarbeiter*innen und (externe) Mediatior*innen	FK	Mitarbeiter*innen und (externe) Mediator*innen	Kolleg*innen alleine
Nicht gelöst	Entscheidung durch Führungskraft		Beratungsprozess in der Gruppe	Kolleg*innen alleine

Organisationen wie der Deutschen Bahn oder der Berliner Verwaltung gibt es interne Mediator*innen, die hinzugezogen werden können, die aber trotzdem ausreichend weit weg von den Konfliktparteien sind, sodass ihnen kein eigenes Interesse an einer bestimmten Lösung oder Parteilichkeit unterstellt werden kann. Hier ist nun auch der verbreitete Vorbehalt gegen interne Mediator*innen in Organisationen zu erkennen, denn insgeheim wird ihnen unterstellt, dass sie eigene Interessen verfolgen, mit der Führungskraft Absprachen getroffen haben, also nicht wirklich neutral sind. Dadurch, dass sie Teil der Organisation und in deren Kultur verwurzelt sind, könnten sie bestimmte Lösungen insgeheim präferieren und andere Lösungen von vorherein ausschließen.

Natürlich besteht auch in evolutionären Organisationen die Gefahr, dass die Mediator*innen eigene Interessen verfolgen. Zumindest aber könnte ausgeschlossen werden, dass die Leitung versucht, über die Mediation ihre Interessen durchzusetzen. Und wir vertrauen darauf, dass die Parteien sich die richtige Person suchen, die sie bei einer Klärung unterstützen.

Allerdings sind die Kompetenzen, die in einer Mediationsausbildung erworben werden vielfältig: Zum einen beziehen sie sich auf den Prozess der Mediation an sich bzw. auf die Struktur des Mediationsgesprächs. Dann werden in einer Mediationsausbildung Gesprächsführungskompetenzen vermittelt, die die Mediator*innen befähigen, einen Perspektivwechsel zwischen den Parteien einzuleiten, auch in eskalierten Konflikten. Des Weiteren geht es um Modelle des Verstehens von Konflikten und des Differenzierens zwischen verschiedenen Konfliktarten. Zu guter Letzt, und vielleicht am wichtigsten: um eine positive und wertschätzende Haltung den Konfliktparteien (und sich selbst) gegenüber. All diese Kompetenzen sind notwendig, um gut mediieren zu können, aber auch hilfreich für Führungskräfte und/oder Berater*innen oder Mitarbeiter*innen in Organisationen. Meiner Einschätzung nach sind diese Kompetenzen sehr kompatibel mit dem, was Laloux im Anschluss an Wilbert als Organisationskultur beschreibt. Eine Kultur, in der Menschen die Verantwortung für ihr Tun – und damit auch für ihre Konflikte – übernehmen.

Mediation und Mediationskompetenz haben, wie oben beschrieben, einen Einfluss auf die Denkweisen und Überzeugungen der Menschen. Und dies nicht nur bei denen, die Mediation erlernt haben, sondern auch bei denen, die Mediation als Teilnehmer*innen erfahren haben. Die Erfahrung, dass mir wirklich zugehört wurde, dass ein ernsthafter Versuch unternommen wurde, mich mit meinen Bedürfnissen, Ängsten und Vorbehalten zu verstehen, hat eine dauerhafte Wirkung und verändert Menschen auch in ihrem Handeln (Tab. 10.3).

Tab. 10.3 Veränderungen durch Mediation

	Innen	Außen
Individuell	Denkweisen und Überzeugungen	Verhalten
Kollektiv	Organisationskultur	Strukturen und Prozesse

Die Erfahrung, die viele Führungskräfte und Mitarbeiter*innen in modernen Organisationen gemacht haben, ist, dass sie zwar etwas an ihren Denkweisen und Überzeugungen und dadurch auch an ihrem Verhalten ändern können, es ihnen letztlich aber nicht gelingt, ernstzunehmende Veränderungen der Organisationskultur zu bewirken, außer in ihrer eigenen Gruppe – und manchmal nicht einmal das. Mediation oder mediative Kompetenzen haben dann einen kurzfristigen positiven Effekt, mittel- und langfristig bleibt aber alles so, wie es immer war. Würden Mediation und mediative Kenntnisse wirklich innerhalb einer Organisation verankert (unterer rechter Quadrant), würde sich eine Organisationskultur etablieren können, die es Menschen ermöglicht, sich mehr und vollständiger zu zeigen. Also auch ihre Uneinigkeit gegenüber anderen. Diese Uneinigkeit wäre dann tatsächlich eine Chance, denn sie könnte eine Triebfeder für Veränderung sein und nicht bloß eine lästige Störung.

Ich gehe davon aus, dass die oben beschriebenen Grundfunktionen von Gruppen wie im „Klären & Lösen"-Modell beschrieben, auch in evolutionären Organisationen weiter wichtig sein werden. Was sich aber ändern wird, sind die Einflussfaktoren: Führung, so wie sie aktuell in den meisten Organisationen betrieben wird, wird es in dieser Form nicht mehr geben. Vielleicht müsste dieser Punkt durch Beratung ersetzt werden – eine Beratung, die die Gruppe für sich abrufen kann, wenn sie an bestimmten Punkten nicht mehr alleine zu befriedigenden Lösungen kommt. Die Führung durch eine einzelne Person wäre dann ersetzt durch eine neue Form der kollektiven Führung.

Kultur und Geschichte einer Gruppe sind die am langfristigsten wirkenden Einflussfaktoren. Jede*r Berater*in kennt die Schatten der Vergangenheit. Seien es früher gut funktionierende Lösungen, alte Kränkungen oder Sätze wie: „Der*die Chef*in früher hat das immer so und so gemacht", „Früher haben wir immer …". Er*sie weiß, das sind sehr schwer zu bearbeitende Faktoren. Insbesondere dann, wenn Veränderungen anstehen. Es wird einen Unterschied machen, ob ich eine Organisation neu nach evolutionären Prinzipien gründe oder ob ich eine bestehende umgestalte. Ich kann mir gut vorstellen, dass im Falle einer Umgestaltung viele der alten Kultur des Miteinanders nachtrauern und dass das alte Modell auch im Konfliktfall benutzt werden kann: „Sehen Sie, ich wusste doch gleich, dass das alles so nicht funktionieren kann!" Der Rückgriff auf das alte Modell wird damit zur Blockade oder zur Verunglimpfung des Neuen benutzt. Ich glaube aber, dass Kultur und Geschichte einer Organisation keine originären Mediationsthemen sind, sondern dass eine Würdigung der Vergangenheit, ein Begrüßen des Neuen eher Themen für ein supervisorisches Handeln wären.

10.3.5 Mediation als ein Beratungsformat neben anderen

Das oben beschriebene Mediationsmodell ist nicht nur ein Modell zum Verständnis von Konflikten in Organisationen, sondern auch ein Modell zur Auftragsklärung und eines zur Klärung des angemessenen Beratungsformats. Mediation klärt Beziehungskonflikte, Supervision schaut auf Zusammenarbeit in Bezug auf Gesunderhaltung und Qualität der

Arbeit, Teamentwicklung kreiert Möglichkeiten des Kennenlernens und Vertrauensaufbaus, Organisationsberatung bearbeitet Strukturen und Abläufe und klärt Ziele, Coaching unterstützt Einzelne (in einer modernen Perspektive Führungskräfte) bei der Erfüllung ihrer Aufgaben.

Meine Vermutung ist, dass all diese Beratungsformate auch in evolutionären Organisationen wichtig bleiben werden. Und gleichzeitig würde ich davon ausgehen, dass sich die Bedarfe inhaltlich verändern, da die Weisheit einer Gruppe ganz neue Themen und Lösungen hervorbringen wird, weil nun alle gehört werden. Organisationen, die entdecken, dass es an bestimmten Stellen immer wieder Konflikte gibt, werden sich verändern, Kolleg*innen werden sich für das Thema Konfliktklärung engagieren und damit auch ihre Expertise einbringen.

10.4 Ausblick

Evolutionäre Organisationen leben von der Bereitschaft der Beteiligung. Mediation auch, und sie lässt die Verantwortung bei den Parteien. Das ist in traditionellen oder modernen Organisationen eher schwierig, weil dort Verantwortung durch die Führung wahrgenommen wird. Mein Eindruck ist, dass Mediation, so wie wir sie heute kennen, im Wesentlichen für moderne Organisationen entwickelt wurde und dabei auch immer wieder an Grenzen stößt, die sich aus der Logik moderner Organisationen speist. Die Idee der Mediation, dass Menschen selbstverantwortete für sie passende Lösungen für Konflikte finden, kollidiert mit den Führungsprinzipien moderner Organisationen.

Mein Eindruck ist, dass Mediation ein ambivalentes Verhältnis zu Macht hat. In den letzten Jahren hat es in vielen Organisationen eine stetige Verflachung von Hierarchien gegeben. Auf die allseits konstatierte Beschleunigung der Lebens- und Arbeitsverhältnisse, auf die höhere Veränderungsgeschwindigkeit, ausgelöst durch technologischen Wandel und Globalisierung, haben Unternehmen reagiert, indem sie Entscheidungsstrukturen vereinfacht haben. Damit kommen sie den Bedürfnislagen vieler Menschen nach Teilhabe nach. Und auch dem Grundgefühl der Mediation: Auch in modernen Organisationen, so zumindest meine Beobachtung, wird Macht zunehmend kritisch gesehen, da sie die Selbstorganisationsfähigkeiten der Mitglieder einer Gruppe eher behindert als befördert. Und gleichzeitig existieren in modernen Organisationen weiterhin Machtstrukturen, auch wenn sie etwas weniger offen zutage treten. „Aus flachen Hierarchien droht ein soziales Strukturproblem in Organisationen zu entstehen: Wenn hierarchische Relationen zunehmend unklar werden, müssen hierarchische Ordnungen und Zuständigkeiten in mehr oder weniger verdeckten Rangkämpfen (laufend) unter den Beteiligten ausgetragen werden" (https://de.wikipedia.org/wiki/Systemische_Beratung).

Die Frage wäre hier nun, wie sich das in evolutionären Organisationen entwickelt. Auch wenn es keine formalen Hierarchiestrukturen gibt, gibt es ja trotzdem informelle Machtstrukturen. Die Macht der Berater*innen oder die der Seniorität ist nicht zu unterschätzen. Zumindest bedarf sie einer ständigen Beobachtung und der Selbstreflexion, sonst geraten wir leicht zurück in die Verhältnisse moderner Organisationen, nur dass der Berater oder die Beraterin nun nicht mehr Führungskraft genannt wird.

Mit dem Fokus auf eigenverantwortliche Lösungen und dem Glauben daran, dass Menschen selbst am besten wissen, was für sie gut ist, der Haltung der Allparteilichkeit und dem damit verbundenen Halten des Prozesses in einer Schwebe, ohne zu schnell auf Lösungen hinzuarbeiten und dem Fokus auf wirkliches Verstehen, bietet Mediation auch für evolutionäre Organisationen etwas an, was Menschen dabei helfen kann, in ein echtes Miteinander zu kommen, auch wenn wir gerade im Konflikt sind. Und wie sich Mediation, oder vielleicht ist es dann auch etwas anders, darin weiterentwickeln wird, wird sich zeigen.

Literatur

Laloux F (2015) Reinventing Organizations: Ein Leitfaden zur Gestaltung sinnstiftender Formen der Zusammenarbeit. Vahlen, München

Michael Cramer, MA Politikwissenschaft und Soziologie, Mediator und Ausbilder BM, Supervisor und Coach DGSv. Michael Cramer ist Mitgründer und Mitgesellschafter des Mediations- und Beratungsinstituts klären & lösen – Agentur für Mediation und Kommunikation in Berlin und arbeitet seit mehr als zehn Jahren als Mediator, Coach, Supervisor, Trainer und Mediationsausbilder in und außerhalb Deutschlands.

In der Mediation arbeitet er in unterschiedlichen Konstellationen und Feldern. Häufig geht es dabei um Wertschätzung und darum, wieder einen guten Modus des Zusammenarbeitens oder -lebens zu finden.

Als Supervisor und Coach begleitet er Teams und Einzelpersonen längerfristig, um über die Reflexion des eigenen Tuns Handlungsmöglichkeiten im professionellen Kontext zu erweitern und blinde Flecken zu erkennen.

Als Ausbilder für Mediation gibt er sein Wissen und seine Erfahrungen seit vielen Jahren an neue Kolleg*innen weiter und unterstützt diese auf dem Weg zur*m Mediator*in.

Und als Trainer unterstützt er Menschen dabei, Neues zu lernen und dieses in ihre bisherigen Erfahrungen zu integrieren.

Mehr zu ihm und seiner Arbeit erfahren Sie auch auf seiner Homepage unter www.klaeren-und-loesen.de und Kontakt: michael.cramer@klaeren-und-loesen.de

Buddhas in der Therapie

Bernhard Voss

11.1 Wozu überhaupt noch Therapie?

Manchmal stolpern wir auch über Stufen.

Idealerweise stolpern wir nach oben. Manchmal geht's allerdings auch abwärts.

Nicht selten tut beides ein bisschen weh.

Laloux' Übersetzung der Evolutionsstufen des Bewusstseins auf Organisationsformen erinnert mich sehr an meine tägliche therapeutische Praxis. Als Osteopath arbeite ich mit dem Körper, als Psychotherapeut mit, sagen wir mal, dem Geist.

Aus buddhistischer Sicht besteht diese imaginäre Trennung von Körper und Geist natürlich nicht. Das ist für mich nach immerhin über 25 Jahren Berufspraxis ungeheuer erleichternd.

Ohne die Einsicht, dass der Körper genauso wie die Psyche einfach nur Ausdrucksform eines Bewusstseins ist, wüsste ich offen gestanden nicht, wie ich auch nur einen Tag ohne massive Selbstzweifel meinen Beruf ausüben sollte. Aber dazu später.

In gewisser Weise gehören Selbstzweifel zum Handwerkszeug eines jeden Therapeuten. Wie könnte ich auch hilfreich für Menschen sein, die an sich, ihren Beziehungen oder gar an der Welt verzweifeln, wenn ich davon in mir noch nie etwas gehört hätte. Natürlich sind mir diese Zustände nicht fremd. Jeder Mensch kennt Ängste oder Sorgen. Es geht mir, wenn ich die Tür zu meiner Praxis aufschließe, weniger um die Frage, ob Menschen überhaupt völlig angstfrei sein können. Es geht mir im Alltag vielmehr darum, Ängste als Übergänge oder Stufen erkennbar zu machen und den Umgang damit

B. Voss (✉)
Voss Institut, Hamburg, Deutschland
E-Mail: info@voss-institut.de

zu verändern. Einige Stufen scheinen für den nächsten Schritt zu hoch zu sein und nicht wenige Klienten reagieren mit Angst als Ausdruck eines starken Lösungsimpulses, der aber noch nicht umgesetzt werden kann.

Natürlich ist es richtig, dass da, wo die größte Angst ist, auch die größte Chance lauert. Das klingt auf dem Papier vielleicht ganz einleuchtend, möglicherweise sogar etwas heroisch. Im Alltag ist das aber nicht immer leicht umzusetzen.

Es gibt Tage, da hilft mir der Ausspruch von Harry Stack **Sullivan auf die Frage**, was denn Therapie genau sei, enorm weiter: „Therapie ist, wenn zwei Menschen zusammenkommen, und einer hat etwas weniger Angst als der*die andere." So gesehen bin ich in meiner Praxis genau am richtigen Platz.

Körper und Psyche sind perfekt eingespielte Organisationen.

Während Laloux moderne Organisationen auf der Petrol-Stufe mit Organismen vergleicht, könnte umgekehrt das Zusammenspiel von psychischen und somatischen Funktionen unseres Körpers auch als ein sehr erfolgreiches Unternehmen betrachtet werden.

Immerhin könnte der Körper als eine Organisationsform betrachtet werden, die sich in jeder Sekunde upgradet und nach Vervollkommnung strebt. Dabei gibt es nicht selten deutliche Reibungsverluste. Immerhin sterben pro Sekunden etwa 50.000 Zellen im Körper ab. Zur gleichen Zeit werden allerdings auch 50.000 Zellen neu geboren und in ein perfekt funktionierendes System integriert. Stellen Sie sich bitte mal vor, dieses Mammutprojekt sollte eine Firma auch nur einen einzigen Tag lang leisten. Pro Tag 50 Mrd. Mitarbeiter*innen entlassen und gleichzeitig 50 Mrd. neue Mitarbeiter*innen einstellen. Das Ganze müsste dann auch noch so routiniert ablaufen, dass weder die Kund*innen noch die anderen Mitarbeiter*innen etwas davon bemerken. Abgesehen davon, dass es dafür gar nicht genug Menschen gäbe, ist das mehr als unwahrscheinlich. Unser Körper schafft das jeden Tag.

Unser Ich oder unser „Ego" bekommt von diesem Umbau nichts mit. In gewisser Weise könnte das Ego mit einer*m Kund*in verglichen werden, der*die den Körper eine Zeit lang für seine*ihre Bedürfnisse benutzt. Der Körper trägt unser Ego zu allen interessanten Veranstaltungen, lässt uns fantastische sensomotorische Erfahrungen machen, die uns in vielerlei Hinsicht bereichern und uns die Welt verständlicher machen. Wir können letztlich nur verstehen, was wir berühren oder was uns von außen berührt. Ohne Körper wären unzählige Lebens- und Liebeserfahrungen nicht möglich. Natürlich altert der Körper und wir geben ihn dann irgendwann wieder ab (Borasio 2013). Als Top-Unternehmen haben wir unseren Körper sozusagen geleast und im Gegensatz zu Autoleasingverträgen ist es unmöglich, den Körper, wenn der Vertrag ausläuft, unbeschädigt zurückzugeben.

Wir können den Körper auch romantisch als ein Hotelzimmer, das wir gemietet haben, betrachten, das wir in absehbarer wieder Zeit verlassen müssen. Die durchschnittliche Lebenserwartung liegt in Deutschland bei Männern und Frauen gemittelt bei knapp 81 Jahren. Rechnen Sie doch kurz nach, wann Sie statistisch betrachtet wieder aus Ihrem Körper auschecken werden.

Wenn wir aber doch wissen, dass der Leasing- oder Mietvertrag mit dem Körper zeitlich begrenzt ist, was ist dann um Gottes Willen der Sinn von Kosmetik, Wellness oder körperorientierten Therapieformen. Vermutlich beginnen Sie auf Reisen doch auch nicht damit, Ihr Hotelzimmer neu zu tapezieren, oder?

Das Gleiche gilt für die Psyche. Ganz gleich, welches Modell der Psyche wir heute benutzen wollen, die analytischen Modelle von Freud und Jung bilden sicher die Grundlage westlicher Geistesbetrachtung. Bei Freud ist die Psyche strengen Hierarchien unterworfen und vom Es bis zum Über-Ich streng durchorganisiert. Bei Jung dominieren die Archetypen unser Sein und offenbaren sich in Träumen, die sich mäanderähnlich im Laufe des Lebens zu einem eigenen Kunstwerk formen. In der Verhaltenstherapie, wie in wohl keiner anderen Therapieform, dominiert das Gehirn und der Mensch wird auf erlernte und wieder verlernbare Konditionierungen der Maschinerie seiner*ihrer Neuronen reduziert.

Die humanistischen Modelle der Gesprächs-, Körper- und Gestalttherapie setzen ganz auf die Heilkraft der unmittelbaren Beziehung zwischen dem Ich und Du im Hier und Jetzt (Downing 2007; Brisch 2015). Dabei lassen sie allerdings tunlichst außer Acht, dass das so viel zitierte Hier und Jetzt nicht ganz leicht zu definieren ist. Denn wo, bitte sehr, ist das Hier und wann ist, bitte sehr, das Jetzt? (Befragen Sie dazu mal eine*n Quantenphysiker*in. Alternativ können Sie dazu auch eine*n buddhistische*n oder andere*n Lehrer*in einer spirituellen Tradition befragen. Ich habe das mal gemacht. Die Antworten zum Hier und Jetzt werden Sie, falls Sie überhaupt eine bekommen, wahrscheinlich mehr als überraschen).

Die existenzielle Therapiesicht des amerikanischen Psychoanalytikers Irwin D. Yaloms erweiterte den psychischen Apparat um die Einsicht bzw. Nicht-Einsicht in den Tod, die unser Handeln bestimmt. Was uns unglücklich machte, war therapeutisch betrachtet zunächst die Verdrängung von Trieben (Freud), das Übersehen vom Selbst (Jung), die Reizreaktionsprogramme des Gehirns (Miller u. a.), mangelnde Beziehungskompetenz (Rogers, Perls, Kurtz) und zuletzt die Verdrängung des Todes (Yalom 2010). Schließlich erweiterten die transpersonalen Therapien (Graf Dürckheim, Grof u. a.) als sogenannte vierte Kraft in den achtziger Jahren den kulturellen Hintergrund der westlichen Therapien erstmals um östliche Weisheitstraditionen.

Alle diese Therapieformen haben ihre Berechtigung und je nach gewählter Methode ein sinnvolles Anwendungsspektrum. So profitiert ein*e Geschäftsreisende*r, die*der plötzlich von Flugangst geplagt wird, wahrscheinlich viel mehr von einem zielorientierten verhaltenstherapeutischen Desensibilisierungstraining als von einer auf 300 Stunden angelegten Psychoanalyse. Ein*e Klient*in mit Beziehungsproblemen hingegen ist wahrscheinlich besser bei Therapeut*innen aufgehoben, deren Fokus auf dem Wiedererlangen eben dieser Beziehungskompetenz liegt. Dabei ist natürlich entscheidend, wie die*der Therapeut*in und Klient*in auch tatsächlich miteinander reden.

Das alles ist hilfreich und gut. Die traditionellen Analysen (blaue Stufe), die Verhaltenstherapie (moderne orange Stufe), Gestalt-, Gesprächs- und Körpertherapien (postmoderne grüne Stufe) genauso wie der evolutionär-transpersonale Ansatz (petrole Stufe), alle haben ihre Berechtigung und Sinn.

Jede psychotherapeutische Schule kann sich jedoch einer Erkenntnis nicht entziehen: Alles ist vergänglich. Auch alle psychischen Prozesse sind letztlich vergänglich. „Nichts ist von Dauer und nichts ist ein Ich", sagte schon Siddharta Gautama Buddha in Nordindien vor über 2600 Jahren.

Jede Sekunde unseres inneren Erlebens ist ein Werden und Vergehen. Gedanken kommen und gehen, ein sensorischer Eindruck jagt den anderen. Emotionen kommen und vergehen. Kein Mensch ist fünfzig oder mehr Jahre ununterbrochen wütend. Kein Mensch weint jahrelang ohne Unterlass. Worte vergehen genauso, wie Berührungen vergehen. Ein einziges gesprochenes Wort bedeutet, dass ungefähr 100 Mio. Neuronen im Gehirn aktiviert werden. Das Gleiche gilt für eine einzige leichte Berührung. Beim Streichen über den Unterarm blitzt ein elektrisches Feuer auf, um gleich danach wieder zu erlöschen. Archetypen hin oder her, auch ein Traum ist Neuronenfeuer, welches im Millisekundentakt entsteht und wieder vergeht. Falls wir uns an unsere Träume überhaupt erinnern, sind sie längst vergangen und auch das Wiedererinnern ist ein vergänglicher Prozess.

Emotionen, Wahrnehmungen, Überzeugungen, Empfindungen, innere Bilder, Gedanken etc.: Alles blitzt kurz auf, um gleich darauf wieder zu vergehen. Da all dies wieder vergeht, können wir unmöglich behaupten, unsere Gedanken oder unsere Emotionen zu sein. Beide ändern sich sekündlich oder noch schneller und sind deshalb alles andere als permanent. Da sich alles in uns stetig auflöst, ist nichts von dem, was wir wahrnehmen, wirklich permanent. Alles, was nicht permanent ist, kann aber unmöglich das sein, was wir in unserer Essenz sind, also das, was sozusagen aus unseren Augen herausschaut und was gerade diesen Text liest.

Das beste Beispiel für die Vergänglichkeit aller Dinge ist unser Körper. Wenn Sie sich Fotos von sich selbst von vor 10 Jahren anschauen, werden Sie bei einiger Selbstkritik eingestehen müssen, dass dieser auf dem Foto erscheinende 10 Jahre jüngere Körper heute nicht mehr existiert. Also ist auch unser Körper nicht permanent. Wir sind also definitiv nicht unser Körper. Genauso wenig sind wir unsere Gedanken, Überzeugungen oder Emotionen. Auch die waren vor 10 Jahren oder 10 Sekunden anders und werden sich den nächsten Sekunden und Jahren wieder verändern.

Machen Sie jetzt dazu, wenn Sie mögen, ein kleines Experiment:

Schauen Sie sich im Raum, in dem Sie sich gerade befinden, um: Versuchen Sie irgendeinen Gegenstand zu finden, der permanent ist. Ein Gegenstand also, der in sagen wir 10 Mio. Jahren in genau der gleichen Form existieren wird wie in diesem Moment ihrer Wahrnehmung. (Dabei lassen wir für einen Augenblick beiseite, dass aus quantenphysikalischer Sicht Materie zu 99,99 % aus reinem Raum besteht und sich in einem zigtrillionsten Bruchteil einer Sekunde selbst erschafft und wieder vergeht.)

Schauen Sie danach nach innen. Versuchen Sie etwas in sich selbst zu finden, was in auf jeden Fall unveränderlich und ewig und wiederum auch in 10 Mio. Jahren genau gleich bleiben wird.

Schauen Sie dann abschließend auf die Beziehungen Ihres Lebens. Schauen Sie auf vergangene und aktuelle Beziehungen zu Partner*innen, Freunden und Familie. Finden

Sie vielleicht hier irgendeine Form von Permanenz? (Klammern Sie dabei den Begriff der Liebe einen Moment aus. Darauf kommen wir später zurück).

Sie haben gerade einen extrapersonalen Blick auf die äußere Welt geworfen, einen intrapersonalen Blick in Ihre innere Welt und einen interpersonalen Blick auf Ihre Beziehungen. Wahrscheinlich werden Sie sich eingestehen müssen, dass nichts von all dem, was Sie gerade betrachtet haben, wirklich dauerhaft ist (Wilber 1994).

Das ist eine gute und schlechte Botschaft zugleich. Die gute Botschaft: Trauer vergeht, Depressionen vergehen, Trennungsschmerz etc. vergeht. Wenn auch nicht gleich morgen, dann aber in der nächsten Zeit, spätestens aber mit dem körperlichen Tod. Die schlechte Botschaft: Auch freudige Ereignisse wie der erste Kuss, die erste große Verliebtheit, die Geburt der Kinder, Urlaube, Freundschaften, freudige Erinnerungen etc. vergehen. So trocken das klingen mag: Jede Beziehung endet mit einer Trennung. Sei es zu Lebzeiten, sei es mit dem Tod.

Beziehungen sind endlich. Wahrnehmungen sind endlich, genau wie der Körper und die äußere Welt auch nicht dauerhaft sind. Das ist zugegeben eine sehr ernüchternde Sicht auf die Welt.

Nichts von all dem, was wir wahrnehmen oder was uns umgibt, ist permanent. Alles verändert sich und vergeht schließlich. Wir sind also weder unser Körper, weder unsere Gedanken, unsere Beziehungen noch unsere Gefühle. Dennoch versuchen wir ständig, wir selbst zu sein.

Wenn alles so messbar vergänglich ist, wozu dann noch Therapie für Körper und Psyche? Wozu dann noch gesunde Ernährung?

Gesunde Ernährung kann unmöglich das Ziel des Lebens sein. Dann wäre auch Tanken der Sinn des Autofahrens. Vom Sinn der Kosmetik mal ganz zu schweigen. Die konsequente Einsicht in die Tatsache der Vergänglichkeit ist eine der Stufen, an denen die meisten stolpern. Drastisch zunehmende Depressionen (googeln Sie mal den TK-Depressionsatlas), grassierende Burnouts, Kopf- und Rückenschmerzen als Volkskrankheiten sind Ausdruck dieses Stolperns. Wie zu Anfang erwähnt, stolpern dabei nicht alle die Stufen nach oben. Häufig geht's erst einmal bergab. Selbst wenn es nach oben gehen sollte, sind die Übergänge von der einen zur anderen Stufe nicht unbedingt leicht.

Therapie hilft in diesen Fällen, aber sie rettet nicht vor der Physikalität des Todes. Therapie rettet auch nicht vor der Einsicht in die tägliche Vergänglichkeit. Im Gegenteil, Therapie, die den Tod ausklammert, ist meist Wellness für die Seele, die vielleicht kurzfristige Symptome lindert, aber auf Dauer innere und damit auch somatische Konflikte verstärkt.

Wozu also noch Therapie, in welcher Form auch immer? Die Antwort auf diese Frage ist erstaunlich leicht: Gerade weil Körper und Psyche vergänglich sind, lohnt es sich damit zu arbeiten. Die Einsicht in die Vergänglichkeit aller Dinge kann zu dem Wachstumsmotor auf allen Ebenen des Spektrums des Bewusstseins schlechthin werden. Dafür brauchen wir allerdings ein paar Buddhas in der Praxis.

11.2   Begegnung mit den Buddhas vom Dach der Welt

Es war meine erste Pilgerreise. Ein Freund, der schon länger als ich buddhistische Weisheit und westliche Therapie in seiner Wiener Praxis in Einklang bringt, hatte mich eingeladen, ihn und seine Freunde nach Dharamsala in Nordindien zu begleiten. „Damit du auch mal verstehst, worum es wirklich geht", so oder so ähnlich lauteten seine aufmunternden Worte, die ausreichend motivierend waren, um mich auf den Weg zu machen. Zu diesem Zeitpunkt hatte ich durchaus schon einige buddhistische Erfahrungen gesammelt, aber es hatte noch immer nicht richtig „Klick" gemacht.

Dharamsala am Fuß des Himalayas ist der Sitz des im Exil lebenden Dalai Lama. In den Klöstern der Umgebung leben weitere hohe Lehrer verschiedener buddhistischer Schulen. Allen diesen Schulen gemeinsam ist der tief empfundene Wunsch, dass alle Wesen dauerhaftes Glück erlangen mögen (Govinda 1990). Glück wird dadurch erlangt, dass der buddhistisch Praktizierende die Natur seines*ihres eigenen Geistes erkennt. Das ist einfach und schwierig zugleich. Da sich die wahre Natur des Geistes letztlich nur erfahren und nicht erklären lässt, entzieht sie sich einer westlich-wissenschaftlichen Erklärung. Bewusstsein im wortwörtlichen Sinne ist eben bewusstes Sein. Bewusstes Sein ist ebenso konkret erlebbar wie zum Beispiel der Geschmack von Erdbeeren. Allen biochemischen, gustatorischen und ähnlichen Beschreibungen zum Trotz (süß, fruchtig, prickelnd) wird jemand, der wirklich verstehen möchte, wie Erdbeeren schmecken, schließlich welche essen müssen. Das ist ganz einfach und danach braucht es auch kein weiteres Literaturstudium oder tiefgreifende Chemoanalyse zur Erdbeererfahrung.

Das Erleben des eigenen Geistes funktioniert genauso. Eine „biochemische" Beschreibung des Geistes ist auch hier nur bedingt hilfreich. Buddhistische Texte beschreiben die Natur des eigenen Geistes als „formlos, strahlend, dauerhaft glücklich, furcht- und grenzenlos" etc. (Nydahl 1994). Das liest sich ebenso angenehm wie eine Speisekarte. Um den wahren „Geschmack" der eigenen Geistesnatur allerdings wirklich zu verstehen, ist es aus buddhistischer Sicht früher oder später unabdingbar, sich auf ein Meditationskissen zu setzen. Erfahrung ist auch hier durch nichts zu ersetzen. Genauso wie in einem Restaurant nach dem Studium der Speisekarte das Essen bestellt wird, wird sich nach einem buddhistischen Vortrag mit aufgerichtetem Rücken auf ein Kissen gesetzt, um den Geschmack des eigenen Geistes zu kosten.

Hier gleicht westliche Therapie sehr der buddhistischen Weisheitslehre. Literaturstudium über die Natur der Psyche ersetzt nicht die Erfahrung einer Therapie. Sich in einen Therapiesessel einer*einem echten Therapeut*in aus Fleisch und Blut gegenüber zu öffnen, ist genauso herausfordernd, wie im Rahmen einer Meditation die Augen zu schließen und das Dröhnen der innere Stille zu realisieren. Auch westliche Therapie wünscht, dass die*der Klient*in Glück erfährt, welches dauerhaft ist und nicht gleich nach dem Schließen der Praxistür endet. Einer*m engagierten Therapeut*in liegt wirklich etwas daran, dass es seiner*m Klient*in besser geht, genauso wie ein buddhistischer Lama seinem Schüler wirklich wünscht, Befreiung oder Erleuchtung zu erfahren (Nydahl 2014). Furchtlosigkeit und Freiheit sind nach meinem Eindruck universelle Ziele in West und Ost.

Die Philosophien und Methoden sind unterschiedlich, das Ziel aber das gleiche. Wer wollte nicht sein persönliches Leid beenden und dauerhaftes Glück erlangen? Therapie genauso wie Meditation hilft der*dem Klient*in und Schüler*in, die Hindernisse auf dem Weg nicht nur zu erkennen, sondern auch aufzulösen. Beide Wege bieten erprobte Mittel, die auf empirischer Erfahrung zigtausender „Glückssucher*innen" aus West und Ost basieren. Beide anerkennen, dass es auf der Reise zu mehr Klarheit und Lebensglück nicht nur den einen Weg gibt. Lösungen sind unabhängig vom kulturellen Hintergrund, immer individuell und basieren auf Erfahrungswissen.

Westliche Therapie hat genau wie die buddhistische Weisheit verschiedene Schulen oder Wege entwickelt, um das Ziel „Glück" zu erreichen. Die Wege unterscheiden sich zwar in der Form nicht, aber im zu erreichenden Ziel. Die Frage „Ist Verhaltenstherapie besser als Psychoanalyse?" ist also falsch gestellt. Genauso wenig gibt es eine allgemein gültige Antwort auf die Frage „Welches buddhistische Zentrum ist das beste?" Wir können die verschiedenen Therapieformen, genauso wie die verschiedenen buddhistischen Schulen, als unterschiedliche Wege zum Gipfel eines Berges betrachten. Es gibt eben verschiedene Routen nach oben und auf den nach oben führenden Stufen stolpert fast jeder ein bisschen. Eine Westroute führt vielleicht über ein Eisfeld, während die Ostroute den Blick auf eine Bergwiese freigibt. Einige Wege sind leicht, andere sind schwer. Wanderer*innen auf verschiedenen Routen machen unterschiedliche Erfahrungen auf ihrem Weg, die Gipfelerfahrung ist jedoch für alle gleich.

Mit diesem Wissen ausgerüstet hatte ich das Glück, gemeinsam mit der Reisegruppe bei verschiedenen Audienzen den Dalai Lama und andere große buddhistische Lehrer treffen zu dürfen. All diese Begegnungen haben, aus heutiger Sicht, tiefe Spuren in mir hinterlassen und ich bin meinem Freund heute noch dankbar, dass er mich damals mit auf diese Reise genommen hat. Eine Begegnung auf der Pilgerroute ist mir jedoch ganz besonders im Gedächtnis geblieben.

An einem Abend machte das Gerücht die Runde, das der Tai Situpa in einem Hotel in Chandigarh „nur" 250 km entfernt von Dharamsala übernachten würde. Der Tai Situpa gilt als Emanation oder Ausstrahlung des Buddhas Maitreya, der auch als Buddha der Zukunft und zukünftiger großer Weltlehrer angesehen wird. Einen solchen Lehrer treffen zu können, Emanation hin oder her, gilt bei Buddhisten als großes Glück. In Indien bedeuteten 250 km gute sechs Stunden Fahrt, was auf dem Subkontinent einem Katzensprung gleicht. Also wurde ein Bus gechartert und die Gruppe, bestehend aus 20 Personen, machte sich auf den Weg. Wir hofften, vielleicht einen Segen, möglicherweise sogar eine Audienz zu bekommen. Tatsächlich hatten wir so gute Bedingungen, dass wir rechtzeitig in dem Hotel eintrafen und als einzige Pilgergruppe vor Ort sogar zu einer außerplanmäßigen Audienz vom Tai Situpa eingeladen wurden. Es war schon später Abend, als die Audienz begann. Der entspannt wirkende Tai Situpa bat uns nach einer kurzen Begrüßung darum, ihm doch einfach ein paar Fragen zu stellen. Ich saß relativ weit vorne, traute mich aber nicht, eine eigene Frage zu stellen, so sehr war ich von der schieren Präsenz des Lehrers beeindruckt. Plötzlich stellte ein Mitglied unserer Gruppe eine Frage, die mich aufhorchen ließ. Der Teilnehmer erzählte dem Lama, dass er schon seit Jahren an Depressionen litt und dass sein Leben ihm in vielerlei Hinsicht als unendlich problematisch und manchmal auch sinnlos erschien. Nach dieser Vorrede fragte er den Tai Situpa, ob dieser ihm nicht eine spezielle Meditation empfehlen könne, die ihm nach all den Jahren des Leids zu mehr Leichtigkeit im Leben verhelfen würde. Der buddhistische Lehrer hörte ihm aufmerksam zu und anstatt eine schnelle Antwort zu geben, schwieg er einfach für eine Minute. Im Raum war es mucksmäuschenstill geworden. Alle Teilnehmer*innen warteten auf die Antwort des Lamas. Der Lama aber antwortete auch nach einer Minute der Stille immer noch nicht und schwieg weiter. In dieser gefühlten Ewigkeit der Stille und des Schweigens gingen mir mehrere eigene Antworten durch den Kopf. Mein Antwortpanorama begann mit einem Anti-Angst-Training als erste Hilfemaßnahme für den Klienten, das ich manchmal in meinem Institut durchführe. Des Weiteren tauchten in mir körperorientierte Techniken gegen seine akuten Ängste auf, die schließlich in einer vorläufigen Analyse der Charakterstruktur des Fragenden samt der Ursache seiner depressiven Stimmungen mündeten. Der Tai Situpa hingegen sagte noch immer nichts.

Dann, nach einer weiteren gefühlten Ewigkeit, antwortete er. Seine einfache Antwort traf mich wie ein Schlag. Sie fegte einfach mit wenigen Worten alle meine analytisch-kognitiven Konzepte aus meinem Kopf.

Die Antwort lautete: „Well, you know, from an ultimate point of view, there are no problems."

Peng.

Das war alles. Damit war alles gesagt. Danach war mein Kopf leer.

Dann war in mir Stille, kein Ton.

Auch die Stille im Raum hielt an bis zur nächsten, nunmehr sehr zögerlich formulierten Frage, die sich auf eine spezielle Visualisierung in einer bestimmten Meditationspraxis bezog. Später, fast beiläufig erwähnte der Tai Situpa, dass wir Westler*innen viel zu viel Wert auf unsere Störgefühle legen würden. Störgefühle wie Wut, Trauer oder auch Verzweiflung können wir betrachten wie Wolken, die sich vor der Sonne verdichtet haben. Zwar verdunkeln diese Wolken manchmal unseren Blick auf die Sonne und lassen die Welt kalt und grau erscheinen. Das würde aber nichts daran ändern, dass die Sonne dennoch im Hintergrund immerzu scheine, auch wenn wir davon aufgrund unserer Störgefühle nichts mitbekämen.

Mich hat die Antwort damals in ihrer Einfachheit schlicht umgehauen. Erst sehr viel später konnte ich mir die starke Wirkung dieser Worte erklären.

Westliche Psychotherapie ist perfekt darin, die Wolken zu erklären und hat im Laufe der Jahre eine Unzahl von Methoden und „Wolkentechniken" entwickelt, damit der innere Himmel nicht mehr so grau erscheint. Bei weniger Wolken oder einer durchlässigen Wolkendecke haben die Sonnenstrahlen dann eine Chance uns zu erreichen. Dennoch bestand der westliche Fokus zumindest für lange Zeit darin, auf die Wolken zu schauen. Die östlichen Weisheitslehren, insbesondere die buddhistische Philosophie, fokussiert im Gegensatz dazu viel mehr die Sonne selbst. Meditationen sind „Sonnentechniken". In diesem Bild ist die Sonne die eigene freie Geistesnatur und die Wolken, die sie verdunkeln, sind die alltäglichen Verstrickungen, die wir seit anfangsloser Zeit in uns tragen.

Während der Meditation erfährt die*der Meditierende sich selbst in seiner*ihrer ursprünglichsten Form. Meditation lässt uns so gesehen unmittelbar die Wärme und unerschöpfliche Kraft der inneren Sonnennatur erfahren, während westliche Therapie den dunklen Wolken beim Abregnen hilft (Deshalb gibt es wahrscheinlich auch in beinahe jeder Therapiepraxis, die ich kenne, so viele Taschentücher. Diese befinden sich immer in Griffweite der*s Klient*in. Viele Wolken, viel Regen. Im Gegensatz dazu befindet sich in Meditationszentren selten ein Stapel Kleenex neben jedem Meditationskissen.)

Dieser Abend in Nordindien war für mich beglückend und irritierend zugleich. Beglückend deswegen, weil ich plötzlich wirklich spürte, dass es eine neue Dimension in mir gab, die ich bisher nur gewusst, aber nicht gefühlt hatte. Irritierend deswegen, weil ich mir in den darauffolgenden Wochen während meiner Arbeit immer wieder eine Frage zu stellen begann:

Was, um Gottes Willen, mache ich hier bloß?

Mir wurde schmerzlich bewusst, dass ich eine Wolkentechnik nach der anderen anwendete.

Nicht, dass meine bisherigen Wolkentechniken nicht effektiv gewesen wären.

Als Regenmacher war ich richtig gut. Natürlich hatten die von mir angewendeten analytischen, klientzentrierten und körperorientierten Werkzeuge ihren Sinn. Sie funktionierten wirklich gut und einige Himmel wurden sicher heller.

Aber so sehr ich auch danach suchte: Ich konnte in meinem ganzen therapeutischen Werkzeugkasten keine einzige echte Sonnentechnik entdecken.

11.3 Störgefühle oder Wachstumschance?

Das ist ein echtes Dilemma.

Aus buddhistischer Sicht gilt es, die großen Störgefühle hinter sich zu lassen. Das Mittel der Wahl, um das zu erreichen, ist die „Sonnentechnik"-Meditation. Meditation hilft Abstand zwischen der*m Meditierenden zu den sogenannten drei Störgefühlen oder buddhistisch „Geistesgiften" Anhaftung, Abstoßung und Verwirrung zu schaffen. Idealerweise ist die*der Meditierende dann irgendwann in der Lage, während sie*er in Stille sitzt, auf ihre*seine Störgefühle oder Geistesgifte zu schauen und sich nicht mehr davon einfangen zu lassen. Mit zunehmender Meditationspraxis überträgt sich die Meditationserfahrung dann auf den Alltag. Ein in Meditation erfahrener Mensch reagiert dann auf die Tücken des Alltags mit Gleichmut und Mitgefühl. Ganz gleich, was passiert, Steuerprüfung oder Paarkonflikt, Meditation führt dazu, alles gelassener zu sehen, und Konflikte als willkommene Chance, den eigenen Geist zu vervollkommnen, anzunehmen.

Psychologisch ist es möglich, die drei Geistesgifte mit Gier, Wut und Verblendung zu übersetzen. Meditation, in welcher Form auch immer, wird sicher dabei helfen, einen gesunden Abstand zum inneren Gefühlschaos zu schaffen. Was aber tun, wenn sich

Menschen gar nicht darüber bewusst sind, dass sie wütend, gierig und dazu noch unwissend bezüglich ihrer inneren Prozesse sind? Die Psyche ist da ziemlich tricky und hat ihre Verdrängungsmechanismen seit Jahrzehnten perfektioniert (Fenichel 1974; Hellbrügge 1973).

Was also tun, wenn Partner*innen über Jahre einen Paarkonflikt austragen und überzeugt davon sind, dass das Problem bei der*m Partner*in liegt und nicht in ihnen selbst. Die Vorstellung, dass sich ein Problem, welcher Natur auch immer, durch die Veränderung des Gegenübers oder der Umwelt schon magisch lösen wird, ist psycho-unlogisch. Psycho-logisch hingegen ist, dass alle Konflikte, die uns emotional belasten, Wiederholungen früherer ungelöster Kindheitskonflikte sind und unser Gegenüber nur die Projektionsfläche dieser inneren Auseinandersetzung ist. Die Gestalttherapie nennt das „Owning", was nichts anderes bedeutet, als dass wir selbst die „Owner", also Besitzer*in oder Ursache jeglichen Konflikts sind (Perls und Goodman 2018). Da sind sich buddhistische Philosophie und westliche Therapie ziemlich einig. Im Buddhismus heißt das dann vielleicht Karma, in der westlichen Psychologie analog Wiederholungszwang (Mentzos 1984). Anders formuliert reinszenieren sich immer wieder aufs Neue uralte intrapersonale Szenarien und wir hoffen, dass die sich diesmal endgültig lösen werden. Das ist jedoch seltenst der Fall. Da wir als Kinder keine Lösungsmuster entwickeln konnten, werden dementsprechend diese auch dem Erwachsenen fehlen (Mahler 2008). Wenn wir als Kinder also keine emotionale Antivirus-Software auf unsere innere Festplatte programmieren konnten (meist aufgrund mangelnder Vorbilder), steht uns später im Leben keine Lösungs-App zur Verfügung. Deshalb fühlen sich Konflikte meist auch gleich an. Immer scheint uns die*der Partner*in, Chef*in, Arbeitskolleg*in, Freund*in etc. „falsch" zu verstehen. Eine einfache Lösung bestünde darin, zunächst nach innen zu schauen und die Muster zu identifizieren, die unser Leben erschweren. Da sind sich übrigens alle therapeutischen Richtungen einig. Beziehung fängt innen an und äußert sich erst dann in der Umwelt. Die Umsetzung dieser Erkenntnis setzt allerdings eine Menge Mut voraus. Es setzt den Mut voraus, zuallererst bei sich selbst anzufangen. Es erfordert Mut anzuerkennen, dass wir alle ungelöste Wut in uns tragen („Die können doch alle nicht Auto fahren"), ungelöste Gier („Diesen neuen Fernseher muss ich unbedingt haben") und auch ungelöste Verwirrung („Ich versteh überhaupt nicht, was die alle von mir wollen"). Die alarmierende Zunahme von Depressionen, Burnouts etc. in unserer Gesellschaft sind die Öllämpchen, die darauf hinweisen, dass im inneren Fahrzeug bzw. der Psyche etwas ganz und gar nicht mehr stimmt. Spätestens dann ist es sinnvoll, nach dem internen Ölstand zu schauen, anstatt dem Gegenüber vorzuwerfen, dass er oder sie nicht die Warnlampe ausgewechselt hat. So ist sich ein*e Burnoutpatient*in oder Mobbingopfer selten bewusst, dass sich gerade ein Kindheitskonflikt reinszeniert. Auch hier gilt der therapeutische Grundsatz, dass Veränderung innen anfängt.

Das gilt für Körper und Psyche gleichermaßen. Ständig wiederkehrende Kopfschmerzen, Unfälle, Bandscheibenvorfälle etc. sind aus ganzheitlich evolutionär-integraler Sicht (petrole Ebene) Ausdruck eines ungelösten Konflikts, der sich in somatischer Spannung äußert und sich als chronisches Symptom manifestiert hat. Irrwitzigerweise wird allerdings häufig der Arbeitsplatz und nicht ein*e Beziehungspartner*in als Ursache der Beschwerden angesehen. Führen wir uns einmal vor Augen, dass die unteren Bandscheiben bis zu 500 kg pro Quadratzentimeter Druck aushalten können, wird klar, dass das klimatisierte Büro samt gefedertem Bürostuhl unmöglich der einzige Grund für chronische Rückenschmerzen sein. Genauso wenig besitzt ein*e Beziehungspartner*in die magischen Fähigkeiten, uns einen Kopfschmerz herbeizuhexen. Für unsere Spannungen sind wir selbst verantwortlich. Immerhin ist es ja auch unser Nervensystem, das den Schmerz in unserem Gehirn entstehen lässt. Das schaffen all die imaginären Hexer oder Hexen auf ihren fliegenden Ergolinestühlen um uns herum einfach nicht.

Das Dilemma, zumindest im Westen, besteht darin, dass die meisten Patient*innen oder Klient*innen den Zugang zu den Ursprüngen des Schmerzes in der inneren Welt mit allen darin zunächst unangenehmen Emotionen verloren haben (Kurtz 2007).

Gelingt es, den verschütteten Zugang wieder zu öffnen, sind Wut und Trauer meist das erste, was an die Bewusstseinsoberfläche dringt. Gelingt es, diese Emotionen wieder zu erleben und in einem sicheren therapeutischen Rahmen auszudrücken, dann entspannen sich Psyche und Körper gleichermaßen (Weiss 1987). Wir werden also wieder heil, wenn wir alle verdrängten Bewusstseinsinhalte nicht nur verstehen (dazu reicht es, ein Buch zu lesen), sondern uns erlauben, sie auch mit ganzer Kraft wieder zu erleben. Die Betonung liegt hier auf den Worten „mit aller Kraft". Erst dann findet eine innere Integration statt und wir verbrennen nicht weiter neunzig Prozent unserer Lebensenergie für unsere perfekt etablierten Verdrängungsmechanismen. Wenn wir uns erlauben, uns ohne jegliche Bewertung wieder voll zu erleben, wird Wut zu Mut und Tatkraft. Trauer wird zu Mitgefühl, Gier zu Demut und Verblendung wird zu Einsicht und Verständnis.

Dieses Vorgehen widerspricht allerdings radikal der buddhistischen Philosophie.

Hier geht ja vielmehr darum, sich von den Störgefühlen zu de-identifizieren und sie, weil Geistesgifte, eben nicht auszudrücken. In einem buddhistischen Seminar schlagen die Teilnehmer*innen während der Meditationspraxis in Gegenwart eines hohen Lama selten spontan blindlings auf ihr Meditationskissen ein und brechen danach in einer Tränenflut zusammen oder umgekehrt. Das mit den Tränen kommt vielleicht mal vor, würde dann von einem buddhistischen Lama zwar mit Mitgefühl begleitet, aber wahrscheinlich nicht noch extra unterstützt werden.

Was also tun?

Meditieren oder sich in Therapie begeben? Stille oder volle Fahrt voraus? Was hilft mehr?

Natürlich könnte ich jeden meiner Patient*innen erklären, dass er oder sie einfach die innere Buddha-Natur ignoriert und dass regelmäßige Meditation früher oder später zu der Erkenntnis führen wird, dass aus einer ultimativen Sicht eigentlich gar kein Problem existiert. Auch wenn das absolut betrachtet natürlich wahr ist, erscheint mir diese Intervention bei akuten Problemen wenig hilfreich. Ein*e Manager*in zum Beispiel mit Flugangst, deren*dessen Job deswegen auf der Kippe steht, wird damit nicht viel anfangen können. Offen gestanden habe ich mich das noch nicht getraut. Wenn der von mir zunächst präferierte therapeutische Weg also funktioniert und die*der Klient*in die

Flugangst im Griff hat, stellt sich allerdings immer noch das Problem mit der Vergänglichkeit. Wozu den Job bis zur Rente durchziehen, wenn am Ende doch alle privaten und
beruflichen Erfolge wieder vergehen? Wäre da nicht Meditation, die auf ein zeitloses
freies Bewusstsein zielt, von Anfang an viel sinnvoller gewesen?

Freud oder Buddha? Keine leichte Entscheidung.

11.4   Die Buddhas in der Therapie

Die Frage ist natürlich falsch gestellt.

Nach meiner Einschätzung führt, salopp formuliert, Meditation nicht notwendigerweise zu Neurosenfreiheit, und falls doch, dann dauert das bis zur Erreichung des Ziels
wahrscheinlich ein paar Inkarnationen. Umgekehrt führt Therapie sicher nicht zur
Erleuchtung, und wenn doch, dann wird das wahrscheinlich noch viel länger dauern.

Für eine sehr populäre Antwort auf die Frage „Was hilft mir im Moment mehr?" lassen sich die farbigen Bewusstseinsstufen, die Laloux auf Organisationsformen übersetzt
hat, wunderbar benutzen. Wir könnten behaupten, und das ist sicher nicht falsch, dass
Psychotherapie eher auf den unteren Stufen des Bewusstseins das Mittel der Wahl ist.
Ist also jemand psychisch oder somatisch „dicht", nutzt nach meiner Erfahrung Meditation eher wenig, kann in einigen Fällen sogar schädlich sein. Tatsächlich habe ich schon
einigen meiner Klient*innen dringendst dazu geraten, ihre spirituelle Praxis von Yoga
bis tantrischem Buddhismus für eine gute Zeit ruhen zu lassen. Wenn die feinstofflichen
Meditationstechniken auf eine historisch bedingt feste Psyche und verhärteten Körper
treffen, verschlimmern sich Probleme im Allgemeinen. Dann kann Meditation selbst bei
bester Absicht schaden.

Für jemanden, der primär auf der roten Bewusstseinsstufe (Wut, Zorn, Kampf) Leid
erfährt, eignen sich körperorientierte Therapien wie Bioenergetik, Biodynamik und
andere, die Spannung aus dem „Stiernacken" zu lösen als Einstieg sicher mehr als Ver-
schmelzungspraktiken mit Buddha-Aspekten. Buddhistische Visualisierungen prallen
locker an harten Körpern und verfestigten Psychen ab. Wenn die Meditation also trotz
intensiven Bemühens nicht zum gewünschten Erfolg (Glück und Entspannung) führt, ist
es Wasser auf die Mühlen bereits bestehender subtiler Schuldgefühle („Ich bin nicht richtig und mache alles falsch"). Symptome werden verstärkt und gut gemeinte Meditation
kann zu katastrophalen Ergebnissen führen.

Für stark kognitiv verspannte Menschen (orange) ist ein analytischer Zugang ein
geeigneter Zugang zum Selbst. Beim Yoga auf der Matte würde ein Kopfakrobat wahrscheinlich den Sinn einer Feueratmung zunächst mal bei Wikipedia googeln. Dann lieber
mit analytischen Werkzeugen „zwischen den Ohren" anfangen, statt falsch verstandene
Yoga mit Gymnastik zu verwechseln. „Eine gute Erklärung löst das Problem." Der Satz
stammt aus der systemischen Therapie (Hellinger 2015), und wenn jemandem endlich ein Licht aufgeht, kommt das für Menschen einer echten Erleuchtungserfahrung
zumindest nahe. (In diesem Zusammenhang erinnere ich mit großer Freude an einen

Patienten, der mit der Frage gekommen war, ob er entweder „völlig verrückt oder einfach nur sozial nicht kompatibel" sei. Nach nur wenigen Stunden, primär gefüllt mit kognitiven Erklärungen zur sogenannten schizoiden Charakterstruktur, kam er von selbst zu dem Ergebnis, dass beide seiner Annahmen richtig gewesen sind und er gerade deshalb völlig o.k. sei.)

Fühlt sich jemand isoliert und traut sich nicht, Weihnachten auch mal ohne die Eltern zu verbringen (blau, traditionell), bietet die erfahrungsorientierte Gestalttherapie mit ihren unkonventionellen Interventionen eine tolle Möglichkeit, den nächsten Heiligen Abend schuldfrei auf den Malediven zu verbringen. Genauso wirksam sind erfahrungsorientierte Therapien für die Krankenschwester, die sich in ihrem Job ausnutzen lässt und sich nicht traut „Nein" zu sagen (grüne Ebene). Bei gutem Therapieverlauf und etwas Mut sollte sie nach einem guten Jahr die Pflegedienstleitung innehaben, oder sie verwirklicht endlich ihren Jugendtraum und studiert noch einmal Psychologie. Dies ist natürlich eine mehr als grobe Vereinfachung von Therapiemethoden. Die Darstellung soll nur verdeutlichen, dass der bunte Therapiemarkt für jeden etwas zu bieten hat und dass, wenn jemand wirklich etwas zum Besseren verändern möchte, Therapie auch funktioniert.

Folgen wir weiter einer klassischen Sichtweise, ist erst, wenn Menschen aus Fülle statt Mangel handeln (petrol), Meditation die natürliche Fortsetzung der Therapie mit anderen Mitteln. Therapie macht so betrachtet psychisch und somatisch den Weg frei, damit wir danach ungestört von inneren Prozessen und verspannten Rückenmuskeln in Ruhe meditieren können. Kurz: Erst die Neurosen lösen, dann Erleuchtung erfahren.

Meine Erfahrung als Klient und Therapeut ist eine ganz andere.

Ich empfinde inzwischen keinen Unterschied mehr zwischen einer gelungenen Therapiesitzung oder Meditationsstunde.

Beide sind Ganzheitserfahrungen.

Beide sind zwei Seiten einer Medaille und die Erfahrungen in einer Therapiestunde unterscheiden sich nur in ihrer Form, nicht aber ihrem Inhalt nach von einer „Sitzung" auf einem Meditationskissen.

Nicht umsonst hat Fritz Perls, der geistige Vater der Gestalttherapie, einmal in einem Interview gesagt: „Wenn Sie etwas über Zen wissen, dann wird es mir vielleicht möglich sein, Ihnen etwas über Gestalttherapie zu vermitteln."

Perls bezog sich in dem Gespräch auf das Feld, das sich eröffnet, wenn Klient*in und Therapeut*in wirklich miteinander in Kontakt treten. In diesem Kontaktraum vollzieht sich die Magie der Begegnung mit sich selbst, der*dem anderen und dem Universum. Kontakt kennt keine Trennung oder Grenzen. Meditation auch nicht. Heilung, die sich in diesem Raum entfaltet, ist nur erfahrbar, aber nicht messbar. Von außen betrachtet haben in einer Gestaltsitzung zwei Menschen einfach nur miteinander geredet oder gemeinsam experimentiert. Das Wesentliche bleibt dabei unsichtbar. Auch in einer Meditationssitzung sitzen Menschen scheinbar einfach nur auf einem Kissen herum, ohne etwas Besonderes zu tun. Auch hier entzieht sich innere Erfahrung dem äußeren Betrachter.

Um zu erfahren, wie Erdbeeren schmecken, müssen wir sie essen. Das gilt für vieles im Leben, insbesondere aber für Therapie und Meditation.

Wie also umgehen mit den sogenannten Störgefühlen Wut, Trauer, Aggression, Lust und Schmerz, die aus einer ultimativen Sicht, weil Illusionen des Geistes, ja eigentlich kein Problem sind?

Aus einer integralen Sicht (petrol) sind unsere Emotionen und Instinkte keine Störungen oder Geistesgifte, sondern einfach nur extrem starke Energien, die nach Ausdruck suchen. Anstatt sie verzerrt und damit destruktiv im Alltag auszuleben, bietet die Therapie mächtige Energien und fürchtet nicht die außerordentliche Chance, ehemals negativ besetzte Energien voll zu entfalten. Therapie ist Liebe in Aktion. Therapie führt genau wie Meditation zu einer Ganzheitserfahrung. Während Meditation darauf zielt, Abstand vom Emotionspool (Wolken) und damit innere Stille zu erlangen, springt existenzielle Therapie mitten in die Wolken hinein.

Werden die zum Teil jahrzehntelang unterdrückten Impulse voll und ganz wieder erlebt, ist das eine überwältigende Erfahrung, die vom Ego des Klienten nicht viel überlässt (Van Lommel 2009). Die Wolken regnen ab und auf den Sturm folgt auch Stille. Genau genommen sind Wolken und Sonne auch nur Teile eines viel größeren Universums. Emotionen sind genauso wie Sonnenstrahlen energetische Ausdrucksformen *eines* Bewusstseins. Anstatt also eine Wut zu haben und dagegen anzukämpfen, bietet Therapie die Möglichkeit, sich selbst in sicherem Rahmen in der Wutenergie zu verlieren. Verschmilzt ein*e Klient*in mit ihrem*seinem Gefühl, verliert sich jegliches Gefühl der Trennung. Die*der Klient*in ist in diesem Moment ganz. Ganz Energie, ganz Ausdruck, ganz und gar energetische Fülle. Die Augen funkeln, der Körper ist durchblutet wie noch nie, und das Empfinden einer grenzenlosen Kraft dehnt sich machtvoll in jeder Zelle des Körpers aus. Die*der Klient*in erlebt ihr*sein volles emotionales und, weil sie Spiegelungen eines Universums sind, auch ihr*sein geistiges Potenzial. Die künstliche Trennung von Körper, Psyche und Geist löst sich im Donner des Erlebens auf.

Nicht nur Wut transformiert uns. Natürlich sind auch Trauer und Schmerz machtvolle Energien. Wenn wir so mutig sind, auch in diesen Emotionspool zu springen und uns selbst nicht weiter zu verdrängen, ist das Ergebnis unbezahlbar. Weite und Friede sind plötzlich keine Begriffe mehr, die in Büchern stehen, sondern werden im Hier und Jetzt erlebt. Plötzlich existieren keine Störungen mehr, keine Geistesgifte, keine Etikettierungen. Alles wird als Energie erlebt.

Zu Anfang ist das schwierig und gelingt nur in Maßen. Die Stimme versagt, der Körper scheint gelähmt und die*der Klient*in hat das Gefühl, dass sie*er das niemals schaffen wird. Die*der Therapeut*in erscheint als grober Bursche oder garstiges Mädchen, die einen sowieso nicht verstehen, und dazu wird auch noch Unmögliches verlangt.

Das ist beim Meditieren übrigens genau das Gleiche. Die anderen um einen herum scheinen schon so weit zu sein, und ich selbst denke beim stillen Atemzüge-Zählen ständig an den Einkaufszettel. Ganz nebenbei tun die Knie unglaublich weh, die Zeit vergeht quälend langsam und so wie der Meister da vorne werde ich sowieso nicht, von der Verwirklichung der eigenen Buddha-Natur ganz zu schweigen. Nichts scheint mehr zu funktionieren und Frustrationstoleranz ist das einzige, was einen dann noch rettet. Natürlich ist es nicht leicht, nichts zu tun. Unser Unterbewusstsein läuft Amok, wenn es kein Futter mehr bekommt. Von wegen geistige Stille! Wenn Bewusstseinsentwicklung so einfach wäre, würden wir doch alle nur noch Raffaello essen und weiß gekleidet einen „Endless Summer" genießen. Das fühlt sich in einer Achtstundenmeditation so gar nicht sommerlich an. Endlos vielleicht, aber sicher kein Sommer.

Dann macht es „Peng".

Plötzlich gelingt es dem Geist, sich für einen kleinen Moment wirklich zu beruhigen und alles dehnt sich unmittelbar aus. Vielleicht tun die Knie noch weh, aber das ist nicht mehr wichtig. Nichts ist mehr wichtig. Etwas völlig anderes geschieht. Das, was geschieht, lässt sich unmöglich in Worte fassen. Mit einem Lächeln wird der eine Geschmack von „Erdbeeren" erfahren. Auch in der Therapie hat es lang gedauert und scheinbar ging nichts wirklich voran. Dann macht es auch da Peng und die sogenannten Geistesgifte, von denen wir nicht mal ahnten, dass sie überhaupt vorhanden sind, brechen mit voller Kraft durch die Oberfläche des Bewusstseins.

Es entstehen Kraft, Ausdruck, Weite, Fülle und schließlich eine tiefe Stille. Im Moment der voll erlebten Emotion, aber auch in der Stille danach gibt es kein Trennungsempfinden mehr. Verbundenheit zu sich selbst, zum therapeutischen Gegenüber und zur Welt dehnt sich grenzenlos aus. Demut und Mitgefühl gegenüber der eigenen Schönheit und Größe sind der Nebeneffekt der eingenommenen therapeutischen Medizin.

Es auch keinen Unterschied mehr zwischen Therapie und Meditation. Die Frage nach dem richtigen Weg löst sich auf. Die Begriffe Richtig und Falsch lösen sich in einem therapeutischen Setting genauso auf wie in einer Drei-Lichter-Meditation des tibetischen Buddhismus. Beides, Meditation und Therapie, sind Liebe in Aktion. Beides sind Werkzeuge, die auf etwas Größeres deuten.

Das ist die einzigartige Chance, die westliche Therapien der östlichen Weisheit hinzufügen.

Keine neuen Erkenntnisse des Geistes, aber einen weiteren Weg zum Gipfel.

Technisch betrachtet ähnelt sich die „Methodik" von humanistischer Therapie und angewandter Meditation in erstaunlich vielen Aspekten. Visualisierungen gehören in beiden Wegen meist zur Werkzeugkastenstandardausrüstung dazu. Richtig angewendet macht es in der inneren Erfahrungswelt keinen Unterschied, ob das „Selbst", das innere Kind oder einen Buddha-Aspekt visualisiert wird, um schließlich damit eins zu werden. Beide Wege arbeiten mit Wiederholungen. Ein buddhistisches Mantra wird manchmal mehr als 100.000-mal wiederholt, bevor es einen Effekt erzielt. Das Gleiche gilt für innere Sätze, die ein*e Klient*in im Rahmen einer Hausaufgabe innerlich wiederholt, um ihre*seine Psyche als Ausdruck ihres*seines Bewusstseins neu zu „programmieren".

Beide Wege gehen davon aus, dass es möglich ist, bestehende geistige Muster zu transformieren. Eigenverantwortliches Üben ist in beiden Wegen wesentlicher Bestandteil eines Wachstumsprozesses. Der Kontakt zur*m Lehrer*in auf dem buddhistischen Weg ist genauso relevant wie der Kontakt zur*m Therapeut*in aus westlich therapeutischer Sicht.

Beide, buddhistische*r Lehrer*in wie Therapeut*in, sollten selbstverständlich das, was sie lehren, auch schon selbst verwirklicht haben. Zumindest sollten sie sich ehrlich darum bemühen. Technik hin oder her, ohne Vertrauen geht auf beiden Wegen gar nichts. Vielleicht hat in Bezug auf die Vertrauensentwicklung der therapeutische Zugang sogar effektivere Werkzeuge entwickelt als der rein meditative Weg. Lassen Klient*in und Therapeut*in wirklich Kontakt zu, wird Therapie zur Meditation. Integriert die*der Meditierende während der Vertiefung seine*ihre Persönlichkeitsanteile, wird Meditation zur Therapie.

Beide Wege stimmen darin überein, dass ein vorläufig zu erreichendes Ziel existiert. Der*m Klient*in oder Schüler*in soll es auf Dauer besser gehen und es sollen sich auf dem Weg zeitlose Werte wie Liebe, Mitgefühl, Freundschaft etc. entfalten.

Die Unterscheidung von „Wolkentechniken" und „Sonnentechniken" ist eine Illusion. Beide spiegeln nur verschiedene Betrachtungsweisen des Bewusstseins. Werden sie in ihrer Essenz erlebt, lösen sich alle Unterscheidungen auf.

11.5 Servant Leadership

Laloux' Beschreibung zukünftiger Führungspersönlichkeiten auf der derzeit höchsten Bewusstseinsstufe petrol beschreibt die*den sich dienlich machende*n Leiter*in eines Unternehmens.

Mir gefällt der Begriff des Servant Leaders ausgesprochen gut. Er erscheint mir auf alle Bereiche des Lebens anwendbar. Natürlich sollten wir zunächst für uns selbst (intrapersonal) eine Führungspersönlichkeit sein. Jenseits von Anhaftung, Abstoßung oder Verwirrung könnten wir lernen, so mit uns selbst umzugehen, dass wir uns nicht nur für uns selbst wohlfühlen, sondern gleichzeitig möglichst viele andere von unserem inneren Wohlgefühl profitieren. So können Egoismen (Ich denk jetzt erst mal an mich selbst) genutzt werden, um Altruismus zu kultivieren (Wenn's mir gut geht, geht's auch meinem Umfeld gut). In Beziehungen (interpersonal), ganz gleich ob privat oder beruflich, kann die Verwirklichung von Dienlichkeit sicher das Verständnis der Kommunikationspartner*innen untereinander erheblich verbessern. Gelingt das, dürfte eine neue Beziehungskultur entstehen, die achtsam damit umgeht, dass es dem anderen mindestens so gut geht wie uns selbst. Dass eine solche Haltung gut für die Welt ist (transpersonal), steht wohl außer Frage.

Wann immer ich das Glück hatte, auf echte Lehrer zu treffen (buddhistische Lamas, meine psychologischen Ausbilder*innen, Therapeut*innen und andere), hatten diese, wenn ich sie im Nachhinein betrachte, das „Servant Leadership" längst in sich verwirklicht. Was ich am meisten von ihnen mitnehmen durfte, war die Botschaft, dass Veränderung immer innen anfängt, um sich dann im Erleben der Welt zurückzuspiegeln. Insofern fände ich es wünschenswert, dass sich das Wissen um Bewusstseinsstufen samt den dazugehörenden psychischen Strukturen in allen Bereichen unserer Gesellschaft etabliert. Es ist unendlich hilfreich zu erfahren, wie Bewusstsein wirklich funktioniert. Wenn ich dann und wann auf dem Weg stolpere, fällt das Aufstehen leichter. Nach dem dritten Stolpern habe ich dann die verborgene Treppenstufe erkannt und kann einen beherzten Schritt nach oben machen.

Als ich gerade in der letzten Woche mal wieder schlauer als mein Navi sein wollte („Den Stau umfahre ich locker, ich kenne mich doch hier aus!"), hat mir das gleich anderthalb Stunden mehr Lebenszeit im Auto beschert. Als ich endlich wieder auf der ursprünglichen Route war, habe ich für einen Augenblick einen Navikommentar im Sinne eines „Hab ich Dir doch gleich gesagt. Wieso hörst du eigentlich nie auf mich …" erwartet. Nichts von dem geschah. Das Navi agierte als perfekter Lehrer oder Therapeut für mich. Gleichmütig, geduldig und vorurteilsfrei hat es mich liebevoll („Jetzt bitte rechts abbiegen!") trotz meiner Hybris sicher nach Hause gebracht. Ich kann mir dieses Phänomen im Moment nicht anders erklären, als dass die Programmierer*innen des TomTom wahrscheinlich tief verwirklichte Meister sind, die selbstverständlich auch alle ihren psychischen Schatten längst integriert haben. Servant Leadership in Perfektion.

Ganz gleich, welchen Umweg zu uns selbst wir auch eingeschlagen haben: Therapie und Meditation sind praktisch anwendbare Navigationssysteme, die jeden, der sie bewusst benutzt, sicher nach Hause bringen.

Literatur

Borasio GD (2013) Über das Sterben. Beck, München
Brisch H (2015) Trauma und Bindung. Klett-Cotta, Stuttgart
Downing G (2007) Körper und Wort in der Psychotherapie. Kösel, München
Fenichel O (1974) Hysterien und Zwangsneurosen. Wissenschaftliche Buchgesellschaft, Darmstadt
Govinda A (1990) Der Weg der weißen Wolken. Scherz, München
Hellbrügge T (1973) Die ersten 365 Tage im Leben des Menschen. Knaur, Landsberg
Hellinger B (2015) Ordnungen der Liebe. Carl-Auer, Heidelberg
Kurtz P (2007) Botschaften des Körpers. Kösel, München
Mahler M (2008) Die psychische Geburt des Menschen. Fischer, Berlin
Mentzos S (1984) Neurotische Konfliktverarbeitung. Fischer, Frankfurt
Nydahl O (1994) Über alle Grenzen. Joy, Sulzberg
Nydahl O (2014) Von Tod und Wiedergeburt. Droemer Knaur, München
Perls H, Goodman (2018) Gestalttherapie. Klett-Cotta, Stuttgart
Van Lommel P (2009) Endloses Bewusstsein. Patmos, Ostfildern
Weiss B (1987) Auf den Körper hören. Kösel, München
Wilber K (1994) Das Spektrum des Bewusstseins. Rowohlt, Reinbek
Yalom I (2010) Existentielle Psychotherapie. EHP, Gevelsberg

Bernhard Voss ist Osteopath (zertifiziert DMOH*), Physiotherapeut, Heilpraktiker, Gestaltpsychotherapeut (tiefenpsychologisch fundiert) und viel zu selten Tauchlehrer.

Durch den Unfalltod seines Bruders kam er zum Diamantwegbuddhismus und folgt seitdem den Weisheitsspuren seiner Lehrer.

Er unterrichtet die Verbindung von medizinischem Wissen und praktischer Psychologie seit über 25 Jahren an verschiedenen Institutionen. Als eher „unorthodoxer" Dozent für Körper- und Organsprachen, Charaktertypologien und Beziehungsdynamiken unterrichtet er in den KSP-Seminaren sein Credo, dass die Psyche logisch ist, wie ein Organ funktioniert und somit einfach zu verstehen ist. Buddhistische Grundeinsichten bilden dabei den schwebenden Hintergrund seiner Seminare.

Von 2002–2013 war er Ausbildungsleiter und Mitinhaber des Voss-Lehnen-Instituts. 2012 gründete er das VOSS-INSTITUT (VI) in Hamburg. Er unterrichtet seine Sicht von Therapie mit der IMpuls® Körper-Gestalt-Coaching Methode und dem Compact-Essenztraining, einer Synthese aus Osteopathie und Psychodynamik. Weiter ist Bernhard Ausbildungsleiter und Trainer für VI-Aufstellungen, der Synthese von systemischer Aufstellungsarbeit und Gestalttherapie.

Bernhard hat eine Praxis für Einzel- und Paartherapie, Osteopathie, Coaching und Supervision in Hamburg.

Weiter Informationen zu Bernhards Seminaren und Ausbildungen gibt es unter:

www.voss-institut.de.

Konzept des Kulturwandels – Erfahrung des Leadership³ Festivals

Hendryk Obenaus

Das Olympiagelände in Berlin. Die Sonne scheint auf den Rasen. Menschen mit Koffern und Rucksäcken reisen aus ganz Deutschland an, um am diesjährigen Festival der Perspektiven von Leadership³ im Haus der Sportjugend ihren Teil beizutragen. Begrüßt werden sie teils mit Umarmungen, teils mit interessierten Blicken, teils etwas formaler. Sie bekommen ihre Zimmerschlüssel und staunen über die Einrichtung. Die Wände der Räume sind mit Bildern, Sprüchen oder Grafiken über Veränderungsmodelle dekoriert. Auf dem einen steht zum Beispiel: „Verantwortliche Freiheit statt starrer Regeln", auf einem anderen: „Mission statt Ablenkung." Die Atmosphäre ist bereits am Anfang kreativ-entspannt, auch wenn einige Neuankömmlinge sichtlich aufgeregt und fragend sind. Was erwartet sie hier wohl?

Die Versprechungen sind groß. Es geht um nichts Geringeres als vier Tage lang selbst eine neue kooperative Führungs- und Arbeitskultur zu leben. Dafür wurden die Menschen schon im Vorfeld als Teilgeber*innen und nicht als Teilnehmer*innen eingeladen. Denn jede*r trägt selbstverantwortlich seinen und ihren Teil bei zu dieser Kultur. Diese soll sowohl zutiefst menschlich als auch selbstorganisiert und damit kollektiv-intelligent, effektiv und wandlungsfähig sein. Ein wichtiger Baustein, um schwarmintelligente und agile Organisationen aufzubauen, die die Intelligenz besitzen, adäquat und innovativ mit den gesellschaftlichen und wirtschaftlichen Herausforderungen des 21. Jahrhunderts umzugehen.

Die Fragen und Motivationen der einzelnen Menschen, die zum Festival kommen, sind dabei sehr unterschiedlich und auf einen spezifischen Aspekt dieser Kultur ausgerichtet.

Wie kann ich mehr Menschlichkeit an meinem Arbeitsplatz leben? Kann ich hier eine Inspiration für eine Änderung hin zu einer herzlicheren Zusammenarbeit finden? Kann

H. Obenaus (✉)
Küstriner Vorland, Deutschland
E-Mail: hendryk.obenaus@leadershiphoch3.de

© Springer-Verlag GmbH Deutschland, ein Teil von Springer Nature 2019
H. Parnow und P. Schmidt (Hrsg.), *Zusammen arbeiten, Zusammen wachsen,*
Zusammen leben, https://doi.org/10.1007/978-3-662-58965-6_12

ich mein Team agiler gestalten? Ich möchte ein Projekt mit anderen zusammen gestalten. Wie geht das besser? Ich möchte einfach ein paar Tage in einer zutiefst menschlichen Atmosphäre verbringen und dabei gleichzeitig lernen, wie ich meine eigene Wirksamkeit im Alltag verbessern kann. Ich führe selbstorganisiertes Arbeiten in meinem Unternehmen ein. Wie geht dieser Transformationsprozess? Welche Arbeitskultur unterstützt mich, in meinem Unternehmen innovativer zu arbeiten? Wie kann ich herausfinden, was ich wirklich, wirklich will? Wie kann ich der Welt am besten dienen?

Das Festival beginnt. Auf einer Beamerleinwand erscheinen verschiedene Bilder unserer Welt. Szenen über die Herausforderungen von Umweltverschmutzungen werden gezeigt. Die Schere zwischen Arm und Reich, die immer komplexer werdenden globalen Wirtschaftskreisläufe und die vielen politischen Verwirrungen mit ihren häufigen Richtungswechseln werden in ihrem komplexen Ausmaß in den Bildern angedeutet. Die mannigfaltigen Herausforderungen unserer VUCA-Welt werden deutlich. Das Akronym VUCA setzt sich aus den Begriffen Volatility, Uncertainty, Complexity und Ambiguity zusammen. Es beschreibt unsere Welt, wie in den gezeigten Bildern ersichtlich, mit radikalen kaum vorhersehbaren Veränderungen und schwieriger berechenbaren disruptiven Erscheinungen, wie z. B. dem Auftauchen neuer Technologien. Hinzu kommt eine komplexe Dynamik unserer Systeme und mehrdeutige Ursachewirkungszusammenhänge, wie z. B. die ansteigenden Flüchtlingsbewegungen Richtung Deutschland. Was morgen passiert, wird immer schwerer vorhersehbar.

Die Szenen wechseln abrupt zur landschaftlichen Schönheit unserer Erde. Bilder von felsigen Bergen, satten Landschaften und beeindruckenden Flüssen und urigen Wäldern huschen über die Leinwand. Nun werden architektonisch stilvolle Gebäude gezeigt, lachende Menschen und kunstvoll gestaltete Dörfer. Hier ein Projekt zur Wasserversorgung eines afrikanischen Dorfes, dort der Fall der Berliner Mauer, hier Gandhi und Martin Luther King in ihren Reden. Weitere gesellschaftlich-zivilisatorische Errungenschaften beleben die nächsten Bilder. Und schließlich wird der Fokus auf uns als Menschen gelenkt. Wir Menschen, welche die Gestaltungskraft haben, unser Leben und unsere Welt so zu gestalten, wie es unseren tiefsten kollektiven Wünschen entspricht. Wenn wir das wirklich wollten. Die Kraft und die Intelligenz stecken in jedem*jeder Einzelnen von uns. Für welche Welt entscheidest du dich? Wozu trägst du bei, dass diese Welt eine bessere wird? Das sind Grundaussagen der letzten Szenen.

Eine kurze Stille im Raum. Das herzliche „Willkommen zum Festival der Perspektiven" löst die Spannung im Saal auf. Der Veranstalter Leadership[3] stellt sich als selbstorganisiertes Netzwerk vor, welches seit sieben Jahren Individuen und Organisationen bei der Entwicklung kollektiver Führung begleitet. Kollektive Führung beschreibt dabei eine Kooperationskultur, in der möglichst alle dynamisch, dezentral und zeitlich versetzt Führungsinitiativen und -aufgaben übernehmen. Dementsprechend ist sie von hoher individueller Selbstverantwortung eines und einer jeden*jeder Einzelnen, von dynamischen Organisationsstrukturen (siehe auch Laloux 2015; Oestereich und Schröder 2016), hoher kollektiver Feldbewusstheit und schwarmintelligentem Handeln gekennzeichnet (siehe folgende Übersicht 1).

Übersicht 1: Definition kollektive Führung

Kollektive Führung beschreibt eine Kooperationskultur, in der möglichst alle dynamisch, dezentral und zeitlich versetzt Führungsinitiativen und -aufgaben übernehmen. Nicht die Führungsposition, sondern die situativ höchste Kompetenz bestimmt die Musterbildung von situativer Hierarchie. Die situative Hierarchie kann von zeitlich sehr kurzweilig bis zu längeren Zeiträumen alles umfassen. Die Organisations- und Prozessstrukturen und Praktiken sind dementsprechend dynamisch-flexibel. Kollektive Führung ist von hoher individueller Selbstverantwortung eines jeden einzelnen Menschen, tiefer menschlicher Verbundenheit, hoher kollektiver Feldbewusstheit und schwarmintelligentem Handeln gekennzeichnet. Schwarmintelligentes Handeln zeigt sich u. a. durch besonders hohe gemeinsame Innovationskraft, Wandlungsfähigkeit und Effektivität.

Kollektive Führung beruht auf einem Menschenbild von selbst motivierten, nach Eigenverantwortung strebenden Menschen, die gerne werteorientiert, sinnerfüllt handeln und in der Welt wirken wollen. Dies entspricht der Ganzheitlichkeit des Menschen, wie es Frederic Laloux (Laloux 2015) in vielen evolutionären Organisationen gefunden hat. Ganz praktisch zeigt sich kollektive Führung, dass jede*r zu seiner*ihrer Zeit und in ihrem*seinem Tempo manchmal Führungsaufgaben übernimmt. Manchmal führen wenige, weil sie die situativ höchste Kompetenz besitzen, manchmal führen alle gleichzeitig. Manchmal werden Entscheidungen im Konsens, soziokratischen Konsent (Buck und Villines 2007) oder im Einzelentscheid gefällt. Somit erfährt die Gruppe abwechselnde Führung, dynamisch-flexible Rollenstrukturen, die von verschiedenen Menschen zu verschiedenen Zeiten ausgefüllt werden. Ein intelligentes durch Methoden und Strukturen unterstütztes Zusammenspiel der im Raum oder innerhalb einer Organisation anwesenden Kompetenzen und Stärken kann sich so entfalten. Mit der Zeit zeigen sich so kollektiv-intelligente Phänomene, wie außergewöhnliche Gruppenkohärenz und überraschend intelligente und innovative Ideen. Kollektive Führung befähigt eine Organisation, wandlungsfähig, selbstorganisiert-agil und schwarmintelligent zu handeln. Dabei ist Leadership³ als Organisation selbst das größte Experiment. Sie leben und erproben selber diese neue Arbeitskultur. Ihre Erfahrungen und Fähigkeiten machen sie in einem viertägigen Festival der Perspektiven und in einer Jahresausbildung für andere zugänglich.

Nun wird noch einmal die spezifische Ausrichtung des Festivals erklärt. Es geht erstens darum, dass alle Teilgeber*innen selbst als Experiment in eine Kultur kollektiver Führung eintauchen und sie erleben. Und damit neue kooperative Führungskompetenzen und Praktiken für den Alltag zu erlernen und zu vertiefen. Zum anderen bietet das Festival

Raum, um gemeinsam Fragen zur Selbstführung, zur Organisationsführung und zum ganz persönlichen Beitrag für die Welt zu erforschen. Hauptfragen sind dabei folgende: Wie können Ansätze der kollektiven Führung, Praktiken von New Work und Agilität uns in unserer persönlichen Wirksamkeit unterstützen? Wie können wir Organisationen und Projekte selbstorganisiert und agil gestalten, um den Herausforderungen unserer Zeit gerecht zu werden. Wie funktionieren kollektiv geführte Unternehmen? Wie würdest du eine agile und zukunftsfähige Organisation gestalten, wenn du plötzlich Geschäftsführer*in eines Unternehmen bist? Wie sieht das persönliche Leben und Arbeiten in einer Welt von kollektiver Führung und New Work aus? Welchen Beitrag für die Welt hat es?

In der nun folgenden Festivalbeschreibung wird der Fokus auf die Bedeutung von Kommunikation und zutiefst menschlicher Begegnung für schwarmintelligente Organisationen gelegt. Ganz im Sinne der Systemtheorie, die sagt, dass Organisationen aus Kommunikationsmustern (Luhmann 1984) bestehen, stellt sich die Frage, welche Art der Kommunikationsqualität wir dafür brauchen. Dabei werden im Nachfolgenden auch konkrete hilfreiche Praktiken beschrieben, die auf dem Festival vermittelt werden. Auf weitere inhaltliche Fragen zu Organisationsstrukturen, selbstorganisationsfördernden agilen Methoden und Meetingdesigns, die Teil des umfassenden Kulturwandels sind, wird nur in soweit eingegangen, dass es dem Gesamtverständnis dient.

Nach der ersten Festivaleinführung beginnen nun die ersten Übungen, um sich als Teilgeber*innen kennenzulernen. Wer bist du? Was treibt dich hierher? Welche Herausforderungen hast du? Was ist deine Vision in deinem Leben? Was willst du wirklich, wirklich im Leben? Dabei finden sich die Teilgeber*innen in Dreiergruppen zusammen. Das Format ist simpel (Übersicht 2). Eine Person hat fünf Minuten Zeit, um zu der einen oder anderen Frage den anderen beiden Wesentliches über sich zu erzählen. Daraufhin geben die anderen beiden wertschätzend ihre Eindrücke wieder, stimmen sich emotional und intuitiv auf das Gesagte ein oder paraphrasieren einfach nur das Gehörte. Jedoch hören sie nicht nur die Worte, sondern hören mit allen Sinnen zu. Echte und ehrliche Begegnungen finden in den ersten Stunden des Festivals statt.

Übersicht 2: Kennenlernübung
1. Die Gruppe teilt sich in Dreiergruppen ein. Zunächst wird festgelegt, wer Person A/B/C ist.
2. Person A erzählt 5–7 Min. über die Fragen: Wer bin ich? Warum bin ich hier?
3. Im Anschluss haben Person B/C 5 Min. Zeit, ein wertschätzendes Feedback zu geben. (z. B. Was habe ich gehört? Was hat mir besonders gefallen? Was war neu für mich? Was habe ich gefühlt, als ich dich gehört habe? Wie fühle ich dich, wenn ich dir begegne? Welchen ersten Eindruck habe ich von dir?)
4. Danach folgt Person B mit ihrer Frage und dem anschließenden Feedback der anderen.
5. In der dritten Runde beantwortet Person C die Frage und erhält anschließend wertschätzendes Feedback von den anderen.

Am Ende der Übung können die einzelnen Dreiergruppen in der Großgruppe die Essenz des Erlebten kurz mitteilen.
Variationen der Fragen:
Was will ich wirklich, wirklich?*
*Inspiriert von Frithjof Bergmann (Bergmann 2004)

Besondere Erfahrungen sind diejenigen, die sich ganz speziell auf ein intuitives Begegnen beziehen. Auch hier finden sich Dreiergruppen zusammen (siehe Übersicht 3). Ein*e Teilgeber*in stellt eine Frage und die anderen beiden stimmen sich intuitiv auf den*die anderen ein und horchen in sich, welche Antworten ihnen kommen. Diese Antworten können auch in Form von Geschichten, Bildern und Körperempfindungen sein. Sie können von abstrus bis konkret sein. „Wenn ich mich auf dich einstimme, dann sehe ich einen Wanderer in der Wüste" oder „Mein Eindruck ist, dass es in deinem Berufsumfeld etwas gibt, was dich sehr beschäftigt." Dann gibt der*die andere ein kurzes Feedback, was in Resonanz gegangen ist beziehungsweise was von dem Gesagten für ihn*sie eine Bedeutung hat und was eben nicht. Dies ist wichtig, damit wir im Laufe der Zeit unterscheiden lernen können, was eine originäre intuitive Wahrnehmung mit wirklichem Bezug zum anderen ist, und was vielleicht nur die eigene Projektion auf den anderen oder assoziative Gedankengänge waren. Auch diese Übung dient dazu, uns ganzheitlicher kennenzulernen und uns zu begegnen. Manchmal machen die eigenen Intuitionen für einen selbst keinen Sinn. An dem Punkt ist es wichtig, sich zu trauen und es trotzdem auszusprechen. Nehmen wir ein Beispiel zur Veranschaulichung: ein*e Postbot*in versteht auch den tieferen Sinn nicht, warum er gerade dieses spezifische Paket abliefert. Er fragt sich nicht: „Soll ich dieses Paket wirklich dem*der Empfänger*in geben? Ist das sinnvoll? Oder vielleicht peinlich für mich?" Genauso ist es mit unserer Intuition. Manchmal ist diese Information einfach nur für den anderen, ohne dass wir den tieferen Sinn verstehen. Die eigene Intuition anderen mitzuteilen, ist wie ein*e Postbot*in, der*die das Paket einfach bei dem*der Empfänger*in abgibt.

„Intuition ist ein gefühltes Wissen, das plötzlich ins Bewusstsein gelangt, dessen tiefere Gründe man selbst nicht kennt und das dennoch stark genug ist, uns zum Handeln zu bewegen", so beschreibt es der bekannte Intuitionsforscher Gerd Gigerenzer (Gigerenzer 2008, S. 1). „Intuition beruht auf der nahtlosen Verbindung von instinktiven Körperreaktionen und Gedanken, inneren Bildern und Wahrnehmungen" (Levine 2014, S. 340). Oft kommt sie auch als Vorahnung. Wie dieses ganzheitliche Denken und Fühlen funktioniert, bleibt ein Mysterium. Fakt ist nur, dass es unglaubliche Ergebnisse hervorbringen kann, wenn wir ihr trauen. Und genau das passiert auf dem Festival bei denjenigen, die sich spielerisch darauf einlassen und einfach alles beim anderen aussprechen, was sie gerade denken, fühlen, wahrnehmen, empfinden. Die Essenz tiefer Intuition ist es, sein Gegenüber als ganzes Wesen wahrzunehmen. Diese Art der Kommunikation mag zu Anfang etwas befremdlich sein, die Resultate, das tiefe Gesehen-werden fühlen und erstaunliche Erkenntnisse, lassen die erste Scheu bei vielen bald vergehen.

Die eigene Intuition zu schärfen und sich immer befreiter damit äußern zu können braucht natürlich kontinuierliche Übung.

Übersicht 3: Intuitionsübung*

Übungsverlauf: Die Gruppe teilt sich in Dreiergruppen ein. Zunächst wird festgelegt, wer Person A/B/C ist. Person A hört von Person B/C deren intuitive Eindrücke. Während dieser sieben Minuten spricht A nicht. Im Anschluss hat Person A fünf Minuten Zeit, Person B/C ein Feedback zu geben. Was hat Resonanz gemacht? Was war neu für mich? Danach folgt das „Lesen" von Person B und später von Person C. Am Ende der Übung kann in der Großgruppe noch das Erlebte geteilt werden.

Variationen: Die Übung kann sich sowohl auf eine konkrete Frage beziehen („Welche Stärken hat diese Person?", „Wie steht diese Person in seinem*ihrem Berufsleben?") als auch frei von jeglicher Frage gemacht werden. Im letzteren Fall wird sich auf die Person eingestimmt und einfach über die verschiedenen Eindrücke gesprochen.
*Inspiriert von Thomas Hübl (Hübl 2007)

Was ist die Grundidee hinter diesem ersten Vorgehen? Eine These des Festivals ist es, dass nur auf dem Boden einer guten Begegnungskultur eine kokreative und innovative Projektgestaltung wirklich funktionieren kann. Kokreieren meint hier eine Arbeitsweise, bei der sich mindestens zwei Menschen so tief aufeinander einlassen, dass neue Ideen entstehen, welche einzeln niemals zustandegekommen wären (Übersicht 4).

Übersicht 4: Definition Kokreieren

Kokreation ist eine Form des Zusammenwirkens und -arbeitens, in der mindestens zwei Parteien ihre Kräfte so kreativ miteinander vereinen, dass etwas originär Neues entstehen kann, welches ohne den anderen nicht entstehen würde. Der Schlüssel liegt darin, sich ganz tief auf den anderen einzulassen und das Ego im Sinne des Ganzen (Zweckes) unterzuordnen und nicht an den individuellen Vorstellungen festzuhalten. Die Begegnung findet auf der Zweckebene statt, sodass der Zweck aller erfüllt wird.

Unternehmensbeispiel:

Kund*innen und Unternehmen arbeiten so eng miteinander, dass sie ein neues passgenaues Produkt co-designen. Im besten Falle wird der Zweck des Unternehmens und der Zweck der Kund*innen gleichzeitig erfüllt und es kann etwas entstehen, was nur im Zusammenspiel beider Parteien gelingen kann.

Kokreation ist zu unterscheiden von den Arbeitsformen Konkurrenz und bestimmten Formen von Kooperation.

Stufen des Zusammenwirkens

Konkurrenz – Wir nutzen uns aus

Kooperation – Wir nutzen uns gegenseitig auf möglichst faire Weise (z. B. über Verträge), es entstehen Synergien und nur teilweise etwas Neues

Kokreation – Wir lassen uns so tief aufeinander ein, dass etwas überraschend Neues entsteht

Der Übergang von Kooperation zu Kokreation kann fließend sein. Wichtigstes Merkmal ist, dass der Ego-Einfluss von Konkurrenz über Kooperation zu Kokreation immer geringer wird und die Bewusstheit im Sinne einer tieferen zwischenmenschlichen Begegnung und kreativer Intelligenz steigt. Das Ergebnis von Kokreation kann förmlich eine Explosion von Potenzialentfaltung und Innovationen sein.[1]

Ein Gespräch, das beide Partner*innen gleichzeitig herausfordert, nämlich Ehrlichkeit und intuitive Gefühle auszudrücken, schafft sofort eine Intimität. „Ich nehme bei dir wahr" und ich höre deine Ehrlichkeit mir gegenüber, das erfordert Mut. Gleichzeitig selber Feedback über das andere Verhalten mitzuteilen und alle damit verbundenen Gefühle und Gedanken mitzuteilen, schafft Offenheit. All das wirkt wie ein Inkubator für eine tiefere Beziehung und ein Wir-Gefühl. Und das brauchen wir, wenn wir wir-fähig und kokreativ sein wollen. Wenn wir unsere Kommunikationskultur und unser Miteinander menschlich und ehrlich gestalten, dann kann ein Grundgefühl von Zugehörigkeit bzw. sozialer Eingebundenheit (Deci und Ryan) entstehen. Diese ist entscheidend für das intrinsisch motivierte Zusammenarbeiten (Deci und Ryan 1985, 2000). Weiterhin ist laut einer Google-Studie von 2015 (Rozovsky 2015) psychologische Sicherheit der Teammitglieder einer der Hauptfaktoren für das Gelingen eines erfolgreichen Teams. Ehrlichkeit schafft langfristig Sicherheit und Sicherheit lässt Teams innovativer und produktiver werden. Die Begegnungsübungen und diese ganzheitliche Kommunikation miteinander bewirken schon in den ersten Tagen, dass die Teilgeber*innen sich empathisch vom anderen wahrgenommen fühlen. Empathie ist das Fundament einer jeden tiefer gehenden Beziehung. Es gibt mir das Gefühl, dass mein eigenes inneres Wesen für die andere Person wirklich existiert. Dass ich als Mensch wahrgenommen werde mit all meinen Gefühlen und Bedürfnissen (Hanson und Mendius 2013). Wir sind soziale Tiere, die gefühlt werden müssen (Siegel 2007). Auch dadurch fängt sich unser Nervensystem an zu entspannen und die Instinkte von Flucht, Angriff, Verteidigung werden besänftigt. Innovation kann nur aus einer Entspannung (des Nervensystems) heraus entstehen, so

---

[1]Siehe dazu auch der Artikel „Resonanz: Kommunikation jenseits der Sprache" von Jascha Rohr (Anmerkung der Herausgeberinnen).

der Traumaexperte Peter Levine (Levine 2014). Ängstliche Menschen sind nicht kreativ. Ein tieferes Kennenlernen kann diese anfängliche Scheu oder Unsicherheit mindern.

Der erste Baustein, um systematisch eine kokreative Kultur mit allen Teilgeber*innen des Festivals aufzubauen, auf deren Boden kollektive Führung funktionieren kann, ist am ersten Tag gelegt. Vielen Menschen auf dem Festival fällt die besondere Stimmung und Zugewandtheit der Menschen untereinander auf. Und auch fragende Gesichter, wie denn kollektive Führung im gemeinsamen Arbeiten gelingen kann.

Übersicht 5: Unsere Arbeitsweisen für kollektive Führung
Raum für Energie … statt Zeitdruck
Wir sind aufmerksam für die eigenen Bedürfnisse und die Bedürfnisse der anderen. Wir nutzen den passenden Rhythmus zur Situation. Wir lassen Raum und folgen der Energie und nicht der Uhrzeit. Wir folgen der Agenda und dem Ziel nur dann, wenn es Sinn macht. Unsere Priorität ist organisches und gesundes Wachstum.
Weisheit … statt Ego
Wir stellen die Sache, nicht uns selbst oder unsere Anerkennung in den Vordergrund. Was können wir alles vom Ego weglassen, sodass der Kern unserer Nachricht ankommt und wir intelligenter zusammenarbeiten können?
Verantwortliche Freiheit … statt starrer Regeln
Wir folgen unserer individuellen Wahrhaftigkeit und genießen die Freiheit. Wir sind verantwortungsbewusst gegenüber den anderen und dem Ganzen. Wir fördern die Freiheit und die Ganzheit der anderen und verurteilen sie nicht.
Mission … statt Ablenkung
Wir erkunden gemeinsam individuelle Wege. Wir unterstützen jeden*jede, seiner*ihrer Berufung zu folgen und sein*ihr volles Potenzial zu erreichen. Dazu stellen wir uns selbst in den Dienst zu unserer Mission. Wir unterstützen uns gegenseitig, uns nicht in der Ablenkung des Alltags zu verlieren.
Unterschiede wertschätzen … statt ausblenden
Wir respektieren jeden und wertschätzen die Unterschiede. Aus den Unterschieden ergeben sich Potenziale, die wir fördern und nutzen, um Raum für gegenseitige Entwicklung und Innovationen zu schaffen.
Dynamische Entscheidung… statt Lähmung
Wir streben nach pragmatischen Lösungen. Entscheidungen werden getroffen, solange niemand der Anwesenden einen begründeten Einwand erhebt. Es müssen nicht alle Beteiligten für alle Entscheidungen anwesend sein. Entscheidungen können auch individuell autonom entschieden werden, solange sie im Sinne des Ganzen sind. Wir vertrauen unseren Mitmenschen. Jede Entscheidung kann jederzeit revidiert werden.

Der zweite Tag des Festivals beginnt. In einer kurzen Einführung wird in den Leadership[3]-spezifischen Open Space eingeleitet. Dieser bei Leadership[3] genannte Struktospace (abgeleitet von Struktur und Open Space) schafft einen stabilen methodischen Rahmen, in dem die Teilgeber*innen selbstorganisiert und selbstverantwortlich ihre Anliegen gemeinschaftlich bearbeiten können (Übersicht 6). Jede*r kann ein Anliegen, das ihm*ihr besonders am Herzen liegt, vorantreiben. So entsteht ein großer „Themen-Marktplatz", auf dem sich die Teilgeber*innen zu Themengruppen zusammenschließen. Die Art des Zusammenarbeitens wird in den Leadership³-Arbeitsweisen zusammengefasst, diese bilden die Grundlage des Struktospaces. Diese hängen für alle sichtbar an den Wänden (Übersicht 5). Weitere Grundlagen für den Struktospace sind neben den klassischen Open-Space-Prinzipien (Owen 2008) die Rahmenbedingungen für kollektive Führung (Übersicht 7) einer eigens entwickelten Gesprächskultur, abwechselnden Phasen von freier Organisation der Teilgeber*innen untereinander und Impulsvorträgen und schließlich immer wieder Reflexionsphasen. Reflexionsphasen dienen einerseits der ständigen Verbesserung und andererseits auch der Klärung des zwischenmenschlichen Miteinanders. Zum Ausruhen oder körperlichen Ausgleich gibt es einen speziellen Ruhe- und Körperraum. Denn auch Pausen sind integraler Bestandteil von effektiver Selbstorganisation und werden oft unterschätzt.

Übersicht 6: Struktospace

Ein Struktospace ist ein strukturiertes Großgruppenformat. Es setzt sich aus den Worten Struktur und Open Space zusammen. Es ergänzt das klassische Open-Space-Vorgehen um weitere Elemente. Ziel ist es, den kreativen Flow der Gruppe (Csíkszentmihályi 2000) zu unterstützen. Dies wird u. a. über eine bewusste Unterstützung der Fähigkeit zum Kokreieren und einer emergenten Gesprächskultur (siehe Übersicht 8 & 12) erreicht.

Folgende Grundstruktur enthält der Struktospace:

1. Einführung in die Prinzipien kollektiver Führung
2. Emergente Gesprächskultur als Basis üben
3. Einführung in das Großgruppenformat
4. Freie Arbeitsgruppen nach Open-Space-Prinzipien und bereits vorher geplante Sessions
5. Vorstellung der Ergebnisse
6. Reflexion der Zusammenarbeit

Intermittierend eingesetzt werden:
Impulsvorträge zur Zusammenarbeit
Reflexionsphasen zur Stärkung der emergenten Gesprächskultur
Pausengestaltung
Diese Elemente werden vom*von der Prozessbegleiter*in je nach Flow der Gruppe an verschiedenen Stellen angewendet, um die kreative Stimmung des Struktospaces zu gewährleisten.

Übersicht 7: Kollektive Führung gelingt aus unserer jetzigen Perspektive

a) wenn der*die Einzelne seiner*ihrer tiefstmöglichsten Wahrhaftigkeit folgt und sein*ihr Potenzial lebt,

b) wenn Entscheidungen da getroffen werden, wo die höchste situative Kompetenz ist,

c) wenn die einzelnen Intelligenzen sich zu einem Größeren verbinden und ein angebundenes, emergentes Handeln entstehen kann,

d) wenn geeignete Methoden und Strukturen diesen Prozess und diese Kultur unterstützen.

Im Folgenden werden vier wichtige Aspekte für das Gelingen eines außergewöhnlichen gemeinsamen Arbeitens beleuchtet.

1. Das Wichtigste ist, dass jede*r Anwesende seiner*ihrer eigenen Wahrhaftigkeit folgt und nur dem folgt, was er*sie gerade wirklich, wirklich will. Denn nur so kann kollektive Führung entstehen und sich die höchste Intelligenz entfalten. Das heißt, ihm*ihr muss in jedem Moment klar sein, ob er*sie lieber ein eigenes Thema bearbeiten möchte, ob er*sie lieber jemanden anderen unterstützen mag oder sich einfach nur treiben lassen will. Danach zu handeln ist oft nicht leicht, da es eine hohe Integrität erfordert, die noch durch unsere eigenen Widerstände, Konditionierungen, Bewertungen und impliziten Annahmen überschattet wird. Themen wie „Darf ich das?", „Ich traue mich nicht" oder „Hier kann ich doch nicht wirklich ehrlich sein" sind nur einige Beispiele dafür.

2. Ein zweiter Aspekt ist, dass jede*r gewillt ist, sich ganz in das gemeinsame Schaffen einzubringen und sich als Mensch zu zeigen. Aus der Ganzheit des Menschen ergeben sich viele Intelligenzen (Gardner 1999), die z. B. in Form von mental-fachlicher Expertise, emotionaler Kompetenz oder intuitiven Fähigkeiten in den gemeinsamen Arbeitsprozess miteingebracht werden können. Die Kommunikation bezieht sich immer auf den ganzen Menschen, weswegen im Struktospace nicht nur über rein sachliche Themen gesprochen wird, sondern auch über Gefühle und Intuitionen. Außergewöhnliche Dinge können passieren, wenn wir es wagen unser ganzes Selbst in die Arbeit einzubringen, fand Frederic Laloux in seiner Recherche von vielen ganzheitlich-selbstorganisierenden Unternehmen heraus (Laloux 2015).

3. Des Weiteren ist die Gesprächskultur immens wichtig für eine gelingende fruchtbringende Zusammenarbeit. Leadership[3] hat in seinem Konzept der emergenten Gesprächskultur wichtige Prinzipien zusammengefasst. Diese ist speziell entwickelt aus den Ansätzen von Otto Scharmers U-Theorie (Scharmer 2009), dem Feld-Prozess-Modell (Rohr und Hörster 2017), der gewaltfreien Kommunikation (Rosenberg 2016), dem Community Building (Peck 2007) und eigenem Experimentieren. Emergent steht dabei dafür „dass etwas Neues entstehen kann" und beschreibt das innovative Potenzial dieser Art der Gesprächskultur. Ein Grundbaustein sind beispielsweise Gesprächsempfehlungen (Übersicht 8) wie „Höre aufmerksam zu …", „Sprich nur das

Nötigste, prüfe deine Intention, bevor du sprichst" oder „Beziehe dich auf das von deinem*deiner Vorredner*in Gesagte". Ziel ist es, endlose und fruchtlose Diskussionen zu vermeiden, indem einerseits dem Gegenüber bewusster und empathischer zugehört und andererseits gelernt wird, nur wirklich Wesentliches von sich zu geben.

Übersicht 8: Auszug aus der emergenten Gesprächsführung – Gesprächsempfehlungen

Bitte,

- sei mehr an dem interessiert, was du noch nicht weißt, als an dem, was du schon weißt.
- beziehe dich auf das von deinem*deiner Vorredner*in Gesagte.
- sprich nur das Nötigste, prüfe deine Intention, bevor du sprichst.
- sei aufmerksam auf deinen Körper, deine Gefühle, deine Gedanken und deine Eingebungen.
- höre aufmerksam zu, nicht nur des Antwortens wegen, sei beteiligt mit und ohne Worte.
- bei Sachthemen sei weder zu persönlich noch zu unpersönlich und mehr an dem interessiert, was im Raum zwischen euch geschieht.
- erkenne den Wert von Stille und Schweigen an.

---

4. Als letztes Element brauchen die Arbeitsgruppen oft eine Struktur, nach der sie vorgehen, um miteinander kreativ oder effektiv sein zu können. Um die Arbeit in den Kleingruppen zu erleichtern, bekommen die Teilgeber*innen des Festivals ein mögliches Kleingruppenformat (Übersicht 9) an die Hand, welches sie nach eigenem Ermessen anwenden, abwandeln oder ein ganz anderes Format wählen können. Denn auch jedes Thema braucht ein anderes Format. Deswegen muss eine Gruppe darin unterstützt werden, die Fähigkeit zu entwickeln, wahrzunehmen, welche Struktur im nächsten Moment gerade die richtige ist. Sich ganzheitlich zu begegnen, lässt manchmal „automatisch" andere Strukturen in Form von Arbeitsweisen emergieren, die oft intelligenter sind, weil sie passgenauer zur spezifischen Situation gehören. Dies setzt aber voraus, dass die Gruppe weiß, wer von den Teilgeber*innen im nächsten Moment gerade den besten Beitrag dazu leisten kann, also die höchste situative Kompetenz hat. Dazu braucht es ein stärkeres Commitment zum Thema als zum eigenen Ego. Hat eine Gruppe diese Fähigkeit noch nicht entwickelt, ist es gut, eine Struktur vorzugeben.

Diese vier Aspekte, wenn berücksichtigt, erhöhen die Wahrscheinlichkeit, dass ein gemeinsames angebundenes Handeln entstehen kann. Angebunden in dem Sinne, dass das Handeln für die Situation, für das Ziel und den Kontext passend und fruchtbringend ist. Ganz im Gegensatz zu aktionistischen Übersprungshandlungen, die ohne nennenswerte Wirksamkeit und mit dem Gefühl von Zeitverschwendung einhergehen.

Übersicht 9: Kleingruppenformat im Struktospace
Ablauf

1. Mindful Minute
   Das Team startet mit einer Mindful Minute: auf den eigenen Körper achten, Emotionen wahrnehmen, auf den Augenblick konzentrieren und die Gedanken fokussieren. Ziel ist es, insgesamt Fahrt rauszunehmen, sich auf das Wesentliche zu besinnen, sensibler für die Stimmung anderer zu sein und besser aufeinander eingehen zu können, um damit offener und direkter zu kommunizieren und somit schlussendlich auch effizienter.
2. Check-in
   Hier kann jede*r kurz sagen, wie es ihm*ihr gerade geht, und seine*ihre Erwartung an das Treffen äußern.
3. Themeneinführung
   Das Thema wird kurz geklärt, Ziel und Erwartungen des Einladenden erläutert. Dies bestimmt den Fokus der Gruppe.
4. Thema bearbeiten
5. Check-out und Feedback: Wie lief unsere Zusammenarbeit? Was können wir beim nächsten Mal besser machen? Wie nützlich war meine investierte Zeit?

Im geeigneten Fall kann ein*e Moderator*in gewählt werden, der*die auch auf die Gesprächsempfehlungen achtet.

Nun geben die Teilgeber*innen eigene Themen ins Plenum und gestalten dazu je eine Arbeitsgruppe. Die Themen sind vielfältig. Manche wollen ganz konkrete Modelle, z. B. aus der Transformationsforschung oder dem agilen Kontext lernen. Manche beschäftigen sich mit Organisationsdesigns für mehr Selbstorganisation oder Führungsinstrumenten, Entscheidungspraktiken und Meetingdesigns. Andere wiederum lassen sich bei ihren individuellen Herausforderungen im privaten Kontext oder in ihren spezifischen Organisationen begleiten. Ein reges Reden und kreative Stimmung breiten sich aus. Nach der ersten Runde gibt es ein Zusammenkommen im Plenum. Eine erste Reflexion, sowohl über die Themen als auch über die Art und Weise der Kommunikation. Wie war unsere Gesprächskultur? War die Zeit effektiv genutzt? War ich mutig? Diese Reflexionen werden in den folgenden Tagen immer wieder eingebaut, um die Gesprächskultur zu stärken. Im Laufe des nächsten Tages wechseln Workshopformate, Open-Space-Runden oder Impulsvorträge zu den jeweils genannten Themen ab.

In den Reflexionsrunden berichten Teilgeber*innen über ihre Erfolge und Schwierigkeiten mit dieser radikalen Gesprächskultur. Manche Gruppen adaptieren Aspekte der ganzheitlichen Gesprächskultur schneller als andere. Anderen gelingt es noch nicht, aus ihren Sprachgewohnheiten auszusteigen. Einige wenige berichten über das, was auch Otto Scharmer in seiner U-Theorie als Presencing beschreibt (Scharmer 2009).

Die Verbindung aus tiefer Anwesenheit aller, einem tiefen Spüren und einem „schöpferischen Zuhören" lässt die Gruppe plötzlich in ihr eigenes höchstes Zukunftspotenzial sich hineinziehen und dann von diesem Ort aus handeln. Sie berichten, dass sie ein tiefes Bewusstsein hatten über das, was zwischen ihnen als Menschen ablief, und aus diesem Bewusstsein heraus entstand ein neues angebundenes, emergentes Handeln jenseits alter Gewohnheitsmuster. Überraschend schöne Ideen oder Erkenntnisse waren das Ergebnis. Wie haben sie das gemacht? Im richtigen Moment haben sie die Schwelle des Innehaltens bezüglich Gewohnheiten und Routinen zugelassen. Haben es losgelassen und einfach nur kommen lassen, was gerade zwischen ihnen auftaucht. Sie sind nicht beim Lernen und Handeln aus Vergangenheitserfahrungen stehen geblieben, sondern haben sich auf das konzentriert, was neu und ungewohnt erschien. Scharmer nennt es das Lernen und Handeln aus der Quelle heraus in die „im Entstehen begriffene Zukunft". Die Aufmerksamkeit bewusst auf den Quellort unseres Handelns, unseren „blinden Fleck", zu richten, öffnet die Tür zu einer noch größeren Freiheit. Dies ist eine Fähigkeit, so anwesend im Moment zu sein, dass wir aus unserer eigenen entstehenden Zukunft heraus zu handeln beginnen.

Andere Teilgeber*innen berichten über verschiedene Lernerfahrungen und Herausforderungen mit selbstorganisierten und agilen Teams. Ein Fazit, welches viele nach diesem Tage ziehen, ist, dass unsere Kommunikation verschiedene Qualitäten annehmen muss, wenn wir gemeinsam arbeiten. Eine agile Arbeitsweise braucht agile und flexible Kommunikation. So erfordern Strategie-, Kreativitätsmeeting oder daily Stand-ups in einem Unternehmen ganz spezifische Formen der Kommunikation. In einem daily Stand-up wollen wir beispielsweise kurz und bündig reden. Da geht es nicht um Anerkennung, Machtspiele oder langes ausschweifendes Reden. Es geht an dieser Stelle nur um die Sache und zwar kurz und knapp. Das setzt auch voraus, dass wir an anderer Stelle uns aufeinander einlassen, uns mitteilen, wie wir uns miteinander fühlen, damit unterschwellige zwischenmenschliche Themen nicht dort aufbrechen, wo sie unpassend sind. Selbstorganisierte Teams brauchen also die Fähigkeit, ihre Begegnungen, Arbeitsgeschwindigkeiten und Kommunikationsweisen den Erfordernissen aufgabenbezogen flexibel anzupassen. Nur so bleiben Teams effektiv oder innovativ. Einfach, klar und präzise oder unsicher, verschwommen, forschend oder vor Ideen sprudelnd, inspiriert und aufgeregt oder einfach empathisch lange zuhörend und wertschätzend. Jede Qualität hat ihren Platz und ihre Zeit. Dies wird in den Struktospace-Formaten geübt. Je reibungsloser die Kommunikation, desto effektiver der Struktospace. Grundlage dafür sind ein Gefühl der kooperierenden Verbundenheit, einer konstanten Klärung des interpersonellen Raumes, Gefühl der Wertschätzung und ein klarer Fokus auf den Flow der Kommunikation.

Denn auch ein anderes bekanntes Phänomen zeigt sich in den Tagen: Gruppendynamische Wirklichkeiten zeigen sich, Unstimmigkeiten und große Zufriedenheit bestehen nebeneinander, viele ungeklärte Fragen, individuelle Bedürfnisse und Reibungen tauchen verstärkt auf und werden in den Gruppen benannt. Das Zusammensein wird im Laufe der Tage immer komplexer. Und auch ein scheinbarer Gegensatz spannt sich auf. Wollen wir als gesamtes Festival in gewohnter Weise weitermachen, wollen

wir, dass jemand klar die Führung übernimmt und strukturiert Workshops und Arbeitsgruppen plant, oder wollen wir erspürend, selbstorganisiert und alle gemeinsam unsere
nächsten Schritte erkunden. Gewohnheit und Erfahrung trifft Experiment und Nicht-
wissen. Die Frage nach dem besseren Weg taucht bei einigen auf. Ein Kulturkampf
der Gegensätze. Ein ganz typisches Zeichen für einen beginnenden Prozessmusterwechsel (siehe Abbildung 10 und Kruse 2004). Am Alten festhalten, das Neue schon
sehen, sich wehren oder nicht verstehen oder nicht wissen, wie. Gibt es die eine Lösung
für uns alle? Einige sagen, worauf sie Lust haben. Einige wollen mit allen zusammen
Gruppenprozesse klären, einige sind genervt und wollen einfach weiterlernen. Die Entscheidungsfindung wird mit diesen auftauchenden Fragen und Bedürfnissen schwieriger.
Der momentane Moderator ist überfordert, ahnungslos und hat die Prozesshoheit längst
verloren. Eine kurze Krise. Niemand weiß, wie es weitergeht. Die einzelnen Bedürfnisse
scheinen zu groß, um einen gemeinsamen Weg zu finden. An dieser Stelle, das wissen
viele, zerbricht die Gruppe oft in langen fruchtlosen Debatten.

Abb. 10: Prozessmusterwechsel
Ein Prozessmusterwechsel ist ein kreativer Sprung in ein völlig neues Denk-
Verhaltens- oder Prozessmuster. Die Notwendigkeit ergibt sich, wenn die alten
Handlungsweisen eines Individuums oder einer Organisation nur noch bedingt
greifen und eine weitere Funktionsoptimierung (z. B. KVP/Kaizen im Rahmen von
Organisationen) an ihre natürlichen Grenzen stößt (Sättigungsgrad). Das Aufbrechen
alter Muster geht oft mit einer Krise einher. Die Bereitschaft, sich auf den Schmerz
der Veränderung einzulassen, ist unerlässliche Voraussetzung und Investition für den
nächsten innovativen Schritt. Anfängliche Abwehrreaktionen sind Teil der Dynamik. Hilfreich für diesen Prozess sind erstens gute neue unterstützende Rahmenbedingungen, wie z. B. Änderung der Zeitressourcen und zweitens ein sicherer
emotionaler Rahmen, z. B. im Sinne von Wertschätzung und Geduld miteinander. Es
empfiehlt sich, diese Transformation extern begleiten zu lassen.
    In Anlehnung an Prof. Dr. Peter Kruse

Und dann passieren Dinge, die niemand voraussehen kann.
    Fast jedes Jahr auf dem Festival gibt es einen magischen Moment. In diesem Jahr ist
es der dritte Tag. Die Spannung wächst ins Unermessliche, als sich plötzlich die ersten
unaufgefordert bewegen. Wie von selbst gibt es Bewegungen in der ganzen Gruppe.
Das Prinzip der verantwortlichen Freiheit wird plötzlich ungefragt gelebt, viele folgen
einer Weisheit in sich. Es scheint, als wenn alle auf subtile Weise miteinander verwoben
sind bis zu einem Punkt, wo sie denken und agieren, als seien sie eine Person. Plötzlich entscheiden 70 Menschen gleichzeitig, was als nächstes zu tun ist. Keine trennen-
den Diskussionen oder Debatten, kein Für und Wider. Wie ein Vogelschwarm bildet sich
ein intelligentes Muster in Form von verschiedener Gruppenbildung. 70 sind so subtil

miteinander verbunden, dass sich eine eigene Struktur bildet und jede*r weiß, wo er*sie hin „muss". Rational und geplant ist das nicht. Für kurze Zeit zeigt sich das Potenzial eines Superorganismus, kollektiv abgestimmte Handlungen emergieren. Die Gruppen sind gebildet, bis der Erste einen Einwand erhebt. Einige fangen wieder an zu diskutieren, aber die Gruppen sind gebildet. Die intelligente Struktur zerfällt leicht, weil die neue Kultur nicht stabil ist und alte Verhaltensmuster wieder überhandnehmen, aber sie hat sich kurz gezeigt. Genug Zeit, dass der Großteil der Gruppe sich am für ihn intelligentesten Platz befindet und die kreative Arbeit weitergehen kann. Genug Motivation, um weiterzuforschen und die Kultur zu festigen und zu stabilisieren. Das Festival gibt nur einen kleinen Einblick, eine kurze Referenzerfahrung, was möglich ist, wenn wir systematisch unsere Kooperationsfähigkeiten ausbauen. Denn das braucht Zeit.

Wie ist dieses Phänomenen zu erklären? Zur Erklärung dieses Phänomens existieren verschiedene systemtheoretische, soziologische und philosophische Ansätze. Im selbstorganisierenden Zusammenspiel ergeben sich Verhaltensmuster, Abläufe und Resultate, die kollektiv intelligent genannt werden können und in günstigen Momenten emergent auftauchen. Diese gemeinsame Entscheidungsfindung, die jenseits von gewohnten Abstimmungen ist, erinnert an Vogelschwärme, die plötzlich ihre Flugrichtungen wechseln. Der schnelle Wechsel zwischen einem, mehreren oder der ganzen Gruppe, die führt, ist typisch. Je nach Situation bildet sich das eine oder andere Muster. Dies ist einer der Höhepunkte kollektiver Führung. Dies kann nur entstehen auf der Basis intensiver Interaktionen und Kommunikationsdichte, emotionaler Vernetzung und Vertrauen zwischen den Menschen, wie in den ersten Tagen eingeführt. Der momentane Fähigkeitsstand eines*einer jeden*jeder Einzelnen und die Kohärenz sind von ausschlaggebender Bedeutung. Die Fähigkeit, im Zusammenspiel der anderen sich selbst zu führen, sich dem Nichtwissen hinzugeben und einen kokreativen Austausch kommunikativ gestalten zu können, sind einige Fähigkeiten dazu. Für kollektive Führung ist das Kohärenzgefühl, im Sinne einer zuversichtlichen Grundeinstellung des Individuums, was die eigene Wirksamkeit betrifft, und einer Gruppenkohärenz im Sinne einer sinnhaften Verbundenheit in einer Gruppe, die zentrale wie auch komplexe Einflussgröße. Das Kohärenzgefühl macht die individuellen, aber auch die kollektiven Ressourcen erst wirksam, bringt sie erst zur nutzbringenden Entfaltung und zu einem flexiblen und angemessenen Einsatz.

Diese soziale Innovation ist gut einsetzbar für die Entwicklung von innovativen marktresonanten Produkten, komplexen größeren Strategiewechseln innerhalb einer Organisation oder Einführen von neuen Arbeitsformen. Durch das anfangs sich ganzheitlich Begegnen werden daraus auch „automatisch" andere Strukturen in Form von Arbeitsweisen, Meetings emergieren, die oft intelligenter sind, weil sie passgenauer zur spezifischen Situation sind. Schwarmintelligente Phänomene in großen Gruppen, wie gerade beschrieben, treten allerdings eher selten auf, da die Bearbeitung eines Themas auf diese Art durch eine Vielzahl von Menschen unabhängige und reife Menschen braucht, damit nicht der Herdentrieb oder Schwarmdummheit überhandnimmt. Eine Gruppe muss unabhängig von einer festen Führung wir-fähig sein. Die oben beschriebenen Bedingungen und eine starke Kommunikationskultur müssen dafür kontinuierlich gestärkt werden. Solange diese Bedingungen nicht erfüllt sind, empfehlen sich strukturiertere erprobte Arbeitsweisen, die in den verschiedenen Ansätzen wie Holacracy, Scrum, Kanban und Ähnlichen beschrieben werden.

Ein Kernfokus bei Leadership[3], um einen innovativen Struktospace zu kreieren, ist die Gesprächskultur. Unsere Zusammenarbeit wird maßgeblich von der Qualität unserer Gespräche beeinflusst. Diese Gesprächskultur ist insofern radikal, als dass wir auf maximale Transparenz setzen. Sie ist insofern zutiefst menschlich, weil wir uns als ganzheitliche Menschen authentisch begegnen. Und sie ist insofern fähig agil zu arbeiten, weil wir gemeinsam in den Arbeitsflow kommen. So macht Arbeit Spaß. Allein dies auch wirklich umzusetzen in der alltäglichen Kommunikation miteinander, bedeutet einen Gewohnheitswechsel, systematischen Fähigkeitsaufbau und damit auch einen Kulturwandel in der Art unserer Begegnungen.

Leadership[3] hat eigens dazu ein Kompetenzprozessmodell entwickelt, um eine Landkarte für den Wandel zu einer selbstorganisierenden Kultur, wie es kollektive Führung beschreibt, zu haben. Denn es ist ein Kulturwandel, der neben den neuen agilen und selbstorganisierenden Arbeitstechniken, tief in die innere Persönlichkeit, Rollenverständnisse und das eigene Mindset greift. Dieser Komplexität auf der sowohl individuellen Ebene als auch auf der Organisationsebene will das Modell Rechnung tragen. Es beschreibt sowohl Kompetenzen in der Selbstführung, in Teams und Organisationsführung als auch Wechselwirkungen und Auswirkungen von z. B. fehlenden Kompetenzen auf eine Organisation. Damit dient es als Analysetool, um pragmatisch und systematisch Kompetenzen zu stärken, die im spezifischen Kontext gerade hilfreich sind. Auch wenn an dieser Stelle nicht spezifisch auf das Modell eingegangen werden kann, so sind doch einige Kompetenzen und entsprechende Übungen zur Stärkung derselben bereits direkt oder indirekt im Artikel erwähnt worden. Eine selbstorganisierende Kultur braucht ganzheitliche Präsenz der Einzelnen, um Intimität untereinander zuzulassen, sich auf die Gruppe empathisch einzulassen (Gruppenbewusstheit), die Fähigkeit gemeinsam zu kokreieren, passende Methoden anzuwenden und die verschiedenen Perspektiven zu integrieren.

Als letztes Hauptaugenmerk soll die Kompetenz der Schattenintegration beleuchtet werden, da sie für unsere Gesprächsqualität bedeutend ist. Schatten meint in diesem Zusammenhang alle unsere versteckten, halbbewussten oder unbewussten Muster unserer Persönlichkeit oder Teamdynamiken. Ein Ziel der Kompetenz der Schattenintegration ist es, noch mal spezieller versteckte Sympathien, Verletzungen, offene Themen zwischen uns sichtbar zu machen. In unseren täglichen Begegnungen passieren uns immer wieder kleine Unachtsamkeiten, die nie ausgesprochen werden, die aber in unserem täglichen Beisammensein zu Mikroverletzungen führen. Eine einfache erste Übung (siehe Übersicht 11) kann dazu beitragen, unsere zwischenmenschlichen Befindlichkeiten auszudrücken und unsere kontinuierliche Teamhygiene zu unterstützen. Nach drei Tagen Zusammenarbeit auf dem Festival empfinden einige Teilgeber*innen es als erfrischend, ihre Annahmen und Gedanken über andere nun zu teilen. Dafür wird eine Stunde Zeit genommen und jede*r kann zu jedem gehen, um in einem kurzen ehrlichen

Gespräch, die Frage „Was steht zwischen uns, was noch nicht ausgesprochen wurde?" zu beantworten. Einige Zweiergespräche dauern drei Minuten, andere etwas länger.

Übersicht 11: Übung zur Schattenintegration

Vorbereitung
Folgende Einleitung ist hilfreich: In unseren täglichen Begegnungen passieren uns immer wieder kleine Unachtsamkeiten und Verletzungen, die nie ausgesprochen werden, die aber in unserem täglichen Beisammensein einen Unterschied machen. Auch bringen wir alte Projektionen aus vergangenen Tagen mit uns und stellen sie zwischen unsere Begegnungen. Dadurch können wir uns weniger frei begegnen, wenn diese sich unbewusst zwischen uns abspielen. Diese Übung ist dazu da, um uns dieser unbewussten Schattendynamiken bewusst zu werden.

Übungsverlauf
Die gesamte Großgruppe steht auf und läuft im Raum umher. Innerhalb der Gruppe begegnen sich immer zwei Menschen und tauschen sich über folgende Frage aus: „Was steht zwischen uns, was noch nicht ausgesprochen wurde?" Sobald das Gespräch beendet ist, verabschieden die beiden sich und suchen sich jeweils eine*n neue*n Partner*in in der Großgruppe und beantworten die Frage.

Der Hintergrund ist simpel. Wir können nicht flexibel in unseren Gesprächen sein, wenn ständig Sätze im eigenen „Kopfkino" sind wie „Das sollte ich lieber nicht sagen", „Ich habe zwar eine gute Idee, habe aber Angst abgelehnt zu werden", „Ach, der erzählt ja nur Schwachsinn, ich brauche da nicht zuzuhören". Es gibt viele scheinbar irrationale Gründe, warum Menschen z. B. vor dem*der Chef*in oder anderen Kollegen und Kolleginnen Angst haben. Das hat alles gute Gründe und der erste Schritt ist es, es transparent zu machen. Einfach mal darüber reden, sodass beide Parteien Bescheid wissen, was sonst noch so vorher unbewusst zwischen den beiden ablief und jetzt bewusst abläuft. Werden diese Aspekte nicht angesprochen, treten mannigfaltige Symptome in einer Organisation auf. Geringschätzung macht sich breit. Dies verstärkt wiederum Angst und Angst lähmt. Die einen reagieren mit Aggression, die anderen mit Rückzug und innerer Verweigerung. Entgleisende Kommunikation und persönliche Konflikte sind an der Tagesordnung. Das Wir-Gefühl kollabiert. Innere Zurückgezogenheit, versteckter Ärger oder Ängste behindern den Flow der Arbeit und damit unsere Flexibilität. Sich verstecken kostet viel psychische Kraft, die nicht für den Arbeitsprozess zur Verfügung steht. Die eigene „Investition" in den psychischen Schutz ist dann größer als in das gemeinsame Arbeiten. Das Anderssein-Wollen oder die professionelle Rolle aufrechtzuerhalten kostet Kraft und Mühe. Frei in der Kommunikation sein ist eine hohe Kunst. Wir müssen lernen, mit der Intensität der Ehrlichkeit umzugehen. Das braucht in den Organisationen psychologische Schutzräume, eine Fehlerkultur und den freiwilligen Willen, es auszuprobieren und Experimente zu machen. Besonders in der zwischenmenschlichen Begegnung muss Schattenintegration als integraler Bestandteil unserer Zusammenarbeit gesehen werden, wollen wir effektiv selbstorganisiert zusammenarbeiten.

Ein weiteres Ziel der Schattenintegration auf der individuellen Ebene ist es, auch behindernde Glaubenssätze aufzulösen und damit neue Kommunikationsmuster gemeinsam zu erproben. Denn der oben beschriebene Zerfall der neuen Kultur liegt u. a. auch an tiefer liegenden Glaubenssätzen. Es kommt mir von meiner Persönlichkeitsmerkmalen vielleicht schon sehr entgegen, mich agil verhalten zu dürfen. Doch manchmal hindern mich alte Glaubenssätze, wie z. B. „Das kann ich hier nicht selbst bestimmen", die es schwer machen, sich frei agil zu verhalten. Diese Barrieren zu befreien ist Teil der Schattenarbeit. Über diese Art der transparenten Kommunikation werden Persönlichkeitsstrukturen, versteckte Glaubenssätze und Wertvorstellungen und darauf aufbauende Teamdynamiken der Teammitglieder sichtbar. Bildlich gesprochen liegt tief in der Psyche ein Akupunkturpunkt, um diese alten Glaubensätze von Konkurrenz und Neid umzuwandeln hin zu Werten von Kooperation, Kokreieren und vertrauensvollem Wir-Gefühl. Grundwerte, die selbstorganisierenden und agilen Arbeitsweisen zugrunde liegen! Damit fangen wir an, den Kulturwandel nicht nur auf der Verhaltensebene zu vollziehen. In manchen Firmen und Kontexten gibt es genügend Vorschussmisstrauen, damit ein Wir gar nicht erst entsteht. Über neue Erfahrungen wie auf dem Festival bei gleichzeitiger Schattenintegration durchbrechen wir den alten Zyklus von negativen Erfahrungen, die unsere Glaubenssätze geformt haben und die nun wiederum unsere Gedanken beeinflusst. Ein spezifisches Körpergefühl und damit typische Verhaltensweisen gehen damit einher. Denn die Muster der Vergangenheit wiederholen sich – die Welt wird mit den Augen des gewohnheitsmäßigen Denkens betrachtet. Mit einer neuen Erfahrung oder einem neuen Glaubenssatz speisen wir eine neue Information in den Realitätszyklus ein. Der Mensch bekommt ein Update. Dies braucht Demut, natürliches Wachstum, jemanden zu lassen, da, wo er*sie gerade steht. Es geht nicht darum, jemand anderen zu verändern, sondern immer nur uns selbst. Uns selbst, weil wir fühlen, dass es mehr unserer eigenen Natürlichkeit entspricht, uns kooperativ zu verhalten. An der Tiefe dieses Kulturwandels erkennen wir, dass es nur funktioniert, wenn der Wille da ist, mich freiwillig auf den Weg zu machen und meine eigene persönliche Reise anzutreten. Aktiv und proaktiv. Die Freiwilligkeit ist eine bedingende Grundvoraussetzung. Jede*r muss selbst entscheiden, ob er*sie dieses Abenteuer gehen will.

In diesem Prozess können auch starke Emotionen auftauchen, weil alte Erinnerungen an schmerzvolle Erfahrungen hervortreten. Wenn tiefe Emotionen hochkommen, braucht es auch eine Kompetenz, damit umzugehen und nicht nur einfach beschämt wegzuschauen. Zwei typische Fallen ergeben sich hier. Entweder es wird (unabgesprochen) entschieden, nicht darüber zu reden mit dem Preis von ineffektivem Arbeiten, weil die Emotionen sich dann in starkem Rationalisieren, Diskutieren oder sogar Streiten äußern. Und zwar auf der inhaltlichen Ebene, wo es niemals gelöst werden kann. Verallgemeinerungen, verschwommene Aussagen, viele Reden, ohne etwas Wesentliches zu sagen, sind nur einige

Symptome davon. An dieser Stelle brauchen wir mehr Präzision in unserer Kommunikation, sonst ist es ein unauflösbarer, sich ständig wiederholender Prozess, der aus einer verdeckt angstmotivierten Kommunikation herrührt. Wertvolles Potenzial als Gruppe liegt hier begraben. Der andere Fehler ist es, jede kleinste Unstimmigkeit und jeden Impuls auszusprechen und sich damit selbst oder das Team zu blockieren und das eigentliche Ziel aus den Augen zu verlieren. Teams müssen gesunde Mittelwege und Fürsorge füreinander entwickeln. Bei dieser tiefergehenden Kompetenz der Schattenintegration sind Kenntnisse aus der Bindungsforschung und Prinzipien der Reifeentwicklung (Neufeld und Maté 2015) sowie auch die Prinzipien, wie wir zu einem entspannten Nervensystem kommen (Levine 2014), hilfreich für das Verständnis unserer Begegnungen miteinander. Viele von uns tragen ungenährte und kindliche Persönlichkeitsanteile in sich, die einem reifen kooperationsfähigen Ich entgegenstehen (Berne 2005). Darauf soll allerdings in diesem Artikel nicht näher eingegangen werden. Denn dies ist ein längerer Prozess, den jede*r für sich selbstbestimmt gehen muss und der auf dem Festival nur angedeutet werden kann. Ein Grund für das Gelingen kollektiver Führung und gesunder Schattenintegration ist auch darauf zurückzuführen, dass immer einige Menschen dabei sind, die bereits Jahre an ihrer eigenen Entwicklung gearbeitet und in sich integriert haben. Einige Teilgeber*innen haben einen kurzen Eindruck bekommen, was es heißt, ganz bewusst alte Muster aufzulösen und gemeinsam neue zu kreieren. Wie befreiend, sagen einige Teilgeber*innen, wenn Gewohnheiten sich für Momente auflösen. Masken fallen und werden transparent: „Ich mache dir gerade etwas vor." – „Ah, gut zu wissen." Ein befreiendes Gefühl. Ein mitgebrachtes Urteil loslassen, die Realität mit frischem Blick betrachten, das alte Ich und die alte Intention loslassen und das neue werdende Ich und die neue Intention anwesend werden lassen.

Mit der Zeit kann diese neue Kulturgewohnheit entstehen, dass wir in alltäglichen Gesprächen immer öfter aus unserer eigenen Zukunft heraus sprechen und handeln, in der Arbeitswelt uns ganz natürlich zutiefst menschlich begegnen und dabei gleichzeitig effektiv und wirksam sind. Die Kultivierung dieser Fähigkeiten kann, wie angedeutet, mithilfe verschiedener Übungen unterstützt werden. Allerdings braucht es dafür einen längerfristig angelegten Weg, systematische Kompetenzentwicklung, kontinuierliche Schattenarbeit und Teamhygiene. Ein Fazit des Festivals: „New work needs inner work." Die Transformation in die neue Arbeitswelt erfordert von Einzelnen auch eigene individuelle Transformationsarbeit.

Mit Fortschreiten des Festivals wird der Anspruch des Festivals und der darin innewohnende integrale Ansatz (Wilber 2006) immer deutlicher. Das Festival der Perspektiven will wirklich die verschiedenen Perspektiven integrieren und damit dem Gedanken des Kulturwandels Rechnung tragen. Der Hebelpunkt der Veränderung liegt sowohl an der Kultur, im Sinne von Werten, Haltungen und Art der menschlichen Beziehungen, als auch an den formgebenden Arbeitsstrukturen und Prozessen. Darin liegt die größere Wirksamkeit.

Aber auch die Fragen bei den Teilgeber*innen werden gegen Ende des Festivals größer. Wie kann ich das in meinem Team, in meiner Organisation umsetzen? Geht das

überhaupt? Ein Teil der Fragen kann in diesen vier Tagen beantwortet werden, ein Großteil davon beantwortet sich erst beim eigenen Umsetzen im Arbeitsalltag.

Ein Kulturwandel braucht Zeit, Präzision und ein Wissen darüber, welche Schritte
eine Organisation gehen will und welche eben nicht. Daher sind die Empfehlungen für
den Nachhauseweg der Teilgeber*innen eher kurz und knapp und auf eigenes weiteres
Forschen ausgerichtet. Aus den Erfahrungen mit verschiedenen Organisationen ergeben
sich relativ übereinstimmende grobe Ansatzpunkte:

1. Das Warum klären

Erstens muss das Warum geklärt werden. Zu welchem Zweck soll die Art des Miteinanders und Organisierens verändert werden? Welche Herausforderung soll damit
gelöst werden? Welche Organisationsformen passen am besten zum Zweck und Hand-
lungsfeld des Unternehmens? Das Stellen dieser Fragen ist eine Grundvoraussetzung für
den beginnenden Weg.

2. Freiwilligkeit

Die zweite Voraussetzung für ein Gelingen sind die Freiwilligkeit und eine intrinsische
Motivation der Beteiligten. Den Veränderungswillen, den dieser Prozess benötigt, kann
nicht von außen bestimmt werden. Höchstens inspiriert werden. Ein eleganter Weg ist
es, die Innovator*innen und frühen willigen Anwender*innen in der eigenen Organisation zu finden, die darauf Lust haben und eine Notwendigkeit darin sehen. Mit denen,
die diese Voraussetzung mitbringen, anfangen. Alles andere ist Kamikaze. Denn die Notwendigkeit von Transformation und der Notwendigkeit einer Kooperationskultur wird
zwar bereits in allen gesellschaftlichen Bereichen diskutiert und erkannt, aber nicht alle
sind bereit dazu. Im Laufe der Zeit können dann die frühe Mehrheit, die späte Mehrheit
und die Nachzügler*innen bezogen auf die Innovation nachgeholt werden (Rogers 2003).

3. Krise mit einberechnen

Wenn wir diesen Prozessmusterwechsel (Kruse 2004) vollziehen und uns auf den Weg
machen, lieb gewonnene Organisations- und Kommunikationsmuster aufzugeben, um
einem neuen Verhaltensmuster Platz zu machen, dann wird eine Krise in der einen oder
anderen Form auftauchen. Diese auftauchende Krise ist unsere Investition für eine neue
Wirksamkeits-, Innovations- und Effektivitätsstufe. Der „Schmerz" der Veränderung und
damit vielleicht auch anfängliche Effektivitätsverluste müssen in Kauf genommen werden.
Dies gilt insbesondere dann, wenn von einer stark hierarchischen Organisationsform auf
eine flachere hierarchische und stärker selbstorganisierte Organisationsform umgestellt
wird. Denn die dafür nötigen neuen Routinen im Umgang mit Macht, Verantwortung und
den Prozessen der Entscheidungsfindungen sind für Menschen, die tief verwurzelt in der
alten Unternehmenskultur verankert sind, sehr herausfordernd. Änderungen z. B. der eigenen Führungsrolle bzw. der neu hinzukommenden Verantwortung brauchen Zeit.

Allein deswegen sind Freiwilligkeit und eine intrinsische Motivation, psychologische
Schutzräume und Fürsorge untereinander in diesem Prozess wichtig.

4. Ausmaß der Veränderung bestimmen

Der Wandel ist in jedem Organisationsumfeld möglich. Die Frage nach dem Ausmaß ist nur unterschiedlich. Geht es um Prozessoptimierung oder einen Prozessmusterwechsel? Betrifft es nur bestimmte Bereiche der Organisation oder die gesamte Organisation? Denn nicht jede Organisation will jede Veränderung durchmachen. Und das ist auch nicht nötig. Für die generelle Bestimmung der Art und Weise und der Tiefe der Veränderung sind folgende „Landkarten" nützlich: Robert Dilts' Modell der Veränderung (Dilts 1990), die „logischen Ebenen", lassen uns hilfreiche Akupunkturpunkte für nachhaltige Veränderung im Individuum als auch in Teams erkennen, indem wir u. a. Verhaltens-, Fähigkeits- und Werteebenen unterscheiden als Ansatzpunkt für Veränderung. Auch Don Becks Theorie über die Entwicklung von menschlichen Weltanschauungsebenen Spiral Dynamics (Don Beck und Cowan 2017) ist sehr hilfreich, um eine Organisation besser zu verstehen und mögliche Ansatzpunkte von Veränderung zu finden. Das u. a. von Stefan Enzler entwickelte integrale Kompetenzmodell (Enzler et al. o. D.) spezifiziert noch einmal die konkreten Bereiche in einem Unternehmen und nutzt dafür sowohl das integrale Vier-Quadranten-Modell von Wilber (Wilber 2006) als auch Spiral Dynamics (Don Beck und Cowan 2017). Es ist damit sehr praktisch anwendbar.

5. Allgemeines Vorgehen

Wenn kollektive Führung als Inspirationsquelle genutzt und effektiv vorgegangen wird empfiehlt sich ein Parallelprozess: kurzfristig Methoden einführen, mittelfristig Strukturen ändern, langfristig die (Kommunikations-)kultur kultivieren. Wir setzen kurzfristig Methoden ein, um eine erste Verbesserung zu erzielen. Mittelfristig bauen wir Strukturen auf, die die kollektive Intelligenz und Zusammenarbeit fördern und langfristig unterstützen wir eine Kultur, die Potenzialentfaltung, Verantwortungsübernahme, Innovationsfreude und Organisationsagilität fördert.

Wird einer dieser Bereiche vernachlässigt, treten zu große Reibungsverluste auf, weil die Unternehmensstruktur und -kultur nicht synchron miteinander sind. Wenn ein*e Mitarbeiter*in z. B. anders fühlt und denkt, als er handeln „soll", ist das fast immer ein Problem. Diese fehlende Synchronisation führt zu Effektivitäts- und Reibungsverlusten z. B. in Form von innerer Kündigung, Krankenständen, weniger Selbstverantwortung.

Es reicht in den meisten Fällen also nicht aus, bildlich gesprochen, nur eine neue „Unternehmenssoftware" im Sinne eines neuen strukturierten Betriebssystems oder neuen Methoden aufzuspielen, sondern es muss auch eine dazu passende gelebte und gefühlte Unternehmenskultur der Selbstorganisation kultiviert werden. Dieser beschriebene integrale und iterative Kulturprozess braucht Zeit.

6. Kleine Schritte

Da dieser innere Wandel vor allem eine hohe Motivation und Zeit und Ausdauer erfordert, sollte mit kleinen äußeren Schritten angefangen werden, die auch anfängliche Erfolge zeigen. Je nach Kontext zuerst mal nur ein daily Stand-up, um in einem klar vorgegebenen Rahmen effektiv zu kommunizieren. Oder es wird ein integrativer Entscheidungsprozess oder ein wöchentliches Treffen für Teamhygiene eingeführt. Ab einem bestimmten Punkt können dann weitreichendere Strukturen verändert werden. Als Inspiration können die vielen Erfahrungen und auf Selbstorganisation ausgelegten erprobten Betriebssysteme wie Holacracy, Scrum, Kanban und Soziokratie dienen. Auch Erfahrungsberichte, wie sie bei Frederic Laloux und Bernd Oestereich beschrieben sind, geben wertvolle Anregungen für neue Organisationsstrukturen, Rollen, Meeting-formate, Führungsstile und agile und selbstorganisierende Praktiken. Sie geben wertvolle Orientierungsmöglichkeiten, um das Ganze nicht naiv anzugehen. Alternativ können ganz eigene zur jeweiligen Unternehmensrealität passende Formate entwickelt werden.

7. Strategie der langfristigen Kulturveränderung

Diese beschriebenen schnell einsetzbaren Methoden, die auch bereits eine Art der Kommunikation vorgeben, sind eher schnellere Veränderungen und unterstützen auch den etwas länger dauernden Prozess von systematischer Kompetenzentwicklung im Bereich Kommunikationskultur. Eckpfeiler, um langfristig eine emergenten Gesprächskultur zu kultivieren, sind noch einmal in Übersicht 12 zusammengefasst. Für eine gesunde Kommunikationskultur ist es möglich, mit den Methoden, wie sie in diesem Artikel beschrieben wurden, zu beginnen oder mit anderen Methoden aus den Bereichen von gewaltfreier Kommunikation oder oben erwähnten Ansätzen. Die Kommunikations-kultur muss sich sukzessive ändern. Lernen sich zu begegnen, kann ein erster Schritt sein. Eine persönliche Check-in-Runde vor einem Arbeitsmeeting, Kommunikations-prinzipien erstellen, Fehlerkultur stärker etablieren können weitere Schritte sein. Es müs-sen genügend Menschen die innovative Arbeitsweise und Kommunikationsweise für sich adoptiert haben. Somit wird eine kritische Masse erreicht und erst dann bleibt die Kultur selbsterhaltend bestehen (Rogers 2003) und wird zu einem selbstverständlichen Teil der Firmenkultur. Solange das nicht passiert ist, empfiehlt es sich, diesen Kulturprozess zu begleiten und aktiv zu unterstützen.

Übersicht 12: Metaschritte zur emergenten Gesprächskultur

1. Über tiefes gegenseitiges Kennenlernen soziale Eingebundenheit und psycho-logische Sicherheit kreieren.
2. Die Intelligenz der ganzen Kommunikation befreien, indem wir uns als ganz-heitliche Menschen mit all unseren Gefühlen und Intuitionen in den Arbeits-prozess begeben.
3. In Gesprächen sich gemeinsam mit einem Ziel ausrichten.
4. Gemeinsam dem Nicht-Wissen lauschen bis zum Grund des U (Scharmer 2009); Kernfrage: Was ist neu zwischen uns?
5. Gespräche kraftvoll beenden, nächste Schritte festlegen, Reflexion der Zusammenarbeit.

Am Ende dieses Weges steht das Ziel, komplexitätsgerechtere Formen des Organisierens, Arbeitens und Führens in der eigenen Organisation umzusetzen. In einer komplexen schwer vorhersagbaren Umwelt braucht es Schnelligkeit im Lernen und Agieren. Antwortfähig in einem dynamischen Kontext zu bleiben, gelingt nur, wenn die Geschwindigkeit im Zusammenspiel aller Mitarbeiter*innen dementsprechend ist. Das heißt, dass sie vorhersehbare Standardsituationen effizient erledigen und volatile Situationen agil gestalten. Jede evolutionäre Organisation (Laloux 2015) muss dafür ihr eigenes ausgefeiltes System schaffen. Auf Basis klarer Spielregeln, Werte und Entscheidungsmöglichkeiten, emotionaler Sicherheit, klarer gegenseitiger Erwartungen, klarer Rollen und guter ganzheitlicher Kommunikation kann dies gelingen. Für die Führungskräfte von morgen bedeutet dies, dass sie sich als Beziehungsmanager*innen verstehen müssen. Ihre Aufgabe besteht darin, Mitarbeiter*innen aller Hierarchieebenen so zu vernetzen, dass sie erfolgreich zusammenarbeiten. Das geht nur über eine qualitativ gute Kommunikation und Kommunikationsdichte innerhalb der Parteien. Denn mit einer Kommunikationskultur, die auf einseitigem Diskutieren, auf Positionen beharren und Nicht-Zuhören aufbaut, ist dieses Ziel schwerer zu erreichen. Und das ist der Ansatz von kollektiver Führung. Und der Beitrag von diesem Festival. Kollektive Führung ist eine Praxis. Es ist schwierig, eine Praxis zu verstehen, ohne sie zu erfahren. Kollektive Führung entstand durch Anwendung, Ausprobieren, ständiges Experimentieren. Die Prinzipien sind entstanden aus den Erfahrungen, die wir gemacht haben, Erfahrungen, die gut funktioniert haben. Das Ziel dabei war immer große Wirksamkeit und kollektive Intelligenz in unserem gemeinsamen Handeln bei gleichzeitiger tiefster Menschlichkeit und Freude beim Arbeiten. Die Kommunikation war der Fokus dieses Artikels, denn sie ist ein wichtiger Akupunkturpunkt dieses Kulturwandels. Agiles Arbeiten braucht neben agilen Methoden agile Kommunikationsfähigkeit. So gelangen wir langsam vom agilen Wollen zum professionellen agilen Können. Schritt für Schritt.

Zurück zum Festival. Das Festival neigt sich nun dem Ende zu. An vier Tagen haben die Teilgeber*innen von- und miteinander geforscht, gelernt und gefeiert als auch damit experimentiert, wie eine neue Führungskultur aussehen kann, die von Transparenz, Verbundenheit, Bewusstsein und Vertrauen geprägt ist. Sie haben erahnen können, dass tiefste Menschlichkeit und höchste Innovationskraft eng beieinanderliegen. Für kurze Zeit haben sie einen „We-Space" aufgebaut, einen gefühlten Wir-Raum. Für kurze Zeit haben sie versucht, die Intelligenz der ganzen Kommunikation zu befreien! Um eine neue Arbeitskultur in ihre individuellen Kontexte tragen zu können, sind die Teilgeber*innen während des Festivals selbst das Experiment gewesen. Die ganze Agenda war danach aufgebaut, kollektive Führung zu erleben und systematisch für eine kurze Zeit eine Kultur mit allen Teilgeber*innen aufzubauen, auf deren Boden kollektive Führung funktionieren kann.

Einen Kulturwandel live für kurze Zeit miterleben und dadurch erahnen, wo es hingehen kann. Diese Erkenntnis nehmen die Teilgeber*innen heraus. Nun liegt es an ihnen zu entscheiden, welcher Hebel in ihrer Organisation am wirksamsten ist. Das wichtigste ist: experimentieren. Und das haben die Teilgeber*innen an den vier Tagen erlebt: radikales Experimentieren. Das Neue einladen. Sich auf unbekanntes Terrain wagen. Kommunikation wie ein Tanz, ein asiatischer Kampfsport, ein Fußballspiel im Flow. Freude und Aufbruchsstimmung liegen in der Luft. Wertschätzende Worte werden in den letzten gemeinsamen Runden geteilt. Ein paar zurückliegende Anekdoten werden erzählt. Und ein Lächeln über so manche kleine persönliche Hürde. Viele sind am Ende des Festivals inspiriert und drücken dies in ihren Worten so aus:

„Es ist ein intensiver persönlicher Prozess, der jedes Jahr passiert."

„Es ist ein perfektes Umfeld für Experimente – einfach mal auszuprobieren, wie können wir miteinander auf eine Weise umgehen, dass unsere Kreativität maximal ist, wir unserer Intuition folgen, wir uns gegenseitig buchstäblich befruchten."

„Kollektive Führung bedeutet, dass entweder alle gemeinsam führen, weil es einen Konsens gibt oder Einzelne führen, weil sie die situative Kompetenz besitzen und andere ihnen vertrauen. (…) Die Veränderung unserer Sprachkultur ist die Basis, auf der kollektive Führung leben kann. Unsere Kultur sanfter, menschlicher und achtsamer zu machen, ist für mich die Grundvoraussetzung für kollektive Führung."

Die Koffer werden gepackt. Die letzte gemeinsame Aktion ist das Aufräumen der Räume. Lächelnde Gesichter. Die letzten Umarmungen runden das Festival ab. Und das Versprechen, nächstes Jahr wiederzukommen.

Literatur

Beck D, Cowan CC (2017) Spiral dynamics – Leadership, Werte und Wandel. Eine Landkarte für Business und Gesellschaft im 21. Jahrhundert. J. Kamphausen Verlag, Bielefeld

Bergmann F (2004) Neue Arbeit, neue Kultur. Arbor Verlag, Freiamt

Berne E (2005) Transaktionsanalyse der Intuition. Ein Beitrag zur Ich-Psychologie. Junfermann, Paderborn

Buck J, Sharon V (2007) We the people – consenting to a deeper democracy – a guide to sociocratic principles and methods. Sociocracy.info, Washington

Csíkszentmihályi M (2000) Das Flow-Erlebnis. Jenseits von Angst und Langeweile im Tun aufgehen, 8. Aufl. Klett-Cotta, Stuttgart

Deci EL, Ryan RM (1985) Intrinsic motivation and self-determination in human behavior. Plenum Press, New York

Deci EL, Ryan RM (2000) The „what" and the „why" of goal pursuits: human needs and the self-determination of behavior. Psychol Inq 11:227–268

Dilts R (1990) Changing belief systems with NLP. Meta Publications, California

Enzler S, Luger M, Kahlenberg V, Habler T (o. D.) Integrales Management. http://imu-augsburg. de/wp-content/uploads/2017/04/Flyer-Integrales-Management_imu-augsburg.pdf. Zugegriffen: 16. Nov. 2017

Gardner H (1999) Intelligence Reframed. Multiple Intelligences for the 21st Century. Basic Books, New York

Gigerenzer G (2008) Bauchentscheidungen: Die Intelligenz des Unbewussten und die Macht der Intuition. Wilhelm Goldmann Verlag, München

Hanson R, Mendius R (2013) Das Gehirn eines Buddha. Die angewandte Neurowissenschaft von Glück, Liebe und Weisheit. Arbor Verlag, Freiburg im Breisgau

Hübl T (2007) Transparenz. Sharinggruppen – ein Abenteuer, sich selbst und Andere klarer zu sehen. Sharing the Presence GmbH, Wardenburg

Kruse P (2004) Next practice. Erfolgreiches Management von Instabilität. Gabal, Offenbach

Laloux F (2015) Reinventing Organizations: Ein Leitfaden zur Gestaltung sinnstiftender Formen der Zusammenarbeit. Vahlen, München

Levine PA (2014) Sprache ohne Worte. Wie unser Körper Trauma verarbeitet und uns in die innere Balance zurückführt. Kösel-Verlag, München

Luhmann N (1984) Soziale Systeme. Suhrkamp, Frankfurt a. M.

Oesterreich B, Schröder C (2016) Das kollegial geführte Unternehmen: Ideen und Praktiken für die agile Organisation von morgen. Vahlen, München

Owen H (2008) Open Space Technology: A User's Guide, 3. Aufl. Berrett-Koehler, San Francisco

Peck MS (2007) Gemeinschaftsbildung. Der Weg zu authentischer Gemeinschaft. Eurotopia-Verlag, Bandau

Rogers EM (2003) Diffusion of Innovations, 5. Aufl. Simon and Schuster, New York

Rohr J, Hörster J (2017) *The field-process-model.* http://www.partizipativ-gestalten.de/the-field-process-model/. Zugegriffen: 1. Okt. 2017

Rosenberg MB (2016) Gewaltfreie Kommunikation. Eine Sprache des Lebens. Junfermann Verlag, Paderborn

Rozovsky J (2015) The five keys to a successful Google team. https://rework.withgoogle.com/blog/five-keys-to-a-successful-google-team/. Zugegriffen: 16. Okt. 2017

Scharmer CO (2009) Theory U - Von der Zukunft führen. Presencing als soziale Technik. Carl-Auer, Heidelberg

Siegel DJ (2007) The Mindful Brain: Reflection and Attunement in the Cultivation of Well-Being. W.W. Norton and Co, New York

Wilber K (2006) Introduction to Integral Theory and Practice. J Integr Theory Pract 1(1):1–40

Hendryk Obenaus ist systemisch-agiler Organisationsbegleiter und Führungskräftecoach. Er begleitet Menschen und Teams bei ihrem Weg zu Agilität und Selbstorganisation. Dabei taucht er sowohl in die Tiefe von Wertesystemen und Glaubenssätzen als auch in die Kompetenz- und Kulturentwicklung von Teams ein.

Hendryk hat als Trainer diverse Unternehmensgrößen und Branchen begleitet, immer mit Fokus auf der Entwicklung von Menschen in diesen Organisationen.

2011 gründete er Leadership³ als ein kollektiv geführtes Unternehmen und Netzwerk, welches selbst ein Beispiel für eine „New Work"-Organisation ist und 2017 mit dem Xing New Work Award ausgezeichnet wurde. Zentrales Anliegen ist es, neue gesunde Führungs- und Arbeitsformen zu erforschen und somit einen Beitrag zu einer nachhaltig globalisierten Welt zu geben. Leadership³ begleitet seit über acht Jahren Individuen und Organisationen zu dem Themenfeld kollektive Führung.

Als Diplompsychologe mit über 10 Jahren in der Praxis kennt er die Potenziale und Tücken eines Change-Prozesses.

Als Experte für kollektive Führung hält er Vorträge auch zu diesen Themen.

Ein weiterer Interessensschwerpunkt liegt in der Erforschung und Schaffung sicherer psychologischer Räume für Menschen und Teams. In seiner jahrelangen Praxis hat Hendryk Obenaus oft erlebt, wie dies persönliche Verhaltensänderung und Persönlichkeitsentwicklung im Sinne einer selbstverantwortlichen Führungskultur unterstützt.

Hendryk Obenaus lebt in Berlin. Als Ausgleich gründete er mit Familie und Freunden eine Stadt-Land-Gemeinschaft, um auch auf dem Land einen experimentellen Raum für Wohnen und Gemeinschaft zu haben.

Webseite: www.leadershiphoch3.de

Reinventing Intercultural Communication

Laloux' Entwicklungsmodell und der aktuelle Stand im internationalen Miteinander

Mark Russell

In seinem Buch „Reinventing Organizations" schreibt Frederic Laloux: „Nie zuvor in unserer Geschichte gab es Menschen, die sich auf so viele verschiedene Paradigmen beziehen und nebeneinander leben" (Laloux 2015, S. 36). Ich habe das Glück, dass diese Tatsache ein zentraler Aspekt meines privaten und beruflichen Lebens geworden ist: Kommunikation zwischen Kulturen bleibt für mich als Trainer, Diagnostiker, Organisationsentwickler und Coach nach mehr als 20 Jahren Arbeit in mehr als 30 Ländern ein spannendes, aber kein einfaches Thema: Kulturen sind komplex, selten in sich homogen, und können sich unter verschiedenen Bedingungen auch nicht-linear verändern, was ja innerhalb der EU spätestens seit dem Jahr 2016 gut beobachtbar ist: Ein „Globalisierungskater" geht einher mit Sehnsucht nach klar abgegrenzten Heimaten und beschleunigten Zentrifugalkräften wie Abschottung und populistischen Tendenzen in der internationalen Gemeinschaft.

Laloux' lineares Entwicklungsmodell, hin zu einem verständnisvolleren und harmonischeren Miteinander („integral"), ist oft nicht leicht zu erkennen. Spannungsfelder in Europa, USA, Nahost und anderen Teilen der Welt legen eher einen Rückschritt in Richtung „tribale" Verhaltensmuster nahe.

Das integrale Zusammenwachsen von Kulturen im „Global Village" wird auch in Zukunft nicht einfach sein. Dieses Kapitel soll helfen, die dafür notwendige interkulturelle Kommunikation konstruktiv zu gestalten.

M. Russell (✉)
International Training and Workshops, Darmstadt, Deutschland
E-Mail: mark.russell@russell-training.de

© Springer-Verlag GmbH Deutschland, ein Teil von Springer Nature 2019
H. Parnow und P. Schmidt (Hrsg.), *Zusammen arbeiten, Zusammen wachsen,*
Zusammen leben, https://doi.org/10.1007/978-3-662-58965-6_13

13.1 Ein dreidimensionales Rahmenmodell der interkulturellen Kooperation

Bei der Beschreibung von Kultur besteht immer die Gefahr der übertriebenen Vereinfachung und Stereotypisierung, wenn wir von einem deterministischen (So ist DER Deutsche!) statt einem probabilistischen Modell (In Deutschland ist in den letzten fünf Jahren eine häufig beobachtete Tendenz …) ausgehen. Schon *innerhalb* eines geografisch recht kleinen Landes wie Deutschland bestehen kulturelle Unterschiede zwischen Regionen (Ost & West), Generationen (Gen X & Y) oder Bildungsschichten (z. B. die Bedeutung des Doktortitels). Auch „Diversity & Inclusion"-Debatten in Organisationen, Presse und TV machen die Herausforderungen des weiteren Zusammenwachsens innerhalb der eigenen Kultur deutlich.

Noch komplexer sind das Zusammenarbeiten und Zusammenwachsen *zwischen* Kulturen, wenn z. B. deutsche Expert*innen oder Führungskräfte mit Gesprächspartner*innen aus wirtschaftlich für Deutschland wichtigen Ländern wie China, USA oder Indien interagieren. Bereits die räumliche Distanz und die selteneren Kontakte haben Einfluss auf den gefühlten Zusammenhalt und eine gemeinsame Orientierung. Auch wenn alle Interakteur*innen fachlich gut trainiert sind, können kulturelle Einflussfaktoren die Zusammenarbeit komplexer machen. Wenn aber Vielfalt gut genutzt wird, kann sie bereichern und zu besseren Ergebnissen führen.

Anekdotische Evidenz

Ein deutsches Unternehmen, dessen Marken weltweit bekannt sind, setzte europäische Expert*innen aus Marketing, Vertrieb und Logistik zu einem Team zusammen, um eine gemeinsame Strategie der Marktbearbeitung zu verabschieden. Nach einem gemeinsamen Austausch ging es um finale Abstimmungsprozesse und Entscheidungen. Plötzlich wurde die Zusammenarbeit unerwartet zäh. Erst im weiteren Verlauf stellte sich heraus, dass die Expert*innen unterschiedliche Entscheidungsbefugnisse hatten. Laloux würde sicher den zu diesem Zeitpunkt in der italienischen Tochtergesellschaft gelebten Organisationsstil als „Bernstein" oder „Rot" farblich codieren: Expert*innen konnten nicht selbst vor Ort entscheiden, sondern mussten die finale Entscheidung ihren Vorgesetzten überlassen. Zudem war die Verteidigung der Landesinteressen zu spüren.

Die schwedische Tochtergesellschaft wirkte sehr interessiert an der Zusammenarbeit mit anderen europäischen Tochtergesellschaften und ihre Experten/Expertinnen hatten das Mandat, eigenständig im Meeting zu entscheiden. Dieser Organisationsstil kann eher als orange/grün gekennzeichnet werden. Der Durchbruch zu einem gemeinsamen Vorgehen war nicht einfach, denn hier prallten unterschiedliche Paradigmen aufeinander: tief verwurzelte Überzeugungen, Historien und Machtkonstellationen, die es nicht zuließen, von einem Meeting zum nächsten ein gemeinsames Vorgehen schnell abzustimmen. Im weiteren Verlauf dieses Falles wurde deutlich, dass die verschiedenen Länder im Rahmen der Europäisierung ganz unterschiedliche Narrative ihrer Vergangenheit, Gegenwart oder Zukunft hatten: Als Vorreiter*innen, als Opfer oder als leidgeplagte Helfer*innen, die ihre Pflicht tun, aber nicht wirklich vom notwendigen Wandel überzeugt ist. Auch wurde deutlich, dass die europäischen Organisationen sich hinsichtlich bestimmter Normen in der Zusammenarbeit unterschieden:

- Wie weit und detailliert wird in die Zukunft geplant?
- Wie viel Information für Entscheidungen wird als notwendig angesehen?
- Als wie bindend werden getroffene Vereinbarungen respektiert?

Solch komplexe, interkulturell geprägte Situationen in Organisationen gilt es zu verstehen, damit mögliche Hürden in der Zusammenarbeit vorherzusehen und präventive Maßnahmen im Vorfeld ergriffen werden können, um möglichst frühzeitig zu einer effektiven Zusammenarbeit zu finden. Interventionen können auf der Mikroebene bei einzelnen Interakteur*innen stattfinden, auf der Mesoebene, z. B. bei Teams, und auch auf der Makroebene, also im gesamten Unternehmen.

Wie in der Einführung schon erwähnt, wird in diesem Beitrag das Paradigmenmodell von Laloux mit zwei weiteren Sichtweisen verknüpft, die dann gemeinsam einen dreidimensionalen Gedankenraum eröffnen (siehe Abb. 13.1):

Die erste Dimension bildet nach dem Modell von Laloux die evolutionäre Stufe oder das Paradigma, aus dem heraus eine Organisation agiert und kommuniziert. Der Autor beschreibt, dass mehrere Haltungen gleichzeitig aktiv sein können und – abhängig von Rahmenbedingungen – auch Regressionen in frühere Stufen möglich sind. In Gefahrensituationen sind vielleicht „rote" Verhaltensmuster für das kurzfristige Überleben am sinnvollsten. Am Ende des Jahres 2016 prägten solche wahrgenommenen Gefahren in europäischen Ländern, in den USA und auch im arabischen Raum Verhaltensveränderungen. Laloux' Modell ist daher in der Praxis oft nicht ganz so linear, wie es die Abbildung der Stufen in seinem Buch zunächst vermuten lässt. Wer sowohl die eigenen verhaltenssteuernden Paradigmen kennt als auch die der Interaktionspartner*innen, kann sich leichter anpassen und Ziele erreichen.

Organisationen sind in ein größeres kulturelles Umfeld eingebettet. Die zweite und die dritte Dimension beziehen sich auf dieses Umfeld, aus dem heraus eine Organisation handelt.

Die zweite Dimension bildet das **Narrativ der Kultur,** in welchem eine Organisation eingebettet ist. Mit einer bestimmten Wahrnehmung der eigenen Vergangenheit, Gegenwart und Zukunft beschreibt sich eine Kultur sinnstiftend und definiert somit ihre Identität. Damit wird selektiert, was wahrgenommener Vordergrund und was Hintergrund ist. In ihrem Buch „Brand America" beschreiben z. B. Simon Anholt und Jeremy Hildreth, wie „American Lifestyle" durch Symbole recht konstant über viele Jahrzehnte getragen worden ist (empfohlene Literatur: Anholt, S., & Hildreth, J. 2004: Brand America, Cyan Books, London). Gerade im Jahr 2016 wurde mit der Wahl von Trump in den USA, dem Brexit-Referendum in Großbritannien oder dem Zuzug von Geflüchteten in Deutschland deutlich,

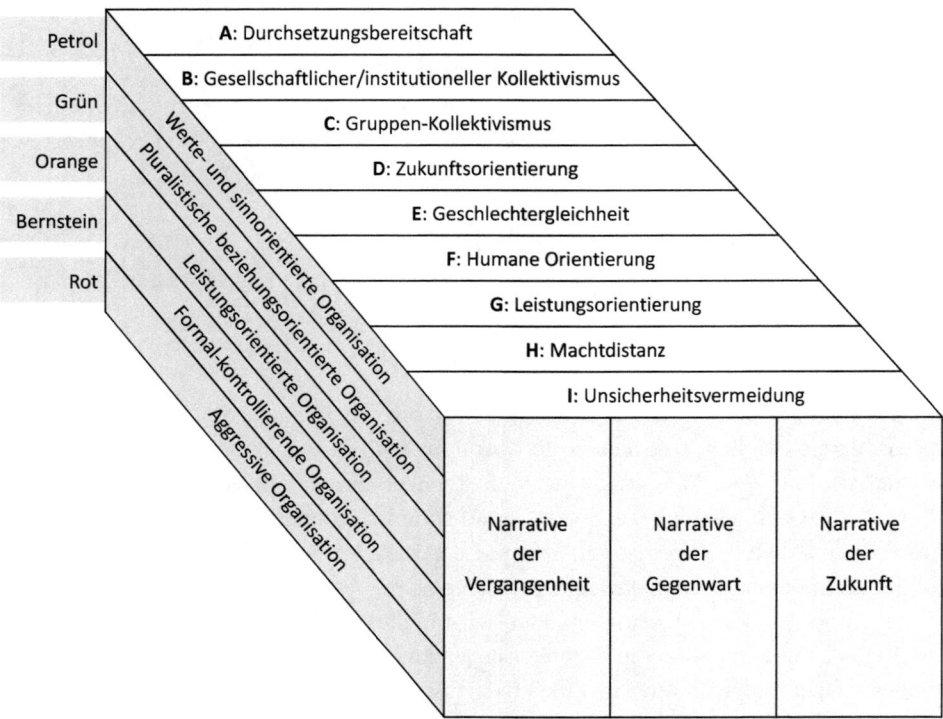

Abb. 13.1 Laloux' Paradigmenmodell in Verknüpfung mit narrativen und kulturgebundenen Werten und Normen

wie sich kulturelle Narrative recht kurzfristig verändern oder „neu erfunden" werden können, indem die faktische Vergangenheit neu interpretiert wird. Ben Furman formuliert das als Titel seines Buches so: „Es ist nie zu spät, um eine glückliche Kindheit zu haben." Wer versteht, welche historische Vergangenheit oft unbewusst mitschwingt, kann Entscheidungsverhalten oder Zukunftsbestrebungen besser einordnen. Beispiele dafür sind Amerikas historisches Streben nach Unabhängigkeit, Englands Deutung der imperialen Vergangenheit als Erfolgsstory oder Deutschlands Verarbeitung der Erfahrung des Zweiten Weltkriegs, der Teilung und Wiedervereinigung oder der freudigen Ausrichtung der WM im Jahr 2006.

Die dritte Dimension bilden die langfristig gewachsenen, *kulturgebundenen Werte und Präferenzen im Verhalten,* die Menschen aus unterschiedlichen Kulturen zeigen. Getragen von Werten, Normen oder Glaubenssätzen unterscheiden sich Menschen über verschiedene Kulturen hinweg in der Weise, wie sie sich z. B. an Regeln halten, im Konflikt miteinander umgehen, die Zukunft wahrnehmen und gewichten oder für diese Zukunft planen. Die in der GLOBE-Studie präsentierten neun kulturellen Dimensionen des Denkens und Handelns dienen als Struktur für die dritte Dimension. Wer begreift, aus welchem Selbstverständnis heraus Menschen anderer Kulturen kommunizieren – und auch eigene kulturelle Prägungen versteht – kann wirkungsvoller interagieren.

In diesem dreidimensionalen Rahmenmodell können wir uns bewegen, um Ableitungen und Empfehlungen für die Zusammenarbeit zwischen Kulturen und für das Zusammenwachsen von Kulturen zu gewinnen, z. B. bei der Umsetzung der „europäischen Idee".

Nach dem Schlüssel-Schloss-Prinzip können wir umso leichter Zugang zueinander finden und Türen öffnen, je besser wir die Schlösser des Gegenübers kennen und dafür passende Schlüssel suchen. Im Folgenden werden die drei Dimensionen genauer beleuchtet, um einen Gedankenraum zu schaffen, in dem die richtigen „Schlüssel" identifiziert werden können.

Trotzdem werden immer wieder Situationen entstehen, in denen keine passenden Schlüssel gefunden werden können oder eine Tür zum „integralen Miteinander" trotz allem einfach „klemmt".

13.1.1 Dimension 1: Laloux' evolutionäre Stufen

Dieser Beitrag setzt voraus, dass das Buch „Reinventing Organizations" von Frederic Laloux bekannt ist. Deshalb werden hier nur die wesentlichen Punkte kurz zusammengefasst. Dabei werden die zeitlich weit zurückliegenden Organisationsformen des „archaischen Infrarot" und des „magischen Magenta" nicht weiter berücksichtigt.

Wesentliche Aussagen von Laloux können auf drei Betrachtungsebenen untersucht werden:

1. Makroebene: Die strukturelle Ebene, das System, die Organisation als Ganzes.
2. Mesoebene: Die Interaktion zwischen Akteur*innen im System, z. B. in Teams.
3. Mikroebene: Die innere Haltung, aus der heraus einzelne Akteur*innen agieren.

In Tab. 13.1 werden diese Ebenen hinsichtlich der Farbcodierungen von Laloux in ihren Eigenarten beschrieben.

Während Laloux in seinem Buch neu erfundene Formen der *Organisation* wie z. B. „Marktplatz der Rollen" darstellt, sind die Wege der *Kommunikation,* die er beschreibt, eher bekannt: Feedbackregeln für Dyaden, Meetingkultur für Gruppen oder die Dynamik der Kommunikation, die z. B. Karpmans Dramadreieck (Verfolger*in/Opfer/Retter*in) abbildet, sind bewährt – aber nicht neu. Es geht also eher darum, sie in einem internationalen Kontext konsequenter und kulturell angepasster anzuwenden und vor allem, sich dabei der Rahmenbedingungen bewusst zu sein.

Es ist also eher ein konsequentes „erneutes Finden" (re-discover) als ein ambitioniertes „Neu Erfinden" (re-invent), wie es Laloux' Buchtitel vermuten lässt.

Laloux gibt in seinem Buch anekdotische Evidenzen aus den Unternehmen, in denen er recherchiert hat. So beschreibt er am Beispiel des Unternehmens AES, wie auf internationaler Ebene durch Verschiebung der Entscheidungsebene auf sich selbst führende Teams ein gemeinsamer Weg zur Dezentralisierung gefunden wurde: „Geografische Lage und kultureller Hintergrund scheinen nicht so wichtig sein. Die Praktiken der

Tab. 13.1 Farbcodierung und die drei Ebenen

Farbcodierung	Rot	Bernstein	Orange	Grün	Petrol
Struktur	Tribal	Traditionell	Modern	Postmodern	Integral
Makroebene	System-steuerung durch die Macht des Stärksten	System-steuerung durch die Macht von for-malen Rollen	System-steuerung durch die Macht von leistungs-orientierter Anerkennung	System-steuerung durch kultur- und werte-orientierte Ordnungen, die Fairness betonen	Sich selbst steu-ernde Gruppen mit flexiblen Rollen und dezentralen Strukturen
Mesoebene	Impulsives, aggressives oder unter-würfiges Verhalten in Gruppen	Agieren aus einer defi-nierten Rolle heraus, Konfor-mismus	Durch Leistung der Konkurrenz zuvor-kommen	Pluralistische, integrative und empathische Kommunika-tion, die auch verletzlich machen kann	Im Umgang mit anderen Trennung über-windend, wei-ser, angstfreier Ausdruck des tiefen inneren Selbst: „Was ist richtig" statt „Wer hat recht"
Mikroebene	Furcht, da die Welt als gefährlicher Ort gesehen wird	Orientierung an Gruppen-normen und Suche nach Akzeptanz durch Wahrung einer Rolle	Wettbewerbs-orientierte Haltung, aus der die Welt interpretiert wird	Werte-orientierte Haltung, aus der die Welt interpretiert wird	Weise und sich treu bleibend, Ego loslassend und nach Evolu-tion und Ganz-heit strebend

Geschäftsführung, die bei AES angewendet wurden, kamen in allen Kraftwerken zum Einsatz, die das Unternehmen kaufte" (Laloux 2015, S. 236).

Neben Laloux' positiven anekdotischen Beispielen wie das Unternehmen AES existieren auch viele schwierige Fälle einer gemeinsamen Orientierung im internationalen Bereich. Nachfolgend beschreibe ich ein solches Beispiel, in dem die Qualität des Miteinanders eher abnahm und sich aus einer zunächst „orange-grünen" Grundhaltung eine weniger effektive „rote" Grundhaltung entwickelte:

Anekdotische Evidenz

In einem indonesisch-deutschen IT-Gemeinschaftsprojekt hatten mehrere deutsche Projektbeteiligte das Empfinden, dass ihre indonesischen Pendants „nicht ausreichend leistungsorientiert" wären. Auch die indonesische Seite war nicht glücklich über die internationale Beziehung. Sie hatten das Gefühl, ihr Bestes gegeben zu haben, und erlebten die sehr direkte und kritische deutsche Kommunikation als verletzend.

Die indonesischen Kolleg*innen arbeiteten in einem Gebäude, welches am Rande der Stadt lag. Sie waren von öffentlichen Busverbindungen abhängig und mussten somit zu einer bestimmten Uhrzeit das Unternehmen verlassen. Diese Rahmenbedingung war den deutschen Kolleg*innen nicht bewusst.

In Jakarta hatten die wenigsten lokalen Mitarbeiter*innen im privaten Bereich einen Breitband-internetzugang, um damit auch im Homeoffice arbeiten zu können. Auch dies war auf deutscher Seite nicht bekannt.

Die indonesischen Mitarbeiter*innen wussten wiederum nicht, von welchen Prämissen die deutschen Kolleg*innen ausgingen. Sie waren noch nicht im Ausland gewesen und kannten deshalb andere Arbeitswelten nicht, in denen andersartige Rahmenbedingungen herrschen.

Deutsche Ingenieur*innen, die unter Zeitdruck nach Jakarta geflogen waren, verhielten sich in ihrer Kommunikation sehr aufgabenorientiert und bauten wenig Beziehung zu ihren indonesischen Kolleginnen und Kollegen auf. Wie auch in vielen anderen Ländern Asiens spielt in der indonesischen Kultur der Beziehungsaufbau jedoch eine wichtige Rolle für eine und vertrauensvolle Zusammenarbeit. Aus dieser Dynamik entstand nach transaktionsanalytischem Vokabular beidseitig eine Haltung von „Ich bin o. k. / Du bist nicht o. k.".

In der indonesischen Kultur spielt „rukun" – Harmonieorientierung – eine größere Rolle als in Deutschland. Nicht haltbare Zusagen wurden gemacht, weil das klare „Nein" als unangemessen gegenüber den deutschen Partner*innen empfunden wurde und auch der direkte Konflikt damit vermieden werden konnte.

Feedback zwischen Fachkolleg*innen wurde unterschiedlich direkt gegeben – durch die Rahmenbedingungen einer vorrangig virtuellen Zusammenarbeit meist zu selten und zu spät.

Die weitere Eskalation ist sicher vorstellbar, ohne dass sie hier im Detail dargestellt werden muss. Aus einer auf beiden Seiten eher „orange & grün" geprägten inneren Haltung wurde schnell eine – durch eine andere Kommunikation vermeidbare – „rote" Haltung, die von Kampf- und Fluchtmechanismen geprägt war, weil Vermutungen und negative Unterstellungen das Miteinander entmenschlichten.

Schon in einem monokulturellen Setting ist ein Paradigmenwechsel ein großes Unterfangen. Laloux schreibt dazu: „Der Wechsel auf eine neue Stufe ist in kognitiver, psychologischer und moralischer Hinsicht ein großes Unterfangen. Es erfordert den Mut, alte Gewissheiten loszulassen und mit einer neuen Weltsicht zu experimentieren" (Laloux 2015, S. 40).

Hier stehen beide Interaktionspartner*innen auf dem gleichen „Fundament" (siehe Abb. 13.2). Das heißt nicht, dass sie sich in allem einig sind, aber sie konstruieren die Welt auf ähnliche Weise. Am Ende des Jahres 2016 wurde z. B. von einigen Kommentator*innen prognostiziert, dass sich Präsident Trump und Präsident Putin gegenseitig respektieren werden, weil sie „aus dem gleichen Holz geschnitzt" sind.

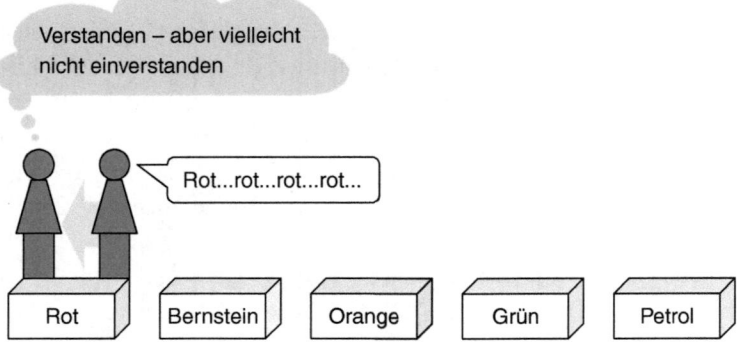

Abb. 13.2 Beide Interaktionspartner*innen stehen auf dem gleichen Fundament

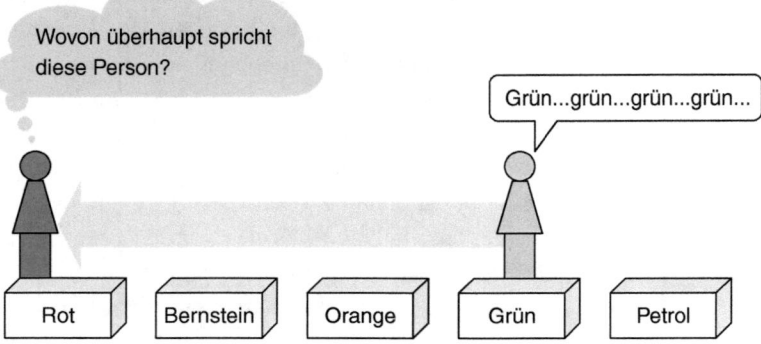

Abb. 13.3 Interaktionspartner*innen stehen auf unterschiedlichen Fundamenten

Stehen beide Kommunikationspartner*innen auf unterschiedlichen Fundamenten (siehe Abb. 13.3), konstruieren sie die Welt auf unterschiedliche Weise. Wahrscheinlich wird das, was der/die eine Gesprächspartner*in sagt, für den/die andere*n deshalb nicht nachvollziehbar sein. In Deutschland sind die Begriffe „Gutmenschen" und „Wutbürger" Beispiele dafür, in England „Brexiteers" und „Bremainers". Ganz unterschiedliche Grundannahmen über die Welt machen einen konstruktiven Austausch schwer. Dabei sind dies zwei Beispiele für Spannungsfelder *in jeweils einem* Land. *Zwischen verschiedenen* Ländern wird es oft noch schwerer, den gemeinsamen Sockel zu finden.

Je mehr Sie die Welt der anderen verstehen und diese zunächst dort auch nach dem Schlüssel-Schloss-Prinzip abholen, desto eher können Sie „andocken" und im Verlaufe der weiteren Diskussion auch andere bewegen und mitnehmen (siehe Abb. 13.4).

Neu ist dieser Weg sicher nicht. Frederic Laloux nennt in seinem Buch auch Meditation und Kampfkunst als Wege, um die Komplexität der Welt zu verstehen. In vielen dieser Bewegungskünste mit langer Tradition geht es darum, den/die Partner*in zu „verstehen": Indem ich die Energie des/der Partner*in aufnehme, statt sie zu blocken, kann

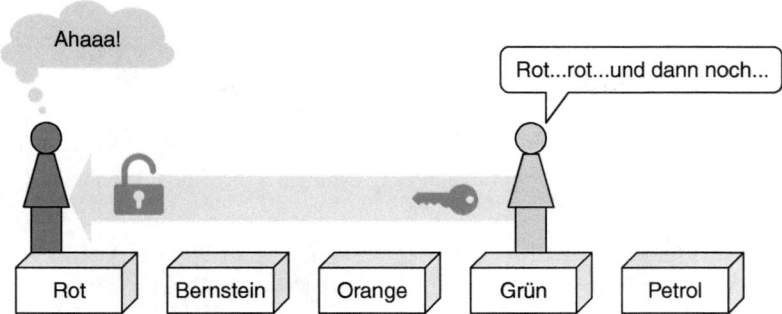

Abb. 13.4 Die Welt der anderen verstehen

ich den anderen bewegen. Spätestens seit der „Kung Fu Panda"-Filmreihe scheint dieses Wissen auch Allgemeingut geworden zu sein. Mit etwas mehr Ernst ist dies als ein zentrales Thema in meinem Buch „Führen mit der Weisheit zweier Welten" dargestellt (Russell, M. 2006). Wenn Sie sowohl Ihr eigenes Fundament als auch das des Gegenübers kennen, können Sie sich auf andere einstellen – ohne deswegen gleich andere Standpunkte übernehmen zu müssen.

13.1.1.1 Komplexität des interkulturellen Systems verstehen

Je komplexer das System und je heterogener die Akteur*innen sind, desto größer ist die Herausforderung, ein gemeinsames Verständnis für eine gemeinsame Praxis wirklich zu erreichen. Internationale Organisationen zeichnen sich zumeist durch diese beiden Kriterien (Komplexität und Heterogenität) aus. Unterschiedliche Länder haben unterschiedliche Historien und etablierte Normen und Wege, ihre Probleme zu lösen. Ich habe sowohl in Kulturen gearbeitet, die eine direkte Auseinandersetzung deutlich vermeiden, als auch in Teilen der Welt, in der in Workshops die Stühle durch Kalaschnikows belegt wurden. Für mich war dies ein unübersehbares Signal, dass dort auch recht „direkte" Wege in Betracht gezogen werden, um ein „gemeinsames Verständnis" herbeizuführen. Bevor die beiden Dimensionen „Narrativ" und „kulturgebundene Werte und Präferenzen im Verhalten" dargestellt werden, noch ein kleiner Exkurs: Was macht überhaupt interkulturelle Kommunikation komplexer als die Kommunikation zwischen Menschen, die eine gleiche Geografie und Kultur teilen?

> **Exkurs: Was zeichnet interkulturelle Kommunikation aus?**
> Internationale Kommunikationssysteme sind zumeist komplexer, schwerer zu erfassen und zukünftige Entwicklungen sind schwerer vorherzusehen:
>
> **Qualitative Komplexität:** Unterschiedliche Kulturen benutzen in der gemeinsamen Kommunikation häufig englisches Vokabular. Begriffe wie „Leadership", „Decision" oder „Organisation" repräsentieren jedoch in verschiedenen Teilen der Welt ganz unterschiedliche Konzepte:

- **Leadership:** Während ein Teil einer internationalen Organisation davon ausgeht, dass partizipatives Führen und Mitgestaltung die Regel ist, erwarten andere Teile der Organisation klare Ansagen und damit auch Verantwortungsübernahme aus dem Munde der Führungskraft. Damit gehen häufig auch unterschiedliche Erwartungen an den „Ort der Entscheidung" im Sinne der hierarchischen Ebene einher.
- **Organising:** Wird langfristige und detaillierte Planung als Erfolgsfaktor gesehen oder eher als Hindernis und Zeitverschwendung? Während manche Kulturen robuste und zuverlässige Strukturen aufweisen können, haben in anderen Teilen der Welt Menschen gelernt, Systemen nicht zu vertrauen und mit Spontanität und Flexibilität eher um sie herum zu arbeiten.
- **Feedback:** Wird der Fokus auf positives oder kritisches Feedback gelegt und wie direkt kann Feedback formuliert werden?
- **Conflict:** Wie offen und sichtbar können Konflikte ausgetragen werden? Welche Grundhaltungen liegen bei den Konfliktpartner*innen vor (Konfliktlösung durch Aggression, durch offene Debatte, durch Kompromiss, politische Manipulation etc.). Welche Mittel der Konfliktlösung werden bevorzugt genutzt?
- **Signature:** Macht eine Unterschrift eine Vereinbarung unumstößlich oder kann – ohne schlechtes Gewissen – nachverhandelt werden?

Hinter allen diesen Fragestellungen stehen die verschiedenen Paradigmen und Farben, die Laloux dargestellt hat. Wie sich dies ganz praktisch auswirkt, erlebe ich z. B. in internationalen Assessment- oder Development-Centern: Zum Teil unvorbereitete Kandidat*innen aus Asien, Arabien oder Südamerika werden auf der Basis eines Kompetenzmodells in ihrem Potenzial als Führungskraft beleuchtet.

Das Kompetenzmodell hat zumeist seinen Ursprung in der Landeskultur des Stammhauses. Nicht selten wird aber mehr Umsatz im Ausland als im Inland generiert. Das Ergebnis eines solchen Verfahrens kann dann durchaus sein, dass erfolgreiche lokale Führungskräfte verwirrt und enttäuscht mit schlechten Ergebnissen in ihr Heimatland zurückkehren, der Report als wenig hilfreich erlebt wird und die Arbeitsmotivation im Vergleich zu vorher sinkt.

Präselektion und Vorbereitung von internationalen Kandidat*innen als auch die Aufarbeitung der Ergebnisse sollten so professionalisiert sein, das unterschiedliche, kulturgebundene Paradigmen, Glaubenssätze oder Werte von den Kandidat*innen verstanden und berücksichtigt werden!

Quantitative Komplexität: Im internationalen Setting sind häufig mehr Akteur*innen im Feld und ihr Beziehungsgeflecht ist mehrschichtig. Eine gemeinsame Strategie zu entwickeln ist im internationalen Bereich oft schwieriger, weil sich die Länderbedingungen unterscheiden. Das hat mit Kultur oder unterschiedlichen Paradigmen zunächst nichts zu tun. Verschiedene Fragestellungen bewegen dann die Entscheider*innen:

- Holistische Sicht: Was ist für das Gesamtunternehmen und das globale Umfeld gut?
- Patriarchalische Sicht: Wie kann ich *meine* Mitarbeiter*innen vor Ort schützen?
- Egozentrische Sicht: Wie erhalte und verteidige ich meine eigene Machtposition?

Kommunikationsfrequenz: In internationalen Settings ist oft der Anteil virtueller Kommunikation höher. Es wird sich nicht so häufig an der gemeinsamen Kaffeemaschine oder auf dem Gang getroffen. Das Wissensvakuum wird mit Vermutungen statt mit Wissen gefüllt. Ich erlebte, wie z. B. ein französisches und ein italienisches Unternehmen nach einem Merger mit gegenseitigen Negativunterstellungen das Zusammenwachsen noch schwerer machten, als es bereits war.

Kommunikationskanäle (verbal/paraverbal/nonverbal): Die virtuelle Kommunikation schränkt die nutzbaren Kommunikationskanäle ein. Als Menschen sind wir in unserer Kommunikation darauf ausgelegt, nicht nur aufzunehmen, *was* gesagt wird, sondern auch, *wie* etwas gesagt wird. Neben der verbalen Ebene spielen also die para-verbale Ebene (Modulation, Sprachtempo, Pausen etc.) und auch die nonverbale Ebene (Gestik, Mimik, Nähe und Distanz) eine Rolle. Michael Koch stellt im Buch „Die Kunst, loszulassen" (Leseempfehlung: Wilms Buhse, Sören Stamer (HG) 2008) ein Social-Software-Dreieck dar, mit den Ecken Informationsmanagement, Kommunikation und Identitäts- & Netzwerkmanagement. Das Letztere bezieht sich im Wesentlichen auf *gefühlte* Nähe. Immer wieder erlebe ich Führungskräfte und Expert*innen, die genau diese Ecke des Dreiecks vernachlässigen: „Soziale Medien sind etwas für meine Kinder", „Ich mache das nicht – schon gar nicht im Job!", „Kolleg*innen aus Indien schicken mir Hochzeitseinladungen oder Bilder ihrer Kinder. Was soll das denn? Privat ist privat. Ich antworte da nicht!" Die Frage, die sich mir stellt: Wie weit passen sich internationale Kommunikator*innen an die Bedürfnisse ihrer Interaktionspartner*innen an, um die Balance von Beziehungsebene und Aufgabenebene zu erreichen, die für alle Beteiligten ein Gefühl von Zugehörigkeit erzeugt?

Angenommene Rechte und Verantwortung: Wer führt und wer folgt, ist häufig in internationalen Organisationen unklar, gerade in Matrixorganisationen, in denen Rollen, Rechte und Verantwortlichkeiten verhandelt werden müssen. Ein deutsches Unternehmen, das immer mehr Umsatz im arabischen Raum machte, re-zentralisierte die Entscheidungsgewalt, um aus der Zentrale heraus strategisch mehr steuern zu können. Lokale Führungskräfte empfanden den Verlust an Macht und Verantwortung nach erfolgreichem Aufbau der Organisation als ungerecht. Sie fingen an zu sabotieren.

Rahmenbedingungen: Innerhalb einer internationalen Gemeinschaft kann es ein wirtschaftliches Gefälle geben. Griechenland und Italien haben derzeit andere wirtschaftliche und soziale Herausforderungen als Deutschland oder Frankreich.

Innerhalb der EU wird diskutiert, wie weit dann noch für alle ein gleiches Regelwerk gelten soll.

Ähnlich ist es auch mit Muttergesellschaften, die an Tochtergesellschaften Zusatzaufgaben stellen. Während typischerweise die zentrale Einheit die Forderung als rechtmäßig ansieht, um koordinieren zu können, sieht die Tochtergesellschaft ihre Ressourcen durch Zusatzaufgaben „unnötig" gebunden und ihre lokale Zielerreichung gefährdet.

Die Gewichtung dieser Fragestellungen wird geprägt durch die Unternehmenskultur, die Landeskultur, die Persönlichkeit der Entscheider*innen als auch durch persönliche Lebenssituationen, z. B. persönlicher Marktwert bei Arbeitgeberwechsel, Verantwortung für die Familie, finanzielle Verpflichtungen etc.

Ich habe in einem internationalen Projekt erlebt, wie diese Kriterien Einfluss auf chinesische Stakeholder gegenüber ihrem deutschen Management nahmen. Da waren kulturelle Aspekte nachrangig. Im Vordergrund standen Lebensphasen mit ihren Herausforderungen (Job behalten) und situative Verlockungen (durch politische Spiele weitere attraktive Karrierechancen für sich erzeugen).

13.1.1.2 Interessen, Recht und Macht: Laloux' Farbenspiel in der gegenseitigen Einflussnahme

Viele Situationen der internationalen Zusammenarbeit sind geprägt durch Versuche der gegenseitigen Einflussnahme, durch Überzeugungsprozesse, Verhandlungen und nicht selten auch durch Konflikte.

In ihren Untersuchungen zu internationalen Verhandlungen zeigen verschiedene Wissenschaftler, u. a. Brett, Gelfand und Ury (Literaturempfehlung: Gelfand, M. J.; Brett, J. M. 1992) in ihren Recherchen drei wesentliche Verhandlungsschwerpunkte auf, die in verschiedenen Kulturen unterschiedlich balanciert und gewichtet werden: Interessen, Recht und Macht.

- **Interessen** beziehen sich auf angestrebte eigene Ziele. Diese unterscheiden sich von Verhandlungspositionen. Zwei Personen, die um eine Orange streiten, haben die gleiche Position: Sie wollen die Orange. Dahinterliegende Interessen können sich unterscheiden. Eine Person will die Orangenschale, um eine Torte zu backen, die andere will Orangensaft trinken. Interessensorientierte Verhandlungen lösen sich von der Verteidigung einer Position und suchen Wege der Einigung und Zusammenarbeit durch Interessenklärung. In der Terminologie von Laloux entspricht dies der integrativen Kommunikationsform, die „Grün" und „Petrol" auszeichnet. Fragen und Zuhören sind zwei wesentliche Stilmittel dieses Ansatzes.
- **Rechte** beziehen sich nicht nur auf formale Rechte, sondern auch auf subjektives Rechtsempfinden, z. B. wenn es um die Distribution von Ressourcen, den Zugang zu Informationen und das prozedurale Recht geht („Nach Unterschrift wird nicht nachverhandelt" wird in Deutschland oft anders bewertet als in China). Die angemessene

Balance zwischen Arbeitszeit und Familienzeit sieht in Ländern wie Schweden und Japan unterschiedlich aus. Des Weiteren können die formalen Rechtssysteme erheblich voneinander abweichen – als Beispiel seien hier Deutschland und die USA genannt. Die praktische Auslegung und Umsetzung des Rechtssystems unterscheidet sich ebenfalls: Deutschland und Italien haben sicher Straßenverkehrsordnungen, die sich in vielem ähneln, trotzdem unterscheidet sich das Fahrverhalten in Rom von dem in Berlin. In der Terminologie von Laloux wird das rechtsbezogene Verhandlungsverhalten im „Bernstein"-Modus durch formale Rollen ausgelebt und im „Orange"-Modus durch die Verknüpfung von Belohnung und Leistung: Wer Erwartungen erfüllt, die aus einer Zielvereinbarung erwachsen, hat ein Recht auf die vereinbarte Belohnung. Der Bezug auf Systeme, Normen und Regeln, das Einhalten formaler Wege und das Dazuschalten von Rechtsabteilungen sind Stilmittel dieses Ansatzes.

- **Macht** bezieht sich auf Hierarchien, auf Ressourcen oder auf Wissensvorherrschaft, die genutzt werden, um zu dominieren. Machtgebaren kann sehr direkt ausgelebt werden, z. B. durch Drohung, aber auch durch Schweigen, durch Nicht-Reagieren oder auch durch Manipulation von Dritten. In der Terminologie von Laloux sind machtbezogene Verhaltensmuster am offensichtlichsten im „Rot"-Modus wiederzufinden.

Es ist hilfreich, sich zu verdeutlichen, aus welcher Haltung wir selbst agieren, aus welcher Haltung Verhandlungspartner*innen agieren – und wie der Mix der drei Faktoren Interessen, Rechte und Macht sich über die Zeit verschiebt. Je mehr wir Laloux' Farbenspiel verstehen und in der Kommunikation die richtigen Farben mischen, desto eher gelingt ein gemeinsamer Weg über geografische und kulturelle Grenzen hinweg. Wenn der Rückbezug auf Fair Play, auf rechtliche Prämissen etc. nicht überzeugend wirkt, wird eher zu Mitteln der Macht gegriffen. Nicht in allen Situationen ist *eine* bestimmte Strategie wirksam.

Das heißt, je mehr Bandbreite wir in unserem Kommunikationsrepertoire haben, desto eher können wir in unterschiedlichen Kontexten erfolgreich agieren.

Laloux beschreibt die „Petrol Organisation" als frei von politischen Grabenkämpfen, Bürokratie, Konkurrenz, Stress, Resignation und Teilnahmslosigkeit: sehr wünschenswert, aber in meinem Umfeld selten dauerhaft zu beobachten, besonders in der internationalen Arena, in der sich kulturbedingt Verhandlungsstrategien unterscheiden können, z. B.:

- In Asien begegnen uns eher Organisationen, in denen eine ausgeprägte Hierarchie zum Selbstverständnis gehört.
- Nordamerikanische Kommunikationspartner*innen haben oft eine deutlich positive Einstellung zu Verhandlungen und Überzeugungsprozessen.
- In Deutschland wird vermehrt auf Normen und Strukturen geachtet.

Gleichzeitig ist es wichtig, Ländertendenzen nicht zu übergeneralisieren. Nun stellt sich die Frage, unter welchen Bedingungen Sie welche Kommunikationsstrategie wählen, um Ihre Ziele zu erreichen.

Tab. 13.2 Sechs Mechanismen der Einflussnahme

Einflussbasis	Beschreibung
Zwang	Sie können drohen mit der Ausübung von Macht • durch Nutzung Ihrer persönlichen formalen (Sie sind der Geschäftsführer) • durch Nutzung Ihrer informalen Macht (Sie sind ein guter Rhetoriker) • durch Systemmacht (z.B. Regelwerke der Organisation) • durch Einbeziehung Dritter (Sie spielen mit dem Geschäftsführer regelmäßig Golf)
Belohnung	Sie können im Rahmen des Systems materielle und finanzielle Belohnungen vergeben oder entziehen. Zwischen Kulturen existieren oft unterschiedliche Auslegungen von Compliance oder Code-of-Conduct. Unterschiedlich verankerte Erwartungshaltungen können in der Zusammenarbeit zu Konfliktpotential führen. Sie können persönliche Aufmerksamkeit und Anerkennung schenken und somit durch immaterielle Werte belohnen.
Legitimität	Sie können darstellen, dass Sie ein legitimes Recht auf etwas haben • durch Ihre Position (z. B. Landesinformation als Marktforscher) • als Anspruch auf einen gerechten Anteil (z.B. auf Budget) • als Ausgleich (z.B. als Kompensation für geleistete Hilfe) • als Tauschgeschäft (gegenseitige Unterstützung) • aus der Not (die Macht des/der Machtlosen, der/die einklagt). Was als legitim gesehen wird, kann sich zwischen Kulturen deutlich unterscheiden.
Wissen (rationaler Einfluss)	Sie können aus der Rolle des Experten mit besonderer Kompetenz sprechen. In Deutschland, wo Expertentum grundsätzlich wertgeschätzt wird, hat sich in den letzten Jahren die Wahrnehmung von Bankern zu einem eher negativen Image gewandelt. Experteneinschätzungen können durch Emotionen negiert werden: Im Vorlauf zum Brexit Referendum wurden vorhergesagte negative Auswirkungen auf Englands Wirtschaft von vielen Landsleuten negiert. In manchen Kulturen wird Geschlecht, Alter oder Rang deutlich mehr gewichtet als Fachwissen.
Identifikation (Emotionaler Einfluss)	Sie können durch persönliche Ausstrahlung und Charme andere für sich gewinnen. Gerade in der Zusammenarbeit von eher aufgabenorientierten Kulturen, eher beziehungsorientierten Kulturen wird dieser Faktor ersichtlich. Sie können sich von negativ bewerteten Beispielen bewusst absetzen und profitieren somit von einem Kontrasteffekt.
Information	Sie können durch ihre Vernetzung, z. B. als Assistent der Geschäftsleitung direkten oder indirekten privilegierten Zugang zu Informationen haben (Wissen ist Macht)

Matrix (Tab. 13.2) bietet einen gedanklichen Raum an, in dem Sie Ihre strategische Wahl für die Einflussnahme auf Verhandlungspartner*innen treffen können: Auf einer Achse befinden sich die von Laloux beschriebenen Paradigmen, aus denen heraus Ihr/e Verhandlungspartner*in agiert.

Auf der anderen Achse befinden sich sechs Mechanismen der Einflussnahme. Diese Taxonomie der sozialen Macht- und Einflussbasen wurde von R. P. French und B. H. Raven (Raven, B. H. 1993) entwickelt und wird in Tab. 13.2 erläutert. Die Inhalte der Zellen sind Beispiele. Nutzen Sie dieses Raster, um für sich Optionen in Ihrer Kommunikationsstrategie zu entwickeln, ohne die eigenen Werte und Prinzipien zu kompromittieren.

BEISPIEL: Wahl der eigenen Möglichkeiten der Einflussnahme bei vermuteter Haltung, aus der heraus Ihr*e Verhandlungspartner*in agiert (Tab. 13.3).

In der Rubrik „Verfügbarkeit" markieren Sie, welche Ressource in welchem Maß genutzt werden kann (wenig/durchschnittlich/viel). Um die Metapher von Schlüssel und Schloss wieder aufzugreifen: Versuchen Sie, Türen nur mit Schlüsseln zu öffnen, die robust genug sind.

13.1.1.3 Praktische Anwendung in der interkulturellen Kommunikation

- Suchen Sie Zugang zu den Paradigmen des Landes und der Organisation, mit der Sie kommunizieren, und der wahrscheinlichen inneren Haltung einzelner Gesprächspartner*innen. Dafür dienen zur Vorbereitung Literatur, Nachrichten und vor allem der Austausch mit anderen. Überprüfen Sie beobachtbare Ereignisse unter dem Aspekt, in welcher Farbe sie nach der Kodierung von Laloux „leuchten".
- Achten Sie darauf, welche Stilmittel der Kommunikation mit der entsprechenden Farbe einhergehen.
- Leiten Sie daraus ab, wie die Erwartungshaltung an Sie sein wird. Dies betrifft vor allem die drei Bereiche Interessen, Rechte und Macht, die in Anspruch genommen werden.
- Überprüfen Sie, welchen Situationen Sie wie begegnen möchten. Nutzen Sie dafür die Matrix der Einflussnahme: Welche Möglichkeiten der Einflussnahme sind gut ausgeprägt? Wie begegnen Sie überzeugend den Paradigmen des Gegenübers? Wer jahrelange Erfahrung in einem roten Umfeld hat, wird wahrscheinlich mit Mitteln der Angstverbreitung gut agieren können. Können Sie das Spiel mitspielen, oder suchen Sie eine andere Strategie? Wenn Sie die Felder in der Matrix gefunden haben, in denen Sie agieren wollen, erarbeiten Sie sich entsprechende Strategien.
- Überprüfen Sie im Vorfeld, *welche* Aspekte der vorgefundenen Landes- oder Unternehmenskultur *in welchem Maß* und *über welchen Zeitraum* wirklich veränderbar sind und in Ihrem Einflussbereich liegen.
- Seien Sie realistisch. Erkennen Sie, in welcher Rolle Sie von anderen im Gesamtbild gesehen werden (mehr dazu im nächsten Abschnitt „Narrativ"). Sie lösen eine „Immunreaktion" des Systems aus, wenn Sie durch zu viel Druck in die Rolle des/der „identifizierten Feindes/Feindin" oder durch zu wenig Druck in die Rolle des „Schwächlings" geraten. Mit Logik können Sie in diesen Rollen wenig bewirken. (Ein für mich eindrucksvoller Film, der Systemveränderung vermittelt, ist „Invictus". Morgan Freeman verkörpert dabei Nelson Mandela in der Post-Apartheid-Phase.)

Tab. 13.3 Einflussnahme und Verhandlungspartner*innen

Ihre Einflussnahme	Verfügbarkeit			Paradigma, aus dem heraus Ihr*e Verhandlungspartner*in mit Ihnen kommuniziert			
	-	Ø	+	Rot	Bernstein	Orange	Grün
Zwang • Unpersönliches System • Persönliche Macht • Über Dritte		X		Sie zitieren formale Vorschriften und vermeiden den Machtkampf zwischen Akteur*innen.	Sie nutzen das formale System zu Ihren Gunsten.	Sie zeigen eine zwingende Logik auf, mit der Leistung optimiert werden kann.	Sie zeigen Ungerechtigkeiten an den in der gelebten Kultur benachteiligten Gruppen auf.
Belohnung • Unpersönliches System • Persönliche Macht	X			Sie erkennen die Macht des Verhandlungspartners/der Verhandlungspartnerin an und zeigen auf, wie Ihre Lösung seinem*ihrem Ansehen dient.	Sie erzeugen ein System, welches das belohnt, was Sie als erstrebenswert ansehen.	Sie belohnen und zeigen Anerkennung für Leistung.	Sie belohnen offenes und empathisches Verhalten und sind auch selber offen.
Legitimität • Positionelles Recht • Verteilungsrecht • Ausgleichsrecht • Gegenseitigkeit • Abhängigkeit		X		Aus der Machtlosigkeit heraus appellieren Sie an die Güte und das Verständnis von mächtigen Partner*innen.	Sie rechtfertigen sich über die Darstellung ethischer und rechtlicher Prinzipien.	Sie begründen nach dem Prinzip von Leistung und Gegenleistung.	Sie stehen für die Rechte verschiedener Gruppen und Minderheiten ein. Sie betonen Inklusion.
Fachliche Expertise • Positiv (vertrauend) • Negativ (misstrauend)				Sie verweisen auf negative Entwicklungen, die drohen, wenn Ihrem Rat nicht gefolgt wird.	Sie zeigen auf, wie Rollen im formalen System so gelebt werden, dass sie vereinbarten Prinzipien entsprechen.	Sie zeigen auf, welches Verhalten zu welchem Ergebnis führt, und nutzen dabei Kriterien, die für Ihre Partner*innen wichtig sind.	Sie sprechen von den Belangen und Bedürfnissen verschiedener Gruppen und zeigen Wege der Integration auf.
Emotionale Identifikation • Positiv (ähnlich sein wollend) • Negativ (sich unterscheiden wollend)			X	Sie verzichten auf ein Kräftemessen und bauen die persönliche Beziehung auf.	Sie vermeiden den Aufbau persönlicher Beziehungen, da dies schnell als Versuch der Korruption interpretiert werden kann.	Sie sind ein lebendes Beispiel dessen, was geschätzt wird, und erhalten somit Unterstützung.	Sie zeigen ehrliche Empathie und Integrationsbereitschaft.
Information • Direkt (als Quelle) • Indirekt (durch Dritte)	X			Sie vermitteln Informationen, die in einem „roten" System Interesse erwecken.	Sie verfügen über Detailwissen des Systems und zitieren entsprechend.	Sie vermitteln das, was Sie geleistet haben (Tue Gutes und rede darüber).	Sie vermitteln Informationen über verschiedene Gruppen in all ihrer Vielfalt.

- Erarbeiten Sie Nutzenargumente, die im gegebenen Paradigma für Ihre Gesprächspartner*innen bedeutungsvoll sein können.
- Sehen Sie mögliche Gegenargumente und Reaktionen Ihrer Gesprächspartner*innen vorher und bereiten Sie Ihre entsprechenden Aussagen dazu vor, ähnlich einem Schachspiel, in dem Sie ein oder zwei Züge vorausdenken. Mit Ihren Reaktionen sollen Sie Ihre Sichtweise vermitteln, ohne ungewollt das Gespräch durch Verhärtung in die Sackgasse zu führen (z. B. „Ja, aber …"-/„Nein, aber …"-Diskussionen oder Rückzug und Vermeidungsstrategie der Gesprächspartner*innen).

| Vorhersagbare Gegenargumente Ihrer internationalen Interaktionspartner*innen ("Ja, aber...") aus einer vermuteten Haltung (Paradigma nach Laloux) | Ihre erste Reaktion (basierend auf der von Ihnen gewählten Gesprächsstrategie) | Die wahrscheinliche erste Reaktion Ihrer Gesprächspartner*innen | Ihre zweite Reaktion (zielführend und für die Interaktionspartner*innen annehmbar formuliert) |

13.1.2 Dimension 2: Das Narrativ einer Kultur

13.1.2.1 Warum ist es wichtig, Narrative zu verstehen und an sie anzuknüpfen?

Wer überzeugen und beeinflussen will, muss nach dem Schlüssel-Schloss-Prinzip verstehen, wo er oder sie andockt. Narrative sind subjektive Erklärungs- und zugleich auch Rechtfertigungsmodelle. In der internationalen Zusammenarbeit spielen sie dann eine wesentliche Rolle, wenn nationale Narrative sich drastisch voneinander unterscheiden. Aktuelle Beispiele sind die unterschiedlichen Länderauslegungen zu der Frage, wofür Europa als Wertegemeinschaft steht, die in der jeweiligen Reaktion auf die Aufnahme von Geflüchteten deutlich werden. Im Kalten Krieg unterschieden sich in den 1960er Jahren Westblock und Ostblock in ihren Narrativen: Wer Held*in und wer Bösewicht war, hing von der Perspektive ab. Annäherung war unter diesen Umständen schwer. Narrative sind im wahrsten Sinne „psycho-logisch". Subjektive Logiken können unterschiedlich sein und sich sogar gegenseitig ausschließen. Erst wer sowohl die eigene subjektive Logik als auch die der internationalen Partner*innen versteht, kann akzeptable gemeinsame Wege finden. Schon innerhalb von Familien, die ja viel gemeinsame Historie haben, können sich Sichtweisen unterscheiden – nicht nur über Generationen hinweg: Wenn in der TV-Serie „Die Simpsons" der große Bruder Bart verstehen würde, dass er sich als „Bad Boy" von seiner kleinen Hochleistungsschwester Lisa absetzen muss, würde er vielleicht sogar für sich ein anderes Narrativ finden.

Anekdotische Evidenz

Ein junger Engländer, der von einem deutschen Unternehmen nach Österreich entsandt wurde, verzweifelte, weil er dort in der Rolle „Spion des Mutterunternehmens" verfangen war. Diese Fremdwahrnehmung hatte aus seiner Sicht nichts mit dem zu tun, was er für sich erreichen wollte: Integration in ein fremdes Umfeld, um Auslandserfahrung zu sammeln, als ein Baustein in seiner beginnenden internationalen Karriere.

Österreichische nationale Narrative zur Deutschland-Österreich-Beziehung verstärkten in seinem Umfeld die subjektive Wahrnehmung der Spannung zwischen Muttergesellschaft und Tochtergesellschaft. Sprachlich war er anfangs in einer schlechten Position, da in seinem Umfeld bewusst mit starkem Akzent gesprochen wurde und er so mit seinen Deutschkenntnissen kommunikativ an die Peripherie des Geschehens gedrängt wurde.

Erst als er die Wirkung des Narrativs als eine ihm zugeschriebene Rolle verstand und nicht alles auf sein persönliches professionelles Unvermögen attribuierte, fing er an, die Situation strategischer anzugehen.

Noch komplexer wird das Miteinander im „Global Village". In seinem Artikel „Who are we?" in der englischen Zeitschrift Prospect (Aug. 2016) beschreibt Roger Scruton das aus dem englischen Narrativ gewachsene Rechtsgefühl: Eine ablehnende Haltung zu Bürokratie und gefühltem Diktat-von-oben wird nicht nur durch rationales Denken, sondern auch durch eine schon zuvor bestehende und sehr tief verankerte emotionale Haltung ausgelöst. In England werden die etwas exzentrischen und auch regelmissachtenden Einzelkämpfer*innen geschätzt. Dies gilt für historische Figuren wie berühmte englische Freibeuter*innen oder Lawrence of Arabia bis hin zu fiktiven Figuren wie James Bond.

13.1.2.2 Was genau ist ein Narrativ?
Ein Narrativ beschreibt durch Verdichtung, Gewichtung, Verknüpfung, Vereinfachung oder Verzerrung auf sinnstiftende Weise die Vergangenheit, Gegenwart und Zukunft einer einzelnen Person, einer Gruppe oder auch einer Nation. Ein Narrativ wirkt dann selbstverstärkend, wenn es zur Referenz wird: Freiheit und Demokratie sind z. B. Werte, zu denen sich die USA berufen fühlt. Das nationale amerikanische Narrativ begründet, betont und verknüpft historische Ereignisse, die in Zusammenhang mit diesen Werten stehen. Das Land rechtfertigt damit in der Gegenwart gewählte Handlungsoptionen und kommuniziert, was es auch in der Zukunft stützen und verteidigen will. Narrative können neue Türen öffnen, wie Mandelas Reconciliation-Bestrebungen in Südafrika, oder auch zur Selbstbeschränkung führen, wie die White-Supremacy-Bewegung in den USA.

Die Übernahmefähigkeit und die emotionale Wirksamkeit, die ein nationales Narrativ auf der Ebene der einzelnen Bürger*innen hat, können unterschiedlich intensiv sein. Narrative schwingen mit in Aussagen wie President Trumps „Make America great again", Prime Minister Mays „Brexit is Brexit" oder Bundeskanzlerin Merkels „Wir schaffen es". Sie können auch Gegenbewegungen hervorrufen, wie Obamas Bestrebungen zum Einschränken des Waffenverkaufs in den USA zeigte. Nicht immer ist ein Narrativ aus einem Guss und ohne Bruch. Gerade da setzen dann defensive

Mechanismen ein, um die wertgeschätzte Story aufrechtzuerhalten und sich selbst zu versichern: „Ich bin gut."

Aus der Entscheidungsforschung (siehe Nisbett und Ross 1980) ist gut belegt, dass emotional geladene Einzelbeispiele häufig mehr gewichtet werden als emotionsarme – aber validere – Statistiken. Viele solche Beispiele waren 2016 im Vorlauf zum Brexit-Referendum zu beobachten – bis hin zur Akzeptanz offensichtlicher Falschinformation –, weil diese in das Narrativ vieler englischer Bürger*innen passte.

Im Rahmen der anhaltenden Populismusdiskussion wird das Spannungsfeld zwischen Gebrauch und Missbrauch von Narrativen deutlich. Sie können inspirierend für eine gemeinsame Ausrichtung, aber auch beschränkend oder ausgrenzend sein.

Die verwendeten Beispiele aus der großen Politik sind durch die Presse sicher vielen Leser*innen bekannt. Nach diesem Strickmuster haben Organisationen, Abteilungen oder Individuen genauso ihr eigenes, oft unausgesprochenes Narrativ. Dies beeinflusst die Zusammenarbeit in drei wesentlichen Bereichen:

- Vertrauen(-svorschuss): Ich bin dabei, weil das die richtigen Entscheidungen und Entscheider*innen sind.
- Engagement: Ich bin auch emotional dabei und vertrete getroffene Entscheidungen auch bei Widerstand.
- Commitment: Bei attraktiven Alternativen zur gewählten Entscheidung bleibe ich trotzdem dabei und bin in meiner Haltung nicht beeinflussbar.

Ein stabiles Narrativ einer Tochtergesellschaft, das Wahrnehmungen vermittelt wie „Die Amerikaner*innen teilen ihre Erfahrung mit uns und unterstützen uns" wird sich anders auswirken als eine Storyline, die im Wesentlichen vermittelt: „Die Amerikaner*innen legen uns Fesseln an, wollen nicht zuhören und glauben, die gesamte Welt funktioniere so, wie der amerikanische Markt." Beide Beispiele entstammen internationalen Projekten, an denen ich beteiligt war. Mir wurde deutlich, dass diese fundamentalen Glaubenssätze auf sämtliche gemeinsame Projekte ausstrahlten.

Gerade im Fall eines negativen Narrativs, das einem integralen Weg nach Laloux' Terminologie im Wege steht, muss als erster Schritt verdeutlicht werden, *wozu* das Narrativ dient, *wann* es in welcher Weise zutrifft und *wann* es durch Antizipation sogar zur selbsterfüllenden Prophezeiung wird.

Anekdotische Evidenz
Wie emotional geladen sind Symbole eines Narrativs?

Fahnen: Als Engländer, der in Deutschland lebt, weiß ich um die vielschichtigen und widersprüchlichen Gefühle zum Thema „nationaler Stolz" in Deutschland. Eine kulturelle Veränderung habe ich in Deutschland erlebt, als ich die vielen deutschen Fahnen gesehen habe, die mit Freude während der Fußballweltmeisterschaft 2006 geschwungen wurden.

Liedergut: Besonders nachdenkenswert für mich war eine deutsche Aufführung der „Last Night of the Proms" als Open-Air-Konzert. Wie auch in England wurde am Ende das patriotische „Rule Britannia" gesungen. Das im Wesentlichen deutsche Publikum hatte zuvor zum Mitsingen Liedertexte erhalten und schmetterte voller Inbrunst, dass „England über die Wellen herrschen sollte, Briten nie versklavt werden sollen und der Schrecken und Neid aller sein soll". Mehr Widerstand im Publikum wäre sicher bei traditionellem deutschen Liedergut zu spüren gewesen, das im Nationalsozialismus instrumentalisiert und damit „verbrannt" wurde. Für Deutsche ist das englische Liedergut nicht emotional besetzt. Ich komme aus der Generation, die am Ende eines Kinobesuches in England noch „God save the Queen" gesungen hat. Solch tiefe Prägungen beeinflussen nationale Narrative und führen dazu, dass diese sich nur schwer ändern.

Historische Beziehungen zwischen Nationen 1: Ein englischer Coachee beschrieb, wie es ihm – unabhängig vom Inhalt – leichter fiel, Direktiven von Amerika als von Deutschland anzunehmen.

Historische Beziehungen zwischen Nationen 2: In einem Gespräch am Mittagstisch mit einer Gruppe polnischer Workshopteilnehmer*innen wurde für mich deutlich, wie wichtig es war, *eigenständig* Lösungen zu entwickeln. Fremdbestimmung war sehr vordergründig, wenn sie ihre historische Vergangenheit beschrieben. Ich war sehr vorsichtig im Einbringen eigener Vorschläge, und das wurde wertgeschätzt.

13.1.2.3 Die Dynamik von Narrativen

Narrative sind dynamischer als die anderen beiden Dimensionen des dargestellten Modells. Während sich Paradigmen und kulturelle Werte eher langsam verändern, sind Narrative flexibel und werden – im Sinne der Kapitelüberschrift „Reinventing Intercultural Communication" – häufiger erneuert. Sie werden schneller von tagespolitischen Ereignissen beeinflusst: Als Engländer verfolge ich natürlich mit hoher Aufmerksamkeit die aktuellen Entwicklungen um den Brexit und die dazugehörigen Storylines. Im persönlichen Umfeld entwickeln englische Freund*innen und Bekannte nicht nur unterschiedliche Darstellungen der erwarteten Zukunft, sondern auch die Vergangenheit des Landes oder ihr eigener Werdegang werden „neu erfunden". Vordergrund und Hintergrund verschieben sich in der „Um-erzählung", Ereignisse werden anders verknüpft, andere „Ankererlebnisse" werden zentral. Daraus ergibt sich für den*die Erzähler*in – nicht immer nachvollziehbar für das Publikum – ein kohärentes und sinnvolles Ganzes. Narrative dienen als Rechtfertigung der eigenen inneren Haltung oder eigener Verhaltensmuster. Die Erklärungen ermöglichen es, sich klar zu positionieren. Dies wirkt nach innen (kongruentes Selbsterleben) und nach außen (Selbstdarstellung). Bei internationalen Narrativen geht es häufig um die Positionierung eines Landes in Bezug zu anderen Ländern oder Kulturkreisen. Zu Zeiten des Kalten Krieges haben beide Blöcke ihre Darstellungen des Guten und des Bösen gepflegt.

Die Grenzen bei den folgenden beiden Begriffen sind dabei manchmal schwimmend:

- **Storytelling,** in vielen Organisationen inzwischen populär, dient der *aktiven* Kommunikation nach innen und außen, um etwas zu bewirken, z. B. bei der Darstellung einer angestrebten Unternehmenskultur oder auf einer Website als Marketinginstrument.
- **Narrativ** bezieht sich auf das, was in den Köpfen der Menschen entstanden ist. Dies kann sogar das Gegenteil der offiziellen Story sein, wenn sie als nicht glaubwürdig oder als manipulativ erlebt wird.

Narrative sind nicht immer bewusst: Gerne denke ich an den Augenblick zurück, in dem mein sehr wertgeschätzter Kollege Dr. Klaus Lassert im Gespräch nach einem gemeinsamen Training in Hong Kong lachte und sagte: „Du hast ja instinktiv richtig gehandelt, aber die Gründe, die Du mir jetzt darlegst, sind ja wohl vollkommen daherkonfabuliert." Wir sehen: Auch die sogenannten „Expert*innen" kann es erwischen …

Narrative sind wie Landkarten einer subjektiven Welt – und wie jede Landkarte können sie immer nur Teile einer komplexen Realität abbilden. Eine politische Karte bildet die Welt anders ab als eine geografische Karte. Auch Nationen sind Marken, die mehr oder weniger glaubwürdig für etwas stehen. Simon Anholt und Jeremy Hildreth beschreiben in ihrem Buch „Brand Amerika", wie wichtig es ist, dass abgestimmte, miteinander verbundene Botschaften gesendet werden, damit die Ländermarke nach innen und außen robust und glaubwürdig erscheint. (Literaturempfehlung: Simon Anholt und Jeremy Hildreth 2004: Brand America, Cyan Books, London). Auch Laloux beschreibt, wie orange geprägte Unternehmen Lippenbekenntnisse zu Werten proklamieren, jedoch, wenn es eng wird, das Aufrechterhalten des Profits gegenüber den Werten bevorzugen. Glaubwürdigkeit lässt sich nur langsam aufbauen, kann aber schnell durch Unstimmigkeiten im Narrativ abgebaut werden.

Exkurs: Die Bewertung einer Nation als Marke mit dem „Nation Branding Hexagon"
Der „Anholt-GfK Nation Brands Index" misst den Markenwert über sechs Facetten:

1. Nationale Regierung: die öffentliche Meinung hinsichtlich Kompetenz, Fairness und des wahrgenommenen Commitments der Regierung zu globalen Themenstellungen.
2. Export: das Image der Produkte und Dienstleistungen des Landes.
3. Tourismus: der Grad an Interesse an natürlichen und von Menschenhand gemachten Attraktionen.
4. Immigrations- und Investitionspotenzial: der Grad der Anziehungskraft, um im Land zu leben, zu arbeiten oder zu studieren, sowie die wahrgenommene Lebensqualität und das Geschäftsumfeld.

5. Kultur und Kulturerbe: die globale Wertschätzung der historischen und gegenwärtigen Kultur.
6. Die Reputation der Bevölkerung bezüglich Kriterien wie Kompetenz, Offenheit, Freundlichkeit, Toleranz etc.

Quelle zur Hexagon Beschreibung: www.nation-brands.gfk.com.

Mit ihrem Narrativ gelingt es Kulturen, Organisationen, Gruppen und Individuen, für sich Sinnhaftigkeit, Ordnung und Orientierung zu schaffen. Informationen, die eine bestehende Sichtweise bestätigen, werden übernommen, während Hinweise, die bestehenden Überzeugungen widersprechen, negiert werden. Im Verlauf der Brexit-Kampagne war dies bei plakativen, aber erkennbar falschen Aussagen gut zu beobachten. Narrative sind sowohl retrospektiv als auch prospektiv. Zukunftsnarrative in den Medien, in offiziellen Darstellungen aus behördlicher Quelle und in Diskussionen in Stammkneipen haben alle einen anderen Dreh (Spin) bei ihrer Darlegung der Zukunft. Dabei geht es nur begrenzt um die rationale Verarbeitung von Fakten. Emotionen bilden den Schwerpunkt. Deswegen ist es auch in der internationalen Zusammenarbeit oft recht schwierig, durch rationale Argumentation andere zu überzeugen. Zunächst müssen Emotionen angesprochen werden. Aktuelle Beispiele gab es z. B. im Jahr 2016 genügend:

Narrativ der Vergangenheit Die Begründungen, mit denen der Brexit erklärt wurde, haben mit erlebten Realitäten nicht immer viel zu tun gehabt. Viele Wähler*innen hatten eine Meinung zu Brüssel, ohne wirklich jemals eigenen Kontakt gehabt zu haben und ohne eigene Erfahrungen gewonnen zu haben. Gründe für die Brexit-Entscheidung lagen teilweise in Unzufriedenheiten in ganz anderen Bereichen.

Narrativ der Gegenwart In Europa wehren sich Länder und Landesteile in der akuten Situation gegen die Aufnahme von Geflüchteten, ohne eigene aktuelle Erfahrungen mit Migration zu haben. Ohne zu sagen, dass die Sorgen unberechtigt seien, sollte zunächst geklärt werden, was Fakten sind und was „Kopfkino" ist.

Narrativ der Zukunft „Make America great again" wurde in der Kampagne von Donald Trump von vielen getragen, ohne dass die Wählerinnen und Wählern konkret wussten, wie dies praktisch umgesetzt werden sollte.

Im Narrativ geht es auch um die Verteidigung der eigenen Würde. Das heißt, im Narrativ wird die Welt so interpretiert, dass eher andere die Schuldigen sind und das eigene Land, die eigene Organisation oder die eigene Person somit „o. k." sind. Die Psychologie bezeichnet dies als „kognitive Dissonanzreduktion". *Kognitiv* bezieht sich auf die Gedankenwelt. *Dissonanz* heißt, dass mehrere unvereinbare Gedanken oder Einstellungen miteinander kollidieren, z. B. „Wir sind eine Wirtschaftsmacht" und gleichzeitig „Mir geht es wirtschaftlich schlecht". *Reduktion* heißt, wir biegen uns die Welt so zurecht, dass wir uns selbst noch im Spiegel anschauen können. Erklärungen wie „Brüssel ist schuld" oder „China ist schuld" entlasten uns und erlauben uns das Gefühl, dass wir selbst „o. k." sind. Rationale Versuche, diese Erklärungsmodelle zu entkräften, werden abgewehrt. Wir sind doch wesentlich emotionalere Wesen, als wir es glauben wollen, und müssen im interkulturellen Miteinander erkennen, dass tief verankerte Glaubenssätze respektiert, aber selten wirklich verändert werden können.

Menschen vereinen in ihrem persönlichen Narrativ auch das kollektive Gedächtnis mehrerer Generationen sowie das Narrativ ihrer Bezugsgruppen wie Vereine oder politische Parteien.

In der interkulturellen Kommunikation ist es spannend zu untersuchen, wie verschiedene Länder im jeweiligen Narrativ repräsentiert sind, also „the Germans" bei einem konkreten englischen Gegenüber oder „die Engländer*innen" bei einem/einer konkreten deutschen Gesprächspartner*in.

Anekdotische Evidenz

Nach einem Workshop im Schwabenland wurde mir (scheinbar mit Ernst) im Feedback bestätigt: „Für einen Engländer nicht schlecht."

Als ich mich in einem Training in England als Engländer vorstellte, der in Deutschland lebt, kam die Aussage „Well, nobody is perfect". Bei dieser Aussage „Nun, keiner ist perfekt", meine ich noch, ein Zwinkern im Auge meines Landsmannes gesehen zu haben.

13.1.2.4 Die Verankerung und Stabilität von Narrativen

Aleida Assmann beschreibt in ihrem Buch „Das neue Unbehagen in der Erinnerungskultur" (Literaturempfehlung: Assmann, A. 2013) drei wesentliche sanktionierte Ländernarrative:

1. **„Der Sieger, der das Böse überwunden hat"** wird zum Beispiel in England immer noch sehr hochgehalten und in der englischen Presse bei solchen Anlässen wie bei Fußballspielen England – Deutschland reaktiviert.
2. **„Der Widerstandskämpfer und Märtyrer"** ist ein deutlicher Teil des IS-Narrativs.
3. **„Das passive Opfer, welches das Böse erlitten hat"** klang für mich wie eine selbstzugeschriebene Rolle der Bevölkerung, als ich Reaktionen aus Osteuropa hörte zum Thema Aufnahme von Geflüchteten. („Schon wieder werden wir fremdbestimmt und sollen den Werten anderer gerecht werden.")

Um das defensive Spiel aufrechtzuerhalten, können Rollen aber auch gewechselt werden. Das von Stephen Karpman entwickelte „Dramadreieck" (ausführlich dargestellt in: Ian Stewart & Vann Joines 1978: TA Today, Lifespace Publishing, Nottingham) beschreibt die wechselnden Rollen als Verfolger*innen, Retter*innen und Opfer, die genutzt werden, um das eigene Narrativ aufrechtzuerhalten. Zu beobachten war dies deutlich beim Vorreiter des Brexit, Nigel Farage. Aus der Rolle des Verfolgers sagt er am 28. Juni 2016 vor dem EU-Parlament: „Vor 17 Jahren haben Sie über mich gelacht, als ich sagte, dass ich eine Kampagne führen will, um die EU zu verlassen. Jetzt lachen Sie nicht mehr." Zwei Wochen nach dem Brexit-Referendum vermittelte er in einer Ansprache vor seiner Partei UKIP in der Rolle des Retters, dass er „dafür gekämpft habe, sein Land zurückzubekommen". Aus der Rolle des Opfers sagte er, dass er „nun sein Leben zurückhaben wolle" und sich aus der Führungsrolle zurückziehe.

Auch als nationaler Mythos ist diese Dreieckskonstellation beobachtbar:

1. **Retter*in:** In dieser selbst wahrgenommenen Rolle zelebriert sich England im Zweiten Weltkrieg. Die Hilfestellung der USA wird in dieser Darstellung eher ausgeblendet, ebenso wie die Tatsache, dass Winston Churchill ethnisch Halbamerikaner war (seine Mutter Jennie Jerome wurde 1854 in New York geboren). Seine Rolle wird sehr unterschiedlich bewertet: Boris Johnson sieht ihn als Helden, Nick Kollerstrom sieht ihn in einer wesentlich kritischeren Rolle (siehe: Boris Johnson 2014 und Nick Kollerstrom, 2016).
2. **Verfolger*in:** England sieht sich mithilfe geschichtlicher Gegebenheiten prädestiniert für die Rolle des Wächters, der über oder außerhalb der Dynamik des Kontinents steht: Die Durchsetzung der Magna Carta, Mythen wie Robin Hood und Zitate wie Churchills Statement „Wir sind *mit* Europa, aber nicht *in* Europa" stützen diese Selbstwahrnehmung. Das Narrativ der Außenseiterrolle wird mit dieser Retrospektive zementiert.
3. **Opfer:** Aus dieser Rolle heraus hat England sich immer wieder als „durch Brüssel gefesselt" erlebt.

Nationale Mythen tragen zum Narrativ eines Landes bei und beeinflussen damit die Art und Weise, in der sich eine Kultur zu einer anderen Kulturen positioniert, zum Beispiel: gefühlt nah oder fern, freundschaftlich oder abweisend etc. Gesellschaftlich wird ein nationales Gedächtnis am Leben erhalten, beispielsweise durch Symbole wie

- Bauwerke (z. B. die Errichtung des One World Trade Centers nach 2011),
- Denkmale und Mahnmale (mein subjektiver Eindruck ist, dass die USA eher durch selbstzelebrierende Denkmale und Deutschland mehr durch belehrende Mahnmale gelegt wird),
- Feiertage (die unterschiedlich emotional besetzt werden können: Im englischsprachigen Raum werden am 11. November, am Remembrance Day, seit dem Ende des Ersten Weltkrieges Kriegsopfer bedacht, indem sich viele Engländer*innen eine Mohnblume anstecken. Dagegen wird der geschichtlich jüngere Tag der deutschen Einheit als enorme Leistung am 3. Oktober in Deutschland eher verhalten zelebriert).

Ereignisse werden in einem bestimmten Kontext dramatisiert und verzerrt bzw. durch das Auslassen oder auch das Betonen von Details vereinfacht. Einer meiner Kindheitshelden war Richard Löwenherz. Bei Projekten im islamischen Raum habe ich in Kinderbüchern gesehen, wie – nachvollziehbar – Saladin dort als Held dargestellt und Richard Löwenherz als böser Aggressor präsentiert wurde. Unter den zelebrierten politischen Ikonen der USA waren George Washington und James Madison. Beide waren auch Sklavenhalter. Diese Information wird in der Selbstdarstellung der USA wenig betont.

Aleida Assmann beschreibt, wie das soziale Gedächtnis eines Landes auch zum nationalen Gedächtnis im Widerspruch stehen kann: Bei politischen Ritualen wird gesagt, was gesagt werden muss. Inszenierte Rituale wirken deshalb oft leer und die Erinnerungen kalt. Sie haben wenig Wirkung auf Emotionen und Verhalten. Der Tag der Deutschen Einheit am 3. Oktober wird von den meisten Menschen als willkommener freier Tag gesehen, doch die historische Bedeutsamkeit hat für viele subjektiv wenig Gewicht.

Nationale Gedächtnisse, Mythen und Symbole scheinen auch in verschiedenen Kulturen unterschiedlich dicht und robust verankert zu sein und werden auch unterschiedlich intensiv inszeniert. Natürlich hängt dies auch mit geschichtlichen Entwicklungen zusammen. Nach meiner Erfahrung ist das offizielle Narrativ der USA in vielen Köpfen recht gut verankert: Die verhältnismäßig kurze Geschichte wird schon in der Schule vermittelt und mit Symbolen verankert: Die Fahne, das Gelöbnis (Pledge) oder die prägenden Namen der bekannten Präsidenten leisten diese Verankerung des nationalen Selbstbildes. Architektur wie die Freiheitsstatue oder Museen wie Ellis Island sind Inszenierungen einer idealisierten Geschichte. (Lincolns Motivation Befreiung der Sklaven/Sklavinnen war zunächst wohl die Schwächung der Südstaaten durch den Abzug von Arbeitskräften. Ideale als Triebfedern der Befreiung wurden erst später betont. Details dazu sind gut dargestellt in dem Buch: The Fall of the House of Dixie von Bruce Levine 2013).

Im Vergleich dazu zelebriert Deutschland sich selbst deutlich weniger – mit Ausnahme Bayerns. Die Paulskirche in Frankfurt oder das Hambacher Schloss in der Pfalz wirken eher schlicht in ihrer Präsentation.

Nach dem Schlüssel-Schloss-Prinzip hilft es uns, das Narrativ unserer internationalen Gesprächspartner*innen, unsere eigenen Narrative und auch die Einbettung dessen, was wir repräsentieren, im Narrativ des anderen (z. B. „die Deutschen" in der englischen oder griechischen Boulevardpresse) besser zu verstehen, um uns einander anzunähern.

Nicht nur in unserem eigenen Leben versuchen wir, sinnhafte Muster zu erkennen, sondern auch in unserem Umfeld, das wir ständig beobachten und bewerten. Dabei versuchen wir nicht nur prospektiv, also auf die Zukunft schauend, Entwicklungen vorherzusagen. Auch retrospektiv definieren wir unsere eigene Geschichte immer wieder neu. Im Gespräch mit anderen entwickelt sich dann eine gemeinsame Storyline. Rückblickend ist es leicht zu erklären, wann internationale Projekte sich zum Positiven oder zum Negativen entwickelt haben. Gerade, wenn durch geografische Distanz kein direktes Erleben möglich ist, füllen wir dieses Vakuum gern mit Vermutungen. Dabei neigen wir dazu, eher mit negativen als mit positiven Unterstellungen zu arbeiten. Aktuelle

Beispiele finden sich auch in der Arena internationaler Merger. Sehr schnell geraten wir in die Rolle des Opfers, der heldenhaften Retter*innen oder der Verfolger*innen, wenn wir uns und „die anderen" durch unsere Erklärungsmodelle positionieren.

Zu vermuten ist, dass sich in den mehrfach erwähnten zu erwartenden Spannungs-feldern in England, Deutschland und den USA Narrative inhaltlich verschieben oder emotional verdichten werden. Während kulturgebundene Normen und Werte (die dritte Dimension, die im nächsten Abschnitt dargestellt wird) sich eher langsam verwandeln, können sich Narrative schneller den Gegebenheiten anpassen, um innere Haltungen zu stützen. Im Sinne der Evolutionsstufen nach Laloux müssen wir dann wohl häufiger mit angst- oder machtgesteuerten Kommunikationsmechanismen rechnen.

13.1.2.5 Wie können internationale Kommunikationspartner*innen „abgeholt" werden?

Ein hilfreiches Vorgehen bietet die „Theorie U" von Otto Scharmer (Leseempfehlung: Scharmer, C.O. 2009). Bevor auf der beobachtbaren Ebene Veränderungen oder Einfluss-nahme stattfinden können, muss das soziale Subsystem verstanden werden und dann – noch tiefer abtauchend – können Werte, Narrative und Glaubenssätze verstanden werden. Mit einer gemeinsamen Sichtweise ist es dann möglich, auf der anderen Seite des U wie-der auftauchend, gemeinsame Wege zu entdecken (siehe Abb. 13.5). Hingegen sind vor-gefertigte Lösungen für potenzielle Empfänger*innen oft schwer anzunehmen.

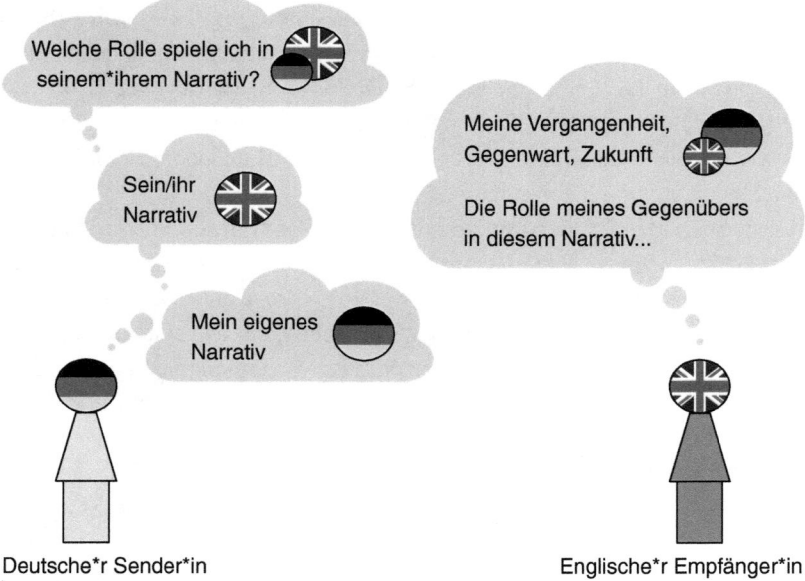

Abb. 13.5 Verschiedene Narrative erfassen und daran anknüpfen

In seinem Buch „Cultures and Organizations" beschreibt Geerd Hofstede (Lese-empfehlung: Hofstede, G. 1994), wie in einer Untersuchung von Owen James Ste-vens unterschiedliche Kulturen an die gleiche Problematik mit unterschiedlichen Überzeugungen herangehen. Er beschreibt dabei den typisch englischen Ansatz als einen „Marktplatz", auf dem Menschen glauben, nur miteinander kommunizieren zu müssen, um das Problem zu lösen. Den typisch deutschen Ansatz mit Aussagen wie „da muss am System etwas geändert werden" bezeichnet er als „gut geschmierte Maschine". Solch unterschiedliche prospektiven Narrative („Was wird helfen?") stehen einer Zusammenarbeit oft im Weg. Zu oft distanzieren wir uns gerade im beruflichen Bereich von Emotionen, agieren dann unvorbereitet unter Druck und müssen später in den „Reparaturbetrieb", wenn wichtige Beziehungen bereits beschädigt wurden. Was wir als sinnvolle Methode oder Ziele ansehen und kommunizieren, sehen andere möglicher-weise ganz anders. Über kulturelle Grenzen hinweg steigt die Wahrscheinlichkeit unter-schiedlicher prospektiver Narrative und damit einhergehender Missverständnisse enorm.

Anekdotische Evidenz

In einem internationalen Workshop in Deutschland mit mehreren englischen Teil-nehmer*innen arbeitete ich mit – für den deutschsprachigen Raum typischen – Metaplantafeln und Karten. Einer der englischen Teilnehmer stupste seinem Landsmann in die Seite und sagte für mich hörbar „Ohhh – those are those little German coloured cards …". Ich habe seine an den Kollegen gerichtete Aussage „Oje, das sind diese kleinen deutschen bunten Karten" folgendermaßen als Bot-schaft an mich als Moderator: „Dominiere nicht die freie Diskussion mit zu strin-genter (und somit nicht englischer) Moderationsmethodik."

Mit einer alternativen, freieren Methode konnten alle Teilnehmer*innen akti-viert werden.

Bemerkenswert ist hier auch, dass die Aussage indirekt formuliert und codiert war (an den Kollegen und in Humor verpackt). Ein Beispiel für die oft notwendige „Übersetzungsarbeit" im internationalen Bereich.

Bei einem Workshop in der Türkei mit Simultanübersetzern war ich dankbar und auch beeindruckt. Die beiden arbeiteten mit hoher Konzentration und wechsel-ten sich immer wieder ab. Den eigentlichen Übersetzungen wurden oft Hinweise nachschoben wie „… und ich glaube er/sie signalisiert …". Damit wurde für mich neben der gesagten Ebene auch die gemeinte Ebene wesentlich greifbarer.

In einem Organisationsentwicklungsprozess war ein Diskussionsthema „Mehr Trans-parenz über das gesamte Unternehmen". Die nachfolgende Tabelle (Tab. 13.4) stellt mögliche Sichtweisen unterschiedlicher Akteur*innen zu diesem Thema dar. Diese Sichtweisen erzeugen auf der Verhaltensebene entweder eine aktive Unterstützung oder eibe Schutzhaltung. Solange die Sichtweisen sich unterscheiden, bestehen Spannungen im System und die Umsetzung in der Praxis wird schwer.

Tab. 13.4 Unterschiedliche Haltungen und prospektive Narrative erschweren gemeinsame Wege

	Schlecht für das Gesamtunternehmen	Gut für das Gesamtunternehmen
Gut für meinen Verantwortungs-bereich	**Sichtweise der Person A:** Dann kann ich vielleicht noch eine*n weitere*n Mitarbeiter*in einstellen, um der zusätzlichen Last gerecht zu werden. Aber das ist doch reine Selbstbeschäftigung und bringt dem Unternehmen gar nichts.	**Sichtweise der Person B:** Transparenz ist gut für das Gesamt-unternehmen und auch für mich!
Schlecht für meinen Ver-antwortungs-bereich	**Sichtweise der Person C:** Wer will, wird Intransparenz über neue Wege schaffen. Das hält uns nur alle beschäftigt und bringt auch dem Unternehmen unter dem Strich nichts.	**Sichtweise der Person D:** Transparenz ist gut für das Gesamtunternehmen, aber gefährdet mich in meinem lokalen Verantwortungsbereich, den ich schützen muss!

Um Narrative zu verstehen, lohnt es sich, sechs verschiedene Aspekte zu erfassen: den mentalen Raum, das Exzerpt, das analoge Ich, das metaphorische Ich, das zentrale Skript und die Kompatibilität. Diese Struktur ist angelehnt an das Modell von Julian Jaynes (Leseempfehlung: Jaynes. J. 1993) zur Darstellung von menschlichem Bewusstsein (Tab. 13.5).

13.1.2.6 Narrative im internationalen Umfeld von Deutschland

Wer fragt, zuhört und zwischen den Zeilen liest, kann Narrative als Fäden erkennen, die Vergangenheit, Gegenwart und Zukunft miteinander sinnhaft und kausal verknüpfen. Dieser Selbstentwurf in der Identitätsfindung besteht im Kern aus Konzepten, Skripten und Rollen und ist, da nur teilweise bewusst zugängig, oft schwer zu beschreiben. Es sind Bilder, die sich Menschen vereinfachend von sich und ihrer komplexen Wirklichkeit machen. Dabei wird geglättet, verzerrt und verändert. Ereignisse werden gewichtet (sowohl überbetont als auch abgewertet) und Kausalitäten werden erzeugt. Diese konstruierte Identität kann mehr oder weniger bewusst gewählt sein, sie kann sich verändern und auch multipel und spannungsgeladen sein: „Auf der einen Seite ist mir wichtig, andererseits …".

Narrative können konstruktive, gestaltende Kräfte freisetzen, können aber auch einengend wirken. Das „Europa"-Narrativ kann z. B. das Zusammenwachsen von Menschen und die wirtschaftliche und politische Schlagkraft gegenüber anderen dominanten Weltmächten betonen oder die administrative Komplexität und Schwerfälligkeit in den Vordergrund rücken.

Wenn Bundeskanzlerin Angela Merkel in der griechischen Presse mit Hitler verglichen wurde (2012), war das wohl eine Mischung aus echtem Zorn, um eine Veränderung zu erreichen, aber auch eine Anknüpfung an kollektive Erinnerungen des

Tab. 13.5 Menschliches Bewusstsein

Bewusstseinsaspekt	Einfluss auf die internationale Kommunikation
Der mentale Raum	• Der betrachtete zeitliche Abschnitt kann sich ausweiten oder verengen, während er ins Gedächtnis gerufen wird. Viele ethnische Minderheiten in England haben eine „Commonwealth"-Verbindung. Wer diese historische Perspektive nachvollzieht und erkennt, dass England nicht immer ein „wertgeschätzter Gast" in seinen Kolonien war, sieht die Pendelbewegung (Engländer*innen im Ausland/Ausländer*innen in England). Wer einen engeren mentalen Raum hat, sieht nur die gegenwärtige Situation, empfindet Überfremdung und sieht die einseitige Schuld in den ethnischen Minderheiten. • Gerade in Veränderungsprozessen wird spürbar, wie – in Abwehr des Neuen – das Alte und auch Altbewährte in den Vordergrund gerückt und zelebriert wird. Die Zeitspanne, die betrachtet wird, betont also mehr Historisches als Zukünftiges. Wahrscheinlich wird es bald in England und Europa eine Pre-Brexit- und Post-Brexit-Zäsur im mentalen Raum geben. • Zeitliche Zäsuren sind oft konstruiert und nicht immer an markanten geschichtlichen Punkten gesetzt wie z. B. die Wiedervereinigung in Deutschland. Während Amerika eher dazu neigt, in die Zukunft zu schauen („The American Dream"), tendiert Europa eher dazu, zu schauen, wo es historisch herkommt. Eine differenzierte geschichtliche Vergangenheit spielt somit eine größere Rolle in der Selbstdefinition. • Wenn ich verstehe, auf welche zeitliche Phase sich mein Gegenüber bezieht, kann ich entsprechend anknüpfen in der Kommunikation: Ist es die Wahrung von dem, was in der Vergangenheit geschaffen wurde, ist es die Bewältigung der akuten Gegenwart oder ist der Blick mehr in die weite Zukunft gerichtet?
Das Exzerpt	• Das in einem bestimmten Zeitraum Betrachtete ist nie vollständig, sondern immer nur ein selektiver Ausschnitt. Dies kann im internationalen Miteinander die soziale Beziehung sein, die fachliche Zusammenarbeit oder die Ergebnisse als „Milestones". • In internationalen Meetings denken einige an die tolle Küche als Highlight zurück, die für andere nur eine notwendige Unterbrechung der eigentlichen Arbeit darstellte. Wahrnehmungspräferenzen beeinflussen sowohl die Wahrnehmung als auch die Bewertung von Erlebtem. • In vielen Ländern Südeuropas oder Asiens spielt die gemeinsame Beziehung eine verhältnismäßig größere Rolle als im eher aufgabenorientierten Westeuropa, also in Ländern wie Deutschland oder den Niederlanden. • Narrative betonen entsprechend unterschiedliche Aspekte in der Zusammenarbeit. • Wenn ich das weiß, kann ich in meiner Interaktion entsprechend agieren, z. B. bei ausführlicheren Begrüßungsszenarien nicht gleich ungeduldig werden und auf die Uhr schauen.
Das analoge „Ich"	• „Sich selbst von innen sehen" macht Gefühle wie Sicherheit oder Angst, Zufriedenheit oder Frustration, Kontrolle oder Kontrollverlust bewusst. Ein chinesischer Techniker, zu Besuch in Deutschland, erwartet mehr abendliche Betreuung, als er tatsächlich erhält. Dieses subjektive Gefühl geringer Wertschätzung beeinflusst die Story, die er nach seiner Rückkehr mit Kolleg*innen teilt. Der deutsche Experte, der in China im Einsatz ist (ähnliche Beschreibungen gibt es auch von Italien), fühlt sich durch die freundliche Zuwendung eher bedrängt, weil sie ihn von der eigentlichen Aufgabenbewältigung oder Erholungszeit abhält. Auch dieses Erleben beeinflusst seine anschließende Darstellung der Situation. • Wenn ich im Gespräch auch diese Ebene erkenne und berücksichtige, fühlen sich internationale Partner*innen eher verstanden – eine wichtige Voraussetzung, um Vertrauen, Engagement und Commitment zu schaffen.

(Fortsetzung)

Tab. 13.5 (Fortsetzung)

Bewusstseinsaspekt	Einfluss auf die internationale Kommunikation
Das metaphorische „Ich"	• Diese Dimension bezieht sich auf das „sich selbst von außen sehen" (die Verbildlichung). Deutsche Gesprächspartner*innen in meinen internationalen Projekten sind häufig selbstkritisch un d fragen sich, wie sie von anderen Kulturen gesehen oder erlebt werden. In den letzten Jahren scheint sich dies allerdings auch zu polarisieren. Begriffe wie „Gutmenschen" und „Wutbürger" beziehen sich auch auf das von außen betrachtete Verhältnis zu anderen. Nicht allen Kulturen gelingt diese Außensicht gleichermaßen. Gerade in Drucksituationen wird der Wahrnehmungskanal eher eng und selbstbezogen. Aktuelle Beispiele sind die Rolle Deutschlands in der NATO oder die Rolle Englands in Europa. • Wenn ich unterschiedliche Sichtweisen auf die eigene Rollen und das eigene Selbstverständnis mit den Wahrnehmungen anderer Akteur*innen abgleichen kann, bin ich eher in der Lage, ein gemeinsames Fundament zu schaffen.
Zentrales Skript	• Länder, Organisationen, Gruppen und Individuen sehen sich als Hauptfigur in der Historie des eigenen Lebens. Das wird schon bei Landkarten sichtbar. Auf einer chinesischen Weltkarte ist – anders als in Europa – Asien in zentraler Position. Dadurch unterscheiden sich im Narrativ Hauptdarsteller*innen und Nebendarsteller*innen, die Narrative haben unterschiedliche Interpunktionen usw. • Wenn ich ein gemeinsames Fundament, nicht gleich eine geteilte Geschichte, aber zumindest eine teilbare Geschichte habe, wie es die Historikerin Luisa Passerini (in A. Assmann) darstellt, ist dies für internationale Partner*innen anschlussfähiger.
Kompatibilität	• Hier stellt sich die Frage, wie Ereignisse in einen Zusammenhang gebracht werden und mit Erfahrungen abgeglichen werden. In Gesprächen mit einigen meiner Landsleute wurde deutlich, wie Missstände in England auf Brüssel zurückgeführt wurden. Kritisches Hinterfragen meinerseits zum Thema Eigenverantwortung oder innenpolitische Ursachen wurde sehr schnell mit einer „Immunreaktion" begegnet und und wurde abgewehrt. Als Sender der Botschaft wurde ich dann auch als „the German" positioniert, der „deswegen" sowieso nicht mitreden kann • Wer es schafft, gemeinsame Ursache-Wirkungsprinzipien zu erzeugen, hat eine gemeinsame Klammer, bzw. eine gemeinsame Logik, und kann so leichter über kulturelle Grenzen hinweg sich austauschen und auch kontrovers debattieren.

Zweiten Weltkrieges, die als Narrativ noch schwelen. In einem Interview mit dem Spiegel im Jahr 2013 sprach Jean-Claude Juncker von den frappierenden Ähnlichkeiten von 1913 und 2013. „Die Dämonen sind nicht weg, sie schlafen nur" wurde im Internet viel zitiert.

Indikatoren für ein Narrativ, das Denken und Handeln steuert, sind vereinfachte Ableitungen und Übergeneralisierungen:

- „Ich gebe Ihnen das folgende Beispiel …"
- „Wir waren schon immer ein Land, das …"
- „Ich habe ja schon immer gesagt …"
- „Das macht doch wieder keinen Sinn …"
- „Was sich wie ein roter Faden durchzieht …"
- „Als ich hier angefangen habe, war das noch alles …"
- „Das lag ja alles nur an …"

- „Was uns als Unternehmen wiederholt passiert ist …" (z. B. vier internationale Übernahmen in kurzer Zeit)
- „Immer wieder erlebe ich das gleiche Vorurteil. Das fuchst mich total!"

Narrative sind nicht immer bewusst, da sie auch Rechtfertigungselemente beinhalten.
Hier ein paar Beispiele von Sender*innen, Aussagen und möglichen, zugrunde liegenden
Narrativen (Tab. 13.6).

Tab. 13.6 Beispiele

Sender*in	Aussage	Mögliches Narrativ
Englische Führungskraft in einem deutschen Unternehmen	„In Deutschland läuft nichts pragmatisch und einfach ab. Sie sind superkomplexe Denker und risikoscheu."	• Im Vergleich zu den Deutschen sehen wir Engländer*innen vieles einfacher und pragmatischer. • Wir handeln mutiger und schneller und das ist auch gut so!
Deutsche Führungskraft mit internationaler Verantwortung	„Ich bin ja Führungskraft aus Liebe zur Technik geworden. Aber jetzt … ich bin Politiker, Entertainer, Verkäufer …"	• Ich ringe um Kohärenz im eigenen Lebensskript. • Ich agiere nicht mehr souverän. • Ich bin Techniker und lehne nicht-technische Aufgaben aus Prinzip ab.
Italiener in einem deutschen Seminar	„Die Deutschen sind sehr formal. Auch am Abend wird fast nur über Business gesprochen."	• Ich werde als Persönlichkeit nicht wahrgenommen • und kann mit Charme wenig bewirken.
Deutscher Projektleiter in Indonesien	„Wie kann ich da noch planen?"	• Planen ist für den Erfolg wichtig. • Spontanes Agieren ist nicht professionell.
Deutsche Expertin in einer Tochtergesellschaft mit englischer Zentrale	„Mal gucken, was diese ‚Inselaffen' sich als Nächstes einfallen lassen …"	• Das englische Mutterunternehmen agiert kurzfristig, taktiert und wirft meine Planung durcheinander. • Planung ist wichtig. Ich verliere die Übersicht.
Kommentar in einer englischen Zeitschrift zum Thema Brexit	„Deutschland hat das beste Haus in der Straße."	• Im zweiten Weltkrieg haben wir die Welt gerettet – und was haben wir davon? • Ich bin eifersüchtig auf Deutschland. • Wir sind Opfer. • Die Welt ist nicht gerecht.
Franzose, der im Hotel im deutschen Fernsehen nach Mustern und Orientierung sucht	„Man sieht abends immer nur ernste Talkshows."	• Deutsche können das Leben nicht genießen.

Tab. 13.7 Narrative

Mystische Erinnerungen	Jüngere Erinnerungen	Gegenwart	Zukunft
Das kollektive und kulturelle Gedächtnis, das im Wesentlichen über Rituale und Festlichkeiten, Straßennamen etc. vermittelt wird, z. B. Remembrance Day in England, wo bis heute noch viele Menschen mit Mohnblumenansteckern zu sehen sind	Das soziale Gedächtnis, das durch Gespräche über ca. drei Generationen vermittelt wird, z. B. Erlebnisse des Zweiten Weltkrieges, die in unterschiedlichen Ländern ganz unterschiedlich aufgearbeitet werden	Aktuelle Ereignisse und ihre mediale Darstellung, z. B. die Präsident*innenwahlen in den USA oder der Brexit in Europa. Die Wahrnehmung und Darstellung der Ereignisse definieren die Selbstbilder im Land und auch die wahrgenommenen Beziehungen von Ländern zueinander.	Aus eigenen Überzeugungen, Gesprächen und Mediendarstellungen erwachsene Vorstellungen über die Zukunft, z. B. die positiven Perspektiven, die indische Gesprächspartner*innen oft vermitteln

Abgeleitet von Ausführungen von Aleida Assmann zum sozialen und kulturellen Gedächtnis, lassen sich narrative Einflussfaktoren in vier Kategorien festhalten. Da nicht alle Menschen in einem Land dem kulturellen Stereotyp ihres Landes entsprechen, ist es wichtig, das spezifische Narrativ einzelner Interaktionspartner*innen zu verstehen (Tab. 13.7).

Die nachfolgenden zwei Beispiele (Tab. 13.8 und 13.9) sind Zusammenführungen aus verschiedenen Projekten, Interviews und Feierabendgesprächen nach Seminarende. Sie dienen ausschließlich zur Verdeutlichung möglicher Inhalte. Wesentlich ist die dahinterliegende Struktur (Tab. 13.8 und 13.9):

Literaturempfehlungen zum Thema englische Kultur:

- David Charter [2014]: Europe – In Or Out, Biteback Publishing, London.
- Hans-Dieter Gelfert [2005]: Typisch Englisch, C.H. Beck, München.
- Philip Oltermann [2012]: Keeping Up With The Germans, Faber & Faber, London.
- Simon Winder [2010]: The Man Who Saved Britain, Picador, London. (Dieses Buch beschreibt unterhaltsam, wie James Bond Filme das englische Selbstbild zu einer Zeit retteten, als die Wirtschaft im Land darniederlag).

Literaturempfehlungen zum Thema deutsche Kultur:

- Johannes Fried [2018]: Die Deutschen – Eine Autobiographie, Beck, München.
- Greg Nees [2000]: Germany – Unraveling an Enigma, Nicholas Brealey, London.
- Sylvia Schroll-Machl [2005]: Doing Business with Germans – Their Perception – Our Perception, Vandenhoeck & Ruprecht, Göttingen.
- Wolf Wagner [1996]: Kulturschock Deutschland, Rotbuch Verlag, Hamburg.

Tab. 13.8 Mögliche Bausteine eines englischen Narrativs

Mystische Erinnerungen	Jüngere Erinnerungen	Gegenwart	Zukunft
Kampf gegen ein übermächtiges System • Robin Hood • King John & die Magna Carta • Waterloo und der Sieg über Napoleon **Mystifizierte Piraten und Schmuggler** • Francis Drake • John Hawkins • Walter Raleigh **Rule Britannia** • Die Tudors • Das Empire • Die Navy, Trafalgar • Waterloo **Englands Berufung** • Wahrung des Christentums durch Kreuzzüge • Wahrung des Protestantismus im Kampf gegen Frankreich und Spanien • Wahrung des Mächtegleichgewichts als Zünglein an der europäischen Waage	**Kampf gegen ein übermächtiges System** • Churchills und Englands Rolle im Zweiten Weltkrieg • 1960er Jahre: „made in England" als Marke, Flugzeugindustrie (Lightning, Concord, Hawker Harrier) • Swinging Sixties & Popkultur, Aufbegehren gegen das Establishment & Monty Python • 1970er Jahre: Wirtschaftskrise, Schließung der Bergwerke und Werften, Thatcher-Ära **Gefühl des Aufschwungs** • John Major: „Ein Land, das mit sich im Reinen ist." („A country at ease with itself") • Tony Blair und „New Labour" • Erfolge im Finanzsektor • Olympische Spiele 2012 **Gefühl des Abschwungs** • Enttäuschung in der Blair-Bush-Allianz • Politikverdrossenheit • Finanzkrise	**Robustheit** • Wir haben schon so viele Hürden überwunden • Wir klagen nicht („Shouldn't complain") **Brexit-Narrativ** • Keiner soll uns sagen, was wir zu tun haben • Europa wird nicht funktionieren **Bremain-Narrativ** • Wir sollten uns in eine globale Arena integrieren **Feindbild** • Wir stehen vereint gegen … (irgendwas finden wir immer …) **Stolz** • Großartige Errungenschaften wie das nationale Gesundheitssystem (NHS) sollten nicht kritisiert werden. Die Welt kann von uns lernen **James-Bond-Narrativ** • Kreativer englischer Individualismus kann sich gegen übermächtige Systeme durchsetzen	**Kreativitätsnarrativ** • Wir sind gewappnet, um den Herausforderungen der Zukunft (irgendwie) gerecht zu werden **Erwartungen relativierend** • Könnte doch alles noch viel schlimmer sein („Could be worse") **Britische Führungsrolle:** • Wir haben immer noch eine globale Führungsrolle, der wir gerecht werden müssen

Tab. 13.9 Mögliche Bausteine eines deutschen Narrativs

Mystische Erinnerungen	Jüngere Erinnerungen	Gegenwart	Zukunft
Mythen, deren Bedeutung im letzten Jahrhundert ausgehöhlt wurde	**Narrativ der Weltkriege**	**Rationalitätsnarrativ**	**Bescheidenheitsnarrativ**
• Nibelungensage und nordische Göttersagen	• Schuldkomplex dämpft bis jetzt noch den nationalen Stolz	• Wir sind erfolgreich, weil wir planen und strukturieren	• Wir fühlen uns nicht so richtig wohl mit einer Führungsrolle in Europa
• Hermann der Cherusker	• Rolle in beiden Kriegen aufgearbeitet	• Robustes duales Ausbildungssystem	**Neupositionierung**
• Karl der Große als vereinende Kraft	• Keine Demagogen mehr zulassen	• Das deutsche Studiensystem ringt im internationalen Wettbewerb	• Wir sind nicht mehr ein peripherer Staat im Osten
• Luther als teilende Kraft	• Führungspersonen sollten im System austauschbar bleiben	**Kollaborationsnarrativ**	von Westeuropa, sondern müssen uns an eine zentrale Rolle gewöhnen
• Ehemalige Feindbilder wie „die Franzosen" sind nun geschätzte Partner*innen	**Wirtschaftswunder**	• Wir kooperieren mit unseren nahen und fernen Nachbar*innen	**Emanzipationsnarrativ**
(Geschichtsbewusstsein ist jetzt wieder am Aufleben, z. B. durch TV-Dokumentationen wie „Die Deutschen")	• Harte Arbeit und Verzicht auf sofortige Belohnung haben bis zum Erfolg geführt	• Wir stehen für Zusammenarbeit und Kompromiss	• Wir müssen unseren eigenen Weg finden und uns aktuell von der Abhängigkeit zu den USA lösen
Traditionen	• 1968: Studentenbewegung und Parallelen zum politischen Wandel in USA, England und anderen Nationen	**Konfusion (fehlendes Narrativ!):**	**Sorgennarrativ**
• Hanseatische Kaufmannsehre	• Demokratisches Denken ist tief verankert	• Wofür stehen wir nun wirklich mit den Erwartungen unserer Allianzpartner*innen und unseres europäischen Umfelds sowie mit den aktuellen sozialen und wirtschaftlichen Herausforderungen?	• Sicherheit & Terrorgefahr
• Deutsche Handwerkstradition	**Wiedervereinigungsnarrativ**	**Kritische Grundhaltung**	• Altersarmut und fehlende Pflege im Alter
• Organisationen zwischen dem Staat und dem/der Einzelnen wie Vereine, Zünfte und Einrichtungen wie die Walz	• In Summe gelungen, aber wir feiern das nicht so auffällig	• z. B. bei neuen Technologien (Datenschutz, Gesundheitsgefährdung etc.)	• Internationale Krisen und Versagen der EU
• Familienorientierte Feste wie Martinsfest und Weihnachten	• Es gab Gewinner*innen und Verlierer*innen	• Populistische Tendenzen und Umgang damit	• Mithalten beim technischen Wandel
• Tief verwurzelte technische Expertise in tradierten Bereichen wie Weinanbau, Bierbraukunst	**Leistungsnarrativ**	**Heimatnarrativ**	• Mit Digitalisierung verbundener Arbeitsplatzverlust
Wissenschaftliches, komplexes und kritisches Denken in der Tradition von	• Autobahnen ohne Geschwindigkeitsbeschränkung und die deutsche Automobilindustrie	• Sehnsucht und (Heimat-)Gefühle unter einer rationalen Verpackung	• Gesellschaftlicher Wandel sowie Entfremdung und Überfremdung in der eigenen Kultur
• Liebig	• Bürokratie & DIN	• Vollkornbrot in vielen Variationen und gesunde Kost	
• Kant	• Der Erfolg der deutschen Mittelstandsindustrie	• Fußgängerzonen und Fahrradwege	
• Brecht	• Sonntagsruhe		

13.1.2.7 Praktische Anwendung in der interkulturellen Kommunikation

- Suchen Sie Zugang zum Narrativ des Landes und Ihrer einzelnen Gesprächspartner*innen. Dafür dienen im Vorfeld Literatur, Nachrichten und vor allem der Austausch mit anderen.
- Stellen Sie offene Fragen, hören Sie gut zu und lesen Sie zwischen den Zeilen.
- Zeigen Sie Empathie und halten Sie eigene Bewertungen zunächst zurück, bis Sie ein gewisses Verständnis für das Narrativ Ihrer Gesprächspartner*innen gewonnen haben.
- Achten Sie darauf, welche Themen sensibel sind, und tasten Sie in den Bereichen vorsichtig voran. Wenn Sie als Fremde*r zum deutschen Narrativ mehr erfahren wollen, können es z. B. Werte sein, die aus der Rolle Deutschlands im Zweiten Weltkrieg erwachsen sind. Diese wiederum haben Auswirkungen auf das Narrativ der Gegenwart (Rolle nationaler Symbole, Rolle der Bundeswehr, Selbstwahrnehmung der Rolle von Deutschland in Europa etc.).
- Sehen Sie vorher, wie das Narrativ sich auf die zukünftige Zusammenarbeit auswirkt. Ein Teil der Probleme, die Walmart nach der Übernahme von Wertkauf in Deutschland erlebte, ging wohl darauf zurück, dass in Nordamerika wirkungsvolle Mechanismen im Umgang mit Personal und Kund*innen in Deutschland eher Verwunderung auslösten. Das institutionalisierte Anlächeln ist ein oft zitiertes Beispiel.
- Da Narrative subjektiv und tief verankert sind, vermeiden Sie eine „Ja, aber …"-Diskussion, die vorhersagbar nichts ändern wird.
- Machen Sie wertschätzend Ableitungen aus dem gehörten Narrativ: „Ich glaube, für Sie ist es wichtig, in der Zusammenarbeit …"
- Knüpfen Sie an das gehörte Narrativ an und achten Sie dabei auf Sinnhaftigkeit, Ordnung und Orientierung.
- Erfassen Sie die Dynamik im Narrativ aus der Sichtweise des Dramadreiecks von Karpman mit den wechselnden Rollen Verfolger*in, Retter*in, Opfer.
- Entwickeln Sie ein gemeinsames Narrativ der Zukunft. Dabei geht es weniger um harte Fakten, sondern mehr um den Umgang mit Werten, Gewichtungen und Vertrauen in sich und andere sowie um die emotionale Einbindung in gemeinsame Ziele. Takten Sie die Dichte und den Grad Ihres Feedbacks so, dass Sie kognitive Dissonanzreduktionen und Immunreaktionen (Abwehrhaltungen wie Verleugnung) vermeiden. Ruth Benedict unterscheidet Scham- und Schuldkultur, also die Betonung von Gesichtsverlust nach außen im Vergleich zu der Betonung von inneren Schuldgefühlen. (Literaturempfehlung: Ruth Benedict [1989]: The Chrysanthemum and the Sword, Houghton Mifflin, Boston.) Achten Sie auch auf Tabuthemen, die kulturell unterschiedlich sein können.
- Achten Sie bei Ihren Gesprächspartner*innen auf die Gewichtung von Zeiträumen, die im Fokus sind (mystische und junge Vergangenheit, Gegenwart, Zukunft). Das etwas flapsige Wort „Kopfkino" stellt gut dar, wie wir von unseren Vorstellungen geleitet werden.
- Neben den durch Organisationsziele begründeten Interessen in der Zusammenarbeit erfassen Sie den Umgang mit Rechtsempfinden oder Macht.

Kulturen können sich in ihren Werten nahe sein und doch durch ihre Narrative deutliche Unterschiede zeigen. Während sich England und Deutschland kulturell nahe sind, haben sich im letzten Jahrhundert durch die beiden großen Kriege bei bleibender kultureller Nähe die Narrative jeweils verändert (Literaturempfehlungen: Miranda Seymour [2014]: The Pity of War – England and Germany, Bitter Friends, Beloved Foes, Rowman & Littlefield, London. Und: Richard Milton [2007]: Best of Enemies – 100 Years of Truth and Lies, Icon Books, Cambridge).

Der nächste Abschnitt beschäftigt sich mit Werten, die sich in Kulturen unterscheiden können und zeitlich eher stabil sind. Wer interkulturell arbeitet, erlebt unterschiedliche Erwartungshaltungen, z. B. wie gleichberechtigt sich Männer und Frauen oder Führungskräfte und Mitarbeiter*innen begegnen, wie direkt miteinander kommuniziert oder mit welchen Zeithorizonten geplant wird. Je mehr die Unterschiede bewusst sind, desto eher können Kulturen sich aufeinander einstellen, Reibungsverluste minimieren und zusammenwachsen.

13.1.3 Dimension 3: kulturgebundene Werte und Präferenzen im Verhalten

Gleich zu Anfang ein wesentlicher Hinweis im Sinne von Einsteins Aussage „Man muss die Dinge so einfach wie möglich machen. Aber nicht einfacher."[1] Die Aussage über eine ganze Kultur birgt die Gefahr der Stereotypisierung und der mechanistischen Umsetzung. („Also *so* muss man mit ‚den Chines*innen' umgehen!") Ich habe schon mit introvertierten, schüchternen New Yorker*innen trainiert und einer extrovertierten finnischen Auftraggeberin in langen Telefonaten zugehört. Beide Situationen entsprachen nicht den Mustern, die wir in diesen Teilen der Welt erwarten können. Das Auftreten bestimmter kulturgebundener Werte ist mit Wahrscheinlichkeitswerten verbunden. Nicht jedes Mitglied einer Kultur repräsentiert in vollem Umfang diese Werte. Ein japanischer Coachee beschrieb sich als „eher typisch deutsch" in seinem Wertesystem und berichtete von seiner deutschen Führungskraft, die er als „typisch japanisch" empfand.

Wenn in der Zusammenarbeit zwischen Kulturen die Wahrnehmung der Welt ähnlich konstruiert wird und ähnliche Erwartungen existieren, z. B. beim Umgang mit Zeit, Eigenverantwortung oder Fremdsteuerung, fällt das Miteinander auf Anhieb leichter.

Anekdotische Evidenz
Bei einem Einsatz im Jemen war mir nicht klar, unter welchen Bedingungen wir reisen mussten. Als wir ankamen, war mein Jackett zerknautscht und ich fragte in unserem kleinen Hotel, ob es bis zum nächsten Morgen um acht Uhr gebügelt werden könnte. Die Antwort auf meine geschlossene Frage war nicht „ja" oder „nein",

---

[1] https://www.gutzitiert.de/zitat_autor_albert_einstein_thema_einfach_zitat_23857.html aufgerufen 17.02.2018.

sondern „In schā' Allāh", also „So Gott will". Ich war nun nicht so sicher, wann und wie ich meine Garderobe zurückbekommen würde, aber noch vor der erbetenen Zeit wurde sie mir in einwandfreiem Zustand gebracht. Es war jedoch nicht immer dieses Muster beobachtbar und ich habe Gesprächsstrategien entwickeln müssen, um die Einhaltung von Zeiten und Zusagen graduell beeinflussen zu können.

13.2   Die GLOBE-Studie

Die GLOBE-Studie bietet einen wissenschaftlichen Rahmen, um kulturbedingte Werte-unterschiede zu benennen und vorherzusagen. Der Name ist ein Akronym für „Global Leadership and Organizational Behaviour Effectiveness". (Sehr komplex, d. h. nur begrenzt als Leseempfehlung hier aufgeführt: House, R.; Hanges, P.; Javidan, M.; Dorfman, P.; Gupta, V. 2004: eine gute Zusammenfassung findet sich bei: Felix C. Brodbeck [2016]: Internationale Führung – Das GLOBE-Brevier in der Praxis, Springer Verlag, Berlin.) Eines der Ergebnisse dieser Studie sind neun Faktoren, die Kulturunterschiede im Verhalten und den dahinterstehenden Werten verdeutlichen.

Interessanterweise zeigt die Studie auch Tendenzen im Wertewandel innerhalb von Kulturen auf: Manche Kulturen, die eher direkt und explizit kommunizieren (dazu gehört Deutschland), streben in ihrem Wertesystem mehr Bescheidenheit an. Kulturkreise, die traditionellerweise indirekt kommunizieren (z. B. China) finden es oft wünschenswert, in Zukunft eher durchsetzungsstark aufzutreten. Für alle Kulturdimensionen gilt, dass aktuelle Handlungstendenzen nicht immer angestrebte Werte reflektieren!

Im Rahmen dieses Beitrags beschränke ich mich auf die Darstellung von neun interkulturell relevanten Dimensionen, die nun nachfolgend vorgestellt werden: Durchsetzungsbereitschaft (Assertiveness), Institutioneller/Gesellschaftlicher Kollektivismus (Institutional/Societal Collectivism), Gruppen-Kollektivismus (In-group Collectivism), Zukunftsorientierung (Future Orientation), Geschlechtergleichheit (Gender Egalitarianism), Humanorientierung (Humane Orientation), Leistungsorientierung (Performance Orientation), Machtdistanz (Power Distance), Unsicherheitsvermeidung (Uncertainty Avoidance) (Siehe Abb. 13.6).

13.2.1 GLOBE-Faktor Durchsetzungsbereitschaft (Assertiveness)

In Kulturen mit hoher Durchsetzungsbereitschaft werden Menschen in ihrer Bereitschaft bestärkt, selbstsicher, direkt und konfrontativ mit anderen umzugehen. Es herrscht die Überzeugung, dass es richtig ist, sich durchzusetzen. Siegertypen und kompetitive Situationen werden wertgeschätzt. Kulturen mit niedriger Ausprägung sind eher konsensorientiert und wollen eine Differenzierung in Gewinner*innen und Verlierer*innen

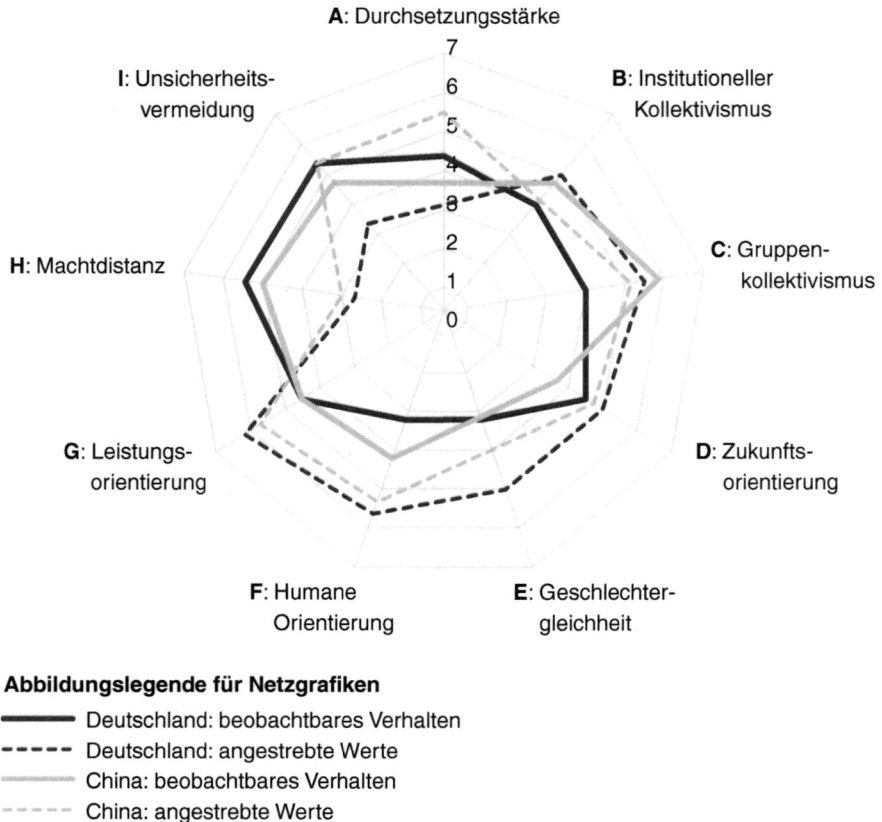

Abbildungslegende für Netzgrafiken

━━━━━ Deutschland: beobachtbares Verhalten
╌╌╌╌╌ Deutschland: angestrebte Werte
───── China: beobachtbares Verhalten
╌╌╌╌╌ China: angestrebte Werte

Abb. 13.6 Die neun interkulturellen Faktoren der GLOBE-Studie

vermeiden. In der GLOBE-Studie hat dementsprechend Schweden niedrige Werte, während die USA hohe Werte aufweisen.

In Laloux' Terminologie sind wir hier trotzdem nicht notwendigerweise im roten Paradigma: Ökologisch-orientierte Initiativen wie Greenpeace oder Friedensbewegungen können ihre Petrol-orientierten Ziele durchaus konfrontativ und durchsetzungsstark darstellen. Trotzdem streben sie ein petrolfarbenes integratives Paradigma an.

Anekdotische Evidenz

In einem Team-Coaching habe ich mit einer schwedischen Führungskraft und deren deutschem Team gearbeitet. Zu verschiedenen Themen wurde recht schnell ein Konsens gefunden. Während das deutsche Team zügig weitermachen wollte, fragte die schwedische Führungskraft mehrmals nach, ob es auch wirklich, wirklich einverstanden ist, weil sie es nicht überfahren wollte. Die Reaktion der deutschen Mitarbeiter*innen war eher genervt und ungeduldig. Sie würden sich schon äußern, wenn ihnen etwas nicht passen würde. Interessant übrigens, wie Kulturen sich ändern können: Die Wikinger hatten nicht den Ruf, konfliktvermeidend und konsensorientiert zu sein.

Anekdotische Evidenz

Ich hatte vor vielen Jahren die Führungskräfte eines US-amerikanischen Unternehmens schon über sieben Tage begleitet. Mitten im zweiten Modul war das Miteinander gut und während wir beim Abendessen zusammensaßen, fragte mich eine Teilnehmerin, welche Erfahrungen ich mit Amerika schon gemacht hätte. Ich begann mit einer Beschreibung, wie mich als junger Teenager die Erzählungen meines Vaters fasziniert hatten, der wiederholt in Alaska gearbeitet hatte. Er wurde z. B. zum Lachsfischen eingeladen, musste aber vorher schießen lernen, um gegen Bären gewappnet zu sein.

Auf diese Erzählung reagierte ein Teilnehmer mit der Aussage „Yeah – and we have a right to bear arms." („Ja, und wir haben ein Recht, Waffen zu tragen.") Dieser Bezug auf den zweiten Zusatzartikel der amerikanischen Verfassung spaltete die Gruppe innerhalb von Sekunden und ich hatte – damals noch von der Situation auch vollkommen überrascht – alle Hände voll zu tun, die hitzige und auch schnell festgefahrene Debatte zu entschärfen. Die politische Debatte, mit welchen Mitteln die Rechte des/der Einzelnen in den USA gesichert werden, wird inzwischen in der internationalen Berichterstattung häufiger dargestellt und reflektiert sicher auch eine positive innere Einstellung zu Durchsetzungsstärke.

„The 2nd Amendment A well regulated militia, being necessary to the security of a free state, the right of the people to keep and bear arms, shall not be infringed."	Der zweite Zusatzartikel der Verfassung der Vereinigten Staaten verbietet der Regierung, das Recht auf Besitz und Tragen von Waffen einzuschränken. Wiederholte Waffengewalt in den USA machen diesen Artikel zu einem sehr umstrittenen Thema.

In internationalen Gruppen, in denen Teilnehmer*innen mit unterschiedlichen Ausprägungen bezüglich ihrer Durchsetzungsbereitschaft vertreten sind, können folgende Dynamiken entstehen:

- Wenige Teammitglieder dominieren Diskussionen während andere schweigen.
- Feedback ist nicht mehr repräsentativ für die Gesamtgruppe, wenn ein Teil der Gruppe schweigt.
- Zusagen entstehen nicht aus innerer Überzeugung, sondern aus empfundenem Druck und sind damit nur begrenzt wirksam.

13.2.1.1 Beispiele der praktischen Anwendung in der interkulturellen Kommunikation

Aus einer führenden oder moderierenden Rolle heraus kann ich darauf achten, dass die Methoden angemessen sind, z. B. Brainwriting statt Brainstorming.

- Ich kann in der Verteilung der Gesprächsanteile und im Tempo des Austauschs darauf achten, dass Beteiligte rechtzeitig in das Gespräch einsteigen und ausreichend Raum bekommen.
- Gemeinsam erarbeitete Meetingregeln können das Gleichgewicht unterstützen. Als Coach kann ich erfassen, welche Werte oder „Verbote" in der Ursprungskultur mitschwingen.
- Ich kann auf der Verhaltensebene angemessene Formulierungen mit meinem Coachee erarbeiten, um in roten Verhaltensmustern mitzuhalten oder um Spielregeln zu ändern.

13.2.2 GLOBE-Faktor Institutioneller/Gesellschaftlicher Kollektivismus (Institutional/Societal Collectivism)

Diese Dimension ist ein Indikator dafür, wie weit Menschen sich nach kollektiven Normen einer Gesellschaft oder Institution richten und wie sie sich mit ihnen identifizieren. Das heißt, es geht hier nicht um den kleinen Kreis von Familienmitgliedern, Freund*innen, Bekannten oder Kolleg*innen, sondern um die Beziehung zur abstrakten Organisation, zum Beispiel zur „Nation" oder auch zum „Unternehmen als Ganzes". In der GLOBE-Studie hat beispielsweise Griechenland niedrige Werte und Japan hohe Werte.

In den letzten Jahren war Griechenland in der Presse im Fokus, weil Steuern nicht bezahlt wurden und dem Land somit finanzielle Ressourcen fehlten. Dies ist sicher an eine nur gering gefühlte Verpflichtung gegenüber dem Land geknüpft.

Japan stand im Jahr 2011 wegen des Tsunamis in Fukushima unter tragischen Bedingungen im Fokus. Beeindruckt haben dabei die Bilder vom disziplinierten Anstehen in langen Schlangen für Wasser und Nahrungsmittel. Ein Seminarteilnehmer erzählte, wie er in Tokio die Bahn bestieg und dabei seine teure Spiegelreflexkamera auf einer Bank liegen ließ. Als er am Abend zurückkehrte, lag sie noch unangetastet dort, wo er gesessen hatte. Die allgemeine Einschätzung der anderen Seminarteilnehmer*innen war, dass er im Frankfurter Hauptbahnhof weniger Glück gehabt hätte.

Anekdotische Evidenz

Bei einem internationalen Workshop in Antwerpen durchliefen zum Auftakt die Teilnehmer*innen in international gemischten Gruppen eine Stadtrallye, die in einer großen Bar ihr Ende fand. Als wir gegen 2:00 Uhr morgens in Richtung Hotel liefen (teilweise auch torkelten), waren die Straßen leergefegt. Ein Großteil der Gruppe überquerte eine Straße bei roter Ampel.

Hinter mir hörte ich den folgenden Dialog (aus dem Englischen übersetzt):

„Guck mal, ha, ha, … die bleiben ja an der roten Ampel stehen, ha, ha …"

„Ja, ha, ha, dabei ist kein Auto in Sicht, ha, ha …"

„Ja, ha, ha … das müssen Deutsche sein, ha, ha …"

Welche Länder an der Diskussion beteiligt waren, weiß ich nicht – ebenso wenig, welche Nationalität diejenigen hatten, die stehen geblieben waren. Aber es zeigt, welch stereotype Vorstellungen über andere Kulturen die Erwartungshaltungen prägen …

Anekdotische Evidenz

Bei einem meiner internationalen Kunden mit deutscher Zentrale ist auf einer Straßenseite der Parkplatz, auf der anderen Seite der Haupteingang. Zu Stoßzeiten ist der Verkehr sehr dicht, danach wird die Straße recht leer. Zu einem ruhigen Zeitpunkt stand ich mit anderen geduldig an der roten Fußgängerampel, die vom Parkplatz zum Eingangsbereich führt. Ein vermutlich südamerikanischer Herr lief an der Gruppe vorbei und über die leere Straße – begleitet von Kopfschütteln und einigen leisen, wertenden Kommentaren der übrigen Wartenden. In der Mitte der Straße stellte der Herr fest, dass er alleine war, drehte sich um, schaute zurück und hob fragend beide Arme über den Kopf mit Blick zu den Wartenden. Er konnte nicht nachvollziehen, warum andere bei roter Ampel stehen bleiben, wenn bei leerer Straße kein Grund dafür bestand …

Die Orientierung an Regeln wird sicher früh in der Erziehung verankert. In der Farbcodierung von Laloux sind wir da beim konformistischen Orange. Ich habe in vielen Kulturen gearbeitet, in denen früh gelernt wird, Institutionen nicht zu trauen und sie zu umschiffen („Regeln sind da, um sie zu brechen"). Diese Erfahrung färbt das Verhalten in der späteren Zusammenarbeit in Organisationen.

In internationalen Gruppen, in denen Teilnehmer*innen mit unterschiedlichen Ausprägungen der Dimension „gesellschaftlicher Kollektivismus" vertreten sind, können folgende Spannungen entstehen:

- Vereinbarte Regeln werden unterschiedlich breit und tolerant interpretiert. Beide Seiten sehen sich jeweils im Recht und die andere Seite im Unrecht.
- „Blinder Gehorsam" kann auf der einen Seite ein Vorwurf sein, „Unzuverlässigkeit" und „Vertrauensbruch" bekommt dann die andere Seite zu hören.

13.2.2.1 Beispiele der praktischen Anwendung in der interkulturellen Kommunikation

Aus einer führenden oder moderierenden Rolle kann ich über Regeln (z. B. Pünktlichkeit bei Telefonkonferenzen oder Einhaltung von Sicherheitsbestimmungen) gleich sprechen, nachdem sie aufgestellt worden sind. Die Selbstverpflichtung hole ich dann sofort von

Statement	1	2	3	4	5	6	7
Wir behandeln uns gegenseitig respektvoll – d. h. so, wie wir selbst behandelt werden möchten							
Wir kommen vorbereitet und pünktlich zu Meetings							
Wir hören zu und unterbrechen uns nicht gegenseitig							
Als Redner*innen halten wir uns kurz und konzentrieren uns auf Wesentliches							
Wir sprechen miteinander – nicht übereinander							

Tab. 13.10 In einer Gruppe erarbeiteter Verhaltenskodex (1 = schlecht umgesetzt // 7 = gut umgesetzt)

den Teilnehmer*innen ab. Meine Aufgabe ist es auch, annehmbar und klar Regelbrüche anzusprechen.

Eine Möglichkeit ist, gemeinsam erarbeitete Vereinbarungen einer Gruppe mit Klebepunkten werten zu lassen. Hier ein Beispiel (Tab. 13.10):

Aus der Verteilung der Klebepunkte kann ich Gesprächsthemen ableiten:

- Warum ist das so?
- Was machen wir das nächste Mal anders?
- Wie hilft uns das?

Als Coach kann ich erfassen, gegenüber welchen Gruppen und Personen sich mein Coachee verpflichtet fühlt und wie sich das in seinem/ihrem Handeln ausdrückt. Ich muss bei mir selbst wahrnehmen, welche innere Einstellung ich habe und in der Rolle des Coaches mit Bewertungen vorsichtig umgehen. Wie Laloux schon sagte, ist Überzeugungsarbeit nur begrenzt wirksam, wenn die Paradigmen weit auseinanderliegen.

Während Personen in zentralen Funktionen einer Organisation häufig die Institution und ihre Kultur und Werte intensiv wahrnehmen, erleben diejenigen, die sich in peripheren Bereichen der Organisation bewegen, diese deutlich weniger. Aus einer geografischen Distanz wird dann auch eine emotionale Distanz.

13.2.3 GLOBE-Faktor Gruppen-Kollektivismus (In-group Collectivism)

Hier geht es nicht um die Beziehung zur großen Organisation, sondern um den direkten Kontakt zur kleinen Gruppe konkreter Menschen, z. B. Clan, Familie, Freund*innen, Kolleg*innen. Bei hoher Ausprägung dieser Dimension erfahren Teilnehmer*innen aus diesem Kreis große Unterstützung, werden bevorzugt und erleben eine ausgeprägte Loyalität von Personen im gleichen Kreis der Zugehörigkeit. In Gesellschaften mit dysfunktionalen institutionellen Systemen, z. B. schlechten Versicherungen oder wenig robusten Rentensystemen, sind solche Beziehungsgeflechte oft überlebenswichtig. In der GLOBE-Studie hat z. B. Dänemark niedrige und Indien hohe Werte. Auch hier erfolgen Prägungen früh im Leben.

Anekdotische Evidenz

In Stammesgebieten im Jemen habe ich den Zusammenhalt im Clan erlebt: Im Gespräch mit einem Fahrer, mit dem ich unterwegs war, erzählte er mir, dass er früher ein eigenes Geschäft geführt hatte. Nachdem sein Bruder im Streit einem Kontrahenten eine Niere kaputtgeschossen hatte, musste Blutgeld gezahlt werde. In dem Kontext hat mein Fahrer sein Geschäft verkauft, um der Familie zu helfen. An dieser Stelle möchte ich aber auch betonen, wie oft ich im Jemen ganz herzlich aufgenommen worden bin. Die wunderschönen Erlebnisse, die ich dort hatte, waren auch dem ausgeprägten Gruppenkollektivismus gezollt.

In internationalen Gruppen, in denen Teilnehmer*innen mit unterschiedlichen Ausprägungen der Dimension Gruppenkollektivismus vertreten sind, können folgende Spannungen entstehen:

- In virtuellen Teams werden unbekanntere Akteur*innen wenig beachtet, trotz ihrer formalen Rolle, weil die persönliche Beziehung fehlt.
- Das Bedürfnis, als Gruppe zueinander emotionale Beziehungen aufzubauen, kann sich kulturbedingt stark unterscheiden.
- Vereinbarte Regelwerke werden durchbrochen, um nahen Personen einen Vorteil zu ermöglichen (Nepotismus).
- Internationale Teams, die sich selten oder gar nicht im direkten Kontakt erleben, empfinden sich oft nicht als „gefühltes Team", sondern eher als „amorphe Gruppe". Einzelne Personen sind sich elektronisch und im Organigramm nahe, aber nicht emotional. Sie sind damit in ihrer Dynamik im undefinierten Graubereich zwischen dem „echten" Team und der ganz anderen Dynamik der Masse. Die Einfachheit, mit der sich Rechner über Cloud Computing global verknüpfen lassen, ist nicht so umsetzbar bei Menschen, die sich über Geografien und Kulturen hinweg integrieren sollen. Internationale Führungskräfte sollten sich der Rahmenbedingungen bewusst sein und entsprechend handeln. Internationale matrixorientierte Teams, die nicht regelmäßig zusammenkommen können, müssen ganz anders geführt werden als klassische Teamkonstellationen, bei denen alle gemeinsam vor Ort sind, sich an der Kaffeemaschine treffen und auf ein gemeinsames Ziel ausgerichtet sind.

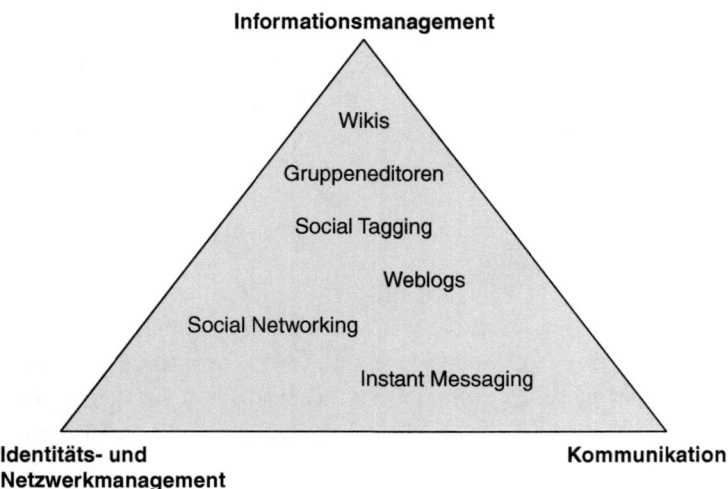

Abb. 13.7 Das Social Software Dreieck. (Quelle: Michael Koch in W. Buhse & S. Stamer (Hg.) Die Kunst, loszulassen – Enterprise 2.0)

13.2.3.1 Beispiele der praktischen Anwendung in der interkulturellen Kommunikation

In der deutschen Kultur ist häufig eine ausgeprägte Aufgabenorientierung („Erst die Arbeit, dann das Vergnügen") zu beobachten. Beziehungsorientierte Aktivitäten werden dann als unnötig und als Zeitverlust verbucht. Nicht in allen Kulturen wird so gedacht und gefühlt. Kulturen mit ausgeprägter Gruppenorientierung brauchen oft das Gefühl von sozialer Nähe und Wertschätzung, um mit Commitment und Vertrauensvorschuss arbeiten zu können. In einem internationalen, virtuellen Teamsetting ist es nicht leicht, dies zu erzeugen. Ängste gegenüber „Fremdem" oder „Überfremdung" ist ein aktuelles Thema in Deutschland.

In Workshops setze ich zur Verdeutlichung das schon oben beschriebene Social Software Dreieck von Michael Koch ein, um zu verbildlichen, wo Probleme in der Zusammenarbeit wahrscheinlich ihren Ursprung haben – und wo Lösungsansätze wirken können. Ich frage Workshopteilnehmer*innen, wie intensiv sie sich in den drei Ecken Informationsmanagement, Kommunikation und Identitätsmanagement bewegen. Das Defizit ist zumeist im Letzteren. Das heißt, zeitliche Investitionen im Bereich „Team-Spirit stärken" werden mehr Wirkung zeigen als Investitionen in den anderen beiden Ecken des Dreiecks (Abb. 13.7).

13.2.4 GLOBE-Faktor Zukunftsorientierung (Future Orientation)

Diese Dimension beschreibt, wie weitsichtig geplant und in die Zukunft investiert wird. Eine hohe Ausprägung in dieser Dimension heißt häufig, dass zugunsten langfristiger

Investitionen auf schnelle Belohnungen verzichtet wird, beispielsweise in Ausbildungen oder neue Technologien. Strategisches, zielorientiertes „oranges Denken" sowie „grünes Denken", das Wachstum und Eigenständigkeit nach Laloux' Farbtaxonomie betont, können hier mitschwingen. In der GLOBE-Studie hat z. B. Russland niedrige, während die Niederlande hohe Werte aufweisen.

13.2.4.1 Beispiele der praktischen Anwendung in der interkulturellen Kommunikation

In ihrem Buch „Riding the Waves of Culture" interpretieren die Autoren Fons Trompenaars und Charles Hampden-Turner (Literaturempfehlung: Trompenaars, F; Hampden-Turner, C. 1997) ein psychoanalytisches Model von Tom Cottle zur zeitlichen Präsenz (Journal of Projective Technique and Personality Assessments [7/1967]: An Investigation of Perceptions of Temporal Relatedness and Dominance): Vergangenheit, Gegenwart und Zukunft werden durch drei Kreise zueinander in Beziehung gesetzt (siehe Abb. 13.8). Die jeweilige Größe indiziert die Gewichtung der Bedeutsamkeit und die Überlappung den Bezug zueinander. Die Größe und Überlappung der Kreise ändern

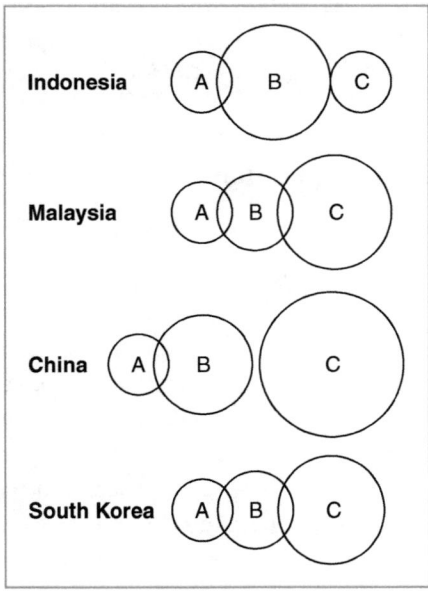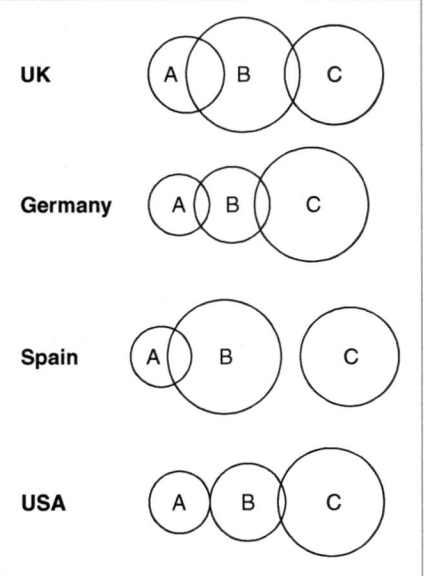

Abbildungslegende für Kugelgrafiken
Past: (A)
Present: (B)
Future: (C)

Abb. 13.8 Orientierung und Integration: Vergangenheit, Gegenwart und Zukunft

sich über die Zeit durch ökonomische, soziale und kulturelle Verschiebungen. Ihre bildliche Darstellung kann in der Beantwortung wichtiger Fragen helfen:

- Wie weit prägen tradierte Muster aus der Vergangenheit das Verhalten der Gegenwart?
- Wie weit berücksichtigt gegenwärtiges Verhalten mögliche Konsequenzen in der Zukunft?
- Wie nahe sind sich die zeitlichen Orientierungen von zwei Kulturen, die zusammenarbeiten?
- Welche Auswirkungen haben unterschiedliche Verteilungen im Vergleich der beiden Kulturen auf die gemeinsame Planung?

In Entwicklungsprojekten erlebe ich wiederholt, dass Gewichtungen und Horizonte verschiedener Stakeholder auseinanderdriften. Wenn Interaktionspartner*innen unterschiedliche Schwerpunkte setzen, fehlt oft die gemeinsame Energie zum Handeln.

Anekdotische Evidenz
In einem deutschen Unternehmen begleitete ich einen Planungsworkshop. Während eine der deutschen Führungskräfte vorne agierte, saß ich neben einem chinesischen Mitarbeiter. Er lehnte sich zu mir herüber und flüsterte: „Warum so viel reden? Können wir nicht einfach machen?" Dies war für mich ein klarer Indikator unterschiedlicher „Kreiskonstellationen" nach dem Modell von Cottle.

13.2.5 GLOBE-Faktor Geschlechtergleichheit (Gender Egalitarianism)

Diese Dimension beschreibt, inwieweit Unterschiede zwischen den Geschlechterrollen wahrgenommen werden, geschlechterbezogene Diskriminierung minimiert wird und gleichzeitig Geschlechtergleichheit aktiv gefördert wird. In der GLOBE-Studie hat z. B. Südkorea niedrige, Polen dagegen hohe Werte. Die Studie erfasst sowohl den aktuellen Status als auch, wertegesteuert, das angestrebte zukünftige Miteinander der Geschlechter. Die Studie für Deutschland weist eine Differenz auf: Obwohl im Land viele Diskussionen über die Gleichberechtigung der Geschlechter geführt werden (im Vergleich zu den verbleibenden acht GLOBE-Dimensionen), hinkt die praktische Umsetzung noch deutlich hinterher. Sichtbar wird dies in Deutschland u. a. in der Diskussion zur „Quotenfrau".

Anekdotische Evidenz
Im Rahmen eines Traineeprogramms in Norddeutschland begleitete ich eine Gruppe junger internationaler Ingenieure und Ingenieurinnen über mehrere Trainingsmodule. In dieser Gruppe war eine deutsche Ingenieurin mit mehreren Jahren Berufserfahrung. Mich hatte sie durch fachliche und soziale Kompetenz

beeindruckt. Während eines Social Events standen wir in einer Ausstellung zum Thema „Meer" nebeneinander und betrachteten einen Tiefseetaucher. Dieses Exponat hatte als Ausgleich zum luftbefüllten Helm ein Bleigewicht zwischen den Beinen hängen. Ihr Kommentar war: „Siehst Du, Mark, wenn ich so etwas zwischen den Beinen hätte, würden die Kollegen und Kolleginnen mehr auf mich hören." Im weiteren Gespräch wurde die Frustration hinter dem Humor deutlich, die daraus erwuchs, dass in ihrem Umfeld ihre Botschaften nicht nach Sendung (Inhalt), sondern nach Sender*in (Frau) bewertet wurden.

Anekdotische Evidenz
In einem Workshop in Deutschland äußerte sich eine Dame aus Algerien: Als Ingenieurin mit einem PhD in Ingenieurswesen hatte sie im Heimatland das gleiche Gehalt wie ihre männlichen Kollegen, in Deutschland war ihr Gehalt niedriger. Für sie war die Diskussion über Gleichberechtigung und Kopftuchverbot in Deutschland fragwürdig, wenn gleichzeitig ihre Arbeitsleistung als Frau nicht wie die eines Mannes gewürdigt wird.

In Deutschland wird viel über die Herausforderungen im Rahmen der Aufnahme von Geflüchteten und die möglichen Wege der Integration berichtet. In diesem Kontext werden die unterschiedlichen Haltungen zur Geschlechtergleichheit beleuchtet. Bei Frauen, die berufsbedingt in Ländern aktiv sind, in denen die Geschlechtergleichheit gering ausgeprägt ist, können die zugrunde liegenden Mechanismen unterschiedlich sein: In Korea ist es eher ein Thema des etablierten Sozialgefüges, im arabischen Raum ist es auch eine religiöse Angelegenheit. Nicht überall im muslimischen Raum ist dies aber zu beobachten. Frauen haben – zumindest bis jetzt – z. B. im größten muslimischen Land Indonesien (200 Mio. Gläubige = 88 % der Gesamtbevölkerung) verhältnismäßig geringe Probleme in Bezug auf die professionellen Akzeptanz.

Vor allem in Kulturen, in denen auch als zukünftiges Wunschverhalten Geschlechtergleichheit gering ausgeprägt ist, stellt sich die Frage, wie Frauen sich zumindest auf professioneller Ebene als gleichwertig etablieren können – in sozialer und in wirtschaftlicher Sicht. Auch wenn Chancengleichheit im deutschen Grundgesetz verankert ist, hat die praktische Umsetzung noch einen weiten Weg vor sich.

13.2.6 GLOBE-Faktor Humanorientierung (Humane Orientation)

Diese Dimension beschreibt das Ausmaß von menschenfreundlichem, mitfühlendem, unterstützendem und fürsorglichem Verhalten einer Gesellschaft. Diese Dimension manifestiert sich sowohl in der Art, wie Menschen direkt miteinander umgehen, als auch in institutionalisierten sozialen Programmen, z. B. Integration von schwachen Mitgliedern der Gesellschaft. In der GLOBE-Studie hat z. B. Singapur niedrige, während die Philippinen hohe Werte aufweisen.

In internationalen Gruppen, in denen Teilnehmer*innen mit unterschiedlichen Ausprägungen der Dimension Humane Orientierung vertreten sind, können folgende Spannungen entstehen:

- **Die Rolle der lokalen Mitarbeiter*innen:** Ausnahmen zu bestehenden Regeln werden gefordert, um der individuellen Situation einer einzelnen Person gerecht zu werden.
    - Wünsche nach Gehaltserhöhung, Urlaub oder Arbeitszeitveränderung, um großen Familienfesten wie Hochzeiten oder Beerdigungen gerecht zu werden, um bei Familienzuwachs oder Hausbau zu unterstützen oder um in der Verwandtschaft bei Krankheit Hilfe zu leisten.
    - Wünsche, bevorzugt Familienmitglieder anzustellen – unabhängig von der Eignung für die verfügbare Position.
    - Wünsche, Familienmitglieder in Praktika oder Ausbildungen unterzubringen oder sie anderweitig zu vermitteln.
- **Die Rolle der Familie der Mitarbeiter*innen:** Oft sind internationale Mitarbeiter*innen in deutschen Unternehmen wohlvertraut mit deutschen Normen ihrer Arbeitswelt. Sie geraten dann in die „Cheeseburger"-Situation (d. h. von allen Seiten gebissen), wenn ihre Familie Erwartungsdruck auf sie ausübt. Während in Deutschland beispielsweise Nepotismus negativ besetzt ist, ist die Verknüpfung von Familie und Arbeit in anderen Teilen der Welt eher selbstverständlich. Vetternwirtschaft ist eine Möglichkeit, anderen zu helfen (vgl. Gruppenkollektivismus). Einheimische Mitarbeiter*innen deutscher Unternehmen im Ausland können dann in folgendes Erwartungsdilemma geraten: Sie sollen gegenüber dem deutschen Unternehmen Regelwerke durchgängig befolgen. Gleichzeitig erwartet ihr lokales Umfeld, dass sie sich flexibel zeigen, Regelwerke durchbrechen oder Ausnahmen zur Regel zulassen. Sie empfehlen im genannten Beispiel Familienmitglieder oder Freunde, weil diese bedürftig sind, nicht aber, weil sie kompetent sind.
- **Die Rolle der deutschen Führungskräfte:** Oft sind Führungskräfte aus Deutschland durch die eigene Sozialisierung und aus ihrer aktuellen beruflichen Rolle system- und regelorientiert. Auch werden sie nicht selten von ihrer deutschen Muttergesellschaft im Rahmen von Code-of-Conduct, Compliance und Auditing-Prozessen angehalten, Regeln aufrecht zu erhalten und nicht durch Zugeständnisse aufzuweichen.
- **Die häufige Dynamik:** Beide Seiten sehen sich im Recht und die andere im Unrecht oder betrachten die Situation als ungerecht.

13.2.6.1 Beispiele der praktischen Anwendung in der interkulturellen Kommunikation

Die Frage, wie universell Regelwerke sind und ab wann Ausnahmen greifen, sollte im Vorfeld in der Mutterorganisation und im lokalen Gefüge geklärt sein, VOR-Fälle herangetragen werden. Für die deutsche Führungskraft ist es oft hilfreich, von beiden Seiten vertraute lokale Kräfte als Mittler*in oder Mediator*in einzusetzen. Auch diese Rolle sollte früh geklärt werden.

Wesentlich ist, die Bedingungen der Ausnahme ganz klar herauszuheben, um nicht durch einen Präzedenzfall zu weiteren Versuchen zu animieren.

13.2.7 GLOBE-Faktor Leistungsorientierung (Performance Orientation)

Die Leistungsorientierung einer Organisation oder Gesellschaft reflektiert die Bereitschaft, sich stetig zu verbessern, Initiative zu zeigen, hohe Standards und Ziele zu erreichen und nach Exzellenz zu streben. Leistung wird anerkannt und gefördert; Training und Feedback wird geschätzt. In der GLOBE-Studie hat z. B. Italien niedrige und die Schweiz hohe Werte.

13.2.7.1 Beispiele der praktischen Anwendung in der interkulturellen Kommunikation

Ein wesentlicher Schlüssel, um hier Spannungsfelder zu reduzieren, ist, von Anfang an mit realistischen Zielen zu arbeiten: Die einfache Formel „Vier Ingenieur*innen in einem Billiglohnland erreichen das Gleiche wie vier deutsche Ingenieur*innen zu einem Viertel des Preises" ist oft zu einfach gedacht. Als Konsequenz verbringen Projektleiter*innen unsinnig viel Zeit in Flugzeugen, um Projekte doch noch irgendwie zu retten, indem sie oft vor Ort sind. Kulturelle Unterschiede, Orts- und Zeitunterschiede wirken sich auf die Umsetzung solcher Ziele aus.

Es ist dann wichtig für solche Projektleiter*innen, von Anfang an bei Zielvereinbarungen so mit der eigenen Führung „nach oben" zu verhandeln, dass allen Facetten der Zielkultur Rechnung getragen wird – nicht nur dem Lohndifferenzial. Um sich nach leistungsorientierten Kriterien auszurichten und einen gemeinsamen Weg zu finden, muss im beauftragenden Land Einigkeit darüber herrschen, was tatsächlich realistisch und erreichbar ist. Am einfachsten sind solche Gespräche, wenn zwischen Hierarchieebenen offen diskutiert werden kann und „Machtdistanz" nicht als Filter die Kommunikation bremst. Genau diesen Aspekt beleuchtet der nächste Abschnitt. In verschiedenen Kulturen sind Manager*innen unterschiedlich empfänglich für Feedback von unten. Feedbackgeber*innen müssen die richtige Balance finden zwischen Demut, Mut und Übermut.

13.2.8 GLOBE-Faktor Machtdistanz (Power Distance)

Machtdistanz beschreibt den Konsens innerhalb einer Gesellschaft, wie ungleich Macht verteilt und in den höheren Ebenen einer Organisation konzentriert werden soll. Interessant ist der Aspekt des postulierten Konsenses zwischen Mächtigen und Machtlosen. In der GLOBE-Studie hat z. B. Dänemark niedrige und Thailand hohe Werte.

Hohe Machtdistanz führt oft zu geringer Eigeninitiative auf der Ebene von Expert*innen, die weiter unten in der Organisation positioniert sind. In der typischen deutschen Arbeitskultur genießen Expert*innen recht viel Ansehen und können Einfluss ausüben. Die Rolle des Meisters/der Meisterin ist oft die einer Schaltstelle zwischen hierarchischen Schichten. Während ein*e deutsche*r Key Account Manager*in typischerweise eigenständig verhandeln und entscheiden kann, ist in Asien oft in einem mehrstufigen Prozess die Abstimmung mit weiteren Führungskräften notwendig.

- Internationale Führungskräfte haben oft unterschiedliche Vorstellungen, wie weit sie dem Unternehmen oder der eigenen Karriere loyal sind. So verwunderlich ist das nicht, wenn wir einmal nachvollziehen, wie kostenintensiv eine akademische Ausbildung in manchen Teilen der Welt ist und welche Opfer in der Familie dafür gebracht werden. Daraus entsteht ein Wunsch des „Return-on-Invest" aus einer Machtposition, in der die Führungskraft schalten und walten kann, ohne sich rechtfertigen zu müssen. Loyale Zuarbeiter*innen werden im Umfeld positioniert, um das System aufrechtzuerhalten.

Veränderungen, die für das Unternehmen gut sind, sind nicht immer für einzelne Stakeholder im Unternehmen gut. Die Einführung von zentralen Einkaufsprozessen, von Matrixorganisationen oder von neuen Technologien bringt häufig nicht nur Gewinner*innen, sondern auch Verlierer*innen hervor. Die Argumentation, dass eine solche Veränderung für das Unternehmen gut ist, greift am ehesten, wenn die Loyalität der einzelnen Mitarbeiter*innen zum Unternehmen hoch ausgeprägt ist. Hier stellt sich noch die Frage, ob Loyalität auf Unternehmensprozesse, Unternehmensziele oder bestimmte Schlüsselpersonen im Unternehmen ausgerichtet ist. Wer eine hohe Ausprägung in Machtdistanz hat, wird wahrscheinlich schwerer zu überzeugen sein, wenn Organisationsveränderungen zu einer Machtbeschneidung führen. Im Exkurs zum Modell von McClelland wird ein möglicher Filter für die Einschätzung dargestellt (Tab. 13.11).

Tab. 13.11 Exkurs: Welches Selbstverständnis hat eine Führungskraft?

	Innensteuerung	Außensteuerung
Individuell	Persönliche Überzeugungen untersuchen und herausfordern	Vorbildfunktion von Menschen mit moralischer Autorität
Kollektiv	Organisationskultur	Unterstützende Strukturen, Prozesse und Praktiken implementieren

Im Kontext von Machtdistanz soll hier verdeutlicht werden, wie wichtig – auch aus der Sicht von Laloux – Führung mit Vorbildfunktion ist.

Nicht überall herrscht das gleiche Selbstverständnis in Bezug auf Führung – auch wenn alle das gleiche Wort „Leadership" in gemeinsamer englischsprachiger Kommunikation verwenden. Um zu verstehen, mit welchem Macht- und Führungsselbstverständnis ich es in den Organisationen, die ich betreue, zu tun habe, hilft mir ein Vierfelderfilter von David McClelland. Er fragt, aus welcher Quelle Macht gespeist wird und worauf Macht ausgerichtet ist (Leseempfehlung: McClelland, D. C.: 1975, siehe Tab. 13.12).

Orientierung I wird z. B. gut repräsentiert durch junge Entsandte, die zu Anfang noch kein eigenes Standing in einer Auslandsposition haben, sondern durch die Verbindung zu Sponsor*innen „am Leben gehalten werden". Sie gewinnen allmählich Erfahrung, finden ihre eigenen Füße und werden dann selbstständig. Durch diese Erfahrung reifen sie, arbeiten an sich selbst (das geht schon in Richtung „Orientierung II") und gewinnen an authentischer Stärke in einer solchen Entwicklungsposition.

Die tragische tragische Variante ist die des Kronprinzen bzw. der Kronprinzessin, der/die die Karriere auf der Überholspur macht. Er/sie weckt in anderen oft den Jagdinstinkt: Andere Akteur*innen lassen den Prinzen/die Prinzessin zappeln oder meiden ihn/sie. Auf Englisch wird er/sie „Bird of Passage" genannt. Alle wissen, dass sich Kron-

Tab. 13.12   David McClellands Machtmodell

		Energiequelle für Machtausübung	
		Sich auf Andere verlassen	Sich auf sich Selbst verlassen
Ziel der Machtausübung	Sich selbst beeinflussen	**Orientierung I:** (nach Freud: Orale Phase) • Starke Andere zur Unterstützung gewinnen • Nähe zu starken Anderen suchen • Bevorzugte Position, in denen starken Anderen gedient werden kann	**Orientierung II:** (nach Freud: Anale Phase) • Starkes Selbst (Autonomie und Selbstkontrolle) • Selbstdisziplin • Bevorzugte Position, die strukturierte Ansätze erfordert
	Andere beeinflussen	**Orientierung IV:** (nach Freud: Genitale Phase) • Höhere Autorität repräsentieren und missionieren • Einem höheren Ziel dienen • Bevorzugte Position, in der im Auftrag und im Sinne der Gemeinschaft agiert werden kann	**Orientierung III:** (nach Freud: Phallische Phase) • Stärkeres Selbst (im Vergleich zu anderen, d. h. Wettbewerb) • Gegen andere kämpfen und gewinnen • Bevorzugte Position, die Durchsetzungsstärke und Fähigkeit zur kontroversen Debatte erfordert

prinzess*innen bald weiterbewegen zum nächsten Meilenstein der Karriere. Je resistenter oder träger das Umfeld wird, desto mehr gerät der Prinz – oder die Prinzessin – unter Leistungsdruck und verliert die Souveränität. Internationale Matrixorganisationen bieten viele Möglichkeiten für solche Spielzüge der Macht.

Orientierung II ist die der erfahrenen Expert*innen. Typischerweise findet sich diese Orientierung bei Inhaber*innen von operativen Positionen. Im internationalen Bereich sind das oft die eigenständig agierenden Projektleiter*innen. Sie haben häufig eine funktionale Führungsrolle, aber keine disziplinarische Führungsverantwortung. Sie sind für Berater*innen oft der Kontaktpunkt, aber hinter diesen Ansprechpartner*innen verbergen sich oft noch tiefere Machtstrukturen, die es mit einer Stakeholderanalyse zu erfassen gilt.

Orientierung III ist oft von einem offenen Wettbewerb geprägt. Internationale Führungskräfte mit Gewinn- und Verlustverantwortung sind häufig in solchen Settings. Sie sind im Wettbewerb zu anderen Ländern und werden oft durch sehr herausfordernde Zielvereinbarungen gesteuert. Vielfach haben sie schon disziplinarische Führungsverantwortung. Im internationalen Bereich ist die zusätzliche Herausforderung, den Normen des Landes gerecht zu werden. Ein japanischer Teilnehmer in einem Development Center beschrieb das so: „Hier in Deutschland sagt ihr, der Kunde sei König. In Japan ist der Kunde *Kaiser.*" Durch seine Schnittstelle entstand das Dilemma, sowohl deutschen Mitarbeiter*innenerwartungen als auch japanischen Kund*innenerwartungen gerecht werden zu müssen. Unterschiedliche Verständnisse von „Machtdistanz" waren in diesem Szenario ein prägender Faktor (Tab. 13.12).

Orientierung IV repräsentiert ganz sicher die Führungskraft als Rollenmodell und Kulturgestalter*in. Sie verlässt sich auf ihr Umfeld und reißt nicht die Macht an sich. Dieser Führungskraft geht es um das höhere Ziel, nicht um den persönlichen Gewinn. Ein gutes Beispiel für diese Orientierung ist Nelson Mandela. Wie sieht es mit den anderen Orientierungen aus? Als Trainer, Coach und Berater erlebe ich auch andere Dynamiken um Führungskräfte. Da die Akteur*innen selten offen „Farbe bekennen" im Sinne von Laloux, muss ich die implizite Dynamik um scheinbare und echte Macht und Machtdistanz verstehen und dabei auf die eigene Rolle achten.

13.2.8.1 Beispiele der praktische Anwendung in der interkulturellen Kommunikation

- Überprüfen Sie, wie weit Führungskräfte in die Kommunikation mit Expert*innen eingebunden werden müssen, um in Ländern mit hoher Machtdistanz Wirkung zu erzielen. Deutsche Führungskräfte empfinden das oft als „Petzen" und versuchen, „stromab" direkt zu kommunizieren.

- Unterscheiden Sie formelle und informelle Settings. In formalen Meetings haben Sie oft weniger Diskussionsbereitschaft als in informellen Gruppen oder in den Pausen zu Meetings.
- Überprüfen Sie mögliche politische Manöver und werden Sie nicht zum Spielball tribaler oder traditioneller Machtstrukturen.

13.2.9 GLOBE-Faktor Unsicherheitsvermeidung (Uncertainty Avoidance)

Dieser Faktor beschreibt das Maß, in dem Individuen bestrebt sind, Unsicherheit zu vermeiden, indem sie auf etablierte Normen, Rituale oder bürokratische Praktiken vertrauen. Im kulturellen Vergleich können Normen sich unterscheiden, wie z. B. das Rechtsfahren auf dem europäischen Kontinent, das Linksfahren in England – oder das Fahren-wo-sich-Lücken-bieten in Indonesien (auch wenn der Fahrstil nicht regelkonform ist). Kulturen mit hoher Unsicherheitsvermeidung neigen zu Konsistenz, vorhersagbaren Routinen und strukturiertem Vorgehen. Planung erfolgt langfristig und detailliert. Abweichungen vom Plan lösen ungute Gefühle aus.

In der GLOBE-Studie hat z. B. Portugal niedrige Werte, während Deutschland hohe Werte aufweist.

13.2.9.1 Beispiele der praktischen Anwendung in der interkulturellen Kommunikation

Umgang mit Planung in den Gastkulturen aus deutscher Sicht
- Überprüfen Sie, inwieweit die Sichtweise der Gastkultur realistisch ist.
- Betreiben Sie auch bei sich selber Erwartungsmanagement, wenn z. B. der Fokus auf Gegenwart oder Zukunft sich unterscheidet.
- Zeigen Sie den Nutzen von Planung auf.
- Überprüfen Sie den Zeithorizont, in dem typischerweise in der Gastkultur gedacht und gehandelt wird (siehe Dimension „Zukunftsorientierung").

Lernen aus den Gastkulturen
- Überprüfen Sie, welche Planungsroutinen und sicherheitsvermittelnde Mechanismen in Ihrem Umfeld wirklich in einem dynamischen und unvorhersehbaren Markt noch Sinn machen.
- Wenn Organisationen Unsicherheit vermitteln, verschiebt sich häufig die Gewichtung von Loyalität gegenüber dem Unternehmen hin zu Loyalität zu sich selbst: Entscheidungen werden risikoarm und die eigene Karriere wird wichtiger als der sinnvolle, integrale Beitrag für das Unternehmen. Achten Sie auf solche Verschiebungen und darauf, was Sie tun können, um Sinn zu stiften und ein Gefühl von Sicherheit und emotionalem Hafen zu erzeugen.

- Gerade im Umgang mit Unsicherheit kann Deutschland von anderen Kulturen viel lernen, die sich einer veränderten Umwelt schneller anpassen. Dazu mehr im folgenden Exkurs über die „VUCA"-Welt.

Exkurs in die „VUCA"-Welt

Zur Komplexität einer internationalen Welt der Kommunikation kommt noch die Tatsache, dass die verschiedenen Elemente sich immer wieder verändern und gegenseitig beeinflussen. Das Akronym VUCA fasst vier Faktoren zusammen, die für die Unsicherheitsvermeidung relevant sind:

Volatility (vom lateinischen volare = fliegen) bedeutet flüchtig oder sich schnell ändernd. Volatile Situationen schüren häufig Angst und defensives Verhalten. Es entsteht ein Gefühl des Kontrollverlustes, so zum Beispiel die Szenarien, die sich aus den Brexitverhandlungen für Europa unerwartet entwickeln können. Wir wissen nicht so richtig, worauf wir uns einstellen sollen, z. B. bei Personaleinstellung, Standortsuche oder Investition. Statt in kurzfristigen Aktionismus zu verfallen ist es wichtig, eine gemeinsame Vision mit allen Beteiligten zu formulieren, um bei aller Unsicherheit ein konstantes Ziel vor Augen zu haben. Volatilität führt häufig zu Aktionismus, und daraus folgt ein Zusammenbruch der Kommunikation. Gerade in solchen Situationen ermöglicht ein gemeinsamer Austausch, relevante Informationen zusammenzutragen und damit die Vorhersagbarkeit der weiteren Entwicklungen zu erhöhen. Schon Zeitverschiebungen erschweren dies in der internationalen Zusammenarbeit. „Aus dem Auge – aus dem Sinn" passiert in virtuellen Settings unter Stress sehr schnell.

Uncertainty, also Unsicherheit: Als Beispiel dient hier die Automobilindustrie mit ihren Entwicklungen in den Bereichen Antrieb und autonomes Fahren. Der Stand der Forschung ist der Öffentlichkeit recht bekannt – jedoch nicht, welche Auswirkungen das in den nächsten Jahren auf die Infrastruktur (z. B. Parkplatzkonzepte) oder Arbeitsplätze sowohl in der Produktion (Roboter ersetzen Mitarbeiter*innen) als auch in der Nutzung der Produkte (autonome Systeme ersetzen LKW-Fahrer*innen). Solche Unsicherheit führt typischerweise zum Verharren. Menschen tun also das, was sich in der Vergangenheit bewährt hat, statt sich den veränderten Rahmenbedingungen anzupassen. Auf Englisch wird unterschieden zwischen: „Doing things right versus doing the right thing" – also sehr frei übersetzt „etwas perfekt machen" im Gegensatz zu „das Sinnvolle tun".

Complexity, also Komplexität: Als Beispiel dient hier die Migration nach Deutschland. Die Situation ist bekannt – wie sich das in den nächsten Jahren hinsichtlich gemeinsamer Kultur, Demografie und Wirtschaftsstandort entwickeln wird, ist aber schwer vorherzusagen. Hier interagieren verschiedene Kräfte, und es entsteht ein Knäuel an Verwicklungen, der schwer zu interpretieren ist. Wer verursacht was, welche Bedrohungen und Chancen sind auf welche Weise immanent?

Sich auf einem solchen Spielfeld zu bewegen fällt schwer, wenn die Spielregeln nicht klar sind. Komplexe Situationen sind – im Vergleich zu komplizierten Situationen – zumeist erst post hoc erklärbar. Experimentieren (Trial and Error) kann helfen, da durch Praxiserfahrung Einsichten gewonnen werden können – nach dem Prinzip „erst handeln, dann denken". Für Kulturen, die eine hohe Planungssicherheit brauchen und risikoavers sind, ist dies intuitiv eher nicht der bevorzugte Weg.

Ambiguity, also Mehrdeutigkeit, macht Handeln problematisch: Nutzen und Nebenwirkungen des Ausstiegs oder Nicht-Ausstiegs aus der Atomenergie, des Anbaus von genmanipuliertem Getreide oder der Nutzung von Fracking-Technologien sind Beispiele für kontrovers geführte Debatten. Unter solchen politisierten Stressbedingungen erfolgt Abschottung, Ausgrenzung und Protektionismus als Reaktion. Konservatives Entscheiden im Dunst der Unsicherheit steht Offenheit zu Neuem diametral gegenüber. Wunschdenken und die Negation von Risiken können die sachliche Auseinandersetzung verzerren.

13.2.9.2 Praktische Anwendung in der interkulturellen Kommunikation

Je mehr Bewusstsein für Synergie oder Konfliktpotenzial zu einem frühen Zeitpunkt existiert, desto erfolgreicher kann über kulturelle und geografische Grenzen hinweg gearbeitet werden. Ich nutze hauptsächlich zwei Vorgehensweisen in Workshops:

1. Die GLOBE-Studie bietet schon Zahlenwerte (Veröffentlichung 2004, d. h. sicher sind jetzt schon Abweichungen von den aufgeführten Werten zu vermuten) für aktuelles Verhalten und auch für wertegesteuertes angestrebtes zukünftiges Wunschverhalten. Bei kurzen Inputphasen nutze ich die in der Studie schon generierten Werte.
2. Bei mehr verfügbarer Zeit nutze ich die neun Dimensionen und erarbeite mit den Teilnehmer*innen ihre persönliche Einschätzung der Werte für ihre spezifische Organisation. In beiden Fällen geht es darum, aus den Erkenntnissen zu einem frühen Zeitpunkt Strategien zu entwickeln, um Konfliktpotenziale zu reduzieren und Synergiepotenziale zu stärken (Abb. 13.9, 13.10, 13.11).

13.3 Zusammenfassung

Frederic Laloux beschreibt in seinem Buch „Reinventing Organizations", wie

- Bewusstseinsstufen der Menschheit aufeinanderfolgen,
- sich diese evolutionäre Entwicklung beschleunigt,
- mehrere Paradigmen in unserer global vernetzten Welt parallel existieren können.

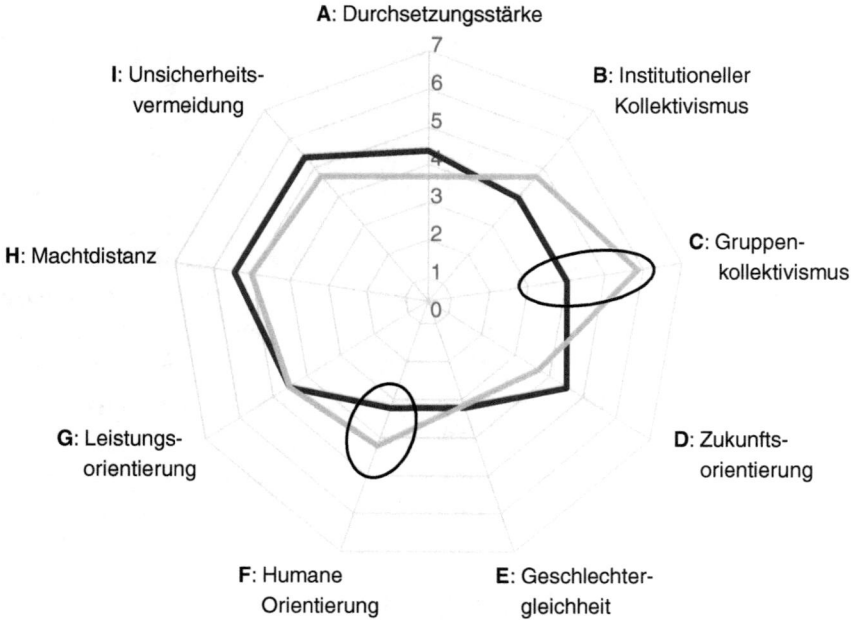

Abb. 13.9 Vergleich der GLOBE-Profile von China und Deutschland (Stand 2006): Durchgezogene Linien = aktuelles gelebtes Verhalten//Gestrichelte Linien = wertegesteuertes Wunschverhalten

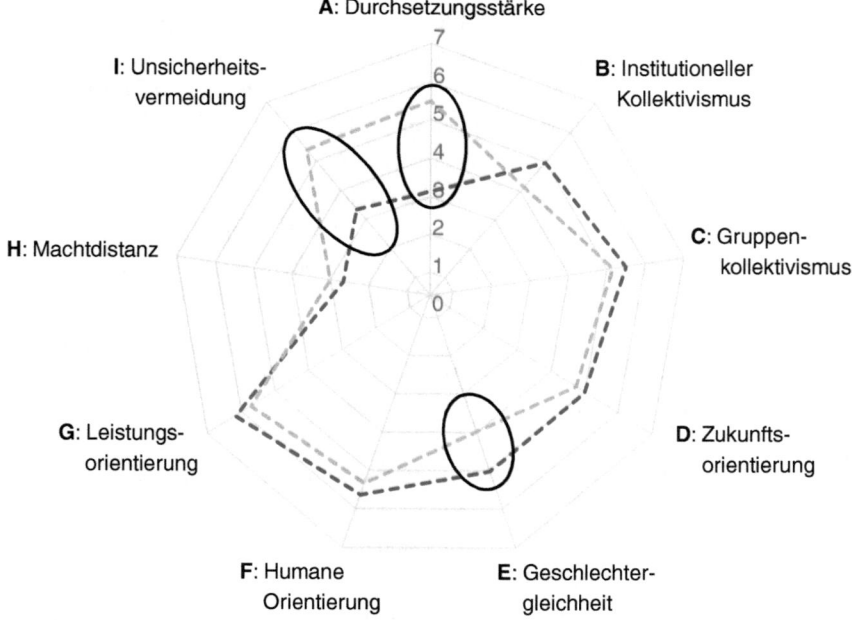

Abb. 13.10 Vergleich der GLOBE-Profile von China und Deutschland (Stand 2006). Aktuelles gelebtes Verhalten im Vergleich: Signifikante Unterschied sind umkreist

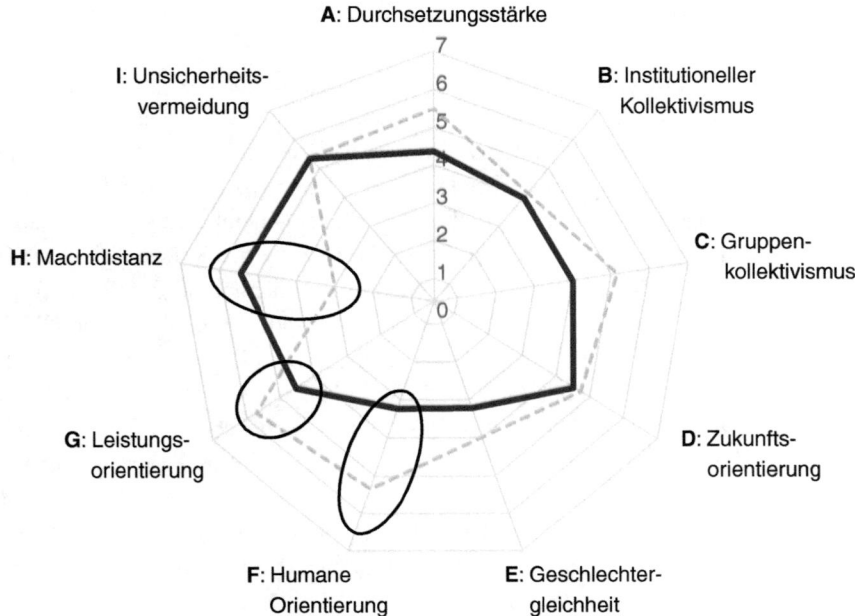

Abb. 13.11 Vergleich der GLOBE-Profile von China und Deutschland (Stand 2006): werte-gesteuertes Wunschverhalten im Vergleich: signifikante Unterschiede sind umkreist

Zusammenarbeit sowie Zusammenwachsen und auch Zusammenleben sind unter diesen Prämissen nicht ohne Herausforderungen. Dieser Beitrag hat einen dreidimensionalen Denkraum eröffnet, der neben Laloux' Paradigmen noch kulturbezogene Narrative und Wertesysteme in Betracht zieht. Je mehr wir erahnen, aus welchem Paradigma heraus andere agieren, welches Narrativ sie steuert und welche Werte gelebt oder angestrebt werden, desto mehr können wir internationale Partner*innen abholen und überzeugen.

Der dargelegte Denkraum soll auch dazu dienen, uns selbst zu verorten und unsere eigenen „selbstverständlichen" Prämissen vor Augen zu führen. Innerhalb dieses abstrak-ten Raumes sollen die Beispiele aus der Praxis sowie die Handlungshinweise die prakti-sche Umsetzung unterstützen.

Deutlich ist, dass die Entwicklung hin zu Laloux' postmoderner und integraler Welt ein langer Weg mit Hürden ist. Wir werden dafür in unserer globalen Kommunika-tion „geländegängig" sein müssen, um eine gemeinsame Ausrichtung in dieser inter-nationalen Welt vorantreiben zu können. Sie wird sich wohl nicht von alleine einstellen – und aktuelle Nachrichten aus internationalen Krisengebieten zeigen uns, dass auf einen Schritt vorwärts manchmal zwei zurück erfolgen.

Die zwei wesentlichen Prinzipien, die uns auf diesem Weg helfen können, sind:

1. **Das Prinzip des „Farbe-Bekennens und Farbe-Erkennens":**
   Laloux verknüpft die Paradigmen, die er beschreibt, mit Farben wie Rot oder Grün. Diesen Artikel zum internationalen Zusammenwachsen schreibe ich in den letzten Monaten des Jahres 2016. Auf der Zielgeraden schauen wir zurück auf ein Jahr, das in der internationalen Arena viel Unsicherheit und existenzielle Ängste in – und auch zwischen – Ländern hervorgebracht hat: Die Fortsetzung des Krieges in Syrien, weitere Geflüchteten an Südeuropas Küsten, Spaltungen in England durch das Referendum und in den USA durch die Präsidentenwahl. Diese Geschehnisse haben Wirkung in der breiten Masse gezeigt: Sowohl *in* als auch *zwischen* Ländern droht Fragmentierung und gleichzeitig entstehen Unsicherheiten hinsichtlich der Stabilität der größeren Gefüge wie EU und NATO. Politische Spannungen zwischen Deutschland und der Türkei, sowie zwischen Deutschland und Russland sind weitere Beispiele, die eher an Laloux' „tribales" (Rot-)Paradigma erinnern als an eine evolutionäre Entwicklung in der Richtung eines integralen (Petrol-)Denkens. Wir sollten erkennen, dass die Chancen zum friedlichen Miteinander auch bestimmt werden von der Weise, in der wir länderübergreifend miteinander kommunizieren.

2. **Das Prinzip des Andockens:**
   Wenn wir überzeugen und bewegen wollen, muss unsere Kommunikation als Schlüssel zum Schloss der Empfänger*innen passen. Wenn wir international agieren, müssen wir sicher einen ganzen Schlüsselbund zur Verfügung haben und auch verstehen, wie das Schloss der Empfänger*innen aussieht. Nur dann können wir tief verankerte Weltsichten erkennen, bevor wir überhaupt anfangen, etwas verändern zu wollen. Schon innerhalb einer Kultur ist das nicht einfach. Im internationalen Kontext steigt die Komplexität um ein Vielfaches: Kommunikationspartner*innen erleben sich seltener im direkten Kontakt und das Informationsvakuum wird dann nicht selten mit stereotypen Vermutungen gefüllt. Wir sind geprägt von positiven oder negativen eigenen Vorerfahrungen im Umgang mit anderen Kulturen. Das soziale und kollektive Gedächtnis der beteiligten Kulturen prägt unsere Empfänglichkeit für bestimmte Botschaften: Während der Wahlkampagne in den USA war häufig „Make America great again" zu hören. In einer deutschen Wahlkampagne würde der Satz „Make Germany great again" im In- und Ausland ganz andere Konnotationen auslösen.
   Laloux warnt davor, sein Modell rezepthaft und linear anzuwenden: Soziale Entwicklung ist eher wie ein Fluss mit Wogen, Strudeln, Gegenströmungen, Tiefensog, Brandung, Gischt, Fluten und Sturzbächen. In der Geschichte ist dies nicht unbekannt. Die französische Revolution „fraß ihre Kinder" und auch in Deutschland erfolgte nach dem ersten Ansatz einer deutschen Nationalbewegung in der Mitte des 19. Jahrhunderts mit der Romantik zunächst eine Abwendung vom politischen Engagement. Unser aktueller Globalisierungskater und die Enttäuschungen bei der Idee eines vereinten Europas entsprechen wahrscheinlich einer ähnlichen Pendelbewegung. Auch wir sind Kinder unserer Zeit und vertreten Glaubenssätze und

Ideale, derer wir uns oft nicht bewusst sind, wenn wir unser Umfeld betrachten und bewerten.

Wenn es darum geht, eine Sichtweise auf die Welt zu verändern, müssen wir nachhaltige Überzeugungsarbeit leisten. Tief verankerte Sichtweisen und Werte sind nur langsam und auch nur sehr begrenzt durch (unsere) Logik veränderbar. „Das Gras wächst nicht schneller, wenn du daran ziehst" ist ein afrikanisches Sprichwort. Es sollte uns aber nicht vom Düngen und Wässern abhalten, damit in unserer Welt gezielter das entstehen kann, was Frederic Laloux als „integral" bezeichnet.

Danksagung   Ganz besonders möchte ich mich bei drei Kollegen bedanken, mit denen ich mich immer wieder über komplexe Themen unserer gemeinsamen internationalen Welt austausche, Dr. Klaus Lassert, mit dem der der intensive Austausch meist in nächtlichen Sitzungen in Hotelzimmern in Hong Kong oder Singapur stattfindet, Matthew Speyer, mit dem Frankfurter Sushibars scheinbar besonders inspirativ auf uns wirken, und Günther Thoma, mit dem „Walkie-Talkie-Sessions" im Wald weite Gesprächshorizonte zulassen.

Für die Begleitung beim Schreiben bin ich meiner Kollegin Frau Dr. Petra Schmidt sehr dankbar.

Literatur

Anholt-GfK Nation Brands Index. www.nation-brands.gfk.com
Anholt S, Hildreth J (2004) Brand America. Cyan Books, London
Assmann A (2013) Das neue Unbehagen an der Erinnerungskultur. Beck, München
Brett JM (2001) Negotiating globally. Jossey-Bass, SF
Buhse W, Stamer S (2008) Die Kunst, Loszulassen – Enterprise 2.0. Rhombos, Berlin
Gelfand MJ, Brett JM (1992) The handbook of negotiation and culture. Stanford University Press, Stanford
Hofstede G (1994) Cultures and organizations. Harper Collins, London
House R, Hanges P, Javidan M, Dorfman P, Gupta V (2004) Culture, leadership, and organisations (The GLOBE study). Sage, Thousand Oaks
Jaynes J (1993) The origin of consciousness in the breakdown of the bicameral mind. Penguin, London
Johnson B (2014) The Churchill factor. Hodder & Stoughton, London
Kollerstrom N (2016) How Britain initiated both world wars, transcription of a talk given to the London 9/11 Keeptalking Group on March 3rd 2016
Laloux F (2015) Reinventing Organizations: Ein Leitfaden zur Gestaltung sinnstiftender Formen der Zusammenarbeit. Vahlen, München
Levine B (2013) The fall of the House of Dixie: the civil war and the social revolution that transformed the South. Random House, New York
Lewis RD (1999) When cultures collide. Nicholas Brealey, London
McClelland DC (1975) Power – the inner experience. Irvington Publishers, New York
Morrison T, Conaway W, Borden G (1994) Kiss, bow or shake hands. Adams Media Corporation, Avon
Nisbett R, Ross L (1980) Human inference: Strategies and Shortcomings in Social Judgement. Prentice-Hall, New-Jersey

Raven BH (1993) The bases of power: origins and recent developments. Journal of Social Issues 49(4):227–251

Russell M (2006) Führen mit der Weisheit zweier Welten. Eigenverlag/Synergia, Darmstadt

Scharmer CO (2009) Theory U. Berrett-Koehler, SF

Scruton R (2016) Who are we? Prospect August 2016. www.prospectmagazine.co.uk

Trompenaars F, Hampden-Turner C (1997) Riding the waves of culture. Nicholas Brealey, London

Weick K (2001) Blackwell, Malden

Mark Russell Wenn Kulturen zusammenwachsen, begegnen sich Paradigmen, Narrative und Wertesysteme. Das macht das Miteinander spannend – aber nicht immer einfach.

Als Engländer, der in Deutschland lebt, verheiratet mit einer indonesischen Frau chinesischer Herkunft, bin ich selber ein „kultureller Hybrid", was mein eigenes Narrativ sowie meine eigenen Werte und Überzeugungen geprägt hat. Ich schätze die Vielfalt, die in meinem eigenen Leben recht problemlos koexistieren kann, bin also, was „Diversity and Inclusion" betrifft, reichlich gesegnet.

Mein beruflicher Weg begann mit einem Wirtschaftspsychologiestudium in Deutschland und in Indonesien. In Asien habe ich Feuer gefangen für die unterschiedlichen Lösungswege, die Kulturen entwickeln können, um ihre Alltagsherausforderungen zu meistern.

Mein beruflicher Einstieg erfolgte im Bereich Marketing und Vertrieb in einem internationalen Unternehmen, bevor ich ein Trainingsinstitut als Junior Partner mitgründete.

Durch meine Tätigkeit als Trainer, Diagnostiker, Coach und Organisationsentwickler habe ich in mehr als 20 Jahren auch in mehr als 30 Ländern gearbeitet und viele Einsichten gewinnen können. Diese Erfahrungen sind ergänzt durch weitere Ausbildungen (Training, Coaching, Diagnostik, Organisationsentwicklung) und Zertifizierungen (MBTI, Insights-Discovery, TMS, OPQ32, FIRO-B, QO2, WoWV).

Ich begleite internationale Organisationen in der Industrie und in der Entwicklungszusammenarbeit, um sowohl ihre Wirkung auf ihrem Markt oder in ihrem Wirkungsbereich als auch ihre Effizienz innerhalb ihrer Organisation zu verbessern.

www.russell-training.de.

Teil III
Zusammen leben

Espacios en Tregua: Praxisbeispiel aus Mexiko

Brigitte Reitter

14.1 Einleitung

Durch die zunehmende Verstädterung und die sich damit vergrößernde Komplexität im Management von Städten sind Stadtregierungen auf Innovationen und aktive Teilnahme der Bevölkerung angewiesen. Für eine gemeinsame Zukunft müssen neue Rollendefinitionen im öffentlichen Raum gefunden werden. Ungewöhnliche Partnerschaften zwischen Verwaltung und Bürger*innen dürfen und müssen getestet werden, um Entwicklung zu ermöglichen und Bewegung zu generieren.

Im Bereich der Unternehmens- und Organisationsstrukturen wird seit längerem von der Notwendigkeit eines Umdenkens gesprochen. Die vorhandenen Strukturen passen wenig zu den neuen Dynamiken in der Arbeitswelt und führen damit zu Unzufriedenheit und Energieverlusten bei den Mitarbeiter*innen und Führungskräften. Frederic Laloux hat in seinem Buch „Reinventing Organizations" (Laloux 2014) dargestellt, wie diese Neudefinition aussehen kann, und nennt verschiedene Beispiele von Unternehmen, die anders denken und handeln.

Im folgenden Text möchte ich anhand eines praktischen Beispiels darstellen, was Stadtentwicklung mit den neuen Ideen der Organisationsentwicklung gemeinsam hat und wo diese Bereiche voneinander lernen können.

Ein Stadtteil oder -quartier ist per se kein Unternehmen, denn es besitzt weder ein gemeinsames (Produktions-)Ziel noch die Absicht, einen privatwirtschaftlichen Gewinn zu erwirtschaften. Und trotzdem lassen sich aktuelle Konzepte der Organisationsentwicklung in angepasster Form auf die Stadtgesellschaft anwenden. Denn auch in kommunalen

B. Reitter (✉)
Berlin, Deutschland
E-Mail: info@loubas.de

© Springer-Verlag GmbH Deutschland, ein Teil von Springer Nature 2019
H. Parnow und P. Schmidt (Hrsg.), *Zusammen arbeiten, Zusammen wachsen, Zusammen leben,* https://doi.org/10.1007/978-3-662-58965-6_14

Strukturen geht es in Zukunft immer mehr um ein Neudenken von Rollen und Rollenverständnissen, und damit um die Themen Selbstführung, Ganzheit und den evolutionären Sinn – die Laloux in seinem Buch beschreibt.

Selbstführung meint im städtebaulichen Zusammenhang das Erkennen der eigenen Macht zur Veränderung der umgebenden Umstände. Es bedeutet, proaktiv aus einer Opferrolle („Über meine Bedürfnisse wird im Stadtraum hinweg entschieden") herauszutreten und sich, wo möglich, unabhängig zu machen von den Entscheidungen (oder Nicht-Entscheidungen) anderer. Es geht darum, eigene Entscheidungen zu treffen, die an das Kollektiv angeschlossen sind. Dafür braucht es Verantwortung, die notwendige Information und zielführende Kommunikation. Verbote und Kontrollmechanismen „von oben" im Stadtraum können durch Vertrauen in die individuellen Kompetenzen, also das Erkennen der Kompetenzen „von unten", ersetzt werden. Dies geschieht über eine Neuerfindung oder Neudefinition und über das Üben der neuen Rollen.

Ganzheit spielt insofern eine Rolle, als dass die Authentizität der Stadtbewohner*innen erforderlich ist, um natürliche Begegnungen zu ermöglichen, die ohne Statusdenken und Selbstdarstellung auskommen. Dies ist auch eine Grundlage für die gemeinsame ehrliche Reflexion, die Rollen- und Standortbestimmung sowie Konfliktlösung.

Der evolutionäre Sinn liegt darin, dass, wenn wir ein gemeinsames Ziel für unsere Umgebung ansteuern, und dabei unser Ego außen vor lassen, wir nur „gewinnen" können. „Gewinn" bedeutet hier die gemeinsame Umsetzung einer Maßnahme im gebauten Raum, die uns zu mehr Lebendigkeit verhilft.

Das Kollektiv *Espacios en Tregua* hat in einer Workshopreihe ein Experimentier- und Lernfeld eröffnet, um die drei Kernthemen von Laloux im *Barrio San Juan* im Zentrum von Mexiko-Stadt praktisch zu erforschen. Es möchte Impulse zur „Gestaltung sinnstiftender Formen des Zusammenlebens"[1] bieten, damit die Beteiligten ihren eigenen Handlungsspielraum zur Gestaltung eines sinnhaften Lebens erkennen und wahrnehmen. Das Kollektiv *Espacios en Tregua* wurde 2016 von Héctor Rojas Carreto, selbst Bewohner*innen des *Barrio San Juan,* und befreundeten Akteur*innen, darunter auch die Autorin dieses Textes, gegründet. Das Pilotprojekt *Espacios en Tregua en la Plaza San Juan,* das hier vorgestellt wird, wurde im Rahmen der Städtepartnerschaft Berlin – Mexiko-Stadt von der Berliner Senatskanzlei finanziell und von der *Delegación Cuauhtémoc* durch Sachspenden unterstützt.[2]

Der folgende Text gliedert sich in drei Hauptteile. Im ersten Schritt wird das **Konzept** erläutert, welches das geistige Fundament und die Makroperspektive des Projektes darstellt. Das Konzept basiert auf einem Zusammenspiel von Theorie und sowohl internationaler als auch lokaler Realitäten. Es behandelt die Themen „Resonanz und Kommunikation" und „Beteiligung und Empowerment".

---

[1]Angelehnt an den Untertitel von *Reinventing Organizations.*

[2]Kurzes Video zum Projekt: https://www.youtube.com/watch?v=1_Usxi8KsJ0. Zugegriffen: 02. September 2018.

Im nächsten Schritt wird daraus ein **Prozessmodell** abgeleitet, das die zugrunde liegenden Annahmen und Zusammenhänge verdeutlicht. Der letzte Abschnitt zeigt ganz praxisorientiert auf der Mikroebene, wie sich die zugrunde liegenden Annahmen in Inhalten und Methoden des **Workshopkonzepts** und der tatsächlichen Umsetzung niedergeschlagen haben. Am Ende folgen **Nächste Schritte** und ein **Fazit.**

14.2 Konzept

Wenn Sie sich einmal die Zeit nehmen und mit einer offenen Wahrnehmung durch eine Stadt schlendern, dann fällt Ihnen womöglich auf, wie unterschiedlich verschiedene Teilbereiche oder Gegenden auf Sie wirken: Hier fühlen Sie sich wohl, dort unwohl, an manchen Orten lebendig und an anderen eher niedergedrückt. Unterschiedliche Gefühle oder Eindrücke können zum Beispiel einhergehen mit der Art der Bebauung („Stehen hier charmante Altbauten oder funktionale Industriehallen?"), der Nutzung des Raumes („Sind die Straßen Fußgängerzonen oder dreispurig befahrbar?") und dem (Nicht-)Vorhandensein von Stadtgrün.

Um diese Eindrücke wahrzunehmen, benutzen Sie Ihre Sinne und hören die Autos, sehen die Grünflächen, riechen (und schmecken) die Mandeln, die an einer Ecke gebrannt werden, und können all das auch anfassen. Dadurch bekommen Sie einen umfassenden Eindruck, wie der Stadtteil ist – bzw. wie Sie ihn wahrnehmen und wie er auf Sie ganz persönlich wirkt.

In einem Stadtteil existiert aber noch mehr, was über unsere Sinne nur schwer wahrnehmbar ist. In der kleinsten Einheit eines Stadtteils, der Nachbarschaft, existieren Verbindungen unter den einzelnen Individuen oder Gruppen, die komplex und kaum darstellbar sind. Wir könnten es die Charakteristik oder das Besondere und Einzigartige der Beziehungen und Verbindungen unter den Menschen nennen. Diese Charakteristik ist seit langem gewachsen, hat sich entwickelt, verwebt sich beständig neu und steckt häufig unbewusst im kollektiven Gedächtnis der Bewohner*innen: das soziale Gewebe.

Um die Zeichen und ungeschriebenen kollektiven Regeln zu verstehen, bedarf es sowohl der Kommunikation über Themen und Inhalte als auch der Kommunikation darüber, wie und nach welchen Regeln kommuniziert wird: Wie gehen die Menschen, die hier wohnen, miteinander um? Kennen sie sich? Interessieren sie sich füreinander? Was verbindet und was trennt sie? Die zentrale Frage, die das Kollektiv *Espacios en Tregua* zum Projekt bewog, lautete: Wie können wir dieses unsichtbare soziale Gewebe nutzen, um soziale, städtebauliche und ökologische Veränderungen im Stadtteil anzustoßen?

Impulse für das Projekt, das auf eine neue Art der Kommunikation der städtischen Bevölkerung in und mit ihrem physischen und sozialen Umfeld ausgelegt ist, gaben sowohl internationale Einflüsse als auch die aktuelle lokale Realität.

Zunächst zum **internationalen Kontext:** Im Oktober 2016 hielten die Mitgliedsländer der Vereinten Nationen in Quito die alle 20 Jahre (1976 Vancouver, 1996 Istanbul) stattfindende Habitat-III-Konferenz ab und verabschiedeten die „Neue Urbane Agenda"

(UN HABITAT III 2016), die als erste urbane Agenda sowohl für den globalen Norden als auch den globalen Süden Anwendung finden soll. Diese recht unverbindliche Vereinbarung, die etwa den Zugang der Stadtbewohner*innen zu Information und Kommunikations(-Netzwerken) fordert, wurde von Vertreter*innen der Regierungen der teilnehmenden Staaten getroffen. Die derzeitige Herausforderung besteht nun für die Stadtregierungen in den jeweiligen Ländern darin, die auf internationaler Ebene formulierten Ziele und Forderungen in die kommunale Praxis umzusetzen.

Die geforderten Ziele sind aber nur erreichbar, wenn die städtische Zivilgesellschaft einen Beitrag leistet und selbst zu Stadtmachern und Stadtmacherinnen wird. Dies wurde im Vorfeld der Konferenz konträr diskutiert (HBS 2016), schlug sich aber im finalen Text der Agenda nieder. Der Begriff „Recht auf Stadt" wurde in Art. 11 (UN HABITAT III 2016) verankert. Dieser Begriff bleibt aber schwammig und bietet Raum für die Projektionen von Wünschen und Hoffnungen sowie Auslegungsabsichten einzelner Gruppen – solange er nicht mit Leben gefüllt wird. Ähnliche Textstellen lauten: „Die Entwicklung und Umsetzung stadtpolitischer Maßnahmen [soll] auf geeigneter Ebene, einschließlich im Rahmen von lokalen und nationalen sowie Multi-Akteur-Partnerschaften [geschehen]" (Art. 15 (c), (i) UN HABITAT III 2016), und es wird von der Befähigung aller Menschen und Gemeinschaften zur „uneingeschränkten und sinnvollen Teilhabe" (Art. 26 UN HABITAT III 2016) gesprochen.

Um diesen Beteiligungsprozess der Zivilgesellschaft zu konzipieren und zu organisieren erscheint es sinnvoll, hier auf bereits bestehende soziale Strukturen und Netzwerke zuzugehen und diese miteinzubeziehen. Denn die Zivilgesellschaft ist meist bereits organisiert, sei es auf der Ebene der Vereine, Interessensvertretungsgemeinschaften oder sogar auf der informellsten Stufe der sozialen Teilhabe: der Nachbarschaft.

Damit sich Nachbar*innen kompetent und seriös an konkreten Veränderungen nachhaltig beteiligen und mögliche Modelle der Zusammenarbeit zwischen der Zivilgesellschaft und den Lokalverwaltungen entstehen können, bedarf es neuer Rollendefinitionen und Prozesse. Und wie in jedem Veränderungsprozess braucht die Etablierung des Neuen Zeit und muss gemeinsam getestet und geübt werden.

Themen, die z. B. zu klären sind, haben mit Informationsfluss und Verantwortungsübernahme zu tun. Sind alle Akteur*innen bereit dazu, transparent zu kommunizieren und Verantwortung zu übernehmen? Hierfür ist ein Um- und Neudenken der Akteur*innen erforderlich, das mit Kontroll- und Machtverlust, aber auch mit langfristigen Verpflichtungen und Verantwortung zu tun hat.

Laloux gibt Hinweise, wie ein solcher neuartiger Prozess (bei Unternehmen) gefördert und unterstützt werden kann. *Selbstführung* spielt hier eine entscheidende Rolle, indem die Akteur*innen sich ermächtigen, diese neue Aufgabe wahrzunehmen.

Die **lokale Realität** im *Barrio San Juan, Delegación Cuauhtémoc*, Mexiko-Stadt, spiegelt die städtische Komplexität besonders deutlich wider. Das Projekt *Espacios en Tregua* führte von April bis August 2016 durch teilnehmende Beobachtung, Interviews, Verhaltenskartierung und Fragebögen eine erste Analyse durch. Hauptfokusse bei der

Beobachtung waren die folgenden fünf Bereiche: politische Verbindlichkeit, soziale Kohäsion, physische und ökologische Charakteristika, Ausgestaltung im Raum und produktive Möglichkeiten.

Die zentralen Ergebnisse der Analyse lauteten:

- Es gibt eine Vielzahl an Gruppierungen, die kaum in Austausch miteinander stehen.
- Die Investitionen zur Erneuerung der Innenstadt fließen in den angrenzenden Stadtteil.
- Es gibt kaum städtische soziale, ökologische oder ökonomische Programme im Quartier.
- Es kommt häufig zu Auseinandersetzungen durch konfliktive Nutzung des Raumes.
- Die bestehende Infrastruktur ist mangelhaft durch wenig Beleuchtung, Bänke, Gehwege, Stadtgrün.

Nicht nur die Unterschiedlichkeit der Akteur*innen, sondern auch ihre Ansprüche an den physischen und sozialen Raum[3] unterscheiden sich enorm. In unmittelbarer Nähe der *Plaza San Juan* befinden sich der Telekommunikationsturm des nationalen Telefon- und Internetanbieters mit Bürogebäuden, das Verwaltungsgebäude der mexikanischen U-Bahn, ein Kunstmarkt mit handgewobenen Ponchos und buntbemalter Keramik sowie ein Spezialitätenmarkt, auf dem Krokodilfleisch gegessen werden kann. Obdachlose betteln um Almosen, Tourist*innen wollen die Stadt erkunden, Marktverkäufer*innen preisen ihre Waren an, die *Queer*-Szene der Stadt trifft sich und feiert im ortsansässigen Restaurant/Club, Angestellte wollen in Ruhe ihre Mittagspause auf dem Platz verbringen etc … Und dann gibt es noch die Bewohner*innen des Ortes, die Nachbar*innen, die in dieser unüberschaubaren heterogenen Dynamik kaum sichtbar werden.

Wie finden wir in diesem – doch eher weitmaschigen – sozialen Gewebe neue Formen des Miteinanders und der Kommunikation, um die Freiräume zur Gestaltung des physischen Raumes im eigenen Sinne, aber auch im Sinne der Allgemeinheit zu nutzen? Es geht darum, das soziale Gewebe zu festigen, Vertrauen aufzubauen und die Kommunikation im und über den Raum zu fördern, und keinesfalls darum, mehr Kontrollmechanismen und Regeln zu etablieren. Denn eine transformative Stadtentwicklung ist nur möglich, wenn die Menschen, die den jeweiligen Stadtraum bewohnen, an einer Entwicklung interessiert sind und diese auch umsetzen und tragen können und wollen.

Dem zugrunde liegen die Annahmen, dass es erstens Resonanz zwischen dem Menschen und dem Raum gibt und dass diese durch Kommunikation entsteht und auch beschreibbar ist, und dass zweitens Beteiligung und Selbstermächtigung hierbei wichtige Rollen spielen.

---

[3]Mit „physischem Raum" ist hier das gebaute Umfeld gemeint; als „sozialer Raum" wird in diesem Artikel das eher abstrakte Geflecht der Beziehungen zwischen den Menschen bzw. die „Stadtöffentlichkeit" bezeichnet.

14.3   Resonanz und Kommunikation im Raum

Zwischen dem Menschen und dem ihn umgebenden physischen Raum existiert ein Wechselspiel: Der Raum wirkt auf die Menschen und ihr Wohlbefinden, wie wir anfangs gesehen haben – und gleichzeitig nutzt, belebt und gestaltet der Mensch den Raum. Der Raum wird „durch die darin vermittelten Performanzen" (Rettich, Stefan 2013) programmiert. Der Raum ist somit der Resonanzkörper der Menschen, er bietet eine Projektions- und Identifikationsfläche und beeinflusst unsere Selbstwahrnehmung. Der physische Raum ist Resonanzkörper für Einzelne, aber auch für Gruppen, sei es im Bereich von Nachbarschaften („Reuterkiez" etc.), Stadtteilen („Neuköllner" etc.) oder Städten („*Chilangos*"[4] oder „Berliner*innen"). Die Stadträume spiegeln ihre Bewohner*innen wider, es ist ein gegenseitiges Sich-Anpassen.

Die Wechselwirkung oder Resonanz zwischen sozialem und physischem Raum kann folgendermaßen beschrieben werden: Der soziale Raum, also „die Stadtöffentlichkeit", wird von Einzelnen in steter Interaktion mit anderen Einzelnen generiert und wird zu einem Gemeinsamen oder Kollektiven. Durch das Kollektive bekommt der soziale Raum eine neue, andere Qualität und Bedeutung. Die „lokalen Gesellschaften werden durch ihre städtischen Öffentlichkeiten reicher, indem sie die Aufmerksamkeit füreinander und das Interesse ihrer Teilnehmerinnen und Teilnehmer aneinander steigern" (Weiske, Christine 2013). Für diesen sozialen Raum kann der physische Raum ein verbindender Faktor sein – wenn er von gemeinsamem Interesse ist.

Damit lässt sich festhalten, dass drei Dimensionen in der Raumentwicklung – der Mensch, das Kollektiv und der Raum – sich wechselseitig beeinflussen und bedingen. Die Beziehungen, die dabei sichtbar oder unsichtbar entstehen, führen zu den „Lebensumständen" von Menschen bzw. zur „Eigenart" (zum Begriff der Eigenart siehe WBGU 2016) des physischen und des sozialen Raumes. Was an einem spezifischen Ort entsteht, ist in genau dieser Ausprägung und in dieser Konstellation einzigartig. Neue Lebensumstände im eigenen Umfeld können gezielt geschaffen werden. Nötig dafür sind der Wunsch und die Kraft der Bewohner*innen selbst zur Veränderung – und das Gehen erster gemeinsamer Schritte.

> „Städtische Räume werden angeeignet oder nicht. Die Gründe sind nicht eindeutig zu identifizieren. Dennoch gibt es Steuerungsmechanismen, die Unsicherheiten reduzieren. Eine erste Voraussetzung liegt darin, Nutzer*innen (auch potenzielle) mit ihren Nutzungsanforderungen zu kennen und anzusprechen. Allerdings gibt es selbst bei gelungener Einbeziehung der unterschiedlichen Interessen nur eine Momentaufnahme der Gestaltungs- und Nutzungsvorstellungen unterschiedlicher Bevölkerungsgruppen. Deswegen müssen Um- und Neugestaltungen offen bleiben für veränderte Nutzungsanforderungen. „Große Würfe" sind eher starr und stehen Offenheit und Anpassungsfähigkeit entgegen." (BBSR 2013)

---

[4]Mexikanischer Begriff für die Einwohner*innen von Mexiko-Stadt.

Das Projekt *Espacios en Tregua* setzt bei dieser Veränderung im Raum auf die Wiederentdeckung der Kommunikation. Die Kommunikation dient hier zum einen als Mittel, um soziale Räume zu beschreiben, begreifen und zu besprechen, und zum anderen als Gestaltungswerkzeug, um sie zu verändern: „Öffentlichkeit ist dialogisch angelegt […] Um ein Gemeinwesen entwickeln zu können, brauchen wir gemeinsam geteilte Regeln. Diese entstehen aus einer gemeinsamen bzw. einer kommunizierten Praxis. Dafür dient Sprache als Medium" (Ebers 2013).

Die Ressourcen der Öffentlichkeit bzw. des sozialen Raumes entstehen durch Vereinbarungen zum Miteinander und durch die Entwicklung und Nutzung von (Kommunikations-)Codes, die einen gemeinsamen Sinn erschaffen. Diese Ressourcen sind Werkzeug und Antreiber zugleich – Kommunikation schafft die Grundlage, um zukunftsfähige Netzwerke aufzubauen und Veränderung zu gestalten. Durch vergemeinschaftete Kommunikation, Ziele und Zeichen können wir einen gemeinsamen Sinn entwickeln und schaffen Identifikationsmöglichkeiten. Der Prozess von *Espacios en Tregua* ist darauf angelegt, die Schaffung dieses gemeinsamen Bildes zu unterstützen.

Der physische Raum ist hierbei nicht nur Resonanzkörper, sondern auch Kommunikationskanal. Durch ihn senden und empfangen wir Zeichen, die uns Rückschlüsse auf das soziale Gewebe im Raum ziehen lassen. Der Fokus liegt darauf, wie der oder die Einzelne die Kommunikation im und mit dem Raum erlebt und deutet und welche Antwort er oder sie darauf gibt.

14.4 Beteiligung und Empowerment

Es ist möglich, das Wechselspiel mit dem Raum aktiv mitzugestalten – durch Beteiligung.

Beteiligung hat viele Gesichter und kennt viele Abstufungen, angefangen damit, sich über Prozesse, Verfahren oder geplante Vorhaben in der Stadt zu informieren, bis hin zur kollaborativen Planung[5] und gemeinsamen Umsetzung. Welche Form der Partizipation in welchem Umfeld angemessen ist, kann nicht pauschalisiert werden und ist individuell zu entscheiden. Dabei hat jede Form ihre Vor- und Nachteile. Informieren wir uns nur, bedeutet dies keinen großen individuellen Ressourcenaufwand, jedoch muss akzeptiert werden, wenn das Ergebnis nicht den eigenen Vorstellungen entspricht. Eine kollaborative Planung hingegen muss in vielen Schritten und über einen längeren Zeitraum hinweg gestaltet werden. Sie erfordert Flexibilität, Offenheit aller Beteiligten und Kontinuität und liefert dadurch gemeinsam getragene Lösungen, die mit gutem Gewissen als ein gemeinsames Ergebnis kommuniziert werden können. Hierdurch ergibt sich ein hohes Maß an Identifikation mit den öffentlichen Räumen.

---

[5]Das bedeutet, dass professionelle Planer*innen und Betroffene gemeinsam planen. Die drei wichtigsten Grundhaltungen dabei sind: gleiche Augenhöhe, Selbstermächtigung und transparente Kommunikation.

Diese Form der kollaborativen Partizipation lebt von den richtigen Akteur*innen, also den Menschen, die betroffen, aber auch in der Lage sind, ihre echten Interessen und ihre Rechte zu kennen und zu kommunizieren. D. h., die Menschen sind sich ihrer Möglichkeiten bewusst und sind fähig, diese umzusetzen.[6]

Menschen, die diese Eigenschaften erfüllen, sind autonom, selbst ermächtigt und fähig, sich und andere zu organisieren. Das *Empowerment*-Konzept (Herriger 2006) möchte Menschen bei der (Wieder-)Herstellung dieser Autonomie über die Mitgestaltung des eigenen Lebens, Alltags und Umfelds unterstützen und liefert dafür praktische Ansätze. Dabei geht es um die Stärkung und Freisetzung der bereits vorhandenen Ressourcen. Zentrale Themenbereiche sind Identifikationsmöglichkeiten, Verantwortungsübernahme und Selbstermächtigung durch das Schaffen von Freiräumen, die zum Austesten und Sammeln von Erfahrungen einladen. Hierdurch werden auch die elementaren Themen Laloux', also die **Selbstführung** und die **Ganzheit,** bestärkt und mitentwickelt.

Durch die Beteiligung wird das soziale Gewebe vor Ort gestärkt – womit eine sich steigernde Dynamik (positive Resonanz) zwischen dem sozialen und dem gebauten Raum entsteht und Veränderungen im Stadtteil gemeinsam entwickelt und getragen werden. Es geht also um ein Wiederentdecken, oder eine *Reinvention,* der Gemeinsamkeiten, eine Wiederverbindung des Menschen mit seiner Um-Welt. Dadurch kann auch ein **evolutionärer Sinn** geschaffen werden, ein gemeinsam verfolgtes Ziel – ohne Ego.

14.5   Prozessmodell

Aus dem vorliegenden konzeptuellen Hintergrund leitete *Espacios en Tregua* folgende Thesen ab:

1. *Gemeinsam entwickelte Lösungen sind länger tragbar, da ein kontinuierliches Wechselspiel zwischen Individuum, Kollektiv und Raum ermöglicht wird.*
2. *Damit Menschen ihr Umfeld mitgestalten können und wollen, müssen Freiräume geschaffen und Kommunikation gefördert werden.*

Der Ansatz von Espacios en Tregua ist es daher, sowohl die Einzelnen als auch die Gemeinschaft in einem begrenzten gebauten Raum zu stärken, indem über – und durch – den Raum kommuniziert wird und so individuelle und kollektive Handlungsfähigkeiten im Stadtraum erkannt und genutzt werden.

---

[6]Hier muss eingeräumt werden, dass der Ansatz an seine Grenzen stößt, wo Menschen ihre Grundbedürfnisse nach Sicherheit und Nahrung nicht erfüllen können oder in repressiven Strukturen leben.

Espacios en Tregua entwickelte durch das Projekt eine Plattform für Kommunikation und Austausch, welche die Gestaltung einer gemeinsamen Zukunft durch die (Wieder-) Aneignung von Kommunikationsmöglichkeiten erleichtert. Unterschiedliche Sinne und Wahrnehmungsbereiche (kognitiv, emotional, haptisch, rational, sensorisch) wurden angesprochen, um Perspektivwechsel in der Raumwahrnehmung anzuregen – und damit ein komplexeres Bild der umgebenden Realität zu schaffen. Konkret zielte das Vorhaben darauf ab, den Bewohner*innen und Nachbar*innen der *Plaza San Juan* Zugänge zum Raum auf mehreren Ebenen zu bieten. Dabei ging es um folgende Ziele:

14.6 Austausch untereinander und Menschen in Kontakt bringen

Durch den Fokus auf gemeinschaftsbildende Maßnahmen, also gemeinsames Erleben und Gestalten, konnte eine Reflexion darüber stattfinden, wie Gemeinschaft (im Raum) funktioniert, wie Einzelne selbst das Zusammenkommen gestalten können und welche Dynamiken sich hieraus ergeben. Impulse hierzu gaben verschiedene Kommunikationsmodelle. Durch den Wechsel zwischen Einzelarbeit, Kleingruppenarbeit und Arbeit im Plenum konnte die Kommunikation zwischen den Einzelnen, die Anbindung der Einzelnen an den sozialen Raum und die Gestaltung des sozialen Raumes selbst erprobt werden. Durch die Aktivitäten im physischen Raum konnte das soziale Miteinander nach außen transportiert werden und sich in einzelnen konkreten Maßnahmen im Stadtraum manifestieren.

14.7 Austausch mit dem und über den Raum

Themen des gebauten Raumes und der Stadtentwicklung wurden zum Anlass genommen, verschiedene Kommunikationsformen zu testen. Durch die Workshopreihe mit verschiedenen Inhalten aus der Praxis (Wahrnehmung, Stadtplanung und -design, Nachhaltigkeit, künstlerische Interventionen, Umwelt und Stadtökologie) wurde der physische Raum erforscht. Es gab zeitliche Freiräume, um sich über die eigene Rolle im gebauten Kontext klar zu werden. Die persönliche und gemeinsame Wahrnehmung des gebauten Raumes konnte kognitiv und emotional experimentiert und diskutiert werden.

Dabei war es wichtig, die Interaktionen im Raum selbst durchzuführen und mit ihm in Resonanz zu treten. Gemeinsam wurde geübt, die Zeichen des Raumes wieder zu sehen und ihnen zu lauschen, um sie in einem nachfolgenden Schritt zu deuten und Reaktionen darauf zu generieren. Die individuellen Sensoren wurden geschärft und gleichzeitig wurde das Kollektive hervorgehoben und gefeiert.

Der Raum war also Grund der Kommunikation – und gleichzeitig das Mittel und Werkzeug für die Kommunikation, wie in Abb. 14.1 verdeutlicht.

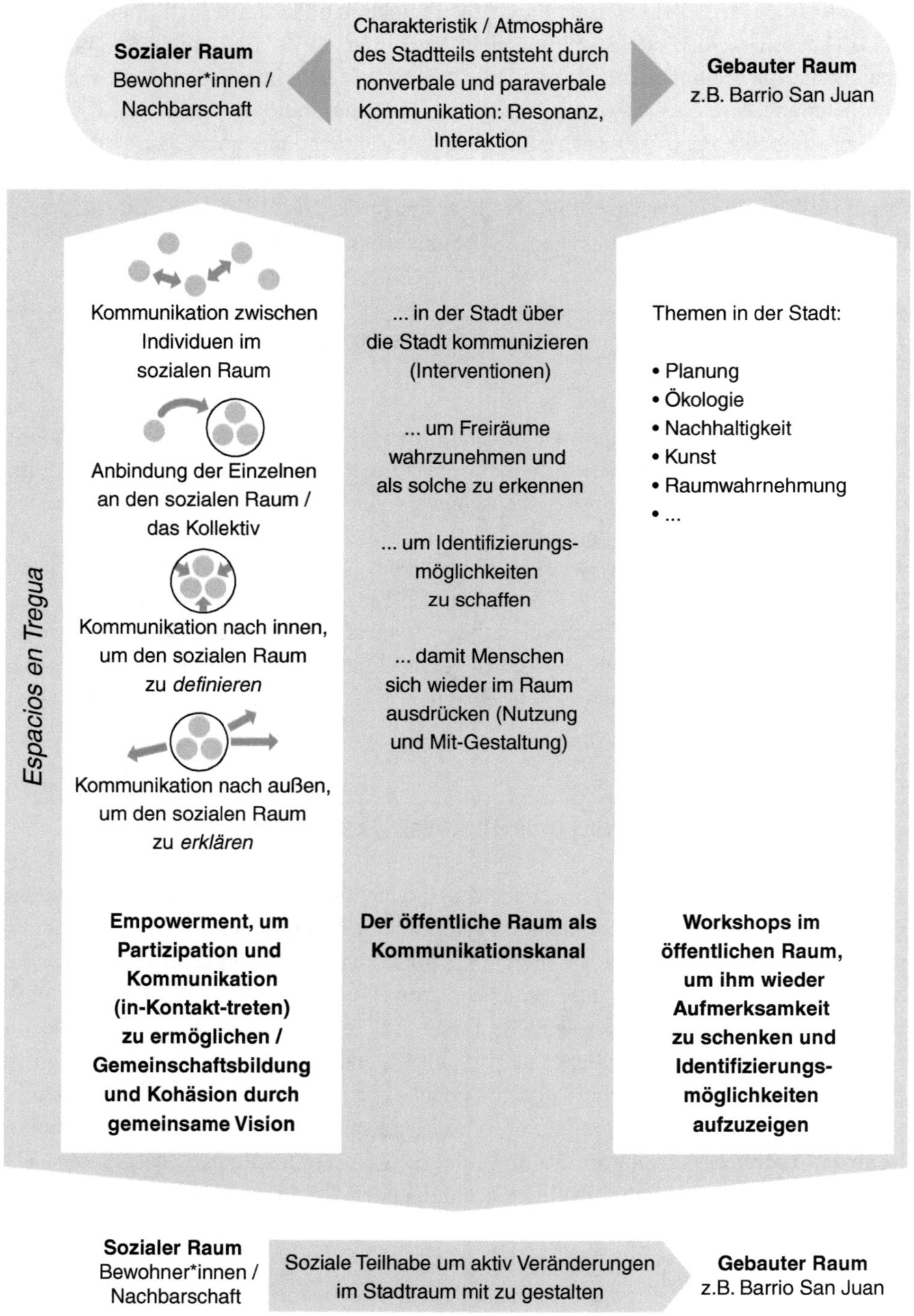

Sozialer Raum
Bewohner*innen /
Nachbarschaft

Charakteristik / Atmosphäre
des Stadtteils entsteht durch
nonverbale und paraverbale
Kommunikation: Resonanz,
Interaktion

Gebauter Raum
z.B. Barrio San Juan

Espacios en Tregua

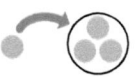

Kommunikation zwischen
Individuen im
sozialen Raum

... in der Stadt über
die Stadt kommunizieren
(Interventionen)

Themen in der Stadt:

- Planung
- Ökologie
- Nachhaltigkeit
- Kunst
- Raumwahrnehmung
- ...

Anbindung der Einzelnen
an den sozialen Raum /
das Kollektiv

... um Freiräume
wahrzunehmen und
als solche zu erkennen

Kommunikation nach innen,
um den sozialen Raum
zu *definieren*

... um Identifizierungs-
möglichkeiten
zu schaffen

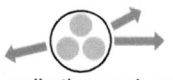

Kommunikation nach außen,
um den sozialen Raum
zu *erklären*

... damit Menschen
sich wieder im Raum
ausdrücken (Nutzung
und Mit-Gestaltung)

**Empowerment, um
Partizipation und
Kommunikation
(in-Kontakt-treten)
zu ermöglichen /
Gemeinschaftsbildung
und Kohäsion durch
gemeinsame Vision**

**Der öffentliche Raum als
Kommunikationskanal**

**Workshops im
öffentlichen Raum,
um ihm wieder
Aufmerksamkeit
zu schenken und
Identifizierungs-
möglichkeiten
aufzuzeigen**

Sozialer Raum
Bewohner*innen /
Nachbarschaft

Soziale Teilhabe um aktiv Veränderungen
im Stadtraum mit zu gestalten

Gebauter Raum
z.B. Barrio San Juan

Abb. 14.1 Aufbau und Interventionsebenen des Projektes *Espacios en Tregua*. (Eigene Darstellung)

14.8 Praktischer Teil – Architektur und Inhalte

Durch den oben erwähnten Analyseprozess und die Präsenz vor Ort wurde das Vorhaben bekannt. Die verschiedenen Akteursgruppen wurden durch persönliche Ansprache, Poster und Flyer zum Prozess eingeladen. Auch die Bezirksverwaltung wurde zum Workshopzyklus eingeladen und bot logistische Unterstützung an.

Der Workshopzyklus bestand aus einem Start- und einem Abschlussworkshop sowie fünf thematischen Workshops. Zur Veranschaulichung dient Abb. 14.2.

In den ersten Schritten des Workshopzyklus ging es darum, den derzeit aktuellen Zustand im sozialen und physischen Raum zu beschreiben. Durch Methoden der gemeinsamen Visionsentwicklung, Vergemeinschaftung von Zielen, Wünschen und Bedürfnissen und der Teamentwicklung wurde auf die Festigung des sozialen Gewebes abgezielt. Dabei wurden Räume für Reflexion eingeplant und der Umgang mit Konflikten eingeübt. Gleichzeitig wurden dadurch die gewünschten Qualitäten für den Raum festgelegt. In einem nächsten Schritt ging es in die Umsetzungsplanung und Umsetzung: Welche Ressourcen haben wir und wie können wir sie nutzen, um den Raum an das neue soziale Erleben anzupassen? Der Abschluss zielte darauf ab, mit einem lebendigen und sich selbst erhaltenden sozialen System Neues zu integrieren, in die nächsten Prozessschritte zu gehen und zukünftige Freiräume selbst zu erkennen und selbst zu gestalten.

Abb. 14.2 Architektur des Workshopzyklus. (Eigene Darstellung)

14.9   Startworkshop

Inhalte

- Prozess beginnen und eine gemeinsame Basis schaffen.
- Sich kennenlernen, Verständnis für die Dynamiken im Raum schaffen.
- „Gruppenzugehörigkeit" und Vorurteile gegenüber Gruppen, Arbeit zu Werten.
- Gemeinsam ins Tun kommen und Raum für Austausch nutzen.
- Den Raum kennenlernen.

Methoden

- Input zu Kommunikationsmodellen, Zuhören üben.
- Übung zu Kooperation statt Konkurrenz: Unterscheidung zwischen Interesse und Position, Reflexion darüber, welche Positionen eingenommen werden und warum.
- Übung zu Raumwahrnehmung und -wirkung.
- Erste Annäherung an die Eigenart der *Plaza San Juan* und die persönliche Identifikation mit dem Raum.
- Einführung ins Raumkonzept und Arbeit am Stadtplan.
- Fragebogen zu den drängendsten Problemen im Stadtteil.

14.10   Fünf thematische Workshops

14.10.1   Wahrnehmung – über die Sinne und das Spiel

Hintergrundidee

- Begegnung ist nur mit offenen und freien Sinnen möglich, da diese wichtige Werkzeuge unserer Wahrnehmung sind und die äußere Welt mit der inneren verbinden (sehen, sprechen, fühlen …) und erst dadurch Resonanz ermöglicht wird.
- Nachbarschaften sind keine trivialen Maschinen, sondern lebendige Systeme, die nicht rational erklärt werden können, sondern wahrgenommen werden müssen.
- Kreativität und Flexibilität können über spielerische Methoden gelernt werden.

Inhalte

- Eintauchen ins Feld und Sensibilisierung.
- Fühlen mit Herz und Bauch, Stärkung der eigenen Intuition, um im Außen gestalterisch tätig sein zu können.

Methoden

- Meditation zum Ankommen im Raum.
- Input zu Wahrnehmungen und optischen Täuschungen (durch unsere sinnsuchende Wahrnehmung).
- Reflexion zu Mechanisierung der Arbeitswelt.
- Übungen zu Intuition und Kreativität.
- Übungen zur Raumwahrnehmung: rausgehen und beobachten.
- Input zu Teamrollen.
- Gemeinsame kreative Übung: Traumfänger basteln und dabei den Fragen nachgehen: „Was sind die positiven Träume an der *Plaza San Juan?*" (Stärken und Chancen) und „Was sind die negativen Träume an der *Plaza San Juan?*" (Schwächen und Herausforderungen).
- Verortung der positiven und negativen Orte auf einem Plan.
- Traumfänger im öffentlichen Raum platzieren – der Raum als Kommunikationskanal!

14.10.2 Stadtplanung und -design

Hintergrundidee

- Professionalisierung der Bewohner*innen durch Abbau von Wissensbarrieren zwischen Verwaltung und Bewohner*innen.
- Verbindungen aufzeigen durch gemeinsames Arbeiten im Raum.

Inhalte

- Perspektivwechsel: Wie sieht ein*e Planer*in die Stadt?
- Kurze Einführung in die Stadtplanung (Gesetze, Normen, Vorgaben …).
- Handlungsfähigkeiten und Rechte der Bürger*innen in der Stadtplanung.

Methoden

- Begehung des Stadtteils und Übungen zu Methoden der Stadtplanung an spezifischen Orten im *Barrio San Juan,* an denen lokale Veränderungen möglich und wünschenswert wären. Diskussionen über die Verbindungen und Zugänglichkeit dieser Orte.
- Reflexion zu den Folgen der aktuellen Stadtplanung.
- Diskussion über Aktivierung öffentlicher Räume in anderen Städten.
- Arbeit in Teams.

14.10.3 Nachhaltigkeit

Hintergrundidee

- Arbeit am konkret Relevanten: Das Thema Müll wurde in der Abfrage im Startworkshop als eines der akutesten Probleme bezeichnet.

Inhalte

- Wo liegen die Handlungsmöglichkeiten jedes*r Einzelnen beim Thema Nachhaltigkeit?
- Welche Verantwortlichkeiten gibt es auf der Makroebene?

Methoden

- Gemeinsame Analyse des gegenwärtigen Abfallproblems im Stadtteil.
- Handlungsmöglichkeiten für das individuelle Abfallmanagement.
- Diskussionen über Produktlebenszyklen.
- Gruppenarbeiten.

14.10.4 Künstlerische Interventionen in der Stadt

Hintergrundidee

- Kreatives Arbeiten unterstützt die Intuition.
- Gemeinsames Tun schafft Gemeinschaft.

Inhalte

- Arbeit an Raumbeziehung: Kennenlernen des Raumes und der Bewohner*innen.
- Was gefällt mir (nicht) und wie würde ich es verändern?
- Sensibilisierung der Sinne durch eigenes Tun mit unterschiedlichen Materialien.
- Erleben der Atmosphäre im Raum durch künstlerische Auseinandersetzung im und mit dem öffentlichen Raum.

Methoden

- Kurzer Input zur Geschichte und Wirkung künstlerischer Interventionen in der Stadt.
- Arbeit und Ausdruck mit den Händen, Mental Maps mit verschiedenen Materialien produzieren.
- Einzelarbeit, aber auch Raum für Austausch mit den anderen Teilnehmenden und Passant*innen.

14.10.5 Umwelt und Stadtökologie

Hintergrundidee

- Individuelles und kollektives Erleben von Wirksamkeit: Gemeinsame Verbesserung der Umweltbedingungen mit eigenen Händen und im kleinen Stil ist möglich und wirkt.
- Die Arbeit mit der Umwelt verringert die Entfremdung von der Natur.

Inhalte

- Städtische Vegetationszonen und ihre Bedarfe sowie gesetzliche Regularien zur Pflege kennenlernen.
- Analyse ökologischer Zusammenhänge und Kreisläufe.

Methoden

- Stadtspaziergang, dabei herumliegenden Müll einsammeln.
- Bestimmung von Tieren und Pflanzen im Stadtteil, Anbringen von Bestimmungstafeln an Bäumen.
- Anlegen eines Kompostes.
- Arbeit im Team.

14.11 Abschlussworkshop

Inhalte

- Rückschau auf die einzelnen thematischen Workshops.
- Standortbestimmung im Prozess und Planung nächster Schritte.

Methoden

- Gemeinsame Arbeit mit strategischen Planungstools: gemeinsam durchgeführte SWOT-Analyse mit anschließender Diskussion, Priorisierung und Konkretisierung anhand eines Aktionsplans (Ziel, Aktivitäten, Verantwortlichkeiten, Ort, Datum).
- Verschriftlichung der gemeinsamen Vision, ausgehend von den Problemen und Möglichkeiten, die in den fünf thematischen Workshops herausgearbeitet wurden.

14.12 Nächste Schritte

Seit dem Ende der Workshopreihe wurden weitere Interventionen im öffentlichen Raum durchgeführt, an denen sowohl „Experten*innen" als auch „Laien" beteiligt waren. Dabei entstand zum Beispiel ein gemeinsames Wandbild *(Mural)* an einer zentralen Stelle im Quartier. *Murales* nehmen in der mexikanischen Geschichte eine wichtige Rolle ein[7] und senden eine visuell wahrnehmbare und direkte Botschaft an die Stadtbewohner*innen (Besser 2010). Der Raum dient hier als Kommunikationskanal und verweist darauf, dass eine Umdeutung des Raumes durch neue Zeichen möglich ist. Während des gemeinsamen Gestaltens des Wandbildes mit Passant*innen wurde über die Absicht und den Ablauf des Prozesses berichtet.

Außerdem finden weiterhin Gespräche und die Vernetzung mit Nachbarschaftsgruppen statt, die im Stadtteil aktiv sind.

Die nächsten Schritte sehen eine verstärkte institutionelle Verankerung mit der Stadtregierung und der Stadtverwaltung in der *Delegación Cuauhtémoc* vor, um weitere Veranstaltungen gemeinsam zu planen und durchzuführen. Zur Einbindung der lokalen Politik, Verwaltung und Wirtschaft ist ein öffentliches Forum geplant, in dem die Ergebnisse präsentiert und diskutiert werden.

Außerdem möchte *Espacios en Tregua* über sein Netzwerk diese Art von Stadtlabor in einer angepassten Form auch in anderen Stadtteilen von Mexiko-Stadt bzw. in anderen Städten anderer Ländern durchführen, um damit eine Vergleichbarkeit und – noch viel wichtiger – eine internationale Vernetzung der lokalen Ebene zu unterstützen.

Eine weitere Überlegung beinhaltet die Übersetzung des Workshopzyklus für andere Kontexte, z. B. für Unternehmen oder Organisationen.

Da die Teilnehmer*innen die Workshops als sinnstiftende Form der Kommunikation und des Miteinanders erlebt haben und das Thema der Selbstorganisation sich wie ein roter Faden durch die Workshops zog, ist es wünschenswert, dass sich auch weiterhin kleine individuelle Ideen der Beteiligten verwirklichen lassen.

Aus den Lernerfahrungen lassen sich folgende Empfehlungen formulieren:

Finanzierung sichern
Die Teilnahme war gratis, da die Teilnahme sozial Benachteiligter ermöglicht werden sollte. In einem solchen Fall ist es elementar, von Anfang an eine gesicherte Mischfinanzierung vorzuhalten. Dafür kommen zum Beispiel Stiftungen, ortsansässige Firmen oder Stadtentwicklungsbudgets der Verwaltung infrage.

---

[7]Siehe dazu die *muralistas* Diego Riviera, José Clemente Orozco und viele andere.

Die Entscheider*innen einbeziehen

Die institutionelle Verankerung ist sehr wichtig und sollte von Anfang an mitgedacht werden. Andernfalls besteht die Gefahr, dass gemeinsam erarbeitete Ideen nie zu den Entscheidungsträger*innen und zur Umsetzung gelangen und damit viel Unmut bei den Beteiligten entstehen kann. Um die relevanten Personen zu überzeugen, hilft vielleicht der Hinweis darauf, die öffentlichen Stellen bei ihrer Aufgabe, das „Recht auf Stadt"[8] zu gewähren, unterstützt werden.

Einen festen Kern entwickeln

Es muss interessierte und motivierte Menschen vor Ort geben, die den Prozess weitertragen möchten und als Ansprechpartner*in zur Verfügung stehen – es ist Teil der Aufgabe, sie zu finden und einzubinden und die Verantwortung mit ihnen zu teilen.

Gut Ding will Weile haben

Der Workshopzyklus war ein abgeschlossenes Pilotprojekt. Es war ein erster Versuch, das soziale Gewebe des Stadtteils zu aktivieren und den Impuls zu geben, selbst eine aktive Rolle bei der Stadtentwicklung in der eigenen Nachbarschaft zu spielen. In der kurzen Zeit von einem Monat konnten natürlich keine sichtbaren Lösungen für die drängenden Probleme erarbeitet werden. Aber die Teilnehmenden nehmen neue Sichtweisen und Ansatzpunkte aus dem Prozess mit, die zu neuen Kooperationen und Ideen führen. Nach einem Monat hat der Prozess gerade erst angefangen! Es geht jetzt darum ihn zu verstetigen und Kontinuität zu entwickeln.

14.13 Fazit

Methoden und Ansätze der partizipativen Stadtteilentwicklung lassen sich mit Methoden und Ansätzen der Organisationsentwicklung bereichern!

Mithilfe eines ausgewogenen Methodenmix und regelmäßigen Feedbacks sowie Anpassungen an die lokalen Realitäten könnten Individuen und soziale Systeme dabei unterstützt werden, sinnhafte und lebendige Prozesse zu gestalten, die zu einer bewussten und verbesserten Beziehung mit dem Raum führen. Dabei spielen Selbstführung, Ganzheit und evolutionärer Sinn eine bedeutende Rolle.

---

[8]UN HABITAT III (2016) Art. 41: „Wir verpflichten uns, im Einklang mit der innerstaatlichen Politik institutionelle, politische, rechtliche und finanzielle Mechanismen in Städten und menschlichen Siedlungen zur Erweiterung inklusiver Plattformen zu fördern, die für alle eine wirksame Teilhabe an Entscheidungs-, Planungs- und Folgeprozessen sowie ein stärkeres bürgerschaftliches Engagement und die Partizipation der Bürger*innen an der Produktion und Bereitstellung öffentlicher Versorgungs- und Dienstleistungen ermöglichen."

Literatur

BBSR, Bundesinstitut für Bau-, Stadt- und Raumforschung (2013) Städtische Öffentlichkeit –
    öffentliche Stadträume, Bonn
Besser J (2010) Muralismo morte. The rebirth of muralism in contemporary Urban Art. From here
    to Fame, Berlin
Ebers T (2013) Öffentlichkeit als eine Grundvoraussetzung menschlichen Seins. Überlegungen
    zu einer Philosophie des öffentlichen Lebens. In: BBSR, Bundesinstitut für Bau-, Stadt- und
    Raumforschung, Städtische Öffentlichkeit – öffentliche Stadträume, Bonn
HBS, Heinrich Böll Stiftung (2016) Habitat III: Co-producing sustainable cities? Lokalregierungen
    und Zivilgesellschaft in der globalen nachhaltigen Stadtentwicklung, Konferenz vom 15.-
    16.09.2016, Berlin
Herriger N (2006) Empowerment in der Sozialen Arbeit: Eine Einführung. Kohlhammer, Stuttgart
Laloux F (2014) Reinventing Organizations. Ein Leitfaden zur Gestaltung sinnstiftender Formen
    der Zusammenarbeit, Vahlen, München
Rettich S (2013) Der öffentliche Raum: Ein Zustand – Wechselwirkungen von Nutzung und
    Gestaltung. In: BBSR, Bundesinstitut für Bau-, Stadt- und Raumforschung (BBSR). Städtische
    Öffentlichkeit – öffentliche Stadträume, Bonn
UN HABITAT III (2016) United Nations Conference on Housing and Sustainable Urban Develop-
    ment. Neue Urbane Agenda, Erklärung von Quito zu nachhaltigen Städten und menschlichen
    Siedlungen für alle, 17.-20. Oktober 2016, Quito
WBGU, Wissenschaftlicher Beirat für Globale Umweltfragen (2016) Der Umzug der Menschheit:
    die transformative Kraft der Städte. Berlin
Weiske C (2013) Reichtum Öffentlichkeit: Soziologische Überlegungen zur Funktion und zum
    Wandel öffentlicher Räume in der Stadt. In: BBSR, Bundesinstitut für Bau-, Stadt- und Raum-
    forschung, Städtische Öffentlichkeit – öffentliche Stadträume, Bonn

Brigitte Reitter ist systemische Organisationsberaterin und
Regionalwissenschaftlerin Lateinamerika.

Nach einigen Jahren in der internationalen Zusammenarbeit legt
sie heute ihren Fokus auf Prozessbegleitung und Bürger*innenbeteiligung in Deutschland. Mit dem Kollektiv „Espacios en Tregua" kann sie diese zwei Welten verbinden.

2016 gründete sie LOUBÁS, Agentur für organische Unternehmensberatung // www.loubas.de

info@loubas.de

Selbst organisierte Mitmachräume als hierarchiekritische Praxislabore oder: Wieso wir uns geldfrei organisieren

15

Pia Selina Damm

Wer sich auf dem Weg nach Morgen grundlegende Fragen stellt und die Gesellschaft neugestalten möchte, kommt nicht daran vorbei, sich mit unserem Umgang der Kommunikation und Interaktion auseinanderzusetzen. Veränderung ist angesichts der schier unendlichen Krisen dringend notwendig – nicht nur auf ökologischer und ökonomischer Ebene, sondern auch auf sozialer Ebene, in Kommunikations- und Organisationsweisen. Denn diese Bereiche bilden schließlich mit die Basis, um ein neues Miteinander lebendig werden lassen zu können.

Wie können wir andere Formen des gesellschaftlichen und wirtschaftlichen Miteinanders praktisch werden lassen? Als loser Zusammenschluss von Menschen, unter anderem in der Bewegung living utopia und im Bildungskollektiv imago, versuchen wir uns in hierarchiekritischen Strukturen außerhalb von Verwertungs- und Tauschlogik zu organisieren. Werte, die uns immer wieder begegnen, sind wertschätzende, transparente Kommunikation, Authentizität, Selbstbestimmung, Solidarität, Empathie und Suffizienz. Dabei werden verschiedene Fragen aufgeworfen: Braucht es ein Konzept für gesellschaftliche Transformation? Braucht es ausgebildete Menschen, um Projekte zu organisieren und Räume für Vernetzung zu schaffen? Wie selbstbestimmt können wir wirken?

15.1 Formen des Miteinanders außerhalb von Entweder-oder-Denken

Gibson-Graham, der kollektive Name zweier Wissenschaftlerinnen, wenden in einigen Arbeiten die Queertheorie auf ökonomische Verhältnisse an. Die Queertheorie ist eine in den USA entwickelte dekonstruktivistische Kulturtheorie, die sexuelle und

P. S. Damm (✉)
Berlin, Deutschland

© Springer-Verlag GmbH Deutschland, ein Teil von Springer Nature 2019
H. Parnow und P. Schmidt (Hrsg.), *Zusammen arbeiten, Zusammen wachsen,*
Zusammen leben, https://doi.org/10.1007/978-3-662-58965-6_15

geschlechtliche Kategorien aufbricht. Unter anderem wird die Dichotomie, also die strikte Zweigliedrigkeit, der Geschlechter widerlegt. Mit der Übertragung queerer Ideen auf ökonomische Verhältnisse zeigen sie: Wir können außerhalb der vorgefertigten Muster von „Kapitalismus – Antikapitalismus" denken. Wir brauchen kein neues Konzept, keinen neuen -ismus, kein Dogma (vgl. Habermann 2016).

Laloux schreibt passend dazu: „Ein weiterer kognitiver Durchbruch [im integralen Paradigma] ist die Fähigkeit, in Paradoxien zu denken, und damit das einfache *Entweder-oder*-Denken durch das komplexere *Sowohl-als-auch*-Denken zu transzendieren."

Ein Konzept aufzustellen, zwingt uns in starre Denk- und Handlungsmuster. Vielmehr sollte es darum gehen, dynamisch und kreativ im Prozess auszuloten, was es braucht und wo es langgehen kann. So bleiben wir offen für Einflüsse von außen und können aus den Bausteinen, die uns begegnen, die Welt von Morgen bauen und nicht aus vorgefertigten Kastenbauten, die beim kleinsten Stellschraubendreh nicht mehr passen oder in sich zusammenfallen.

Um das tun zu können, sollten wir uns nicht scheuen, den dem Kapitalismus inhärenten Logiken – wie Materialismus, Ausbeutung, Verwertung, Konkurrenz – und ihren Folgen in die Augen zu schauen. Nur so können wir Kritik üben, „dem Kapitalismus" als Ganzes eine Absage erteilen und Verhältnisse ändern. Andere Selbstverständlichkeiten leben, Utopien diskutieren – Teil der Lösung und nicht mehr Teil des Problems sein. Das ist der Fokus unserer Mitmachräume und Bildungsaktivitäten.[1]

15.2   Geldfrei und selbst organisiert

Aus unserem starken Wunsch nach Praxisbezug, um nicht nur Theoriediskurse aufzurollen, resultiert für uns, mit anderen Organisationsformen zu experimentieren. Wir verstehen uns als Bewegung verschiedener Menschen und sind bewusst kein Verein. Laloux führt die Begriffe der *lebenden Organismen* oder *lebenden Systeme* ein, die als Metapher für neue Organisationen stehen. Im Rückblick auf die letzten vier Jahre lässt sich in der Struktur von living utopia Fluktuation und Veränderung wahrnehmen. Was negativ beschrieben werden kann als Verantwortungslosigkeit, ist auf der anderen Seite selbstbestimmtes Wahrnehmen von Ressourcen. Keine Person ist zu irgendetwas verpflichtet. Wir alle sind lebendig, dynamisch, entwickeln uns weiter auf unserer individuellen Reise des Lebens und während es an der einen Station passt, Energie in die Organisation von

---

[1]Mit living utopia gestalten wir Mitmachräume (Kongresse, Konferenzen, Aktionstage), in denen die Frage „Wie stellen wir uns eine zukunftsfähige Gesellschaft von morgen vor?" zum Utopien-Spinnen, diskutieren und aktiv werden einlädt. Mit dem Bildungskollektiv imago laden wir in Workshops, Projekttagen, Seminaren oder Vorträgen zu Perspektivenwechsel, Aktion und Austausch ein. Wichtig ist uns, dass Alternativen zum Bestehenden direkt erlebbar werden und wir uns nicht im Theoriediskurs verlieren. www.livingutopia.org; www.bildungskollektiv.de.

Mitmachräumen zu stecken, passt es an einer anderen nicht mehr. All diese Veränderungs-prozesse haben bisher nie zu einem Stillstand oder zum Auflösen geführt.

Laloux zieht einen Vergleich zu Ökosystemen heran und ich möchte diesen gern auf-greifen: „In der Natur gibt es ständig und überall Veränderungen. Darin zeigt sich der selbstorganisierende Drang, der jeder Zelle und jedem Organismus innewohnt. Dabei braucht es keine zentrale Autorität, die Befehle gibt und die Entscheidungen trifft." Ver-stehen wir Initiativen und Organisationen als lebendige Systeme, die in Veränderung sind, können wir uns von starren Strukturen lösen. Nur dann sind unsere Bewegungen resilient und können auf Wandel reagieren. Ich benutze hierfür auch gern den Begriff der „Bewegungskultur".

Bei uns gibt es keine Mitgliederversammlungen. Veranstaltungen, die mit living uto-pia organisiert werden, orientieren sich an den begleitenden Motiven geldfrei, vegan, ökologisch und solidarisch. Prozesse laufen projekt- und aktionsorientiert ab: Es bil-den sich Teams aus Menschen, die Räume entstehen lassen möchten. Es gibt keine Ins-tanz, die Entscheidungen absegnet. Jedes Team ist aufs Neue auf sich selbst gestellt. Als Unterstützung gibt es die Möglichkeit, die Lernwege gemeinsam mit bereits erfahreneren Menschen mit einer Art Mentor*innen-Funktion zu gehen. Auch Laloux beschreibt kleine, selbstorganisierte Teams und keinen Vorstand als wesentlich für hierarchie-kritisches Miteinander und Praxis integraler Organisationen: „Die funktionale Struktur bei FAVI [einer von ihm vorgestellten, französischen Gießerei] ist verschwunden, des-halb gibt es auch keine Treffen des Vorstands mehr. An der Spitze trifft sich niemand! Die wöchentlichen Treffen […] werden nun auf der Ebene des Teams abgehalten."

Die selbstbestimmte und -organisierte Planung ist ein Lernprozess und bietet die Chance, sich stetig selbst zu reflektieren – beispielsweise im Hinblick auf Zeitmanagement, Planungsmethoden und Außenwirkung. Durch die Einfach-mal-loslegen-Mentalität wird das Benötigen vermeintlicher Kompetenzbescheinigungen wie „Eventmanager*in" infrage gestellt.

Alle Beteiligten geben ihre Zeit und Fähigkeiten, um beitragsökonomisch mitzu-wirken. Die Mitmachräume finden statt, weil genug Menschen sie aus intrinsischer Moti-vation heraus entstehen lassen möchten. Sie werden nur von all jenen unterstützt, die die Ideen dahinter teilen und sich damit solidarisieren. Hierdurch verteilt sich die Ver-antwortung für das jeweilige Projekt auf viele – im Idealfall auf alle – Schultern.

Mit der geldfreien Organisation möchten wir das gesellschaftliche Experiment wagen, Ideen einer solidarischen Ökonomie schon heute zu leben. Konzepte wie „Leistung – Gegenleistung", Tausch- und Verwertungslogik bringen fatale Auswirkungen auf unsere Persönlichkeit und unser Miteinander mit sich und können überwunden werden. In unse-ren Räumen dient kein anonymisierendes Druckmittel wie Geld als extrinsische Moti-vation. Dienstleistungen können nicht erkauft werden. Die Volkswirtin und Historikerin Dr.in Friederike Habermann bringt die Quintessenz der Kritik an tauschlogikbasiertem Wirtschaften auf den Punkt:

„Während selbst in der Tauschökonomie – wie beispielsweise in den Tauschringen praktiziert – menschliche Eigenschaften und menschliches Tun als abstrakte Werte getauscht und damit letztlich auf ihren Wert reduziert werden, wird in der Umsonstökonomie diese Tauschlogik überwunden." (Habermann 2009, S. 86)

Hierdurch entsteht die Möglichkeit eines vollkommen anderen Miteinanders: Menschen begegnen sich auf Augenhöhe, treten in soziale Interaktion miteinander und nehmen sich nicht in Rollen wie „Verkäufer*in" und „Konsument*in" wahr. Gemeinsam tragen alle zu einem großen Ganzen bei. Hierdurch steigt das Gefühl der Selbstwirksamkeit.

Auf diese Weise kann die Organisation selbstbestimmt und unabhängig von Geldgeber*innen ablaufen. Es fließt kein Geld direkt und wir verdienen keinen Cent an unserem Wirken. Freien Handlungsspielraum zu genießen und keine Energie für Bürokratie aufwenden zu müssen, erhöht den Tatendrang enorm. Es gibt keine Grenzen im kreativen Planungsprozess – außer jenen in den eigenen Köpfen, denn unabhängig von Geldgeber*innen können wir all unsere Projektideen gestalten und umsetzen. Es gibt keine finanziellen oder bürokratischen Barrieren. Dadurch, dass wir keine Anträge stellen und erst dann ein gewisses Kapital zur Verfügung haben, finden wir immer wieder kreative Lösungen für organisatorische und ressourcenbasierte Herausforderungen. Wir treten wieder in soziale Interaktion mit Menschen, die uns unterstützen möchten – und das Schönste: Keine Person wird durch Geld „gezwungen", uns ihr Produkt oder ihre Dienstleistung zur Verfügung zu stellen, sondern sie supportet das jeweilige Projekt aus der Motivation heraus, daran mitzuwirken und es entstehen zu lassen.

Unsere Art aktiv zu sein und Gesellschaft zu gestalten ist damit ein spannendes Lernfeld: Wie entfalten sich Menschen und wie wirken sie, wenn sie keiner oder wenig Lohnarbeit nachgehen müssen? Die Erfahrung zeigt: Wenn sich Menschen um ihre existenziellen Grundbedürfnisse keine Sorgen machen müssen, sind sie aus intrinsischer Motivation aktiv, aus einem inneren Feuer heraus möchten sie das entstehen lassen, wofür sie brennen.

Neben der selbstbestimmten und tauschlogikfreien Komponente ist das geldfreie Organisieren auch auf ökologischer Ebene sinnvoll: Vorhandenes wird genutzt, Gebrauchsgegenstände geteilt und somit finanziell keine Nachfrage für ein sowieso schon übermäßiges Angebot generiert. Auf einem endlichen Planeten mit endlichen Ressourcen ist der nachhaltigste Konsum der Nicht-Konsum.

15.3 Das utopival: Ein geldfreier Mitmachkongress

Alle sagten: „Das ist unmöglich!", da kam eine, die wusste das nicht, und hat's einfach gemacht.

Was ist das utopival? Das utopival ist ein Mitmachkongress, der mit 130 Menschen über fünf Tage nach den begleitenden Motiven geldfrei, vegan, ökologisch und solidarisch organisiert und verwirklicht wird. Im Fokus steht die Frage: „Wie stellen wir uns eine zukunftsfähige Welt von Morgen vor?"

Mitmachkongress daher, weil wir bei all unseren Projekten den Anspruch haben, die gewohnten Denkmuster von Teilnehmende = Konsument*innen und Referierende = Sender*innen aufzulösen. Denn wir alle tragen Talente in uns und teilen diese meist gern mit anderen. Somit ist die Devise: Wir alle bringen unsere Energie und unseren Tatendrang zusammen und kokreieren einen bedürfnisorientierten Raum. Kollektives Wissen und damit die Perspektiven unterschiedlicher Menschen sind bereichernd für einen breiten Diskurs.

„Mitmachen" bedeutet ebenso, dass jede Person Teil des utopivals ist und Verantwortung für allgemeine Aufgaben – wie gemeinsam in Kleingruppen kochen, putzen, den Zeitplan im Blick haben – übernimmt, damit selbstorganisiert die Grundbedürfnisse aller gedeckt werden können. Und damit befinden wir uns in einem Spannungsfeld von Individuum und Gemeinschaft, Freiheit und Verantwortung, dem wir gewinnbringend durch das Sowohl-als-auch-Denken begegnen können.

15.3.1 Ängsten begegnen oder: mit den Drachen tanzen

Als wir 2013 zum ersten Mal von einem komplett geldfrei organisierten Kongress träumten, haben die meisten Menschen mit „Das klappt doch sowieso nicht!" oder „Nette Idee, aber wie stellt ihr euch die Umsetzung vor?!" reagiert. Wir selbst haben in diesen Momenten nicht von Ängsten und Sorgen erfüllt zweifelnd an den gesamten, vor uns liegenden Prozess gedacht und alle möglichen Folgen gedanklich abgewogen. Vielmehr waren wir im damaligen Jetzt von unserem Traum erfüllt. So konnten wir aus einem tiefen Vertrauen heraus planen. Einige Menschen nannten unser Vorhaben „mutig". Für uns fühlte es sich auf eine Art selbstverständlich an. Aus unserer Perspektive war der Kongress gesellschaftlich notwendig und in Übereinstimmung mit unseren Werten. Die Frage, ob es mutig ist, die Organisation zu wagen oder nicht, stellte sich für uns nicht.

> „Mit weniger Ängsten des Egos können wir Entscheidungen treffen, die risikoreich erscheinen, und bei denen wir nicht alle möglichen Folgen vorher abgewogen haben, die aber mit unseren tiefen inneren Überzeugungen in Resonanz sind." (Laloux 2015, S. 44)

Laloux benennt die „Ängste des Egos" hier nicht genauer. Aus meinem Verständnis ist Existenzangst eine der größten Ängste. Hier fühlt es sich essenziell für mich an, zu betonen, dass unser Planungsteam mit vielen Privilegien ausgestattet war: Als *weiße* Menschen, die eher dem Bildungsbürger*innentum zugeordnet werden und sich das Privileg nehmen, geldfrei (also vom Überfluss) zu leben, plagten uns die Fragen nach existenzieller Sicherung nicht.

Während des Planungsprozesses fiel uns das eine oder andere Mal das Ausmaß wie Schuppen von den Augen. Dann kamen wir uns etwas verrückt vor und Gedanken wie *„Was machen wir hier eigentlich? Wir haben alle vorher noch nie einen Kongress organisiert, geschweige denn geldfrei!"* ploppten auf. Doch diese Gedanken fühlten sich nicht beängstigend an, eher aufregend. Auch deshalb, weil klar war, dass ein „Scheitern"

nicht schlimm ist oder vielmehr: dass es ein Scheitern nicht gibt. Nur Lernen. So konnten wir angstfrei Neues wagen. In der Projektphilosophie des Dragon Dreamings gibt es
das eindrückliche Bild der Drachen als Symbol für unsere Ängste und Unsicherheiten,
die außerhalb unserer Komfortzone auf uns warten. Nur wenn wir es wagen, mit einem
Schritt in die Lernzone diesen majestätischen, starken Geschöpfen als Spiegel unserer
Schatten zu begegnen, können wir lernen und unser volles Potenzial entfalten.

> „Wir folgen nun der Haltung, dass auch wenn etwas Unerwartetes geschieht oder wir Fehler
> machen, die Situation gut ausgehen wird – und wenn nicht, dann hat uns das Leben eine
> Möglichkeit zum Lernen und Wachsen gegeben." (Laloux 2015, S. 44)

Um diese Herangehensweise zu verstehen, gibt auch unsere Auslegung von Utopie einen
hilfreichen Bezug: Utopie verstehen wir nicht nach Karl Popper als neues, dogmatisches
Gesellschaftssystem, welches fremdbestimmt (durch Gewalt) aufoktroyiert werden muss.
Sie ist für uns vielmehr Wegweiserin, Motivation und vor allem ein Prozess. Der Schrift-
steller und Befreiungstheologe Eduardo Galeano schreibt zur Utopie:

> „Die Utopie, sie steht am Horizont.
> Ich bewege mich zwei Schritte auf sie zu.
> Und sie entfernt sich um zwei Schritte.
> Ich bewege mich weitere zehn Schritte auf sie zu.
> Und sie entfernt sich um zehn Schritte.
> Soweit ich mich auch auf sie zu bewege,
> sie entfernt sich immer um die gleiche Anzahl an Schritten.
> Wofür ist sie also da, die Utopie?[3]
> Dafür ist sie da: um zu gehen!"[2]

Die Utopie ist außerdem ein Freiraum, in dem Bedenken wie „Das kann ich mir nicht
vorstellen!" oder „Das hat noch nie funktioniert!" keinen Platz haben.

Übertragen auf den Organisationsprozess heißt das, dass dieser keinen 10-Punk-
te-Plan kennt. Alles entsteht dynamisch, kreativ, kollektiv und vor allem: miteinander im
Vertrauen aus der jeweiligen Gruppe heraus.

Zum Verlauf und Miteinander der vergangenen vier utopivals gibt es viele Worte und
Bilder des vermeintlich Unmöglichen, das doch möglich wurde, die gezeichnet werden
können. Da es an dieser Stelle um Kommunikation und konkrete Methoden geht, möchte
ich die „Wish Bowl" vorstellen. Es sei erwähnt, dass sie mitnichten eine Erfindung unserer
Bewegung ist.

---

[2]https://www.degrowth.info/de/2016/11/einen-grossen-schritt-weiter-auf-dem-weg-zur-utopie/ aufgerufen 25.05.2018.

15.3.2 Wish Bowl – Standpunkte treffen wertschätzend aufeinander

Eine Podiumsdiskussion mit vermeintlichen „Expert*innen" ist vielen vor allem aus der Teilnehmer*innen-Perspektive bekannt – damit einhergehend das Gefühl und der Wunsch, bei gewissen Aussagen der Podiumsgäste einzuhaken, kritische Nachfragen zu stellen oder die eigene Perspektive einzubringen.

Auf dem utopival entschieden wir uns daher für eine hierarchieärmere, partizipativere Abendgestaltung: die interaktive Diskussionsmethode Fish Bowl. Und da „Wünsche" eher zu Utopien und Träumen passen als Fische und es zudem tierleidfreier konnotiert ist, nannten wir die Methode kurzerhand in Wish Bowl um.

In der Mitte eines Raumes gibt es vier freie Plätze in Form von Stühlen oder Sitzkissen, die zur Diskussion einladen. Um diese Plätze herum versammeln sich alle Teilnehmenden. Ein Diskussionsthema wird gemeinsam gewählt. Nun kann jede Person, die den Impuls verspürt, selbstbestimmt Platz nehmen und Standpunkte beziehen. So sitzen ein bis vier Menschen auf dem „Podium" und tauschen sich aus. Sind alle vier Plätze belegt und eine weitere Person verspürt den Wunsch, die eigene Perspektive zum Thema zu äußern, geht sie zu einem der Plätze, tippt die dort sitzende Person auf die Schulter und darf nun – nach Beenden der Aussage der sitzenden Person – den Platz einnehmen.

15.4 Bausteine im selbst organisierten Planen

In den Jahren unserer praxisorientierten Projekt- und Gruppenprozesse lassen sich einige Bausteine herausfiltern, die sich für mich als sinnvoll und essenziell erwiesen haben. Sie sind sicherlich nicht vollständig und überschneiden sich.

15.4.1 Die innere Freude und Motivation wertschätzen

Unsere Sozialisation ist geprägt durch Belohnungs- und Bestrafungssysteme. Dadurch lernen wir, was „richtig" und was „falsch" ist und zerstören damit die intrinsische Motivation, bis wir ohne Lohn keinen Atemzug mehr tun. Der in den Wirtschaftswissenschaften bekannte Korrumpierungseffekt beschreibt das Ersetzen von intrinsischer Motivation durch extrinsische Anreize. Anschaulich wird es durch den sogenannten „Gummibäbcheneffekt":

Im Kindergarten werden spannende Geschichten erzählt. Anschließend dürfen die Kinder bunte Bilder zu dem Gehörten malen. Sie stürzen sich voller Begeisterung auf Papier und Stifte. Nun bekommt jedes Kind für jedes fertige Bild ein Gummibärchen. Zwei Charaktere werden erkennbar: Die Künstler*innen-Persönlichkeiten sind weiterhin mit der gleichen Motivation an ihren Bildern und nehmen die Belohnung als positiven Nebeneffekt hin. Die Unternehmer*innen-Persönlichkeiten hingegen malen flüchtig und lieblos weiter nach dem Motto "Punkt, Punkt, Komma, Strich – fertig ist das Mondgesicht". Die Bilder werden immer schneller dahingeschmiert und geradezu produziert. Nach kurzer Zeit türmen sie ihre verdienten Gummibärchen vor sich auf. Bald nehmen die zuvor in ihren Bildern vertieften Kreativen aus den Augenwinkeln die große Anzahl an Gummibärchen der anderen wahr. Nach und nach verlieren auch sie die Freude und die Begeisterung an ihren Werken. Sie fangen ebenfalls an, immer schneller Bilder abzuliefern, um möglichst viele Gummibärchen einzuheimsen. Nach einiger Zeit wird verkündet, dass die Gummibärchen aufgebraucht sind. Sofort verlieren sowohl die „Unternehmer*innen" als auch die „Kreativen" ihre Motivation. Die Einführung und Abschaffung eines Belohnungssystems haben aus einer begeisterten, freudvollen Rasselbande eine unmotivierte Gruppe gemacht – ohne, dass sich die Beschäftigung und Tätigkeit an sich geändert hätte.

Die Autorin und Dragon-Dreaming-Trainerin Ilona Koglin zieht eine Parallele zur „Erwachsenenwelt": „Erwerbsarbeit ohne ‚echten', inneren Antrieb erzeugt also einfach nur innere Leere, Sinnlosigkeit und irgendwie auch Traurigkeit."[3]

Bei all unseren Tätigkeiten können wir hinterfragen, wieso wir sie ausführen. Brenne ich dafür? Ist es das, was ich aus mir heraus in die Welt bringen möchte? Fühlt es sich lebendig und erfüllend an?

15.4.2 Bedürfnisse wahrnehmen und leistungsfreien Selbstwert schätzen

Organisationsteams sind keine Maschinen. Wir können Zeitpläne erstellen, doch nicht das Leben planen. Daher gilt es immer wieder zu reflektieren, ob die selbstgesetzte Zeitstruktur oder andere gewählte Faktoren Stress bedeuten und welche Bedürfnisse in der Gruppe sind. Einfühlsam miteinander umgehen ist nicht „effektiv", dafür umso nachhaltiger und trägt zur Resilienz sowohl des Gruppenprozesses als auch des Projekts selbst bei. Eine Befreiung vom effektivitätsgesteuerten Selbstoptimierungszwang führt dazu, dass wir Aufgaben spielerisch übernehmen und auch wieder abgeben, das heißt Verantwortung bedürfnis- und prozessorientiert annehmen und loslassen können. Das erfordert Konfrontation mit gesellschaftlichen und eigenen verinnerlichten Glaubenssätzen, laut derer wir nur anerkannt sind, solange wir etwas leisten.

Einen Perspektivwechsel können bereits simple Tools wie „Wie-geht's-mir?"-Runden erzeugen. Das heißt, sich in der Gruppe bewusst Zeit nehmen – sei es ein gesetztes Zeitfenster oder sogar mit „open end" – um sich über Gedanken und Emotionen der beteiligten Individuen auszutauschen. Hilfreich für das Projekt ist es, Ängste, Unsicherheiten, freudvolle und Aha-Momente in Bezug auf den Prozess zu hören. Noch zusammenschweißender wirkt es auf die Gruppe, wenn auch die ganz persönliche Situation geteilt werden kann. So wird ein Projektteam wirklich zu einem lebendigen System, einer Familie, die von- und miteinander

---

[3]www.fuereinebesserewelt.info/mach-mit-geldfrei-leben-das-experiment/ aufgerufen am 15.06.2018.

lernt, sich unterstützt und bereichert. Wichtig in solchen Runden ist die wertschätzende Grundhaltung und das aktive Zuhören (mehr dazu im Artikel „Gemeinschaft als Lernort für gelingende Kommunikation" von Jones Kortz).

15.4.3 Fehler einladen

Im Dragon Dreaming gibt es den Spruch *„Perfection is the Enemy of the Good"* und *„keep it playful"*. Nur durch Experimentieren können wir wachsen. Die Herausforderungen der Welt sind zu komplex, als dass wir perfekte Lösungen parat haben können. Das „Scheitern" ist immer Teil des Prozesses und erteilt uns mitunter sogar die besten Lehren.

15.4.4 Hierarchien abbauen

Seien es jene zwischen Organisator*innen und Teilnehmer*innen, jene innerhalb des Projektteams oder in anderen Konstellationen. Begegnung auf Augenhöhe machen es möglich, dass wir uns in unserem Menschsein treffen und dies bietet Raum für Verständnis statt Verurteilung oder Bewertung.

Gewisse Wissenshierarchien werden immer bestehen und ich sehe wenig Sinn darin, dass „alle alles" wissen sollen. Es darf durchaus Expert*innen geben. Es geht vielmehr darum, wie damit umgegangen wird. Ob ich bereit bin, meinen Wissens- und Erfahrungsschatz zu teilen, ob ich transparent mache, welche Aufgaben zu erledigen sind oder ob ich mich als „Expertin" in eine „Ich-mach's-allein-denn-ich-kann's-eh-am-besten-Mentalität" stürze, die leicht zu Verletzungen und Ausschluss führen kann.

Dazu gehört ebenfalls, Aufgaben nach Bedürfnissen, Fähigkeiten und Lernanliegen zu vergeben, nicht nach beruflicher Expertise à la *weil du Filmwissenschaften studiert hast, ist deine Aufgabe der Teaserdreh.*

Statt Expert*innentum zu heroisieren, können wir hierarchiearme Räume kreieren, in denen sich alle als Lernende und Wissende zugleich begreifen und auf verschiedenen Gebieten Erfahrungen teilen.

15.4.5 Sprache neu besetzen

Sprache prägt Wirklichkeit. Ein Beispiel ist das Wort „Arbeit", welches eher negativ konnotiert ist: *„Ich muss zur Arbeit."* Das belegt auch die nicht ganz eindeutige Wortherkunft: Laut Wikipedia ist der Begriff entweder verwandt mit dem indoeuropäischen „orbh" („ein zu schwerer körperlicher Tätigkeit verdungenes Kind") oder mit dem slawischen „robota" („Knechtschaft", „Sklaverei"). Schauen wir ins Alt- und Mittelhochdeutsche, überwiegt die Wortbedeutung „Mühsal", „Strapaze", „Not". Das französische Wort für Arbeit („travail") leitet sich von einem frühmittelalterlichen Folterinstrument ab.

Eigentlich sollte eine Arbeit eine sinnvolle Tätigkeit sein, die unser Überleben sichert und einen nützlichen Beitrag für die Gesamtgesellschaft darstellt. In selbstbestimmten Räumen übernehmen wir solche konnotierten Begriffe. Das allein führt nicht zu Überlastung oder gestresster innerer Einstellung, doch sicherlich trägt es einen Teil dazu bei. Durch bewusste Neubesetzung oder auch Ersetzung von Begriffen lässt sich Druck und Negativität herausnehmen.

Zum Beispiel wird in unserer Bewegung *arbeiten* oftmals zu *wirken* oder *wuppen*. Wieso gibt es *Deadlines,* wenn die Projekte durch diese Termine mit neuer Lebendigkeit gefüllt werden? – Sollte es nicht eher *Liveline* heißen? In selbstbestimmten Kontexten *müssen* wir nicht dies oder jenes tun, wir *können* oder *wollen* es – das zeigt die freie Entscheidungskraft, die dahintersteht.

15.4.6 Feiern und träumen

Eine der größten Herausforderungen, auch in unserer Bewegung, ist wohl, das Feiern und das Träumen einzuladen. Die Philosophie des Dragon Dreamings lädt dazu ein, Projekte und Gemeinschaftsprozesse in vier Phasen einzuteilen: träumen, planen, handeln, feiern. In unserer ziel- und leistungsorientierten Gesellschaft ist das wirklich nicht einfach. Uns wird beigebracht, dass das, was zählt, die Planungen und vor allem die konkreten Ergebnisse sind. Träumen wird als fantastische Spielerei, Wolkenkonstrukt oder albern abgestempelt. Feiern wird als irrelevant angesehen, denn „Arbeit macht keinen Spaß". Allerdings trägt das Träumen im Wesentlichen dazu bei, dass wir Feuer fangen für eine Idee und wirklich dafür brennen, ein Projekt umzusetzen. Werden alle Personen ins Träumen miteinbezogen, ist es ein hilfreiches Tool, um von Anfang an Hierarchien abzubauen: Alle Träume werden gehört, alle miteinbezogen. Es ist demnach nicht die fixe Idee einer Einzelperson, die im weiteren Verlauf Anweisungen zur Umsetzung delegiert, sondern der Traum aller, wodurch auch alle dazu beitragen wollen, dass er Realität werden kann.

Dragon Dreaming ist neben Philosophie auch Methodenkoffer, der unglaublich bereichernde Tools für eine prozessorientierte, spielerische, kreative Projektgestaltung bietet. Im Bereich des Träumens sorgt der Traumkreis für eben jenes Einbeziehen aller Ideen und Wünsche, die im Raum sind.

15.4.7 Raum für „inneren Wandel"

Jede Bewegung, jedes Projekt setzt sich aus Individuen zusammen und ist daher nur so reflektiert und bewusst wie die einzelnen Beteiligten. Vor allem die Konfrontation mit Glaubenssätzen zu Arbeit und Leistung fordert unsere Ängste, Unsicherheiten und Grenzen heraus. Wie „integral" eine Bewegung sein kann, hängt damit zusammen, wie viel Raum wir für Persönlichkeitsentwicklung und Selbstentfaltung lassen. Dürfen Emotionen und Konflikte, vielleicht sogar Traumata, Raum einnehmen, kann inneres Wachstum und Entfaltung des eigenen Selbst als auch jenes der Gruppe oder Gemeinschaft sprießen.

In linksorientierten oder wirtschaftlichen Kontexten erlebe ich von Zeit zu Zeit das Ablehnen von eben jenen Bewusstwerdungsprozessen des eigenen Selbst im Verhältnis zur Welt. Schnell wird alles, was in diese Richtung gehen könnte als „eso" abgestempelt. Für mich heißt radikale[4] Gedanken zu haben und Gesellschaft von unten neu gestalten zu wollen, nicht „hart" sein zu müssen. Ich kann zugleich emanzipatorisch sein und mich öffnen, Intuition und Verbundenheit einladen. Die sozialen Grundbedürfnisse sind bei uns allen die gleichen – Liebe, Anerkennung, Sicherheit, Orientierung, Autonomie und sinnvolles Tun. Um diese zu leben und daran zu wachsen, braucht es offene Räume, die inneren wie äußeren Wandel einladen.

In unserer Bewegung etabliert sich für die Verknüpfung von Radikalität mit liebevollem Miteinander der Begriff „liebevolle Radikalität".

15.5 Wieso „integrale" Tools verwenden nicht reicht – ein Plädoyer für die Systemfrage

Für den grundlegenden Aufbau eines anderen Miteinanders, einer zukunftsfähigen Welt, in der das *gute Leben* für alle möglich ist, reicht es nicht, andere Methoden anzuwenden.

Wir müssen Wachstum, Herrschaft und Ausbeutung hinterfragen. Alles andere ist nicht an der Ursache, der Wurzel, ansetzend und wird dazu führen, dass wir Ausbeutung unserer Selbst, anderer und der Mitwelt mit grünem und sozialen Anstrich leben. Die wachsende Ökobewegung zeigt, dass es ein kapitalismusinhärentes Instrument ist, sich alles anzueignen und zu dem Seinigen zu machen. Doch *Green Growth* ist ein Mythos.

Und genauso ist es ein Mythos zu glauben, große Unternehmen könnten allein durch die Anwendung „integraler" oder „agiler" Methoden zu Feen werden[5]. Es braucht einen System- und Strukturwandel, auf dessen Basis wir uns die Fragen der Suffizienz und Gerechtigkeit stellen: *„Was brauchen wir wirklich?"* und *„Wie kann ein gutes Leben für alle aussehen?"*

Ja, mit diesem Text möchte ich dazu inspirieren, unsere Kommunikation, Interaktion, unser Miteinander auf Projekt- und Gemeinschaftsebene anders zu leben. Ich befürworte das commonbasierte Teilen, was heißt, allen den Zugang zu Ressourcen – an

---

[4]Radikalität kommt von ‚radix', was Wurzel bedeutet. Radikal sein heißt somit ‚an der Wurzel ansetzend', also Gesellschaft grundlegend neu denken und gestalten.

[5]Fee=Fülle erzeugende Einrichtung, ein Begriff, den die Volkswirtin Dr. Friederike Habermann in ihrem Buch „Ecommony – UmCARE zum Miteinander" einführt: „Feen, die aus einer anderen Dimension – die unserem Blick nur verschlossen war – Wohlstand für alle zaubern, statt dass die Mehrheit auf den Wohlstand der wenigen schielen muss."

dieser Stelle Wissen und Erfahrung – zu ermöglichen. Zugleich möchte ich eine Einladung aussprechen: Lasst uns ausbeuterische Strukturen hinterfragen, Abhängigkeiten durchbrechen und Transformation statt Reformation leben! Eine andere Welt ist bereits dabei zu entstehen – sehen wir ihr ganzheitlich, liebevoll und radikal entgegen!

In diesem Sinne: *Not just talking about utopia, but living utopia!*

Literatur

www.dragondreaming.org

www.fuereinebesserewelt.info/mach-mit-geldfrei-leben-das-experiment/

Laloux F (2015) Reinventing Organizations – Ein Leitfaden zur Gestaltung sinnstiftender Formen der Zusammenarbeit. München (Vahlen).

www.issuu.com/whoopeeconnections/docs/dragondreaming

Habermann F (2009) Halbinseln gegen den Strom: Anders leben und wirtschaften im Alltag. Ulrike Helmer Verlag, Roßdorf

Habermann F (2016) Ecommony: UmCARE zum Miteinander. Ulrike Helmer Velrag, Roßdorf

Pia Selina Damm Wie sehen solidarische Gesellschaften von morgen und ‚gutes Leben' für alle aus? Wie kann ich selbstbestimmt leben? Das sind Fragen, die Pia bewegen und zu denen sie gern mit anderen Menschen Ideen austauscht und entwickelt.

2013 wurde ihr klar, dass sie ihr Leben nicht mit langweiligen Studieninhalten und fragwürdigen Lernmethoden füllen will und brach ihr Studium ab. Seitdem versteht sie sich als Lerndende und Aktivistin, die sich ihren Fokus selbst setzt.

Als Mitinitiatorin des Netzwerks living utopia gestaltete und begleitete sie in den letzten Jahren Mitmachräume für gesellschaftlichen Wandel.

Begleitet wird ihr Weg derzeit durch die Frage, wie Aktivismus verbunden mit Naturspiritualität gestaltet werden kann. Bewegt wird sie durch Orte, in denen Selbsterfahrung und emotionale Entwicklung Raum finden.

Pia begleitet Projekte und Menschen in ihrer Vewirklichung, schreibt, gärtnert, teamt FÖJ-Seminare und drückt ihre eigenen und kollektive Wandelprozesse mit ihrem Performancekollektiv lilith aus.

www.bildungskollektiv.de

www.livingutopia.org

fb.com/livingutopia.org

Die dominikanische Familie. Integral-evolutionäre Organisation seit 1216

16

Kerstin-Marie Berretz OP

16.1 Der heilige Dominikus – integral-evolutionäre Persönlichkeit

Am 22. Dezember 1216 unterzeichnet Papst Honorius III. in Rom die Bulle „Religiosam vitam" und bestätigte damit die Gründung einer Gemeinschaft von Kanoniker*innen[1] an St. Romanus in Toulouse. Am 21. Januar 1217 folgt dann, ebenfalls von Papst Honorius III., die Bulle „Gratiarum omnium largitori", in der die Predigt – die Verkündigung des Wortes Gottes – als Aufgabe der neuen Gemeinschaft bestätigt wird.[2] Mit diesen beiden päpstlichen Schreiben wurde bereits vor 800 Jahren von einer traditionell-konformistischen Organisation eine integral-evolutionäre Organisation bestätigt und anerkannt. Doch wer steckt hinter dieser integral-evolutionären Organisation und warum war es nötig, sie zu gründen?

---

[1]Anmerkung der Herausgeberinnen: Wir haben in diesem Text an vielen Stellen auf den femininen Zusatz -innen und teils auf das Gender-Sternchen verzichtet, da es sich – unserem heutigen Wissensstand nach – bei Lehrern, Theologen, usw. in der Tat, aufgrund der strukturellen Gegebenheiten der damaligen Gesellschaft, ausschließlich um biologische/sozialisierte/gelesene Männer handelte. Wir fügen dennoch teilweise das Sternchen an, um darauf hinzuweisen, dass wir uns z. B. kein Urteil über das echte Geschlecht der Personen bilden können und sich gerade auch in früheren Zeiten Menschen anpassen und unsichtbar machen mussten, um in gesellschaftlichen Strukturen zu überleben. Zudem wissen wir, dass historische Texte nicht neutral sind, sondern diejenigen die Geschichte schreiben, die dazu in der Lage sind.

[2]Vgl. Wolfram Hoyer 2002, FN 62.

K.-M. Berretz OP (✉)
Oberhausen, Deutschland
E-Mail: Sr.KerstinMarie@suchen-finden-gehen.com

© Springer-Verlag GmbH Deutschland, ein Teil von Springer Nature 2019
H. Parnow und P. Schmidt (Hrsg.), *Zusammen arbeiten, Zusammen wachsen, Zusammen leben*, https://doi.org/10.1007/978-3-662-58965-6_16

Gründungsfigur und Namensgeber der Gemeinschaft ist Domingo de Guzmán Garcés, eingedeutscht Dominikus, der um 1170 in Nordspanien in eine wohlhabende Familie hineingeboren wird. Im Alter von 14 Jahren wird er nach Palencia geschickt, um dort die sieben freien Künste und anschließend Theologie zu studieren.[3] Was für ein besonderer Mensch Dominikus ist, zeigt sich schon anhand einer Legende aus seiner Studienzeit: In Palencia brach eine Hungersnot aus, von der natürlich ganz besonders die Armen betroffen waren. Aus Mitleid mit ihnen verkaufte Dominikus seine Bücher – damals ein unendlich kostbarer Besitz – und verteilte den Erlös unter den Armen. Denn, so ein Ausspruch aus den Akten zum Heiligsprechungsprozess: „Ich will nicht über toten Häuten studieren, während Menschen vor Hunger sterben."[4] Durch sein Beispiel angeregt, folgten ihm Lehrer* und andere Theologen* und spendeten den Armen ebenfalls Geld, um sie so vor der Hungersnot zu bewahren.[5]

Der junge Mann handelt hier also ganz aus einer inneren Stimmigkeit heraus, in der er sich selber treu sein will und eine große Sensibilität für die Situation entwickelt, in der etwas falsch läuft – nämlich die mangelhafte Nahrungssituation für die Bewohner*innen der Stadt – und die ihn dazu auffordert, authentisch zu handeln, auch wenn es verrückt zu sein scheint, die kostbaren Bücher, die für das Studium benötigt werden, zu verkaufen.[6] Diese Haltung ist typisch für Dominikus und wird in seinem Leben immer wieder deutlich.

Mit Ende 20 wird der Theologe Regularkanoniker. Das heißt, er schließt sich einer Gruppe von zumeist Priestern an, die im Schatten einer Stiftskirche nach einer Ordensregel und unter den Ordensgelübden leben, jedoch keine Mönche sind. Hier, so heißt es, verbringt er Tag und Nacht im Gebet, aber nicht, um für sein eigenes Heil zu beten, sondern er denkt im Gebet immerzu an die Menschen, denen es aus verschiedenen Gründen schlecht geht und leidet mit ihnen.[7]

Zu Beginn des 13. Jahrhunderts reist Dominikus mit dem Bischof seiner Stiftskirche nach Südfrankreich. Hier begegnet er unzähligen Menschen, die Katharer*innen sind.[8]

---

[3]Vgl. ebd., S. 31.

[4]Ebd. FN 19.

[5]Vgl. ebd., S. 34.

[6]Vgl. Laloux (2015, S. 44).

[7]Vgl. Hoyer: Jordan, S. 35.

[8]Die Katharer*innen verstanden sich selber als Christ*innen, allerdings lehnten sie große Teile der christlichen Lehre ab: So bezeichneten sie das Alte Testament, den ersten Teil der Bibel, als Teufelswerk, kannten keine Taufe, was aus christlicher Sicht jedoch die Aufnahme in die Gemeinschaft der Kirche ist, leugneten, dass die Schöpfung gut ist, lehnten den Glauben daran ab, dass Jesus Christus wirklich Mensch und Gottes Sohn war und am Kreuz wirklich starb. Die Glaubenspraxis wurde bei den Katharern sehr streng gehandhabt: Immer ging es um strenge Askese, zu der auch gehörte, sich vegan zu ernähren, weil alles Leibliche als Böse galt und es vermieden werden sollte, dieses Böse in sich aufzunehmen. Ebenso verwarfen die Katharer Geschlechtsverkehr, um rein zu bleiben und fasteten, als höchste Stufe der Askese, bis zum Tod. Besonders die Trennung zwischen der bösen Welt und dem guten Himmel, in den die Seele gebracht werden muss, widersprechen der christlichen Auffassung von Welt und Schöpfung. Vgl. Paul D. Hellmeier (2007, S. 32 ff.).

Und auch hier ereignet sich wieder eine typische Geschichte: Auf der Reise nach Norden übernachten Bischof Diego und Dominikus in einer Gaststätte, deren Wirt auch ein Katharer ist. Aber Dominikus wendet sich nicht ab von seinem Gastgeber oder lässt ihn links liegen, sondern er diskutiert mit ihm die ganze Nacht lang, um ihn davon zu überzeugen, dass die Katharer*innen das Evangelium falsch auslegen, dass der katholische Glauben wahr ist und Leben in Fülle bietet.

Es heißt weiter, dass der Wirt in den frühen Morgenstunden der Weisheit und dem Geist des Gastes nicht mehr widerstehen konnte und sich zum katholischen Glauben bekehrte.[9] Und hier scheint schon das Charisma des hl. Dominikus auf: Er ist so erfüllt von dem, was er im Gebet erfahren hat, dass er gar nicht anders kann, als mit den Menschen, denen er begegnet, in einen Dialog einzutreten und ihnen davon zu erzählen.

So wundert es auch nicht, dass Dominikus und Diego, als sie noch einmal auf die Angelegenheit mit den Katharer*innen stoßen, tun, „was eben getan werden musste".[10] Ihr Anliegen ist es, die Anhänger der Katharer*innen, die oftmals wenig von der Lehre wissen, sondern in erster Linie von der strengen Lebensweise beeindruckt sind, mit ihrem eigenen guten Beispiel zu überzeugen. Das bedeutet, dass sie von nun an selber arm und diszipliniert leben und so den Glauben verkünden.[11] Eine besondere Rolle spielen dabei öffentliche Streitgespräche mit den Katharern, damit alle die Möglichkeit haben, die Argumente und Ansichten der jeweiligen Parteien zu hören und so mehr über sie zu erfahren. All das zeigt, dass Dominikus und Diego Personen sind, die die Zukunft nicht vorhersagen und kontrollieren, sondern sich darauf einlassen und darauf hören, was jetzt werden will und wie sie dienen können.[12]

Nach dem Tod Diegos steht Dominikus vorerst alleine da, kann jedoch Männer* gewinnen, die sich ihm und seiner Idee der Predigt anschließen. Und so beginnt der spätere Predigerorden zu wachsen und erhält schließlich im Jahr 1215 eine gewisse Form, als der Bischof von Toulouse, Fulko, die Gruppe der Männer* als eine Organisation in seiner Diözese etabliert.[13] Mit der bereits erwähnten Bulle von Papst Honorius III. und einer weiteren aus dem Jahr 1218 sind Dominikus und die ersten Brüder frei, sich nicht nur innerhalb der Diözese Toulouse niederzulassen, sondern können überall auf der Welt wirken im Sinne ihres Gründungsauftrages. Und so sendet Dominikus seine Brüder bereits im Jahr 1217 aus, um an neuen Orten Gemeinschaften zu gründen. Besonders attraktiv sind Städte wie Paris, an denen es Universitäten gibt. Dominikus ist es ein großes Anliegen, eine gute Grundlage für die Predigt gegen die Irrlehren der Zeit zu schaffen.[14]

---

[9]Vgl. Hellmeier: Dominikus, S. 29 f.

[10]Ebd., S. 38.

[11]Vgl. Hoyer: Jordan, S. 41 f.

[12]Vgl. Laloux: Organizations, S. 55.

[13]Vgl. Hellmeier: Dominikus, S. 49.

[14]Vgl. Hoyer: Jordan, S. 57 f.

Unter den Mitgliedern der Universitäten findet die junge Gemeinschaft großen Anklang, sodass sich ihr immer mehr Männer* anschließen.[15] Dominikus legt auch für die wachsende Gemeinschaft Wert auf die Armut als Mittel zum Zweck. Sie ermöglicht den Predigern ein hohes Maß an Flexibilität und, wie bereits bei den Katharern erlebt, vermittelt sie den Menschen ein hohes Maß an Glaubwürdigkeit, da Jesus selber arm lebte und die Prediger in seiner Weise leben und von ihm erzählen wollen.

Im Mai 1220 versammelt Dominikus Vertreter*in der einzelnen Häuser zu einem ersten Generalkapitel. Hier sollen die Brüder selber die Struktur der jungen Gemeinschaft erarbeiten, die bislang vor allem durch ihren Gründer zusammengehalten wird. Um aber einen inneren Zusammenhalt zu bilden, der unabhängig von Dominikus ist, ist es notwendig, dass die Gemeinschaft eine Struktur findet.[16]

In den ersten Jahren findet das Generalkapitel jährlich an Pfingsten statt, während sich die regionalen Versammlungen, die Provinzkapitel im September treffen. So kann immer neu auf den Sinn und die Entwicklung der Gemeinschaft geschaut werden.

Während der Orden wächst, unternimmt Dominikus weitere Reisen durch Italien. Dabei kommt er in Kontakt mit verschiedenen Nonnen und hilft einer jungen Frau, Diana von Andalò, dabei, ein neues Kloster zu gründen.[17] Auf seinen Reisen, so die Aussagen seiner Brüder, predigt Dominikus nicht in außergewöhnlicher Weise, sondern er spricht mit allen, die er unterwegs trifft, über Gott.[18]

Am 6. August 1221, im Alter von ungefähr 47 Jahren, stirbt Dominikus im Kreis seiner Brüder in Bologna. Sein letzter Wunsch ist es, im Haus der Gemeinschaft zu sterben, um anschließend dort, unter den Füßen der Brüder begraben werden zu können. Kurz vor seinem Tod sagt er zu ihnen, dass er nach seinem Tod nützlicher für sie sein werde als zu seinen Lebzeiten, wenn er im Himmel bei Gott die Anliegen seiner Brüder und Schwestern vortrage.[19]

Jordan von Sachsen, sein Nachfolger als Ordensmeister, schreibt über Dominikus:

> „Alle Menschen nahm er im reichen Schoß seiner Liebe auf, und da er alle schätzte, wurde er von allen geliebt. Er machte es sich zu eigen, sich zu freuen mit den Fröhlichen und zu weinen mit den Weinenden, da er reich an Güte war und ganz in der Sorge um die Nächsten und im Mitleid mit den Unglücklichen aufging. Auch das machte ihn bei allen sehr beliebt, dass er nämlich einen geradlinigen Weg ging und niemals in Wort oder Tat auch nur eine Spur von Doppelzüngigkeit oder Heuchelei zeigte."[20]

---

[15]Vgl. Hellmeier: Dominikus, S. 67.

[16]Vgl. ebd., S. 70.

[17]Vgl. ebd., S. 74 f.

[18]Vgl. ebd., S. 79.

[19]Vgl. Hoyer: Jordan, S. 76.

[20]Ebd., S.82.

16.2   Ein Baum mit vielen Ästen – die dominikanische Familie

Auch nach dem Tod des Gründers wächst die Gemeinschaft weiter wie ein Baum mit vielen Ästen, ohne sich zu spalten oder ihren Grundauftrag aus dem Blick zu verlieren. Fehlentwicklungen im Laufe der Jahrhunderte konnten korrigiert und reflektiert werden, sodass gesagt werden kann, dass die Familie eine Organisation ist, die aus ihrem Sinn heraus handelt. Aus welchen Teilen sie besteht und welche Methoden und Techniken sie pflegt, um eine integral-evolutionäre Organisation zu sein, soll an dieser Stelle aufgezeigt werden. Noch bevor der hl. Dominikus die Gemeinschaft der Brüder von Papst Honorius III. bestätigen ließ, gründete er im Jahr 1206 ein Frauenkloster in Prouille in Frankreich, um den bekehrten Katharer*innen eine neue Heimat zu geben.[21] Gleichzeitig war es wohl in den ersten Jahren nach seiner Gründung auch ein Stützpunkt für die predigenden Brüder, an dem sie einkehren und Gemeinschaft leben konnten, da die Schwestern als fromme Frauen immer an diesem Ort waren und das Gebet pflegten.[22] Die Schwestern waren von ihrer Herkunft her Frauen, die als Katharer*innen ein strenges asketisches Leben gepflegt hatten. Die Lebensweise behielten sie bei, lösten sich jedoch von den Annahmen der Katharer*, dass z. B. die materielle Welt schlecht und zu überwinden sei. Auch wenn sie nicht, wie die Brüder, zur Predigt in die Welt gesandt wurden, leisteten sie, in den Augen ihres Gründers, einen wichtigen Dienst für die Brüder: Durch ihr Gebet unterstützten sie das Wirken der Männer, auch indem sie um weitere Berufungen beteten, damit der Orden wachsen könne.[23]

Auch heute gibt es 2500 klausurierte Schwestern des, obwohl zeitlich vor der Gemeinschaft der Brüder gegründeten, zweiten Ordens, deren Hauptaufgabe das Gebet ist und die so Anteil haben am Auftrag der Verkündigung des Wortes Gottes. Sie sind zwar rechtlich dem Ordensmeister, also dem Bruder, der für die Dauer von neun Jahren als Leiter des Ordens gewählt wurde, unterstellt, sind aber faktisch verantwortlich für sich selber und ihre Belange. Ganz nach dem integral-evolutionären Prinzip, nach dem Entscheidungen im Kreise derer gefällt werden, die davon betroffen sind.

Als erster Zweig des Ordens werden heute die 5500 Brüder genannt, die auf allen Kontinenten in 82 Ländern in 42 Provinzen zusammenleben. Die Provinz ist die Organisationseinheit, in der Leben und Aufgaben der jeweiligen Region bedacht und erspürt wird. In ihr sind die Konvente und Häuser zusammengefasst. Hier entscheiden die Brüder, wer die jeweilige Provinz leitet und was ihre Schwerpunktaufgaben sind. Prinzipiell kann eine Provinz verglichen werden mit einem Team bei Buurtzorg (Laloux), das selber entscheidet, welche Patienten neu aufgenommen werden, wer eingestellt wird und in welchem Bereich Fortbildungen sinnvoll sind.[24] In Deutschland z. B. gibt es derzeit zwei Provinzen: die Provinz Teutonia im norddeutschen Bereich und die Provinz vom hl. Albert, die Süddeutschland und Österreich umfasst.

---

[21]Vgl. Hellmeier: Dominikus, S. 5.

[22]Vgl. ebd., S. 13.

[23]Vgl. ebd., S. 134.

[24]Vgl. Laloux: Organizations, S. 71 f.

Als dritter Zweig des Ordens sind die 24.000 Schwestern zu nennen, die Mitglieder in verschiedenen Kongregationen sind. Das bedeutet, dass Gruppen von Schwestern eine eigene Gemeinschaft bilden, die mehrere Häuser auf der ganzen Welt haben kann. Sie sind eigenständig und entscheiden in ihren Gemeinschaften über ihren Sinn und Auftrag, sie sind verantwortlich für ihr Leben, für ihre Mitglieder und für die Orte, an denen sie wirken. Zwar unterstehen sie rechtlich nicht dem Ordensmeister, sondern sind ganz eigenständige Organisationen, die aber über verschiedene Netzwerke mit dem Orden verbunden sind und als ein Zweig am Baum des Ordens angesehen werden. Im deutschsprachigen Raum sind die Schwestern Mitglieder von 24 verschiedenen Kongregationen, die unterschiedlich groß sind und unterschiedlich lange bestehen.[25]

Die Schwestern der Kongregationen sind überwiegend tätig in den Bereichen Caritas, Bildung, Erziehung, Pflege oder Mission. Sie haben so einen besonderen Anteil an der Verkündigung des Wortes Gottes.[26]

Neben den genannten Zweigen des Ordens sind ebenfalls die weltweit rund 120.000 dominikanischen Laien zu nennen. Hier schließen sich Männer und Frauen zusammen, die in ihrem gewohnten Umfeld leben und arbeiten. Sie fühlen sich vom Ideal des hl. Dominikus angezogen und sind auf ihre Weise Träger der Aufgabe des Ordens in Gebet, Studium und Predigt.[27] Sie haben eine eigene Regel und sind in ihren Entscheidungen eigenständig, sodass es auch hier viele unterschiedliche Gruppierungen und Engagements gibt.

Alle vorgestellten Zweige bilden gemeinsam die Familie des Dominikanerordens und predigen auf ihre Weise. Jeder Zweig, jede Gemeinschaft, jede Gruppierung muss jedoch jeweils neu und in ihrer Situation herausfinden, was es bedeutet, heute und in der jeweiligen Situation Prediger*in zum Heil der Menschen zu sein.

Die Struktur des Ordens, die sich schon auf den ersten Generalkapiteln herausbildete, wird bestimmt von der Ansicht, dass die Gemeinschaft ein Personalverband ist. Deswegen liegt das Hauptaugenmerk auf der Versammlung der Mitglieder auf den jeweiligen Ebenen – lokal, regional und weltweit. Dabei gibt es, besonders im Blick auf die Brüder, drei Instanzebenen: den Konvent, wo sich das Alltagsleben abspielt, die Provinz, wo mehrere Niederlassungen zusammengefasst sind, und die Weltebene. Alle drei Ebenen sind mit einer doppelten Leitung ausgestattet: Der jeweilige Obere, also der Ordensmeister, der Provinzial oder der Prior hat jeweils ein Gremium an seiner Seite, das aus gewählten Repräsentanten des ganzen Ordens, der jeweiligen Region oder aus allen Mitbrüdern eines Hauses besteht.[28]

---

[25]Alle Zahlen vgl. www.domradio.de/nachrichten/2015-11-07/predigerorden-der-dominikaner-beginnt-weltweite-800-jahr-feiern.

[26]Vgl. Sara Böhmer: „TAME THE DRAGON: DOMINICAN SISTERS PREACHING", A talk given on October 12 2016, www.ai.edu/goanddo.

[27]Vgl. Klaus Bornewasser: Dominikanische Laien von 1285 bis heute. Dominikanerinnen und Dominikaner „in der Welt", www.laiendominikaner.de.

[28]Vgl. Hoyer: Jordan, S. 217 ff.

Die Tatsache, dass die jeweiligen Verantwortlichen nur für eine bestimmte Zeit gewählt sind, bedeutet auch, dass es sich hierbei nicht um einen Karriereschritt handelt, da die Person nach der Zeit wieder ein normales Mitglied ist. Besonders im Blick auf die Ebene des Hauses wird deutlich, dass jede*r gefragt ist, sich einzubringen.

Als Voraussetzung dafür kann der Satz Thomas von Aquins, eines Dominikaners aus dem 13. Jahrhundert, zitiert werden: „Contemplari et contemplata aliis tradere." Dahinter steht, dass Dominikanerinnen und Dominikaner ein umfassendes Studium betreiben, um dann das, was sie in der Betrachtung erkannt haben, an die anderen weiterzugeben. Unter „contemplari" ist also zum einen ein wissenschaftliches Studium in unterschiedlichen Weisen zu verstehen. Das meint nicht nur ein akademisches Studium, sondern schließt auch Ausbildungen und Fortbildungen in anderen Bereichen ein. Dominikus selber sah das lebenslange Studium als notwendig an, damit die Mitglieder des Ordens eine gewisse persönliche Reife erreichen konnten, was die Voraussetzung für eine gute Predigt war und ist.[29]

Zum anderen ist unter dem Begriff „contemplari" aber auch das Studium und die Meditation der Bibel zu verstehen, die Grundlage der Tätigkeit des Ordens ist. Gleichzeitig trägt die Meditation dazu bei, dass jede*r Einzelne immer mehr zu sich selber findet und zu dem wird, als der*die er*sie von Gott gedacht wurde. Darüber hinaus ermöglicht die Meditation, immerzu mit dem Sinn der Gemeinschaft in Verbindung zu sein. Weil unter „Kontemplation" im dominikanischen Sinn nicht nur die klassische Meditation zu verstehen ist, sind als Grundlage für die Predigt auch die gemeinsamen Handlungen zu nennen, die dabei helfen wollen, zur Ganzheit zu gelangen.[30] Das sind die gemeinsamen strukturierten Gebete, zu denen zu den jeweiligen Tageszeiten die Brüder und Schwestern zusammenkommen, das sind die gemeinsamen Gottesdienste, Mahlzeiten und die Zeiten der Erholung, in denen die Möglichkeit besteht, sich miteinander auszutauschen, ohne dass bestimmte Punkte einer Tagesordnung behandelt werden müssen. Dazu zählen auch die Exerzitienzeiten, in denen sich die Mitglieder aus ihrem Alltag zurückziehen, um über einen gewissen Zeitraum darüber nachzudenken und zu beten, was Gott jetzt von ihnen will und inwiefern die Gemeinschaft zu diesem Zeitpunkt angesagt ist. Dabei kommt es auf jede*n Einzelne*n an und jede*r ist gefragt, sich und das, was er*sie erkannt hat, einzubringen. Ganz wie von Laloux beschrieben, kann jedes Mitglied des Ordens sich aufgrund der dezentralisierten Macht für das engagieren, was ihm jetzt als besonders dringend angezeigt zu sein scheint.[31] Ähnlich wie in den beschriebenen integral-evolutionären Organisationen ist der entscheidende Schritt, dass sich die jeweiligen mit denen auseinandersetzen und beraten, die vom geplanten Engagement betroffen sind. So geben die Mitglieder der Ordensfamilie weiter, was sie in Studium und Kontemplation erkannt haben. Diese Weitergabe besteht jedoch nicht nur in

---

[29]Vgl. Hellmeier: Dominikus, S. 124.

[30]Vgl. Laloux: Organizations, S. 175.

[31]Vgl. ebd., S. 174.

der klassischen Predigt in der Kirche. Vielmehr ist damit das Wirken für die Menschen gemeint. Die klassische Sonntagspredigt ist eine Möglichkeit, zum Heil der Menschen zu wirken, darüber hinaus gibt es aber noch unzählige weitere Felder, die sich auch auf praktische Tätigkeiten wie Unterrichten, Krankenpflege usw. beziehen. Wichtig ist immer, dass es darum geht, etwas für den*die andere*n zu tun, ihn*sie bei seiner*ihrer Suche nach Ganzheit und Wahrheit zu unterstützen. Das sieht – verständlicherweise – in den verschiedenen Zweigen des Ordens und an den verschiedenen Orten der Welt je unterschiedlich aus. Ein Beispiel dafür ist jedoch das internationale Kolloquium zur dominikanischen Predigt.

16.3   The Way of the Dominican Preacher: Go and Do likewise!

„Entweder wir treten auch zurück, oder wir reichen die Fackel weiter." Mit diesen Worten reagierte der US-amerikanische Dominikaner Greg Heille OP auf den Rücktritt von Papst Benedikt XVI. am 28. Februar 2013. Er richtete sie an den deutschen Dominikaner Manfred Entrich OP, mit dem er zum Zeitpunkt des Rücktritts durch Deutschland reiste.

Greg Heille war als Vertreter des „Aquinas Institute of Theology" nach Deutschland gekommen, um mit Manfred Entrich vom „Institut für Pastoralhomiletik" die Freundschaft der beiden Institute, die sich der Förderung der Predigt verschrieben haben, zu pflegen. Der bis dahin undenkbare Rücktritt des Papstes wurde für die beiden Dominikaner ein Impuls, über den Sinn der beiden Institute und ihrer Verbindung nachzudenken, da beide Brüder bereits älter als 60 Jahre alt waren und sich Gedanken über ihre Zukunft machten. So wurde diese Zugfahrt der Ausgangspunkt einer neuen Vergewisserung der beiden Institute und eines Neuaufbruchs.

War vor allem das Deutsche Institut für Pastoralhomiletik bis dato auf nationaler Ebene in der Fort- und Ausbildung von Schwestern und Brüdern tätig gewesen, so erfolgte nun der Schritt auf internationaler Ebene: die Idee, ein internationales Kolloquium zur dominikanischen Predigt im Jubiläumsjahr des Ordens zu veranstalten. Auf diese Weise sollte das 800-jährige Jubiläum des Prediger*innenordens gefeiert werden und ein Schritt in Richtung eines internationalen Netzwerks zur Förderung der dominikanischen Predigt in der katholischen Kirche gegangen werden. Wie in integral-evolutionären Organisationen üblich, war es für die Entscheidung, ein solches Kolloquium abzuhalten, nicht nötig, die Genehmigung des Ordensmeisters einzuholen. Stattdessen wurde, wie bereits bei Laloux dargestellt, das Vorhaben in den Instituten und den jeweiligen Provinzen vorgestellt und beraten. Ein Organisationskomitee wurde gebildet, zu dem anfangs Brüder und Schwestern aus den USA und Deutschland gehörten. Durch das besondere Engagement eines einzelnen Bruders – auch hier ohne die Anweisung eines Vorgesetzten – in Asien und im Pazifik konnte mit Clarence Marquez OP auch „The Institute of Preaching" der philippinischen Provinz als Mitveranstalter gewonnen werden. Nach integral-evolutionärer Weise wurde im Kreis der Organisatoren darüber beraten, dass es gut sei, wie Greg Heille immer wieder betonte, das Vorhaben auf einem dreibeinigen Hocker zu platzieren als Ausgangspunkt zur Erweiterung des Netzwerkes.

In der Zeit der Vorbereitung wuchs vieles organisch. Je eine Schwester aus Deutschland und den USA stieß zum Organisationskomitee dazu und es zeigte sich während des europäischen Vorbereitungstreffens und im Nachgang eine weitere gemeinsame Vision: Das Kolloquium im Oktober 2016 sollte nicht eine einmalige Veranstaltung bleiben, sondern es wurde deutlich, dass weitere Treffen – weltweit und regional – richtig und sinnvoll wären. Die europäischen Brüder und Schwestern der Vorbereitungsgruppe erarbeiteten einen Plan, nach dem weitere Treffen stattfinden könnten und stellten ihn den Mitgliedern der anderen Regionen vor. Diese stimmten dem Plan zu, sodass er während des Kolloquiums allen Teilnehmenden vorgestellt und beraten werden konnte. Die große Zustimmung aller Brüder und Schwestern zeigte, dass der Gedanke keinesfalls abwegig war oder lediglich eine Idee des Organisationskomitees. Diese Erfahrung war ähnlich der Erfahrungen, die Laloux z. B. von Jos de Blok und Buurtzorg berichtet: Es ist nicht nötig, eine Entscheidung allein zu treffen, sondern im gemeinsamen Nachdenken und durch die Rückmeldungen der Betroffenen wird deutlich, wohin der Weg gehen wird.

Dass diese und weitere Initiativen nicht beliebig sind, zeigt das große Interesse der Kurie in Rom sowie die Teilnahme des Ordensmeisters und weiterer Mitglieder der Kurie. Es ist jedoch nicht nötig, besondere Genehmigungen oder Ähnliches einzuholen, da sich zeigen wird, was von Gott gewollt ist bzw. was dem Sinn des Ordens entspricht. Was nicht sinnvoll ist, auch dies eine Erfahrung, die Laloux an mehreren Stellen beschreibt, wird nicht groß werden. Und so kamen vom 10.–14. Oktober 2016 61 Brüder und Schwestern aller Zweige des Ordens aus 22 verschiedenen Ländern nach St. Louis, USA, um gemeinsam der grundlegenden Sendung des Ordens, der Verkündigung des Wortes Gottes, nachzuspüren.

Auch während des Kolloquiums selber zeigte sich die Offenheit für das, was da ist. Im Vorfeld waren alle Teilnehmerinnen und Teilnehmer eingeladen worden, in einem Workshop ihre Erfahrungen mit dominikanischer Predigt zu präsentieren und zur Diskussion zu stellen. Dabei waren nicht bestimmte Brüder und Schwestern ausgesucht oder bestimmt worden, sondern jede*r, der*die etwas beitragen wollte, war dazu eingeladen. Das bedeutete für das Vorbereitungskomitee jedoch auch eine gewisse Herausforderung: Die ursprünglich gedachte Anzahl von Workshops wurde nicht erreicht, auch, weil einige Teilnehmer*innen, die einen Workshop anbieten wollten, relativ kurzfristig absagen mussten und nicht kommen konnten. Im Nachhinein stellte sich heraus, dass die Anzahl der Angebote an zwei Tagen des Kolloquiums völlig ausreichend war. Kein Workshop war überfüllt, keiner musste mangels Teilnehmer*innen ausfallen.

Gleichzeitig trafen sich die Brüder und Schwestern aus Lateinamerika spontan während des Aufenthaltes in St. Louis, um sich über ihre Erfahrungen auszutauschen und etablierten so, in Rückbindung an die Vorbereitungsgruppe – also ganz nach dem evolutionären Modell, nach dem etwas mit den Personen entschieden wird, die es betrifft – einen weiteren Workshop.

Eine „kraftvolle Stimmung"[32] wurde während des Kolloquiums befördert, indem gemeinsam Gottesdienste gefeiert wurden. Jeder Tag begann mit dem Morgengebet in der Kapelle des Tagungsortes. Es folgten am Mittag oder Abend ein Gottesdienst mit Eucharistiefeier und abends das Abendgebet. Die beiden letztgenannten Gebetszeiten waren außerdem verbunden mit einer Predigt von einer*einem Teilnehmer*in des Kolloquiums. Auf diese Weise wurden alle dazu eingeladen, auf den Sinn der Organisation bzw. des Ordens und der Veranstaltung zu hören.[33] Nicht nur im gesprochenen Wort der Predigt, sondern auch im gemeinsamen Beten der Psalmen und in der Eucharistie, der großen Danksagung. An diesen Stellen des Tages wurden die Herzen der Teilnehmenden weit für den Sinn der Gemeinschaft, aber ganz besonders auch für die eigene Verbindung mit dem Orden, mit dem Ordensgründer Dominikus und letztendlich mit dem dreifaltigen Gott, den die Gemeinschaft verkündet. Hier geschah ganz besonders, was Fr. Bruno Cadoré in seiner Rede während des Kolloquiums betonte: Als Prediger müssen wir Gemeinschaften des Hörens sein, um auf die Brüder und Schwestern zu hören und darauf zu hören, wie andere das Wort Gottes verstehen.[34]

Nach dem Ende der Veranstaltung konnte gesagt werden, dass das Kolloquium zur dominikanischen Predigt durch und durch integral-evolutionär war. Sowohl in Vorbereitung und Durchführung, aber auch in dem, was daraus wurde: Kein vorher festgelegter Plan, sondern im gemeinsamen Hören und Spüren auf die Zeichen der Zeit wurde die Idee des „Dominican Preaching Network" geboren, ein Netzwerk von Brüdern, Schwestern und Laien auf der ganzen Welt, die sich in besonderer Weise der Predigt verschrieben haben und das nun wachsen kann und gestaltet werden muss durch die einzelnen Mitglieder. Ein Workshop während des Kongresses „The Mission of the Order: Sent to preach the Gospel" zum Abschluss des 800-jährigen Jubiläums des Dominikaner*innen-ordens brachte weitere Interessierte zusammen und konnte dazu beitragen, weitere Themenfelder und Bedürfnisse zu eruieren.

Die Fackel, von der Greg Heille im Februar 2013 sprach, wurde weitergegeben und nun heißt es: To be continued.

Literatur

Böhmer S: „TAME THE DRAGON: DOMINICAN SISTERS PREACHING", A talk given on October 12, 2016, www.ai.edu/goanddo

Bornewasser K: Dominikanische Laien von 1285 bis heute. Dominikanerinnen und Dominikaner „in der Welt". www.laiendominikaner.de/dominikanische-laien-von-1285-bis-heute/. Zugegriffen: 10. März 2017

---

[32]Vgl. ebd., S. 220.

[33]Vgl. ebd., S. 220 f.

[34]Bruno Cadoré 2016

Cadoré B: „DOMINICAN PREACHING TODAY: A RENEWED MISSION OF EVANGELIZA-
TION", A talk given on October 11, 2016, www.ai.edu/goanddo

Paul D (2007) Hellmeier: Dominikus begegnen. St. Ulrich, Augsburg

Hoyer W (Hrsg) (2002) Jordan von Sachsen. Von den Anfängen des Predigerordens. Benno,
Leipzig

Laloux F (2015) Reinventing Organizations: Ein Leitfaden zur Gestaltung sinnstiftender Formen
der Zusammenarbeit. Kindle Aufl. Franz, München

Sr. Kerstin-Marie Berretz OP ist Arenberger Dominikanerin und lebt im Kloster in Oberhausen. Als katholische Ordensfrau fragt sie sich selber immer wieder nach dem Sinn ihres Lebens und ihrer Gemeinschaft. Dabei hat sie im Lauf der Jahre entdeckt, dass das Leben im Orden eine immense Freiheit schenkt. Daher arbeitet die Theologin als Berufungscoach und Coach, um andere Menschen dabei zu unterstützen, ihren ganz eigenen Sinn für ihr Leben zu entdecken und zu integrieren. Denn sie ist überzeugt: Wer die eigene Berufung entdeckt und lebt, wird frei und glücklich.

www.suchen-finden-gehen.com

Gemeinschaft X.0 – wie sich Gemeinschaften aus der Konsensfalle hinausbewegen und ein höheres Potenzial verwirklichen

17

François Michael Wiesmann

17.1 Die Gesamtfrage auf einen Blick

Ich habe 25 Jahre in Gemeinschaften und gemeinschaftsähnlichen Kontexten gelebt und arbeite seit 17 Jahren als Berater und Trainer u. a. von Gemeinschaftsprojekten.

Im Laufe dieser Zeit habe ich beobachtet, dass bestimmte Fragestellungen immer wieder auftauchen und auch in allen Gemeinschaftsprojekten ähnlich auftauchen – und es sieht so aus, als ob an diesen Stellen die Entwicklung nicht weitergeht. So wird es auch von den meisten Gemeinschaftsmitgliedern erlebt. Diese Situation nenne ich die Konsensfalle. Ich werde gleich genauer erläutern, was ich damit meine. Es scheint mir, dass an dieser Stelle ein systemimmanenter Widerspruch aufzulösen ist. Das würde einem Bewusstseinssprung gleichkommen. Für diejenigen, denen Modelle für Bewusstseinsentwicklung wie z. B. Spiral Dynamics vertraut sind, entspricht das, was jetzt ansteht, dem Übergang von Grün nach Gelb, von 1st Tier zu 2nd Tier. Das bedeutet Betreten einer völlig neuen Ebene und geht mit anderen Grundannahmen über die Wirklichkeit einher. Dadurch entstehen ungeahnte neue Möglichkeiten und Perspektiven. Ich versuche im Folgenden die Ausgangslage zu beschreiben und den anstehenden Wechsel zu erfassen. Ich gehe auch der Frage nach, welche Haltungen, Methoden und Praktiken dazu beitragen, diesen Wechsel vorzubereiten und zu vollziehen.

Und noch etwas – ich sehe inzwischen die Thematiken, mit denen ich mich im Kontext von Gemeinschaften beschäftige, in größer werdenden Kreisen der Gesellschaft und Politik auftauchen. Ich finde es relevant, neue Lösungen zu entwickeln, und Gemeinschaften

F. M. Wiesmann (✉)
Kreßberg, Deutschland
E-Mail: info@michaelwiesmann.com

© Springer-Verlag GmbH Deutschland, ein Teil von Springer Nature 2019
H. Parnow und P. Schmidt (Hrsg.), *Zusammen arbeiten, Zusammen wachsen, Zusammen leben*, https://doi.org/10.1007/978-3-662-58965-6_17

haben gute Bedingungen dafür, sie durch gelebte Praxis zu entwickeln. Ich hoffe durch diesen Beitrag einen Impuls zur weiteren Bewusstwerdung und Entwicklung beitragen zu können.

17.2 Die Konsensfalle

Konsens ist der typische Entscheidungsprozess von Gruppen, die mit einem bestimmten Weltbild unterwegs sind, dem sogenannten grünen Mem (Spiral Dynamics).

Die Konsensfalle steht für ein ganzes Konglomerat von Überzeugungen, Haltungen, Methoden und Verhaltensweisen, die der Philosoph Ken Wilber als die Schattenseite des „Green Meme" bezeichnet. Dazu gehören folgende Dinge (und mehr):

- Die Annahme, dass jede*r seine*ihre eigene Wahrheit hat und jede Wahrheit relativ und kontextbezogen ist. Das bedeutet, dass es keine übergeordnete Wahrheit gibt, die für alle gilt. Daraus folgt eine mehr oder weniger grenzenlose Toleranz, die aber erfahrungsgemäß nur als Anspruch besteht, nicht als gefühlte und gelebte Realität. Die Relativität der Wahrheit hat oft zur Folge, dass sich Menschen hinter „ihrer Wahrheit" verschanzen und sich unangreifbar machen – „Das ist deine Wahrheit, und meine Wahrheit ist anders, also lass mich in Ruhe."
- Ich soll nicht werten. Werten ist schlecht. Allerdings werden diejenigen, die werten, gnadenlos als die schlechteren Menschen bewertet.
- Ich darf niemanden ausschließen, weil ja alle (Lebenshaltungen) gleich viel wert sind. Das führt aber dazu, dass im eigenen Kreis (der eigenen Kultur) immer mehr Leute sind, die eigentlich etwas anderes wollen und leben, als das, was der Wertekodex dieses Kreises (dieser Kultur) vorgibt. Das führt in der Konsequenz dazu, dass die Toleranz auch intolerante Menschen/Haltungen toleriert und sich so selbst widerspricht und zersetzt.
- Weil ja alle gleichwertig sind, darf sich keiner über den anderen erheben und führen. Dadurch wird aber eine Bündelung von Kräften oder Absichten verhindert. Das bedeutet langsame Entscheidungen, langsame Entwicklung, oft Handlungsunfähigkeit als Gemeinschaft. Dies bremst die individuelle Initiative und Kreativität aus. Daraus entsteht Lähmung und große Frustration.

Wie ich am eigenen Leib erfahren habe, fühlt es sich sehr ausweglos an, wenn ich selbst drinstecke. Es fühlt sich so an, als ob ich das eigene Ideal (Gleichwertigkeit, Integration, Toleranz etc.) verraten müsste, um weiterzukommen. Das ist eine schwierige Situation. An dieser Stelle befinden sich viele Gemeinschaftsprojekte seit einigen/vielen Jahren, und es scheint nicht voranzugehen. Daraus entsteht Unzufriedenheit und Frustration in den Gemeinschaften. Die Menschen ziehen sich zurück oder gehen.

Wie es also funktionieren könnte, sich aus dieser Falle herauszubewegen, und wie wir dabei integer bleiben können, versuche ich im Folgenden zu entwickeln.

Ich fokussiere mich bei meinen Betrachtungen auf Gemeinschaften als geeignetes Lernfeld dafür. Folgende Themen spielen dabei eine zentrale Rolle:

- Hierarchie und Führung
- Das Gewicht der Einzelnen, Respekt und Augenhöhe
- Gemeinsame Ausrichtung und die Angst davor
- Emotionelle Selbstverantwortung
- Das Erschließen des transpersonalen Raumes.

17.3 Hierarchie und Führung

Hierarchiefreies Zusammenarbeiten und Leben – das ist der Traum, der sich seit den 68ern durch viele Köpfe und Herzen bewegt und ein Leitstern geworden ist für alle alternativen Projekte, und nun immer öfter auch Einzug hält in die Geschäftswelt. Ein wunderschöner Traum – oder?

Geboren wurde er aus der Sehnsucht und Notwendigkeit, die rigiden und oft absurden oder gewalttätigen Hierarchien abzuschaffen, die seit Jahrhunderten in unserer europäischen Kultur (und vielen anderen) gang und gäbe waren. Es war ein starkes Befreiungsmotiv und hat ein durchaus fruchtbares gesellschaftliches Nachdenken in Gang gesetzt, das bis heute weiterwirkt. Egal ob beim Kinderaufwachsen lassen, in der Schule, in Konzernen, Behörden oder ganzen Staaten, repressive Hierarchien sind in den allermeisten Fällen nicht mehr zeitgemäß und auch nicht mehr zielführend (wobei es natürlich auf die Ziele ankommt ...).

So waren und sind die basisdemokratischen und konsensorientierten Formen von Organisation eine erstmal gesunde Gegenbewegung zu einer überholten Form von Organisation und menschlichem Umgang. Historisch gesehen entstehen ja seit einigen Dekaden immer selbstständiger denkende und fühlende Individuen, die sich nicht mehr damit zufriedengeben, in irgendeinem System als Entscheidungsempfänger*in mitzulaufen. Sie wollen miteinbezogen werden, mitdenken, kreativ beitragen. Also brauchen wir Lebensformen, Organisationsformen, Regierungsformen, die das Potenzial von selbstständigen Menschen mit einbeziehen.

Nun hat sich aber im Laufe der Entwicklung aus der gesunden Gegenbewegung eine Art neues Dogma verfestigt, welches ungefähr heißt: „Wir sind alle gleich, auf Augenhöhe, und wollen gleichwertig überall mitbestimmen können. Unsere Form ist der Konsens. Jede*r hat ein Recht auf Veto, damit die Schwachen oder Leisen auch gehört werden. Wir wollen nicht werten, weil alle Lebensformen gleichwertig sind. Wir üben Toleranz gegenüber Andersdenkenden und schließen niemanden aus." Mit „Dogma" meine ich: So müssen wir sein, so sind die „Guten". Diese Entwicklung hat längst das alternative Milieu verlassen und ist in die Mitte der mitteleuropäischen Gesellschaft eingezogen.

Die Tatsache, dass in den meisten Gemeinschaftsprojekten im deutschsprachigen Raum die Konsenskultur nicht wirklich funktioniert, d. h. eine Menge Frustration erzeugt, Entscheidungen bis zur Schmerzgrenze verlangsamt und Überdruss und eine

Gemeinschaftsmüdigkeit bei vielen Beteiligten hervorbringt, bewirkt interessanterweise kaum, dass diese Organisationsform in Frage gestellt wird. Es ist so klar, dass die Dinge im Konsens entschieden werden müssen, als ob das ein Naturgesetz wäre. Konsens als Endziel menschlicher Evolution!

Das zu negieren, fühlt sich an wie ein Verrat an den tiefsten menschlichen Grundsätzen, für die wir eintreten. Das ist vielerorts der Status quo und unter anderem eine Folge dieser dogmatischen Sicht, die allerdings nicht als solche erkannt wird. Wenn ich die Leute frage, wie es ihnen damit geht, dann stöhnen die meisten. Sie sind genervt von dem nie endenden Anhören aller Stimmen zu allen Fragen. Aber was sollte die Alternative sein? Es scheint in den Gehirnen an dieser Stelle nicht weiterzugehen. Vielleicht, weil es so schwer vorstellbar ist, dass ein menschlicher Grundrespekt für alle vereinbar ist mit einer Unterscheidung von Kompetenz, von Verantwortungsübernahme und von Entwicklungsstand. (Letzteres ist das heikelste, denn: Wer darf diesen denn beurteilen?)

Es taucht eine Annahme auf, die ungefähr heißt: „Wenn wir tatsächlich jemandem die Befugnis zusprechen, Fragen zu entscheiden, die viele betreffen, wird er*sie früher oder später doch willkürlich und ohne die nötige Umsicht und Empathie Entscheidungen treffen. Wir werden wieder übergangen, wie schon so oft in unserem Leben. Hierarchie ist zwangsläufig repressiv." Noch ist die Möglichkeit einer unterstützenden Führung nicht im Erfahrungsschatz der Menschen verankert. Stattdessen stellt sich eine große Vertrauensfrage. Oder würde irgendetwas gegen Führung sprechen, wenn wir uns vorstellen, dass wir der Führung wirklich vertrauen könnten?

Die Vertrauensfrage kann aber nicht positiv beantwortet werden, solange die genannte Grundannahme zu Führung und Hierarchie nicht erkannt und herausgefordert wird.

Dies kann geschehen, wenn die Angst vor Hierarchie von jedem*r Einzelnen und im Kollektiv angeschaut wird:

1. Die persönliche Geschichte mit Macht. Hier ist entscheidend, welche Erlebnisse eine Person in ihrem bisherigen Leben mit Macht und Führung hatte. Da diese Erlebnisse in sehr vielen Fällen negativ sind und von daher Macht mit Vertrauensbruch gleichgesetzt wird, geht es hier um die (eventuell auch therapeutische) Aufarbeitung der eigenen Vergangenheit und um die Klärung der eigenen Angst vor Macht.
2. Die kollektive Geschichte: Sie ist in Deutschland, aber auch in anderen Ländern von einem krassen Machtmissbrauch geprägt. Von daher sitzt die Autoritätsangst auch im kulturellen Gedächtnis. Auch hier geht es um Aufarbeitung, und jedes einzelne Mitglied einer Kultur trägt Mitverantwortung, dass das passiert.

Die Vertrauensfrage mit Macht ist tief und kann mit einer rationalen Annäherung nicht vollumfänglich erfasst werden. Um hier neue Antworten zu finden, braucht es auch neue Erfahrungen, die zeigen, dass etwas anderes möglich ist. Dann kann das Gehirn neue Synapsen bilden und neue Möglichkeiten verankern. Es geht um die Schaffung von Erfahrungsräumen für tiefes Vertrauen zwischen Menschen.

Ein solcher Erfahrungsraum ist das Forum, entwickelt in den Gemeinschaften von Tamera (Portugal) und ZEGG.

Die Methode ist einfach, die Wirkung ist groß: Eine Person tritt in die Mitte des Kreises und teilt mit, was sie bewegt. Eine Leitungsperson hilft mit, dass die Darstellung essenziell wird. Danach gibt es Feedback aus der Gruppe.

Das FORUM ist eine Bühne für innere Vorgänge der Menschen. Es schafft einen urteilsfreien Wahrnehmungsraum, in den Einzelne mit ihrem Anliegen hineintreten.

Allein das Erlebnis, über Intimes vor vielen Menschen zu sprechen und einen Raum ohne Verurteilung zu erleben, dieses ‚Gesehen-' und ‚Getragenwerden' mit unseren innersten Fragen ist ein Erlebnis, das für viele Menschen eine Dimension von Vertrauen öffnet, die sie nicht für möglich gehalten hätten. Dieses Vertrauenserlebnis ist ein Grundnahrungsmittel für Gemeinschaftsbildung.

Eine weitere starke Qualität des FORUMs besteht darin, dass jede*r ehrliche Feedbacks von den anderen Menschen in der Gruppe bekommt. Das ermöglicht den Teilnehmer*innen zu erfahren, wie sie gesehen werden und erspart viele Versteckspiele und Spekulationen/ Projektionen. Es gibt ihnen die Möglichkeit zu sehen, ob ihre Selbstwahrnehmung mit der von anderen übereinstimmt, und wenn nicht, herauszufinden, woran das liegt.

Beides, die eigene Offenbarung und die Feedbacks, tragen bei zu einer Transparenz der inneren Vorgänge in einer Gemeinschaft. Im FORUM geht es um den ganzen Menschen, sein*ihr Wesen, sein*ihr Fühlen, sein*ihr Weltbild. Über das Alltägliche hinaus werden die tieferen Beweggründe des Handelns sichtbar, Momente von Glück, Liebe und Dankbarkeit genauso wie verheimlichte Gefühle von Konkurrenz, Wut oder Peinlichkeit – das, was das Herz belagert und im Untergrund der Kommunikation mitschwingt. Die Motive verschiedener Konfliktparteien können verständlicher werden, die (in jeder Gruppe vorhandenen, oft unausgesprochenen) Machtverhältnisse können für jede*n sichtbar aufgezeigt und wenn nötig hinterfragt werden, Geschlechter-Dynamiken können in ihren Feinheiten und Hintergründen beleuchtet werden. Diese Art von Transparenz ist entscheidend für ein dauerhaftes Erblühen einer Gemeinschaft und für das Glück ihrer Mitglieder.[1]

17.4 Das Gewicht der Einzelnen, Respekt und Augenhöhe

Ich habe bisher noch in jeder Gemeinschaft, Gruppe oder Firma, mit der ich gearbeitet habe, eine Hierarchie angetroffen. Und wenn die Hierarchie eigentlich nicht sein darf und Gleichheit propagiert wird, gibt es sie informell oder versteckt eben doch.

Das ist die Ausgangslage auch in basisdemokratischen Gruppen, wenn wir genau und ehrlich hinschauen. Dass das nicht sein darf, ist eine andere Geschichte.

Die Menschen wissen meistens recht genau, wem sie am meisten vertrauen, wohin sie mit wirklichen Problemen gehen, wer in einer Sache kompetent und am erfahrensten ist und von wem wir ehrliche Antworten bekommen. Wir haben alle einen Sinn für Wahrheit, und es gibt meist auch eine weitgehende kollektive Übereinstimmung, wer wofür die passenden Leute sind. Das zeigt sich z. B. daran, dass auch in „gleichen" Verhältnissen das Wort einiger Leute mehr Gewicht hat als das anderer. Mir erscheint das

---

[1]vgl. Wiesmann, 2009.

natürlich und gesund. Es hängt davon ab, wie engagiert und verpflichtet eine Person ist, wie viel Selbst- und Menschenkenntnis sie besitzt oder wie viel soziale oder fachliche Kompetenz, und nicht zuletzt, ob sie das Interesse des Ganzen über ihr eigenes stellen kann. Das sind Anzeichen einer natürlichen Hierarchie.

Damit eine natürliche Hierarchie oder Wachstumshierarchie (im Gegensatz zur Unterdrückungshierarchie) sich auch entwickeln kann und darf, ist der erste große Schritt, Entwicklungsunterschiede zwischen den Menschen anzuerkennen.

Nun erweist es sich aber in der postmodernen Gesellschaft und insbesondere in „grünen" Gemeinschaften als sehr schwierig, von solchen Entwicklungsunterschieden zwischen den Menschen zu sprechen. Wenn wir es trotzdem tun, fühlt es sich bisweilen an wie ein Tabubruch. Wir stoßen hier auf eine heikle Stelle: Die Angst, nicht auf Augenhöhe zu sein, und mit ihr verbunden die vehemente Forderung, sich auf Augenhöhe zu begegnen.

Natürlich ist es schön, wenn solche Begegnungen passieren. Nichts spricht dagegen und vieles dafür. Aber was heißt Augenhöhe? Ich möchte Augenhöhe und Respekt unterscheiden. Respekt ist das, was ich als empathischer Mensch jedem Menschen erstmal grundsätzlich entgegenbringe. In meinem Verständnis bedeutet das, dass ich sein*ihr Recht auf ein selbstbestimmtes, freies und wesensgemäßes Leben anerkenne und mich vor seiner*ihrer ganz eigenen Erfahrung des Menschseins verneigen kann. Entsprechendes gilt sogar über den Bereich der Menschen hinaus auch für andere Lebewesen.

Augenhöhe ist etwas anderes. Sie bedeutet, dass ich jemanden vor mir habe, den ich auf einem ähnlichen Entwicklungsstand sehe. Das kann Bildung beinhalten, Kompetenz, Engagement, (Selbst-)Erkenntnisfähigkeit, spirituelle Entwicklung, Menschlichkeit. Es sind diesbezüglich definitiv nicht alle Menschen auf dem gleichen Stand. Das ist fühlbar und erkennbar. Und daran ist nichts Schlimmes.

Nun erlebe ich diesen Ruf nach Augenhöhe vorwiegend von Menschen, die sich eigentlich nicht auf Augenhöhe fühlen. Das kann ich insofern verstehen, weil es wehtun oder Angst machen kann, sich einzugestehen, dass ich mich nicht auf Augenhöhe fühle. Manchmal begegne ich z. B. Menschen, wo ich spüre, dass ihre kognitive Intelligenz weiterentwickelt ist als meine. Sie denken schneller, komplexer, kreativer als ich. Das gibt mir einen kleinen Stich oder einen Anflug von „mich kleiner fühlen". Wenn ich unreflektiert darauf reagiere, versuche ich zu zeigen, dass ich auch gut denken kann. Wenn ich wachsam mit mir selbst bin, versuche ich eher zu fühlen, wie es mir geht, wenn jemand „besser ist als ich". Das gibt mir eine Chance, etwas über mich selbst zu lernen. An dieser Stelle Augenhöhe einzufordern, wäre eine Verschleierung des Unterschiedes, den ich selbst wahrgenommen habe.

Ich glaube deswegen, dass es Sinn macht, das in vielen Gemeinschaften und darüber hinaus gängige Verständnis von Augenhöhe zu überprüfen. Es verwischt meines Erachtens natürliche oder gewachsene Unterschiede zwischen den Menschen – vielleicht auch aus der Angst heraus, dass solche Unterschiede zum eigenen Vorteil genutzt werden. Das geschieht ja manchmal auch. Dann wäre es aber zielführender, diesen Punkt anzusprechen, anstatt so zu tun, als ob es die Unterschiede nicht gäbe.

Dies ist ein wesentlicher Punkt, wenn wir Wachstumshierarchien entwickeln und eine gesunde Führungskultur entwickeln wollen, die auf Vertrauen, Transparenz und wahrhaftigen Feedbackschlaufen beruhen. Die Verschleierung von Entwicklungsunterschieden zwischen den Menschen ist eine große Entwicklungsbremse in Gemeinschaften.

An dieser Stelle kann ein nächster Schritt sein, dass die Gruppe einzelne Menschen ermächtigt, in einem bestimmten Bereich zu führen, und zwar kraft ihrer besonderen Fähigkeiten in diesem Bereich. Dieser Akt der Ermächtigung ist entscheidend. Er stellt einen bewussten Vertrauensvorschuss dar. Es ist ein erster Schritt heraus aus der Konsensfalle.

In Schloss Glarisegg, einer Gemeinschaft am Schweizer Bodenseeufer, wurden erste Schritte in diese Richtung schon getan. Mitglieder der „Stammpflege", die für die soziale Koordination ermächtigt wurden, sagen: „Die erste Zeit war sehr turbulent für uns als Leader*innen. Bei all den Erwartungen und Forderungen an uns haben wir uns darauf konzentriert, ein Gefäß für eine höhere Energie zu bilden. Dieser Vorgang war der Startpunkt einer Entwicklung: weg von der Problemlösung und hin zum Hineinhorchen, was es braucht und wo das System hinwill. Dabei mussten wir bestimmte Erwartungen an uns auch zurückweisen: Wir sind nicht da, um die Probleme der Gemeinschaft zu lösen, sondern um eine höhere Energie zu halten. Dafür haben wir auch Inspiration und Hilfe von außen (außerhalb der Gemeinschaft) geholt. Das hat uns die Kraft gegeben, etwas Neues zu etablieren."

Damit bin ich bei der Frage angelangt, was es denn braucht, um den Sprung auf eine neue Ebene einzuleiten und zu unterstützen, und wo es schon funktionierende Ansätze gibt.

17.5 Und wie geht's aus der Falle raus? – Früchte der Konsenskultur als Grundlage für den nächsten Evolutionsschritt

Die Konsenskultur hat – trotz der beschriebenen Unzulänglichkeiten – im Laufe der Zeit kollektive Fähigkeiten hervorgebracht hat, die den Boden für eine neue Entscheidungskultur bereiten (können):

- Wir haben gelernt, eine eigene Position zu finden und sie öffentlich zu vertreten. Es ist eine sehr wesentliche Fähigkeit, die EIGENE Perspektive einnehmen zu können. Viele Menschen können oder wagen das nicht.
- Konsensentscheidungen erfordern, dass ich anderen ZUHÖRE. Zuhören heißt nicht, warten, bis der*die andere fertig gesprochen hat. Es heißt, wirklich verstehen und mitempfinden zu wollen, was für den anderen Bedeutung hat. Zuhören kann ich, wenn ich bereit bin, eine ANDERE Perspektive einzunehmen als die eigene. Auch das ist für viele Menschen fremd.
- „DIE WAHRHEIT" hat viele Facetten. Wir haben gelernt, zwei oder mehr verschiedene Perspektiven nebeneinander stehenzulassen und zu betrachten, ohne gleich die eine für die beste und richtigste zu erklären. Mit der Zeit wächst auf diese Weise eine Fähigkeit zur Gesamtschau heran, und in guten Momenten konnten wir aus

dieser Gesamtschau eine Lösung herausarbeiten, die den Kern mehrerer Perspektiven beinhaltete.

Ich sehe darin den Humus für jegliche zukünftige Entscheidungskultur: den Kern aller wesentlichen Perspektiven herauszuarbeiten und aus der Gesamtschau eine neue Lösung von höherer Komplexität emergieren zu lassen. Dies ist der eindimensionalen Mehrheitsentscheidung weit überlegen, weil hier auch Perspektiven von Minderheiten integriert werden. Es funktioniert, solange eine Bereitschaft in den Beteiligten vorhanden ist, sich von ihrer eigenen Position zu entkoppeln, um das zu finden, was für das Ganze gerade am besten ist. Wenn diese Bewusstheit nicht vorhanden ist, fällt der ganze Prozess verdeckten Ängsten und Machtspielen zum Opfer.

Inzwischen gibt es auch verschiedene Entscheidungsformen, wie systemischen Konsens, Konsent oder integrative Entscheidungsfindung (Holakratie) oder den Beratungsprozess (Advice process), die einen Schritt weitergehen in die Richtung, dass der persönlichen Meinung weniger und der Gesamtperspektive mehr Gewicht gegeben wird.

Der Unterschied zwischen Konsens und Konsent besteht in erster Linie darin, dass beim Konsens das Einverständnis aller gefragt ist – beim Konsent ist das nicht relevant. Hier ist wichtig, ob jemand einen Grund sieht, warum der Vorschlag für den Betrieb oder die Organisation schädlich ist. Es kann also sein, dass ich den Vorschlag nicht besonders gut finde, ich aber keine Gefahr für den Betrieb sehe. Dann habe ich keinen Einwand. Konsens fragt mehr die persönliche Perspektive ab, Konsent die Perspektive des Ganzen (Gruppe, Gemeinschaft, Betrieb etc.).

Besonders genial ist dabei die Auftrennung in Reaktionsrunde und Einwandrunde bei Holacracy. Die Reaktion holt das Persönliche und eventuell auch Emotionale und Irrationale ab, zählt aber nicht für die Entscheidung. Für die Entscheidung ist ausschlaggebend, ob es begründete Einwände gibt. Das Persönliche wird also nicht weggeschoben, sondern nur an die richtige Stelle gerückt. Das macht einen großen Unterschied. So werden die sachbezogenen relevanten Perspektiven integriert über die Einwände, aber nicht alle Perspektiven gleichgewichtig berücksichtigt. Dadurch verkürzt sich der Entscheidungsprozess wesentlich, ohne „Minderheiten" zu übergehen wie in der Mehrheitsabstimmung. Der Beratungsprozess, den Frederic Laloux in seinem Buch „Reinventing Organizations" beschreibt und der schon in verschiedenen fortschrittlichen Firmen erfolgreich angewandt wird, räumt den einzelnen Mitarbeiter*innen die volle Entscheidungsfreiheit ein, auch in Fragen, die viele Mitarbeiter*innen betreffen. Er*Sie darf selbst entscheiden. Die Bedingung ist allerdings, dass er*sie vorher diejenigen um Rat bittet, die von der Entscheidung betroffen sein werden, und auch mit Expert*innen für die betreffende Frage spricht und ihren Rat einholt. Dann entscheidet er*sie allein.

Auch der U-Prozess von Otto Scharmer betritt eine neue Dimension: Er basiert auf der Öffnung für eine transpersonale Bewusstseinsebene, um eine Lösung aus der Zukunft herunterzuladen.

Im Schweizer Ökodorf Sennrüti (Degersheim) wird eine Entscheidungsfindung seit Jahren mit Erfolg praktiziert: das Attunement. Hier wird eine Entscheidung unter drei verschiedenen Gesichtspunkten angeschaut: 1) Sachebene, 2) emotionale Ebene, 3) spirituelle Ebene – das heißt, dass sich die Beteiligten von ihrer bisherigen Position lösen und nochmal so unvoreingenommen wie möglich hineinlauschen, welche Entscheidung für das Ganze die beste ist.

Hier zeigen sich oft unerwartete und erstaunlich ähnliche Dinge: „Wir erreichen dadurch oft einen Konsens, ohne ihn ausdrücklich angestrebt zu haben." Die Entflechtung dieser drei Ebenen schafft Klarheit und funktioniert. So werden auch prekäre Entscheidungen getroffen, und „es kommt vor, dass wir in die dritte Runde gehen und eindeutig ein Ja erwarten, sich aber zeigt, dass ein Nein die angemessene Entscheidung ist". Diese Entscheidungsform bezieht den transpersonalen Raum mit ein und erfordert die Fähigkeit (in Phase 3), mit der eigenen persönlichen Meinung zurückzutreten und sich zu einem Kanal für eine höhere Weisheit zu machen.

Für eine zukünftige Entscheidungskultur und die Transformation der Konsenskultur scheinen mir zwei Dinge wesentlich zu sein: Dass verschiedene Entscheidungsformen nebeneinander existieren und es klar ist, welche Form für welchen Zweck die geeignete ist, und dass das bewusste Einbeziehen einer transpersonalen Ebene für gemeinsame Entscheidungen eine große Rolle spielen wird.

17.6 Ausrichtung

Das Thema Ausrichtung ist für jede Organisation sehr wichtig. Zu wissen, wofür wir zusammenarbeiten, wohin die Reise gehen soll und welchen Beitrag zum Ganzen die Organisation darstellt und darstellen möchte, mobilisiert Ressourcen, gibt Freude an der Zusammenarbeit, ermöglicht effizientes Vorgehen und klare Leitlinien. Laloux nennt das „Purpose" und hat gezeigt, wie wichtig dieses Thema bei der Entwicklung eines neuen Oganisationstyps, einer „evolutionären Organisation" ist.

Was ich in Gemeinschaften diesbezüglich vorfinde, ist ziemlich durchgehend Folgendes: Es gibt eine meist schriftlich formulierte, relativ allgemein gehaltene Vision, die zu Beginn von den Gründern formuliert wurde. Sie ist allerdings nicht sehr präsent im Bewusstsein der Mitglieder. Nach einiger Zeit, wenn die Gründungs- und Aufbauphase abgeschlossen ist, entsteht erneut die Frage nach der gemeinsamen Ausrichtung, weil sie nicht mehr spürbar ist (z. B. wird das Plenum nicht mehr gut besucht, bei Gemeinschaftsaktionen sind nur noch ein Drittel der Leute dabei, die individuellen Prioritäten werden von vielen über die gemeinschaftlichen Anforderungen gestellt und Ähnliches). Es wird sozusagen erlebbar, worauf die versammelten Menschen wirklich ausgerichtet sind an den Prioritäten, die sie setzen. Das WIR ist für die meisten nicht mehr spürbar. Dann kommt die Frage „Was ist denn unsere gemeinsame Ausrichtung?" wieder auf und wird dringend. Die Menschen setzen sich daraufhin zusammen und formulieren ihre einzelnen Visionen von gemeinsamem Leben. Sie einigen sich in langwierigen Prozessen auf das, was das Gemeinsame an ihren Einzelvisionen zu sein scheint.

Es zeigt sich danach jedoch in der Lebenspraxis, dass sich dadurch an dem WIR-Gefühl und an der Motivation, gemeinsam zu agieren, nicht viel verändert. Es macht sich Enttäuschung breit und die Frage, was denn überhaupt der Sinn des Zusammenlebens sei.

Der springende Punkt ist, dass eine Einigung nie die Kraft von einer gemeinsamen Vision oder Ausrichtung hat. Es können zwar alle JA dazu sagen, aber in Wirklichkeit ist es ein Kompromiss, der keine*n vom Hocker reißt. Das ist nicht erstaunlich. Eine Vision muss magnetisch sein. Sie kann sich nicht auf eine mentale Einigung beschränken. Das hat keinen Magnetismus. Sie muss „vibrieren", mitreißen und vor allem fühlbar sein. Das ist am ehesten der Fall, wenn eine oder auch mehrere Personen diese Vision verkörpern und leben. Wenn das nicht ausreichend der Fall ist, gerät die Vision in den Strudel von persönlichen Vorlieben, Interpretationen und Deutungshoheiten. Dann bleibt nicht viel übrig von ihr.

Ich werde öfters gerufen, um mit einer Gruppe genau an dieser Stelle eine Vision auszuarbeiten. Nach meinen Erfahrungen geht es dann vor allem um folgende Dinge:

- Eine Klärung des Begriffs der emotionellen Selbstverantwortung, damit die „Kommunikationskanäle" von Vorwürfen und Emotionalitäten gereinigt werden können.
- Eine Rückbesinnung auf den Gründungsimpuls und ein regelmäßiges „Hineinlauschen" auf das, was dieser Gründungsimpuls sagt und wie er sich weiterentwickelt. Er ist überpersönlich.
- Das Erlernen der Fähigkeit, ins Ganze hineinzulauschen und das, was da kommt, von persönlichen Wünschen zu unterscheiden.
- Ganz wichtig, aber nicht offensichtlich: die Angst vor gemeinsamer Ausrichtung zu thematisieren. Sie sitzt den Menschen besonders in Deutschland noch in den Knochen, ohne dass sie bewusst wahrgenommen wird.

17.7 Angst vor gemeinsamer Ausrichtung

Oft bekommen die Gespräche und Austausche über eine gemeinsame Ausrichtung keine richtige Kraft. Es werden schöne Dinge gesagt, und doch werden sie etwas abstrakt und bisweilen fast langweilig ausgedrückt. Es entsteht jedenfalls keine gemeinsame Freude, sondern eher so etwas wie ein zurückhaltendes höfliches Zuhören.

Irgendwann in einem solchen Gespräch wurde mir klar, dass die Verhaltenheit etwas mit Angst zu tun hat, und sofort kam mir das Dritte Reich in den Sinn, und weiter dann noch viele andere kollektive Ausrichtungen, die zu immensen Gewaltexzessen geführt haben, wie z. B. der katholische Glaube im Mittelalter.

Immer ging es dabei um die gemeinsame Ausrichtung auf etwas Höheres, die dann machtvoll missbraucht wurde. Das ist unser aller Vergangenheit, und sie sitzt noch in den Zellen als dumpfe Erinnerung.

Mein Hinweis auf diese Angst stieß auf große Resonanz. Ich habe seitdem bei mehreren Gelegenheiten eingeladen, diese Angst zu thematisieren. Es kam Erstaunliches dabei heraus. Die Menschen fingen an, über ihre intimsten Ängste und Sehnsüchte zu sprechen in Bezug auf Gott, Spiritualität, innere Visionen und Bilder.

In verschiedener, aber doch ähnlicher Weise zeigte sich, dass fast alle Angst hatten, sich mit dieser intimen Beziehung zum Höheren zu zeigen, weil sie dachten und auch meist als Kind schon erfahren hatten, dass sie als verrückt, abgehoben, lächerlich oder altmodisch abgetan werden. Das Teilen dieser Angst ließ zum einen die dahinterliegende Sehnsucht spürbar werden, und schaffte anderseits ein starkes Gefühl von Gemeinsamkeit, Anteilnahme und Berührtheit. Also genau das, was die Grundlage einer gemeinsamen Ausrichtung ist.

Bei anderen Gelegenheiten war ich Teil von Gruppen, die sich dem Schatten aus dem Nationalsozialismus gestellt haben. Und auch hier war es geradezu überwältigend, wie sehr die Angst, die Verletzung und die Scham aus dieser Zeit noch präsent waren, auch bei Menschen aus der zweiten Nachkriegsgeneration.

Diese Erfahrungen haben mir gezeigt, dass das Hinfinden zu einer gemeinsamen Ausrichtung nicht kraftvoll stattfinden wird, wenn die Angst, dass sich die Schrecken der Vergangenheit wiederholen könnten, nicht thematisiert wird.

17.8 Emotionelle Selbstverantwortung

Unter emotioneller Selbstverantwortung verstehe ich das bewusste JA dazu, dass ich für meine Gefühle und den Umgang mit ihnen sowie alle daraus folgenden Handlungen selbst verantwortlich bin. Das hört sich vielleicht selbstverständlich an. Es erweist sich aber im praktischen Leben, dass die meisten von uns sich nicht so verhalten, als ob sie diese Verantwortung zu sich nehmen würden. Wir können es in Partnerschaften genauso sehen wie in Gemeinschaften oder im Bundestag.

In einer Kultur der emotionellen Selbstverantwortung hört die Schuldzuweisung auf. Die Menschen anerkennen sich als diejenigen, die sich selbst, bewusst oder unbewusst, in die Lage gebracht haben, in der sie jetzt sind – und damit auch als die Verantwortlichen für eine gewünschte Veränderung. Meines Erachtens gibt es zu dieser Leitlinie nur eine Ausnahme: Kinder.

Mit diesen Aussagen beziehe ich mich auf den mitteleuropäischen Raum! Das ist keine Aussage für Gebiete, wo Krieg, Hunger oder andere existenzielle Missstände herrschen.

Emotionelle Selbstverantwortung ist eine wesentliche Voraussetzung dafür, dass Kommunikation essenziell wird – weil viele Projektionen und Verstrickungen dadurch geklärt werden können.

In Gemeinschaften, wo emotionelle Selbstverantwortung ein ausdrückliches Ziel ist und es dahin führende Praktiken gibt, kann die Frage der Ausrichtung leichter und qualitativ tiefer beantwortet werden. Die Menschen sind mehr mit ihrem Fühlen verbunden und können leichter eine gestaltende Rolle einnehmen. Sie hören sich gegenseitig lieber zu, weil die Gespräche nicht von untergründigen Vorwürfen, Enttäuschungen und Frustrationen geprägt sind. Es wird direkter, und Sachthemen können leichter von persönlichen Befindlichkeiten unterschieden werden. Dadurch wird es erst möglich, wirklich gemeinsam nachzudenken und zu lauschen, was das ganze System braucht und wo es sich hinbewegen will. Eine Praxis, die diese Selbstverantwortung unterstützt, ist das Co-Counseling, das z. B. in der ZEGG-Gemeinschaft in Bad Belzig genutzt wird für emotionale Klärungen und das Wiederfinden von authentischen Gefühlen. Es ist ein einfaches Setting, wo sich zwei Menschen verabreden, sich wechselseitig einen empathischen Raum des Zuhörens zur Verfügung zu stellen für eine vereinbarte Zeit. ZEGG und die Gemeinschaft Schloss Glarisegg arbeiten auch mit Possibility-Management nach C. Callahan, um sich in die Richtung eines selbstverantwortlichen Lebens auszubilden. Das weiter oben beschriebene Forum, das in vielen Gemeinschaften praktiziert wird, führt die Einzelnen zurück auf ihre eigenen Anteil an einer erlebten Situation und unterstützt sie, den Wandel vom Opfer hin zu Gestalter*innen einer Situation zu vollziehen. Im Ökodorf Sennrüti ist eine gemeinschaftliche Praxis mit Gruppengesprächen, wo Aktivierung (nervliche und emotionale Übererregung) stattfindet, ausgelöst z. B. durch einen verbalen Angriff oder harte Diskussion, das Gespräch mit einem „Stopp" zu unterbrechen, kurz innezuhalten und dann durch das Fühlen des eigenen Körpers und dessen Empfindungen die Aktivierung wieder herunterzufahren. Durch das Wahrnehmen unseres elementarsten Bezugssystems, des Körpers, entsteht eine Deaktivierung des autonomen Nervensystems und eine Abkühlung von hochgekochten Emotionen. Das funktioniert – mit einiger Übung – in den meisten Fällen.

Das sind einige Beispiele von unterstützenden Praktiken zum Erlernen emotioneller Selbstverantwortung. Alles in allem trägt dieser Lernvorgang wesentlich bei zu einer ehrlichen und kreativen Kommunikationskultur und zu einer wirklichen Potenzialentfaltung der Einzelnen und der Gruppe. Darüber spricht auf seine Weise auch der Gehirnforscher Gerald Hüther in seinem Buch „Etwas mehr Hirn, bitte".

17.9   Worum geht es beim Wechsel von „1st" zu „2nd Tier"?

Der Wechsel in den „2nd tier", in den zweiten Abschnitt der Entwicklungsspirale von Spiral Dynamics, ist nicht nur ein Wechsel der Form. Es ist eine Veränderung des individuellen und kollektiven Innenraumes. Es findet eine Ausdifferenzierung und Neusortierung in der Bewertung und im Verstehen von Lebensvorgängen statt. Es ist ähnlich wie der Wechsel von zwei- zu dreidimensional. Die Dinge können nicht nur horizontal angeordnet werden, sondern auch vertikal, und wir gewinnen dadurch eine Dimension dazu. Das hat weitreichende Folgen. Ich will hier einige Aspekte davon umreißen:

- Im Innenleben eines Menschen ist es der allmähliche Wechsel von Identifikation hin zu Zeugenschaft, also innere Vorgänge wie Gefühle oder Gedanken wahrzunehmen als etwas, was in uns geschieht, aber ihnen nicht mehr ausgeliefert zu sein. Wir müssen ihnen nicht mehr folgen, sondern haben mehr und mehr die Freiheit zu entscheiden, wie weit sie unser Leben bestimmen sollen. So kommt auch die Fähigkeit hinzu, das eigene Interesse zwar sehen und vertreten zu können, aber es auch als eines von vielen wahrzunehmen, und mehr zu sehen, welche Gesamtbewegung in diesen vielen Interessen stattfindet. Ebenso wächst das Vertrauen, dass die vielen Interessen eine Gesamtbewegung vollziehen, in der das eigene Interesse Platz findet. Das ist umso wahrscheinlicher, je klarer und stimmiger das eigene Interesse oder Anliegen ist. Ein systemischer Blick ergänzt den persönlichen.

- Durch die wachsende Fähigkeit zur Zeugenschaft erhält die Angst einen anderen Platz in unserem Leben. Sie wird zwar noch wahrgenommen und ernst genommen, ist aber kein zwingender Grund mehr, etwas (nicht) zu tun oder (nicht) haben zu wollen. Sie wird vom bestimmenden Gefühl zu einem beratenden Gefühl. Dadurch entstehen mehr Freiraum und ein größerer Sehradius.
- Die mentale Welt verliert allmählich ihr bisheriges Monopol. Sie war in „Orange" und „Grün" die vorherrschende Bezugsebene. Im „second Tier" ist die mentale Ebene nur noch eine wählbare Ebene, keine zwingende. Fühlen, Intuition und spirituelle Kontemplation sind andere Kognitionsebenen, die an Bedeutung gewinnen und gleichzeitig dem Mentalen ermöglichen, an den ihm angemessenen Platz zurückzukehren, als eine von mehreren Möglichkeiten, die Welt zu erkennen.
- Der Umgang mit Spannung und Polarität verändert sich. Auf der „grünen" Ebene ist Spannung unerwünscht, weil sie dem starken Harmoniebedürfnis entgegensteht. Hier wird versucht, so schnell wie möglich eine Entspannung herbeizuführen, z. B. durch Tanzen oder das bemühte Finden einer Lösung, die für alle passt. Der Lernschritt ist nun, Spannung nicht mehr loswerden zu wollen, sondern als ein Evolutionsprinzip zu erkennen: „Spannung darf sein." Jedes Wachstum ist auch mit Spannung verbunden. Die alte Haut wird zu eng. So geht es mehr darum zu erlauben, dass wir gerade keine Lösung sehen, und die Spannung da sein zu lassen und zu kontemplieren, um herauszufinden, welche Information sie beinhaltet. Die Organisationspraxis Holacracy nutzt Spannungen sogar systematisch, um die Betriebsstruktur weiterzuentwickeln. Und die U-Parabel von Otto Scharmer arbeitet ganz bewusst mit dem Punkt des Nicht-Wissens, an dem neue Information „aus der Zukunft" einströmen kann. Nicht-Wissen wird zu einer probaten „Lösungsstrategie".
- Ein weiterer bedeutender Wandel ist der Wechsel von Vergangenheitsorientierung – wir haben bestimmte Erfahrungen gemacht und leiten daraus die nächsten Schritte ab – zu Zukunftsorientierung – wir stimmen uns auf eine höhere Möglichkeit ein und empfangen von dort Information für die nächsten Schritte. Dieses Einstimmen ist nicht in erster Linie mental, also kein „Nachdenken über", sondern transrational, auf subtile Informationen jenseits des Verstandes ausgerichtet (Bilder, Eingebungen, Inspiration etc.). Dafür ist es notwendig, sich mit der eigenen Vergangenheit zu versöhnen, ihre Erfahrungen und auch Schmerzen zu verarbeiten und aufgeräumt darauf schauen zu können. Ohne diese Vorarbeit werden wir von unbewältigten Erfahrungen abgelenkt oder sogar bestimmt, wenn wir versuchen, auf die Zukunft zu schauen. Es ist dann eher eine in die Zukunft projizierte Vergangenheit, die wir sehen, als ein Einstimmen auf ein höheres Potenzial.

Individuell geht es um den Mut, sich aus der tragenden und nährenden Harmonie der Gemeinschaft zu verabschieden. Das bedarf einer bestimmten geistig-emotionalen Emanzipation und Vertiefung. Es ist aus der Perspektive des Einzelnen eine Abnabelung. Vertiefung heißt, nicht an den Erscheinungen hängenzubleiben, sondern hinter die Symptome zu schauen und zu fühlen. Es geht ebenso einher mit einer Ehrlichkeit, an welchen Stellen ich die Gemeinschaft benutze, um eine eigene Schwäche oder Unbewusstheit auszugleichen, und erkenne, wie ich diesen Ausgleich entweder bewusst in Anspruch nehme – das heißt, dankbar dafür zu sein anstatt ihn zu fordern wie im Elternhaus, und auch bereit zu sein, an anderer Stelle etwas zurückzugeben – oder/und herausfinde, wie ich in bestimmten Bereichen selbstständiger werden kann und was es dafür braucht.

Im Zweifelsfall muss ich auch bereit sein, die Gemeinschaft zu verlassen, um diesen Wachstumsschritt zu vollziehen. Alleinstehen wird zu einer akzeptablen Option. Sie ist nicht mehr von Angst bestimmt und wird nicht mehr durch eine scheinbare Harmonie mit anderen überdeckt. Ja zur Möglichkeit des Alleinseins im Leben – selbst dafür sorgen, dass ich genährt bin.

Kollektiv geht es um die Berührung mit dem transpersonalen Raum, der nicht durch Ratio, den Verstand, erschlossen werden kann. Der transpersonale Raum erschließt sich vor allem durch Meditation und Kontemplation, in einer Stille, die ein Wahrnehmen jenseits des gewohnten Gedankenstroms möglich macht. Es ist ein Raum der Zeugenschaft, der Nicht-Identifikation mit der Person oder dem Ego. In dem Maße, wie dieser Raum bewusst wird, gehen neue Informationsquellen auf. Es entsteht ein neuer Orientierungspunkt für Wahrnehmung, Kommunikation und Weltsicht insgesamt.

Das hat unter anderem große Wirkung auf die Qualität von Beziehungen: Es entsteht ein offener Beziehungsraum – mehr Wachheit dafür, was der gegenwärtige Augenblick im Kontakt mit der anderen Person an Information bereithält, ein sich immer tieferes und wesenhafteres Wahrnehmen. Hier dürfen auch Seiten in den Kontakt kommen, die wir davor eher versucht haben zu verbergen, weil sie nicht in unser Konzept von Kontakt gepasst haben: Es darf z. B. fühlbar werden, wenn mich eine Begegnung berührt, wenn im Kontakt Ärger entsteht, wenn eine erotische Anziehung mitschwingt oder wir im Hintergrund noch mit unserem letzten Streit beschäftigt sind. Wir kommunizieren nicht nur von Person zu Person, sondern bekommen mit, in welcher Welt wir selbst und die anderen gerade sind. Wir können wahrnehmen, von welchem inneren Ort gesprochen und gehandelt wird, und nicht nur das Gesprochene selbst. Das eröffnet ganz neue Möglichkeiten, einen Kontakt angemessen und real zu gestalten.

In der „Transparenten Kommunikation" des spirituellen Lehrers Thomas Hübl ist ein Weg beschrieben, wie wir uns diese Dimension von Zwischenmenschlichkeit erschließen können.

Diesbezüglich stehen viele Gemeinschaften noch am Anfang, aber es gibt auch einige, wo die Früchte langjähriger Praxis schon reifen. Eine regelmäßige spirituelle Praxis befähigt zu einem allmählichen Erkunden dieses transpersonalen Raumes. Es ist spürbar, dass in den Gemeinschaften, wo eine relevante Anzahl von Menschen eine konsequente

Meditationspraxis verfolgen, im gemeinschaftlichen Feld eine Veränderung stattfindet. Eine ihrer Auswirkungen ist, dass die „Kreiskompetenz" wächst. Es kann effizienter, aber auch leichter und menschlicher kommuniziert und kooperiert werden. Ebenso wächst die Fähigkeit, hinter die Symptome zu schauen und Gesamtvorgänge oder Systembewegungen wahrzunehmen, anstatt hektisch auf einzelne Ereignisse zu reagieren. Das bewirkt insgesamt eine höhere Lebensqualität und eine klarere gemeinsame Ausrichtung.

Dies alles ist eine Zwischenbilanz meiner bisherigen Erfahrungen mit Gemeinschaften. Sicherlich wirkt an einigen Stellen auch meine ganz persönliche Frustration, z. B. mit dem Konsensverfahren in meine Auswertungen hinein. Diese Aufarbeitung des Themas hat in dem Sinne keinen Anspruch auf Allgemeingültigkeit, noch auf Vollständigkeit. Sie möchte vielmehr anregen, diese Fragen vertieft zu erforschen und einige bedenkenswerte Aspekte in diese Forschung hineinzuwerfen. Ich freue mich über ein gemeinsames Weitergehen mit all denen, die sich davon angesprochen fühlen.

Literatur

https://de.possibilitymanagement.org/
www.thomashübl.com
Beck D, Cowan C (2007) Spiral dynamics. Kamphausen, Bielefeld
Hüther G (2015) Etwas mehr Hirn, bitte. Vandenhoeck & Ruprecht, Göttingen
Laloux F (2015) Reinventing organisations. Vahlen, München
Robertson B (2016) Holacracy. Vahlen, München
Scharmer O (2009) Theory U. Carl-Auer, Heidelberg
Wiesmann F (2009) Forum und Holacracy – soziale Werkzeuge für den Gemeinschaftsaufbau, Eurotopia 2009

François Michael Wiesmann ist Trainer, Berater, Moderator und Coach und hat sich spezialisiert auf Prozesse kollektiver Intelligenz in Organisationen. Seit 2000 arbeitet er als Coach für Gemeinschaftsprojekte v. a. im deutschsprachigen Raum und ist Mitbegründer der Initiative „Gemeinschaft X.0", die Bewusstseinsentwicklung in Gemeinschaften unterstützt.

Er hat an der Universität Zürich Ethnologie und Orientalistik studiert, bildete sich in integraler Organisationsaufstellung und Innovationscoaching weiter, ist Holacracy Coach und Ausbilder für transparente Gruppenkommunikation (Forum).

Aus seinem eigenen Leben und Arbeiten in intentionalen Gemeinschaften hat er über 20 Jahre Praxiserfahrung in partizipativen Entscheidungsformen, Konfliktlösung, Beziehungsgestaltung, Teamentwicklung und Steuerung von Kommunikationsprozessen in Großgruppen. Schwerpunkte seiner Arbeit sind präzise Kommunikation, Vertrauensbildung und WIR-Entwicklung in Gruppen und Organisationen.

Mit Permakultur unser Wirken gestalten – das „Soziale" ist die Basis zukunftsfähiger Projekte

18

Judit Bartel und Joel Campe

„To be honest, in Permaculture, the trees and the vegetables are the easy part. The people are often the challenging part. In Permaculture, there is a sense that disturbance is necessary for the regeneration of ecosystems. In Social Permaculture, we look at how this same principle can be applied; occasionally it is necessary to shake things up a bit in order to get a fresh look at things." (Starhawk 2016[1])

18.1 Einleitung

Die meisten Menschen kommen zu Permakultur aus einem Interesse am Gärtnern, an zukunftsfähigen Wegen der Landbewirtschaftung oder aus dem Wunsch, das eigene Leben generell nachhaltiger zu gestalten – als Beitrag zu zukunftsfähigeren Lebensweisen auf diesem Planeten. Sowohl der Permakultur Design-Kurs als auch die Weiterbildung zum*zur Permakulturgestalter*in wird von vielen Menschen aus diesen Gründen besucht. Was hat Permakultur also mit Reinventing Organizations, oder überhaupt mit Organisationen, Kooperation und Kommunikation zu tun?

---

[1]http://newstoryhub.com/2016/09/social-permaculture-starhawk/ abgerufen am 21.07.2018.

J. Bartel (✉)
Happurg, Deutschland
E-Mail: j.bartel@permakultur-akademie.net

J. Campe
Beetzendorf, Deutschland
E-Mail: j.campe@perma-vision.org

© Springer-Verlag GmbH Deutschland, ein Teil von Springer Nature 2019   317
H. Parnow und P. Schmidt (Hrsg.), *Zusammen arbeiten, Zusammen wachsen, Zusammen leben*, https://doi.org/10.1007/978-3-662-58965-6_18

Laloux beleuchtet in „Reinventing Organizations" in erster Linie die drei Prinzipien Selbstführung, Ganzheit und evolutionärer Zweck. Die in Reinventing Organizations gezogene Analogie zwischen Organisationen und Ökosystemen ist ein Verbindungsglied zwischen den Ausführungen in Laloux' Buch und den Ansätzen der Permakultur. Dementsprechend spielen alle drei (und weitere) Prinzipien in Permakulturzusammenhängen eine zentrale Rolle, denn bei Permakultur geht es ganz zentral um Selbstorganisation, um ganzheitliches Arbeiten und Leben sowie darum, der Erde zu dienen.

Viele der Praktiken und Prinzipien in den von Laloux beschriebenen Organisationen sind auch in permakulturellen Zusammenhängen zu finden. Im Permakulturkontext haben sie sich auf der Basis einer systemischen Perspektive auf die Welt entwickelt oder werden aufgrund dessen angestrebt. Die Ethik der Permakultur und die damit verbundene Haltung ist für viele Menschen Anreiz, entsprechende Praktiken und Prinzipien einzuüben und umfassender zu verwirklichen.

Laloux' Beobachtung ist, dass in integralen Organisationen in erster Linie die Leitungsebene und der Vorstand von Organisationen hinter den Veränderungen stehen und diese vorleben müssen, damit die Organisation funktioniert. Als Permakulturgestalter*innen gehen wir davon aus, dass es weitere Aspekte zu beleuchten gilt, die Beachtung finden müssen, wenn wir neue Arten der Zusammenarbeit und des Zusammenlebens praktizieren wollen. Zusätzlich relevant sind für uns Fragen wie „Wie viel muss ich eigentlich darüber wissen und verstehen, was zwischen Menschen passiert, damit Kooperation gelingt? Wie können wir Kooperation gestalten? Was unterstützt Menschen darin, als Team selbstorganisiert zu agieren?"

Das Anliegen unserer Bildungsarbeit in der Permakultur-Akademie und insbesondere der Permakultur Design-Weiterbildung ist es, Menschen zu befähigen, ihr Leben und die Teilbereiche selbst und in einem umfassenden Sinne zukunftsfähiger zu gestalten. Größer gedacht wollen wir sie dazu befähigen, dringend notwendige Veränderungen menschlichen Lebens auf der Erde zu initiieren, zu begleiten und mitzugestalten und somit zu einer lebendigen Welt voller Respekt für alle Lebewesen beizutragen.

In diesem Beitrag erkunden wir, was Permakultur zur Verbreitung von kommunikativer Kompetenz und Kooperationsfähigkeit beitragen kann. Dazu werden wir vor allem von unseren Beobachtungen und Erfahrungen berichten, die wir in der Begleitung von Teilnehmenden an der Permakultur Design-Weiterbildung wie auch in unserem eigenen Engagement im Permakulturnetzwerk machen durften.

18.2   Die Grundlagen der Arbeit mit Permakultur

Der Gestaltungsansatz Permakultur Design wurde in den 1970er Jahren formuliert und entwickelt, um zerstörerische Landwirtschaftspraktiken so zu verändern, dass die Ernährung der Menschen auf zukunftsfähige Weise gesichert werden kann.

Inspirationsquellen waren dabei sowohl indigenes Wissen als auch Ökosysteme unterschiedlicher Art mit den ihnen zugrunde liegenden Prinzipien: Permakultur Design basiert auf dem Verständnis lebendiger Systeme.

Ursprünglich also entwickelt, um eine langfristig mögliche Landwirtschaft (permanent agriculture) zu ermöglichen, hat sich die Vision der Permakultur erweitert hin zu dem Anliegen, zukunftsfähige Lebensweisen zu gestalten (permanent culture). Es ist offensichtlich, dass hierfür auch die Art und Weise, wie wir Menschen miteinander umgehen, kommunizieren und kooperieren, in den Blick genommen werden muss. Dies wird im Permakulturnetzwerk unter dem Stichwort „soziale Permakultur" praktisch erforscht und ausprobiert.

Dabei gibt es ein großes Bewusstsein dafür, dass es besonders Menschen im Globalen Norden schwerzufallen scheint, die Komplexität der Systeme, von denen sie ein Teil sind, zu überschauen, ihre Entwicklungsprozesse vorherzusagen und auf eine Art und Weise in diese Systeme einzugreifen, welche ihr Gleichgewicht nicht zerstört. Ein wahrscheinlicher Grund hierfür ist der bei Jascha Rohr beschriebene Subjekt-Objekt-Dualismus.

Das Fundament der Arbeit mit Permakultur Design sind drei ethische Grundsätze:

- Sei achtsam mit der Erde (earth care).
- Sei achtsam mit den Menschen (people care).
- Begrenze Konsum und Wachstum, verteile Überschüsse gerecht (fair share).

Permakulturelle Grundlagentexte (Mollison 2012; Holmgren 2016; Whitefield 2014) beschreiben diese drei Säulen genauer und verdeutlichen, wie ganzheitlich (im Sinne Laloux') Permakultur als Ansatz ist: Wir Menschen sind Teil der Natur, wir haben eine Verantwortung ihr gegenüber, besonders auch für die Schäden, die wir schon angerichtet haben. Unser Menschsein ist gekennzeichnet davon, dass wir bestimmte Bedürfnisse haben und für diese sorgen müssen. Wir können dies tun, indem wir Beziehungen, Selbstermächtigung und nicht materielles Wohlbefinden stärken. Und wir befinden uns in globalen Abhängigkeiten zueinander und erkennen die Grenzen des Planeten und damit unseres Konsums an und setzen uns für globale und intergenerationelle Gerechtigkeit und Solidarität ein. Dieses Fundament stellt für viele, die mit Permakultur in Kontakt kommen, so etwas wie einen „Nordstern" dar, auf den sie ihr Wirken ausrichten.

Ausgehend von der Ethik der Permakultur ist der evolutionäre Zweck (im Sinne Laloux') der Menschen, die mit Permakultur arbeiten, in der Regel darauf ausgerichtet, das zu tun, was die Erde und das Leben auf der Erde brauchen und was ihnen dient.

In dieser Ausformulierung zeichnet sich schon die Haltung ab, mit der Menschen im Permakulturnetzwerk einander begegnen: Wir schätzen die Vielfalt und den Beitrag der Einzelnen, wir haben Lust auf Kooperation und wir sind ressourcenorientiert und konstruktiv.

18.3   Das soziale Miteinander bedingt den Erfolg angestrebter Veränderungen

Vermutlich haben viele Menschen die Erfahrung gemacht, dass gute Ideen und Projekte zur Förderung von zukunftsfähiger Kultur nicht daran scheitern, dass die falsche Pflanze an den falschen Ort gepflanzt wurde. Meist ist das Problem, dass es den Beteiligten nicht gelingt, auf wertschätzende, einbeziehende und sich gegenseitig stärkende Weise miteinander umzugehen und entstehende Konflikte konstruktiv zu lösen. Aus genau diesem Grund erforscht das deutsche Permakulturnetzwerk schon seit geraumer Zeit, was auf der sozialen Ebene hilfreich sein kann, um Projekte des Wandels gelingen zu lassen.

Wie in der Einleitung erwähnt, beginnen die Teilnehmenden unserer Weiterbildung nicht deshalb, sich mit Permakultur zu beschäftigen, weil sie ihre kommunikative Kompetenz stärken wollen. Sie kommen mit konkreten Ideen, die sie umsetzen möchten. Auch von unserer Seite aus ist eine Anforderung an sie, in ihrem eigenen Lebensumfeld auf Zukunftsfähigkeit ausgerichtete Projekte zu initiieren und sie mit dem Handwerkszeug der Permakultur zu bearbeiten. In diesen Projekten sollen die Teilnehmenden ihre Gestaltungs- und Partizipationskompetenzen entwickeln und stärken.

Permakultur geht davon aus, dass wir immer in komplexen Systemen agieren, die wir nicht vollständig verstehen. Die Methoden, Modelle und Prinzipien der Permakultur helfen, mit dieser Tatsache umzugehen. Konkret befähigen sie Menschen,

- geduldig zu beobachten,
- den Blick auch auf den Prozess statt nur auf das Ergebnis zu richten,
- übergeordnete Muster zu verstehen, statt sich in Details zu verlieren,
- Methoden situationsangemessen anzuwenden,
- sich in systemischem Denken zu üben, d. h. statt nur einzelne Elemente auch die Beziehungen zwischen Elementen in den Blick zu nehmen,
- kreativ, fehlerfreundlich und lösungsorientiert an Aufgaben heranzugehen.

Wie oben beschrieben entsteht in der Arbeit an den Projekten häufig zusätzlich die Notwendigkeit, den Blick auf „das Soziale" zu werfen. Die aufgeführten Fähigkeiten sind unserer Ansicht nach auch für kommunikative Kompetenz wichtige „Zutaten". Deshalb bekommen Teilnehmende an unseren Kursen sie quasi „sowieso" mit auf den Weg. Diese Stärkung der kommunikativen Kompetenz ist ein häufig zu beobachtender Lernertrag: Zahlreiche Teilnehmende verlassen die jährlich abschließende Weiterbildung „Basisjahr Permakultur Design" mit der Erkenntnis, wie wichtig „das Soziale" doch ist, und mit Lust, weiter in diesem Feld zu lernen. Eine Sensibilisierung ihrer Aufmerksamkeit für diese Fragen hat stattgefunden (vgl. Bartel 2015).

Wie die Übertragung des Permakulturgestaltungsansatzes von landbezogenen, ökologischen Kontexten auf soziale Zusammenhänge konkret aussehen kann, beschreiben wir in den folgenden Abschnitten.

18.4   Differenziert, sorgfältig und aus unterschiedlichen Perspektiven beobachten

Ein geflügeltes Wort, mit dem Neulinge in Permakulturkursen häufig Bekanntschaft machen, ist: „Wenn du ein Gelände gestalten willst, so sind dies die ersten drei Schritte, die du machst: beobachten, beobachten, beobachten." In der Permakultur arbeiten wir am liebsten fast ausschließlich mit dem, was bereits da ist, um unseren Ressourcenverbrauch zu reduzieren und Abfall gar nicht erst entstehen zu lassen. Außerdem wollen wir eine Gestaltung finden, die der jeweiligen Situation mit ihren Herausforderungen und Potenzialen angemessen ist. Deshalb müssen wir wissen, womit wir es zu tun haben und bemühen uns, dies in einer Bestandsaufnahme erst einmal wertfrei wahrzunehmen.

Diese Haltung kann auch im Kontakt mit Menschen, z. B. in der Teamarbeit, sehr hilfreich sein. Sie fordert uns dazu auf, erst einmal zu beobachten, was gerade passiert oder passiert ist. Besonders in hitzigen Situationen hilft es, zu verlangsamen, ein Stück zurückzutreten und eine kleine innere Bestandsaufnahme zu machen. Wir beobachten, was in uns passiert und wie das Gegenüber sich verhält, ohne es schon komplett verstehen oder sofort lösen zu wollen. Hilfreiche Modelle hierfür sind z. B. die Gewaltfreie Kommunikation oder auch die Zen-Meditation, beide arbeiten mit einer inneren Beobachtungsposition. Wenn wir z. B. einen Konflikt mit einer Kollegin haben, dann unterstützt uns unser Bewusstsein für die Bedeutung von Beobachtung dabei, die Situation zunächst zu beschreiben, ohne sie schon zu deuten und zu bewerten. Dies ist ein regelmäßiger Aha-Effekt, den Teilnehmende in der Weiterbildung haben, wenn wir sie dazu auffordern, sich zum Beispiel einen „Sitzplatz" in der Natur zu suchen und dort erst einmal nur zu beobachten – oder sie bitten, bei einem Treffen einer Gruppe, zu der sie gehören, bewusst eine Beobachtungshaltung einzunehmen und sich Notizen zu ihren Beobachtungen zu machen.

Eine geschulte Beobachtungsgabe ist eine wesentliche Voraussetzung für die bei Olaf Geramanis beschriebene Selbststeuerung und Selbstdiagnose, welche sowohl mit mir selbst als Individuum als auch in der Kooperation mit anderen wichtig ist, um erfüllend wirken zu können.

In der Permakultur wird die Fähigkeit, erst einmal mit Ruhe beim Beobachten bleiben zu können, zum Beispiel durch ein Verständnis von Prozessphasen genährt, eine weitere Zutat, auf die wir im nächsten Abschnitt eingehen.

18.5   Teil von lebendigen Prozessen sein und sich in ihnen orientieren

Ein von Bill Mollison formuliertes Prinzip lautet: „Das Problem ist die Lösung." Dieser Satz beschreibt eine der Grundüberzeugungen der Permakultur, nämlich dass es uns gelingt, passende Lösungen zu finden, wenn wir uns mit dem Problem durch eine neugierig-offene Haltung vertraut machen, statt es sofort „weg" haben zu wollen. Hierfür müssen wir uns auf einen offenen lebendigen Prozess einlassen können, in dem alles und alle, die betroffen sind, gehört und beteiligt werden. Zum vertieften Verständnis der Arbeit mit Prozessen verweisen wir auf den Artikel zum Thema „Resonanz" von Jascha Rohr in diesem Band.

Was ist nun ein Prozess? Damit bezeichnen wir die Art und Weise, wie wir etwas erreichen, den Weg, den wir gehen. Um Einfluss auf diesen Prozess nehmen zu können, müssen wir zunächst lernen, ihn überhaupt zu „sehen". Unserer Erfahrung nach bedarf es für diese Fähigkeit einer Art „Umklappen in der Perspektive". Hierfür können wir als Lehrende hilfreiche Bedingungen schaffen, indem wir das Reflexionsvermögen der Weiterbildungsteilnehmenden unterstützen. Wir fordern sie zum Beispiel auf, ihre Projekte zu dokumentieren und das, was sie getan haben, mit Hilfe eines Prozessmodells abzubilden. Ein sehr einfaches Prozessmodell besteht aus den Phasen Beobachten, Analysieren und Bewerten, Entwerfen, Umsetzen und Feiern. Durch die Reflexion ihres Tuns und das Einsortieren in die genannten Phasen wächst das Bewusstsein für das eigene Handeln und die jeweiligen „Qualitäten".

Ein weiterer unterstützender Aspekt ist, dass wir vertiefende Übungen anbieten, nach deren Bearbeitung uns besonders die Aha-Effekte interessieren. Auch lassen wir die Teilnehmenden monatlich darüber reflektieren, was sie in den vergangenen Wochen gelernt haben. Durch all diese Elemente wächst das Bewusstsein für Prozesse und ihre Entfaltung an verschiedenen selbst erlebten Beispielen.

Die intensive Beschäftigung mit Permakultur, wie sie in der Weiterbildung zum*r Permakulturgestalter*in stattfindet, soll Menschen dazu befähigen, sich wirklich auf einen offenen Gestaltungsprozess einzulassen. Das klingt einfacher, als es ist: Das bei Michael Cramer beschriebene „in der Schwebe halten" eines Prozesses ist für viele Menschen ein großes Wagnis und eine Aufgabe. Denn ich kann nicht genau wissen, wie sich ein Prozess entwickeln wird, und möglicherweise weiß ich nicht einmal, was der nächste Schritt ist – das finde ich erst heraus, wenn ich mich voll und ganz einlasse. Insofern unterscheiden wir auch ganz bewusst zwischen den Prozessen selbst, die alle unterschiedlich sind, und Prozessmodellen, die uns helfen, uns in einem Prozess zu orientieren.

Als kreative Wesen haben wir sehr schnell klare Ideen zur Hand, wie wir mit einer Herausforderung umgehen wollen. Von dieser Idee wieder abzuweichen fällt uns oft nicht leicht. Wir vermitteln in der Permakulturweiterbildung, dass unsere ersten Impulse häufig sogenannte „Lieblingsideen" sind, welche mehr über mich als Gestalter*in aussagen, als dass sie dem Gestaltungsanliegen gerecht werden. Eine Strategie im Umgang mit diesen schnell feststehenden Lösungsvorstellungen und Bildern im Kopf ist das Erstellen eines „Lieblingsideenentwurfs", wodurch wir sie aus dem Kopf nach außen bringen können. Dies ermöglicht die bewusste Auseinandersetzung mit diesen Lösungsvorstellungen – und das leichtere Loslassen, besonders, wenn sie vorher gewürdigt wurden! Außerdem unterstützt uns diese Methode dabei zu erkennen, dass wir möglicherweise noch nicht an dem Punkt sind, eine Lösung zu erarbeiten.

Auch in Gruppen haben Menschen häufig eine feste Vorstellung davon, was hier passieren sollte. Diesen Impulsen und Vorstellungen Raum zu geben, kann dazu beitragen, dass sich die entsprechenden Personen mit ihren eigenen Wünschen gesehen und wahrgenommen fühlen. Oft fällt es danach leichter, diese Vorstellungen zumindest ein Stück weit loszulassen und sich im weiteren Verlauf noch stärker auf den Prozess mit den anderen Beteiligten einlassen zu können. Hier ist auch ein bewusster Blick auf Bedürfnisse hilfreich. Wenn ich mir bewusst mache, welche meiner Bedürfnisse erfüllt sein müssen, damit ich mich auf einen offenen Prozess einlassen kann, dann bin ich in der Lage, diesen Prozess in meinem Sinne mitzugestalten. Das kann zum Beispiel bedeuten, dass ich mir zu Beginn einen Check-in wünsche, oder einbringe, dass regelmäßig Pausen gemacht werden oder dass ein Ergebnisprotokoll erstellt wird, damit abwesende Personen dem Prozess folgen können.

Ein ausgebildetes Prozessverständnis kann wesentlich zu kommunikativer Kompetenz beitragen, weil wir dadurch geübt sind, unsere Redebeiträge entsprechend zu kennzeichnen. Wir erleben es in permakulturellen Arbeitskontexten immer wieder, dass wir uns gegenseitig darauf hinweisen: „Was du gerade ansprichst, sind schon Lösungsideen. Das ist gut und schön, aber lass uns bitte erst einmal darauf verständigen, was wir beobachten, und gemeinsam formulieren, worin das Problem liegt, bevor wir die Lösung diskutieren." Häufig werden in unserem Permakulturnetzwerk Lösungen und Entscheidungsvorlagen erarbeitet, indem wir uns auf einen Gestaltungsprozess mit seinen oben genannten Phasen bzw. Qualitäten einlassen. Dies verstehen wir als eine Form der gegenseitigen Beratung zur Entscheidungsfindung, die Laloux unter dem Prinzip Selbstführung benennt. Da ein guter Entwurf nur auf Grundlage einer differenzierten Bestandsaufnahme erarbeitet werden kann und er auch nur so für alle anderen nachvollziehbar wird, ist es selbstverständlich, dass auch die wesentlichen Informationen, die zu dem Entwurf und dann der Entscheidung geführt haben, transparent gemacht werden. Dies beugt, wie Laloux herausgearbeitet hat, Konflikten vor.

In Ergänzung zu unserer Fähigkeit, uns in Prozessen zu orientieren und darüber kommunizieren zu können, unterstützt uns das Verständnis von Mustern darin, das „Soziale" zu deuten und zu gestalten. Im folgenden Abschnitt beschreiben wir dies genauer.

18.6   Um Muster wissen und nach ihnen forschen und fragen

Permakultur lenkt den Blick auf zugrunde liegende Muster der Lebendigkeit und wendet diese in den eigenen Gestaltungen an. Bezogen auf die grüne Permakultur formuliert Holmgren: „Permakultur ist die bewusste Gestaltung von Landschaften unter Nachahmung natürlicher Muster und Beziehungen, wodurch diese Nahrung, Pflanzenfasern und Energie in Hülle und Fülle zur Deckung lokaler Bedürfnisse hervorbringen" (Holmgren 2016, S. 23).

In der Natur gibt es beispielsweise eine begrenzte Anzahl von Mustern, die Pflanzen nutzen, um ihre Samen zu verbreiten. Pflanzen lassen leckere Früchte um den Samen herum wachsen, um gefressen zu werden und sich über die Mägen von Vögeln oder Säugetieren zu verbreiten. Sie verbinden den Samen mit einem Widerhaken, um im Fell transportiert zu werden. Oder sie lassen kleine Segel oder Schirmchen wachsen, um mit dem Wind fortgetragen werden zu können. Für die konkrete Ausgestaltung dieser Strategien hat jedoch jede Art einen ihr eigenen Ausdruck gefunden.

Wir können uns auch bezogen auf unser Zusammenleben als Menschen fragen: Was sind grundlegende Muster des Menschseins? Ein verbindendes Muster sind z. B. unsere Bedürfnisse. Menschen haben sehr ähnliche soziale Grundbedürfnisse, z. B. nach Zugehörigkeit einerseits und nach Einzigartigkeit andererseits (vgl. Bittl 2008). Diese werden jedoch je nach Kultur durch Werte, Regeln, Tabus usw. unterschiedlich gerahmt. Und in uns Menschen geraten die Bedürfnisse unterschiedlich schnell in Gefahr: Während eine Person sich vor allem darum bemüht, das Bedürfnis nach Zugehörigkeit zu erfüllen, ist einer anderen Person das Bedürfnis nach Einzigartigkeit und Autonomie besonders wichtig.

Permakulturist*innen üben sich darin, die einem System zugrunde liegenden Muster zu erforschen, zu verstehen und in einer konkreten Situation wiederzuerkennen, statt sich in Details zu verlieren. Dadurch passen Kommunikationsstrategien wie die Gewaltfreie Kommunikation mit dem Anliegen, eine Sprache für die zugrunde liegenden Bedürfnisse zu finden, gut zu Permakulturgestaltung. Ähnliches gilt für das Zwiebelmodell in der Konfliktklärung: Die äußere Zwiebelschale repräsentiert die von einer Person vertretenen Positionen, die mittlere Zwiebelschale steht für ihre dahinter liegenden Interessen und im Kern verbergen sich die Bedürfnisse. Michael Cramer geht in seinem Text über Mediation ebenfalls auf die Bedeutung der Kommunikation über Bedürfnisse ein.

Weitere Muster, die wir bei Menschen beobachten können, sind Aspekte wie Lern- und Arbeitsstile, Gruppendynamik und damit verbundene Rollen, die in der Zusammenarbeit entstehen und informelle Machtstrukturen, die sich herausbilden. Hierauf geht neben Michael Cramer zum Beispiel Olaf Geramanis in seinem Text zu Gruppendynamik genauer ein.

Generell ist ein Wissen um meine eigenen Fähigkeiten und Herausforderungen und ein Verständnis für das, was zwischen Menschen passieren kann, eine hilfreiche Grundlage in der Kooperation. Es kann dazu beitragen, dass wir uns in Diskussionen nicht in unwichtigen Details verlieren, sondern das besprechen, worum es gerade wirklich geht. Ein Beispiel für ein Muster, das uns in der Kooperation unterstützt, ist die Moderation. Wenn wir uns als Team treffen, klären wir zunächst, wer die Sitzung moderiert. Diese Moderation folgt einem bestimmten Muster: Es gibt eine Einstiegsrunde, danach werden Themen gesammelt, diese werden gegebenenfalls priorisiert und dann der Reihe nach besprochen und jeweils die Ergebnisse zusammengefasst und festgehalten. Den Abschluss bildet eine weitere Runde. Dieses „Muster" ist allen im Team bekannt, so dass die Moderation rotieren kann und alle wissen, was passieren wird. Die Runde zu

Beginn trägt dazu bei, dass wir voneinander wissen, wie es allen im Moment geht, denn unser Befinden hat einen Einfluss darauf, wie wir miteinander in Kontakt treten und aufeinander reagieren. Sie unterstützt die Möglichkeit, authentisch und als ganze Person da zu sein. Dank der Themensammlung und -sortierung können sich die Moderation und auch die anderen Teammitglieder immer wieder vergewissern, dass noch über das vereinbarte Thema gesprochen wird. Ein gemeinsam geteiltes Verständnis darüber, dass es sich hier um ein hilfreiches Muster handelt, das individuell ausgestaltet werden darf, und nicht um eine fest vorgegebene Schrittfolge, der alle sklavisch zu folgen haben, ermöglicht es, dass jede Person ihre Moderation den eigenen Vorlieben und der momentanen Situation anpassen kann. So entsteht Lebendigkeit.

Ein weiteres hilfreiches Muster in unserer Zusammenarbeit ist es, die Rolle des*der Fokushalter*in zu besetzen. Diese Person behält dieses Arbeitsanliegen im Blick, ist Ansprechpartner*in und sorgt dafür, dass es weiterbearbeitet wird, indem sie, wenn nötig, andere an ihre Zuarbeiten erinnert. Sie sorgt dafür, dass nötige Entscheidungen getroffen werden und die Arbeit an dieser Aufgabe abgeschlossen wird. Sie ist nicht die Person, die alle Arbeit macht oder alle Entscheidungen trifft.

Eine zentrale Qualität von Mustern, sowohl derer in der Natur als auch unter Menschen, ist es, dass alle sie kennen und mit ihnen vertraut sind. Dadurch ermöglichen sie Verbindung. Die in der Permakultur entwickelte Lösung der Kräuterspirale für den Anbau unterschiedlicher Kräuter wird u. a. deshalb von vielen Menschen als schön und attraktiv wahrgenommen, weil sie die Spirale als vertraute und bekannte Form aufgreift. Der Architekt Christopher Alexander (1995) beschreibt Muster der Gestaltung von Orten, welche unsere Bedürfnisse befriedigen – sein Kriterium ist das der Lebendigkeit: „Was macht einen Ort lebendig?" Zum Beispiel formuliert er verschiedene Muster, welche die Gestaltung von Plätzen beschreiben, an denen sich Menschen gerne aufhalten. Eines dieser Muster heißt „Öffentliches Zimmer im Freien". Dieses Muster beschreibt einen Raum, der eingefasst ist, z. B. durch eine Mauer, die niedrig genug ist, dass wir noch von innen nach außen und von außen nach innen schauen können. So ist das Bedürfnis nach Fokus und Klarheit befriedigt, aber auch dasjenige nach Kontakt. Wissen wir um unsere Bedürfnisse und darum, durch welche Muster sie erfüllt werden, können wir lebendige Räume gestalten. Ähnlich ist es in der Kommunikation: Wenn es uns gelingt, auf der Bedürfnisebene zu kommunizieren, entsteht zwischen uns eine Verbindung, weil ich das Bedürfnis, das du formulierst, auch bei mir kenne. Das Verständnis von und die Gestaltung mit Mustern unterstützen Lebendigkeit.

Die Funktionen von Muster zu verstehen und mit ihnen zu arbeiten, erfordert Beobachtung. Mit einer Auswahl an Methoden können wir kreativ auf sich zeigende Muster reagieren und mit ihnen arbeiten. Welche hilfreichen Werkzeuge die Permakultur uns bietet, erläutern wir im nächsten Teil.

18.7   Hilfreiche Methoden kennen und situationsgerecht anwenden

In der Arbeit an ihren Projekten üben sich unsere Teilnehmenden darin, Beobachtungs-, Analyse-, Entwurfs- und Evaluationsmethoden anzuwenden, sammeln Erfahrungen, welche Methode für welche Fragestellung sinnvollerweise eingesetzt werden kann, und erfahren, welche Methoden ihnen persönlich „liegen". Dies wird v. a. dadurch unterstützt, dass alle Projekte dokumentiert werden und wir dazu anregen, zu reflektieren, inwieweit die jeweilige Methode den Prozess vorangebracht hat.

Durch die Gestaltung des Miteinanders in Kursen und auf Treffen werden die Teilnehmenden vertraut mit einer Bandbreite an Methoden, wie Gruppensettings gestaltet werden können. Hierauf wird in einem thematischen Kurs zu „Sozialer Permakultur" ein bewusster Blick geworfen und die Vielfalt der Methoden wird hier noch erweitert.

Im Prozessabschnitt haben wir den Lieblingsideenentwurf vorgestellt. Ein weiteres hilfreiches Werkzeug in der Permakultur heißt „Produkte und Qualitäten". Es fragt, welche Qualitäten ich eigentlich durch den Einsatz eines bestimmten Elements in meinem System fördern möchte. Während wir im Alltag davon sprechen, dass wir eine Waschmaschine brauchen, ist die Qualität, die ich eigentlich erfüllen möchte, die der sauberen Wäsche. Dahin kann ich auch auf anderen Wegen kommen als über die Waschmaschine: Ich kann in den Waschsalon gehen, bei Nachbar*innen waschen, jedes Mal neue Wäsche kaufen, meine Wäsche lüften, sie in den Bach hängen und vieles mehr. Auf diese Weise öffnet das Denken in Qualitäten den Blick für weitere Möglichkeiten, wie ich die gewünschte Qualität in mein System bringen kann, und es fällt leichter, sich für die zukunftsfähigste Lösung zu entscheiden.

Auch in Bezug auf den Einsatz von Kommunikationsmethoden kann ich mich fragen, welche Qualitäten gerade gestärkt werden sollen. Diese helfen mir einzuschätzen, ob für die gegenwärtige Situation eine Redestabrunde, eine moderierte Diskussion, eine soziometrische Aufstellung oder etwas ganz anderes hilfreich wären. Voraussetzung ist natürlich wieder das Beobachten: Wo stehen wir gerade? Was unterstützt uns in dieser Situation? Was passt in diesen Kontext? Gerade die letzte Frage hält dazu an, zu überlegen, ob die Methode noch eine Abwandlung braucht, damit sie in dem jeweiligen sozialen Kontext „landen" kann. Diese Abwandlung kann auf der sprachlichen Ebene stattfinden oder im Ablauf: Auf eine Gruppe, die sich untereinander wenig kennt, kann eine Einladung, sich zu Beginn mit den Erdelementen zu verbinden, esoterisch wirken. Der Vorschlag, sich zu Beginn einen Moment Stille zum Durchatmen und zum Alltag-Zurücklassen zu nehmen, mag dagegen durchaus willkommen sein. In beiden Fällen habe ich etwas für die Qualität „Ankommen" getan.

„Kollegiale Beratung" ist eine Methode aus der Beratungsarbeit, die wir gerne vermitteln, weil sie die in der Permakultur angestrebte Selbstorganisation und Selbstwirksamkeit unterstützt. Wir bitten unsere Teilnehmenden im Themenkurs „Soziale Permakultur", sich zu überlegen, wer zum eigenen Projekt eine Beratung wünscht, sich dann in Kleingruppen zusammenzutun und sich mit dem Verfahren der Kollegialen Beratung Unterstützung zu geben. Die in der Anwendung erzielten Aha-Effekte reichen von „Wow, endlich ein Perspektivwechsel!" bis hin zu „Super, wir können uns gegenseitig so viel geben!"

Während die Methoden tatsächliche „Werkzeuge" sind, die wir in unserem Gestaltungskoffer dabeihaben, erinnern uns die Permakulturprinzipien an die Funktionsweise von Systemen. Sie unterstützen uns dabei, in komplexen Systemen zu agieren. Hierauf gehen wir im folgenden Abschnitt ein.

18.8 Permakulturgestaltungsprinzipien als Wegweiser nutzen

Wie kann ich lebendige Systeme mitgestalten, die ich nicht vollständig verstehe? Selbst einfache Systemspiele verdeutlichen, dass unserer menschlichen Fähigkeit, Rückkopplungsprozesse und Wechselwirkungen in Systemen zu verstehen bzw. vorhersagen zu können, enge Grenzen gesetzt sind.

In einem dieser Spiele wird jede Person aufgefordert, sich im Stillen zwei Personen unter den Mitspielenden auszusuchen. Wenn alle sich zwei Personen ausgesucht haben, erhalten alle den Auftrag, sich so durch den Raum zu bewegen, dass sie zu diesen beiden Personen immer den gleichen Abstand haben. Dieser Abstand kann kürzer oder länger werden, er muss nur immer die gleiche Länge zu beiden Personen haben. Wenn es losgeht, entsteht ein komplexes Wechselspiel aus Bewegungen. Eine weitere Person wird als Beobachterin beauftragt, sich das Ganze von außen anzuschauen. Befragen wir sie danach, ob sie – selbst, wenn sie gewusst hätte, wer sich wen ausgesucht hat – den möglichen Bewegungsablauf der Personen hätte vorhersagen können, verneint sie dies.

Verschiedene Permakulturlehrer*innen haben auf der Grundlage eines tiefen Verständnisses von Ökosystemen jeweils Sets von Gestaltungsprinzipien formuliert. Dabei wurden sie von der Frage geleitet „Wie würde die Natur es machen?" und haben beobachtet, welche Praktiken Kulturen hatten, denen es in der Menschheitsgeschichte gelang, langfristig lebenserhaltend mit der sie umgebenden Umwelt zu leben. Die Prinzipien sind ein wesentlicher Schlüssel für die Schulung unseres Systemverständnisses, welches Faktoren wie Selbstorganisation, Rückkopplungsprozesse und Eigendynamik umfassen muss.

Darüber hinaus ist ein zentrales Merkmal der zwölf Gestaltungsprinzipien von David Holmgren (2016), dass sie eine fehlerfreundliche Haltung fördern, die zum Ausprobieren einlädt. Dies spiegelt sich besonders deutlich in folgenden Prinzipien wider: „Nutze kleine und langsame Lösungen", „Arbeite mit Selbstregulation und akzeptiere Feedback" sowie „Beobachte und tritt in Kontakt".

Die Gestaltungsprinzipien sensibilisieren auch in sozialen Settings für die Frage: „Wie kann ich vorerst im Kleinen ausprobieren, was mir vorschwebt? Auf welche Weise kann ich Feedback erhalten? Wie kann all das, was ich nicht mitbedacht habe, in meinen Wahrnehmungshorizont gelangen?"

Andere Prinzipien geben uns Hinweise auf das Vorgehen in Prozessen: „Entwirf vom Muster zum Detail" weist darauf hin, dass wir uns erst einmal über die Vision und die Ziele verständigen sollten, bevor wir darüber sprechen, wer welche Aufgabe übernimmt.

Ein weiteres Beispiel ist das Prinzip „Nutze Randzonen und schätze das Marginale". Dieses deutet an, dass wir uns an die Lebendigkeit von Übergängen zwischen Öko-systemen erinnern sollen. Übertragen auf soziale Zusammenhänge kann dies zum Bei-spiel bedeuten, die Reibereien zwischen verschiedenen Gruppen als Möglichkeitsräume zu begreifen, an denen wir aufgefordert sind, unterschiedliche Interessen und Bedürf-nisse zu berücksichtigen und Vielfalt wertzuschätzen.

Wir können diese Prinzipiensets als Wegweiser und Kompass nutzen, um kompetent als Teil von lebendigen Systemen zu handeln. Wenn wir also eine Frage permakulturell bearbeiten, nutzen wir die Prinzipien, um

- in der Analysephase die bestehende Situation zu untersuchen und durch wenig berücksichtigte Prinzipien Hinweise zu finden, was es braucht, um das System in Balance zu bringen,
- in der Entwurfsphase Lösungsideen zu generieren bzw. unseren Entwurf zu überprüfen,
- in der Evaluationsphase herauszufinden, warum bestimmte Aspekte der Umsetzung nicht funktionieren und den Entwurf zu verbessern.

Hier ein Beispiel, das die Arbeit mit den Prinzipien verdeutlichen soll: Die Perma-kultur-Akademie wurde im Jahr 2002 gegründet. Das Weiterbildungsangebot hat seitdem mehrere Überarbeitungen erfahren u. a. mit dem Ziel, Erwachsenen einen hilfreichen Rahmen zu bieten, um ihr Lernen selbst gestalten zu können (etwas, das die wenigs-ten von uns in der Schule gelernt haben, wo uns in der Regel gesagt wurde, was wir zu tun haben). Zwischen 2014 und 2016 haben wir die Weiterbildung intensiv evaluiert, neu gestaltet und aufgelegt. Als Arbeitsgruppe hatten wir einen Entwurf entwickelt, der zeigte, durch welche Veränderungen die gewünschten Ziele der Reform erreicht wer-den können. Wir waren mit unserem Entwurf sehr zufrieden. Wir prüften ihn mit den Holmgren-Prinzipien und stellten fest, dass alle Prinzipien gute Berücksichtigung fan-den. Nur bei dem Prinzip: „Nutze kleine und langsame Lösungen" setzten wir ein Frage-zeichen. Denn klein waren die anvisierten Veränderungen nicht, aber wir dachten: „Das wird schon!" Glücklicherweise beherzigten wir das Prinzip „Nutze Selbstregulation und akzeptiere Feedback" und präsentierten wenig später unseren Entwurf auf einem unse-rer Netzwerktreffen. Die Rückmeldung der Anwesenden lautete: Schaut doch mal, ob ihr die gewünschten Ziele nicht auch mit einer kleineren Reform erreichen könnt. Daraufhin überarbeiteten wir unseren Entwurf noch einmal und sorgten damit dafür, dass wir uns als Organismus mit der Reform nicht übernahmen.

Wenn wir die Prinzipien als gesamtes Set benutzen, dann können wir hiermit Schwachstellen erforschen und abmildern und die Wahrscheinlichkeit, dass unser System tragfähig ist, erhöht sich. Hierfür ist eine selbstkritische Beobachtung unseres Tuns eine wesentliche Voraussetzung: Wenn wir uns schönreden, dass wir ja alle Prinzipien wunderbar berücksichtigt haben, dann ist damit der Zukunftsfähigkeit des Projekts nicht gedient.

Somit enthalten auch die Prinzipien die Einladung, den Fokus auf die Beobachtung zu richten und weniger zu bewerten, aber doch genau hinzuschauen. Dies bringt uns zum letzten Aspekt der Arbeit mit Permakultur, der Kreativität.

18.9   Aufgaben mit lösungsorientierter Kreativität begegnen

Viele der vorgenannten Aspekte unterstützen unser Reflexionsvermögen und unser Prozessverständnis und sind zentrale Zutaten, um für die Herausforderungen, mit denen wir es zu tun haben, kontextangepasste Lösungen zu finden.

Doch es gibt noch ein weiteres wesentliches Merkmal permakultureller Herangehensweisen: der Fokus auf Kreativität und darauf, dass es Spaß machen soll und darf, Lösungen zu entwickeln und diese in die Welt zu bringen. Dabei helfen die oben genannten Sprichworte, wie „Das Problem ist die Lösung" oder „Denke in Qualitäten und Funktionen anstatt in Produkten", die wir auch „Mollisonisms" nennen, weil viele davon von Bill Mollison geprägt wurden. Diese Liste lässt sich fortsetzen, von „Alles gärtnert" über „Investiere deine Energie dort, wo du auf Resonanz stößt" und „Arbeite mit der Natur und nicht gegen sie" bis hin zu „Schaffe Multifunktionalität, indem jedes Element mehrere Funktionen übernimmt und jede Funktion von mehreren Elementen abgedeckt wird". Sie helfen uns beim Verstehen von Prozessen und dabei, unsere Ressourcen weise einzusetzen, und sie lenken unsere Aufmerksamkeit auf die zu findende Lösung.

Auch in sozialen Kontexten hilft eine lösungsorientierte, fehlerfreundliche und kreative Haltung dabei, die Verbindung zu unserer Vision, zu unserer Aufgabe und zu einander zu vertiefen, mit Freude und Lebendigkeit zu kooperieren und daran zu denken, dass wir uns gegenseitig und unser gemeinsames Tun wertschätzen und feiern.

Das Acht-Schilde-Modell, welches aus dem Bereich „Wildniswissen" kommt und in der Permakultur immer stärkere Verwendung findet, bietet einen Rahmen für diese Aspekte (Young et al. 2010). Den acht Himmelsrichtungen sind eine Reihe von Qualitäten zugeordnet, welche sich mit den Tages- und Jahreszeiten in Verbindung bringen lassen, aber auch mit Aspekten, die die Verbindung in Gruppen fördern. Diese Qualitäten umfassen den Dank und die Lebendigkeit der Sinne, das Willkommen und den guten Anfang, die Sorglosigkeit und das Ausprobieren, den Fokus und die Konzentration, die Pause und das Körperwohl, das Zusammenkommen und das Wertschätzen, das Bedeutung stiften und das Seelenwohl sowie den Adlerblick und den Abstand. Mit diesen Qualitäten haben wir in der Gestaltung von Teamtreffen und Kursen die Erfahrung gemacht, dass sie zu einem ganzheitlichen Erlebnis für alle Beteiligten beigetragen haben.

Insgesamt fördert die Arbeit mit Permakultur unsere Fähigkeit, Bereitschaft und Lust, mit Veränderung kreativ umzugehen und sie als wesentlichen Aspekt von Lebendigkeit zu betrachten.

18.10 Fazit und Ausblick

Ähnlich wie die betrachteten Organisationen im Buch „Reinventing Organizations" nutzt auch Permakulturdesign verschiedene „Werkzeugkisten" und unterschiedlichste Methoden – und ist sich dabei bewusst, dass die angewendeten Ansätze nicht alle von Permakulturist*innen entwickelt wurden. Permakultur „bedient" sich in den Bereichen, wo eine systemische Perspektive auf die jeweilige Fragestellung zur Entwicklung einer hilfreichen Methode, Herangehensweise oder Lösung geführt hat, denn oft sind dies Perspektiven, die von einer Verbundenheit alles Lebendigen ausgehen.

Immer im Blick behalten wir als Netzwerk dabei, dass es keine „One-size-fits-all"-Lösungen gibt: Permakultur ist eine Gestaltungspraxis, die uns dabei unterstützt, mit den oben genannten Herangehensweisen und Haltungen kontextangepasste Lösungen zu entwickeln. Dies ist eine der Stärken der Permakultur.

Unser Fokus richtet sich darauf, das Verhalten von Systemen besser zu verstehen und in unterschiedlichen Kontexten und Situationen kompetent agieren zu können. Dies ist, unserer Meinung nach, eine immer wichtiger werdende Fähigkeit angesichts der globalen Herausforderungen und dem weit verbreiteten kurzsichtigen Umgang damit.

Was die bei Laloux herausgearbeiteten Prinzipien „Selbstführung, Ganzheit, evolutionärer Zweck" und ihre jeweiligen Unteraspekte angeht, sollte in unseren Ausführungen deutlich geworden sein, in welcher Weise sie im Permakulturnetzwerk verstanden und verwirklicht werden und wie sie durch Soziale Permakultur ergänzt und vertieft werden können. Die vertiefte Beschäftigung mit dem ethischen Fundament der Permakultur und den weiteren in diesem Text beschriebenen Aspekten führt dazu, dass diejenigen, die sich auf den Weg der Permakulturdesignweiterbildung begeben, immer stärker auch entsprechend der drei Laloux-Prinzipien leben, arbeiten und entwerfen wollen.

Gleichzeitig sind die Laloux-Prinzipien für uns keine zentralen Wegmarken. Die Anzahl der Personen, die Laloux gelesen hat und zu Permakultur findet, wächst – dennoch ist der Ansatz von Laloux auch perspektivisch nur einer von vielen, die uns in unserer Arbeit unterstützen oder mit dem wir Phänomene beschreiben. Denn wir arbeiten nicht mit „dem" Modell und brauchen kein Gedankengebäude wie ein System unterschiedlicher Stufen, welches Entwicklung beschreibt. Leben ist ein Prozess und in ständiger Wandlung, wir behalten im Blick, was funktioniert und verändern etwas, wenn es nicht mehr funktioniert – und richten unser Tun an der Ethik der Permakultur aus.

Literatur

Alexander C, Black G, Tsutsui M (1995) The Mary Rose Museum, Center for Environmental Structure, Oxford University Press

Bartel J (2015) Aufmerksamkeitsbildung. Anthropologische Überlegungen zum Lernen und Lehren. In: Reh S et al (Hrsg) Aufmerksamkeit. Geschichte – Theorie – Empirie. Springer, Wiesbaden

Bittl K-H (2008) Wertekiste. Transkulturelles Lernen mit Werten. Tischner & Hoppe, Nürnberg

Holmgren D (2016) Permakultur – Gestaltungsprinzipien für zukunftsfähige Lebensweisen. Drachen Verlag, Klein Jasedow

Mollison B (2012) Handbuch der Permakultur-Gestaltung. PIA, Stainz

Whitefield P (2014) Was wir für die Erde tun können: Unsere Lebensräume zukunftsfähig gestalten und nutzen. PIA, Stainz

Young J, Haas E, McGowan E (2010) Mit dem Coyote-Guide zu einer tieferen Verbindung zur Natur, Buch 1. Biber-Verlag, Extertal

Weiterführende Literatur

Macnamara, L (2012) People and permaculture. Permanent Publications, East Meon

Meadows, DH (2010) Die Grenzen des Denkens. Oekom, München

Starhawk (2011) The empowerment manual – a guide for collaborative groups. New Society Publishers, Gabriola Island

Joel Campe Jahrgang 1977, hat Ökologischen Landbau studiert und lebt seit 2003 im Ökodorf Sieben Linden. Heute setzt sie sich als Permakulturgestalterin und Supervisor*in (DGSv) damit auseinander, was uns Menschen darin unterstützt, zukunftsfähige Lebensweisen umzusetzen.

Gemeinsam mit Kolleg*innen entwickelt sie Ansätze, um Menschen die Grundlagen gelingender Kooperation zu vermitteln. Dies gibt sie in Kursen und Beratungen weiter. Als Mitarbeitende der Permakultur Akademie konzipierte sie mit Judit Bartel das Basisjahr Permakultur Design, gemeinsam begleiten sie es.

Mit ihrem Wirken möchte Joel Campe andere Menschen ermutigen, ihr Leben aktiv hin zu mehr Zukunftsfähigkeit zu gestalten und sich für menschliches Handeln im Sinne der Ethik der Permakultur einzusetzen. Hierfür setzt sie auf inspirierende Geschichten, auf (vor-)gelebte Beispiele sowie auf die stärkende Kraft von Beziehungen und Vernetzung.

Judit Bartel Jahrgang 1977, Erwachsenenpädagogin und Kulturanthropologin (M.A.), erforscht als Permakulturgestalterin und Wildnispädagogin Aspekte zukunftsfähiger Kultur und webt sie in unsere bestehenden Lebensweisen ein. Nach der Erforschung von Lernprozessen Erwachsener („Lernen zwischen Kontextgebundenheit und Selbstgestaltungsanspruch" sowie „Lernen als Aufmerksamkeitsbildung") gestaltet sie seit 2007 die Bildungsarbeit der Permakultur-Akademie maßgeblich mit. 2015 hat sie mit Joel Campe das Basisjahr Permakultur Design entwickelt und begleitet es seither. 2017 gründete sie an ihrem Wohnort in Happurg (Nürnberger Land) mit dem „Grünspecht e.V." einen Verein für Naturverbindung und zukunftsfähige Lebensweisen.

Ihr Herzensanliegen ist es, dass wir Menschen lernen, auf eine langfristig lebenserhaltende Weise für unsere Bedürfnisse zu sorgen – respektvoll und achtsam gegenüber allem Sein auf der Erde.

Politik 8.0 – wie die integrale Theorie mein Weltbild klärte

19

Roman Huber

Ich arbeite seit 25 Jahren für Mehr Demokratie, eine zivilgesellschaftliche Organisation, die sich für mehr Bürger*innenbeteiligung und mehr direkte Demokratie einsetzt. In diesen Jahren haben wir alleine in Deutschland rund 40 Volksinitiativen und Volksbegehren auf Landesebene gestartet und in 25 Fällen Änderungen der Kommunalordnungen und Länderverfassungen herbeigeführt. Um plastischer zu machen, was das heißt: Für ein erfolgreiches Volksbegehren in Bayern haben wir im Jahr 1995 1,2 Mio. Menschen dazu bewegt, sich im Rathaus einzutragen. Per Volksentscheid wurden dann ein halbes Jahr später mit einer Mehrheit von 60 % kommunale Bürger*innenentscheide eingeführt. Seitdem gab es alleine in Bayern rund 3000 Bürger*innenbegehren in Städten und Gemeinden. Das hat die politische Kultur in Bayern verändert.

Aber es geht um mehr als Unterschriften und Verfahren. Was mich nach so vielen Jahren immer noch fasziniert, ist das dahinter liegende Menschenbild: Menschen sind grundsätzlich in der Lage, selbstbestimmt, frei und in Achtung vor anderen zu leben. Wir können Spannungen, Meinungsverschiedenheiten und Ungereimtheiten aushalten. Mit den richtigen Instrumenten kann es uns gelingen, die Zukunft gemeinsam zu gestalten.

Vor diesem Hintergrund begegnete ich vor einigen Jahren erstmalig der integralen Theorie. Die Lektüre eines Interviews mit Jim Marion[1] öffnete mir die Augen. Es war wie eine Offenbarung. Sie ordnete die unüberschaubar komplexe Politik, die verschiedenen Regierungssysteme, die unterschiedlichen Formen von Demokratie für mich zum ersten Mal zu einem konsistenten Bild. Doch der Reihe nach …

---

[1]Marion 2009, S. 134 ff.

R. Huber (✉)
Mehr Demokratie e.V., Kreßberg, Deutschland
E-Mail: roman.huber@mehr-demokratie.de

19.1 Brasilien, Indien, Kenia – aus integraler Perspektive

Mein europäisches Demokratieweltbild wurde zum ersten Mal erschüttert, als ich am Weltsozialforum (WSF) in Porto Alegre in Brasilien im Jahr 2003 teilnahm. 100.000 Menschen waren versammelt, um die Welt zu einem besseren Platz zu machen. Hier werden die Geschichten des Gelingens erzählt und die Formen des Zusammenlebens von morgen entwickelt.

Nun wollte ich natürlich unsere guten Erfahrungen mit Partizipation und direkter Demokratie loswerden. Schließlich korrespondierten diese ja auch mit den Erfahrungen des Bürger*innenhaushalts in Porto Alegre. Doch es wurde schnell klar: Es gab und gibt in weiten Teilen Südamerikas viel dringlichere Probleme wie z. B. Korruption, fehlende Landrechte, polizeiliche Willkür, Menschenrechtsverletzungen. Aus politikwissenschaftlicher Sicht gesprochen funktioniert der Rechtsstaat nicht. Dessen Grundprinzipien sind: Alles staatliche Handeln ist an Gesetze gebunden (Rechtssicherheit), vor dem Gesetz sind alle Bürger*innen gleich (Rechtsgleichheit), unabhängige Gerichte schützen die Bürger*innen vor willkürlichen Eingriffen des Staates (Rechtsschutz). All das ist in Brasilien nur ungenügend gewährleistet.

Aus integraler[2] Perspektive fehlt ein Teil des blauen Mems, das für Ordnung und Sicherheit sorgt und ein Grundvertrauen in den Staat und seine Rechtsprechung garantiert. Wie unvorstellbar anders ist das Leben, wenn diese blauen Voraussetzungen erfüllt sind. Ich persönlich als in Westeuropa lebender Mann war in meinem Leben nie mit Situationen konfrontiert, in denen ich Angst vor Institutionen oder Sorge vor Paramilitärs haben musste, und bisher musste ich auch nie einem oder einer behandelnden Arzt oder Ärztin ein Kuvert in die Kitteltasche stecken. Das Grundvertrauen und die Handlungskraft, die daraus entstehen, sind nicht zu unterschätzen.

Zwei Jahre später auf dem Weltsozialforum in Indien habe ich erlebt, wie sich im „offenen Raum", dem zentralen grünen Prinzip des WSF, ein Politikprofessor (Brahmane = oberste Kaste) und ein Menschenrechtsaktivist (Dalit = unterste Kaste) begegneten. Intellektuell begegneten sie sich auf Augenhöhe, aber körpersprachlich nahm der Brahmane wie ein König huldvoll die Ausführungen des vor ihm leicht gebeugt stehenden Untergebenen entgegen. Wie soll in diesem purpurroten Rahmen Demokratie, basierend auf dem Prinzip der Gleichheit, funktionieren?

Auf dem WSF in Nairobi (Kenia) habe ich die Parteienlandschaft anfangs überhaupt nicht verstanden, bis mir erklärt wurde, wie diese auch von der Stammeszugehörigkeit definiert wird. Die Partei des Enkels von Staatsgründer Jomo Kenyatta wurde vom Stamm der Kikuyu dominiert, die Partei seines Opponenten Raila Odinga vom Stamm der Luo. Ein doch recht purpurnes Prinzip. Auch das Thema Vetternwirtschaft

---

[2]Ich verwende hier diesen Begriff, um die Perspektive von Spiral Dynamics von Graves, Beck, Cowan kombiniert mit den 4 Quadranten von Ken Wilber zu beschreiben. Beides wird später noch genauer ausgeführt.

bekommt dann einen ganz anderen Klang. Denn selbstverständlich kümmert sich nach dem purpurnen Prinzip jede*r zuerst um seinen*ihren Stamm und seine*ihre Brüder und Schwestern.

Die integrale Perspektive ordnet geopolitische Zusammenhänge neu ein: Wenn die brutale Diktatur von Saddam Hussein im Irak weggebombt wird, werden damit auch die guten Anteile von blauer Ordnung zerstört. Die parlamentarische Demokratie erscheint dann nicht von selbst, wie von westlichen Kräften erhofft, sondern das Gegenteil geschieht. Das Land sinkt zurück zu einem Failed State, dominiert von marodierenden Warlords. Auf der Mem-Landkarte: leuchtendes Rot. Die Sehnsucht nach Recht und Ordnung ist dann so groß, dass sogar ein pervertierter Islamischer Staat (IS) Resonanz[3] finden konnte.

Dies waren für mich erste wichtige Erkenntnisse, die mir den Weg zur integralen Politik eröffnet haben.

19.2   Politik 8.0 – ein neues Denkmodell

Im Jahr 2010 erschien das Buch „Gott 9.0". Die AutorInnen, TheologInnen und Pfarrer spielten anhand des Spiral-Dynamics-Modells die historische Entwicklung von Religion und Spiritualität durch. Die Stufen 1.0 bis 9.0 beschreiben sogenannte Meme. Da die neunte Stufe (Koralle) noch kaum erforscht ist, beschränke ich mich hier auf acht Stufen. Ein Mem (= Bewusstseinsinhalt) ist wie eine Brille, durch die wir die Welt wahrnehmen und erfahren. Der Begriff beschreibt die Art und Weise, wie ein Mensch über die Welt denkt, und nicht den Inhalt, was er denkt. Von Stufe zu Stufe steigt der Grad an Komplexität. Im Spiral-Dynamics-Modell und in den daran anknüpfenden Werken wird einem Mem jeweils eine Farbe zugeordnet. Das gesamte System soll zeigen, welche Bewusstseinsstufen es gibt und wie sich Gesellschaften von der Urzeit bis in die Gegenwart entwickelt haben. Es basiert auf einem Modell von Clare Graves, der nach langjähriger sozialpsychologischer Forschung feststellte, dass „alle" Individuen und Gruppen diese Stufen durchlaufen. Wie das Modell in „Gott 9.0" auf Religionen, wird es in diesem Text auf Regierungsformen angewendet.[4] Denn auch hier gilt das Prinzip: Politische Institutionen sind nur Ausdruck des Bewusstseins, das sie hervorbringen. Sie spiegeln die Werte, Denk- und Handlungsmuster des jeweiligen Mems wider.

Die Übersicht in Tab. 19.1 ist dem Spiral-Dynamics-Klassiker von Don Beck/Christopher Cowan[5] entnommen. Sie dient als Grundlage für die weiteren Überlegungen. Die

---

[3]Die Gründe für die Entstehung des IS sind natürlich vielfältiger und komplexer. Hier geht es nur darum, Grundlinien der Entwicklung aufzuzeigen.

[4]Die Ausführungen von Politik 8.0 in diesem Buch sind ein erstes Rohkonzept, es bedarf der Vertiefung in Theorie und Praxis – gerne in Kollaboration (Küstenmacher et al. 2010).

[5]Don Edward Beck/Christopher C. Cowan: Spiral Dynamics – Leadership, Werte und Wandel 2007.

Tab. 19.1 Spiral Dynamics – politische Matrix. (Aus Beck/Cowan) (Beck/Cowan haben diese Übersicht bereits vor 10 Jahren veröffentlicht)

		% der Weltbe-völkerung	% der Macht	Erstes Aufkommen vor
Beige	Schar	0,1	0	100.000 Jahren
Purpur	Stamm	10	1	50.000 Jahren
Rot	Imperium	**20**	5	10.000 Jahren
Blau	Autoritätsstruktur	**40**	30	5000 Jahren
Orange	Strategisches Unter-nehmen	**30**	50	650 Jahren
Grün	Soziales Netzwerk	10	15	150 Jahren
Gelb	Systemischer Prozess	1	5	60 Jahren
Türkis	Holistischer Organis-mus	0,1	1	40 Jahren

grundlegenden Werte, die den einzelnen Mem-Codes zugeordnet werden, setze ich als bekannt voraus.

Die erste Spalte zeigt: Der Großteil der Menschen in der Welt denkt und agiert in rot-blau-orangen Strukturen. Die zweite Spalte macht deutlich: Dominierend ist weltweit nach wie vor die orange Weltsicht: ein materialistisches, auf den Naturwissenschaften basierendes Menschen- und Weltbild, der Markt wird als dominierende Wirtschaftsform und der Wettbewerb als Antriebsprinzip gesehen, Status und Geld definieren Erfolg.

So stellen Beck/Cowan (Tab. 19.2) die Entwicklung der politischen Strukturen dar.

Ein kurzer historischer Abriss: Wenn wir Demokratie verstehen als Ausdruck eines selbstbestimmten Lebens und die Fähigkeit, gemeinsam die Spielregeln des Zusammenlebens zu definieren, finden wir erste demokratische Strukturen bereits vor 100.000 Jahren in den Anfängen der Menschheit. Von den Sammlern und Jägern bis zu den frühen Ackerbauern waren menschliche Gesellschaften relativ egalitär, jedoch traditionell geprägt und kollektiv angepasst. Erst vor etwa 5000 Jahren begann die Zeit der großen Despotien, die seitdem die Weltgeschichte bestimmten. Demokratische Ansätze entstanden meist am Rande dieser großen Reiche, entweder in abgelegenen Regionen oder in Stadtstaaten wie Athen, Venedig oder Lübeck. Ab dem 17. Jahrhundert kamen dann mehrere Entwicklungsstränge zusammen, die das Entstehen von Parlamenten begünstigten. Mit der Aufklärung änderte sich das Gesellschafts- und Menschenbild. Vernunft, Wissenschaftlichkeit, Fortschrittlichkeit, Toleranz und Gerechtigkeit gegenüber allen Menschen wurden zu wichtigen Werten. Der aufkommende Kapitalismus verschob die Macht von Feudalherren und absolutistischen Herrschern allmählich hin zu Unternehmer*innen, deren Einfluss auf Eigentum und Produktionsmitteln beruhte. Das selbstbewusster und einflussreicher werdende Bürger*innentum wurde schließlich zum Motor des Parlamentarismus: Parlamente sind nach diesem Konzept maßgeblich an Regierung,

Tab. 19.2 Entwicklung der politischen Strukturen nach Beck/Cowan

	Demokratie ist …	Politische Struktur
Beige	… kein Konzept der politischen Organisation	Lose Gruppe
Purpur	… was unser Volk zu tun beschließt; vom Häuptling verkündet und von den Ahn*innen und Ältesten gelenkt	Stamm (Clanräte und Verwandtschaftsbande)
Rot	… was auch immer der Anführer dazu erklärt. „Die Macht für das Volk" bedeutet Macht für den Anführer und die wenigen Auserwählten	Reich (diktatorisch, autokratisch, Einsatz roher Gewalt)
Blau	… Gerechtigkeit für die rechtschaffenen, guten Menschen, die sich an Regeln und Traditionen halten	Autorität (Einparteienherrschaft)
Orange	… eine pluralistische Politik, die vom Geben und Nehmen bestimmt wird. Innerhalb eines ökonomischen Spiels gegenseitiger Kontrolle	Unternehmen (Mehrparteienstaaten, Grundgesetz)
Grün	… dass jede*r sich gleichberechtigt an der konsensorientierten Entscheidungsfindung zum Wohle von uns, dem Volk, beteiligt	Gemeinschaft (gleiche Rechte und Ergebnisse)
Gelb	… ein Prozess, bei dem die Mehrheit der Interessen so integriert wird, dass die Flüsse spiralaufwärts gefördert werden	Integrierte Strukturen (in Schichten angeordnete Systeme der Spiralintelligenz)
Türkis	… Makromanagement aller Lebensformen zum Allgemeinwohl in Reaktion auf Makroprobleme	Holistisch (weltweite Netzwerke)

Gesetzgebung und Haushaltskontrolle beteiligt. Echte Volksvertretungen entstanden aber erst nach und nach mit der Demokratisierung des Wahlrechts.[6] Demokratie in Flächenstaaten und die Idee von Nationen und Nationalstaaten sind geschichtlich sehr junge Phänomene, die vor gerade einmal 200 Jahren entstanden.

Dieses damals geniale Konzept löste zentralisierte und auf einen Herrscher ausgerichtete Systeme nach dem absolutistischen Prinzip „L'etat c'est moi" (der Staat bin ich) ab. Auf diesem Boden entstanden die unterschiedlichen Ausprägungen der Demokratie. Auffällig ist, dass sich heute selbst die meisten blauen Autokraten und roten Diktatoren auf das Volk berufen und aufwendige Wahlen, allerdings mit vorhersehbarem Ausgang, abhalten. Damit setzen sie auf diese neue Form der Legitimation, ohne im Kern diese Werte zu teilen.

---

[6]Eine eingehendere Beschäftigung z. B. bei Stefan Marschall 2018.

Einparteiendemokratien (blau) haben sich zu parlamentarischen Vielparteien-demokratien (orange) weiterentwickelt. Wenn wir nur die großflächig angewandten Regierungssysteme betrachten und von einzelnen Experimenten absehen, ist diese orange Form noch immer das modernste Regierungssystem der Welt.

19.3   Wo stehen wir heute? Democracy sucks!

Und dennoch verlieren immer mehr Bürgerinnen und Bürger in den westlichen Demo-kratien den Glauben an dieses System. In Deutschland sind fast 50 % der Wahl-berechtigten unzufrieden damit, wie die Demokratie funktioniert[7] – Tendenz steigend. Es gibt also nicht nur die lange schon bekannte Unzufriedenheit mit Politiker*innen oder der Politik, sondern auch mit der Demokratie selbst. Das finde ich besonders alar-mierend. Die Demokratiemüdigkeit betrifft nicht nur sozial benachteiligte oder weni-ger gebildete Menschen. Besonders dramatisch ist dieser Vertrauensverlust bei den jüngeren.[8]

Doch wir müssen gar nicht auf Statistiken blicken, es genügt ein Blick nach innen: Warum bin ich so ermüdet von unserer Demokratie? Warum kämpfe ich nicht für diese Staatsform, sondern sehe nur ermattet zu, wie Autokraten und Parteien mit radikaler Rhetorik an den Grundfesten der Demokratie rütteln? Wieso inspiriert sie mich nicht mehr? Wieso glaube ich nicht mehr daran, dass die heutige Politik wirklich etwas ver-ändern kann?

Vielen ist mittlerweile klar, dass das heutige Regierungssystem einer dringenden Transformation bedarf. Dabei genügt es nicht, im gleichen Denken an den alten Struk-turen herumzuwerkeln, sondern wir stehen an der Schwelle zu einem neuen gesellschaft-lichen Mem. Dieses verlangt nach einem veränderten institutionellen Rahmen. Und umgekehrt wird eine feinere Ordnung auch eine höhere Schwingung bei vielen Men-schen mit sich bringen. Die besondere Herausforderung für mich ist, mein Bewusstsein aus der Tagespolitik zu erheben und meine Wahrnehmung auf gesamtgesellschaftliche Phänomene auszurichten. Aus so einem Kontext kann ich anders in die Welt blicken.

Viele Menschen haben sich schon persönlich weiterentwickelt und leiden deswegen immens unter den alten, äußeren, orangen Bedingungen von Arbeit, Wirtschaft und Poli-tik. Deswegen ist nun wichtig, dass wir uns gemeinsam und gut koordiniert auch dem gesellschaftlichen Wandel widmen.

---

[7]Umfrage Civey, 18.04.2018.
[8]Foa und Mounk 2016, S. 2 ff.

19.4   Wo geht es hin? Politik des Herzens

Ein Mem-Wechsel wird immer auch durch veränderte äußere Rahmenbedingungen initiiert. Oft entwickeln wir uns als Einzelwesen oder als Gesellschaften erst weiter, wenn
der Problemdruck uns keine Wahl mehr lässt. Seit ein paar Jahrzehnten zeichnet sich
immer deutlicher ab: Wir sind an die härteste Grenze überhaupt gestoßen, die Endlich-
keit unseres Planeten. Unsere Art zu leben zerstört das Klima, die Natur und die Ressourcen unserer Erde. Neben dieser unverhandelbaren ökologischen Barriere sind auch
unsere wirtschaftlichen und politischen Strukturen an ihre Grenzen gekommen. Dazu
komme ich später noch genauer.

Viele, viele Menschen sehnen sich – wie auch ich selbst – nach einer neuen, verbundenen, verantwortlichen Politik des Herzens und der Menschlichkeit.

Meine Einschätzung ist, dass in Deutschland, Skandinavien, einigen Ländern Mittel-
europas und Kanada die bislang am weitesten entwickelten Regierungssysteme zu Hause
sind. Sie stehen bereits am Übergang von Orange zu Grün. In der integralen Literatur
finden sich viele Beispiele, wie Organisations- und Unternehmensstrukturen im grünen
Mem aussehen, ich möchte dies jetzt auf die politische Ebene übertragen.

Meine Prognose ist: Auf dem Weg zum grünen Mem werden die bisherigen demokratischen, parlamentarischen Strukturen sowohl erhalten und revitalisiert, also auch
nach und nach um folgende Aspekte ergänzt.

- Möglichst alle Bürger*innen werden an wesentlichen Entscheidungen beteiligt.
- Direktdemokratische, dialogische und partizipative Formen werden auch auf staat-
  licher Ebene integriert.
- Betroffene werden ins Gespräch und die Lösungsfindung integriert, auch wenn sie
  von der Mehrheit abweichende Meinungen vertreten.
- Dezentrale Strukturen werden eingezogen und ermächtigt, so weit wie möglich eigen-
  ständig zu entscheiden (Subsidiaritätsprinzip).
- Digitale Werkzeuge werden zur praktischen Umsetzung neuer Kooperations- und
  Debattenformen genutzt.
- Der Kommunikationsstil in Politik und Medien ändert sich grundlegend.
- Empathie wird auch politisch gesellschaftsfähig.
- Kollektive Gefühls- und „Innen"räume werden bewusster wahrgenommen und ihnen
  wird politisch Rechnung getragen.

19.5   So kann der Übergang gelingen

Damit ein solch weitreichender Entwicklungsschritt auf politischer Ebene gelingen kann,
müssen meines Erachtens unbedingt einige Prinzipien beachtet werden. Gesellschaftliche Zusammenhänge sind um ein Vielfaches komplexer als Organisationen, umso

wichtiger ist, dass wir unser bisheriges Wissen auch konsequent übertragen und umsetzen. Dazu habe ich die grundlegenden bekannten Prinzipien des integralen Kontextes auf ein neues Politikverständnis angewandt.

19.5.1 Regierungsstrukturen 8.0

Menschen und Lebensbereiche entwickeln sich: Das Wirtschaft- und Finanzsystem, das Bildungssystem, unser Konsumverhalten, Religion, Technik usw. und eben auch die Politik. So hat jede Zeit, jede Kulturepoche, jede Mem-Landschaft das ihr angemessene Regierungssystem.

Bei der Demokratie, der Politik und ihren Institutionen fällt dieser Gedanke oft schwer. Die Politikwissenschaft betrachtet unsere heutige Demokratie als den Zenit der demokratischen Entwicklung. Das verengt das Denken. Der Democracy Index der Economist Intelligence Unit bemisst alle Länder zwischen 0 und 10, Norwegen erreicht den Platz 1 bei 9,93 von 10 Punkten, Nordkorea liegt auf Platz 167 bei 1,08, Deutschland erreicht den 13. Platz mit 8,63. Ich will die Errungenschaften der Norweger nicht schmälern, aber ich schlage eine nach oben offene Skala vor.

Der Aufbau, die Prinzipien und Werte des Spiral-Dynamics-Modells können uns helfen, neue Governancesysteme zu designen. Der Politik kommt eine Schlüsselfunktion zu. Sie ist mächtiger, als ihre Akteur*innen zugeben. Sie kann, wenn sie ihr Potenzial voll ergreift, nicht nur die Wirtschaft, sondern alle anderen Lebensbereiche beeinflussen, steuern, regulieren. Sie definiert auch selbst, wer die Macht hat. Dass politische Entscheidungen heute aus dem Hintergrund von Lobbyisten beeinflusst werden, liegt daran, dass die Politik dies zulässt. Wir können das jederzeit ändern, denn: Gesetze definieren und bestimmen unser Leben. Gerade im Rechtsleben verhandeln wir als Gesellschaft, wie wir miteinander leben wollen. Hier beschränken oder erweitern wir unsere Handlungsspielräume und vereinbaren die Rahmenbedingungen unseres gesellschaftlichen Zusammenlebens. In der Politik wird entschieden, wie solidarisch wir miteinander umgehen wollen, welche Verantwortung wir für unser Klima übernehmen wollen, in welchem Wirtschaftssystem wir leben wollen, all das wird durch und in der Politik festgelegt. Und um es noch einmal auf den Punkt zu bringen: Wirtschaft und Großkonzerne haben keine unbegrenzte Machtfülle. Die Staaten und die Politik der Deregulierung gewähren ihnen ihre Macht nur. Konzertiertes politisches Handeln kann dies jederzeit wieder ändern.

19.5.2 Entwicklung oder Regression

Entwicklungslinien verlaufen – wie uns die Geschichte zeigt – nicht notwendigerweise immer nach vorne gewandt. Es kann auch regressive Ströme geben. Das bedeutet, auch die Errungenschaften der Demokratie können flüchtig sein und wir können wieder in dunkle Zeiten von Diktatur, Menschenrechtsverletzungen und Gewalt zurücksinken. Bis vor kurzem lebte die westliche Welt in dem Glauben, dass sich politisch liberale Demokratien weltweit durchsetzen werden. Gar vom Ende der Geschichte war die Rede. Nach Jahrzehnten der gefühlten Stabilität stellen wir seit dem Jahr 2007 einen Rückgang an liberalen Demokratien in der Welt fest. In Deutschland ist die Hälfte der Bevölkerung mit dem Funktionieren der Demokratie unzufrieden und dies nicht nur im Osten. Gerade deshalb braucht es eine zukunftsorientierte Geschichte für die Weiterentwicklung unserer Demokratie.

19.5.3   Viele Meme gleichzeitig

In heutigen Gesellschaften gibt es keine einheitlichen gesellschaftlichen Mem-Strukturen mehr, sondern eine Vielzahl von soziokulturellen Milieus. Daher rührt auch die Unübersichtlichkeit der heutigen politischen Landschaft. In der Menschheitsgeschichte existierten bislang noch nie so viele ausgeprägte Mem-Strukturen gleichzeitig. In aufgeklärten Gesellschaften existieren drei bis vier politische Mem-Strukturen nebeneinander. Sie spiegeln sich in verschiedenen Denkmustern, Wirtschaftssystemen, Parteien und Milieus wider. In früheren Jahrhunderten erfolgte der Wandel langsamer und es wurden ein bis zwei Meme innerhalb einer Generation erfahren. Auch die Vielzahl der Parteien hängt damit zusammen. Parteien sind so etwas wie Gefäße und Wirkstätten für die unterschiedlichen politischen Bewusstseinsinhalte. So hat die Weiterentwicklung der CDU in Deutschland unter Angela Merkel dazu geführt, dass traditionell konservativ sozialisierte Schichten, die eher im blauen Mem angesiedelt sind, heimatlos wurden. Die CDU hat sich unter Merkel stärker in die politische Mitte bewegt hat. Für diejenigen, die deutlich konservativere Werte vertreten, war die CDU damit nicht mehr wählbar. Spätestens mit der Entscheidung von 2015, die Grenze für Geflüchtete aus Ungarn zu öffnen, wurde Angela Merkel für diejenigen, die sich klare Regeln, Grenzen und Verbote (blau) wünschen, zum unkalkulierbaren Risiko. Die AfD konnte so überhaupt erst Fuß fassen.

Außerdem sind Transformationen nicht zwangsläufig angenehm, sondern äußerst kraftraubend. Manche Menschen haben in ihrem Leben bereits zwei oder drei Übergänge erlebt und sind erschöpft. Denken wir nur einmal an den Fall der Mauer. Umso wichtiger ist, dass alle behutsam mit einbezogen werden und sich nicht überrollt fühlen.

19.5.4   Jedes Mem hat eine gesunde und eine pathologische Ausprägung

Es gibt relativ gesundes und relativ ungesundes Rot, Blau, Orange, Grün, Gelb ... Ken Wilber fasst zusammen: Das ungesunde blaue Mem sei verantwortlich für das Desaster der mittelalterlichen Vormoderne (Inquisition, Theokratie), das ungesunde orange Mem für das Desaster der Moderne (von globalem Raubtierkapitalismus bis hin zur Ausbeutung der Erde) und das ungesunde grüne Mem für das Desaster der Postmoderne (Orientierungslosigkeit,

Verweigerung von Leadership). Da das orange Mem in den letzten drei Jahrhunderten so dominant in der Welt gewesen sei, würde es wohl den Negativpreis für die schlimmste aller ungesunden Mem-Ausprägungen gewinnen.[9]

19.5.5 Meme können nicht übersprungen werden

Dies ist besonders wichtig. Meme können nicht übersprungen werden, da die Lerngewinne jedes Stadiums erforderlich sind, um das nächste zu erreichen. Insofern sind sie nicht „höher" im Sinne von Herrschaft, sondern „tiefer", indem sie mehr umfassen, ohne zu verdrängen und zu beherrschen. Die Meme werden lediglich immer komplexer, bis sie durch ihre Lösungen Probleme geschaffen haben, die sie in ihrem Reifestadium nicht mehr lösen können. Kein Mem ist „besser" als das andere. Wie Clare Graves bemerkt hat, muss beim Übergang von der Stammesgesellschaft zur Demokratie zuerst die Autokratie durchlaufen werden. Wer z. B. noch kein (blaues) Konsequenzdenken entwickelt hat, sieht keinen Grund, sich an Regeln und Gesetze zu halten, da ihm die Vorstellung, erst viel später dafür bestraft zu werden, fremd ist. Auf unsere Gesellschaft bezogen heißt das: Ein super komplexes politisches System kann erst recht nicht von orangen Strukturen ins gelbe Mem springen, sondern muss sich zuerst in eine gelebte, reife, grüne Kultur entwickeln. Nach meiner Beobachtung wird dies von manchen Avantgardedenker*innen, die gerade selbst mit Mühe das grüne Mem zu überwinden versuchen, in Bezug auf die politische Wirklichkeit übersehen.

19.5.6 Integration der früheren Strukturen ist notwendig

Wenn eine neue Stufe ins Leben kommt, entsteht in Abgrenzung gegen die frühere Stufe erst einmal Widerstand. Besonders gesund und stabil sind Meme erst dann, wenn die davorliegenden Strukturen integriert und in ihren lichten und schattenhaften Qualitäten erkannt wurden. Das gilt sowohl individuell als auch kollektiv. So trägt jede Person eine Vielzahl von Qualitäten der einzelnen Bewusstseinsebenen in sich und kann sie je nach Situation und Notwendigkeit aktivieren; beim Sport leben wir potenziell andere Qualitäten aus als in Arbeitszusammenhängen oder Glaubensfragen. Francois Wiesmann beschreibt in seinem Aufsatz in diesem Buch eindrucksvoll, wie dies auf Lebensgemeinschaften zutrifft. Auch in einem gesunden Regierungssystem müssen alle Ebenen ihren Platz finden und ihre Qualitäten zum gesellschaftlichen Leben beisteuern. Auch heute noch gibt es das Bedürfnis nach starken und einheitstiftenden Symbolen (purpur) wie der Flagge oder der Hymne eines Landes. Ein positiv besetztes Beispiel ist die EU-Flagge. Auch in Deutschland wird langsam das Trauma von starken, aber missbrauchten

---

[9]Wilber 2002, frei übersetzt

Symbolen überwunden. Mit der Fußballweltmeisterschaft 2006 begann die deutsche Fahne bis hin in links-grüne Kreise langsam wieder ihren Makel zu verlieren. Ich sehe darin ein Zeichen der Heilung und der Integration von tieferen unerlösten Mem-Strukturen. Ein anderes Beispiel, auf das blaue Mem bezogen: Auch in höheren Mem-Strukturen will kaum jemand auf die klare ordnende Kraft einer unabhängigen Gerichtsbarkeit verzichten. Rechtsstaatlichkeit, eine verlässliche Verwaltung, der Glaube und das Vertrauen, dass Gesetze eingehalten werden, sind auch Grundlagen in zukünftigen grün und gelb geprägten Staaten. Es geht also nie darum, eine Phase zu „überwinden", sondern alle lichten Anteile dieser Stufe zu nutzen. Damit bleibt auch jede Phase integraler Bestandteil des Gesamtgefüges.

19.5.7 Entwicklung ist immer einzigartig

Einzelne Evolutionsschritte sind immer individuell. Jedes Leben ist anders und hat seinen ganz eigenen Wert. Das trifft nicht nur auf Individuen und Organisationen, sondern auch auf Gesellschaften und Staaten zu. Transformationsschritte in Indien, China und Brasilien sehen anders aus als in Deutschland und Mitteleuropa. Indien hat ganz andere Traditionen der Teilhabe als Großbritannien. In den USA gab es bereits ab dem 16. Jahrhundert eine egalitäre Konsensdemokratie bei den Irokesen, den Six Nations. In China wird Demokratie vielleicht aus der eigenen jahrtausendealten Philosophie heraus neu begründet und unterlegt werden. Praktisch heißt dies auch, dass die Eins-zu-eins-Übertragung von Demokratie- und Regierungsformen auf neue im Entstehen befindliche Demokratien nicht angebracht ist. Sie wird nicht funktionieren. Jedes Land, zumindest jeder Kulturkreis, soll und wird seinen eigenen Zugang zur Demokratie entwickeln.

19.5.8 Das Versprechen der zweiten Stufe

Menschen sind durch alle Meme bis in grüne Denkstrukturen hinein davon überzeugt, dass ihre Sicht der Welt die richtige ist. Erst ab gelb, ab dem Übergang zur zweiten Stufe (2nd Tier), können wir zum ersten Mal den Wert und die Legitimität aller bislang entstandenen Bewusstseinsstufen erkennen. Solange bekämpfen sich noch alle Meme und im übertragenen Sinne auch alle politischen Parteien. Selbst die im doppelten Sinne grüne Partei ist nicht bereit, Gruppen oder Menschen zu integrieren, die ihre grünen Werte infrage stellen. Motto: Wer nicht integriert, wird nicht mehr integriert. Vielleicht erklärt sich daraus die Intensität, mit der grüne Strukturen (Die Grünen) blaue Strukturen (AfD, FPÖ) ablehnen.

Um nun politisch mit dem Spiral-Dynamics-Modell arbeiten zu können, ist es notwendig, dass wir persönlich einen gelben Blickpunkt einnehmen. Dies müssen wir uns oft erst erarbeiten. Dazu muss jede*r für sich selbst alle Meme auf der persönlichen, seelischen Ebene und die damit verbundenen politischen und gesellschaftlichen

Konzepte durchdringen.[10] Auf jeder Stufe sind die authentischen, sinnvollen von den unangemessenen und überzogenen Gesichtspunkten zu unterscheiden. Vor allem bei den persönlich oder kollektiv belasteten Themen ist dies keine leichte Aufgabe. Erst dann können wir damit beginnen, integrale Politik praktisch umzusetzen. Eine konkrete Frage könnte zum Beispiel sein: Wie kann ein konsistentes Einwanderungsgesetz entwickelt werden, das alle Werte und Bedürfnisse der einzelnen Meme berücksichtigt[11] und klug integriert?

19.5.9 Staaten sind anders

In politischen Prozessen gibt es einen wesentlichen Unterschied zu allen anderen Organisationsformen. Wenn sich Unternehmen oder Organisationen entwickeln, können Mitarbeitende oder Partner*innen in der Regel auch das Unternehmen oder das Umfeld verlassen, wenn sie nicht mehr mit den Neuerungen einverstanden sind. Wir müssen auf staatlicher Ebene eher damit rechnen, dass es Menschen gibt, die sich aus welchem Grund auch immer nicht verändern können oder wollen. Das muss respektiert werden. Staaten und Gesellschaften haben hier eine ganz andere Verantwortung. Sie haben das Gewaltmonopol inne, haben also existenziellen Einfluss auf ihre Bürger*innen. Menschen sind in der Regel „Zwangsmitglieder" per Geburt. Was in Unternehmen funktionieren mag, kann deshalb nicht ohne Weiteres auf Staaten übertragen werden. Staaten sind dem Gemeinwohl verpflichtet und müssen alle Menschen integrieren und akzeptieren, auch wenn diese sich nicht verändern können oder wollen.

19.5.10 Komplexität und Größe als Herausforderung

Gesellschaften entwickeln sich wie eine Zwiebel mit ihren verschiedenen Schichten hin zu mehr Komplexität – in geografisch immer größer werdenden Strukturen bis hin zur globalen Ebene. Hier stoßen wir auf ein weiteres Dilemma. Bestimmte Lebensbereiche bedingen einander. Wenn Sie sich nicht synchron weiterentwickeln, entstehen massive Probleme. Ein Beispiel: Wirtschaft und Politik beeinflussen einander. Funktionierende Märkte brauchen ein funktionierendes staatliches Regelwerk. Nun ist die Wirtschaft längst globalisiert, doch die Politik ist weltweit überwiegend noch national organisiert. Globalisierter Kapitalismus und nationale Demokratie passen nicht zusammen. Globale Märkte brauchen ein globales staatliches Regelwerk. Dies ist

---

[10]Siehe auch das Kapitel Evolutionary Leadership – evolutionäre Führung von Anette Christl/Angelika Scheuer.

[11]Mit „berücksichtigen" ist hier nicht gemeint, dass am Schluss eine Lösung gefunden wird, die es allen recht macht, sondern dass die Gesichtspunkte aller in die Debatte mit einfließen.

derzeit nicht auf demokratischem Weg umsetzbar, weil die Mehrheit der Bürger*innen noch nicht dazu bereit ist, Kompetenzen im notwendigen Maße von der nationalen auf die höhere Ebene abzugeben. Ein Grund dafür ist, dass die übergeordneten Strukturen oft noch nicht ausreichend demokratisch sind. Denken wir an die EU mit ihrem im Vergleich zu Kommission und Rat nicht sehr einflussreichen Parlament und den schwach ausgeprägten Einflussmöglichkeiten für die Bevölkerung. Es gibt also zwei ungesunde Pole: Auf der einen Seite eine globalisierte Marktwirtschaft, kontrolliert durch einen undemokratischen Superstaat.[12] Auf der anderen Seite eine nationalstaatlich geprägte Demokratie und eine protektionistisch orientierte Marktwirtschaft. Beides ist nicht zukunftsfähig. Heute dominiert der erste Pol: Eine regellose Weltwirtschaft, kontrolliert von weltweit agierenden Eliten, gefährdet durch ausbeuterische Billigproduktion Sozialstandards auf der ganzen Welt. Wir brauchen dafür neue Antworten. Deswegen ist die Europäische Union und der europäische Binnenmarkt so wichtig. Die EU ist das erste transnationale Gebilde, das aus eigener Kraft Recht setzen und auch Märkte einhegen kann – umso wichtiger ist es, die EU selbst zu demokratisieren.

19.5.11 Innere Prozesse müssen integriert werden

Die mit der Entwicklung in das grüne und in höhere Meme einhergehende Zunahme von Komplexität dehnt sich auch in den inneren Raum aus. Damit werden auch emotionale, psychologische und kulturelle Felder angesprochen. Dies geschieht natürlich auf allen Mem-Ebenen, aber ab grün vergrößern sich das Bewusstsein und die gesellschaftliche Akzeptanz dafür sprunghaft. Ab dem grünen Mem können auch kollektive Innenräume gemeinschaftlich bearbeitet werden. Darauf komme ich später noch ausführlich zurück.

19.6 Wie sehen demokratische Strukturen im grünen Mem aus? Praxisbeispiel Deutschland

Es gibt heute aus meiner Sicht noch keinen Staat, der voll und mehrheitlich im grünen Mem angekommen ist. Doch bevor ich hier weiter einsteige, noch einmal ein Blick auf das orange Mem, das dem grünen unmittelbar vorausgeht.

Die erste wichtige politische Neuerung im orangen Mem war die Trennung der Gewalten im Zuge der Aufklärung. Die Organisation der heutigen Demokratie ist entstanden aufgrund der Erfahrungen der ersten Demokraten mit Königen, deren Beamten und Richtern. Regierungen und Gerichte wurden ergänzt durch eine davon getrennte Legislative – das war die Geburtsstunde moderner Parlamente. Dadurch entstanden

---

[12]Das derzeitige Surrogat dafür ist ein globales Netz aus bilateralen Abkommen wie TTIP oder CETA.

das neue Arbeitsprinzip der „Checks and Balances" und der Wettbewerb um die Macht im Staate. Der Nationalstaat und seine modernen Institutionen wurden geschaffen. Als zweite wichtige Erneuerung wurde das Souveränitätsprinzip auf den Kopf gestellt. Macht wurde nicht mehr durch und von Gottes Gnaden begründet, sondern im Menschen selbst.

Bei einem tragfähigen Mem-Übergang sollten die bis dahin bewährten gesunden Strukturen erhalten bzw. in den neuen Kontext eingepasst werden. Die pathologischen Strukturen werden überwunden, das bedeutet, sie werden individuell und gesellschaftlich so durchgearbeitet, dass die auch darin liegende positiven Qualitäten erhalten und integriert werden können. Übertragen auf den Übergang von Orange nach Grün wirft dies die Frage auf: Wie können Parlamente ihre lähmenden Rituale überwinden, revitalisiert und gestärkt werden? Wie kann die Kraft der Gewaltenteilung erhalten und auf die heutige Zeit angepasst werden? Was sind eigentlich im 21. Jahrhundert die mächtigsten „Gewalten"? Wie bildet sich echte Souveränität aller Bürger*innen, wo doch der gegenwärtige Politikbetrieb immer weniger Menschen mit immer mehr Macht ausstattet, die Wirtschaft die Politik an vielen Stellen dominiert und zugespitzt formuliert, neue Konzernstaaten hervorbringt?

Um konkretere und auch realistisch umsetzbare Vorschläge für grüne Mem-Politik und Demokratie formulieren zu können, konzentriere ich mich jetzt überwiegend auf Deutschland. So kann ich auf meine eigenen Erfahrungen zurückgreifen.

Das Zeitfenster in Deutschland ist gerade spannend, wir befinden uns in einer Umbruchphase. AfD, Trump, Brexit und viele national orientierte Bewegungen in ganz Europa haben mit aller Härte gezeigt, dass unser heutiges Politikmodell keine zufriedenstellenden Antworten mehr liefert. Neben all der Verunsicherung wurden andererseits durch viele grün orientierte Menschen bereits starre orange Strukturen aufgebrochen.

Deutschland kann europaweit und global eine Schlüsselrolle spielen. In einer BBC-Umfrage wurden 20.000 Menschen in 20 Ländern der Erde befragt, welches Land den positivsten Einfluss auf die Welt hat. Die Umfrage wurde mittlerweile viermal durchgeführt, nämlich in den Jahren 2008, 2010, 2014 und 2017. Deutschland hat dreimal den ersten Platz und einmal den zweiten Platz belegt. Das war für mich erst einmal kaum zu glauben. Offensichtlich ist Deutschland eines der angesehensten Länder der Welt. Was wir hier in Deutschland tun, hat Auswirkungen auf die ganze Welt – das gilt natürlich für jedes Land. Für mich entsteht daraus eine noch höhere Verantwortung, Demokratie in unserem Land weiterzuentwickeln. Ich möchte, dass wir nicht nur Autos und Maschinen exportieren, sondern auch Werte, Haltungen und Bewusstsein.

Damit sich Deutschland politisch in ein reifes, gesellschaftliches grünes Mem entwickeln kann, schlage ich fünf größere Reformschritte vor. Dabei konzentriere ich mich vor allem auf die neueren Punkte vier und fünf. Die ersten drei Punkte fasse ich nur kurz zusammen:

- Parlamente reformieren.
- Direkte Demokratie einführen.

- Partizipative Demokratie integrieren.
- Diese drei Demokratieformen intelligent miteinander verweben.
- Kollektive Innenräume erforschen.

Bei den folgenden Ausführungen beziehe ich mich vor allem auf die Bundesebene. Auf Landesebene und vor allem auf kommunaler Ebene wurden damit schon gute Erfahrungen gemacht. Die meisten unsere Zukunft beeinflussenden Entscheidungen werden jedoch auf Bundesebene und den Ebenen darüber entschieden. Deshalb sind gerade hier die folgenden Punkte wichtig.

19.6.1 Parlamente bleiben im Zentrum

Parlamente sind auch heute noch das Herz unseres demokratischen Systems. Aber zu viel Macht ist zwischenzeitlich abgewandert an Regierungen, Verwaltung und in den außerparlamentarischen Raum. Der Umgang der Abgeordneten und Fraktionen untereinander braucht eine neue Ausrichtung: Kooperation aller Fraktionen mit dem Ziel, intelligente Lösungen hervorzubringen. Eine dafür notwendige umfassende Parlamentsreform werden meiner Erfahrung nach die Parlamentarier*innen aus eigener Kraft nicht schaffen, deswegen brauchen sie Unterstützung der Bürger*innen.

Parlamente werden neben vielen anderen wichtigen Reformen wie Lobbykontrolle, Transparenzregeln, Reform des Wahlrechts vor allem durch zwei Neuerungen mittelbar und unmittelbar gestärkt: Die Einbindung aller Menschen bei der Gesetzgebung durch partizipative und durch direkte Demokratie. Beide müssen künftig fester Bestandteil des politischen Instrumentariums werden.

Im Folgenden erläutere ich die Vorteile von Beteiligungsverfahren und Volksentscheiden. Dann beschreibe ich im nächsten Schritt, wie sie mit der parlamentarischen Struktur so klug verbunden werden, dass alle drei Säulen ihre Stärken entfalten und gleichzeitig ihre Schwächen gegenseitig ausgleichen werden.

19.6.2 Direkte Demokratie

Nach Einschätzung vieler Menschen fällen Parlamente immer weniger gemeinwohlorientierte Entscheidungen. Bei der Demokratie geht es um Verfahren und Prozesse, aber auch um deren Ergebnisse. Das Versprechen der Demokratie ist mehr Gerechtigkeit. Das Versprechen der Demokratie ist ein besseres Leben für alle. Es gibt längst viele kreative Lösungen für ein besseres, gerechteres und ökologischeres Leben. Sie scheitern an den bestehenden Machtverhältnissen und den Egoismen von wenigen. Die Demokratie hat also auch ein Umsetzungsproblem.

- Faktenbasierte und angstfrei aufnehmbare Informationen vorausgesetzt, gibt es z. B. in Deutschland längst demokratische Mehrheiten für:
- eine biologische anstelle einer industriellen Landwirtschaft, die auch massive Auswirkungen auf den Klimawandel hat,
- eine gerechtere Verteilung des Reichtums,
- ein anderes Wirtschaftssystem, das nicht ungebremstes Wachstum als höchstes Ziel definiert.

Auch deswegen sind Volksentscheide ein mächtiges Instrument zur Umsetzung von zukunftsweisenden Konzepten. Wie aber verhindern wir, dass wir uns in Volksentscheiden als Mob statt als weise Gemeinschaft artikulieren? Hier gilt: Auf die Gestaltung des Verfahrens kommt es an.

Kluges Prozessdesign ist entscheidend

Alle gesellschaftlichen Verfahren können so schlecht gestaltet werden, dass kaum einer sie will und umgekehrt. Vor wenigen Jahrzehnten galt das Wahlrecht nur für fünf Prozent der Bevölkerung. Trotzdem würde heute niemand Wahlen ablehnen, nur weil es damals ein schlecht ausgestaltetes Wahlrecht gab. Parlamente können grauenvoll ineffizient, korrupt und nur zum Wohle einer kleinen Clique entscheiden. Dennoch ist die Idee der Repräsentation nach wie vor unverzichtbar in gesellschaftlichen Zusammenhängen.

Genauso ist es mit der direkten Demokratie. Klug gestaltet – und nur dann – funktioniert sie bestens. Ein Hauruckverfahren wie beim Brexit könnte dann gar nicht vorkommen. Das Verfahren sollte mehrstufig organisiert sein, auf Landes- und Bundesebene haben sich die drei Stufen bewährt: In der ersten Stufe, der Volksinitiative, wird die Frage formuliert. Im Volksbegehren wird abgeprüft, ob sich genügend Menschen für diese Frage interessieren. In der dritten Stufe wird mit dem Volksentscheid die Frage beantwortet. Entscheidend für das Gelingen sind viele Faktoren. Wer formuliert die Fragestellung? Wie hoch sind die Unterschriftenhürden bei den einzelnen Stufen? Gibt es eine neutrale Abstimmungsbroschüre, die jeder Haushalt zugesandt bekommt? Wer formuliert darin das Pro, wer das Kontra? Muss finanzielle Unterstützung transparent gemacht werden und ab welcher Höhe? Wie werden die Parlamente in den Prozess eingebunden? Kann ein Verfassungsgericht menschenrechtsverletzende Initiativen schon zu Beginn stoppen?

Für all diese Fragen gibt es erprobte und funktionierende Lösungen. Wenn diese stimmig in das politische System Deutschlands eingepasst werden, wird die direkte Demokratie zusätzlich zu klaren Entscheidungen weitere wunderbare Effekte hervorbringen:[13]

- Die Distanz zwischen Bürger*innen und Politiker*innen verkleinert sich.
- Macht wird feiner verteilt.

---

[13]Andreas Groß, Ex-Nationalrat in der Schweiz und einer der klügsten (Vor-)Denker für direkte Demokratie (Gross 2016).

- Die Kompetenz der Bürger*innen nimmt zu.
- Die Gesellschaft lernt mehr, Bürger*innen wird etwas zugetraut.
- Integrationskräfte der Gesellschaft werden stärker, Minderheiten werden gehört.
- Entscheide werden legitimer, Souveränität wird ernst genommen.
- Politik wird kommunikativer, es muss überzeugt werden und kann nicht mehr „befohlen" werden.

Klug gestaltete Volksentscheide sind also strukturierte Prozesse zur Herstellung von kollektivem Bewusstsein.

19.6.3 Partizipative Demokratie

Auch gut gemachte Beteiligungsverfahren bringen eine Vielzahl grüner Werte hervor: Sie sind ergebnisoffen, sozial inklusiv und regen kollektive Intelligenz an. Menschen werden in ihrer Lichtseite angesprochen und integriert. Sie werden als verantwortungsvoll betrachtet und handeln deswegen auch so. Tiefe menschliche Begegnungen finden statt. Die Magie liegt oft in den kleinen Räumen. Bei Männern wie Frauen, bei gebildeten Vielredner*innen und Menschen aus weniger gebildeten Verhältnissen, mit oder ohne Migrationshintergrund gleichen sich nach einiger Zeit die Redeanteile von selbst an. Alle Akteur*innen werden eingebunden. Losverfahren stellen sicher, dass soziale Selektion weitgehend überwunden wird.

Der Hauptschatten aller Beteiligungsverfahren ist, dass sie unverbindlich und auf eine wohlwollende Verwaltung als Auftraggeber angewiesen sind. Auch die Finanzierung ist meist abhängig von der Exekutive. Wenn der Politik das Ergebnis nicht schmeckt oder sie damit schlicht überfordert ist, verschwindet die Arbeit der Bürger*innen in der Schublade.

Exkurs Losverfahren: Im alten Athen gab es bekanntermaßen eine ausgeprägte direkte Demokratie, eine Versammlungsdemokratie. Doch ein entscheidender Punkt funktionierte damals anders als heute. Es gab keine Wahlen. Die Mitglieder der Athener Regierung, des sogenannten Rats der 500, wurden ausgelost. Viele Athener Bürger*innen hatten in ihrem Leben ein politisches Amt inne, es gab keine Berufspolitiker*innen. Schon Aristoteles fasste zusammen: Wahl führt zu Aristokratie, Los zur Demokratie.

Athen war natürlich keine egalitäre Gesellschaft, wie wir sie heute anstreben. Frauen und sozial schlechter gestellte Personen (ganz zu schweigen von Sklav*innen) blieben in der Politik außen vor. Trotzdem lässt sich von den Grundprinzipien etwas lernen.

Das Losverfahren in seiner modernen Form bietet viele Vorteile: Jeder Mensch kann ausgelost werden. Daher gibt es keine soziale Ausgrenzung, es sind nicht nur die „üblichen Verdächtigen", die zu politischen Themen Stellung nehmen. Die Amtszeiten sind begrenzt. Es gibt keine Wahlkämpfe und keine nicht eingelösten Wahlversprechen.

Das Losverfahren korrespondiert auch mit unseren Erkenntnissen über kollektive Intelligenz. Damit in Gruppen etwas Neues entstehen kann, müssen die Teilnehmenden möglichst verschieden sein und aus unterschiedlichen Zusammenhängen kommen. Gruppen sollten interdisziplinär besetzt sein und in keinerlei Abhängigkeiten zueinanderstehen. Nur dann bekommen wir frische Ideen und auch den Mut sie auszusprechen.

Wie fügen sich nun die Demokratiebausteine Parlamente, Volksentscheide und große Beteiligungsprozesse am besten zusammen? Einer der besten Anwendungsfälle fand kürzlich in Irland statt.

19.6.4 Verknüpfung von Parlamentarismus, direkter Demokratie und Bürger*innenbeteiligung

In Irland ist in den letzten Jahren mit dem Konzept der Citizens' Assembly ein Labor für Demokratie entstanden. So wurde unter anderem kontrovers über die Homo-Ehe diskutiert. Der Streit um das Thema spaltete das katholische Land. Die Legalisierung der Homoehe schien undenkbar – zu konservativ die Bevölkerung, zu stark die Macht der Kirche. Das Problem wurde einer per Losverfahren zusammengesetzten Bürger*innenversammlung übergeben. 100 Menschen (40 Parlamentarier*innen und 60 Bürger*innen) machten ein Jahr lang Politik. Dabei kamen unterschiedlichste Menschen zusammen: Junge, Alte, einige mit akademischem und einige mit bäuerlichem Hintergrund; alle zufällig ausgewählt per Los. Die Versammlung bekam unterschiedlichsten Input, von Jurist*innen, Philosoph*innen, Betroffenen und es wurde sachlich darüber diskutiert. Sie stimmte ab und gab ihrer Regierung eine Handlungsempfehlung. Die Berufspolitiker*innen mussten sich zwar nicht zwingend an das Votum halten, aber es war ein starkes Signal.

Das Parlament übernahm den Vorschlag der Bürger*innenversammlung pro Homoehe und setzte, da er eine Verfassungsänderung vorsah, ein Referendum darüber an: 62 % stimmten per Volksentscheid für die Einführung der Homoehe bei einer Beteiligung von über 65 % der Wahlberechtigten. Frankreich – auch ein katholisches Land – hat auf rein parlamentarischem Wege die Homoehe beschlossen. Die Folge war, dass Hunderttausende auf die Straße gingen und dagegen protestierten.

Zur Veranschaulichung, welche Entwicklungsprozesse so möglich sind, zwei Zitate von Finbarr O'Brien, Postbote, 62 Jahre, Mitglied der irischen Bürger*innenversammlung. Das erste stammt vom Beginn des Beteiligungsprozesses, das zweite aus der Zeit, in der bereits mehrere Treffen der ausgelosten Bürger*innen stattgefunden hatten:

„Ihr habt schon von pädophilen Priestern gehört? Sowas ist mir als Kind passiert. Seit ich missbraucht wurde, dachte ich: ‚Homosexuelle sind alle gleich: brutal – egal ob Pädophile, Schwule oder Lesben. Alle gleich.' Ich hasste und verachtete sie."

„Ich habe eine wichtige Lektion gelernt: Homosexuelle sind normale Leute. Sie tun Kindern nichts. Also stand ich in der Bürger*innenversammlung auf und sagte, dass ich für die Homoehe stimmen würde."

Das ist nur ein kleines Blitzlicht auf das Transformationspotenzial, das solche Bürger*innenversammlungen haben können. In Deutschland waren für das Jahr 2019 und danach vergleichbare Verfahren geplant.[14]

Die drei Verfahren – parlamentarische Entscheidung, Bürger*innenbeteiligung, direkte Demokratie – ergänzen sich ideal. Intensive Beteiligungsverfahren bringen eine tiefe Diskussionsqualität hervor und führen zu kollektiv intelligenten Lösungen. Parlamente, in denen nach wie vor der größte Anteil der Gesetzgebung stattfindet, werden so praktisch unterstützt und kommen direkt mit den Bürger*innen in den Austausch. Am Ende können alle Bürger*innen nach intensiver Information verbindlich über wichtige Themen abstimmen und sind unmittelbar am Prozess beteiligt. Dieser Dreiklang ist ein Schlüssel zur Weiterentwicklung der Demokratie.

Bis hierhin sind Neuerungen dieser Art auch von progressiven Politikwissenschaftler*innen und anderen NGOs erarbeitet worden. Jetzt möchte ich noch eine völlig neue Dimension in den politischen Raum einführen.

19.6.5 Kollektive Innenräume erfahrbar machen

Hier ist für mich ein weiteres Modell sehr hilfreich, um Themen und Veränderungen, die viele schon intuitiv erfassen, auch intellektuell beschreiben zu können. Mit den vier Quadranten, entwickelt von Ken Wilber[15] können psychologische Dimensionen differenzierter betrachtet und eingeordnet werden. Sie stellen eine Verbindung zweier elementarer Unterscheidungskriterien dar – innerlich versus äußerlich und individuell versus kollektiv. Nach Ken Wilber existieren Innerliches und Äußerliches sowie Singular und Plural seit Beginn aller Manifestationen in Abhängigkeit voneinander. Die Zusammenführung ergibt vier Quadranten.

	Innen subjektiv	Außen objektiv (messbar, überprüfbar)
Ich – Singular Individuell	Haltung, Gedanken Gefühle, Trauma	Wissen, Körper, Ausbildung Verhalten
Wir – Plural Kollektiv	Kultur, Beziehung, Werte Ethik, kollektives Trauma	Gesetze, Regeln, Institutionen, Strukturen, BIP

Jedes Ereignis hat mindestens diese vier Dimensionen. Ein Ereignis oder Thema wird also von vier unterschiedlichen Blickwinkeln aus betrachtet. Die vier Quadranten können auf alle Themenfelder angewandt werden, wie Medizin, Psychologie, Spiritualität,

---

[14]Mehr Demokratie, Nexus, IFOK und die Schöpflin Stiftung bereiteten dies seit 2018 vor (Huber 2018).
[15]Wilber 1996.

Ökologie, Wissenschaft, Kunst, Politik etc. Wenn wir die vier Quadranten mit Spiral Dynamics kombinieren, blicken wir auf jedes einzelne Mem aus diesen vier Gesichtspunkten heraus.

Wilbers Dimensionen von ICH und WIR sind uns auch im politischen Feld vertraut: Sie entsprechen dem Spannungsfeld zwischen Individuum und Staat/Gemeinschaft. Im normalen Sprachgebrauch verwenden wir die Begriffe „liberal" und „sozial", um die Einstellung von Gruppen oder Individuen in diesem Spannungsfeld zu beschreiben. Eine liberale Orientierung betont dabei die Rechte des Einzelnen, die vor Übergriffen des Staates geschützt werden müssen, eine soziale Orientierung hingegen nimmt die Gemeinschaft in die Pflicht, für die Einzelnen zu sorgen.[16]

Wenden wir zusätzlich die Dimensionen INNEN und AUSSEN auf das politische Feld an, stellen wir fest: Politik findet fast ausschließlich im WIR – AUSSEN, im vierten Quadranten rechts unten statt. Auch deshalb ist die heutige politische Kommunikationskultur, sind die erstarrten Rituale in Parlamenten, Talkshows und Podiumsdiskussionen fast unerträglich geworden. Ihnen fehlt die innere Dimension unseres Erlebens, sie wird einfach ausgeblendet.

19.6.5.1 Der vernachlässigte dritte Quadrant WIR – INNEN

Ob der Übergang vom orangen Mem in das grüne Mem gelingt, hängt meiner Meinung nach davon ab, ob Innenräume erschlossen werden können. Emotion, Empathie, persönliches Befinden sind Wesensmerkmale der grünen Ebene. Hier offenbart sich auch erstmalig, wie sehr Haltungen und Glaubenssätze für unser Handeln maßgeblich sind. Im Bereich der Ökologie hat bereits eine solche Erweiterung stattgefunden mit der Entwicklung der Tiefenökologie. Der norwegische Philosoph und Umweltaktivist Arne Næss hat Anfang der 70er Jahre den Begriff „Deep Ecology" geprägt.[17] Er benutzte diesen Begriff, um damit über die oberflächlichen Antworten auf die sozialen und ökologischen Probleme unserer Zeit hinauszugehen. Die Tiefenökologie sieht die Erde als ein lebendes System, in dem alles miteinander verbunden ist. In Übungen und Ritualen lehrt uns die Tiefenökologie, uns wieder zu verbinden – mit uns selbst, unseren Mitmenschen, allen anderen Wesen und unserer Erde. Die Probleme, die wir mit uns tragen, und der Schmerz, den wir in uns spüren, sind nach diesem Ansatz nur zum Teil individuell, ein anderer, oftmals weitaus größerer Teil, ist kollektiv.[18]

So eine Arbeit im dritten Quadranten steht nun auch in der Politik an. Innere Prozesse werden derzeit am ehesten in der Disziplin der (Sozial-)Psychologie bearbeitet. Hier gibt es sehr gute Erfahrungen auch mit Großgruppen, und auch ein erstes Hineinwirken in die gesellschaftliche Ebene. Vorreiter*innen wie Arnold und Amy Mindell haben mit

---

[16]Entnommen aus http://integralesleben.org.

[17]Joanna Macey hat ihn breiter bekannt gemacht.

[18]Entnommen aus aus https://tiefenoekologie.de/.

der Entwicklung von „Deep Democracy"[19] Pionierarbeit geleistet. Bereits vorhandenes Prozess-Know-how kann mit kleinen Modifikationen auf die politische Ebene angewandt werden. Oft muss nur diese ungewöhnliche gedankliche Verbindung von Politik und Innenräumen hergestellt werden. So kann zum Beispiel mit der Aufstellungsarbeit von Bert Hellinger nicht nur ein Familienkonflikt, sondern auch die Situation der industriellen Landwirtschaft weltweit bearbeitet werden. Hier würden dann die Ernährungs- und Landwirtschaftsorganisation der Vereinten Nationen (FAO), die Nahrungsmittelindustrie, konventionelle Bauernverbände, biologische Anbauverbände, Verbraucherschutz-NGOs, die europäische Kommission und Bürger*innen, Verbraucher*innen etc. aufgestellt.

Kulturtechniken und dieser dritte Quadrant in ihrer politischen Dimension sind ein riesengroßes Forschungsfeld. Sie werden sich in den nächsten Jahren vermutlich sprunghaft weiterentwickeln.

19.6.5.2 Deutsche Angst

Gerade in Deutschland gibt es in Bezug auf die inneren Aspekte von Großgruppen und Volk auch tiefe Scheu und Scham. Während der Zeit des Nationalsozialismus zeigte sich am deutlichsten, was passiert, wenn die kollektive innere Sehnsucht nach Zugehörigkeit und Verwurzelung in ihren dunkelsten Schattenseiten aktiviert wird – es entstehen Nationalismus, Fremdenfeindlichkeit, Ausgrenzung bis hin zu Rassenwahn. Schon im Jahr 1895 hat Gustave Le Bon in seinem Hauptwerk „Psychologie der Massen" all diese Ängste und Sorgen rund um Konformität und Gemeinschaftsbildung beschrieben. Wir können diese auch in uns selbst entdecken und erfühlen:

- Eine Masse kann grundsätzlich impulsiv, beweglich, irritierbar, beeinflussbar, leichtgläubig, besessen von schlichten Ideen, intolerant und diktatorisch sein.
- Mitglieder einer hoch emotionalisierten Masse büßen ihre Kritikfähigkeit ein, die sie als Individuen im Zustand der seelischen Ruhe haben.
- Eine Masse kann sehr grausam werden, weit über das dem Einzelnen mögliche Maß hinaus.
- Das Individuum kann in der Masse in moralische Höhen aufsteigen oder in Tiefen hinabsinken (meist geschieht Letzteres).[20]

19.6.5.3 Kollektives Update oder Downgrade – was setzt sich durch?

Um dem Rechnung zu tragen, muss eine Voraussetzung für gesellschaftliche Transformation in das grüne Mem erst im blauen Mem geschaffen und verankert werden. Das erst macht den öffentlichen Raum dafür sicher genug. Wie geht das? Alle Akteur*innen, also Politik, Bürger*innen, Wirtschaft und NGOs, bekennen sich zur Garantie der Menschenrechte, beziehen sich auf die grundgesetzliche Ordnung und erkennen den

---

[19]Mindell 2017

[20]Entnommen aus https://de.wikipedia.org/wiki/Psychologie_der_Massen (Le Bon 1982).

Rechtsstaat voll an. Diesen zu gewährleisten ist und bleibt staatliche Aufgabe. Ordnungs-
kräfte wie die Polizei brauchen dafür eine noch breitere und fundiertere Ausbildung. Jedenfalls ist eine viel tiefere gesellschaftliche Anerkennung und Wertschätzung dieser Aufgabe
notwendig. Wie wichtig eine gesunde blaue Ordnung ist, erleben wir immer erst dann, wenn
sie nicht mehr da oder selbstverständlich ist. Wenn die staatliche Ordnung vollständig zerfällt, sind „Failed States" wie Somalia oder der Südsudan die Folge. Das Pendant dazu in
kleineren Runden ist eine Moderation, die den Diskursraum sicher macht, indem Fouls
oder auch nur Unachtsamkeiten sofort angesprochen und unterbunden werden. Vielen Menschen sind diese feinen Qualitäten aus der Kreiskultur bekannt, jetzt gilt es dies auf die
gesellschaftliche Ebene zu übertragen. Ob wir gesellschaftliche Felder der kollektiven Weisheit erzeugen oder kollektive Traumata aktivieren, hängt maßgeblich von den miteinander
vereinbarten Formen des Umgangs, den Spielregeln der Kommunikation, der Moderation
und der Prozessgestaltung ab. Darin liegt ein großer Schatz und hohes Potenzial.

Die Grundidee der kollektiven Intelligenz besagt: Eine Gruppe ist zusammen klü-
ger als der klügste Einzelne, wenn der Gruppenprozess entsprechend gestaltet wird.
Der institutionelle Aushandlungsraum zur Herstellung kollektiver Intelligenz ist in
Deutschland bisher der Deutsche Bundestag. Parlamente sind die zentralen Institutionen, in denen es um Gestaltungsprozesse für die ganze Gesellschaft geht. Wenn wir
heute Parlamentsdebatten folgen, entsteht jedoch genau der gegenteilige Eindruck. Die
Kultur des Umgangs miteinander ist oft unterirdisch: Schaufensterdebatten, Stereotype,
Beleidigungen, ja im Grunde ein andauernder Bruch aller Kommunikationsregeln sind
die Regel. Niemand würde im Privaten oder in mittelständischen Unternehmen so mit
seinem Gegenüber umgehen.

Interessant ist, was in den seltenen Fällen passiert, wenn der Bundestag eine kleine
Spielregel ändert: Wenn die Abstimmung freigegeben, der Fraktionszwang aufgehoben
wird und Abgeordnete nach ihrem Gewissen entscheiden können, zum Beispiel in der
Diskussion über Präimplantationsdiagnostik, ändert sich die Qualität der gesamten
Debatte. Im gleichen Raum und mit den gleichen Menschen findet nun ein Diskurs auf
höchsten Niveau statt. Außerordentlich klug und differenziert, wertebasiert, achtsam im
Umgang …

Viele kennen auch aus persönlicher Erfahrung diese heilsamen Räume, in denen
das Neue geboren wird in der Mitte einer Gemeinschaft. Dazu gibt es einige Vor-
bedingungen: Wie schwingen wir uns ein, wie sprechen wir miteinander, was für ein
Feld erzeugen wir, welche Ebenen unseres Seins beziehen wir mit ein? Wie ganzheitlich
teilen wir uns mit, kognitiv, emotional, spirituell? Schaffen wir es, die körperliche Ebene
miteinzubeziehen?

Wenn wir in so einem achtsamen Raum miteinander umgehen, merken wir sofort,
wenn unterschwellige Angstfelder auftauchen oder Traumata berührt werden. An dieser Stelle stockt es dann. Wenn wir diese Stellen übergehen oder wegmoderieren, bleibt
etwas hängen. Aber wenn es gelingt tiefer einzutauchen, können magische Räume entstehen. Es genügt oft, dass ein sicherer Raum ohne Bewertungen und reaktive Antworten geschaffen wird. Wenn sich ein Mensch traut, seinen*ihren verletzlichen Innenraum

zu zeigen und andere dies wertfrei bezeugen. So entsteht Verbindung und ein Raum des Vertrauens wird eröffnet.

19.6.5.4 Kollektives Trauma

Übertragen auf die Politik könnte dies so aussehen: Im Jahr 2015 strömten hunderttausende Menschen in Not nach Deutschland. Die offiziellen Strukturen waren anfangs überfordert, viele Menschen im Land nicht. Sie packten einfach an. In einer gemeinsamen Welle von Hilfsbereitschaft wurden Geflüchtete aufgenommen, unterstützt und getragen. Ein wunderbarer kollektiver Wärmeflow entstand und überwand Bedenken und Ängste. Doch dann kippte die Stimmung, die sich in den (sozialen) Medien und in persönlichen Gesprächen niederschlug. Ein Moment, in dem das deutlich, ja, vielleicht sogar ausgelöst wurde, war die Silvesternacht 2015/2016 und das Geschehen auf der Kölner Domplatte. Nach meiner Interpretation wurden hier tiefe kollektive Ängste berührt und hochgespült:

- die Angst vor dem Fremden per se,
- die Angst vor dem Islam in Verbindung mit Vorstellungen darüber, was für ihn typisch sei, wie größerer Hang zur Gewaltbereitschaft und Unterdrückung von Frauen*,
- die Angst vor Unterdrückung und sexueller Gewalt von Männern* gegenüber Frauen*,
- die Angst von Männern* vor der vermeintlich höheren sexuellen Potenz orientalisch- oder afrikanischstämmiger Menschen.

Durch die Ereignisse in Köln wurden meiner Meinung nach auch noch tiefer sitzende kollektive Traumaschichten[21] berührt. Nicht jede oder jeder hat dies individuell so erfahren, aber es spricht viel dafür, dass diese Ebenen kollektiv angesprochen wurden. Die ersten Versuche der Behörden, dies zu verschleiern, vermutlich aus der berechtigten Angst, emotionale Auswüchse nicht mehr steuern zu können, haben die Aktivierung verstärkt, statt sie aufzufangen. Der Funke konnte wahrscheinlich auch deswegen so zünden, weil schon in den Monaten zuvor kritische und besorgte Stimmen kein Gehör fanden.

Was wäre notwendig gewesen? Gerade nach dieser Silvesternacht war es nicht möglich, öffentlich und gesellschaftlich breit akzeptiert über diese inneren Themen zu sprechen. Frauen konnten nicht über ihre Angst vor (ausländischen), männlichen Gruppen sprechen. Männer konnten schon gar nicht ihre (sexuellen) Ängste zeigen. Im linken Mainstream wurden die politischen Integrationsforderungen umso stärker hochgehalten, je stärker von Gruppierungen wie AfD oder Pegida Aggression und Angst artikuliert wurden. Sorgen, innere Verletzungen, auch die eigenen, wurde negiert, verdrängt und tendenziell in die rechte Ecke geschoben. Zusammengefasst: Viele Progressive haben

---

[21]Ob und welche kollektiven Traumata dies sind, würde ich sehr gerne erforschen. Wer dazu Know-how und Interesse hat, kann sich gerne mit mir in Verbindung setzen.

diese Innenräume abgespalten. Viele Rechte identifizieren sich zu stark mit ihren Ängsten.

Stellen wir uns eine Gesellschaft vor, in der es zukünftig möglich sein wird, solche inneren Vorgänge in geschützten Dialogräumen und von da aus in der Öffentlichkeit anzusprechen. Werden die eigene Angst vor „dem Fremden" oder „dem Terrorismus" eingestanden und gleichzeitig kann die bewusste Entscheidung für eine kluge Aufnahme- und Integrationspolitik artikuliert werden. Was könnte dies für eine Kraft entfalten, wenn öffentlich anerkannt und bezeugt wird, dass individuelle und kollektive Ängste nicht nur existieren, sondern auch ihre Berechtigung haben! Wenn sie integriert werden und gemeinsam im Wissen darum kreative Lösungen gefunden werden.

Da wir dies gesellschaftlich noch nicht erreicht haben, wurden diese kollektiven Innenräume anderweitig „integriert". Der AfD ist es gelungen, diese abgetrennten Felder zu besetzen. So mit Macht und Bedeutung aufgeladen, sitzt sie nun im Bundestag und bald in allen Landtagen. Wir könnten auch sagen, die parlamentarische Demokratie hat funktioniert und einem bislang nicht repräsentierten Teil der Gesellschaft eine Stimme gegeben. Sogar in der AfD selbst hat dieser Prozess stattgefunden. Die Lucke-AfD, ursprünglich eine EU-kritische und gegen den politischen Mainstream gerichtete Partei mit wirtschaftspolitisch bewanderten DenkerInnen, hat sich über die noch gemäßigte Petry-AfD hin zur dumpfen Gauland/Höcke-AfD radikalisiert.

Damit ist das ganze Geschehen um die Frage von Zuzug und Migration oder auch Integration der letzten und zukünftigen Jahre nicht ansatzweise erschöpfend beschrieben, es geht hier – wie gesagt – um Grundlinien. Einen Aspekt möchte ich noch anklingen lassen: Die zentrale Kritik, nicht nur der AfD, sondern auch von weiten Teilen des bürgerlichen Lagers der CDU und FDP war: In jenen Wochen im Sommer 2015 hat die Bundesregierung „die Kontrolle über die Grenzen verloren". Vermutlich ist diese Kritik auch in Teilen berechtigt. Was wir erlebt haben, war eine Politik des Taktierens und Lavierens. Die Akteur*innen selbst waren auch Getriebene.[22] Menschen, die im gesunden blauen Mem zu Hause sind, können einen staatlichen Kontrollverlust nur schwer verzeihen. Zukünftig müssen wir als Gesellschaft damit umgehen lernen, dass auch Autoritäten oder Führungspersönlichkeiten nicht jederzeit die Kontrolle über alles haben können.

19.6.5.5 Erste Ansätze für die Arbeit im dritten Quadranten (Wir – Innen)

Wie gehen wir also mit politischen Ereignissen um, die uns erschüttern und ängstigen, seien es der Brexit, Erdogan, Assad, Trump oder die AfD? Hilfreich ist nach meiner Erfahrung, erst einmal für mich persönlich zu hinterfragen, in welchem Quadranten die jeweiligen Teile des Geschehens verortet sind. Das erleichtert mich meist schon.

Speziell im dritten Quadranten müssen wir als Gesellschaft meiner Auffassung nach noch viel experimentieren und dazulernen. Es gibt bereits Techniken, die sich in anderen

---

[22]Alexander 2017

Feldern bewährt haben und auf das politische Feld übertragen werden könnten. Community Building nach Scott Peck etwa ermöglicht Heilung von Verletzungen und erlaubt die Erforschung von persönlichen tiefen Prägungen. Das Ziel von Community Building ist nicht eine Therapie durchzuführen, sondern eine authentische Gemeinschaft zu bilden, und dies erleichtert den Umgang mit Traumata. Die Möglichkeit, in einem sicheren Raum und ohne Bewertung die eigenen Themen anzusprechen, ist unglaublich heilsam. Wesentlich ist dabei, dass niemand aufgefordert oder gedrängt wird, sondern die Selbstbestimmung gewahrt bleibt. Wie kann diese Zeugenschaft – auch Social Witnessing genannt – auch in größeren Zusammenhängen oder gesamtgesellschaftlich stattfinden?

Folgende Fragen stelle ich mir und würde ich gerne erforschen: Wie sehr sind kollektive Felder durch kollektive Traumata unterlegt und beeinflusst? Wie groß sind die persönlichen, wie groß die kollektiven Anteile an einem Geschehnis? Wo liegen die Wurzeln von Ängsten, von Scham, von Wut und Hass – heute oder früher? Gibt es so etwas wie einen Gruppenkörper, der mehr ist als nur ein dynamisiertes Feld? Gibt es so etwas wie ein Gruppenwesen – also etwas, das neu entsteht und mehr ist als die Summe aller Teile?

Ein anderer Ansatz ist das Pocket-Projekt[23], gegründet von dem Mystiker Thomas Hübl und der israelischen Künstlerin Yehudit Sasportas. Ziel ist, zur Integration und Heilung von kollektiven und intergenerationalen Traumata beizutragen und deren destruktive und hemmende Auswirkungen auf unsere globale Kultur zu reduzieren. Das Pocket-Projekt bringt neue Elemente in den Bereich der Traumaintegration und -heilung ein: Ein Verständnis dafür, wie sich kollektives Trauma auf unsere Kultur auswirkt. Hübl geht davon aus, dass gesellschaftliche Entwicklungs- und Innovationskraft durch die Auswirkungen kollektiver Traumata gehemmt ist. Kollektives Trauma, „ist immer wie ein unsichtbarer Gast im Raum und wird oft nicht als solches erkannt. Wir erleben nur die Auswirkungen auf Gesundheit, soziale Phänomene, Politik und andere Felder unseres menschlichen Zusammenlebens. Deshalb müssen wir uns um die Nachwirkungen unserer Vergangenheit kümmern."[24] Das Pocket-Projekt entwickelt dafür Methoden zur Transformation von kollektiven Traumata in der Arbeit mit großen Gruppen.

Allein, dass wir diese Fragen stellen, wird den politischen Prozess verändern, befrieden, konstruktiver machen. Wir stehen hier am Anfang, aber wenn die Übertragung bereits bewährter Techniken ins politische Feld einmal begonnen hat, wird Politik zukünftig wieder eines der spannendsten und kreativsten Lern- und Handlungsfelder überhaupt werden.

---

[23]https://pocketproject.org/
[24]Thomas Hübl: persönlicher E-Mail-Austausch. 2018.

19.7 Von Grün nach Gelb – wie kann das gehen?

Wenn ich dann noch weiter darüber nachdenke, wie sich Demokratie über den grünen Rahmen hinaus entwickeln kann, fallen mir nur wenige Beispiele auf lokaler Ebene ein. Es gibt kaum Vorbilder auf staatlicher, geschweige denn kontinentaler oder globaler Ebene für gelbe oder türkise Strukturen.

Gerade deswegen finde ich wichtig, auch heute schon über mögliche politische Manifestationen für gelbe oder türkise Regierungssysteme nachzudenken. Inspirierende Zukunftsbilder tragen dazu bei, die gegenwärtigen Zustände zu erweitern. Einer meiner Lieblingsjournalisten, George Monbiot, sagt: Um ein Narrativ zu überwinden, braucht es ein neues überzeugenderes Narrativ: The only thing that can displace a story is a story.[25] Dazu jetzt nur ein paar stichpunktartige Ideen …

19.7.1 Governance 7.0 (gelbes Mem)

Ein Wesensprinzip gelber Formen ist gekennzeichnet durch den Verzicht auf fest gefügte Strukturen und das Vertrauen in flüssige, systemische Prozesse. Die gelbe Sichtweise übertragen auf die Politik überlegt, welche Form der Entscheidung am angemessensten für das gerade vorliegende Problem ist. Auf welcher politischen Ebene liegt das Problem eigentlich? Ist es überhaupt ein Thema, das im Bereich der Politik oder im öffentlichen Raum angesiedelt ist? Kann es auch neue Formen geben, zwischen privatrechtlich und öffentlich?

19.7.2 Neue Entscheidungsformate

Unterschiedliche Abstimmungsformen erzeugen unterschiedliche Qualitäten. Einige Beispiele:

- Nach dem Konsensprinzip zum Beispiel wird jede*r mitgenommen und kann sich einbringen. Deswegen wird das Mission Statement eines Start-ups sinnvollerweise im Konsens der Gründer*innen entschieden. Dadurch bleibt die Kraft aller erhalten.
- Bei untergeordneten Entscheidungen hingegen genügt das Mehrheitsprinzip, weil es schnell und effektiv ist.
- Untereinheiten sollten im eigenen Bereich komplett eigenständig entscheiden können. Damit aber auch das Wissen und die Verantwortung aller angesprochen bleibt, gibt es eine Rückholklausel: Wenn innerhalb einer Woche eine definierte Anzahl von

---

[25]Monbiot 2017, S. 3

Mitarbeiter*innen, Abgeordneten oder Bürger*innen sich meldet, wird die Entscheidung noch mal in der Gesamtgruppe, dem Parlament oder der Bevölkerung besprochen.

- Beim systemischen Konsensieren messen wir den Widerstand und wählen den Vorschlag, der den geringsten kollektiven Schmerz erzeugt.
- Manchmal kann es in Projekten jedoch sinnvoller sein, nicht den Widerstand zu messen, sondern die JA-Stimmen. Nur so würde dann deutlich, wer wirklich für eine Sache einsteht.

Abstimmen könnte aber auch bedeuten, dass nicht Stimmen ausgezählt werden, sondern sich alle quasi im musikalischen Sinne abstimmen. Diese Art der Abstimmung findet übrigens oft ganz unbewusst statt: Etwa wenn bei Konzerten anfangs alle durcheinanderklatschen und sich dann innerhalb kurzer Zeit ein gemeinsamer Rhythmus einstellt. In Gruppen, die Übung im Umgang mit solchen Techniken haben, spüren alle Anwesenden oft deutlich, wer im Moment die stärkste Inspiration und Anbindung an das aktuelle Thema hat. Dieser Mensch bekommt und nimmt in einem synchronen Vorgang die Führung. Dies wird von allen unterstützt und getragen. Genauso wird die Führung in funktionierenden Prozessen wieder abgegeben oder übergeben. Dies erfordert hohe Achtsamkeit, präzise Wahrnehmung und viel Übung. Vorbedingung ist ein möglichst egofreier Raum. Das Prinzip der „Leadership" basiert dann nicht mehr auf Herkunft, Besitz oder Status, sondern auf Fähigkeiten, Präsenz und unmittelbarer Übernahme von Verantwortung.

19.7.3 Größe

Größe sei der am meisten unterschätzte Faktor in sozialen Zusammenhängen, warnt Staatstheoretiker Leopold Kohr.[26] Er beruft sich auf den mittelalterlichen Alchemisten Paracelsus: „Alles ist Gift. Ausschlaggebend ist nur die Dosis." Kohr war davon überzeugt, dass es nicht nur bei Heilpflanzen ein Zuviel gibt, sondern auch bei Institutionen und Nationen. Nicht Gier oder einen bestimmten Nationalcharakter sah er als Ursache für lähmende Hegemonien und Kriege, sondern die „kritische Macht", die jede zu große Struktur besäße. Einheitsregeln, Fusionen, gänzlich unreglementierte Märkte – das alles bedinge Zerfall. Nur kleine Einheiten ließen sich demokratisch verwalten und wenn sie Fehler machten, seien die Auswirkungen begrenzt. In einer Linie mit Kohr könnte gesagt werden: Globale Strukturen sind für die meisten Menschen nicht mehr erfassbar, geschweige denn gestaltbar.

Von Kohr lässt sich lernen, dass unser Wissen über Größenordnungen in gesellschaftlichen Zusammenhängen noch sehr ausbaubar ist. Er war der geistige Vater von „small is beautiful". Wenn es jedoch einen positiven Einfluss auf die Weltmeere oder das Klima

---

[26]Kohr 2011

geben soll, schaffen wir dies nur, wenn wir als ganze Menschheit handeln. Dazu brauchen wir weltweite Vereinbarungen. Zum ersten Mal in der Menschheitsgeschichte sind wir, so Jeremy Rifkin[27], als Menschen in der Lage, globale Empathie zu empfinden. Ohne blauäugig gegenüber den berechtigten Warnungen von Kohr zu sein, ohne eine zentralistische und notgedrungen undemokratische Weltregierung zu installieren, brauchen wir Ideen für neuartige, globale, politische Gebilde.

19.7.4 Neue Staatsformen

Bisher sind öffentliche Aufgaben an territoriale Körperschaften wie Staaten, Bundesländer, Gemeinden gebunden. Das Territorialprinzip besagt, dass es nicht zwei Gebietskörperschaften auf dem gleichen geografischen Gebiet geben kann.

Jedoch könnten bestimmte öffentliche Aufgaben, wie zum Beispiel Bildung oder Daseinsvorsorge ohne weiteres von verschiedenen Trägern erledigt werden. Flexiblere Staatsformen, staatenähnliche Formen und neue Trägergebilde öffentlicher Aufgaben wären neue gelbe oder türkise Erfindungen.

19.7.5 Experimentierräume und Lernschleifen

Um neue grüne politische Ideen wie das bedingungslose Grundeinkommen oder die Gemeinwohlökonomie[28] von Christian Felber umzusetzen, sind Freiräume und Feldversuche innerhalb des bestehenden Systems nötig. So können neue Konzepte und Wirkprinzipien in der komplexen Wirklichkeit überprüft werden und in zyklischen Lernschleifen weiterentwickelt werden. Das kann in Städten, Landkreisen oder Bundesländern stattfinden.

Lernschleifen können in mindestens drei immer tiefer gehenden Qualitäten stattfinden. Im ersten und einfachsten Fall werden innovative Bestandteile innerhalb des bestehenden Frameworks neu geordnet. Beispiel: die Reform von Institutionen, wie die Einführung einer neuen Parlamentskammer. In der zweiten tieferen Lernebene werden neue Kategorien entwickelt. So könnte hier das Konzept der Gewaltenteilung nicht nur durch die Kontrolle neuer „Gewalten" wie der Kontrolle der Medien, der Finanzbranche etc. erweitert werden. Sondern das Konzept der Kontrolle wird beispielsweise durch das Konzept des Vertrauens ersetzt. Die dritte Stufe hinterfragt die Art des Denkens (rethink how to think).[29] Dies wird dann wohl im türkisen Mem stattfinden. Das Konzept des Politischen selbst könnte hier neu gedacht und gefasst werden.

---

[27]Rifkin 2009
[28]Felber 2010
[29]Mulgan 2017

19.7.6 Prozessdesign

Im Idealfall wird für jeden Lösungsansatz ein eigener Prozess entworfen, der sich aus der ganz individuellen Problemstellung ergibt. Jascha Rohr bietet dazu eine online frei verfügbare[30], wunderbare Handreichung an.

In den gerade wachsenden gelben Zusammenhängen bilden Verbindungen mittels neuer Technologien das Nervensystem des Planeten. Diese neuen Technologien ermöglichen es Menschen, die nicht an einem Ort zusammen sind, gemeinsam und gleichzeitig an Prozessen zur Zukunftsgestaltung zu arbeiten.

In Gruppen von erfahrenen Prozessbegleiter*innen können durch gemeinsame Erfahrungsräume komplexere Ebenen des Bewusstseins erreicht werden. Alle vorigen Wertesysteme werden anerkannt und in einem flexiblen, fließenden, funktionalen und natürlichen Design miteinander verwoben. Ein Beispiel, wie solche gelben Strukturen funktionieren können, ist die 2016 weltweit bekannt gewordene Protestbewegung im Reservat „Standing Rock" zwischen North und South Dakota gegen den Bau einer Ölpipeline.[31]

19.7.7 Wer navigiert diese Räume, wie erlernen wir diese Fähigkeiten?

Wer traut sich heute zu, nationale Prozessräume oder internationale Foren zu halten und zu gestalten? Wer kann Impulse in einer Größenordnung initiieren, sodass auf internationaler Ebene echte Transformation stattfindet? Hier wird schnell klar, welche immensen Anforderungen dies an die Persönlichkeitsstruktur, die innere Integrität von Prozessbegleiter*innen stellt. Ohne persönliche innere Arbeit, ohne eine vertikale Ausrichtung und ohne eigenes Ankerfeld ist dies kaum möglich. Vor allem geht es nicht alleine, sondern im Team. Ich denke, die nächste evolutionäre Stufe ist, Erfahrungen aus großen Organisationen und aus Kommunen heraus auf die nächsthöhere Ebene zu tragen. Um die äußere Wirklichkeit zu handhaben, muss die interne mindestens ebenso hoch wie die externe Komplexität sein. Meine Erfahrung ist: Dazu sind Einzelpersonen nicht in der Lage. Um Gruppen zu verändern, braucht es eine Gruppe.

Solche Gruppen von Vordenker*innen und Prozessinitiator*innen brauchen ganz eigene Räume, um sich immer wieder neu auszurichten. Aus freiem Entschluss heraus entstandene Lebensgemeinschaften, Social Entrepreneurs und teilweise auch Unternehmen haben unendlich viele Formen von Prozessbegleitung und Gemeinschaftsbildung entwickelt und praktizieren diese mehr oder weniger konsequent. Jetzt wird es Zeit, diese auf gesellschaftliche Zusammenhänge zu übertragen.

---

[30]https://gut-beteiligt.de/
[31]https://standwithstandingrock.net/

Dazu gehört auch die konsequente Aufteilung in Prozessbegleiter*innen, die ein kluges Problemlösungsdesign und Entscheidungsformat entwickeln und in Stakeholder, die für die Inhalte stehen. Mehr noch braucht es auch Politiker*innen, die den Mut haben, aus einem gelben Bewusstsein heraus zu handeln.

19.8 Von Gelb nach Türkis – nach oben offen

Wie sieht Politik in entwickelten türkisen Zusammenhängen aus? Das Prozesswissen und die neuen Kulturtechniken, die wir im gelben Mem entwickelt haben, können uns helfen, diese Frage auf einer globalen und transpersonalen Ebene zu begreifen. Vermutlich wird sich die Handlungslogik umdrehen. Der eigene Wille wird in seiner Begrenztheit erfahren und etwas Höheres (möglicherweise Göttliches) wird erkannt. Gemeinwohl wird nicht mehr nur in Bezug auf Menschen, sondern in Bezug auf alle empfindenden Wesen und die Erde selbst definiert werden. Die schiere Notwendigkeit, die planetaren Probleme zu lösen, wird unser Handeln leiten und uns neue Lösungen finden lassen.

Wie agiert so eine größere weltweit vernetzte Gruppe, der klar ist, dass jede Änderung in einem Feld sich auf alle anderen Teile des Ganzen auswirkt? Die sich zunehmend bewusst wird, dass sie in ein Feld kosmischer Spiritualität eingebettet ist. In der sich jeder und jede als Co-Schöpfer*in im Einklang mit der Natur versteht und in der sich gleichzeitig die eigene Wichtigkeit demütig in diesen größeren Kontext einfügt.

Ich freue mich schon darauf, wenn sich aus der Mitte von Menschen mit einem reifen gelben Bewusstsein die ersten dieser globalen Zusammenhänge herausbilden. Und ich möchte gerne ein Teil davon sein.

Literatur

Alexander R (2017) Die Getriebenen: Merkel und die Flüchtlingspolitik: Report aus dem Innern der Macht. Siedler, München
Aurose W (2014) Die Seele der Nationen: Evolution und Heilung. Europa, Berlin
Beck D, Cowan C (2007) Spiral Dynamics – Leadership, Werte und Wandel. Kampenhausen, Bielefeld
Felber C (2010) Die Gemeinwohl-Ökonomie: Das Wirtschaftsmodell der Zukunft. Deuticke, Wien
Foa R, Mounk J (2016) The danger of deconsolidation. J Democracy. https://www.journalofdemocracy.org/wp-content/uploads/2016/07/FoaMounk-27-3.pdf. Zugegriffen: 16. Juni 2018
Gross A (2016) Die unvollendete Direkte Demokratie. Werd & Weber, Thun
Huber R (2018) Bürgergutachten Demokratie. https://www.buergerrat.de/. Zugegriffen: 10. Sep. 2019
Kohr L (2011) Das Ende der Großen: Zurück zum menschlichen Maß. Müller, Salzburg
Küstenmacher M, Haberer T, Küstenmacher T (2010) Gott 9.0: Wohin unsere Gesellschaft spirituell wachsen wird. Gütersloher Verlagshaus, Gütersloh
Le Bon G (1982) Psychologie der Massen. Kröner, Stuttgart

Marion J (2009) An der Schwelle zu einem pluralen, integralen Bewusstsein. In: von Lübke G (Hrsg) Zukunft entsteht aus Krise. Riemann, München

Marschall S (2018) Parlamentarismus. Eine Einführung. Nomos, Baden-Baden

Mindell A (2017) Conflict: phases, forums, and solutions: For our dreams and body, organizations, governments, and planet. CreateSpace Independant Publishing Platform, North Charleston

Monbiot G (2017) Out of the wreckage. Verso, London

Mulgan G (2017) Big mind: how collective intelligence can change our world. Princeton University Press, Princeton

Rifkin J (2009) Die empathische Zivilisation. Wege zu einem globalen Bewusstsein. Campus, Frankfurt a. M.

Rohr J (2016) Grün ist nicht gleich gelb! Warum sich das grüne Mem fälschlicherweise als integral versteht. http://www.jascha-rohr.de/?p=4594. Zugegriffen: 14. Aug. 2018

Wilber K (1996) Eros, Kosmos, Logos. Eine Vision an der Schwelle zum nächsten Jahrtausend. Krüger, Hamburg

Wilber K (2002) On the mean memes in general. http://www.integralworld.net/mgm2.html. Zugegriffen: 3. Aug. 2018

Roman Huber geboren 1966, Autodidakt, aufgewachsen in München, nach dem Gymnasium Almarbeit, melken, käsen, Kühe hüten und nachdenken über den Sinn des und meines Lebens.

Zwei Jahre Zivildienst in der Altenpflege, zehn Jahre Arbeit in Asylbewerberheim, Arbeit in Bahnhofsmission mit Obdachlosen, Gefühl bekommen für Leid, Alter, Tod und das Jenseits.

Einstieg in die IT-Branche, in BWL und Kapitalismus eingetaucht, viele soziale Unternehmer*innen kennengelernt, Weltbild in Bezug auf Geld und Wirtschaft verändert.

Zwischendrin Selbsterfahrung. Mir wurde deutlich, dass ich mich auch um Transformation in der Welt kümmern will und muss.

Im Jahr 1996 selbstständig gemacht mit einer Marketingagentur, konnte so mit drei bis fünf Tagen Arbeit im Monat meinen Lebensunterhalt finanzieren. Hatte so genug Zeit, Mehr Demokratie auf ehrenamtlicher Basis aufzubauen. Mehr Demokratie hat heute 10.000 Mitglieder, 175.000 Unterstützer, 9 Büros, über dreißig Mitarbeiter*innen und ist wohl die größte Organisation für direkte Demokratie weltweit.

Mitgründer von Schloss Tempelhof, Gemeinschaft und Zukunftswerkstatt, eigene freie Schule für Potenzialentfaltung, Landwirtschaft mit 60 bis 70 % Selbstversorgung, Seminarhaus mit 5000 Übernachtungen pro Jahr und weitere Betriebe.

Zwei Bücher über Vollgeld zusammen mit Thomas Mayer verfasst.

www.mehr-demokratie.de – roman.huber@mehr-demokratie.de
www.schloss-tempelhof.de – roman.huber@schloss-tempelhof.de

Abschließende Worte

Hanna Parnow und Petra Schmidt

In diesem Buch geht es darum, wie wir unsere Zukunft gemeinsam gestalten können. Mehr denn je befinden wir uns inmitten vielfältiger Transformationsprozesse. Die Veränderungen scheinen mit rasender Geschwindigkeit in sämtlichen Bereichen des Lebens zuzunehmen. Im 21. Jahrhundert bestimmt wirtschaftlicher, sozialer und individueller Wandel unser Leben auf allen Ebenen. Die Welt wird nicht nur komplexer, sondern vieles wird zugleich schneller, kurzlebiger und für viele unberechenbarer. In dieser Situation wächst die Suche nach sinnvollen Zusammenhängen und neuen Werten, die wir als Maßstäbe anerkennen können. „Höher, schneller, weiter" hat bei vielen schon lange als Maß ausgedient. Doch wie genau sehen unsere Entwürfe für eine glückliche, sinnvolle Zukunft miteinander aus?

Begonnen haben wir mit dem Kapitel, in welchem es um das „Zusammenarbeiten" geht. Der Philosoph, welcher die Arbeitsverhältnisse in den Mittelpunkt seiner Betrachtungen stellte, war bekanntlich Karl Marx. Er unterschied die schöpferische Arbeit von der Lohnarbeit der kapitalistischen Gesellschaftsordnung. Letztere sah er als entfremdete Form, die schöpferische hingegen als Ausgangspunkt zur individuellen Selbstverwirklichung. Das klingt nach wie vor vertraut. Ist es nicht gerade der Wunsch nach neuen Formen sinnstiftender Arbeitswelten, welche die Diskussionen um New Work begründet haben und nach wie vor anregen? Die Kritik an herkömmlichen Arbeitsformen zeigt sich hier deutlich: Es wird gefordert, die Dialektik von Arbeit und Leben aufzuheben. „Work-Life-Balance" ist in diesem Sinne ein altes Konzept. Die

H. Parnow (✉)
Köln, Deutschland
E-Mail: kontakt@hanna-parnow.de

P. Schmidt
Weilerswist, Deutschland
E-Mail: kontakt@petraschmidt.net

© Springer-Verlag GmbH Deutschland, ein Teil von Springer Nature 2019
H. Parnow und P. Schmidt (Hrsg.), *Zusammen arbeiten, Zusammen wachsen, Zusammen leben*, https://doi.org/10.1007/978-3-662-58965-6_20

Gegenüberstellung von Arbeit und Leben ist ein Denkfehler, denn es geht genau um die Aufhebung dieser Gegenüberstellung (vgl. Väth, Markus 2016). Arbeit, und gemeint ist hier erst einmal bezahlte Erwerbsarbeit, steht dem Leben nicht gegenüber, sondern ist im Leben eines Menschen im Idealfall ein Teil von vielen. Alleinerziehende wissen das seit langem. In Zeiten von Home Office und flexiblen Arbeitszeitmodellen greifen Arbeit und Leben noch stärker ineinander. Zeitliche und räumliche Trennung sind inzwischen nicht nur für Selbstständige nicht mehr zeitgemäß. Mit unseren Beiträgen zu den Diskussionen über neue Formen des Zusammenarbeitens möchten wir über die Fragen zur Gestaltung von Arbeitsbedingungen hinausgehen. Wir suchen grundlegendere Antworten auf die Fragen: Wer bin ich, welche Talente zeichnen mich aus? Was möchte ich gestalten? Wie möchte ich arbeiten? Um Antworten hierauf zu finden, brauchen wir souveräne, selbstwirksame Menschen. In den Texten zur Zusammenarbeit klingt dies auf unterschiedliche Weise an.

Die aktuelle Studie von Babette Brinkmann und Stefanie Balz zeigt, wo und inwiefern sich die Wünsche von Führungskräften aus der Sozialwirtschaft von jenen aus der Profitwirtschaft unterscheiden und kommt zu dem Schluss: „Wo bereits evolutionäre Merkmale bestehen, herrscht Zufriedenheit. Wo sie nicht herrschen, werden sie vielfach gewünscht. Wo sie nicht gewünscht werden, werden sie dennoch gebraucht." Uwe Lübbermann antwortet Rehzi Mahlzahn in ihrem Gespräch um Eigentumsformen, Entscheidungsfindung und Lohnformen: „Unternehmenszweck ist das Kümmern um Menschen, nicht der Vertrieb von Getränken." Clemens Binder meint, Sozialunternehmertum bedeute, mit unternehmerischen Methoden Lösungen zu drängenden gesellschaftlichen Missständen zu finden und stellt drei Beispiel vor: Das Unternehmen „Tausche Bildung für Wohnen", das Kindern zu Bildung verhilft, die sonst nur schwer Zugang dazu finden, das Tech-Start-up „ichó", das über einen Therapieball Innovation in die Demenzpflege bringt, und der Verein „Heimatsucher", der die Erinnerungen der Schoah-Überlebenden weiterträgt, um sich aktiv gegen Rassismus und Intoleranz einzusetzen.

Thorsten Franz und Daniel Trebien sprechen in Dialogform über individuelle sowie organisationale „Deutungsgebungen" in Form von Geschichten und Identitätskonstruktionen und beschreiben, wie als wahr geglaubte Geschichten Organisationen in ungeahnter Weise formen. Sie machen Mut, die eigene Aufmerksamkeit stärker auf Muster des Gelingens zu richten und damit wirklichkeitsverändernde Impulse in Organisationen auszulösen. Anette Christl und Angelika Scheuer schreiben über die Entwicklung eines Leaderships für die Zukunft, welches in den vielen Veränderungen ein gesundes Überleben in einer hochbeschleunigten VUCA-Welt ermöglichen kann.

In der Führungsstudie von Anette Stein-Hanusch wird deutlich, dass die Themen, die das Führungshandeln heute bestimmen, Selbstverantwortung, Fehlerkultur und bereichsübergreifende Dialoge sind. Olaf Geramanis beschreibt, warum bürokratische Organisationsformen nicht mehr zukunftsfähig sind und inwiefern Gruppen effektiver mit Komplexität umgehen. Er erklärt, wie das Koordinationsprinzip der Zusammenarbeit lautet, wenn es keine formelle Über- und Unterordnung mehr gibt und was genau sich in selbst organisierten Gruppen und Teams abspielt und wie sie wirklich funktionieren. Ihm geht es auch darum, zu zeigen, wie Gruppen und Teams ein Ausmaß an Kooperation erreichen, bei dem sich alle Mitglieder gleichermaßen und freiwillig engagieren, inwiefern das ursprüngliche T-Gruppen-Modell der Gruppendynamik in seiner Progressivität aktueller denn je ist, und wie es sich durchaus in der Praxis umsetzen lässt.

Im zweiten Kapitel „Zusammenwachsen" haben wir Beiträge zusammengestellt, bei denen die gemeinsame Entwicklung im Mittelpunkt steht. Es geht um Empathie, und konkrete Kommunikationsmöglichkeiten auf organisationaler und persönlicher Ebene. Jascha Rohr nennt zwei Schritte, die für einen neuen Ansatz des Miteinanders wichtig sind. Als Erstes dürfen wir den Subjekt-Objekt-Dualismus durch Modelle von Feldern und Prozessen ersetzen. Als Zweites benötigen wir ein Verständnis davon, wie Beziehungen, Verbundenheit und Kommunikation zwischen Menschen, Dingen, Orten und Geschichten entstehen. Die Grundlage für eine Kommunikation aus Verbundenheit im Prozess ist für ihn dabei die Resonanz.

Michael Cramer schreibt über die Veränderungen im Bereich der Mediation und Konfliktlösungen in der Entwicklung von evolutionären Organisationen. Sein Schluss:

> „Mit dem Fokus auf eigenverantwortliche Lösungen und dem Glauben daran, dass Menschen selbst am besten wissen, was für sie gut ist, der Haltung der Allparteilichkeit und dem damit verbundenen Halten des Prozesses in einer Schwebe, ohne zu schnell auf Lösungen hinzuarbeiten und dem Fokus auf wirkliches Verstehen, bietet Mediation auch für evolutionäre Organisationen etwas an, was Menschen dabei helfen kann, in ein echtes Miteinander zu kommen, auch wenn wir gerade im Konflikt sind."

Therapie führt nicht zur Erleuchtung und Meditation nicht zur Neurosenfreiheit – das sind die charmanten Erkenntnisse des Textes von Bernhard Voss, der meint, westliche Psychotherapie hätte eine Vielzahl von Methoden und „Wolkentechniken" entwickelt, damit der innere Himmel nicht mehr so grau erscheine, während östliche Weisheitslehren die Sonne selbst fokussieren. Er bezeichnet als Sonne dabei die eigene, freie Geistesnatur. Die Wolken, die sie verdunkeln, sind die alltäglichen Verstrickungen; dabei zeigt er, wie eine Verbindung dieser Ansätze für menschliches Wachstum genutzt werden kann. Das Konzept eines Kulturwandels anhand von Erfahrungen auf dem „Festival der Perspektiven" von Leadership[3] beschreibt Hendryk Obenaus. Durch den Experimentiercharakter des Festivals entstehen nach ein paar Tagen ähnliche Phänomene, wie sie auch Unternehmen in einem Change Prozess erleben. Manche Menschen bereiten sich auf mehr Selbstverantwortung vor. Andere wollen mehr Leitung und direktive Entscheidungen. Und wiederum andere sind durch neue Erkenntnisse in ihren alten Denkmustern herausgefordert und wollen neue Verhaltensweisen ausprobieren. Schafft es ein Unternehmen, diese Gegensätze zu vereinen, findet ein sogenannter Prozessmusterwechsel statt und echtes Wachstum wird möglich. Mark Russell kreiert einen dreidimensionalen Denkraum für interkulturelle Kommunikation als Grundlage des Zusammenwachsens, um Zusammenarbeit möglich zu machen. Als erste Dimension nennt er die evolutionäre Stufe oder das Paradigma, aus dem heraus die jeweilige Organisation agiert. Mit der zweiten Dimension bezeichnet er das Narrativ der Kultur, in welches die jeweilige Organisation eingebettet ist. Mit der Wahrnehmung der eigenen Vergangenheit, Gegenwart und Zukunft gibt die jeweilige Kultur sich ihre Identität. Als dritte Dimension benennt er die kulturgebundenen Werte und Verhaltenspräferenzen der jeweiligen Menschen.

Im dritten Kapitel liegt das Augenmerk auf dem „Zusammenleben". Wir beginnen mit einem praktischen Beispiel aus Südamerika. Brigitte Reitter zeigt anhand des Projekts eines Stadtquartiers im Herzen Mexikos, welches das Kollektiv Espacios en Tregua eröffnet hat, die Wechselwirkungen zwischen Individuum, Kollektiv und gebautem Raum auf. Pia Selina Damm zeigt die Erfahrungen der Bewegung Living Utopia und des Bildungskollektivs imago, Zusammenschlüsse von Menschen zu realisieren, welche sich in hierarchiekritischen Strukturen außerhalb von Verwertungs- und Tauschlogik organisieren. Dabei werden verschiedene Fragen aufgeworfen: Braucht es ein Konzept für gesellschaftliche Transformation? Sind Projektteams nur dann effizient, wenn es eine*n „Chef*in" gibt? Braucht es ausgebildete Menschen, um Projekte zu organisieren und Räume für Vernetzung zu schaffen? Wie motiviert und effizient sind wir ohne Lohnarbeit als antreibendes Muss? Die katholische Ordensfrau Sr. Kerstin-Marie Berretz wiederum meint, dass integral-revolutionäres Handeln nichts Neues ist. Vielmehr zeigt für sie die 800-jährige Geschichte ihres Ordens, dass solch ein Handeln sich über Jahrhunderte und weltweit bewährt hat. Deutlich wird, wie wichtig sowohl eine gemeinsame Fokussierung auf den Sinn, als auch die Verantwortung jedes Einzelnen innerhalb der Organisation ist.

Wie können wir hierarchiefreies Zusammenleben gestalten, ohne in die Konsensfalle zu tappen, fragt François Michael Wiesmann – und findet dann konkrete Antworten darauf. Judit Bartel und Joel Campe zeigen in ihrem Text die Möglichkeiten von Permakultur als einem Gestaltungsansatz für soziale Fragestellungen. Ausgehend von Beobachtungen an Ökosystemen und indigenen Kulturen haben sie verschiedene Prinzipien, Arbeitsweisen und Haltungen erarbeitet, welche sie für soziale Fragestellungen nutzen. Immer mehr Menschen verlieren den Glauben an die Demokratie, immer mehr autokratische Herrscher*innen scheinen derzeit aufzutauchen. Roman Huber greift dieses Phänomen auf und entwickelt mithilfe der integralen Theorie ein neues Bild für eine zukunftsfähige Staatsform und eine verantwortungsvolle Politik der Menschlichkeit.

Wir haben hier Entwicklungen und Wandel in Fragen der Zusammenarbeit, des Zusammenlebens und des gemeinsamen Wachsens diskutiert. Diese Fragen betreffen soziale, politische, ökologische und ethische Bereiche auf vielfältige Art und Weise. Nicht jedes demokratische Unternehmen fühlt sich z. B. gleichermaßen ökologischen Zielen verpflichtet. Und nicht jedes Unternehmen, dass sich dem nachhaltigen Schutz des ökologischen Gleichgewichts verpflichtet fühlt, setzt gleichzeitig auf agile Führung oder Demokratisierung. Sozialpolitische Veränderungsprozesse laufen parallel oder auch zeitversetzt. Doch allen gemein ist ein deutlicher Wertewandel, der Transformationsprozesse anstößt und vorantreibt. Ein verblüffendes Beispiel für einen dieser

Transformationsprozesse möchten wir gerne zum Abschluss noch vorstellen: Es ist ausgerechnet einer der größten Biozidhersteller, dessen Inhaber eher zufällig mit den ethischen Werten zweier Künstler konfrontiert wurde und sich tatsächlich auf ein Umdenken einließ. Im Folgenden finden Sie einen Ausschnitt aus der Begegnung des Inhabers Dr. Hans-Dietrich Reckhaus mit den Künstlern Frank und Patrik Riklin (Reckhaus 2016a, b), der jenen einen Auftrag angeboten hatte zur Vermarktung einer neuen Fliegenfalle:

> „Hans, wir haben lange über den Auftrag nachgedacht. Deine Produkte sind einfach nur schlecht. Sie töten wichtige Insekten. Wir wollen nicht, dass Du mit unserer Hilfe mehr von diesen Produkten verkaufst." Tatsächlich hatte ich während 15 Jahren Geschäftsführung unseres 1956 gegründeten Biozidunternehmens noch nie über den Sinn von Insekten nachgedacht. Ich wusste sehr gut, wie unsere Produkte funktionierten und die kleinen Sechsbeiner bekämpften. Doch die Frage, ob die Tiere auch nützlich sein könnten, hatte ich mir nicht gestellt. Die Kunst aber stellt die richtigen Fragen. „Wenn Du unbedingt eine Kunstaktion haben möchtest, dann empfehlen wir Dir, die Welt umzudrehen. Du als Insektentöter, Du wirst Insekten retten. Wir suchen uns eine Gesellschaft und gehen der Frage nach: ‚Wie viel Wert hat eine Fliege?' Kurz: Wir veranstalten die größte Fliegenrettungsaktion. Du wirst damit bekannt, weil die Medien diese Polarisierung aufgreifen werden und wir schaffen Bewusstsein für den Wert von Insekten."

Das Unternehmen Reckhaus befindet sich auf dem Weg vom Hersteller chemischer Produkte hin zum Anbieter ökologischer Dienstleistungen. Letztlich geht diese Entwicklung von dem Mut zweier Künstler aus, die Welt eines Insektenbekämpfers auf den Kopf zu stellen. So wie sich durch das Betrachten eines künstlerischen Meisterwerkes der Weg zur Transzendenz öffnet, so empfand ich bei unserem ersten Gespräch im Atelier für Sonderaufgaben diese Grenzerfahrung mit der Vision des absurden Fliegenrettens. Die Arbeit von Frank und Patrik Riklin war wunderbare Aktionskunst auf hohem Niveau. Das daraus hervorgegangene Werk, die präparierte Fliege Erika, wurde Anfang 2015 in die Kunstsammlung der Universität St. Gallen aufgenommen – als Symbol für die Transformation, die Kunst in der Wirtschaft anstoßen kann.

Der Zauber lag für mich in der übersinnlichen Verbindung zwischen Kunst und Wirtschaft. Ich genoss die Vorstellung, dass wir durch die Zusammenarbeit mit Künstlern eine neue Stufe in der Unternehmensentwicklung erklimmen sollten. Nicht die Orientierung an Zahlen, sondern das Interesse an Inhalten sollte uns mit der Kunst neue Kontexte und Wirklichkeiten erfahren lassen.

Dieses Interesse an Inhalten ist einer der roten Fäden dieses Buches. Inhalte können durch die Veränderung von Prozessen, durch die Auflösung von Hierarchien oder auch einen ethischen Wertewandel erneuert werden.

Wir hoffen, dass Sie als Leser*in dieses Buches inspiriert, beflügelt und verändert aus der Lektüre herausgehen. Vielleicht haben auch Sie Mut und Lust bekommen, Ihrerseits zur Veränderung und Gestaltung der Welt beizutragen! Schreiben Sie uns gerne, wenn Sie Lust haben, gemeinsam mit uns zu gehen. Wir freuen uns auf Sie!

Danksagungen Dieses Buch hätte niemals ohne die Unterstützung vieler wichtiger Menschen entstehen können. Zunächst natürlich danken wir allen Autor*innen, ohne die es dieses Werk nicht gäbe, sondern nur ein paar leere, weiße Seiten. Dann möchten wir uns aufs Herzlichste bei Frau Christine Sheppard und Frau Janina Tschech von Springer Gabler bedanken für die Betreuung und geduldige Beantwortung all unserer Fragen. In diesem Zusammenhang erwähnen wir auch Herrn Dr. Andreas Beierwaltes, Herrn Andreas Funk, Herrn Johannes Terwitte und Herrn Dennis Brunotte, die mit wichtigen Hinweisen das Buch in die richtige Bahn gelenkt haben. Ganz besonderer Dank gilt vor allem unserer großartigen Assistentin Mel Schmitt, die in stundenlanger Arbeit die Texte formatiert und diese damit überhaupt nutzbar gemacht hat, sowie viele organisatorische und kommunikative Aufgaben übernommen hat – wir können sie nur weiterempfehlen! Ebenso danken möchten wir Ulrike Parnow für die Korrekturen und die Außenperspektive, wenn wir schon tief in der Materie waren und Simon Klima für die Überarbeitung der Grafiken.

Hanna Parnow
Last but not least danke ich Markus Schladitz für die Liebe und Unterstützung, die ich erfahren durfte bei der Arbeit an diesem Buch.

Petra Schmidt
Mir ist es ein Herzensanliegen Hanna und Mel zu danken. Sie wissen beide, wofür. Es ist so wunderschön, dass dieses Buch doch noch so großartig veröffentlicht wird. Danke!

Literatur

Reckhaus HD (2016a) Insect Respect. Das Gütezeichen für mehr Nachhaltigkeit im Umgang mit Insekten. Insect Respect, Bielefeld
Reckhaus HD (2016b) Warum jede Fliege zählt. Eine Dokumentation über Wert und Bedrohung von Insekten. Insect Respect, Bielefeld
Väth M (2016) Arbeit – die schönste Nebensache der Welt. Wie New Work unsere Arbeitswelt revolutioniert. GABAL, Offenbach

Hanna Parnow ist freiberufliche Personalentwicklerin, Diplom-Medienwirtin, Mediatorin, Heilpraktikerin für Psychotherapie und Trainerin für Gewaltfreie Kommunikation. Sie hat einen Master in Arbeits- und Organisationspsychologie und ein selbst organisiertes Café gegründet. Sie bildet Mediator*innen aus und ist Lehrbeauftragte für Psychologie, Gender und Organisation an der TH Köln.

Neben dem Aufbau und der Durchführung von Führungskräftetrainings und Coachings, begleitet sie Gruppen in ihrer Entwicklung und wird für Impulsvorträge und Keynotes gebucht. Schwerpunktmäßig beschäftigt sie sich dabei vor allem mit Next-Level-Organisationen, der ursprünglichen Bedeutung von New Work, der Einführung und Umsetzung von Selbstorganisation in Unternehmen sowie der Gestaltung und Begleitung von Transformationsprozessen in Gruppen. Denn all dies hat für sie mehr mit Haltung und ermöglichenden Strukturen zu tun als mit weiteren Tools und Methoden.
www.hanna-parnow.de.

Petra Schmidt Die promovierte Philosophin, Politikwissenschaftlerin und Soziologin ist seit vielen Jahren sowohl in der freien Wirtschaft als auch für verschiedene öffentliche Institutionen als Keynote-Speaker, Trainerin, Autorin und Lehrbeauftragte tätig. Die Entwicklung und Bedeutung des digitalen Business sowie die damit einhergehenden aktuellen Entwicklungen „New Work", „Demokratische Unternehmen" und „Agile Führung" stehen dabei klar im Mittelpunkt, unabhängig davon, ob es um Kommunikation, Vertrieb, Servicefragen oder Marketing geht. Als Wirtschaftsphilosophin liebt sie komplexe Sachverhalte, welche sie mit didaktischer Hingabe passgenau für ihre Kund*innen aufbereitet. Mit Menschen wie Unternehmen gemeinsam zu wachsen ist ihre Leidenschaft.

Petra Schmidt hat Fachbücher zu verschiedenen Themenbereichen veröffentlicht und steht mit ihren praxisorientierten Erfahrungen in der Wirtschaft, ihren wissenschaftlichen Kompetenzen und ihrer ungewöhnlichen Zusatzqualifikation als Karateexpertin für die Verknüpfung asiatischer Weisheiten und westlichen Wissens.

www.petraschmidt.net.

Glossar

agiles Manifest Agilität ist ein Merkmal des Managements einer Organisation (Wirtschaftsunternehmen, Non-Profit-Organisation oder Behörde), flexibel und darüber hinaus proaktiv, antizipativ und initiativ zu agieren, um notwendige Veränderungen einzuführen. Es gibt vier Leitsätze des agilen Manifests und zu den vier Leitsätzen insgesamt zwölf Prinzipien. Die Leitsätze und Prinzipien sind 2001 verfasst worden, nähere Informationen sind unter http://agilemanifesto.org zu finden. Die 4 Leitsätze des agiles Manifests lauten: 1. Individuen und Interaktionen sind wichtiger als Prozesse und Werkzeuge; 2. Funktionierende Software ist wichtiger als umfassende Dokumentation; 3. Zusammenarbeit mit dem Auftraggeber ist wichtiger als Vertragsverhandlung; 4. Reagieren auf Veränderung ist wichtiger als das Befolgen eines Plans.

AQAL engl. Abkürzung für all quadrants, all levels, all lines, all states, all types (Quadranten, Ebenen, Linien, Zustände, Typen). Alles Lebendige (z. B. ein Mensch) hat ein „Innen" (subjektiv, erfahrbar) und ein „Außen" (objektiv, sichtbar, messbar) und ist in Systeme (z. B. Umfeld, Familie, Organisationen) eingebunden. Somit entstehen vier unterschiedliche, gleichwichtige Perspektiven, die sich in Form eines Quadrantenbilds strukturieren lassen. Die Quadranten entstehen durch die Unterteilung in außen (rechte Quadranten) und innen (linke Quadranten) und außerdem in individuell (obere Quadranten) und systemisch (untere Quadranten).

Befreiungstheologie Die Befreiungstheologie oder Theologie der Befreiung ist eine in Lateinamerika entwickelte Richtung der christlichen Theologie. Sie versteht sich als ‚Stimme der Armen' und will zu ihrer Befreiung von Ausbeutung, Entrechtung und Unterdrückung beitragen. Aus der Situation sozial deklassierter Bevölkerungsteile heraus interpretiert sie biblische Tradition als Impuls für umfassende Gesellschaftskritik. Dabei bezieht sie sich auf eine eigenständige Analyse der politökonomischen Abhängigkeit und arbeitet für eine basisdemokratische und überwiegend sozialistische Gesellschaftsordnung.

Commitment Commitment (dt. Bindung, Verpflichtung) kann ein organisationales Commitment sein, d. h. das Ausmaß der Identifikation einer Person mit einer Organisation oder auch ein Self Commitment, d. h. die Selbstbindung, die Selbstverpflichtung, die jemand sich auferlegt, wenn er*sie sich z. B. zu einer Partnerschaft bekennt.

© Springer-Verlag GmbH Deutschland, ein Teil von Springer Nature 2019
H. Parnow und P. Schmidt (Hrsg.), *Zusammen arbeiten, Zusammen wachsen,*
Zusammen leben, https://doi.org/10.1007/978-3-662-58965-6

Commons Commons (von latein. *communis;* von *com* und *munus;* engl. *common;* dt. *gemein[sam]*) bezeichnet Ressourcen (Programmiercode, Wissen, Nahrung, Energiequellen, Wasser, Land, Zeit u. a.), die aus selbst organisierten Prozessen des gemeinsamen bedürfnisorientierten Produzierens, Verwaltens, Pflegens und/oder Nutzens (Commoning) hervorgehen. Commons werden vielfach „jenseits von Markt und Staat" verortet, womit vor allem gemeint ist, dass in Commons-Kontexten andere Handlungslogiken dominieren.

Design Thinking Design Thinking ist ein Ansatz, der zum Lösen von Problemen und zur Entwicklung neuer Ideen führen kann. Ziel ist dabei, Lösungen zu finden, die aus Anwender*innensicht (Nutzer*innensicht) überzeugend sind. Im Gegensatz zu anderen Innovationsmethoden kann bzw. wird Design Thinking teilweise nicht als Methode oder Prozess, sondern als Ansatz beschrieben, der auf den drei gleichwertigen Grundprinzipien Team, Raum und Prozess besteht.

Digitale Transformation Die digitale Transformation (auch „digitaler Wandel") bezeichnet einen fortlaufenden, in digitalen Technologien begründeten Veränderungsprozess, der als Digitale Revolution die gesamte Gesellschaft und in wirtschaftlicher Hinsicht speziell Unternehmen betrifft. Basis der digitalen Transformation sind digitale Technologien, die in einer immer schneller werdenden Folge entwickelt werden und somit den Weg für wieder neue digitale Technologien ebnen.

dynamische Steuerung Wichtige Steuerungsentscheidungen in der Holokratie werden in jedem Kreis mit „Integrativer Entscheidungsfindung" getroffen, einer Entscheidungsart, bei der die Stimmen aller Beteiligten auf eine sachbezogene Weise einbezogen werden. Sie ist ausgerichtet auf brauchbare und korrigierbare, nicht auf optimale und grundsätzliche Entscheidungen. Entscheidungen sind jederzeit änderbar, wenn sie sich in der Praxis nicht bewähren. In diesem Fall kann jede*r einen neuen Vorschlag einbringen. Das erleichtert die Entscheidungsfindung: Nicht die perfekte Lösung wird gesucht, sondern eine brauchbare, und nicht für immer, sondern für jetzt mit den aktuell zur Verfügung stehenden Informationen.

Dynaxity ein Kunstwort, zusammengesetzt aus dynamics und complexity. Der Begriff Dynaxity beschreibt also die Kombination aus Dynamik und Komplexität. Der Begriff ist aus den Praxiserfahrungen beim Managen komplexer Systeme in Unternehmen und Organisationen entstanden und beschäftigt sich mit der Gleichzeitigkeit der Zunahme von Komplexität und Dynamik sowie den daraus abzuleitenden Folgen für die Wahrnehmung, Diagnose und das Steuern solcher Systeme. Grundsätzlich sind dabei vier Zonen zu unterscheiden: statisch, dynamisch, turbulent und chaotisch. Die vier Zonen kennzeichnen unterschiedliche Grade der Dynaxity.

Ecommony Für die Ökonomin und Historikerin Friederike Habermann kann auf Grundlage der Commons „das gesamte Leben und Wirtschaften anders gedacht werden". Sie spricht daher in einem Wortspiel mit Economy von Ecommony. Habermann sieht zwei zentrale Prinzipien: 1) „Besitz statt Eigentum: Bei Commons zählt, wer etwas tatsächlich braucht und gebraucht, und nicht das Recht zum Ausschluss anderer oder zum Verkauf" und 2) „Beitragen statt Tauschen: tätig werden aus innerer Motivation – bei gesichertem Ressourcenzugang". Dies drücke aus, was Karl Marx mit dem Satz „Jeder nach seinen Fähigkeiten, jedem nach seinen Bedürfnissen" beschrieb.

emergierend Emergenz (lateinisch emergere „auftauchen", „herauskommen", „emporsteigen") bezeichnet die Möglichkeit der Herausbildung von neuen Eigenschaften oder Strukturen eines Systems infolge des Zusammenspiels seiner Elemente. Dabei lassen sich die emergenten Eigenschaften des Systems nicht – oder jedenfalls nicht offensichtlich – auf Eigenschaften der Elemente zurückführen, die diese isoliert aufweisen.

Facilitator Ein Facilitator ist ein*e Prozessbegleiter*in, der*die in Unternehmen, Organisationen und mit Einzelpersonen Veränderungen initiiert, begleitet, unterstützt und fördert. Das bedeutet z. B. Menschen auf Phasen der Veränderung und der Unordnung vorzubereiten. So werden sie befähigt, diese Phasen zu gestalten und sich durch das „Chaos" zu manövrieren. Oder für das Unvorhersehbare und Unplanbare eines Changeprozesses offen zu sein. So können neue Impulse aufgenommen und für den Prozess genutzt werden.

Framework Ein Framework (englisch für *Rahmenstruktur*) ist ein (Programmier-) Gerüst, das in der Softwaretechnik, insbesondere im Rahmen der objektorientierten Softwareentwicklung sowie bei komponentenbasierten Entwicklungsansätzen, verwendet wird. Im allgemeineren Sinne bezeichnet Framework auch einen Ordnungsrahmen. Ein Framework ist selbst noch kein fertiges Programm, sondern stellt den Rahmen zur Verfügung, innerhalb dessen der*die Programmierer*in eine Anwendung erstellt, wobei u. a. durch die in dem Framework verwendeten Entwurfsmuster auch die Struktur der individuellen Anwendung beeinflusst wird.

Frohlunder Mate, Frohlunder und Kolle-Mate bzw. Muntermate sind Produkte der Frohlunder UG (haftungsbeschränkt) & Co. KG – in enger Zusammenarbeit mit Premium-Cola.

getriggert Dieser Anglizismus bezeichnet den Umstand, dass traumatisierte Menschen von bestimmten Auslösern emotional an das Trauma erinnert werden können und von entsprechenden Gefühlen, wie z. B. Panik, Herzrasen, Lähmung überwältigt werden können, die der aktuellen Situation nicht angemessen sind. Der Begriff wird aber inzwischen in einem weiteren Sinne als Auslöser auch im Unternehmens- und Programmierkontext genutzt.

Holokratie Holokratie (auch *Holakratie*) (Kompositum nach altgriechisch ὁλός, holos, *vollständig, ganz* und κρατία, kratía, dt. -kratie, Herrschaft) ist eine von dem Unternehmer Brian Robertson (USA) in seiner Firma entwickelte Systemik, die Entscheidungsfindungen „mit durch alle Ebenen hindurch gewünschter Transparenz und partizipativen Beteiligungsmöglichkeiten" in großen Netzwerken und vielschichtigen Unternehmen eine klare Struktur gibt.

Indymedia Indymedia oder auch Independent Media Center (IMC) (Unabhängiges Medienzentrum) ist ein globales Non-Profit-Netzwerk von Medienaktivist*innen und Journalist*innen im Internet, das sich als Teil des Graswurzel-Journalismus sieht.

Indymedia ist aus den globalisierungskritischen Bewegungen hervorgegangen und im Spektrum der neuen sozialen Bewegungen beheimatet. Im deutschsprachigen Raum gibt es seit 2001 Indymedia Deutschland, Indymedia Schweiz und seit August 2008 Indymedia Linksunten. Im August 2017 wurde Indymedia Linksunten in Deutschland verboten nach Protesten im Rahmen des G20-Gipfels in Hamburg. Dies wurde vielfach kritisiert.

integrale Führung Vier „Himmelsrichtungen" dienen als Kompass für die Entwicklung der eigenen Persönlichkeit und der Professionalität der Führungskraft. Auf der horizontalen Achse mit den Polen Nähe und Distanz geht es links um ein enges Miteinander. Es ist geprägt von Kontakt und Wertschätzung, die sich im partnerschaftlichen Umgang zeigen. Rechts finden wir den professionellen Abstand, der sich darin ausdrückt, dass Konflikte auch auf die Gefahr hin, die Beziehung zu belasten, angesprochen werden. Die senkrechte Achse verbindet die Pole Dauer und Wandel. Die Stabilität, die klare Strukturen, verlässliche Absprachen und eindeutige Regeln mit sich bringt, findet sich im oberen Pol. Der untere steht für Dynamik. Sie zeigt sich in Veränderungsprojekten, in der Suche nach Innovationen, im Improvisieren und in jeder Weiterentwicklung. Auf der horizontalen Achse mit den Polen Nähe und Distanz geht es links um ein enges Miteinander. Es ist geprägt von Kontakt und Wertschätzung, die sich im partnerschaftlichen Umgang zeigen. Rechts finden wir den professionellen Abstand, der sich darin ausdrückt, dass Konflikte auch auf die Gefahr hin, die Beziehung zu belasten, angesprochen werden. Notwendige Zumutungen riskieren Frustrationen. Diese vier Pole stehen für grundsätzliche Anforderungen an eine Führungskraft. Sie sind widersprüchlich und können daher als Entwicklungsrichtungen verstanden werden.

integrale Theorie Als integrale Theorie, auch „integrales Denken" oder „integrale Weltsicht" genannt, bezeichnet sich eine Schule von Weltanschauungen, die sich um eine umfassende Sicht des Menschen und der Welt, oft auch des Geistigen und Göttlichen, bemüht. Es handelt sich nicht um einheitliche oder präzise Theorie im engeren Sinne, sondern um einen Versuch, eklektisch verschiedene natur-, human- und geisteswissenschaftliche Ansichten sowie Elemente prämoderner, moderner und postmoderner, östliche und westliche Weltsichten, und spirituelle Gedanken zu vereinen. In einem engeren Sinn zugehörig sind die Autoren Aurobindo Ghose, Jean Gebser, Johannes Heinrichs und Ken Wilber und deren Schüler*innen. Dabei berufen sich diese auf die Tradition anderer, mehr oder weniger eklektische Autoren wie Lessing, Hegel oder Teilhard de Chardin; eine eng verwandte Theorie ist Spiral Dynamics.

integrative Entscheidungsfindung Die integrative Entscheidungsfindung der Holokratie ist Teil des Lenkungsprozesses, mit der Rollen, Verantwortlichkeiten und Projekte in einer Kreissitzung definiert werden. Die integrative Entscheidungsfindung selbst ist ein strukturierter und moderierter Entscheidungsprozess zur Integration aller hilfreichen Perspektiven. Erst wenn alle Kreismitglieder keine Sach- oder Zieleinwände mehr haben, kann mit dem vorgeschlagenen Entscheid weitergearbeitet werden. Im Vordergrund steht das Fällen eines zum Weiterarbeiten genügenden Entscheids, ohne den organisationalen Kriterien der Kontrolle und der Konstitution zu widersprechen.

Kōan Ein Kōan ist im chinesischen Chan- bzw. japanischen Zen-Buddhismus eine kurze Anekdote oder Sentenz, die eine beispielhafte Handlung oder Aussage eines*einer Zen-Meisters*Meisterin darstellt. Im Chan und Zen werden Kōans als Meditationsobjekte benutzt.

Konsent Dahinter steckt die Idee, dass eine Entscheidung als getroffen gilt, wenn keine*r der am Entscheidungsprozess Involvierten einen Einwand formuliert hat. Jede*r hat zwar die Möglichkeit Einwände vorzubringen, solange er*sie diese als schwerwiegend bezeichnet. In diesem Fall werden Einwände vom Team ausführlich behandelt. Wer nicht vollkommen dagegen ist, ist dafür. Bedenken müssen gravierend genug sein, um als Argument zu gelten. Diese Herangehensweise hilft Entscheidungen in sozialen Kleinsystemen rasch zu treffen.

Mem Das Mem (Neutrum; Plural: Meme) bezeichnet einen einzelnen Bewusstseinsinhalt, zum Beispiel einen Gedanken. Es kann durch Kommunikation weitergegeben und damit vervielfältigt werden und wird so soziokulturell auf ähnliche Weise vererbbar, wie Gene auf biologischem Wege vererbbar sind. Ganz entsprechend unterliegen Meme damit einer soziokulturellen Evolution, die weitgehend mit denselben Theorien beschrieben werden kann.

New Work New Work ist ein Begriff, den der amerikanischen Sozialphilosoph Frithjof Bergmann entwickelte. Die Bezeichnung Neue Arbeit ergibt sich aus der heutigen Globalisierung und Digitalisierung und welche Auswirkungen diese auf die Arbeitswelt haben. Das Konzept New Work bezeichnet inzwischen aber oft allgemein die neue Arbeitsweise der heutigen Gesellschaft im globalen und digitalen Zeitalter. Es beruht auf Bergmanns Forschung zum Freiheitsbegriff und geht davon aus, dass das bisherige Arbeitssystem veraltet ist und es darum geht, was wir „wirklich, wirklich wollen". Er setzte sich kritisch mit dem Kapitalismus auseinander und wollte ein Gegenmodell entwickeln und begründete damit die Bewegung der Neuen Arbeit bzw. New Work; deren unkritische Ausprägungen er aber heutzutage vielfach kritisiert.

Otto Scharmer C. Otto Scharmer forscht am MIT (Massachusetts Institute of Technology) und ist Gründer des Presencing Instituts in Cambridge, MA. Mit seinem Forschungsteam entwickelte er den Presencing-Ansatz der Theorie U für Führungs- und Innovationsprogramme in Organisationen.

Premium Premium ist eine kleine Getränkemarke ohne Büro, die seit über 17 Jahren existiert und versucht, vieles bewusster zu regeln. Das Projekt wird von einem Internetkollektiv nach dem Prinzip der Konsensdemokratie gesteuert und hat ungewöhnliche Details wie z. B. „Anti-Mengenrabatte", „feste Umsatzanteile in die Alkoholismusvorsorge" oder „veganer Etikettenleim" – und haben ein freies Premium-Betriebssystem entwickelt.

Presencing Der Schlüssel zu wahrer Innovation ist nach der Theorie U Presencing, eine Wortschöpfung aus den englischen Worten sensing (Deutsch: fühlen, erspüren) und presence (Deutsch: Anwesenheit, Auftreten). Presencing als Kommunikationsform lässt sich von drei anderen Kommunikationsformen abgrenzen, nämlich Downloading, Debatte und Dialog.

Pull-Kommunikation Pull-Medien sind Medien, bei denen der Informationsfluss in erster Linie von den Empfänger*innen gesteuert wird. Der Begriff Pull stammt ursprünglich aus dem Marketing, wo die verschiedenen Verkaufs- und Werbestrategien als Push- bzw. Pull-Marketing (von engl. *to pull,* ziehen) bezeichnet werden. Im Gegensatz zu Rundfunk und Fernsehen ist das Internet ein Pull-Medium, denn die Nutzer*innen rufen in einer bewussten Entscheidung die gewählten Information auf.

Purpose Emotional beschreibt Purpose die Suche nach einer Sinnerfülltheit im Leben, sachlich-inhaltlich hilft ein Purpose zur Orientierung und Navigation. Purpose beinhaltet damit beides – Ziel und Zweck eines Menschen, einer Unternehmung, einer Gruppe.

Scrum (aus englisch scrum für „[das] Gedränge") ist ein Vorgehensmodell des Projekt- und Produktmanagements, insbesondere zur agilen Softwareentwicklung. Es wurde ursprünglich in der Softwaretechnik entwickelt, ist aber davon unabhängig. Scrum wird inzwischen in vielen anderen Bereichen eingesetzt. Scrum besteht aus nur wenigen Regeln. Diese beschreiben vier Ereignisse, drei Artefakte und drei Rollen, die den Kern (englisch core) ausmachen. Der Ansatz von Scrum beruht auf der Erfahrung, dass viele Entwicklungsprojekte zu komplex sind, um in einen vollumfänglichen Plan gefasst werden zu können. Ein wesentlicher Teil der Anforderungen und der Lösungsansätze ist zu Beginn unklar. Diese Unklarheit lässt sich beseitigen, indem Zwischenergebnisse geschaffen werden. Anhand dieser Zwischenergebnisse lassen sich die fehlenden Anforderungen und Lösungstechniken effizienter finden als durch eine abstrakte Klärungsphase.

Social Entrepreneurship Unter Social Entrepreneurship oder sozialem Unternehmertum bzw. Sozialunternehmertum verstehen wir eine unternehmerische Tätigkeit, die sich innovativ, pragmatisch und langfristig für die Lösung sozialer Probleme oder allgemeiner: für einen wesentlichen, positiven Wandel einer Gesellschaft einsetzen will. Ein*e Unternehmer*in, der*die eine solche Tätigkeit leitet, wird Social Entrepreneur*in genannt. Gebiete, auf denen sich ein*e Social Entrepreneur*in engagiert, sind zum Beispiel Bildung, Umweltschutz, Arbeitsplatzschaffung für Menschen mit Behinderungen, Armutsbekämpfung oder Menschenrechte. Der Profitgedanke steht für Social Entrepreneur*innen im Hintergrund, weshalb viele dieser Ein*e Unternehmer*in in Non-Profit-Organisationen beschäftigt sind, andere Rechtsformen leiten oder unterstützen.

Social Media Social Media (soziale Medien) sind digitale Medien und Methoden, die es Nutzer*innen ermöglichen, sich im Internet zu vernetzen, sich also untereinander auszutauschen und mediale Inhalte einzeln oder in einer definierten Gemeinschaft oder offen in der Gesellschaft zu erstellen und weiterzugeben. Der Begriff „Social Media" dient auch zur Beschreibung einer neuen Erwartungshaltung an die Kommunikation und wird zur Abgrenzung vom Begriff Medium für ein Druckwerk oder einen Rundfunkkanal stets im Plural verwendet. Dies soll signalisieren, dass es sich um mehr handelt als um einzelne Medien oder Kanäle.

Spiral Dynamics Unter diesem Namen wird von der Spiral Dynamics Group eine Theorie über die Entwicklung von menschlichen Weltanschauungsebenen vermarktet. Das Konzept dieser Theorie wurde von Don Beck und Chris Cowan auf der Grundlage der Theorien von Clare W. Graves entwickelt und 1996 im gleichnamigen Buch (deutsche Ausgabe 2007) vorgestellt. Es war ursprünglich für ein Manager*innenpublikum konzipiert, fand aber wegen der griffigen Beschreibung von Kultur und Psyche des Menschen auch andere Anhänger*innen. Spiral Dynamics geht davon aus, dass Menschen unter drängendsten Umständen fähig sind, ihre Umwelt durch neue konzeptionelle Modelle so zu gestalten, dass neu entstandene Probleme bewältigt werden können. Umgekehrt beeinflusst die sich wandelnde natürliche und gesellschaftliche Umwelt diese „Modelle", die als allgemeines Lebensgefühl oder grundlegende Weltanschauung in den Köpfen der Menschen existieren. Nach der Idee der Spiral Dynamics schließt jedes dieser neuen Modelle alle vorherigen Modelle ein.

Start-up Ein Start-up-Unternehmen (von englisch *to start up* = „gründen, in Gang setzen"), oder nur Startup, ist eine Unternehmensgründung mit einer innovativen Geschäftsidee und hohem Wachstumspotenzial. Der Begriff ist wirtschaftsgeschichtlich relativ neu. Oft haben die Start-ups es dabei mit einem jungen oder noch nicht existierenden Markt zu tun und müssen erst ein funktionierendes, skalierbares Geschäftsmodell finden. Haben sie dieses gefunden und etabliert, gelten sie allgemein nicht mehr als Start-up. Ehemalige Start-ups bewahren sich mitunter die erfolgreichen Ansätze von Start-ups (wie Innovationsfähigkeit, Flexibilität, Modernität, flache Hierarchien), fördern sie durch Inkubatoren, gründen bzw. gliedern eigene Sparten als Start-ups aus (sogenannte Spin-offs), oder übernehmen Start-ups durch Zukäufe.

TCM Als traditionelle chinesische Medizin, TCM oder chinesische Medizin (chinesisch 中醫/中医, Pinyin zhōngyī ‚chinesische Medizin') wird jene Heilkunde bezeichnet, die sich in China seit mehr als 2000 Jahren entwickelt hat. Ihr ursprüngliches Verbreitungsgebiet umfasst den ostasiatischen Raum, insbesondere Vietnam, Korea und Japan. Auf dieser Grundlage entwickelten sich spezielle Varianten in diesen Ländern.

Theorie U Theorie U ist eine Methode des Change Managements und der Titel eines Buches von Otto Scharmer. Während seiner Doktorarbeit an der Universität Witten/Herdecke studierte Scharmer eine ähnliche Methode in Kursen von Friedrich Glasl, den er auch interviewte.

U-Prozess Führungstheorie nach Otto Scharmer, die den Erfordernissen von Nachhaltigkeit und globaler Verantwortung im Management gerecht werden und die notwendigen Führungsinstrumente bereitstellen will. Betont die Notwendigkeit der eigenen Achtsamkeit und Aufmerksamkeit in jeder Situation. Die Theorie U beschreibt globale und soziale Tendenzen der letzten Jahre (Abgrenzung, Fundamentalismus, verschärfter Konkurrenz- und Überlebenskampf vs. Verbreitung von Netzwerkdenken, Nachhaltigkeitsbewusstsein, Gemeinschaftsdenken) und wirft davon ausgehend einen neuen Blick auf soziale Situationen: in Arbeitssituationen von Teams, im Kontext von Organisationsentwicklung und auf gesellschaftlicher Ebene.

VUKA VUKA (engl. VUCA) – ist ein Akronym und steht in der Regel für Volatilität (engl. volatility), Unsicherheit (engl. uncertainity), Komplexität (engl. complexity), Ambiguität (engl. ambiguity).

Weißsein (auch Weiß-Sein, von engl. Whiteness) ist ein transdisziplinäres Studienfeld und beschreibt kulturelle, historische und soziologische Aspekte von Menschen, die sich als weiß identifizieren. Ebenso geht es um die soziale Konstruktion von Weißsein als Statuszeiger. Insgesamt wird damit eine Kategorie zur kritischen Analyse gesellschaftlich gebildeter Normen verbunden. In Extremfällen wie der White Supremacy geht es um Konstrukte, die Rassismus rechtfertigen oder begünstigen. Als Teil eines in den 1980er Jahren eingetretenen Paradigmenwechsels in der angloamerikanischen Rassismusforschung führt die Analysekategorie „Weißsein" solch rassifizierende Perspektiven auf den „Anderen" wieder auf den Ursprung der Rassifizierung zurück. Ab 2005 hat das Konzept Eingang in wissenschaftliche Arbeiten im deutschen Sprachraum gefunden. Der daraus entstandene Begriff „Critical Whiteness" ist keine einheitliche Theorie – verschiedene Gruppen, Autoren und Aktivisten benutzen ihn in unterschiedlicher Art und Weise. Mit dieser Kategorie sind gesellschaftliche Modelle (cultural models) und ihre Schemata (Patterns) gemeint, die entweder rassistisch begründeten Herrschaftsverhältnissen oder einer Dominanzkultur zugerechnet werden können. Anwendungsgebiete sind Ethnisierung, Kolonialismus und Postkolonialismus, Rassismus, Antisemitismus, Islamfeindlichkeit und Feminismus.

Queer [ˈkwɪə(ɹ)] bezeichnet als Adjektiv jene Dinge, Handlungen oder Personen, die von der Norm abweichen. Das Wort wurde im englischen Sprachraum – ebenso wie das Wort schwul im deutschen – als Schimpfwort gebraucht, mit dem vornehmlich Schwule, aber auch andere, die von den heteronormativen Regeln abweichen, bedacht wurden. Im Laufe der Jahre, vor allem im Zuge des Aktivismus während der AIDS-Krise, gelang es den so Bezeichneten jedoch, das Wort im öffentlichen Diskurs einer Neubewertung zu unterziehen und politisch positiv zu besetzen. Queer steht heute sowohl für die gesamte Bewegung als auch für die einzelnen ihr angehörenden Personen. Es ist eine Art Sammelbecken, in dem sich – je nach Selbstaussage – außer Schwulen, Lesben, Bisexuellen, Intersexuellen, Transgendern, Pansexuellen, Asexuellen und BDSMlern auch heterosexuelle Menschen, welche Polyamorie praktizieren, und viele mehr finden lassen. Verbindend wirkt dabei die Überzeugung, dass der angenommene Zwang zur Heteronormativität aufgelöst und es Menschen erlaubt werden solle, ihr Leben mit unterschiedlichen Vorstellungen, sexuellen Identitäten und Geschlechtsidentitäten in Frieden leben zu dürfen.

Queer-Theorie Die Queer-Theorie ist eine seit Anfang der 1990er Jahre in den USA entwickelte Kulturtheorie, die den Zusammenhang von biologischem Geschlecht (engl. sex), Gender (‚sozialem Geschlecht') und sexuellem Begehren (engl. desire) kritisch untersucht. Die Queer-Theorie geht davon aus, dass die geschlechtliche und die sexuelle Identität durch Handlungen erzeugt werden (Doing Gender/Undoing Gender). Unter Rückgriff auf die Methoden und Erkenntnisse von Dekonstruktion, Poststrukturalismus, Diskursanalyse und Gender Studies versucht die Queer-Theorie, sexuelle Identitäten, Machtformen und Normen zu analysieren und zu dekonstruieren. Als wichtige Theoretiker und Vordenker gelten u. a. Michel Foucault, Judith Butler, Eve Kosofsky Sedgwick und Michael Warner. Die Anwendung der Queer-Theorie in einzelnen wissenschaftlichen Disziplinen wird Queer Studies genannt.